建筑与装饰工程计量计价技术导则

实训案例与统筹e算

殷耀静　吴春雷　主　编

郝婧文　郑冀东　方　亮　王　璐　副主编

马　楠　贾宏俊　朱世伟　主　审

中国建筑工业出版社

图书在版编目（CIP）数据

建筑与装饰工程计量计价技术导则实训案例与统筹e算/殷耀静，吴春雷主编. —北京：中国建筑工业出版社，2015.12

ISBN 978-7-112-18780-5

Ⅰ.①建… Ⅱ.①殷… ②吴… Ⅲ.①建筑工程—工程造价②建筑装饰—工程造价 Ⅳ.①TU723.3

中国版本图书馆CIP数据核字（2015）第284538号

本书是通过一层砌体结构收发室、二层框架住宅和13层框剪住宅三个案例来详细讲授如何进行建筑与装饰工程计量、计价（编制招标控制价）的教材。它与国内现有教材的区别是：用电算来替代手算；用图算（BIM）来验证统筹e算的结果；并给出全工程详细计算式和完整计价结果。

本书要求学生用笔记本电脑上课，授课时间不低于240学时。本书可作为大专院校建筑与装饰工程造价管理专业的教材；可供广大工程造价人员学习和参考，用于解决10人算10个样的难题。

责任编辑：张　磊

责任设计：李志立

责任校对：李美娜　党　蕾

建筑与装饰工程计量计价技术导则

实训案例与统筹e算

殷耀静　吴春雷　主　编

郝婧文　郑冀东　方　亮　王　璐　副主编

马　楠　贾宏俊　朱世伟　主　审

*

中国建筑工业出版社出版、发行（北京西郊百万庄）

各地新华书店、建筑书店经销

霸州市顺浩图文科技发展有限公司制版

北京市密东印刷有限公司印刷

*

开本：787×1092毫米　1/16　印张：28　字数：703千字

2016年4月第一版　2016年4月第一次印刷

定价：**65.00**元（附工程图纸）

ISBN 978-7-112-18780-5

（28057）

前　言

AutoCAD的应用使设计人员甩掉了图板，用了20年的时间。应用统筹e算使造价员和在校学生完全甩掉笔杆子是本书的初衷，应用BIM技术来对统筹e算的结果进行校核，简称："统筹e算BIM"技术，期望2020年前能尽快实现。

目前，《2013建设工程计价计量规范辅导》以及高校造价专业的教材和社会上的造价员培训教材中均讲授的是手算方法，社会上应用的主要是以软件为主的图形算量方法。如何能让造价人员彻底摆脱手算（用电脑代替笔和纸），应从改革教材入手。国内有关工程计量计价的教材多达几十种版本，其共性（雷同部分）是按国家清单计价规范和各省市颁布的定额来分别照本宣科，选择个别条目举例讲解，按软件给出的问答式方法对清单项目特征进行描述，最后给出一个简单的手算工程计量计价实例。本书则采取了电算实例教学方法，通过三个实际案例（两个取自国内造价员培训教材，一个取自最新设计的13层框剪结构住宅工程）贯穿全书，采用结合案例编制招标控制价的方法来同步讲述清单、定额的应用和电算表格计量，并用图形算量软件或BIM软件来校核计算结果。

本书的姐妹篇是山东科学技术出版社2014年出版的《建筑与装饰工程计量计价导则实训教程》，该书的编排方法与本书一致，讲解了2个实例，在附录中列入了"建筑与装饰工程计量计价技术导则"（以下简称：导则）。

通过这两本书的教学，使学生在校学习期间由学习一个手算案例到掌握五个电算案例，是一个飞跃。采用现有教材和教学方法是不可能做到的。本书解决了教材问题，并提出了18字方针"以电算为手段，以智者为榜样，以做好为目标"来予以实现。

1. 以电算为手段

（1）学生用笔记本电脑上课；

（2）电脑代替笔和纸；

（3）电脑是学生的图书馆和档案馆；

（4）用电脑记笔记，通过网络进行交流；

（5）用电脑完成作业，练习和进行考试。

2. 以智者为榜样

（1）尊重学者成果，学做智者创新；

（2）学者描述复杂，智者做事简单；

（3）不跟潮流瞎跑，学做智者动脑；

（4）做事注重节约，提倡惜墨如金；

（5）利用前期成果，少做重复工作。

3. 以做好为目标

（1）“做出”仅是完成工作的一半；

（2）“做对”是自己来证明正确；

（3）“做好”是让大家公认正确；

（4）由 10 人算 10 个样，到 10 人算 1 个样；

（5）利用导则统一流程、算法，使工程计量步入科学轨道。

统筹 e 算的推广应用在造价行业内必将产生巨大的经济效益和深远的社会效益。

本书分上下篇，上篇依据导则的方法，以收发室、框架住宅工程和框剪高层住宅三套施工图纸为例，详细、全面地讲解了运用导则来进行工程量计算以及采用全费综合单价编制招标控制价的方法。下篇则是统筹 e 算的论文集。从 2009 年以来在住房城乡和建设部的报纸和刊物上发表的有关文章和论文 27 篇，涉及作者 22 人，本书选入了 6 篇。这些文章是编制导则的理论基础，有助于读者深入地研究统筹 e 算的理论和进一步完善统筹 e 算的方法。

统筹、科学、诚信、智者这四个理念将贯穿在整个教学工作中。

传统统筹法计算工程量归结为 32 个字：统筹程序、合理安排、一次算出、多次应用、利用基数、连续计算、结合实际、灵活机动。

统筹 e 算归结为 16 个字：统一顺序、电算基数、一算多用、校核结果。

1. 统一顺序

根据统筹程序、合理安排的原则来制定统一的计算顺序，统一计算方法，解决 10 人算 10 个样和 1 人算 10 遍也是 10 个样的现实问题。“统一顺序”包括两方面：一方面通过六大表和项目模板的应用解决，将教科书上罗列的按清单顺序、定额顺序、施工顺序、图纸顺序等，统一改为按六大表和项目模板顺序。

另一方面制定了数据采集顺序：根据先数据轴后字母轴、从小到大的原则，从而改变了教科书上的先横后竖、先左后右、按顺时（逆时）针或按轴线、构件编号等既不科学又不唯一的方法。

2. 电算基数

基数是统筹法算量的核心。用电算来完成是时代的要求，要彻底摆脱手算，要求学生带笔记本电脑上课。

电算是对传统手算统筹法的更新。基数的应用是提取公因式、简化计算式，便于校对；电算实现了由算数到代数的转变，实现了多功能化一算多用；如果图算软件应用统筹法，其输出的计算式将大大节省篇幅。

3. 一算多用

电算做到了代数变量的应用，实现了最简便的一算多用。

4. 校核结果

体现计算者对自己的结果负责。要证明结果正确，才是一份完整和及格的产品。校核结果是必要的工作。过去的教材里不讲校核是一个重大的缺失。

本书具有以下特点：

（1）统筹 e 算体现了造价人员计量过程中缜密统筹和专业思路，是人指挥电脑来完成计量工作，是做算量的主人。图形算量是它的校核手段，书中列出了图算结果，便于对照。

（2）本书案例采用了项目模板来代替逐项套清单、填写项目特征描述和套定额的重复劳动，使清单计价难的问题迎刃而解。

(3) 本书按导则的数据采集规则和统一的计量流程，解决了 10 人算 10 个样的老大难问题，做到 10 人计算结果一样，使对量工作有了统一的标准。

(4) 本书采用了案例教学，不同于现阶段教材的字典式教学。解决了将复杂的工程量计算彻底摆脱手算，实现电算化、简约化、规范化和模板化，使广大工程造价人员步入统一轨道编制工程造价。

(5) 现阶段对量工作一直是个难题。例如：高层住宅中的柱子体积、模板、脚手架计算，要区分强度等级的变化和截面的变化，统筹 e 算则可以按照同强度等级、同截面尺寸等相同条件作为公因式进行提取，简化计算公式，而不需要逐层逐个柱子核对工程量计算式，这就可以节省对量时间，进而提高工作效率。不仅如此，还可以提供全部计算书，既简明又省时解决对量难题。

(6) 本书的框剪结构案例中，用到的 61 张标准图作为第 8 章列出。国内现有教材中（包括图算）均没有涉及如何采用标准图计量的问题，这是一项重要的补充。统筹 e 算没有专业局限性，它适用于建筑、装饰、安装、市政、园林绿化、仿古、修缮等各专业、各类型工程的计量工作。

(7) 在计量工作中，图纸审核（碰撞检查）是一项重要的工作，国内现有教材中均没有涉及此部分内容。本书在 6.9 节中，通过与原设计人员交流，提出了 67 项修改建议。这些建议具有普遍性，可以作为其他工程审图的参考。

(8) 关于清单计价和定额计价，现有教材大都分开讲解。本书认为：清单是披上马甲的定额，清单要靠定额来组价，去掉马甲即是定额计价，两者的计价结果是一致的。推行清单计价后，定额计价模式已没有存在的必要。故清单与定额计价不再分开讲解。

(9) 本书以如何编制招标控制价作为输出结果。招标控制价不同于国际上通行的低价中标，同时也不需要对标的进行保密。2013 规范明确规定：应采用单价合同。采用定额价作为最高限价，低于成本价亦做废标处理（杜绝了不平衡报价的恶意竞争行为）。掌握了招标控制价的编制方法，也就很容易进行投标报价与竣工结算。

(10) 笔者认为：BIM 技术的特点是三维（可视化）和参数设计（数字化），应从设计源头来逐步实现。如果现阶段急于采用二维图纸来实现工程计量计价中的 BIM 应用，本书的案例可以用来对照参考并核实其 BIM 技术用于工程计量的准确性和完整性。

对于目前社会上兴起的大数据和云计算技术，其基础是数据有效（应排除错误或造假的部分）和计算准确。造价领域应落实到如何编制准确的招标控制价，可以参照本书给出的案例答案来验证。

本书可供全国大专院校土木工程、工程管理、造价管理等专业学生的教材和造价从业人员的学习和参考，也可用于算量和造价软件的学习以及与同类软件的结果进行比对。本书案例已举办了三期师资培训班，并正在 2 所职业学院实验班讲授。其新颖的教学内容和互动的教学方法，赢得了老师和同学们的认可和好评。

本书由殷耀静、吴春雷主编，郝婧文、郑冀东、方亮、王璐副主编；济南工程职业技术学院关永冰、魏敬敏和山东建筑大学管理工程学院张友全对本书前两个案例进行了认真审阅，并提出宝贵意见；王静提供了参考案例图纸；连玲玲参与了本书的表格输出和校对工作，并与姜兆巅一起对统筹 e 算软件进行了及时调整；单秀君、刁素娟、付银华等参与了工程量核对并讨论定稿。在此对他们付出的劳动表示衷心感谢。

本书由华北科技学院马楠教授、山东科技大学贾宏俊教授和日照兴业房产朱世伟主审。

本书的三个案例给出了标准计算流程、科学计算方法和标准答案，力求达到10人算1个样的目的，在国内来说尚属首创。但由于编者水平和能力有限，案例尚未经过教学实践的多次检验，书中错误和不妥之处在所难免。欢迎各位专家、造价和软件业界同行以及广大师生批评指正，以便于再版时补充和更正。让我们共同为造价事业的发展和教学改革而努力奉献。

王在生

2015年10月

目　录

上篇　实训案例

下篇　论统筹 e 算

上篇　实训案例

1　工程计量计价概述

1.1　计量顺序与计量计价工作流程

1.1.1　传统工程计量顺序

一般教材上介绍了六种工程量计算顺序：

（1）按施工顺序列项计算；

（2）按《计价规则》或《定额》顺序计算；

（3）按照顺时针方向计算；

（4）按“先横后竖、先上后下、先左后右”计算；

（5）按构件的分类和编号顺序计算；

（6）按“先独立后整体、先结构后建筑”计算。

以上六种顺序，只是将每人的计算方法进行罗列，毫无科学性。其结果是10人算10个样，1人算10遍也是10个样。这种现状不应再继续下去了。专家、教授们应注意这个问题。

1.1.2　导则中规定的工作流程

《建筑与装饰工程计量计价技术导则》在一般规定中提出了以下具体的方法和工作流程。

（1）工程计量的方法和要求：以“统筹e算”为主、图算为辅、两算结合、相互验证，确保计算准确和完整（不漏项）。

（2）工程计量应提供计算依据，应遵循提取公因式、合并同类项和应用变量的代数原理以及公开计算式的原则，公开六大表。

（3）在熟悉施工图过程中，应进行碰撞检查，做出计量备忘录。

（4）工程量清单和招标控制价宜由同一单位、同时编制。

（5）工程量清单和招标控制价中的项目特征描述宜采用简约式；定额名称应统一；宜采用换算库和统一换算方法来代替人机会话式的定额换算。

（6）宜采用统一法计算综合单价分析表。

（7）在招投标过程中宜采用全费用计价表作为纸面文档，其他计价表格均提供电子文档（必要时提供打开该文档的软件）以利于环保和低碳。

（8）计量、计价工作流程如图1-1所示。

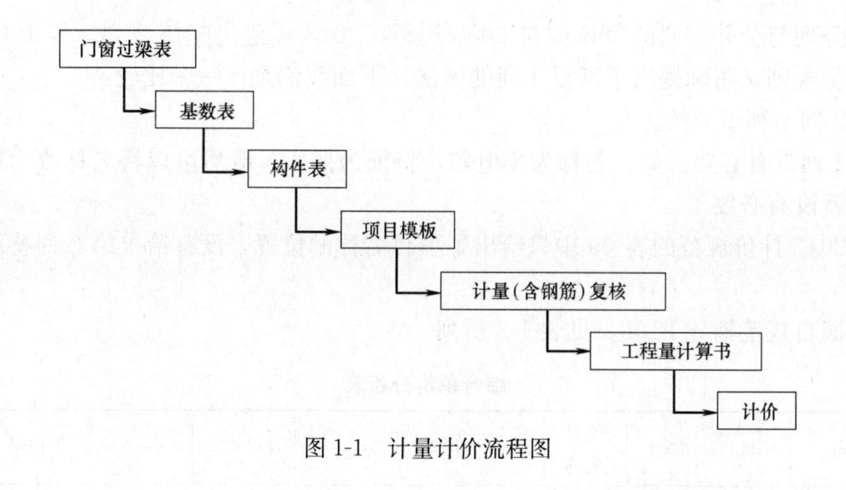

图 1-1　计量计价流程图

1.2　项目特征的描述和分列

1.2.1　项目名称简约描述

项目特征描述的目的是为了确定综合单价，因此，与单价无关的内容不需要描述。2013 清单在项目名称和特征描述上有以下改进：

(1) 名称可以改动：如小电器可以直接输入插座或开关等，这样一来，连特征描述也可以省略。

(2) 提倡简化式描述，并认为书本上的问答式描述是应用软件造成的。

(3) 随着项目模板的推广应用，统一清单项目特征描述的艰难任务一定会顺利完成。

下面列举一个在建筑工程中矩形柱的例子，见表 1-1 所列。

项目特征描述对比表　　**表 1-1**

项目编码	项 目 名 称		
	问 答 式		简 化 式
010402001001	矩形柱	①柱高度:7.60m	矩形柱;C25
		②柱截面尺寸:300mm×400mm	
		③混凝土强度等级:C25	
		④混凝土拌合料要求:现场集中搅拌制作	

此例引自 2003 规范宣贯教材，说明当时已经出现了项目特征描述的简化模式。

问答式是由软件提出 4 个问题，逐项回答，不论是否与单价有关，均照本列出，也可以不回答而以“:”(冒号) 结束；这是盲目应用软件所致；简化式可以直接写出与单价有关的内容，关于混凝土拌合料要求可在说明中列出，不必每项都列出。

1.2.2　项目名称与特征描述的分列与合并

从表 1-1 可以看出：问答式将项目名称和特征描述分列，简化式合为一列。

关于分列与合并一列的争议源自2008规范，2013规范仍坚持2列。但山东省2011的清单计价规则又明确提出了恢复1列的做法。下面我们来作一个比较：

（1）2列不利于节约。

（2）2列没有必要。如：名称为小电器，特征为插座。既然可以将名称改为插座，那么第2列就没有必要了。

（3）2013计价规范的表-09中只给出了项目名称的位置，没有给出第2列特征描述的空间。

例1摘自规范辅导P168，见表1-2所列。

例1：　　　　　　　　　　　　综合单价分析表　　　　　　　　　　　　表1-2

<table>
<tr><td>项目编码</td><td colspan="3">011407001001</td><td>项目名称</td><td colspan="3">外墙乳胶漆</td><td>计量单位</td><td>m²</td><td>工程量</td><td>4050</td></tr>
<tr><td colspan="12">清单综合单价组成明细</td></tr>
<tr><td rowspan="2">定额编号</td><td rowspan="2">定额名称</td><td rowspan="2">定额单位</td><td rowspan="2">数量</td><td colspan="4">单价</td><td colspan="4">合价</td></tr>
<tr><td>人工费</td><td>材料费</td><td>机械费</td><td>管理费和利润</td><td>人工费</td><td>材料费</td><td>机械费</td><td>管理费和利润</td></tr>
<tr><td></td><td></td><td></td><td></td><td></td><td></td><td></td><td></td><td></td><td></td><td></td><td></td></tr>
</table>

（4）2013计价规范辅导的清单工程量计算表中也没有给出特征描述的空间。例2摘自规范辅导P277，见表1-3所列。

例2：　　　　　　　　　　　　清单工程量计算表　　　　　　　　　　　　表1-3

序号	清单项目编码	清单项目名称	计算式	工程量合计	计量单位
1	010402001001	平整场地	S=首层建筑面积=40.92	40.92	m²

经过比较：本书的案例均采用了项目名称与特征描述合为一列，统称清单项目名称。

1.3　统一定额名称

定额名称的描述应避免按定额本的大小标题机械叠加，采用简化式描述。最好经有经验的老预算员审定，由主管部门统一各造价软件的名称。

山东省定额站于2015年5月公布的价目表名称，完全采用了简约的描述方式，相信不久就会改变各软件公司自行制定定额项目名称的混乱局面。

定额名称描述对比表　　　　　　　　　　　　表1-4

<table>
<tr><td rowspan="2">序号</td><td rowspan="2">定额号</td><td colspan="2">定 额 名 称</td></tr>
<tr><td>统筹e算(YT)</td><td>其他软件(Q)</td></tr>
<tr><td>1</td><td>1-1-11</td><td>拉铲挖自卸汽车运普通土1km内</td><td>拉铲挖掘机挖土方，自卸汽车运土方，运距1km以内，普通土，单独土石方</td></tr>
<tr><td>2</td><td>3-4-28</td><td>双层彩钢压板墙聚氨酯板填±20mm</td><td>双层彩钢压型板墙，聚氨酯板填充，厚度每增减20mm</td></tr>
</table>

1.4 换算库与统一换算方法

（1）换算定额库

一切按定额说明或解释而增加的项目均应做成换算定额与原定额一样调用。

（2）强度等级换算方法应统一（表 1-5）。

强度等级换算对比表 表 1-5

软　件	编　码	项　目　名　称	单位
其他软件	4-2-5 G81037 G81039	C204 现浇混凝土有梁式带形基础换为(C304 现浇混凝土碎石＜40)	$10m^3$
统筹 e 算	4-2-5.39	C304 现浇混凝土有梁式带形基础	$10m^3$

以上两种换算方法对比：上面一种换算号和换算名称均较复杂，编码处需人机对话，将定额中的混凝土强度等级 C204 的材料编号 81037 改为 C304 的材料编号 81039；下面的定额号不需人机对话，直接输入定额号和配比材料序号即可，项目名称也做了简化处理。

（3）倍数换算：如厚度、运距、遍数等，表示一种增减性额度关系。用定额号带“×”号乘倍数表示。

（4）常用换算：按定额说明对其进行统一的名称、数据、单位等内容的调整。用定额号或定额换算号后面加“'”表示，不需人机对话。针对山东省消耗量定额可表示为以下 3 种换算：

1）商品混凝土：现浇混凝土改为商品混凝土以便在套价软件中进行价格调整（表 1-6）。

商品混凝土设置 表 1-6

类　型	编码	项目名称	单位	材　料　名　称
现浇混凝土	4-2-7	C204 现浇混凝土独立基础	$10m^3$	C204 现浇混凝土碎石＜40
	4-4-15	基础现场搅拌混凝土	$10m^3$	工程量考虑混凝土的损耗 1.015
商品混凝土	4-2-7'	C204 商品混凝土独立基础	$10m^3$	C204 现浇混凝土碎石＜40[商品]

2）三、四类材：木门窗制作人机乘 1.3，安装人机乘 1.35（表 1-7）。

木门窗三、四类材设置 表 1-7

类型	编码	项目名称	单位	换　算　内　容
一、二类材	5-1-1	单扇带亮带纱木门框制作	$10m^2$	人工 1.00，材料 1.00，机械 1.00
三、四类材	5-1-1'	单扇带亮带纱木门框制作[3-4 类材]	$10m^2$	依据定额说明：采用三、四类木种时，木门窗制作，按相应项目人工×1.3，机械×1.3

3）竹胶板制作：将胶合板模板定额中的胶合板扣除，另套竹胶板制作项目（表 1-8）。

竹胶板制作应用　　表 1-8

编码	项目名称	单位	工程量	换算内容
10-4-27’	混凝土独立基础胶合板模板木支撑[扣胶合板]	$10m^2$	100	扣除胶合板模板定额中的胶合板模板用量
10-4-310	基础竹胶板模板制作[系数:0.244]	$10m^2$	24.4	竹胶板制作定额工程量为模板量×0.244系数

1.5　统一法综合单价分析表

在《2003规范辅导》中，最早提出两种计算综合单价的方法：

在建筑案例中采用的是求出单位清单的定额量来，直接得出综合单价，称为“正算”；在安装案例中采用的是按实际定额用量来计算出总价后，再被清单量相除反求出综合单价，称为“反算”。

《2013计价规范》中的综合单价分析表（表-09）仍沿用了2008计价规范的模式；10多年来各地在应用时大都采用了正算；但由于正算不精确，有时也采用反算，计算总价后反求出综合单价。

山东省则采用了一种集正算与反算优点于一身的统一模式，现介绍如下：

综合单价分析表　　表 1-9

项目编码	项目名称	单位	工程量	综合单价组成					综合单价
				人工费	材料费	机械费	计费基础	管理费和利润	
010505001001	有梁板;C30	m^3	46.34	304.51	490.1	22.44	795.15	64.4	881.45
4-2-41.2’	C302商品混凝土斜板、折板	$10m^3$	4.634	78.21	281.22	0.94	338.48	16.92	
10-4-160-1’	斜有梁板胶合板模板钢支撑(扣胶合板)	$10m^2$	36.19	177.57	71.46	19.36	268.39	13.42	
10-4-315	板竹胶板模板制作	$10m^2$	8.83	23.52	132.57	0.84	156.93	7.85	
10-4-176	板钢支撑高＞3.6m每增3m	$10m^2$	21.069	25.21	4.85	1.3	31.35	1.57	

（1）工程量采用了反算数据，保留了原清单量和定额量（此点非常重要）。

（2）综合单价的每项组成数据保持了与正算表的数据一致。其方法是每项被清单量相除得出，而不是得出总价来再被清单量相除。

（3）按现行的山东省取费规定，管理费和利润的计费基础是省定额直接费，它不等于前3项之和，故必须将计费基础单独列出。

（4）原表-09下面的材料费明细部分另由材料汇总表来替代。原表-09的格式更适合于项目很少的大型水利或公路工程，一般建筑安装工程单位工程的分部分项都达到了上百项，将材料汇总表列出是必要的，表1-9可替代原表-09的材料费明细部分（如工程需要时亦可选择将材料费明细输出）。

1.6 全费用计价表

对现行综合单价，《2013 规范辅导》作了如下解释：该定义仍是一种狭义上的综合单价，规费和税金并不包括在项目单价中。国际上的所谓综合单价，一般是指包括全部费用的综合单价，在我国目前建筑市场存在过度竞争的情况下，保障税金和规费等不可竞争的费用仍是很有必要的。

我们知道，在任何国家和任何情况下，税金（规费）都是不可竞争的，无须采取单列的措施来保障。故此理由不成立。

全费价的好处是显而易见的，符合节能和低碳要求，既节省大量表格又利于结算，而且我国一些专业定额已经采取了全费单价。这说明现行的综合单价符合中国国情的理由也不成立。

《2013 规范辅导》又解释：随着我国社会主义市场经济体制的进一步完善，社会保障机制的进一步健全，实行全费用的综合单价也将只是时间问题。

此外，实行全费综合单价并没有任何障碍和困难，仅仅是增加一张全费价表作为纸面文档，而仍保留原 26 张表作为电子文档。故以时间问题为由来拒绝全费用单价的推行也不是正当理由。

下面通过一个具体案例来说明。

全费计价表（表 1-10）只需要 1 张表，合计价 49956 元；原计价表至少需要以下 3 张表：分部分项清单计价表（表 1-11）、措施项目计价表（表 1-12）和单位工程汇总表（表 1-13），合计价相同。也就是说：结算时如果改 1 项工程量，应用全费计价表，只需改 1 张表的有关行数据与合计；否则要改变 3 张表的多项数据。全费计价表对结算的好处是显而易见的。

全费计价表 **表 1-10**

序号	项目编码	项目名称	单位	工程量	全费单价	合价
1	010505001001	有梁板;C30	m^3	46.34	435.75	20193
		小计				20193
2	CS1.1	混凝土、钢筋混凝土模板及支撑				25170
3	CS1.2	垂直运输机械				4593
		小计				29763
		合计				49956

分部分项清单计价表 **表 1-11**

序号	项目编码	项目名称、项目特征	单位	工程量	金额		
					综合单价	合价	其中:暂估价
1	010505001001	有梁板;C30	m^3	46.34	387.78	17970	12587
		合计				17970	12587

措施项目计价表　　表 1-12

序号	项目名称	计费基础	费率(%)	金额	备注
1	混凝土、钢筋混凝土模板及支撑			22876	
2	垂直运输机械			4174	
3	夜间施工	直接工程费	0.7	119	
4	二次搬运	直接工程费	0.6	102	
5	冬雨期施工	直接工程费	0.8	136	
6	已完工程及设备保护	直接工程费	0.15	25	
	合计			27432	

说明：按山东省计价规定，直接费由直接工程费和措施费组成，措施费中分按定额计取和按费率计取两种。按费率计取的计算基础是直接工程费（不含模板），表 1-12 是按原规定模板计入措施费。如果依据《2013 计价规范》规定，有梁板与其模板合为一个清单项目计算时，其计算结果是不同的。

单位工程汇总表　　表 1-13

序号	项目名称	计算基础	费率(%)	金额
1	分部分项工程量清单计价合计			17970
2	措施项目清单计价合计			27432
3	其他项目清单计价合计			
4	清单计价合计	分部分项＋措施项目＋其他项目		45402
5	其中，人工费 R			17060
6	规费			2874
7	安全文明施工费			1417
8	环境保护费	分部分项＋措施项目＋其他项目	0.11	50
9	文明施工费	分部分项＋措施项目＋其他项目	0.29	132
10	临时设施费	分部分项＋措施项目＋其他项目	0.72	327
11	安全施工费	分部分项＋措施项目＋其他项目	2	908
12	工程排污费	分部分项＋措施项目＋其他项目	0.26	118
13	社会保障费	分部分项＋措施项目＋其他项目	2.6	1180
14	住房公积金	分部分项＋措施项目＋其他项目	0.2	91
15	危险工作意外伤害保险	分部分项＋措施项目＋其他项目	0.15	68
16	税金	分部分项＋措施项目＋其他项目＋规费	3.48	1680
17	合计	分部分项＋措施项目＋其他项目＋规费＋税金		49956

1.7　招标控制价

1.7.1　招标控制价的有关规定

《2013 计价规范》中对招标控制价作了以下规定：

4.1.2　招标工程量清单必须作为招标文件的组成部分，其准确性和完整性应由招标人负责。

5.1.1　国有资金投资的建设工程招标，招标人必须编制招标控制价。

6.1.3　投标报价不得低于工程成本。

6.1.5　投标人的投标报价高于招标控制价的应予废标。

7.1.3　实行工程量清单计价的工程，应采用单价合同。

8.2.1　工程量必须以承包人完成合同工程应予计量的工程量确定。

1.7.2　招标控制价的作用

以上规定解决了三个问题：

(1) 工程量清单的准确性和完整性由招标方负责，竣工时按应予计量的工程量进行结算。这是落实“量价分离”的政策。投标方只是报价，不需要对工程量负责，故不需要计算工程量。

(2) 投标方在投标时，低于成本价或高于招标控制价都是不允许的。这是强调“招标控制价”的作用。招标控制价的执行，等于制止了不平衡报价行为。

有人说投标方计算工程量是为了采用不平衡报价的策略，实际上这种策略是无效的，只能欺骗一些外行。

网上有一个讨论不平衡报价的例子：

某工程投标时，投标方认为天棚抹灰可能因现行在混凝土的天棚面上直接刮腻子喷浆的工艺而被取消，故采用不平衡报价策略每平方米只报价1元而中标。问结算时甲方如何处理。

网友的回答分三种情况，均否定了不平衡报价的可行性。

1) 按招标控制价要求，明显低于成本价，在投标时就应当被废标。

2) 如果侥幸中标，在单价合同情况下，按每平方米1元扣除，投标方没有得到任何好处。

3) 在总价合同情况下，聪明的甲方不会按1元的单价（不执行合同单价）来扣除，而是执行按定额价每平方米20元扣除，投标方也没有达到目的。

(3) 招标控制价是对单价的控制，而不是对总价控制。

关于此问题，争论较大。笔者认为：

1) 根据“量价分离”和应采用单价合同的原则，总价包括量和价。总价合同等于将量的风险转嫁给投标方，这是不合理的。

2) 招标控制价的单价有标准，总价则无标准，故对不合理的总价无法进行投诉和控制。

1.8　校核结果与诚信

本书将校核结果列为一个重要步骤，必须认真执行。

一般做事（以工程计量为例）有三个标准：

（1）做出——给别人做（混事）占时20%，这是目前工程计量的现状。

（2）做对——凭良心做正确占时50%（通过自己验证或另一种算法来保证正确），只有到了结算时，才有人这样去做。

（3）做好——占时30%，完整、规范、简约、美观、大方，目前还没有人对“工程计量”提出这样的要求（1人算10个样被视为正常现象）。

如果，以“做好”为守诚信的标准，算一遍与算十遍是一个样，就不会产生此问题了。

为了校核结果，本书在计量案例中均采用了图算软件对工程量计算结果进行核对，并将结果列入工程量计算书中。当计算结果相差1%以上时，必须说明理由。

复习思考题

1. 试述统一计量顺序的必要性和可行性。
2. 试谈清单项目特征描述由问答式改为简约式的意义。
3. 试述统一定额名称的必要性。
4. 试述统一换算方法代替人机会话进行换算的必要性。
5. 试谈用统一算法替代正算、反算的必要性和可行性。
6. 试谈采用全费综合单价的意义和可行性。
7. 讨论招标控制价是对总价控制还是对单价控制。
8. 试述校核结果的必要性。

2 收发室工程计量

2.1 工程计量文件结构与说明

2.1.1 工程文件结构

1. 本工程依据2013规范和山东省现行计价办法计算。分建筑和装饰2个单位工程：列入建筑的项目均按省价直接费为计费基础，列入装饰的项目均按省价人工费作为计费基础，来计取管理费和利润以及措施费用。

2. 本案例考虑了采用商品混凝土。否则需在每个混凝土清单项目中增加定额项目内混凝土的搅拌（4-4-1～2或4-4-15～17）和运输（4-4-3～5）费用。

3. 依据2013清单计价规范要求，将模板项目从措施费中转列入混凝土清单项目中。

4. 由于招标控制价的执行，清单与定额是不可分离的，故不再分别计算清单和定额，而是按照项目模板将清单与定额工程量同时计算。

2.1.2 计量说明

1. 基础工程

（1）应了解定额中挖土方与挖基坑（沟槽）工作内容的区别是挖坑槽中含基底夯实，故不能再套原土夯实定额。如果在没有夯实的地面上直接做垫层时，应增加一遍原土夯实定额。

（2）本案例土方按现场堆放计算，故不需考虑土方外运。但由于该工程回填土不足，需外运土来补充，故增加了挖土方项目，由于不足5000m^3的条件，故不能直接套1-1-1单独土石方定额，而应按定额说明借用其他土石方定额乘以系数0.9计算（本案例套用1-2-1H人工挖地上普通土）。

（3）垫层按2013规范规定：混凝土垫层按附录E中编码010501001列项，其他垫层按附录D中010404001列项。

2. 主体工程

（1）有梁板按梁板体积之和计算（不执行梁与板整体现浇时，梁高算至板底的梁和板分别计算的规定）。内外梁均按全高（不扣板厚）算至柱侧；板按梁间净面积计算，均不扣柱的板头，符合2013规范计算规则要求。

（2）屋面根据2013规范的要求将清单项目细化。

屋面中套了4项清单：改性沥青防水卷材、珍珠岩板保温、水泥石灰炉渣找坡、屋面泄水管。

（3）按规范要求：框架柱与填充（砌体）墙间拉结筋按植筋方式 2ϕ6@500 考虑锚固连接。

3. 装修工程

地面中的垫层、地面防水和外墙保温部分均列入建筑。

2.2　门窗过梁表、基数表、构件表

2.2.1　门窗过梁表

门窗过梁表中含门窗表、门窗统计表和过梁表三种表格。

1. 门窗表（表 2-1）

该表根据设计总说明中门窗统计表和建筑平面图，经过加工添加楼层和过梁的信息而生成。

工程名称：收发室　　　　**门窗表**　　　　**表 2-1**

门窗号	图纸编号	洞口尺寸	面积	数量	24W 墙	24N 墙	洞口过梁号
M1	M-1	0.9×2.1	1.89	3		3	YGL1
M2	M-2	1×2.4	2.4	1	1		GL1
C1	LC-1	1.8×1.8	3.24	2	2		YGL2
C2	LC-2	1.5×1.8	2.7	2	2		YGL3
			数量	8	5	3	
			面积	19.95	14.28	5.67	

2. 过梁表（表 2-2）

该表由门窗表自动生成，在过梁表界面和表格输出中体现。

工程名称：收发室　　　　**过梁表**　　　　**表 2-2**

过梁号	图纸编号	$L \times B \times H$	体积	数量	24W 墙	24N 墙	洞口门窗号
GL1	GL1	2.16×0.24×0.24	0.124	1	1		M2
YGL1	YGL1	1.4×0.24×0.18	0.06	3		3	M1
YGL2	YGL2	2.3×0.24×0.18	0.099	2	2		C1
YGL3	YGL3	2×0.24×0.18	0.086	2	2		C2
			数量	8	5	3	
			体积	0.67	0.49	0.18	

2.2.2　基数表（表 2-3）

工程名称：收发室　　　　**基数表**　　　　**表 2-3**

序号	基数	名　称	计 算 式	基数值
1	S	外围面积	13.44×7.14	95.962
2	W	外墙长	2(13.44+7.14)	41.16

续表

序号	基数	名　称	计 算 式	基数值
3	L	外墙中	$W-0.96$	40.2
4	N	内墙长	6.66×2	13.32
5	N12	12内墙长	4.56	4.56
6	Q	墙体面积	$(L+N)\times0.24+N12\times0.12$	13.392
7	R	室内面积	5.76×6.66+2.16×6.66+4.56×2.52+4.56×4.02	82.57
8		校核	$S-Q-R=0$	
9	J	基础垫层长	$L-0.83\times8-1.45\times4+2(6.9-0.78\times2)$	38.44
10	JL	基础梁长	$L-0.43\times8-0.65\times4+2(6.9-0.38\times2)$	46.44
11	JT	建筑体积	$S\times3.6$	345.463
12	TH	屋面找坡厚度	0.03+(6.72×0.02+3.57×0.02)/2	0.133
13	WL	外梁长	$L-0.28\times8-0.35\times4$	36.56
14	NL	内梁长	2(6.9−0.23×2)	12.88
15	B12	120板	5.74×6.39	36.679
16	B08	80板	2.16×6.64+4.54×6.39	43.353

说明：

（1）三线三面基数对于框架结构来说，虽不能用外墙中和内墙净长来计算墙体，但仍要用它们来校核基数。每个房间的面积都要分别计算，以便提取到室内装修表中来计算踢脚、墙面抹灰等。

（2）构件基数中列出了内、外框梁总长度，它们是计算梁构件的公因数，以变量命名并调用，可简化构件体积计算式。

2.2.3 构件表（表2-4）

工程名称：收发室 **构件表** **表2-4**

序号		构件类别/名称	L	a	b	基础	一层	数量
1		独立基础						
	1	J-1	1.3	1.3	0.6	4		4
	2	J-2	1.25	1.25	0.6	4		4
2		基础梁						
		JL-1	JL	0.24	0.4	1		1
3		柱						
	1	Z1	5	0.4	0.4		4	4
	2	Z2	5	0.35	0.35		4	4
4		有梁板						
	1	WKL1	5.49	0.25	0.65		2	2
	2		2.16	0.25	0.4		2	2
	3		4.29	0.25	0.5		2	2
	4	WKL2	6.34	0.25	0.6		2	2
	5	NKL2	6.44	0.25	0.5		2	2

续表

序号		构件类别/名称	L	a	b	基础　一层	数量
	6	L-1	5.74	0.25	0.5	1	1
	7	L-2	4.54	0.2	0.35	1	1
	8	120 板	B12		0.12	1	1
	9	80 板	B08		0.08	1	1
5		雨篷					
			2.16	1		1	1
6		檐板					
	1		$W+4\times0.5$	0.5	0.07	1	1
	2		$W+8\times0.465$	0.23	0.07	1	1

2.3 项目清单/定额表

项目清单/定额表见表 2-5 所列。

工程名称：收发室　　　　**项目清单/定额表**　　　　**表 2-5**

序号		项目名称	编码	清单/定额名称
		建筑		
1		平整场地		
	1	平整场地	010101001	平整场地
	2		1-4-1	人工场地平整
2		挖基坑土方		
	3	1. 挖地坑(普通土)	010101004	挖基坑土方;普通土,2m 内
	4	2. 挖地槽(普通土)	1-2-16	人工挖地坑普通土深 2m 内
	5	3. 钎探	1-4-4-1	基底钎探(灌砂)
	6		010101003	挖沟槽土方;普通土,2m 内
	7		1-2-10	人工挖沟槽普通土深 2m 内
3		柱基		
	8	1. C15 混凝土垫层	010501001	垫层;C15 垫层
	9	2. C20 柱基	2-1-13-2’	C154 商品混凝土无筋混凝土垫层(独立基础)
	10		10-4-49	混凝土基础垫层木模板
	11		010501003	独立基础;C20 柱基
	12		4-2-7’	C204 商品混凝土独立基础
	13		10-4-27’	混凝土独立基础胶合板模板木支撑[扣胶合板]
	14		10-4-310	基础竹胶板模板制作
4		基础梁		
	15	C20 基础梁	010503001	基础梁;C20
	16		4-2-23.27’	C203 商品混凝土基础梁
	17		10-4-108’	基础梁胶合板模板钢支撑[扣胶合板]
	18		10-4-310	基础竹胶板模板制作

续表

序号		项 目 名 称	编码	清单/定额名称
5		砖基础		
	19	M5 水泥砂浆砖基础	010401001	砖基础;M5 砂浆
	20		3-1-1	M5 砂浆砖基础
6		回填		
	21	1. 槽坑回填	010103001	回填方;外运土 200m 内
	22	2. 地面回填	1-4-13	槽、坑机械夯填土
	23	3. 人力车运土 200m 内	1-4-11	机械夯填土(地坪)
	24		1-2-47	人力车运土方 50m 内
	25		1-2-48×3	人力车运土方 500m 内增运 50m×3
	26		1-2-1H	人工挖地上普通土
7		柱		
	27	C30 框架柱	010502001	矩形柱;C30
	28		4-2-17.39’	C304 商品混凝土矩形柱
	29		10-4-88’	矩形柱胶合板模板钢支撑[扣胶合板]
	30		10-4-311	柱竹胶板模板制作
	31		10-4-102	柱钢支撑高超过 3.6m 每增 3m
8		有梁板		
	32	C20 有梁板	010505001	有梁板;C20
	33		4-2-36.20’	C202 商品混凝土有梁板
	34		10-4-160’	有梁板胶合板模板钢支撑[扣胶合板]
	35		10-4-315	板竹胶板模板制作
9		预制过梁		
	36	1. C20 预制过梁	010510003	预制过梁;C20
	37	2. 现场搅拌	4-3-22.54	C202 预制小型构件
	38		10-4-237	现场预制小型构件木模板
	39		4-4-17	其他构件现场搅拌混凝土
	40		10-3-193	$0.1m^3$ 内其他混凝土构件人力安装
	41		10-3-194	其他混凝土构件灌缝
10		过梁		
	42	C20 现浇过梁	010503005	过梁;C20
	43		4-2-27.13’	C201 商品混凝土过梁
	44		10-4-118’	过梁胶合板模板木支撑[扣胶合板]
	45		10-4-313	梁竹胶板模板制作
11		雨篷		
	46	C20 雨篷	010505008	雨篷;C20
	47		4-2-49’	C202 商品混凝土雨篷
	48		4-2-65＊2’	C202 商品混凝土雨篷每＋10×2
	49		10-4-203	直形悬挑板阳台雨篷木模板木支撑
12		挑檐		
	50		010505007	挑檐板;C20
	51		4-2-56’	C202 商品混凝土挑檐
	52		10-4-211	挑檐木模板木支撑

续表

序号		项目名称	编码	清单/定额名称
13		多空砖墙		
	53	1. M5 混合砂浆多空砖 240	010402001	多空砖墙；240，M5 混浆
	54	2. M5 混合砂浆多空砖 120	3-3-7	M5 混浆黏土多孔砖墙 240
	55		10-1-103	双排外钢管脚手架 6m 内
	56		10-1-21	单排里钢管脚手架 3.6m 内
	57		010402001	多空砖墙；115，M5 混浆
	58		3-3-5	M5 混浆黏土多孔砖墙 115
	59		10-1-21	单排里钢管脚手架 3.6m 内
14		屋面		
	60	1. 3 厚 SBS 改性沥青卷材	010902001	屋面卷材防水；改性沥青防水卷材
	61	2. 25 厚 1：3 砂浆找平层	6-2-30	平面一层 SBS 改性沥青卷材满铺
	62	3. 憎水珍珠岩板 250 厚	9-1-1	1：3 砂浆硬基层上找平层 20
	63	4. 1：6 水泥炉渣找坡，最薄处 30	9-1-3	1：3 砂浆找平层±5
	64	5. 塑料排水管	011001001	保温隔热屋面；250 厚珍珠岩板
	65		6-3-5	混凝土板上憎水珍珠岩块
	66		011001001	保温隔热屋面；水泥石灰炉渣最薄 30 厚找 2%坡
	67		6-3-20	混凝土板上铺水泥石灰炉渣 1:1:12
	68		010902006	屋面泄水管；塑料管
	69		6-4-26	阳台泄水管；塑料管
15		钢筋		
	70	1. 砌体加固筋	010515001	现浇构件钢筋；砌体加固筋
	71	2. 现浇 HPB300 级钢筋	4-1-98	砌体加固筋 ϕ6.5 内
	72	3. 现浇螺纹钢筋	4-1-118H	植筋 ϕ6.5(扣钢筋)
	73	4. 预制 HPB300 级钢筋	010515001	现浇构件钢筋；圆钢
	74		4-1-2	现浇构件圆钢筋 ϕ6.5
	75		4-1-3	现浇构件圆钢筋 ϕ8
	76		4-1-5	现浇构件圆钢筋 ϕ12
	77		4-1-52	现浇构件箍筋 ϕ6.5
	78		4-1-53	现浇构件箍筋 ϕ8
	79		010515001	现浇构件钢筋；螺纹钢
	80		4-1-13	现浇构件螺纹钢筋 ϕ12
	81		4-1-14	现浇构件螺纹钢筋 ϕ14
	82		4-1-16	现浇构件螺纹钢筋 ϕ18
	83		4-1-17	现浇构件螺纹钢筋 ϕ20
	84		4-1-18	现浇构件螺纹钢筋 ϕ22
	85		010515002	预制构件钢筋；圆钢
	86		4-1-31	预制构件圆钢筋 ϕ12 绑扎
	87		4-1-56	预制构件箍筋 ϕ6.5
16		散水		
	88	1. 原土打夯	010507001	散水；C20 混凝土
	89	2. 150 厚 3:7 灰土垫层	8-7-49.37'	C204 商品混凝土散水 3：7 灰土垫层
	90	3. 60 厚 C15 混凝土，撒 1：1 水泥砂子压实赶光	10-4-49	混凝土基础垫层木模板

续表

序号		项 目 名 称	编码	清单/定额名称
17		台阶 L03J1004-1/11		
	91	1.100 厚 C15 混凝土垫层(另列)	010507004	台阶;C20
	92	2.C20 混凝土台阶	4-2-57'	C202 商品混凝土台阶
	93	3. 台阶抹面(装修)	10-4-205	台阶木模板木支撑
18		地面垫层		
	94	混凝土垫层	010501001	混凝土垫层;C15 地面垫层
	95		2-1-13'	C154 商品混凝土无筋混凝土垫层
19		竣工清理		
	96	竣工清理	01B001	竣工清理
	97		1-4-3	竣工清理
		装修		
1		木门		
	1	1. 无亮全板门	010801001	木质门;无亮全板门
	2	2. 有亮夹板门	5-1-13	单扇木门框制作
	3	3. 木门油调合漆	5-1-14	单扇木门框安装
	4		5-1-37	单扇木门扇制作
	5		5-1-38	单扇木门扇安装
	6		5-9-3-1	单扇木门配件(安执手锁)
	7		010801001	木质门;有亮夹板门
	8		5-1-9	单扇带亮木门框制作
	9		5-1-10	单扇带亮木门框安装
	10		5-1-77	单扇胶合板门扇制作
	11		5-1-78	单扇胶合板门扇安装
	12		5-9-3-1	单扇木门配件(安执手锁)
	13		011401001	木门油漆;调合漆
	14		9-4-1	底油一遍调合漆二遍 单层木门
2		塑钢窗		
	15		010807001	塑钢窗
	16		5-6-2	单层塑料窗安装
	17		010807001	塑钢窗带纱扇
	18		5-6-3	塑料窗带纱扇安装
3		地面		
	19	1.20 厚 1:2 水泥砂浆楼地面	011101001	水泥砂浆楼地面
	20	2. 水泥砂浆一道	9-1-9-1	1:2 砂浆楼地面 20
		3.60 厚 C10 混凝土垫层(另列)		
		4. 素土夯实		
4		台阶面		
	21	20 厚 1:2.5 水泥砂浆台阶	011107004	水泥砂浆台阶面
	22		9-1-11	1:2.5 砂浆台阶 20
5		踢脚线		
	23		011105001	水泥砂浆踢脚线
	24		9-1-13	水泥砂浆踢脚线 20

续表

序号		项 目 名 称	编码	清单/定额名称
6		内墙抹灰		
	25	1. 16 厚水泥砂浆墙面	011201001	墙面一般抹灰;内墙水泥砂浆
	26	2. 刷乳胶漆三遍	9-2-20	砖墙面墙裙水泥砂浆 14+6
	27		10-1-22-1	装饰钢管脚手架 3.6m 内
	28		011407001	墙面喷刷涂料;乳胶漆
	29		9-4-152	室内墙柱光面刷乳胶漆二遍
	30		9-4-158	室内墙柱光面刷乳胶漆增一遍
7		天棚抹灰		
	31	1. 水泥砂浆天棚	011301001	天棚抹灰;水泥砂浆
	32	2. 刷乳胶漆三遍	9-3-3	现浇混凝土顶棚水泥砂浆抹灰
	33		011407002	天棚喷刷涂料;乳胶漆
	34		9-4-151	室内顶棚刷乳胶漆二遍
	35		9-4-157	室内顶棚刷乳胶漆增一遍
8		外墙抹灰		
	36	贴面砖 240×60	011204003	块料墙面;外墙面砖 240×60
	37		9-2-222	砂浆粘贴面砖 240×60 灰缝 5 内
	38		9-2-234	墙柱面木龙骨制安 13cm²@450 内
	39		011206002	块料零星项目;面砖 240×60
	40		9-2-222	砂浆粘贴面砖 240×60 灰缝 5 内
	41		9-2-334	面砖阳角 45°角对缝

2.4 辅助计算表

辅助计算表用于图表结合计算工程量，可以用一组数据计算出多项工程量。例如：表C中输入坑长、坑宽、加宽、垫层厚度、工作面、坑深、放坡系数和数量后，即可计算出挖坑、垫层、模板和钎探 4 项工程量。

辅助计算表可以得出实物量和计算公式。其结果调入实物量表后，再分别调入清单定额界面的计算书中，也可以直接调入。

收发室采用的辅助计算表，见表 2-6 至表 2-9 所列。

挖槽表（B 表）　　　　**表 2-6**

说明	长度	槽宽	加宽	垫层厚	工作面	槽深	放坡	挖槽	垫层	模板	钎探
B1:挖槽											
挖地槽	J	0.24	0.3			1.5	0.5	91.68			
								91.68			

注：将本表的挖槽量调入清单/定额界面的第 6 项。

挖坑表（C表） 表2-7

说明	坑长	坑宽	加宽	垫层厚	工作面	坑深	放坡	数量	挖坑	垫层	模板	钎探
C1:挖坑												
J-1	1.5	1.5	0.3	0.1	0.3	1.8	0.5	4	62.58	0.9	2.4	12
J-2	1.45	1.45	0.3	0.1	0.3	1.8	0.5	4	60.51	0.84	2.32	12
									123.09	1.74	4.72	24

注：将本表的挖坑量分别调入第3项；垫层调入第8项；模板调入第10项；钎探调入第5项。

独立基础表（F表） 表2-8

说明	底长	底宽	底高	阶长	阶宽	阶高	顶长	顶宽	顶高	数量	混凝土	模板
F1:独立基础												
J-1	1.3	1.3	0.2	1	1	0.2	0.7	0.7	0.2	4	2.54	9.6
J-2	1.25	1.25	0.2	0.95	0.95	0.2	0.65	0.65	0.2	4	2.31	9.12
											4.85	18.72

注：将本表的混凝土量调入清单/定额界面的第11/13项。

室内装修表（J表） 表2-9

说明	*a*边	*b*边	高	增垛扣墙	立面洞口	间数	踢脚线(m)	墙面	平面	脚手架
J1:室内装修										
房间1	5.76	6.66	3.48		M1+C1+C2	1	23.94	78.61	38.36	86.44
走廊	2.16	6.66	3.52		M	1	13.94	54.02	14.39	62.09
房间2	4.56	2.52	3.52		M1+C1	1	13.26	44.71	11.49	49.84
房间3	4.56	4.02	3.52		M1+C2	1	16.26	55.81	18.33	60.4
					25.62		67.4	233.15	82.57	258.77

注：1. J1的踢脚长度调入装饰分部第23项计算踢脚线；墙面面积调入第25项；脚手架面积调入第27项。
2. 平面工程量一般直接调用基数值。

2.5 钢筋明细表与汇总表

收发室钢筋明细表，见表2-10所列；收发室钢筋汇总表，见表2-11所列。

工程名称：收发室 钢筋明细表 表2-10

序号	构件名称	数量	筋号	规格	图形	长度(mm)	根数	重量(kg)
1	基础梁							
	JL-1	2	梁底直筋[0跨]	Φ22	160 14560 160	14880	2	88.8
			通长面筋[0跨]	Φ22	14560 160 160	14880	2	88.8

续表

序号	构件名称	数量	筋号	规格	图形	长度(mm)	根数	重量(kg)
			矩形箍筋(2)[1跨]	Φ8	312 152	1063	51	21.41
			矩形箍筋(2)[2跨]	Φ8	312 152	1063	21	8.82
			矩形箍筋(2)[3跨]	Φ8	312 152	1063	41	17.22
			梁底直筋[0跨]	Φ22	160 8260 160	8580	4	102.42
			通长面筋[0跨]	Φ22	8260 160 160	8580	4	102.42
			矩形箍筋(2)[1跨]	Φ8	312 152	1063	122	51.22
2	独基							
	J-1	4	长方向基底筋	Φ12	1220	1220	7	7.58
			宽方向基底筋	Φ12	1220	1220	7	7.58
	J-2		长方向基底筋	Φ12	1170	1170	7	7.27
			宽方向基底筋	Φ12	1170	1170	7	7.27
3	柱							
	Z1	4	竖向纵筋	Φ22	5000	5000	1	14.92
			竖向纵筋	Φ22	330 5027	5357	3	47.96
			矩形箍(2×2)	Φ8	352 352	1542	30	18.27
			柱插筋	Φ22	890	890	4	10.63
	Z2	4	竖向纵筋	Φ22	5000	5000	2	29.84
			竖向纵筋	Φ22	330 5027	5357	2	31.85
			矩形箍(2×2)	Φ8	302 302	1342	30	15.9
			柱插筋	Φ22	890	890	4	10.62
4	梁							
	KL1	1	受力锚固面筋[0跨]	Φ22	13510 330 330	14170	2	84.57
			梁底直筋[0跨]	Φ22	330 330 13510	14170	3	126.85

续表

序号	构件名称	数量	筋　　号	规格	图　形	长度(mm)	根数	重量(kg)
			矩形箍(2)[1跨]	Φ8	342 192	1283	41	20.78
			矩形箍(2)[2跨]	Φ8	342 192	1283	19	9.63
			矩形箍(2)[3跨]	Φ8	342 192	1283	33	16.72
			受力锚固面筋[0跨]	Φ22	13510 330 330	14170	2	84.57
			梁底直筋[0跨]	Φ22	330 13510 330	14170	3	126.85
			矩形箍(2)[1跨]	Φ8	592 192	1783	44	30.99
			矩形箍(2)[2跨]	Φ8	342 192	1283	19	9.63
			矩形箍(2)[3跨]	Φ8	442 192	1483	34	19.92
			受力锚固面筋[0跨]	Φ22	7210 330 330	7870	2	46.97
			梁底直筋[0跨]	Φ22	330 7210 330	7870	3	70.45
			矩形箍(2)[1跨]	Φ8	342 192	1283	48	24.33
	KL2	1	受力锚固面筋[0跨]	Φ20	7210 300 300	7810	2	38.52
			梁底直筋[0跨]	Φ18	270 7210 270	7750	3	46.5
			矩形箍(2)[1跨]	Φ8	542 192	1683	50	33.24
			节点加密(矩形2)[1跨]	Φ8	542 192	1683	6	3.99
		2	受力锚固面筋[0跨]	Φ20	7210 300 300	7810	2	38.52
			梁底直筋[0跨]	Φ18	270 7210 270	7750	3	46.5
			矩形箍(2)[1跨]	Φ8	542 192	1683	49	32.57

续表

序号	构件名称	数量	筋　号	规格	图　形	长度(mm)	根数	重量(kg)
			节点加密(矩形2)[1跨]	Φ8	542 192	1683	6	3.99
	L1	1	受力锚固面筋[0跨]	Φ14	6379 210 210	6799	2	16.43
		1	梁底直筋[0跨]	Φ20	6220	6220	2	30.68
		1	矩形箍(2)[1跨]	Φ6	444 194	1377	39	13.96
	L2	1	受力锚固面筋[0跨]	Φ14	5179 210 210	5599	2	13.53
		1	梁底直筋[0跨]	Φ20	5020	5020	2	24.76
		1	矩形箍(2)[1跨]	Φ6	294 144	977	31	7.87
5	过梁							
	GL1	1	矩形箍(2)	Φ6	184 184	837	8	1.74
		1	梁底直筋	Φ12	1600	1600	2	2.84
		1	受力锚固面筋	Φ12	1600	1600	2	2.84
	YGL1	3	矩形箍(2)	Φ6	124 184	717	8	1.49
			梁底直筋	Φ12	1500	1500	2	2.66
			受力锚固面筋	Φ12	1500	1500	2	2.66
		1	矩形箍(2)	Φ6	124 184	717	12	2.24
			梁底直筋	Φ12	2400	2400	2	4.26
			受力锚固面筋	Φ12	2400	2400	2	4.26
		3	矩形箍(2)	Φ6	124 184	717	11	2.05
			梁底直筋	Φ12	2100	2100	2	3.73
			受力锚固面筋	Φ12	2100	2100	2	3.73
6	板							
	LB120	1	板底筋	Φ8	5984	6084	22	52.87

续表

序号	构件名称	数量	筋　号	规格	图　形	长度 (mm)	根数	重量 (kg)
			板面筋	Φ8	6179 87 87	6453	22	56.08
			板底筋	Φ8	5981	6081	22	52.84
			板面筋	Φ8	6346	6446	22	56.02
			板底筋	Φ8	3442	3542	39	54.56
			板面筋	Φ8	3726 87	3913	39	60.28
			板底筋	Φ8	3442	3542	39	54.56
			板面筋	Φ8	3726 87	3913	39	60.28
	LB80	1	板底筋	Φ8	2414	2514	45	44.69
			板面筋	Φ8	2784	2884	45	51.26
			板底筋	Φ8	4783	4883	17	32.79
			板面筋	Φ8	4975 87 87	5249	17	35.25
			板底筋	Φ8	4787	4887	26	50.19
			板面筋	Φ8	5071 87	5258	26	54
			板底筋	Φ8	6890	6990	15	41.42
			板面筋	Φ8	7090 87 87	7364	15	43.63
			板底筋	Φ8	2689	2789	31	34.15
			板面筋	Φ8	2944 137	3181	31	38.95
			板底筋	Φ8	4189	4289	31	52.52
			板面筋	Φ8	4444 137	4681	31	57.32
7	挑檐							
	TYB	1	悬挑受力筋	Φ8	787 250 40 40 40 40 200	1527	207	124.86
			悬挑底板分布筋	Φ6	42610	42685	3	33.29

续表

序号	构件名称	数量	筋　号	规格	图　形	长度(mm)	根数	重量(kg)
8	雨篷							
	YP-1	1	悬挑受力筋	Φ8	1210 70 85	1345	16	8.50
			悬挑板分布筋	Φ6	2430	2510	4	2.22

注：为节省篇幅，本表只摘录了部分构件钢筋明细，供读者了解钢筋图形、长度、根数以及重量计算。

工程名称：收发室　　　　**钢筋汇总表**　　　　**表 2-11**

规格	基础	柱	构造柱	墙	梁、板	圈梁	过梁	楼梯	其他筋	拉结筋	合计(kg)
Φ6									30	51	81
Φ6G					19		13				32
Φ8					982				110		1092
Φ8G	197	137			269						603
Φ12							60				60
Ф12	119										119
Ф14					30						30
Ф18					186						186
Ф20					216						216
Ф22	765	582			461						1808
合计(kg)	1081	719			2163		73		140	51	4227

注：Φ表示 HPB300 级钢，Ф表示 HRB335 级钢，Φ6G 表示Ⅰ级钢箍筋。

2.6　工程量计算书

工程量计算书见表 2-12、表 2-13 所列。

工程名称：收发室　　　　**建筑工程量计算书**　　　　**表 2-12**

序号		编号/部位	项目名称/计算式	工程量	图算校核
			建筑		
1	1	010101001001	平整场地　m^2 S	95.96	95.96
2		1-4-1	人工场地平整　m^2 $S+2W+16$	194.28	194.28
3	2	010101004001	挖基坑土方；普通土，2m 内　m^3	123.09	123.12
	1	J-1	$[(2.1+0.5\times1.7)\times(2.1+0.5\times1.7)\times1.7+0.5^2\times1.7^3/3+2.1\times2.1\times0.1]\times4$　62.58		

续表

序号		编号/部位	项目名称/计算式		工程量	图算校核
	2	J-2	[(2.05＋0.5×1.7×2.05＋0.5×1.7)×1.7＋0.5^2 ×1.7^3/3＋2.05×2.05×0.1]×4	60.51		
4		1-2-16	人工挖地坑普通土深2m内	m	123.09	123.12
5		1-4-4-1	基底钎探(灌砂)	眼	24	13
	1	J-1	3×4	12		
	2	J-2	3×4	12		
6	3	010101003001	挖沟槽土方;普通土,2m内	m^3	91.68	91.7
		挖地槽	J×(0.24＋2×0.3＋0.5×1.5)×1.5			
7		1-2-10	人工挖沟槽普通土深2m内	＝	91.68	91.7
8	4	010501001001	垫层;C15垫层	m^3	1.74	1.76
	1	挖方坑J-1	1.5×1.5×0.1×4	0.9		
	2	J-2	1.45×1.45×0.1×4	0.84		
9		2-1-13-2'	C154商品混凝土无筋混凝土垫层(独立基础)	＝	1.74	1.76
10		10-4-49	混凝土基础垫层木模板	m^2	4.72	4.72
	1	挖方坑J-1	2(1.5＋1.5)×0.1×4	2.4		
	2	J-2	2(1.45＋1.45)×0.1×4	2.32		
11	5	010501003001	独立基础;C20柱基	m^3	4.85	4.88
	1	J-1	(1.3×1.3×0.2＋1×1×0.2＋0.7×0.7×0.2)×4	2.54		
	2	J-2	(1.25×1.25×0.2＋0.95×0.95×0.2＋0.65×0.65 ×0.2)×4	2.31		
12		4-2-7'	C204商品混凝土独立基础	＝	4.85	4.88
13		10-4-27'	混凝土独立基础胶合板模板木支撑[扣胶合板]	m^2	18.72	18.72
	1	J-1	(2(1.3＋1.3)×0.2＋2(1＋1)×0.2＋2(0.7＋0.7) ×0.2)×4	9.6		
	2	J-2	(2(1.25＋1.25)×0.2＋2(0.95＋0.95)×0.2 ＋2(0.65＋0.65)×0.2)×4	9.12		
14		10-4-310	基础竹胶板模板制作	m^2	4.57	4.57
			D13×0.244			
15	6	010503001001	基础梁;C20	m^3	4.32	4.32
	1		JL×0.24×0.4	4.46		
	2	扣梁头	－0.2×0.15×0.24×20	－0.14		
16		4-2-23.27'	C203商品混凝土基础梁	＝	4.32	4.32
17		10-4-108'	基础梁胶合板模板钢支撑[扣胶合板]	m^2	37.15	35.94
			JL×0.4×2			
18		10-4-310	基础竹胶板模板制作	m^2	9.06	8.77
			D17×0.244			
19	7	010401001001	砖基础;M5砂浆	m^3	16.61	16.6
	1	-0.3以下	(WL＋NL)×0.24×1.1	13.05		
	2		(WL＋NL)×0.24×0.3	3.56		
20		3-1-1	M5砂浆砖基础	＝	16.61	16.6
21	8	010103001001	回填方;外运土200m内	m^3	207.86	206.89

续表

序号		编号/部位	项目名称/计算式		工程量	图算校核
	1	挖方	D3+D6	214.77		
	2	扣基础	−D8−D11−D15−D19.1−[Z](0.4×0.4+0.35×0.35)×4×1.1	−25.2		
	3	室内回填	(R+N12×0.12)×0.22	18.29		
22		1-4-13	槽、坑机械夯填土	m^3	189.57	188.6
			D21.1+D21.2			
23		1-4-11	机械夯填土(地坪)	m^3	18.29	18.29
			D21.3			
24		1-2-47	人力车运土方50m内	m^3	24.27	23.12
		运余土	D21.1−(D22+D23)×1.15=−24.27			
25		1-2-48×3	人力车运土方500m内增运50m×3	=	24.27	23.12
26		1-2-1H	人工挖地上普通土	=	24.27	23.12
27	9	010502001001	矩形柱;C30	m^3	5.65	5.64
	1		5×0.4×0.4×4	3.2		
	2		5×0.35×0.35×4	2.45		
28		4-2-17.39'	C304商品混凝土矩形柱	m^3	5.65	5.64
29		10-4-88'	矩形柱胶合板模板钢支撑[扣胶合板]	m^2	60	60
	1		5×1.6×4	32		
	2		5×1.4×4	28		
30		10-4-311	柱竹胶板模板制作	m^2	14.64	14.64
			D29×0.244			
31		10-4-102	柱钢支撑高超过3.6m每增3m	m^2	16.8	16.8
	1		1.4×1.6×4	8.96		
	2		1.4×1.4×4	7.84		
32	10	010505001001	有梁板;C20	m^3	16.03	16.21
	1	KL-1	(5.49×0.65+2.16×0.4+4.29×0.5)×0.25×2	3.29		
	2	KL-2	(6.34+6.44)×0.6×0.25×2	3.83		
	3	L-1	5.74×0.5×0.25	0.72		
	4	L-2	4.54×0.35×0.2	0.32		
	5	板	B12×0.12+B08×0.08	7.87		
	6	校核	2×(5.49+2.16+4.29+6.34)−WL=0			
33		4-2-36.20'	C202商品混凝土有梁板	=	16.03	16.21
34		10-4-160'	有梁板胶合板模板钢支撑[扣胶合板]	m^2	152.6	153.05
	1	KL-1	[5.49(0.65+0.53+0.25)+2.16×(0.4+0.32+0.25)+4.29×(0.5+0.42+0.25)]×2	29.93		
	2	KL-2	6.34(0.6×2+0.48+0.52+0.25×2)	17.12		
	3	KL-2内	6.44(0.48+0.52×3+0.25×2)	16.36		
	4	L-1	5.74(0.38×2+0.25)	5.8		
	5	L-2	4.54(0.27×2+0.2)	3.36		
	6		B12+B08	80.03		
35		10-4-315	板竹胶板模板制作	m^2	37.23	37.34
			D34×0.244			

续表

序号		编号/部位	项目名称/计算式		工程量	图算校核
36	11	010510003001	预制过梁;C20	m^3	0.55	0.56
			YGL			
37		4-3-22.54	C202 预制小型构件	=	0.55	0.56
38		10-4-237	现场预制小型构件木模板	=	0.55	0.56
39		4-4-17	其他构件现场搅拌混凝土	m^3	0.56	0.57
			D37×1.015			
40		10-3-193	0.1m^3 内其他混凝土构件人力安装	m^3	0.55	0.56
			D36×1.005			
41		10-3-194	其他混凝土构件灌缝	m^3	0.55	0.56
			D36			
42	12	010503005001	过梁;C20	m^3	0.12	0.12
			GL1			
43		4-2-27.13’	C201 商品混凝土过梁	=	0.12	0.12
44		10-4-118’	过梁胶合板模板木支撑[扣胶合板]	m^2	1.06	1.06
		GL1	2.16×(0.24+0.14)+1×0.24			
45		10-4-313	梁竹胶板模板制作	m^2	0.26	0.26
			D44×0.244			
46	13	010505008001	雨篷;C20	m^3	0.22	0.22
			D47×0.1			
47		4-2-49’	C202 商品混凝土雨篷	m^2	2.16	2.16
			2.16×1			
48		4-2-65*2’	C202 商品混凝土雨篷每+10×2	m^2	2.16	2.16
49		10-4-203	直形悬挑板阳台雨篷木模板木支撑	=	2.16	2.16
50	14	010505007001	挑檐板;C20	m^3	2.23	2.23
	1		(W+4×0.5)×0.5×0.07	1.51		
	2	翻沿	(W+8×0.465)×0.23×0.07	0.72		
51		4-2-56’	C202 商品混凝土挑檐	=	2.23	2.23
52		10-4-211	挑檐木模板木支撑	m^2	45.37	45.39
	1		(W+4×0.5)×0.5	21.58		
	2	翻沿	(W+8×0.465)×(0.3+0.23)	23.79		
53	15	010401004001	多孔砖墙;240,M5 混浆	m^3	30.42	30.41
	1	KL-1 下	(5.49×2.95+2.16×3.2+4.29×3.1)×2=72.81			
	2	KL-2 下	(6.34+6.44)×3×2=76.68			
	3		(∑-M-C)×0.24	31.09		
	4	扣过梁	-GL-YGL	−0.67		
54		3-3-7	M5.0 混浆黏土多孔砖墙 240	=	30.42	30.41
55		10-1-103	双排外钢管脚手架 6m 内	m^2	160.52	160.52
			W×3.9			
56		10-1-21	单排里钢管脚手架 3.6m 内	m^2	38.64	38.64
			6.44×3×2			
57	16	010401004002	多孔砖墙;115,M5 混浆	m^3	1.7	1.78

续表

序号		编号/部位	项目名称/计算式		工程量	图算校核
			N12×3.25×0.115			
58		3-3-5	M5 混浆黏土多孔砖墙 115	m^3	1.7	1.78
59		10-1-21	单排里钢管脚手架 3.6m 内 N12×3.25	m^2	14.82	14.82
60	17	010902001001	屋面卷材防水;改性沥青防水卷材	m^2	140.26	140.15
	1	平面	14.44×8.14	117.54		
	2	立面	W×0.3+(W+8×0.43)×0.23	22.61		
	3		(W+8×0.465)×0.43×0.07×1	0.112		
61		6-2-30	平面一层 SBS 改性沥青卷材满铺	=	140.26	140.15
62		9-1-1	1∶3 砂浆硬基层上找平层 20	=	140.26	140.15
63		9-1-3	1∶3 砂浆找平层±5	=	140.26	140.15
64	18	011001001001	保温隔热屋面;250 厚珍珠岩板 S	m^2	95.96	95.96
65		6-3-5	混凝土板上憎水珍珠岩块 S×0.25	m^3	23.99	23.99
66	19	011001001002	保温隔热屋面;水泥石灰炉渣最薄 30 厚找 2%坡 S	m^2	95.96	95.96
67		6-3-20	混凝土板上铺水泥石灰炉渣 1∶1∶12 S×TH	m^3	12.76	12.76
68	20	010902006001	屋面泄水管;塑料管	个	4	4
69		6-4-26	阳台泄水管;塑料管	个	4	4
70	21	010515001001	现浇构件钢筋;砌体加固筋 D71	t	0.051	0.051
71		4-1-98	砌体加固筋 ϕ6.5 内 1.2×16×6×2×0.222/1000	t	0.051	0.051
72		4-1-118H	植筋 ϕ6.5(扣钢筋) 16×6×2	根	192	216
73	22	010515001002	现浇构件钢筋;圆钢 D74+…+D78	t	1.757	1.757
74		4-1-2	现浇构件圆钢筋 ϕ6.5	t	0.03	0.03
75		4-1-3	现浇构件圆钢筋 ϕ8	t	1.092	1.092
76		4-1-5	现浇构件圆钢筋 ϕ12	t	0.011	0.011
77		4-1-52	现浇构件箍筋 ϕ6.5	t	0.021	0.021
78		4-1-53	现浇构件箍筋 ϕ8	t	0.603	0.603
79	23	010515001004	现浇构件钢筋;螺纹钢 D80+…+D84	t	2.359	2.359
80		4-1-13	现浇构件螺纹钢筋 ϕ12	t	0.119	0.119
81		4-1-14	现浇构件螺纹钢筋 ϕ14	t	0.03	0.03
82		4-1-16	现浇构件螺纹钢筋 ϕ18	t	0.186	0.186
83		4-1-17	现浇构件螺纹钢筋 ϕ20	t	0.216	0.216

续表

序号		编号/部位	项目名称/计算式		工程量	图算校核
84		4-1-18	现浇构件螺纹钢筋 ϕ22	t	1.808	1.808
85	24	010515002001	预制构件钢筋;圆钢	t	0.06	0.06
			D86+D87			
86		4-1-31	预制构件圆钢筋 ϕ12 绑扎	t	0.049	0.049
87		4-1-56	预制构件箍筋 ϕ6.5	t	0.011	0.011
88	25	010507001001	散水;C20 混凝土	m^2	24.34	24.34
			(W+4×0.6−3)×0.6			
89		8-7-49.37’	C204 商品混凝土散水 3∶7 灰土垫层	m^2	24.34	24.34
90		10-4-49	混凝土基础垫层木模板	m^2	2.58	2.58
			(W+8×0.6−3)×0.06			
91	26	010507004001	台阶;C20	m^2	2.52	2.52
			3×1.2−1.8×0.6			
92		4-2-57’	C202 商品混凝土台阶	m^3	0.41	0.38
			D91(0.15/2+0.08×1.12)			
93		10-4-205	台阶木模板木支撑	m^2	2.52	2.52
			D91			
94	27	010501001002	混凝土垫层;C15 地面垫层	m^3	5.3	5.3
	1	面积	R+N12×0.12+1.8×0.6=84.2			
	2		H1×0.06+D91×0.1	5.3		
95		2-1-13’	C154 商品混凝土无筋混凝土垫层	=	5.3	5.3
96		01B001	竣工清理	m^3	345.46	345.46
			JT			
97		1-4-3	竣工清理	=	345.46	345.46

注：单位列的“=”表示当前定额项的单位和工程量与上项相同，均由软件自动带出。

工程名称：收发室　　　　**装饰工程量计算书**　　　　**表 2-13**

序号		编号/部位	项目名称/计算式		工程量	图算校核
			装修			
1	1	010801001001	木质门;无亮全板门	m^2	5.67	5.67
			3M1			
2		5-1-13	单扇木门框制作	=	5.67	5.67
3		5-1-14	单扇木门框安装	=	5.67	5.67
4		5-1-37	单扇木门扇制作	=	5.67	5.67
5		5-1-38	单扇木门扇安装	=	5.67	5.67
6		5-9-3-1	单扇木门配件(安执手锁)	樘	3	3
7	2	010801001002	木质门;有亮夹板门	m^2	2.4	2.4
			M2			
8		5-1-9	单扇带亮木门框制作	=	2.4	2.4
9		5-1-10	单扇带亮木门框安装	=	2.4	2.4
10		5-1-77	单扇胶合板门扇制作	=	2.4	2.4

续表

序号		编号/部位	项目名称/计算式		工程量	图算校核
11		5-1-78	单扇胶合板门扇安装	=	2.4	2.4
12		5-9-3-1	单扇木门配件(安执手锁)	樘	1	1
13	3	011401001001	木门油漆;调合漆	m^2	8.07	8.07
			D1+D7			
14		9-4-1	底油一遍调合漆二遍;单层木门	=	8.07	8.07
15	4	010807001001	塑钢窗	m^2	5.4	5.4
			2C2			
16		5-6-2	单层塑料窗安装	=	5.4	5.4
17	5	010807004001	塑钢窗带纱扇	m^2	6.48	6.48
			2C1			
18		5-6-3	塑料窗带纱扇安装	m^2	6.48	6.48
19	6	011101001001	水泥砂浆楼地面	m^2	84.2	84.2
	1		*R*	82.57		
	2		N12×0.12+1.8×0.6	1.63		
20		9-1-9-1	1:2 砂浆楼地面 20	=	84.2	84.2
21	7	011107004001	水泥砂浆台阶面	m^2	2.52	2.52
			3×1.2−1.8×0.6			
22		9-1-11	1∶2.5 砂浆台阶 20	=	2.52	2.52
23	8	011105001001	水泥砂浆踢脚线	m	67.4	67.4
	1	房间 1	2×(5.76+6.66)−0.9	23.94		
	2	走廊	2×(2.16+6.66)−0.9×3−1	13.94		
	3	房间 2	2×(4.56+2.52)−0.9	13.26		
	4	房间 3	2×(4.56+4.02)−0.9	16.26		
24		9-1-13	水泥砂浆踢脚线 20	=	67.4	67.4
25	9	011201001001	墙面一般抹灰;内墙水泥砂浆	m^2	233.15	234.37
	1	房间 1	2×(5.76+6.66)×3.48-M1-C1-C2	78.61		
	2	走廊	2×(2.16+6.66)×3.52-M	54.02		
	3	房间 2	2×(4.56+2.52)×3.52-M1-C1	44.71		
	4	房间 3	2×(4.56+4.02)×3.52-M1-C2	55.81		
26		9-2-20	砖墙面墙裙水泥砂浆 14+6	=	233.15	234.37
27		10-1-22-1	装饰钢管脚手架 3.6m 内	m^2	258.77	258.77
	1	房间 1	2×(5.76+6.66)×3.48	86.44		
	2	走廊	2×(2.16+6.66)×3.52	62.09		
	3	房间 2	2×(4.56+2.52)×3.52	49.84		
	4	房间 3	2×(4.56+4.02)×3.52	60.4		
28	10	011407001001	墙面喷刷涂料;乳胶漆	m^2	233.15	234.37
			D25			
29		9-4-152	室内墙柱光面刷乳胶漆二遍	=	233.15	234.37
30		9-4-158	室内墙柱光面刷乳胶漆增一遍	=	233.15	234.37

续表

序号		编号/部位	项目名称/计算式		工程量	图算校核
31	11	011301001001	天棚抹灰；水泥砂浆	m^2	112.39	109.49
	1		*R*	82.57		
	2	L-1 梁侧	5.74×0.53×2	6.08		
	3	檐板底	(*W*+4×0.5)×0.5	21.58		
	4	雨篷底	2.16×1	2.16		
32		9-3-3	现浇混凝土顶棚水泥砂浆抹灰	=	112.39	109.49
33	12	011407002001	天棚喷刷涂料；乳胶漆 D31	m^2	112.39	109.49
34		9-4-151	室内顶棚刷乳胶漆二遍	=	112.39	109.49
35		9-4-157	室内顶棚刷乳胶漆增一遍	=	112.39	109.49
36	13	011204003001	块料墙面；外墙面砖 240×60 *W*×3.8-M2-C	m^2	142.13	142.88
37		9-2-222	砂浆粘贴面砖 240×60 灰缝 5 内	=	142.13	142.88
38		9-2-334	面砖阳角 45°角对缝 3.8×4	m	15.2	15.2
39	14	011206002001	块料零星项目；面砖 240×60	m^2	17.72	17.72
	1	檐口	(*W*+8×0.5)×0.3	13.55		
	2	雨篷檐	(2.16+1×2)×0.2	0.83		
	3	门窗套	{[M2]1+2.4×2+[C1]1.8×4×2+[C2](1.5+1.8)×2×2}×0.1	3.34		
40		9-2-222	砂浆粘贴面砖 240×60 灰缝 5 内	=	17.72	17.72
41		9-2-334	面砖阳角 45°角对缝	m	33.4	33.4
	1		D39.3/0.1	33.4		

注：单位列的"="表示当前定额项的单位和工程量与上项相同，均由软件自动带出。

2.7　三种算量方式对比

本节中以有梁板工程量的计算为例，分别对原教材手算稿（参考文献 6）、统筹 e 算计算稿、甲图形算量稿、乙图形算量稿的正确性进行剖析和对比。

有关有梁板的计算规则摘录如下：

（1）不扣除≤0.3m^2 的柱所占面积。

（2）有梁板（包括主、次梁与板）按梁、板体积之和计算。

（3）以 m^3 为单位应保留小数点后两位数字。

在框架梁中分两种形式，一种是不与板整浇的梁（单梁或承载预制板的花篮梁），应套矩形梁清单 010503002 或异形梁清单 010503003；一种是与板整浇的梁，应套有梁板清单 010505001。

当计算规则矛盾时，应本着合理的原则取舍。在清单和定额的计算规则中，有梁板均是按梁、板体积之和计算的。定额中在板的计算规则中规定：有梁板按梁、板体积之和计算；但在梁的计算规则中又规定：梁与板整体现浇时，梁高算至板底。这两种规定是矛盾的。由于梁与板整体现浇应套有梁板的清单和定额，故后一条规定应视为无效。

2.7.1 原教材手算稿的错误分析

原教材用了 5 个清单项目，分别计算梁和板，计算式见表 2-14 所列。

原教材手算稿的错误分析 **表 2-14**

序号	项目编码	项目名称	工程量	错误	计算式更正
1	010503002001	KL-1 矩形梁	3.289		
2	010503002001	KL-2 矩形梁	3.834		
3	010505001001	B-1 有梁板	5.119		
4	010505001002	B-34 有梁板	2.657		
5	010505003001	B-2 平板	0.992		
KL-1(0.25×0.65×5.49×2+0.25×0.4×2.16×2+0.25×0.5×4.29×2)=3.289					(5.49×0.65+2.16×0.4+4.29×0.5)×0.25×2=3.29
KL-2(0.25×0.6×6.34×2+0.25×0.6×6.44×2)=3.834					(6.34+6.44)×0.6×0.25×2=3.83
B-1(5.74×6.64×0.12+5.74×0.25×0.38)=5.119				板长加 0.125	120 板:5.74×6.39×0.12=4.40
					L-1 梁:5.74×0.25×0.5=0.72
B-34(4.54×6.64×0.08+4.54×0.2×0.27)=2.657					80 板:4.54×6.39×0.08=2.32
					L-2 梁:4.54×0.2×0.35=0.32
B-2(2.16×5.74×0.08)=0.992				5.74 应改为 6.64; 2.16 应加 0.375	80 板:2.16×6.64×0.08=1.15
合计:15.891					16.03

原教材手算稿问题分析：

（1）本案例只需列出 1 项清单 010505001 有梁板，不应列出 5 项清单。

（2）应按计算规则保留 2 位小数。

（3）具体识图错误已在表中列出，原计算稿有 4 个错误，更正后结果由 15.891 改为 16.03。

2.7.2 统筹 e 算计算书

统筹 e 算计算书见表 2-15 所列。

统筹 e 算计算书 **表 2-15**

32	10	010505001001	有梁板;C20	m^3	16.03	16.21
	1	KL-1	(5.49×0.65+2.16×0.4+4.29×0.5)×0.25×2	3.29		
	2	KL-2	(6.34+6.44)×0.6×0.25×2	3.83		
	3	L-1	5.74×0.5×0.25	0.72		
	4	L-2	4.54×0.35×0.2	0.32		
	5	板	B12×0.12+B08×0.08	7.87		

结论：手算和统筹 e 算计算书计算结果完全一致。手算计算式 11 行，字符数 369；统筹 e 算计算式 7 行，字符数 192。

2.7.3 图算结果

表 2-12 与表 2-13 的校核列中已经详细列出了图形计算的计算结果，图算与表算差异分析：

（1）图算按照单个构件取两位小数后汇总，与表算有差异。

（2）土方部分，图算扣除基坑相交部分。

（3）过梁体积及模板，图算扣除与柱相交部分，表算未考虑。

（4）梁柱模板图算扣除挑檐所占面积，表算未扣除。

（5）有墙梁底的抹灰，图算计入墙抹灰，表算计入天棚抹灰。

复习思考题

1. 分析清单和定额工程量同时计算的意义。
2. 简述框架梁中有梁板（外梁、内梁和板）混凝土工程量的计算方法。
3. 如何简化计算框架梁中内梁的模板工程量?

作　业　题

学员用图算软件作出对比和分析，并找出结果相差的原因。

3 收发室工程计价

本章以招标控制价为例来介绍收发室计价的全过程表格应用。

3.1 招标控制价表格与编制流程

3.1.1 表格

《2013 计价规范》中提供了 26 种表格分别用于招标控制价、投标报价和竣工结算阶段的规范用表，见表 3-1 所列。根据实际应用，本教程增加了 4 个新表，见表 3-2 所列。

工程量清单计价相关表格（26 张） 表 3-1

序号	表格名称	表格代号	招标控制价	投标报价	竣工结算
1	工程量清单	封-1			
2	招标控制价	封-2	▲●		
3	投标总价	封-3		▲●	
4	竣工结算总价	封-4			▲●
5	一、总说明	表-01	▲●	▲●	▲●
6	二、工程项目招标控制价/投标报价汇总表	表-02	▲●	▲●	
7	三、单项工程招标控制价/投标报价汇总表	表-03	▲●	▲●	
8	四、单位工程招标控制价/投标报价汇总表	表-04	▲	▲	
9	五、工程项目竣工结算汇总表	表-05			▲●
10	六、单项工程竣工结算汇总表	表-06			▲●
11	七、单位工程竣工结算汇总表	表-07			▲●
12	八、分部分项工程量清单与计价表	表-08	▲	▲	▲
13	九、工程量清单综合单价分析表	表-09	▲	▲	▲
14	十、总价措施项目清单与计价表	表-11	▲	▲	▲
15	十一、单价措施项目清单与计价表		▲	▲	▲
16	十二、其他项目清单与计价汇总表	表-12	▲	▲	▲
17	暂列金额明细表	表-12-1	▲	▲	▲
18	材料暂估单价表	表-12-2	▲	▲	▲
19	专业工程暂估价表	表-12-3	▲	▲	▲
20	计日工表	表-12-4	▲	▲	▲
21	总承包服务费计价表	表-12-5	▲	▲	▲

续表

序号	表格名称	表格代号	招标控制价	投标报价	竣工结算
22	索赔与现场签证汇总表	表-12-6			▲
23	费用索赔申请(核准)表	表-12-7			▲
24	现场签证表	表-12-8			▲
25	十三、规费、税金项目计价表	表-13	▲	▲	▲
26	十四、工程款支付申请(核准)表	表-14			▲

注："▲"表示该列用表；"●"表示必须采用纸面文档，其他宜采用电子文档。

新增表格（4张） **表3-2**

序号	表格名称	表格代号	招标控制价	投标报价	竣工结算
27	综合单价分析表	表X-1	▲	▲	▲
28	主要材料价格表	表X-2	▲	▲	▲
29	全费单价分析表	表X-3	▲	▲	▲
30	全费计价表	表X-4	▲●	▲●	▲●

新增表格的原因和说明：

（1）增加综合单价分析表和主要材料价格表的原因见本书1.5节。

（2）增加全费计价表的原因见本书1.6节。

（3）增加全费单价分析表的原因是为了交代全费单价的计算过程。

（4）为了执行节能与低碳的国家政策，目前国内有些省市采用了电子标书，但由于纸质文档的法律效力是不可以用电子文档替代的，故全面采用电子文档招投标的做法并不妥当。故建议除封面、汇总表和全费计价表（即表3-1、表3-2中带"●"号）采用纸质文档外，其余均应采用电子文档进行招投标。

3.1.2 招标控制价编制流程

下面以英特套价11软件的操作为例，介绍招标控制价的编制流程。

（1）在统筹e算【报表输出】界面，选择"清单/定额工程量表（原始顺序）"，点击工具栏"输出计价"。

（2）自动启动英特套价11，工程信息界面默认工程类别：Ⅲ类，工程位置：市区，地区选择：定额15（76）[表示采用2015省价，人工单价76元]。

（3）软件默认《2013计价规范》中附录A～K部分按建筑取费［以省价直接费作为计费基础］；附录L～Q部分按装饰取费［以省价人工费作为计费基础］。通常在一个分项工程中，建筑和装饰分成2个单位工程，为了在单位工程内其所有项目的计费基础应保持一致，其处理方法是：在分部分项界面，点击工具栏"费用"，弹出"费用管理"窗口，在装饰取费上点击"复制"，选中建筑取费点击"粘贴"、"保存"设置完成，这样该单位工程项目的建筑清单（如门窗部分）即可按装饰专业来进行取费。

（4）对临时换算进行处理：

1）第8项清单中定额项目1-2-1H的处理，将人工乘系数0.9。

2）第21项清单定额项目4-1-118H的处理，将钢筋ϕ6.5的数量改为0。

（5）"措施项目"界面，综合脚手架清单项，单位是m^2，工程量按建筑面积95.96录入。工具条［模式］下选择“综合计算措施费率项目”。

(6) 设置商品混凝土价，在【分部分项】界面，点击“商品混凝土价”，选非泵送混凝土。本案例中列入招标人自行供应的材料，应记取总承包服务费。

(7) 设置暂列金额费率：暂列金额是招标人暂定并包括在合同中的预测的一笔款项，一般按10%～15%列入。进入【其他项目/其他项目明细】，选中暂列金额，在费率位置输入“10”。

(8) 设置总承包服务费费率：对发包人供应的材料（如商品混凝土），承包人一般按1%～1.5%的费率计取。进入【其他项目/其他项目明细】，选中总承包服务费，在费率位置输入“1”。

(9) 进入“费用汇总”页面，点击【全费价】按钮，查看全费表中总价与费用汇总中总价是否一致，否则应找出原因进行调整。

(10) 进“报表输出”页面，选中指定报表，输出成果。

3.1.3 关于合价取整

本案例的合价部分均做了取整处理，这样做合理、有据。

(1) 作为工程费用来说，合价准确到元，其计算精度已经足够；再者从节约角度来讲，可以去掉3列数字；同时这样处理也便于核对。

(2) 依据《2013计价规范》辅导中的案例，其合计金额都是取整的。在招标投标中硬性要求合计计算到角分，既无依据、又无意义。应当从学生开始，学做智者，维护宪法第14条规定：国家厉行节约，反对浪费。而不应跟潮流，对浪费现象熟视无睹。

3.2 招标控制价纸面文档

本案例作为一个单项工程含2个单位工程（建筑、装饰分列）来考虑，故本节含5类7个表，即1个封面、1个总说明、1个单项工程招标控制价汇总表（表3-5）、2个单位工程招标控制价汇总表（表3-8、表3-9）和2个全费价表（表3-3、表3-4）。

3.2.1 封面

收发室 工程

招标控制价

招标人：

造价咨询人：

2015年7月1日

3.2.2 总说明

总　说　明

1. 工程概况

本工程为收发室工程，一层框架结构。建筑面积95.96m^2。

2. 编制依据

(1) 收发室施工图；

(2)《建设工程工程量清单计价规范》(GB 50500—2013)；

(3)《房屋建筑与装饰工程工程量计算规范》(GB 50854—2013)。

(4) 2003山东省建筑工程消耗量定额以及至2013年的补充定额、有关定额解释；

(5) 2015山东省建筑工程消耗量定额价目表；

(6) 招标文件：将收发室作为一个单项工程和两个单位工程（建筑和装饰）来计价，根据当前规定：在建筑中均按省2015价目表的省价作为计费基础，在装饰中均按2015价目表的省价人工费作为计费基础；

(7) 相关标准图集和技术资料。

3. 相关问题说明

(1) 现浇构件清单项目中按《2013计价规范》要求列入模板。

(2) 脚手架统一列入措施项目的综合脚手架清单内，按定额项目的工程量计价，以建筑面积为单位计取综合计价。

(3) 有关竹胶板制作定额的系数按某市规定0.244计算。

(4) 商品混凝土由甲方供应，作为材料暂估价。乙方收取1%的总承包服务费。

(5) 计日工暂不列入。

(6) 暂列金额按10%列入。

4. 施工要求

(1) 基层开挖后，必须进行钎探验槽，经设计人员验收后方可继续施工。

(2) 采用商品混凝土。

5. 报价说明

招标控制价为全费综合单价的最高限价，如单价低于按规范规定编制的价格3%时，应在招标控制价公布后5天内向招标投标监督机构和工程造价管理机构投诉。

3.2.3 清单全费模式计价表（表3-3、表3-4）

工程名称：收发室建筑　　　　建筑工程清单全费模式计价表　　　　表3-3

序号	项目编码	项目名称	单位	工程量	全费单价	合价
		建筑				
1	010101001001	平整场地	m^2	95.96	11.82	1134
2	010101004001	挖基坑土方;普通土,2m内	m^3	123.09	35.36	4352
3	010101003001	挖沟槽土方;普通土,2m内	m^3	91.68	29.89	2740
4	010501001001	垫层;C15垫层	m^3	1.74	484.89	844

续表

序号	项目编码	项目名称	单位	工程量	全费单价	合价
5	010501003001	独立基础;C20 柱基	m^3	4.85	594.37	2883
6	010503001001	基础梁;C20	m^3	4.32	886.58	3830
7	010401001001	砖基础;M5 砂浆	m^3	16.61	352.92	5862
8	010103001001	回填方;外运土 200m 内	m^3	207.86	13.68	2844
9	010502001001	矩形柱;C30	m^3	5.65	1211.49	6845
10	010505001001	有梁板;C20	m^3	16.03	988.98	15853
11	010510003001	预制过梁;C20	m^3	0.55	1475.94	812
12	010503005001	过梁;C20	m^3	0.12	1302.76	156
13	010505008001	雨篷;C20	m^3	0.22	1879.82	414
14	010505007001	挑檐板;C20	m^3	2.23	2040.67	4551
15	010401004001	多孔砖墙;240,M5 混浆	m^3	30.42	361.43	10995
16	010401004002	多孔砖墙;115,M5 混浆	m^3	1.7	380.73	647
17	010902001001	屋面卷材防水;改性沥青防水卷材	m^2	140.26	71.48	10026
18	011001001001	保温隔热屋面;250 厚珍珠岩板	m^2	95.96	154.54	14830
19	011001001002	保温隔热屋面;水泥石灰炉渣最薄 30 厚找 2%坡	m^2	95.96	27.75	2663
20	010902006001	屋面泄水管;塑料管	个	4	7.78	31
21	010515001001	现浇构件钢筋;砌体加固筋	t	0.051	17473.92	891
22	010515001002	现浇构件钢筋;圆钢	t	1.757	7151.26	12565
23	010515001004	现浇构件钢筋;螺纹钢	t	2.359	6175.18	14567
24	010515002001	预制构件钢筋;圆钢	t	0.06	6815.96	409
25	010507001001	散水;C20 混凝土	m^2	24.34	84.51	2057
26	010507004001	台阶;C20	m^2	2.52	108.59	274
27	010501001002	混凝土垫层;C15 地面垫层	m^3	5.3	369.48	1958
28	01B001	竣工清理	m^3	345.46	1.49	515
		小　计				125548
29	011701001001	综合脚手架	m^2	95.96	21.2	2034
		小　计				2034
		其他项目				
		暂列金额				12279
		总承包服务费				106
		小　计				12385
		合　计				139967

工程名称：收发室装饰　　　　**装饰工程清单全费模式计价表**　　　　**表 3-4**

序号	项目编码	项目名称	单位	工程量	全费单价	合价
		装修				
1	010801001001	木质门;无亮全板门	m^2	5.67	302.75	1717

续表

序号	项目编码	项目名称	单位	工程量	全费单价	合价
2	010801001002	木质门；有亮夹板门	m^2	2.40	363.14	872
3	011401001001	木门油漆；调合漆	m^2	8.07	36.61	295
4	010807001001	塑钢窗	m^2	5.40	263.62	1424
5	010807004001	塑钢窗带纱扇	m^2	6.48	333.85	2163
6	011101001001	水泥砂浆楼地面	m^2	84.20	24.13	2032
7	011107004001	水泥砂浆台阶面	m^2	2.52	54.65	138
8	011105001001	水泥砂浆踢脚线	m	67.40	8.44	569
9	011201001001	墙面一般抹灰；内墙水泥砂浆	m^2	233.15	28.61	6670
10	011407001001	墙面喷刷涂料；乳胶漆	m^2	233.15	16.01	3733
11	011301001001	天棚抹灰；水泥砂浆	m^2	112.39	29.49	3314
12	011407002001	天棚喷刷涂料；乳胶漆	m^2	112.39	17.81	2002
13	011204003001	块料墙面；外墙面砖 240×60	m^2	142.13	115.61	16432
14	011206002001	块料零星项目；面砖 240×60	m^2	17.72	157.17	2785
		小　　计				44146
15	011701001001	综合脚手架	m^2	95.96	8.01	769
		小　　计				769
		其他项目				
		暂列金额				4213
		小　　计				4213
		合　　计				49128

3.2.4 单项工程招标控制价汇总表（表 3-5）

工程名称：收发室　　　　单项工程招标控制价汇总表　　　　表 3-5

序号	单位工程名称	金额	其中		
			暂列金额及特殊项目暂估价	材料暂估价	规费
1	建筑工程	139970	11132	9605	8363
2	装饰工程	49121	3803		3126
	合　计	189091	14935	9605	11489

注意：该表的总价 189091 与 2 个单位工程汇总表的合计一致；与全费价（表 3-3）的 139967 与（表 3-4）的 49128 基本一致。

3.3 招标控制价电子文档

电子文档的内容是一个计算过程。它的结果体现在纸面文档中，在招投标过程中，评标人员依纸面文档来进行评标，遇到疑问时可通过电子文档进行核对。

3.3.1 全费单价分析表（表 3-6、表 3-7）

工程名称：收发室建筑　　　　　　　　建筑工程全费单价分析表　　　　　　　　表 3-6

序号	项目编码	项目名称	单位	直接工程费	措施费	管理费和利润	规费	税金	全费单价
1	010101001001	平整场地	m^2	9.69	0.22	0.80	0.71	0.40	11.82
2	010101004001	挖基坑土方;普通土,2m 内	m^3	29.01	0.65	2.40	2.11	1.19	35.36
3	010101003001	挖沟槽土方;普通土,2m 内	m^3	24.52	0.55	2.03	1.78	1.01	29.89

注：为节约篇幅，下略。

（1）本表是应个别用户的要求而设计的。通过此表可以了解每项全费用单价的计算过程。由于是计算过程，不宜提供纸面文档来浪费纸张，需要核实时参考电子文档即可。

（2）本表的 3 项单价与表 3-3 的 3 项单价完全一致。

（3）本表的直接工程费表示人、材、机的单价合计，措施费是按费率计取的部分，管理费和利润的计算基数是直接工程费和措施费之和（又称直接费）。

工程名称：收发室装饰　　　　　　　　装饰工程全费单价分析表　　　　　　　　表 3-7

序号	项目编码	项目名称	单位	直接工程费	措施费	管理费和利润	规费	税金	全费单价
1	010801001001	木质门;无亮全板门	m^2	232.27	6.60	34.42	19.28	10.18	302.75
2	010801001002	木质门;有亮夹板门	m^2	289.01	6.33	32.48	23.11	12.21	363.14
3	011401001001	木门油漆;调合漆	m^2	22.42	1.66	8.96	2.34	1.23	36.61

注：为节约篇幅，下略。

3.3.2 单位工程招标控制价汇总表（表 3-8、表 3-9）

工程名称：收发室建筑　　　　　　　单位工程招标控制价汇总表（1）　　　　　　　表 3-8

序号	项目名称	计算基础	费率(%)	金额
1	分部分项工程量清单计价合计			111323
2	措施项目清单计价合计			4349
3	其他项目清单计价合计			11228
4	清单计价合计	分部分项+措施项目+其他项目		126900
5	其中人工费 R			36400
6	规费			8363
7	安全文明施工费			4289
8	环境保护费	分部分项+措施项目+其他项目	0.11	140
9	文明施工费	分部分项+措施项目+其他项目	0.55	698
10	临时设施费	分部分项+措施项目+其他项目	0.72	914
11	安全施工费	分部分项+措施项目+其他项目	2	2538

续表

序号	项目名称	计算基础	费率(%)	金额
12	工程排污费	分部分项+措施项目+其他项目	0.26	330
13	社会保障费	分部分项+措施项目+其他项目	2.6	3299
14	住房公积金	分部分项+措施项目+其他项目	0.2	254
15	危险工作意外伤害保险	分部分项+措施项目+其他项目	0.15	190
16	税金	分部分项+措施项目+其他项目+规费	3.48	4707
17	合计	分部分项+措施项目+其他项目+规费+税金		139970

工程名称：收发室装饰　　　　单位工程招标控制价汇总表（2）　　　　表3-9

序号	项目名称	计算基础	费率(%)	金额
1	分部分项工程量清单计价合计			38027
2	措施项目清单计价合计			2513
3	其他项目清单计价合计			3803
4	清单计价合计	分部分项+措施项目+其他项目		44343
5	其中人工费*R*			13592
6	规费			3126
7	安全文明施工费			1703
8	环境保护费	分部分项+措施项目+其他项目	0.12	53
9	文明施工费	分部分项+措施项目+其他项目	0.1	44
10	临时设施费	分部分项+措施项目+其他项目	1.62	718
11	安全施工费	分部分项+措施项目+其他项目	2	887
12	工程排污费	分部分项+措施项目+其他项目	0.26	115
13	社会保障费	分部分项+措施项目+其他项目	2.6	1153
14	住房公积金	分部分项+措施项目+其他项目	0.2	89
15	危险工作意外伤害保险	分部分项+措施项目+其他项目	0.15	67
16	税金	分部分项+措施项目+其他项目+规费	3.48	1652
17	合计	分部分项+措施项目+其他项目+规费+税金		49121

3.3.3 分部分项工程量清单与计价表（表3-10、表3-11）

工程名称：收发室建筑　　　　建筑工程分部分项工程量清单与计价表　　　　表3-10

序号	项目编码	项目名称	计量单位	工程量	金额		
					综合单价	合价	其中：暂估价
		建筑					
1	010101001001	平整场地	m^2	95.96	10.47	1005	
2	010101004001	挖基坑土方；普通土，2m内	m^3	123.09	31.36	3860	
3	010101003001	挖沟槽土方；普通土，2m内	m^3	91.68	26.51	2430	

续表

序号	项目编码	项目名称	计量单位	工程量	金额		
					综合单价	合价	其中：暂估价
4	010501001001	垫层；C15 垫层	m^3	1.74	429.94	748	387
5	010501003001	独立基础；C20 柱基	m^3	4.85	527.00	2556	1083
6	010503001001	基础梁；C20	m^3	4.32	786.10	3396	965
7	010401001001	砖基础；M5 砂浆	m^3	16.61	312.92	5198	
8	010103001001	回填方；外运土 200m 内	m^3	207.86	12.14	2523	
9	010502001001	矩形柱；C30	m^3	5.65	1074.18	6069	1413
10	010505001001	有梁板；C20	m^3	16.03	876.90	14057	3579
11	010510003001	预制过梁；C20	m^3	0.55	1308.68	720	
12	010503005001	过梁；C20	m^3	0.12	1154.97	139	27
13	010505008001	雨篷；C20	m^3	0.22	1666.80	367	58
14	010505007001	挑檐板；C20	m^3	2.23	1809.40	4035	498
15	010401004001	多孔砖墙；240，M5 混浆	m^3	30.42	320.48	9749	
16	010401004002	多孔砖墙；115，M5 混浆	m^3	1.7	337.58	574	
17	010902001001	屋面卷材防水；改性沥青防水卷材	m^2	140.26	63.36	8887	
18	011001001001	保温隔热屋面；250 厚珍珠岩板	m^2	95.96	137.04	13150	
19	011001001002	保温隔热屋面；水泥石灰炉渣最薄 30 厚找 2%坡	m^2	95.96	24.61	2362	
20	010902006001	屋面泄水管；塑料管	个	4	6.91	28	
21	010515001001	现浇构件钢筋；砌体加固筋	t	0.051	15493.68	790	
22	010515001002	现浇构件钢筋；圆钢	t	1.757	6340.83	11141	
23	010515001004	现浇构件钢筋；螺纹钢	t	2.359	5475.38	12916	
24	010515002001	预制构件钢筋；圆钢	t	0.06	6043.52	363	
25	010507001001	散水；C20 混凝土	m^2	24.34	74.96	1825	325
26	010507004001	台阶；C20	m^2	2.52	96.27	243	92
27	010501001002	混凝土垫层；C15 地面垫层	m^3	5.3	327.60	1736	1178
28	01B001	竣工清理	m^3	345.46	1.32	456	
		小　计				111323	9605
		合　计				111323	9605

工程名称：收发室装饰　　　装饰工程分部分项工程量清单与计价表　　　表 3-11

序号	项目编码	项目名称	计量单位	工程量	金额		
					综合单价	合价	其中：暂估价
		装修					
1	010801001001	木质门；无亮全板门	m^2	5.67	265.92	1508	
2	010801001002	木质门；有亮夹板门	m^2	2.40	320.54	769	

续表

序号	项目编码	项目名称	计量单位	工程量	金额		
					综合单价	合价	其中：暂估价
3	011401001001	木门油漆；调合漆	m^2	8.07	31.16	251	
4	010807001001	塑钢窗	m^2	5.40	234.95	1269	
5	010807004001	塑钢窗带纱扇	m^2	6.48	296.56	1922	
6	011101001001	水泥砂浆楼地面	m^2	84.20	20.69	1742	
7	011107004001	水泥砂浆台阶面	m^2	2.52	46.37	117	
8	011105001001	水泥砂浆踢脚线	m	67.40	7.09	478	
9	011201001001	墙面一般抹灰；内墙水泥砂浆	m^2	233.15	24.28	5661	
10	011407001001	墙面喷刷涂料；乳胶漆	m^2	233.15	13.91	3243	
11	011301001001	天棚抹灰；水泥砂浆	m^2	112.39	24.95	2804	
12	011407002001	天棚喷刷涂料；乳胶漆	m^2	112.39	15.45	1736	
13	011204003001	块料墙面；外墙面砖 240×60	m^2	142.13	99.52	14145	
14	011206002001	块料零星项目；面砖 240×60	m^2	17.72	134.42	2382	
		小　计				38027	
		合　计				38027	

3.3.4 工程量清单综合单价分析表（表 3-12、表 3-13）

工程名称：收发室建筑　　建筑工程工程量清单综合单价分析表　　表 3-12

序号	项目编码	项目名称	单位	工程量	综合单价组成					综合单价
					人工费	材料费	机械费	计费基础	管理费和利润	
		建筑								
1	010101001001	平整场地	m^2	95.96	9.69			9.69	0.78	10.47
	1-4-1	人工场地平整	$10m^2$	19.428	9.69			9.69	0.78	
2	010101004001	挖基坑土方；普通土，2m 内	m^3	123.09	28.85	0.02	0.14	29.01	2.35	31.36
	1-2-16	人工挖地坑普通土深 2m 内	$10m^3$	12.309	27.13		0.14	27.27	2.21	
	1-4-4-1	基底钎探(灌砂)	十眼	2.4	1.72	0.02		1.74	0.14	
3	010101003001	挖沟槽土方；普通土，2m 内	m^3	91.68	24.47		0.05	24.52	1.99	26.51
	1-2-10	人工挖沟槽普通土深 2m 内	$10m^3$	9.168	24.47		0.05	24.52	1.99	
4	010501001001	垫层；C15 垫层	m^3	1.74	111.75	283.24	2.73	397.71	32.22	429.94
	2-1-13-2'	C154 商品混凝土无筋混凝土垫层(独立基础)	$10m^3$	0.174	85.36	224.40	1.17	310.92	25.19	

续表

序号	项目编码	项 目 名 称	单位	工程量	综合单价组成					综合单价
					人工费	材料费	机械费	计费基础	管理费和利润	
	10-4-49	混凝土基础垫层木模板	10m^2	0.472	26.39	58.84	1.56	86.79	7.03	
5	010501003001	独立基础；C20柱基	m^3	4.85	128.31	353.18	6.03	487.53	39.48	527.00
	4-2-7’	C204 商品混凝土独立基础	10m^3	0.485	61.48	225.52	0.64	287.65	23.30	
	10-4-27’	混凝土独立基础胶合板模板木支撑[扣胶合板]	10m^2	1.872	58.38	54.01	5.1	117.48	9.51	
	10-4-310	基础竹胶板模板制作	10m^2	0.457	8.45	73.65	0.29	82.40	6.67	

注：为节约篇幅，下略。

工程名称：收发室装饰　　　　装饰工程工程量清单综合单价分析表　　　　表 3-13

序号	项目编码	项 目 名 称	单位	工程量	综合单价组成					综合单价
					人工费	材料费	机械费	计费基础	管理费和利润	
		装修								
1	010801001001	木质门；无亮全板门	m^2	5.67	51.75	177.53	2.99	51.75	33.65	265.92
	5-1-13	单扇木门框制作	10m^2	0.567	6.38	36.36	0.71	6.38	4.15	
	5-1-14	单扇木门框安装	10m^2	0.567	13.00	8.58	0.02	13.00	8.45	
	5-1-37	单扇木门扇制作	10m^2	0.567	21.89	73.52	2.26	21.89	14.23	
	5 1 38	单扇木门扇安装	10m^2	0.567	7.30			7.30	4.75	
	5-9-3-1	单扇木门配件(安执手锁)	10 樘	0.30	3.18	59.07		3.18	2.07	
2	010801001002	木质门；有亮夹板门	m^2	2.40	48.49	236.42	4.10	48.49	31.53	320.54
	5-1-9	单扇带亮木门框制作	10m^2	0.24	6.54	39.23	0.67	6.54	4.25	
	5-1-10	单扇带亮木门框安装	10m^2	0.24	11.17	7.34	0.02	11.17	7.26	
	5-1-77	单扇胶合板门扇制作	10m^2	0.24	20.98	143.33	3.41	20.98	13.64	
	5-1-78	单扇胶合板门扇安装	10m^2	0.24	7.30			7.30	4.75	
	5-9-3-1	单扇木门配件(安执手锁)	10 樘	0.10	2.50	46.52		2.50	1.63	

注：为节约篇幅，下略。本表中的综合单价是表 3-11 的计算依据。

3.3.5 措施项目清单计价与汇总表（表3-14～表3-19）

工程名称：收发室建筑　　　　建筑工程总价措施项目清单与计价表　　　　表3-14

序号	项目编码	项目名称	计算基础	费率(%)	金额	调整费率(%)	调整后金额	备注
1	011707002001	夜间施工	直接费	0.7	779			
2	011707004001	二次搬运	直接费	0.6	668			
3	011707005001	冬雨期施工	直接费	0.8	891			
4	011707007001	已完工程及设备保护	直接费	0.15	167			
	合　计				2505			

工程名称：收发室装饰　　　　装饰工程总价措施项目清单与计价表　　　　表3-15

序号	项目编码	项目名称	计算基础	费率(%)	金额	调整费率(%)	调整后金额	备注
1	011707002001	夜间施工	人工费	4	586			
2	011707004001	二次搬运	人工费	3.6	527			
3	011707005001	冬雨期施工	人工费	4.5	659			
4	011707007001	已完工程及设备保护	直接费	0.15	47			
	合　计				1819			

工程名称：收发室建筑　　　　建筑工程单价措施项目清单与计价表　　　　表3-16

序号	项目编码	项目名称	项目特征描述	计量单位	工程量	金额		
						综合单价	合价	其中：暂估价
1	011701001001	综合脚手架		m^2	95.96	19.22	1844	
		合　计					1844	

工程名称：收发室装饰　　　　装饰工程单价措施项目清单与计价表　　　　表3-17

序号	项目编码	项目名称	项目特征描述	计量单位	工程量	金额		
						综合单价	合价	其中：暂估价
1	011701001001	综合脚手架		m^2	95.96	7.23	694	
		合　计					694	

工程名称：收发室建筑　　　　建筑工程措施项目清单计价汇总表　　　　表3-18

序号	项目名称	金　额
1	单价措施项目费	1844
2	总价措施项目费	2505
	合　计	4349

工程名称：收发室装饰　　装饰工程措施项目清单计价汇总表　　表 3-19

序号	项目名称	金额
1	单价措施项目费	694
2	总价措施项目费	1819
	合　计	2513

3.3.6 措施项目清单综合单价分析表（表 3-20、表 3-21）

工程名称：收发室建筑　　建筑工程措施项目清单综合单价分析表　　表 3-20

序号	项目编码	项目名称	单位	工程量	综合单价组成					综合单价
					人工费	材料费	机械费	计费基础	管理费和利润	
	建筑									
1	011701001001	综合脚手架	m^2	95.96	8.90	6.52	2.36	17.79	1.44	19.22
	10-1-103	双排外钢管脚手架 6m 内	$10m^2$	16.052	7.25	6.18	1.77	15.20	1.23	
	10-1-21	单排里钢管脚手架 3.6m 内	$10m^2$	3.864	1.19	0.25	0.43	1.87	0.15	
	10-1-21	单排里钢管脚手架 3.6m 内	$10m^2$	1.482	0.46	0.09	0.16	0.72	0.06	
2	011707002001	夜间施工	项	1	144.17	576.68		720.85	58.39	779.24
		计费基础 102979 ×0.7%，人工占 20%								
3	011707004001	二次搬运	项	1	123.57	494.30		617.87	50.04	667.91
		计费基础 102979 ×0.6%，人工占 20%								
4	011707005001	冬雨期施工	项	1	164.77	659.07		823.83	66.73	890.57
		计费基础 102979 ×0.8%，人工占 20%								
5	011707007001	已完工程及设备保护	项	1	15.45	139.02		154.47	12.51	166.98
		计费基础 102979 ×0.15%，人工占 10%								
		小　计			1302	2494	227		326	
		合　计			1302	2494	227		326	

工程名称：收发室装饰　　装饰工程措施项目清单综合单价分析表　　表 3-21

序号	项目编码	项目名称	单位	工程量	综合单价组成					综合单价
					人工费	材料费	机械费	计费基础	管理费和利润	
	装修									
1	011701001001	综合脚手架	m^2	95.96	3.32	0.54	1.21	3.32	2.16	7.23

续表

序号	项目编码	项目名称	单位	工程量	综合单价组成					综合单价
					人工费	材料费	机械费	计费基础	管理费和利润	
	10-1-22-1	装饰钢管脚手架3.6m内	$10m^2$	25.877	3.32	0.54	1.21	3.32	2.16	
2	011707002001	夜间施工	项	1	103.66	414.62		103.66	67.38	585.66
		计费基础12957×4%,人工占20%								
3	011707004001	二次搬运	项	1	93.29	373.16		93.29	60.64	527.09
		计费基础12957×3.6%,人工占20%								
4	011707005001	冬雨期施工	项	1	116.61	466.45		116.61	75.80	658.86
		计费基础12957×4.5%,人工占20%								
5	011707007001	已完工程及设备保护	项	1	4.44	39.97		4.44	2.89	47.30
		计费基础29605×0.15%,人工占10%								
		小　计			637	1346	116		414	
		合　计			637	1346	116		414	

3.3.7 其他项目清单计价与汇总表（表3-22～表3-27）

工程名称：收发室建筑　　　　建筑工程其他项目清单计价与汇总表　　　　表3-22

序号	项目名称	计量单位	金额	结算金额
1	暂列金额	项	11132	
2	暂估价	项		
2.1	材料暂估价			
2.2	专业工程暂估价			
3	计日工			
4	总承包服务费		96	
	合　计		11228	

工程名称：收发室装饰　　　　装饰工程其他项目清单计价与汇总表　　　　表3-23

序号	项目名称	计量单位	金额	结算金额
1	暂列金额	项	3803	
2	暂估价	项		
2.1	材料暂估价			
2.2	专业工程暂估价			
3	计日工			
4	总承包服务费			
	合　计		3803	

工程名称：收发室建筑　　　　　　建筑工程暂列金额明细表　　　　　　表 3-24

序号	项 目 名 称	计量单位	暂定金额	备注
1	暂列金额	项	11132	
	合计		11132	

工程名称：收发室装饰　　　　　　装饰工程暂列金额明细表　　　　　　表 3-25

序号	项 目 名 称	计量单位	暂定金额	备注
1	暂列金额	项	3803	
	合计		3803	

工程名称：收发室建筑　　　　　　建筑工程总承包服务费计价表　　　　　　表 3-26

序号	项 目 名 称	项目价值	服务内容	计算基础	费率(%)	金额
1	专业工程总承包服务费					
2	发包人供应材料总承包服务费	9603			1.00	96
	合　　计					96

工程名称：收发室装饰　　　　　　装饰工程总承包服务费计价表　　　　　　表 3-27

序号	项 目 名 称	项目价值	服务内容	计算基础	费率(%)	金额
1	专业工程总承包服务费					
2	发包人供应材料总承包服务费					
	合　　计					

3.3.8 规费、税金项目清单与计价表（表 3-28、表 3-29）

工程名称：收发室建筑　　　　　　建筑工程规费、税金项目清单与计价表　　　　　　表 3-28

序号	项 目 名 称	计 费 基 础	费率(%)	金额
1	规费			8363
1.1	安全文明施工费			4289
1.1.1	环境保护费	分部分项+措施项目+其他项目	0.11	140
1.1.2	文明施工费	分部分项+措施项目+其他项目	0.55	698
1.1.3	临时设施费	分部分项+措施项目+其他项目	0.72	914
1.1.4	安全施工费	分部分项+措施项目+其他项目	2	2538
1.2	工程排污费	分部分项+措施项目+其他项目	0.26	330
1.3	社会保障费	分部分项+措施项目+其他项目	2.6	3299
1.4	住房公积金	分部分项+措施项目+其他项目	0.2	254
1.5	危险工作意外伤害保险	分部分项+措施项目+其他项目	0.15	190
2	税金	分部分项+措施项目+其他项目+规费	3.48	4704
	合 计			13070

工程名称：收发室装饰　　装饰工程规费、税金项目清单与计价表　　表 3-29

序号	项目名称	计费基础	费率(%)	金额
1	规费			3126
1.1	安全文明施工费			1703
1.1.1	环境保护费	分部分项+措施项目+其他项目	0.12	53
1.1.2	文明施工费	分部分项+措施项目+其他项目	0.1	44
1.1.3	临时设施费	分部分项+措施项目+其他项目	1.62	718
1.1.4	安全施工费	分部分项+措施项目+其他项目	2	887
1.2	工程排污费	分部分项+措施项目+其他项目	0.26	115
1.3	社会保障费	分部分项+措施项目+其他项目	2.6	1153
1.4	住房公积金	分部分项+措施项目+其他项目	0.2	89
1.5	危险工作意外伤害保险	分部分项+措施项目+其他项目	0.15	67
2	税金	分部分项+措施项目+其他项目+规费	3.48	1652
	合计			4778

3.3.9 材料暂估价一览表（表 3-30）

工程名称：收发室建筑　　建筑工程材料暂估价一览表　　表 3-30

序号	材料编码	材料名称、规格、型号	计量单位	数量	单价	金额	备注
1	81013	C201 现浇混凝土碎石<16[商品]	m^3	0.122	220.00	27	
2	81020	C202 现浇混凝土碎石<20[商品]	m^3	19.21	220.00	4226	
3	81027	C203 现浇混凝土碎石<31.5[商品]	m^3	4.385	220.00	965	
4	81036	C154 现浇混凝土碎石<40[商品]	m^3	7.11	220.00	1564	
5	81037	C204 现浇混凝土碎石<40[商品]	m^3	6.398	220.00	1408	
6	81039	C304 现浇混凝土碎石<40[商品]	m^3	5.65	250.00	1413	
		合　计				9603	

复习思考题

1. 试分析原综合单价分析表（表-9）与新综合单价分析表（表 3-12）的区别。
2. 增加全费计价表的意义何在？
3. 试谈将招标控制价表格分为纸面文档和电子文档的意义。
4. 本案例中对模板是如何处理的？
5. 本案例中对措施项目中的脚手架是如何处理的？
6. 本案例为何计算总包服务费？
7. 本案例的暂列金额是如何计算的？
8. 了解规范规定的 26 种计价表格的构造和应用。

9. 了解新增 4 种（综合单价分析表、主要材料价格表、全费单价分析表、全费计价）的构造和应用。

作 业 题

应用你所熟悉的算量和计价软件，依据收发室图纸和第 2 章的工程量计算结果，做出工程报价。并与本章结果进行对比，找出不同的原因。

4 框架住宅工程计量

4.1 案例清单/定额知识

本章考虑了商品混凝土的处理。本项目按 2 个单位工程（框架住宅建筑和框架住宅装饰）来计算。每个分部的序号都从头开始编排，以利于计算结果的调用。

4.1.1 基础工程

（1）挖基坑和沟槽土方中清单按人工挖三类土考虑放坡系数 0.33（定额与清单一致），基础垫层的工作面统一按 300mm 考虑。

（2）挖沟槽长度算至柱基垫层外皮，不考虑扣除工作面和放坡的重叠部分。

（3）本案例考虑了人工挖土与运余土，运距 50m 内；在计算余土量时考虑了回填土 1.15 的压实系数。

（4）垫层按《2013 计价规范》规定：混凝土垫层按附录 E 中编码 010501001 列项，地面中的混凝土垫层单列；地面地瓜石垫层按附录 D 中编码 010404001 列项。

4.1.2 主体工程

（1）有梁板按梁板体积之和计算（不执行梁与板整体现浇时，梁高算至板底的梁和板分别计算的规定）。内外梁均按全高（不扣板厚）算至柱侧；板按梁间净面积计算，均不扣柱的板头，符合《2013 计价规范》计算规则的要求。

（2）屋面根据《2013 计价规范》的要求将清单项目细化。

屋面中套了 5 项清单：沥青卷材防水、找平层、炉渣找坡、聚乙烯保温板和找平层。

（3）按规范要求：砌块墙拉结筋按 2ϕ6@500 计算，采用植筋方式施工。

（4）马凳的材料比底板钢筋降低一个规格，长度按底板厚度的 2 倍加 200mm 计算，每平方米 1 个，计入钢筋总量。

4.1.3 措施项目

（1）垂直运输费按 2013 清单和定额均按建筑面积计算。

（2）模板考虑在混凝土清单内列出，不再列入措施项目中。

（3）模板均按胶合板考虑。由于山东消耗量定额增加了竹（胶合板）制作项目，并调整了定额消耗量，故在套用时扣除了定额中的胶合板含量，并按济南市规定，按混凝土工程量乘以 0.244 的系数来计算竹胶板制作工程量。

（4）脚手架分别在砌体和装修清单项目中计算，转入计价时汇总在综合脚手架清单项目内，清单按建筑面积计算综合单价。

4.1.4 装修工程

（1）地面中的垫层、防水均列入建筑。

（2）墙面中的保温列入建筑。

（3）油漆部分均单列。

4.2 门窗过梁表、基数表、构件表

4.2.1 门窗过梁表

门窗过梁表中含门窗表、门窗统计表和过梁表三种表格。

1. 门窗表（表 4-1）

该表根据设计总说明中门窗统计表和建筑平面图，经过加工添加楼层和过梁的信息而生成。

门窗表 **表 4-1**

工程名称：框架住宅

门窗号	图纸编号	洞口尺寸	面积	数量	29W 墙	19N 墙	洞口过梁号
M1	FM1827	1.8×2.7	4.86	1	1		KL
1层				1	1		
M2	M0821	0.8×2.1	1.68	3		3	GL1
1层				1		1	
2层				2		2	
M3	M0921	0.9×2.1	1.89	5		5	GL2
1层				5		5	
M4	M1021	1×2.1	2.1	7		7	GL3
2层				7		7	
MD1	门洞	1.355×2.9	3.93	1		1	KL
C1	C1818	1.8×1.8	3.24	23	23		KL
1层				11	11		
2层				12	12		
C2	C1209	1.2×0.9	1.08	1	1		KL
1层				1	1		
			数量	41	25	16	
			面积	113.58	80.46	33.12	

2. 门窗统计表（表 4-2）

该表由门窗表自动生成，在表格输出中体现。

门窗统计表 **表 4-2**

工程名称：框架住宅

门窗号	图纸编号	洞口尺寸	面积	数量	1层	2层	合计
M1	FM1827	1.8×2.7	4.86	1	1		4.86
M2	M0821	0.8×2.1	1.68	3	1	2	5.04
M3	M0921	0.9×2.1	1.89	5	5		9.45
M4	M1021	1×2.1	2.1	7		7	14.70
			门个数	16	7	9	
			门面积	34.05	15.99	18.06	
C1	C1818	1.8×1.8	3.24	23	11	12	74.52
C2	C1209	1.2×0.9	1.08	1	1		1.08
			窗樘数	24	12	12	
			窗面积	75.60	36.72	38.88	
			数量	40	19	21	
			面积	109.65	52.71	56.94	

3. 过梁表（表 4-3）

该表由门窗表自动生成，在过梁表界面和表格输出中体现。

过梁表 **表 4-3**

工程名称：框架住宅

过梁号	图纸编号	$L \times B \times H$	体积	数量	29W墙　19N墙	洞口门窗号
GL1	GL1	1.3×0.19×0.12	0.03	3	3	M2
GL2	GL2	1.4×0.19×0.12	0.032	5	5	M3
GL3	GL3	1.5×0.19×0.12	0.034	7	7	M4
			数量	15	15	
			体积	0.488	0.488	

4.2.2 基数表及基数计算表

1. 基数表（表 4-4）

基数表 **表 4-4**

工程名称：框架住宅

序号	基数	名称	计 算 式	基数值
1	S	外围面积	18×10	180
2	W	外墙长	2×(18+10)	56
3	L	外墙中	W−0.29×4	54.84
4	N	内墙长	[1−]3.765+[3]3.765+[2−3]5.465×3+[A−B]5.865+17.42	47.21
5	Q	墙体面积	L×0.29+N×0.19	24.874

续表

序号	基数	名称	计　算　式	基数值
6		厨房	2.865×3.765=10.787	
7		餐厅	5.865×5.465=32.052	
8		大厅	8.31×3.765=31.287	
9	LT	楼梯	2.51×4.36=10.944	
10		过道	2.51×1.105+5.61×5.465−3×3.955=21.567	
11		卧室	5.865×3.765×2=44.163	
12	RC1	卫生间	2.865×1.51=4.326	
13	R	室内面积	Σ	155.126
14		校核	*S*−*Q*−*R*=0	
15	N2	2层内墙长	[1−3]5.465×2+[2−4]9.42×3+[B]5.865+2.51+5.61+[B−]2.865	56.04
16	Q2	2层墙体面积	*L*×0.29+N2×0.19	26.551
17		卧室	2.865×5.465+2.81×5.465×2+2.61×5.465+2.865×6.965=80.589	
18		起居室	5.865×3.765+5.61×3.765=43.203	
19		楼梯间	2.51×6.965=17.482	
20	RC2	卫生间	2.51×2.265+2.865×2.265=12.174	
21	R2	室内面积	Σ	153.448
22		校核	*S*−Q2−R2=0.001	
23	JM	建筑面积	*S*×2	360
24	JT	建筑体积	*S*×6.6	1188
25	TH	屋面找坡厚度	0.03+5×0.02/2	0.08
26	WL	外梁长	*W*−0.4×14	50.4
27	JW	外基梁槽长	*W*−[ZJ1](0.25+1.15)×8−[ZJ2]2.9×4−[ZJ3]3.2×2	26.8
28	NKJ	300×500-JKL2,3,6	[2,3]8.8×2+[B]16.4	34
29	NJ45	300×450-JL2	[2−]5.3	5.3
30	NJ40	300×400-JL1,5	[1−]3.6+[A−]5.7	9.3
31	NJ35	250×350-JL3,4	[3−]1.4+[A−]3	4.4
32	NJL	内基梁长	NKJ+NJ45+NJ40+NJ35	53
33	NJ	内砖基长	NJL−[2]3.55−[3]1.38−[JL4]3	45.07
34	JN	内基梁槽长	3.05×2+7.7+3.6+5.3+1.4+2.4[JL4]+5.7	32.2
35	NKJC	300X500-JKL2,3,6	[2,3](9.5−1.55−3.5−1.4)×2+[B]17.5−1.4×2−3.5×2	13.8
36		校核	JN−NKJC−NJ45−NJ40−NJ35+0.3×2[JN4]=0	
37	L503	KL2,3,5	[2,3]5.25+3.845+[B]16.4	25.495
38	LX503	KL3	[3]1.405	1.405
39	L403	KL2	[3]3.55	3.55
40	LX403	KL3	[2]3.55	3.55
41	L402	L1,2,3	[1−]3.71+[2−]5.41+[3−]1.675	10.795

续表

序号	基数	名称	计 算 式	基数值
42	LX402	L1,2,3	[1-]5.41+[2-]3.71+[3-]3.735+3.71	16.565
43	LX352	L5,6	[B-]2.425+2.835	5.26
44	Q19	板下墙	[A-]2.725+2.835	5.56
45	KZ1	1层内墙柱	[2,3]0.11×3+0.05×2+[B]0.11×2+0.4×2	1.45
46	KL1	1层内墙梁	[1-]0.055+[A-]0.055+0.25	0.36
47		1层梁下墙校核	*N*-L503-L403-L402-Q19-KZ1-KL1=0	
48	W503	WKL2,4	[2,3]5.25×2+[B]5.65+2.725+2.925	21.8
49	WX503	WKL4	[B]2.375+2.725	5.1
50	W403	WKL2	[2]3.55	3.55
51	WX403	WKL2	[3]3.55	3.55
52	W402	WL1,2	[1-4]5.41×3+3.71×2	23.65
53	Q192	板下墙	[B-]2.425+2.835	5.26
54	KZ2	2层内墙柱	[2,3]0.11×3+0.05×4+[B]0.11+0.35+0.4	1.39
55	KL2	2层内墙梁	[1-]0.055+[2-4]0.11×2+[B-]0.055+0.03×2	0.39
56		2层梁下墙校核	N2-W503-W403-W402-Q192-KZ2-KL2=0	
57	B1	1层100板	17.42×9.42-(L503+LX503+L403+LX403)×0.3-(L402+LX402+L352)×0.25-[LT]2.425×4.36	136.483
58	B2	1层100板	17.42×9.42-(W503+WX503+W403+WX403)×0.3-W402×0.25	147.984
59	Q315	1层 *h*=3.15	Q19+0.055+0.25=5.865	
60	Q285	*H*=2.85	L402+L403+0.055=14.4	
61	Q275	*H*=2.75	L503=25.495	
62		校核	Σ+KZ1-*N*	0
63	Q325	2层 *h*=3.25	Q192=5.26	
64	Q295	2层 *h*=2.95	W402+W403+0.055+0.11×2=27.475	
65	Q2852	2层 *h*=2.85	W503+0.055+0.03×2=21.915	
66		校核	Σ+KZ2-N2	0

说明：

(1) 三线三面基数对于框架结构来说，虽不能用外墙中和内墙净长来计算墙体，但仍要用它们来校核基数。每个房间的面积都要分别计算，以便提取到室内装修表中来计算踢脚、墙面抹灰等。

(2) 构件基数中列出了各种梁高的总长度，它们是计算梁构件的公因数，以变量命名并调用，可简化构件的体积计算式。

(3) 基数校核是不可缺少的工作。14、22项是对三线三面基数的校核；36项是对内基梁槽长的校核；47和56项分别对一、二层梁的长度进行校核；62和66项分别对一、二层墙的长度进行校核。

2. 基数计算表（表 4-5、表 4-6）

基数计算表（1 层） **表 4-5**

工程名称：框架住宅

名称	混凝土墙梁	框柱	框梁			梁下无墙				板下墙	墙
轴号	KL1	KZ1	L503	L403	L402	LX503	LX403	LX402	LX352	Q19	N
1—	0.055				3.71			5.41			3.765
2		0.11+0.05	5.25				3.55				5.41
2—					5.41			3.71			5.41
3		0.11×2+0.05	3.845	3.55		1.405					7.665
3—					1.675			3.735+3.71			1.675
A—	0.055+0.25									2.725+2.835	5.865
B		0.22+0.8	16.4								17.42
B—									2.425+2.835		
小计	0.36	1.45	25.495	3.55	10.795	1.405	3.55	16.565	5.26	5.56	47.21
变量名	KL1	KZ1	L503	L403	L402	LX503	LX403	LX402	LX352	Q19	N
校核	0.36	1.45	25.495	3.55	10.795	1.405	3.55	16.565	5.26	5.56	47.21

基数计算表（2 层） **表 4-6**

工程名称：框架住宅

名称	混凝土墙梁	框柱	框梁			梁下无墙		板下墙	墙
轴号	KL2	KZ2	W503	W403	W402	WX503	WX403	Q192	N2
1—	0.055				5.41				5.465
2		0.11×2+0.05×2	5.25	3.55					9.12
2—	0.11				5.41+3.71				9.23
3		0.11+0.05×2	5.25				3.55		5.46
3—	0.11				5.41+3.71				9.23
B	0.055+0.03×2	0.11+0.35+0.4	5.65+2.725+2.925			2.375+2.725			12.275
B—								2.425+2.835	5.26
小计	0.39	1.39	21.8	3.55	23.65	5.1	3.55	5.26	56.04
变量名	KL2	KZ2	W503	W403	W402	WX503	WX403	Q192	N2
校核	0.39	1.39	21.8	3.55	23.65	5.1	3.55	5.26	56.04

说明：

(1) 每个轴线内分混凝土墙梁、框柱、框梁、梁下无墙和板下墙 5 个部分：

混凝土墙梁表示混凝土墙或梁所占长度；混凝土墙梁＋框柱＋框梁＋板下墙＝墙长（N），横向自动累加。

(2) 框梁的表示法：L503 表示 500 高 300 宽；LX503 表示 300×500 梁下无墙。

(3) 板下墙的表示法：Q19 表示为 190 墙。

（4）小计为自动累加。

（5）参考填写基数表中的基数值，该值依据基数表的数据调出。当与小计值不符时，应检查原因进行纠正。

（6）基数计算表用来计算每个轴线的梁长和墙长（分梁下墙、梁下无墙和板下墙）。

（7）以一层②轴为例：框柱（KZ）0.11＋0.05；梁 L503 下墙长 5.25；墙长为0.11＋0.05＋5.25＝5.41；

梁下无墙 LX403 长度为 3.55。

（8）该表应按内外墙分层填写。本案例工程由于外墙梁高一致，故省略。

4.2.3 构件表（表 4-7）

构件表 **表 4-7**

工程名称：框架住宅

序号		构件类别/名称	L	a	b	基础	一层	二层	数量
1		独立基础							
	1	ZJ1	2.2	2.2	0.4	4			4
	2	ZJ2	2.7	2.7	0.5	4			4
	3	ZJ3	3	3	0.5	2			2
	4	ZJ4	3.3	3.3	0.6	2			2
2		基础梁							
	1	外基梁	WL	0.4	0.5	1			1
	2	JKL2,3,6	NKJ	0.3	0.5	1			1
	3	JL2	NJ45	0.3	0.45	1			1
	4	JL1,5	NJ40	0.3	0.4	1			1
	5	JL3,4	NJ35	0.25	0.35	1			1
3		柱							
	1	KZ1,2,5	4.55	0.4	0.4		4		4
	2	KZ2,3,6	4.45	0.4	0.4		6		6
	3	KZ4	4.35	0.4	0.4		2		2
	4	KZ1-6	3.35	0.4	0.4			12	12
	5	LZ	2.25	0.25	0.19		2		2
4		有梁板							
	1	1层外 KL1,4,6	WL	0.29	0.55		1		1
	2	内 KL2,3,5	L503＋LX503	0.3	0.5		1		1
	3	KL2,3	L403＋LX403	0.3	0.4		1		1
	4	1层 L1,2,3	L402＋LX402	0.25	0.4		1		1
	5	L5,6	LX352	0.25	0.35		1		1
	6	2层外 WKL1,3,5	WL	0.29	0.6			1	1
	7	内 WKL2,4	W503＋WX503	0.3	0.5			1	1
	8	内 WKL2	W403＋WX403	0.3	0.4			1	1
	9	WKL1,2	W402	0.25	0.4			1	1
	10	1层 100 板	B1		0.1		1		1
	11	2层 100 板	B2		0.1			1	1
5		楼梯							
	1		LT	1				1	1
6		雨篷							
	1		2.8	1				1	1
7		檐板							
	1		W＋4×0.6	0.6	0.1			1	1

4.3 项目清单/定额表

框架住宅建筑工程项目清单/定额表，见表 4-8 所列；框架住宅装饰工程项目清单/定额表，见表 4-9 所列。

建筑工程项目清单/定额表 **表 4-8**

工程名称：框架住宅建筑

序号	项目名称	编码	清单/定额名称
	建筑		
1	平整场地		
1	平整场地	010101001	平整场地
2		1-4-1	人工场地平整
2	挖基坑土方		
3	1. 挖地坑(坚土)	010101004	挖基坑土方;坚土,地坑,2m 内
4	2. 钎探	1-2-18	人工挖地坑坚土深 2m 内
5	3. 挖沟槽(坚土)	1-4-4-1	基底钎探(灌砂)
6		010101003	挖沟槽土方;坚土,地槽,2m 内
7		1-2-12	人工挖沟槽坚土深 2m 内
3	柱基		
8	1. C15 混凝土垫层	010501001	垫层;C15 垫层
9	2. C30 柱基	2-1-13-2'	C154 商品混凝土无筋混凝土垫层(独立基础)
10		10-4-49	混凝土基础垫层木模板
11		010501003	独立基础;C30 柱基
12		4-2-7.39'	C304 商品混凝土独立基础
13		10-4-27'	混凝土独立基础胶合板模板木支撑[扣胶合板]
14		10-4-310	基础竹胶板模板制作
4	基础梁		
15	C30 基础梁	010503001	基础梁;C30
16		4-2-23.29'	C303 商品混凝土基础梁
17		10-4-108'	基础梁胶合板模板钢支撑[扣胶合板]
18		10-4-310	基础竹胶板模板制作
5	砖石基础		
19	1. M7.5 砂浆砌毛石	010403001	石基础;M7.5 砂浆
20	2. M7.5 砂浆砌实心砖	3-2-1.08	M7.5 砂浆乱毛石基础
21		010401001	砖基础;M7.5 砂浆
22		3-1-1.08	M7.5 砂浆砖基础
6	回填		
23	1. 槽坑回填	010103001	回填方;外运土 50m 内
24	2. 人力车运土 50m 内	1-4-13	槽、坑机械夯填土
25		1-2-47	人力车运土方 50m 内
7	柱		
26	C30 框架柱	010502001	矩形柱;C30
27		4-2-17.2'	C304 商品混凝土矩形柱
28		10-4-88'	矩形柱胶合板模板钢支撑[扣胶合板]
29		10-4-311	柱竹胶板模板制作
30		10-4-102	柱钢支撑高超过 3.6m 每增 3m
31		10-1-102	单排外钢管脚手架 6m 内

续表

序号	项目名称	编码	清单/定额名称
8	有梁板		
32	C30 有梁板	010505001	有梁板;C30
33		4-2-36.2'	C302 商品混凝土有梁板
34		10-4-160'	有梁板胶合板模板钢支撑[扣胶合板]
35		10-4-315	板竹胶板模板制作
9	楼梯		
36	C30 楼梯	010506001	直形楼梯;C30
37		4-2-42.22'	C302 商品混凝土直形楼梯无斜梁 100
38		4-2-46.22×2'	C302 商品混凝土楼梯板厚+10×2
39		10-4-201	直形楼梯木模板木支撑
10	挑檐		
40	C30 挑檐	010505007	檐板;C30
41		4-2-56.22'	C302 商品混凝土挑檐
42		10-4-211	挑檐木模板木支撑
11	雨篷		
43	C30 雨篷	010505008	雨篷;C30
44		4-2-49.22'	C302 商品混凝土雨篷
45		4-2-65.22×2'	C302 商品混凝土雨篷每+10×2
46		10-4-203	直形悬挑板阳台雨篷木模板木支撑
12	过梁		
47	C30 现浇过梁	010503005	过梁;C30
48		4-2-27.29'	C303 商品混凝土过梁
49		10-4-118'	过梁胶合板模板木支撑[扣胶合板]
50		10-4-313	梁竹胶板模板制作
13	构造柱		
51	C30 构造柱	010502002	构造柱;C30
52		4-2-20.29'	C303 商品混凝土构造柱
53		10-4-89'	矩形柱胶合板模板木支撑[扣胶合板]
54		10-4-311	柱竹胶板模板制作
14	压顶		
55	窗台压顶	010507005	压顶;C30
56		4-2-58.22'	C302 商品混凝土压顶
57		10-4-213	扶手、压顶木模板木支撑
15	填充墙砌体		
58	1. M5 混浆空心砌块墙 290	010402001	砌块墙;外空心砌块墙 290,M5 混浆
59	2. M5 混浆空心砌块墙 190	3-3-45.03	M5 混浆混凝土空心砌块墙 290
60		10-1-5	双排外钢管脚手架 15m 内
61		010402001	砌块墙;内空心砌块墙 190,M5 混浆
62		3-3-44.03	M5.0 混浆混凝土空心砌块墙 190
63		10-1-22	双排里钢管脚手架 3.6m 内
16	屋面		
64	1. 4 厚 SBS 改性沥青防水卷材	010902001	屋面卷材防水;改性沥青防水卷材
65	2. 25 厚 1:3 砂浆找平层	6-2-30	平面一层 SBS 改性沥青卷材满铺
66	3. 1:10 石灰炉渣找坡,最薄处 30	011101006	平面砂浆找平层;1:3 砂浆 25 厚
67	4. 80 厚聚苯乙烯保温板	9-1-2	1:3 砂浆填充料上找平层 20
68	5. 20 厚 1:3 砂浆找平层	9-1-3	1:3 砂浆找平层±5
69		011001001	保温隔热屋面;1:10 石灰炉渣最薄 30 厚找 2%坡
70		6-3-19	混凝土板上铺石灰炉渣 1:10

续表

序号	项目名称	编码	清单/定额名称
71		011001001	保温隔热屋面;80厚聚苯乙烯保温板
72		6-3-40H	混凝土板上干铺聚苯板80
73		011101006	平面砂浆找平层;1∶3砂浆20厚
74		9-1-1	1∶3砂浆硬基层上找平层20
17	外墙保温		
75	1. 外墙60厚EPS板保温	011001003	保温隔热墙面;EPS板60
76	2. 雨篷30厚EPS板保温	6-3-60	立面胶粘剂满粘聚苯板
77	3. 窗口贴30厚EPS板保温	011001006	其他保温隔热;EPS板30
78		6-3-43H	混凝土板上聚合物砂浆满粘聚苯板30
18	楼地面防水		
79	1. 平面防水卷材	010904001	楼(地)面卷材防水;高分子卷材
80	2. 立面防水卷材	6-2-90	平面TS-C复合防水卷材
81		6-2-91	立面TS-C复合防水卷材
19	雨篷顶防水		
82	防水砂浆抹面	010902003	屋面刚性层;防水砂浆
83		6-2-10	平面防水砂浆防水层
20	钢筋		
84	1. 砌体加固筋	010515001	现浇构件钢筋;砌体拉结筋
85	2. HPB300级钢	4-1-118H	植筋ϕ6.5(扣钢筋)
86	3. HRB335级钢	4-1-98	砌体加固筋ϕ6.5内
87		010515001	现浇构件钢筋;HPB300级钢
88		4-1-2	现浇构件圆钢筋ϕ6.5
89		4-1-3	现浇构件圆钢筋ϕ8
90		4-1-4	现浇构件圆钢筋ϕ10
91		4-1-52	现浇构件箍筋ϕ6.5
92		4-1-53	现浇构件箍筋ϕ8
93		4-1-54	现浇构件箍筋ϕ10
94		010515001	现浇构件钢筋;HRB335级钢
95		4-1-13	现浇构件螺纹钢筋ϕ12
96		4-1-14	现浇构件螺纹钢筋ϕ14
97		4-1-15	现浇构件螺纹钢筋ϕ16
98		4-1-16	现浇构件螺纹钢筋ϕ18
99		4-1-17	现浇构件螺纹钢筋ϕ20
100		4-1-18	现浇构件螺纹钢筋ϕ22
101		4-1-19	现浇构件螺纹钢筋ϕ25
21	混凝土散水;散1		
102	1. 60厚C20混凝土随打随抹,上撒1∶1水泥细砂压实抹光	010507001	散水;混凝土散水
103	2. 150厚3∶7灰土(取消)	8-7-51'	C20细石商品混凝土散水3∶7灰土垫层
104	素土夯实	2-1-1×-1	3∶7灰土垫层(扣除)
105		10-4-49	混凝土基础垫层木模板
22	室外混凝土台阶L03J004-1/11		
106	C20混凝土台阶	010507004	台阶;C20
107		4-2-57'	C202商品混凝土台阶
108		10-4-205	台阶木模板木支撑
23	地面垫层		
109	1. 素土夯实	010501001	垫层;1∶3砂浆灌地瓜石垫层
110	2. 120厚小毛石灌浆垫层	2-1-10	1∶3砂浆灌地瓜石垫层

续表

序号	项目名称	编码	清单/定额名称
111	3. C15混凝土垫层	1-4-6	机械原土夯实
112		010501001	垫层;C15
113		2-1-13’	C154商品混凝土无筋混凝土垫层
24	竣工清理		
114	竣工清理	01B001	竣工清理
115	竣工清理	1-4-3	竣工清理
25	施工组织设计		
116	1. 设6t塔吊一座,塔吊基础2.5×4×1	011705001	大型机械设备进出场及安拆
117	2. 石渣运费35元/m^3	10-5-1-1’	C204商品混凝土塔吊基础
118	3. 设钢管依附斜道一座(安全施工费)	4-1-131	现浇混凝土埋设螺栓
119	4. 采用密目网垂直封闭(安全施工费)	10-4-63	20m^3内设备基础组合钢模钢支撑
120	5. 立挂式安全网(安全施工费)	10-5-3	塔式起重机混凝土基础拆除
121	6. 采用钢管脚手架	补-1	石渣外运(35元/m^3)
122	7. 塔吊垂直运输	10-5-22	自升式塔式起重机安、拆
123		10-5-22-1	自升式塔式起重机场外运输
26	垂直运输		
124		011703001	垂直运输
125		10-2-15-1	30m内泵送混凝土垂直运输
27	脚手架(含在分项内,由软件分离出来)		
126	1. 外脚手	011701002	外脚手架
127	2. 里脚手	10-1-5	双排外钢管脚手架15m内
128		011701003	里脚手架
129		10-1-22	双排里钢管脚手架3.6m内
130		10-1-22-1	装饰钢管脚手架3.6m内
28	模板(列入混凝土项内)		

装饰工程项目清单/定额表　　表4-9

工程名称:框架住宅装饰

序号	项目名称	编码	清单/定额名称
	装饰		
1	木门		
1	1. 无亮全板门	010801001	木质门;无亮全板门
2	2. 木门油调合漆	5-1-13	单扇木门框制作
3		5-1-14	单扇木门框安装
4		5-1-37	单扇木门扇制作
5		5-1-38	单扇木门扇安装
6		5-1-108-2	镶木板门扇安装小百叶(注)
7		5-9-3-1	单扇木门配件(安执手锁)
8		011401001	木门油漆;调合漆
9		9-4-1	底油一遍调合漆二遍 单层木门
2	防盗门		
10	防盗门	010802004	防盗门
11		5-4-14	钢防盗门安装(扇面积)
3	塑钢窗		

续表

序号	项目名称	编码	清单/定额名称
12		010807001	塑钢窗
13		5-6-2	单层塑料窗安装
14		5-6-3	塑料窗带纱扇安装
4	水泥楼地面(其他房间)		
15	20厚1∶2水泥砂浆楼地面	011101001	水泥砂浆楼地面
16		9-1-9-1	1∶2砂浆楼地面20
17		011106004	水泥砂浆楼梯面层
18		9-1-10-2	1∶2砂浆楼梯20
5	地砖楼地面		
19	地砖地面(厨房\卫生间)	011102003	块料楼地面;面砖
20		9-1-82	1∶2.5砂浆10彩釉砖楼地面1200内
6	花岗石楼地面		
21	花岗石地面(大厅)	011102001	石材楼地面;花岗石
22		9-1-51	水泥砂浆花岗石楼地面
7	细石混凝土楼面		
23	细石混凝土楼面(其他房间)	011101003	细石混凝土楼地面
24		9-1-4’	C20细石商品混凝土找平层40
25		9-1-5’	C20细石商品混凝土找平层±5
26		9-1-12	1∶1砂浆加浆抹光随捣随抹5
8	台阶面		
27	20厚1∶2.5水泥砂浆台阶	011107004	水泥砂浆台阶面
28		9-1-11	1∶2.5砂浆台阶20
9	踢脚线		
29	花岗石踢脚	011105002	石材踢脚线;花岗石板
30		9-1-62	水泥砂浆异型花岗石踢脚板
31		9-1-60	水泥砂浆直线形花岗石踢脚板
10	花岗石窗台板		
32	花岗石窗台板	011206001	石材零星项目;花岗石窗台板
33		9-5-23	窗台板水泥砂浆花岗石面层
11	内墙面砖(厨卫)		
34	面砖墙面	011204003	块料墙面;瓷砖
35		9-2-176	墙面砂浆粘贴瓷砖200×200
36		9-2-177	零星项目砂浆粘贴瓷砖200×200
37		4-1-117	墙面钉钢丝网
38		9-2-334	面砖阳角45°角对缝
39		10-1-22-1	装饰钢管脚手架3.6m内
12	内墙水泥抹灰(其他房间)		
40	1.21厚水泥砂浆墙面	011201001	墙面一般抹灰;内墙水泥砂浆
41	2. 刮腻子	9-2-20	砖墙面墙裙水泥砂浆14+6
42	3. 刷乳胶漆二遍	9-2-103	1∶2.5水泥砂浆装饰抹灰±1
43		4-1-117	墙面钉钢丝网
44		10-1-22-1	装饰钢管脚手架3.6m内
45		011407001	墙面喷刷涂料;刮腻子,乳胶漆
46		9-4-260	内墙抹灰面满刮成品腻子二遍
47		9-4-152	室内墙柱光面刷乳胶漆二遍
13	天棚抹灰		
48	1. 刮腻子	011407002	天棚喷刷涂料;刮腻子,乳胶漆三遍
49	2. 刷乳胶漆三遍	9-4-269	不抹灰顶棚、内墙满刮调制腻子

续表

序号	项目名称	编码	清单/定额名称
50		9-4-151	室内顶棚刷乳胶漆二遍
51		9-4-157	室内顶棚刷乳胶漆增一遍
14	聚苯板抹灰;保温涂料外墙,外墙 19		
52	1. 外墙弹性涂料	011201001	墙面一般抹灰;混合砂浆外墙面(加气混凝土)
53	2. 刷弹性底涂,刮柔性腻子	9-2-32	混凝土墙面墙裙混合砂浆 12+8
54	3. 3~5 厚抗裂砂浆复合耐碱玻纤网格布(建筑)	9-4-242	混凝土界面剂涂敷加气混凝土砌块面
55	4. 聚苯板保温层 50,胶粘剂粘贴(建筑)	011201002	墙面装饰抹灰;混合砂浆檐口
56	5. 20 厚 1∶1∶6 水泥石灰膏砂浆找平	9-2-36	零星项目混合砂浆 13+6
57	6. 刷界面砂浆一道	011407001	墙面喷刷涂料
58	7. 加气混凝土砌块墙	9-4-184	抹灰外墙面丙烯酸涂料(一底二涂)
15	楼梯扶手		
59	不锈钢管扶手不锈钢栏杆	011503001	金属扶手栏杆;不锈钢扶手带栏杆
60		9-5-203	不锈钢管扶手不锈钢栏杆
61		9-5-204	不锈钢管扶手弯头另加工料

4.4 辅助计算表

框架住宅辅助计算表，见表 4-10～表 4-12 所列。

挖坑表（C 表） 表 4-10

说明	坑长	坑宽	加宽	垫层厚	工作面	坑深	放坡	数量	挖坑	垫层	模板	钎探
C1:挖坑												
ZJ1	2.4	2.4	0.3	0.1	0.3	1.6	0.33	4	77.38	2.3	3.84	24
ZJ2	2.9	2.9	0.3	0.1	0.3	1.6	0.33	4	101.15	3.36	4.64	36
ZJ3	3.2	3.2	0.3	0.1	0.3	1.6	0.33	2	58.47	2.05	2.56	22
ZJ4	3.5	3.5	0.3	0.1	0.3	1.6	0.33	2	66.95	2.45	2.8	26
									303.95	10.16	13.84	108

注：将本表的挖坑量分别调入第 3 项；垫层调入第 8 项；模板调入第 10 项；钎探调入第 5 项。

构造柱表（H 表） 表 4-11

说明	型号	长(a)	宽(b)	高	数量	筋①	筋②	筋③	筋④	柱体积	模板
H1:外墙柱											
一层 GZ1	⊥形	0.29	0.19	2.7	3	15		30		0.63	4.46
二层 GZ1	⊥形	0.29	0.19	2.75	6	30		60		1.29	9.08
						45		90		1.92	13.54
H2:内墙柱											
一层 GZ2	⊥形	0.19	0.19	2.85	1	5		10		0.15	1.57

续表

说明	型号	长(a)	宽(b)	高	数量	筋①	筋②	筋③	筋④	柱体积	模板
	┻形	0.19	0.19	2.75	2	10		20		0.29	3.03
	┗形	0.19	0.19	2.75	1	10				0.13	1.71
	端形	0.19	0.19	2.85	1	5				0.12	1.97
二层 GZ2	┻形	0.19	0.19	2.85	3	15		30		0.45	4.7
						45		60		1.14	12.98

注：将此表的混凝土量调入清单/定额界面的第 51 项；模板量调入第 53 项。

室内装修表（J 表） **表 4-12**

说明	*a* 边	*b* 边	高	增垛扣墙	立面洞口	间数	踢脚线（m）	墙面	平面	脚手架
J1:1 层室内装修										
厨房	2.865	3.765	3.15		C1+M3	1	12.36	36.64	10.79	41.77
餐厅	5.865	5.465	3.15		2C1+M3	1	21.76	63.01	32.05	71.38
大厅	8.31	3.765	3.15	0.11×4	3C1+3M3	1	21.89	62.07	31.29	76.07
楼梯	2.51	5.465	3.15	−1.355	C1	1	14.6	42.73	13.72	45.97
过道	5.61	5.465	3.15	0.11×2−1.355	M1+M2+3M3	1	15.72	53.99	30.66	65.5
	3	−3.955				1			−11.87	
卧室	5.865	3.765	3.15		2C1+M3	2	36.72	104.6	44.16	121.34
卫生间	2.865	1.51	3.15		M2+C2	1	7.95	24.8	4.33	27.56
					63.84		131	387.84	155.13	449.59
J2:2 层室内装修										
卧室	2.865	5.465	3.2		C1+M4	1	15.66	47.97	15.66	53.31
	2.81	5.465	3.2		C1+M4	2	31.1	95.24	30.71	105.92
	2.61	5.465	3.2		C1+M4	1	15.15	46.34	14.26	51.68
	2.865	6.965	3.2	0.11×2	C1+M4	1	18.88	58.28	19.95	62.91
起居室	5.865	3.765	3.2		2C1+M2+3M4	1	15.46	47.17	22.08	61.63
	5.61	3.765	3.2	0.11×2	2C1+M2+4M4	1	14.17	44.14	21.12	60
楼梯间	2.51	6.965	3.2	0.11×2	C1+2M4	1	17.17	53.9	17.48	60.64
卫生间	2.51	2.265	3.2		C1+M2	1	8.75	25.64	5.69	30.56
	2.865	2.265	3.2		C1+M2	1	9.46	27.91	6.49	32.83
					75		145.8	446.59	153.44	519.48

注：1. 厨房、卫生间墙面面积调入第 34 项；脚手架面积调入 39 项。

2. 餐厅、大厅、楼梯、过道、卧室、起居室和楼梯间踢脚长度调入 29 项计算踢脚线；墙面面积调入第 40 项；脚手架面积调入 44 项。

4.5 钢筋明细表与汇总表

钢筋明细表，见表 4-13 所列；钢筋汇总表，见表 4-14 所列。

钢筋明细表 表 4-13

工程名称：框架住宅

序号	构件名称	数量	筋号	规格	图形	长度(mm)	根数	重量(kg)
1	独立基础							
	ZJ-1	2	长方向基底筋	Φ12	2120	2120	12	22.59
	ZJ-2	2	宽方向基底筋	Φ12	2120	2120	12	22.59
			……					
2	基础梁							
	JL1	1	梁底直筋[0 跨]	Φ18	270 4274 270	4810	3	28.884
			通长面筋[0 跨]	Φ12	3950	3950	3	10.522
			矩形箍筋(2)[1 跨]	ϕ8	312 212	1180	19	8.878
			……					
3	柱							
	KZ1	2	拉筋 3	ϕ8	368	580	13	2.99
			内箍 2	ϕ8	136 352	1190	13	6.11
			竖向纵筋	Φ20	1333	1330	2	6.57
			竖向纵筋	Φ20	1333	1330	3	9.86
			竖向纵筋	Φ20	1700	1700	2	8.38
			竖向纵筋	Φ20	1700	1700	3	12.58
			外箍 1	ϕ8	352 352	1620	15	9.61
			柱插筋	Φ20	150 1110	1260	3	9.32
			柱插筋	Φ20	150 777	930	3	6.86
			柱插筋	Φ20	300 1110	1410	2	6.95
			……					
4	构造柱							
	GZ1	3	矩形箍(2×2)	ϕ8	192 352	1220	10	4.83
			竖向纵筋	Φ12	280 580	860	4	3.05
			柱插筋	Φ12	766	760	4	2.72
			矩形箍(2×2)	ϕ8	192 352	1220	2	0.96
			……					
5	墙							
			墙体拉结筋详见表 4-15，工程量计算书 D84					
6	梁							
	KL1(2)	2	受力锚固面筋[0 跨]	Φ20	10066 300 300	10670	2	52.6

续表

序号	构件名称	数量	筋号	规格	图形	长度(mm)	根数	重量(kg)
			矩形箍(2)[1跨]	ϕ8	502 242	1700	41	27.58
			端支座负筋[1跨]	Φ 20	2183 300	2480	1	6.12
			梁底直筋[1 2跨]	Φ 18	270 10066 270	10610	3	63.64
			中间支座负筋[1 2跨]	Φ 16	3900	3900	1	6.15
			矩形箍(2)[2跨]	ϕ8	502 242	1700	30	20.18
			右端支座负筋[2跨]	Φ 20	1917	1920	1	4.73
			……					
	WKL1	1	受力锚固面筋[0跨]	Φ 18	9858 580 580	11020	3	66.11
			梁底直筋[0跨]	Φ 18	270 10062 270	10600	3	63.61
			构造腰筋[0跨]	Φ 12	9740	9740	2	17.3
			矩形箍(2)[1跨]	ϕ8	552 242	1800	42	29.91
			截宽方向拉筋[1跨]	ϕ6	256	450	19	1.89
			矩形箍(2)[2跨]	ϕ8	552 242	1800	30	21.37
			截宽方向拉筋[2跨]	ϕ6	256	450	13	1.29
			……					
7	板							
	LB1	1	板负筋	ϕ10	1095 150 85	1330	31	25.43
			构造分布筋	ϕ6	4105	4110	5	4.55
			板负筋	ϕ10	1800 85 85	1970	31	37.68
			构造分布筋	ϕ6	4105	4110	8	7.29
			……					
8	过梁							
	GL1	9	梁宽拉筋	ϕ6	156	250	8	0.44
			梁底直筋	ϕ10	1460	1460	3	2.7
			……					
9	挑檐							
	TG1	1	悬挑受力筋	ϕ8	-40 812 60 40 -40 -40	790	281	87.90
			悬挑分布筋	ϕ6	57760	57760	5	64.11
10	压顶							
	压顶	1	主筋	ϕ6	234 1402 234	1940	3	1.30
11	楼梯							

续表

序号	构件名称	数量	筋号	规格	图形	长度(mm)	根数	重量(kg)
	AT1	2	梯板底筋	Φ 10	3375	3380	9	18.74
			梯板底分布筋	Φ 10	1065	1070	22	14.46
			梯板面贯通筋	Φ 10	3792	3790	9	21.06
			梯板面分布筋	Φ 10	1065	1070	22	14.46
	TL-1	5	受力锚固面筋[0 跨]	Φ 12	2928 180 180	3290	3	8.76
			梁底直筋[0 跨]	Φ 20	2990	2990	3	22.12
			矩形箍(2)[1 跨]	ϕ8	252 202	1040	19	7.83
			……					

注：为节省篇幅，本表只摘录了部分构件钢筋明细，供读者了解钢筋图形和重量计算。

钢筋汇总表　　表 4-14

工程名称：框架住宅

规格	基础	柱	构造柱	墙	梁、板	圈梁	过梁	楼梯	其他筋	拉结筋	合计(kg)
ф 6					208			14	106	187	515
ф 6G	2				13		6				21
ф 8					2285			15	175		2475
ф 8G	739	1093	122		1019			16			2989
ф 10					546		45	95			686
ф 10G					47						47
Φ 12	297		255		129			14			695
Φ 14	794										794
Φ 16	75	45			12						132
Φ 18	887	1100			1233						3220
Φ 20	635	948			835			36			2454
Φ 22	252	423			1444						2119
Φ 25	356	181			959						1496
合计(kg)	4037	3790	389		8730		51	190	281	187	17643

注：ф表示 HPB300 级钢，Φ表示 HRB335 级钢，ф 6G 表示 HPB300 级钢箍筋。

4.6　工程量计算书

框架住宅建筑工程量计算书，见表 4-15 所列；框架住宅装饰工程量计算书，见表 4-16所列。

建筑工程量计算书 **表 4-15**

工程名称：框架住宅建筑

序号			编号/部位	项目名称/计算式		工程量	图算校核
				建筑			
1	1		010101001001	平整场地 S	m^2	180	180
2			1-4-1	人工场地平整 $S+2W+16$	m^2	308	308
3	2		010101004001	挖基坑土方;坚土,地坑,2m 内	m^3	303.95	303.96
		1	ZJ1	[(3+0.33×1.5)×(3+0.33×1.5)×1.5+0.33^2×1.5^3/3+3×3×0.1]×4	77.38		
		2	ZJ2	[(3.5+0.33×1.5)×(3.5+0.33×1.5)×1.5+0.33^2×1.5^3/3+3.5×3.5×0.1]×4	101.15		
		3	ZJ3	[(3.8+0.33×1.5)×(3.8+0.33×1.5)×1.5+0.33^2×1.5^3/3+3.8×3.8×0.1]×2	58.47		
		4	ZJ4	[(4.1+0.33×1.5)×(4.1+0.33×1.5)×1.5+0.33^2×1.5^3/3+4.1×4.1×0.1]×2	66.95		
4			1-2-18	人工挖地坑坚土深 2m 内	=	303.95	303.96
5			1-4-4-1	基底钎探(灌砂)	眼	108	89
		1	ZJ1	6×4	24		
		2	ZJ2	9×4	36		
		3	ZJ3	11×2	22		
		4	ZJ4	13×2	26		
6	3		010101003001	挖沟槽土方;坚土,地槽,2m 内	m^3	65.22	49.77
		1	外基(400×500)	JW×1×0.9	24.12		
		2	JKL2、3、6(300×500)	NKJ×0.9×0.9	27.54		
		3	JL2(300×450)	NJ45×0.9×0.85	4.05		
		4	JL1、5(300×400)	NJ40×0.9×0.8	6.7		
		5	JL3、4(250×350)	NJ35×0.85×0.75	2.81		
7			1-2-12	人工挖沟槽坚土深 2m 内	=	65.22	49.77
8	4		010501001001	垫层;C15 垫层	m^3	10.16	10.18
		1	ZJ1	2.4×2.4×0.1×4	2.3		
		2	ZJ2	2.9×2.9×0.1×4	3.36		
		3	ZJ3	3.2×3.2×0.1×2	2.05		
		4	ZJ4	3.5×3.5×0.1×2	2.45		
9			2-1-13-2’	C154 商品混凝土无筋混凝土垫层(独立基础)	=	10.16	10.18
10			10-4-49	混凝土基础垫层木模板	m^2	13.84	13.84
		1	ZJ1	2×(2.4+2.4)×0.1×4	3.84		
		2	ZJ2	2×(2.9+2.9)×0.1×4	4.64		
		3	ZJ3	2×(3.2+3.2)×0.1×2	2.56		
		4	ZJ4	2×(3.5+3.5)×0.1×2	2.8		
11	5		010501003001	独立基础;C30 柱基	m^3	38.72	38.76
		1	ZJ1	2.2×2.2×0.4×4	7.74		
		2	ZJ2	2.7×2.7×0.5×4	14.58		
		3	ZJ3	3×3×0.5×2	9		
		4	ZJ4	(3.3×3.3+1.2×1.2)×0.3×2	7.4		
12			4-2-7.39’	C304 商品混凝土独立基础	=	38.72	38.76
13			10-4-27’	混凝土独立基础胶合板模板木支撑[扣胶合板]	m^2	58.48	58.48
		1	ZJ1	2×(2.2+2.2)×0.4×4	14.08		
		2	ZJ2	2×(2.7+2.7)×0.5×4	21.6		

续表

序号		编号/部位	项目名称/计算式		工程量	图算校核
	3	ZJ3	2×(3+3)×0.5×2	12		
	4	ZJ4	2×(3.3+3.3+1.2+1.2)×0.3×2	10.8		
	5		[基础与基础相交时重叠模板面积不扣除]			
14		10-4-310	基础竹胶板模板制作	m^2	14.27	14.27
			D13×0.244			
15	6	010503001001	基础梁;C30	m^3	17.41	17.34
	1	外基梁	WL×0.4×0.5	10.08		
	2	JKL2、3、6	NKJ×0.3×0.5	5.1		
	3	JL2	NJ45×0.3×0.45	0.72		
	4	JL1、5	NJ40×0.3×0.4	1.12		
	5	JL3、4	NJ35×0.25×0.35	0.39		
	6	校核	(NKJ+NJ45+NJ40+NJ35)-NJL=0			
16		4-2-23.29'	C303 商品混凝土基础梁	=	17.41	17.34
17		10-4-108'	基础梁胶合板模板钢支撑[扣胶合板]	m^2	99.69	99.27
	1	外基梁	WL×0.5×2	50.4		
	2	JKL2、3、6	NKJ×0.5×2	34		
	3	JL2	NJ45×0.45×2	4.77		
	4	JL1、5	NJ40×0.4×2	7.44		
	5	JL3、4	NJ35×0.35×2	3.08		
18		10-4-310	基础竹胶板模板制作	m^2	24.32	24.22
			D17×0.244			
19	7	010403001001	石基础;M7.5 砂浆	m^3	11.91	11.93
	1	−0.2 以上	WL×0.4×0.2	4.03		
	2		WL×0.4×0.4	8.06		
	3	扣 GZ	−0.25×0.4×0.6×3	-0.18		
20		3-2-1.08	M7.5 砂浆乱毛石基础	=	11.91	11.93
21	8	010401001001	砖基础;M7.5 砂浆	m^3	6.27	6.13
	1	−0.2 以上	NJ×0.24×0.2	2.16		
	2		NJ×0.24×0.4	4.33		
	3	扣 GZ,LZ	−0.24×0.25×0.6×6	−0.22		
22		3-1-1.08	M7.5 砂浆砖基础	m^3	6.27	6.13
23	9	010103001001	回填方;外运土 50m 内	m^3	288.27	262.8
	1	挖土	D3+D6	369.17		
	2	基础	−D8−D11−D15−D19.2−D21.2	−78.68		
	3	柱	−0.4×0.4(1.1×4+1×6+0.9×2)−0.24×0.25×0.4×2[LZ]	−2		
	4	GZ	−(0.25×0.4×3[外]+0.24×0.25×4[内])×0.4	−0.22		
24		1-4-13	槽、坑机械夯填土	=	288.27	262.8
25		1-2-47	人力车运土方 50m 内	m^3	37.66	51.61
		运余土	D23.1-D23×1.15			
26	10	010502001001	矩形柱;C30	m^3	15.21	15.28
	1	一层 KZ1、2、5	4.55×0.4×0.4×4=2.91			
	2	KZ2、3、6	4.45×0.4×0.4×6=4.27			
	3	KZ4	4.35×0.4×0.4×2=1.39			
	4	二层 KZ1-6	3.35×0.4×0.4×12=6.43			
	5		∑	15		
	6	LZ	2.25×0.25×0.19×2	0.21		
27		4-2-17.2'	C304 商品混凝土矩形柱	=	15.21	15.28
28		10-4-88'	矩形柱胶合板模板钢支撑[扣胶合板]	m^3	153.96	154.04

续表

序号		编号/部位	项目名称/计算式		工程量	图算校核
	1		D26.5+/0.4×4	150		
	2	LZ	2.25×2(0.25+0.19)×2	3.96		
29		10-4-311	柱竹胶板模板制作	m^2	37.57	37.59
			D28×0.244			
30		10-4-102	柱钢支撑高超过3.6m每增3m	m^2	4.8	16.64
		1层柱	(3.25+0.6-3.6)×1.6×12			
31		10-1-102	单排外钢管脚手架6m内	m^2	74.88	100.24
		内柱	(1.6+3.6)×7.2×2			
32	11	010505001001	有梁板;C30	m^3	60.61	60.85
	1	1层外KL1、4、6	WL×0.29×0.55	8.04		
	2	内KL2、3、5	(L503+LX503)×0.3×0.5	4.04		
	3	KL2、3	(L403+LX403)×0.3×0.4	0.85		
	4	1层L1、2、3	(L402+LX402)×0.25×0.4	2.74		
	5	L5、6	LX352×0.25×0.35	0.46		
	6	2层外WKL1、3、5	WL×0.29×0.6	8.77		
	7	内WKL2、4	(W503+WX503)×0.3×0.5	4.04		
	8	内WKL2	(W403+WX403)×0.3×0.4	0.85		
	9	WL1、2	W402×0.25×0.4	2.37		
	10	1层100板	B1×0.1	13.65		
	11	2层100板	B2×0.1	14.8		
33		4-2-36.2'	C302商品混凝土有梁板	=	60.61	60.85
34		10-4-160'	有梁板胶合板模板钢支撑[扣胶合板]	m^2	533.71	538.85
	1	1层外KL1、4、6	WL(0.29+0.55+0.45)	65.02		
	2	内KL2、3、5	(L503+LX503)×(0.3+0.4×2)	29.59		
	3	KL2、3	(L403+LX403)×(0.3×0.3×2)	1.28		
	4	1层L1、2、3	(L402+LX402)×(0.25+0.3×2)	23.26		
	5	L5、6	LX352(0.25+0.25×2)	3.95		
	6	2层外WKL1、3、5	WL(0.29+0.6+0.5)	70.06		
	7	内WKL2、4	(W503+WX503)×(0.3+0.4×2)	29.59		
	8	内WKL2	(W403+WX403)×(0.3+0.3×2)	6.39		
	9	WKL1、2	W402(0.25+0.3×2)	20.1		
	10	100板	B1+B2	284.47		
35		10-4-315	板竹胶板模板制作	m^2	130.23	131.48
			D34×0.244			
36	12	010506001001	直形楼梯;C30	m^2	10.94	10.94
			LT			
37		4-2-42.22'	C302商品混凝土直形楼梯无斜梁100	=	10.94	10.94
38		4-2-46.22×2'	C302商品混凝土楼梯板厚+10×2	=	10.94	10.94
39		10-4-201	直形楼梯木模板木支撑	=	10.94	10.94
40	13	010505007001	檐板;C30	m^3	3.5	3.5
			(*W*+0.6×4)×0.6×0.1			
41		4-2-56.22'	C302商品混凝土挑檐	=	3.5	3.5
42		10-4-211	挑檐木模板木支撑	m^2	41.12	35.04
			(*W*+0.6×4)×0.6+(*W*+0.6×8)×0.1			
43	14	010505008001	雨篷;C30	m^3	0.28	0.28
			D44×0.1			
44		4-2-49.22'	C302商品混凝土雨篷	m^2	2.8	2.8
			2.8×1			

续表

序号		编号/部位	项目名称/计算式		工程量	图算校核
45		4-2-65.22×2'	C302 商品混凝土雨篷每+10×2	=	2.8	2.8
46		10-4-203	直形悬挑板阳台雨篷木模板木支撑	=	2.8	2.8
47	15	010503005001	过梁;C30 GL	m^3	0.49	0.44
48		4-2-27.29'	C303 商品混凝土过梁	=	0.49	0.44
49		10-4-118'	过梁胶合板模板木支撑[扣胶合板]	m^2	7.78	7.3
	1	GL1	(1.3×0.12×2+0.8×0.19)×3	1.39		
	2	GL2	(1.4×0.12×2+0.9×0.19)×5	2.54		
	3	GL3	(1.5×0.12×2+1×0.19)×7	3.85		
50		10-4-313	梁竹胶板模板制作 D49×0.244	m^2	1.9	1.78
51	16	010502002002	构造柱;C30	m^3	3.42	3.58
	1	±0.0 以下外	0.25×0.4×3×0.6	0.18		
	2	±0.0 以下内	0.24×0.25×5×0.6	0.18		
	3	一层 GZ1	[┻形](0.29×0.19+0.29×0.06+0.19×0.06/2)×2.7×3=0.63			
	4	二层 GZ1	[┻形](0.29×0.19+0.29×0.06+0.19×0.06/2)×2.75×6=1.29			
	5	外墙 GZ	Σ	1.92		
	6	一层 GZ2	[┻形](0.19×0.19+0.19×0.06+0.19×0.06/2)×2.85=0.15			
	7		[┻形](0.19×0.19+0.19×0.06+0.19×0.06/2)×2.75×2=0.29			
	8		[┗形][0.19×0.19+0.06(0.19+0.19)/2]×2.75=0.13			
	9		[端形](0.19×0.19+0.06×0.19/2)×2.85=0.12			
	10	二层 GZ2	[┻形](0.19×0.19+0.19×0.06+0.19×0.06/2)×2.85×3=0.45			
	11	内墙 GZ	Σ	1.14		
52		4-2-20.29'	C303 商品混凝土构造柱	=	3.42	3.58
53		10-4-89'	矩形柱胶合板模板木支撑[扣胶合板]	m^2	28.31	27.98
	1	GZ±0.0 以下	[(0.16+0.4)×3[外]+(0.01+0.25)×5[内]]×0.6	1.79		
	2	一层 GZ1	[┻形](0.19+6×0.06)×2.7×3=4.46			
	3	二层 GZ1	[┻形](0.19+6×0.06)×2.75×6=9.08			
	4	外墙	Σ	13.54		
	5	一层 GZ2	[┻形](0.19+6×0.06)×2.85=1.57			
	6		[┻形](0.19+6×0.06)×2.75×2=3.03			
	7		[┗形](0.19+0.19+4×0.06)×2.75=1.71			
	8		[端形](0.19+2×0.19+2×0.06)×2.85=1.97			
	9	二层 GZ2	[┻形](0.19+6×0.06)×2.85×3=4.7			
	10		Σ	12.98		
54		10-4-311	柱竹胶板模板制作 D53×0.244	m^2	6.91	6.83
55	17	010507005001	压顶;C30 1.92×0.29×0.09×23	m^3	1.15	1.18
56		4-2-58.22'	C302 商品混凝土压顶	m^3	1.15	1.18
57		10-4-213	扶手、压顶木模板木支撑	m^3	1.15	1.18
58	18	010402001001	砌块墙;外空心砌块墙 290,M5 混浆	m^3	54.03	53.29
	1	外墙	WL×(2.7+2.75)−M1−C=194.22			
	2		H1×0.29	56.32		
	3	扣 GZ,压顶	−D51.11−D55	−2.29		
59		3-3-45.03	M5 混浆混凝土空心砌块墙 290	=	54.03	53.29
60		10-1-5	双排外钢管脚手架 15m 内 *W*×6.8	m^2	380.8	380.8

续表

序号		编号/部位	项目名称/计算式			工程量	图算校核
61	19	010402001002	砌块墙；内空心砌块墙 190，M5 混浆		m^3	47.01	46.49
	1	1 层内墙	Q315×3.15＋Q285×2.85＋Q275×2.75＝129.63				
	2	2 层内墙	Q325×3.25＋Q295×2.95＋Q2852×2.85＝160.6				
	3		∑＝290.23				
	4	扣洞口，GL，GZ，LZ	(H3－M<19>)×0.19－GL－D51.11[GZ]－D26.6[LZ]	47.01			
	5	校核洞口	M＋C－M1－C－M<19>＝0				
62		3-3-44.03	M5 混浆混凝土空心砌块墙 190		＝	47.01	46.49
63		10-1-22	双排里钢管脚手架 3.6m 内 D61.3		m^2	290.23	285.66
64	20	010902001001	屋面卷材防水；改性沥青防水卷材 19.2×11.2		m^2	215.04	215.04
65		6-2-30	平面一层 SBS 改性沥青卷材满铺		＝	215.04	215.04
66	21	011101006001	平面砂浆找平层；1∶3 砂浆 25 厚 *S*		m^2	180	180
67		9-1-2	1∶3 砂浆填充料上找平层 20		＝	180	180
68		9-1-3	1∶3 砂浆找平层±5		＝	180	180
69	22	011001001001	保温隔热屋面；1∶10 石灰炉渣最薄 30 厚找 2％坡 *S*		m^2	180	180
70		6-3-19	混凝土板上铺石灰炉渣 1∶10 *S*×(0.03＋10/2×0.02/2)		m^3	14.4	14.4
71	23	011001001002	保温隔热屋面；80 厚聚苯乙烯保温板 *S*		m^2	180	180
72		6-3-40H	混凝土板上干铺聚苯板 80		＝	180	180
73	24	011101006002	平面砂浆找平层；1∶3 砂浆 20 厚 D64		m^2	215.04	215.04
74		9-1-1	1∶3 砂浆硬基层上找平层 20		＝	215.04	215.04
75	25	011001003001	保温隔热墙面；EPS 板 60 (*W*＋8×0.08)×6.7－C－M1		m^2	299.03	294.45
76		6-3-60	立面粘结剂满粘聚苯板		＝	299.03	294.45
77	26	011001006001	其他保温隔热；EPS 板 30		m^2	34.58	34.58
	1	C1	1.8×4×(0.115＋0.06)×23	28.98			
	2	雨篷	2.8×1×2	5.6			
78		6-3-43H	混凝土板上聚合物砂浆满粘聚苯板 30		＝	34.58	34.58
79	27	010904001001	楼(地)面卷材防水；高分子卷材		m^2	27.26	27.24
	1	卫生间地面	RC1＋RC2	16.5			
	2	一层立面	[2×(2.865＋1.51)－0.56[门口]]×0.4＝3.28				
	3	二层立面	[2×(2.51＋2.865)＋2.265×4－0.56×2[门口]]×0.4＝7.48				
	4		∑	10.76			
80		6-2-90	平面 TS-C 复合防水卷材 D79.1		m^2	16.5	16.69
81		6-2-91	立面 TS-C 复合防水卷材 D79.4		m^2	10.76	10.55
82	28	010902003001 雨篷顶	屋面刚性层；防水砂浆 2.8×1		m^2	2.8	2.8
83	29	6-2-10	平面防水砂浆防水层		＝	2.8	2.8
84		010515001004	现浇构件钢筋；砌体拉结筋 D86		t	0.296	0.221
85		4-1-118H	植筋 ϕ6.5(扣钢筋)		根	624	598

续表

序号		编号/部位	项目名称/计算式		工程量	图算校核
	1	一层柱	26×6×2	312		
	2	二层柱	26×6×2	312		
86		4-1-98	砌体加固筋 ϕ6.5 内	t	0.296	0.221
	1	一层 GZ1	(15×2.66+30×2.32)×0.222/1000=0.024			
	2	二层 GZ1	(30×2.66+60×2.32)×0.222/1000=0.049			
	3	一层 GZ2	(5×2.66+10×2.32)×0.222/1000=0.008			
	4		(10×2.66+20×2.32)×0.222/1000=0.016			
	5		10×2.66×0.222/1000=0.006			
	6		5×2.66×0.222/1000=0.003			
	7	二层 GZ2	(15×2.66+30×2.32)×0.222/1000=0.024			
	8	构造柱拉结筋	Σ	0.13		
	9	框架柱拉结筋	D85×1.2×0.222/1000	0.166		
87	30	010515001005	现浇构件钢筋;HPB300 级钢 D 88+…+D 93	t	6.546	5.868
88		4-1-2	现浇构件圆钢筋 ϕ6.5	t	0.328	0.328
89		4-1-3	现浇构件圆钢筋 ϕ8	t	2.475	2.475
90		4-1-4	现浇构件圆钢筋 ϕ10	t	0.686	0.686
91		4-1-52	现浇构件箍筋 ϕ6.5	t	0.021	0.021
92		4-1-53	现浇构件箍筋 ϕ8	t	2.989	2.989
93		4-1-54	现浇构件箍筋 ϕ10	t	0.047	0.047
94	31	010515001006	现浇构件钢筋;HRB335 级钢 D 95+…+D 101	t	10.91	10.91
95		4-1-13	现浇构件螺纹钢筋 ϕ12	t	0.695	0.695
96		4-1-14	现浇构件螺纹钢筋 ϕ14	t	0.794	0.794
97		4-1-15	现浇构件螺纹钢筋 ϕ16	t	0.132	0.132
98		4-1-16	现浇构件螺纹钢筋 ϕ18	t	3.22	3.22
99		4-1-17	现浇构件螺纹钢筋 ϕ20	t	2.454	2.454
100		4-1-18	现浇构件螺纹钢筋 ϕ22	t	2.119	2.119
101		4-1-19	现浇构件螺纹钢筋 ϕ25	t	1.496	1.496
102	32	010507001001	散水;混凝土散水 (W+4×0.7−2.8)×0.7	m^2	39.2	39.2
103		8-7-51'	C20 细石商品混凝土散水 3:7 灰土垫层	=	39.2	39.2
104		2-1-1×-1	3:7 灰土垫层(扣除) D103×0.1515	m^3	5.94	5.94
105		10-4-49	混凝土基础垫层木模板 (W+8×0.7−2.8)×0.06	m^2	3.53	3.53
106	33	010507004002	台阶;C20 2.8×1.5	m^2	4.2	1.56
107		4-2-57'	C202 商品混凝土台阶 D106×0.2	m^3	0.84	0.27
108		10-4-205	台阶木模板木支撑 D106	m^2	4.2	1.56
109	34	010404001001 一层地面	垫层;1:3 砂浆灌地瓜石 R×0.12	m^3	18.62	19
110		2-1-10	1:3 砂浆灌地瓜石垫层	=	18.62	19
111		1-4-6	机械原土夯实 R	m^2	155.13	158.34
112	35	010501001003	垫层;C15	m^3	9.31	9.5

续表

序号		编号/部位	项目名称/计算式		工程量	图算校核
		一层地面	R×0.06			
113		2-1-13'	C154 商品混凝土无筋混凝土垫层	=	9.31	9.5
114		01B001	竣工清理 JT	m^3	1188	1188
115		1-4-3	竣工清理	=	1188	1188
116	36	011705001001	大型机械设备进出场及安、拆	台次	1	1
117		10-5-1-1'	C204 商品混凝土塔吊基础	m^3	10	10
118		4-1-131	现浇混凝土埋设螺栓	个	16	16
119		10-4-63	20m^3 内设备基础组合钢模钢支撑	m^2	13	13
120		10-5-3	塔式起重机混凝土基础拆除	m^3	10	10
121		补-1	石渣外运(35 元/m^3)	m^3	10	10
122		10-5-22	自升式塔式起重机安、拆	台次	1	1
123		10-5-22-1	自升式塔式起重机场外运输	台次	1	1
124	37	011703001001	垂直运输 JM	m^2	360	360
125		10-2-15-1	30m 内泵送混凝土垂直运输	=	360	360

注：单位列的"="表示当前定额项的单位和工程量与上项相同，均由软件自动带出。

装饰工程量计算书 **表 4-16**

工程名称：框架住宅装饰

序号		编号/部位	项目名称/计算式		工程量	图算校核
			装修			
1	1	010801001001	木质门;无亮全板门 M＜19＞	m^2	29.19	29.19
2		5-1-13	单扇木门框制作	=	29.19	29.19
3		5-1-14	单扇木门框安装	=	29.19	29.19
4		5-1-37	单扇木门扇制作	=	29.19	29.19
5		5-1-38	单扇木门扇安装	=	29.19	29.19
6		5-1-108-2	镶木板门扇安装小百叶(注) 0.5×0.4×3	m^2	0.6	0.6
7		5-9-3-1	单扇木门配件(安执手锁)	樘	15	15
8	2	011401001001	木门油漆;调合漆 D1	m^2	29.19	29.19
9		9-4-1	底油一遍调合漆二遍 单层木门	=	29.19	29.19
10	3	010802004001	防盗门 M1	m^2	4.86	4.86
11		5-4-14	钢防盗门安装(扇面积)	=	4.86	4.86
12	4	010807001001	塑钢窗带纱 C	m^2	75.6	75.6
13		5-6-2	单层塑料窗安装	=	75.6	75.6
14		5-6-3	塑料窗带纱扇安装 C/3	m^2	25.2	25.2
15	5	011101001002 楼梯、过道、卧室	水泥楼地面(其他房间) Z9＋Z10＋Z11	m^2	76.67	76.93
16		9-1-9-1	1∶2 砂浆楼地面 20	=	76.67	76.93
17	6	011106004001	水泥砂浆楼梯面层	m^2	10.64	10.94

续表

序号		编号/部位	项目名称/计算式		工程量	图算校核
			2.51×4.11+1.2×0.27			
18		9-1-10-2	1∶2砂浆楼梯20	=	10.64	10.94
19	7	011102003001	块料楼地面;面砖	m^2	27.92	27.54
	1	厨房、卫生间	Z6+Z12+Z20	27.29		
	2	增门口	(0.8×3[M2]+0.9[M3])×0.19	0.63		
20		9-1-82	1∶2.5砂浆10彩釉砖楼地面1200内	=	27.92	27.54
21	8	011102001001	石材地面;花岗石	m^2	63.85	63.53
	1	大厅、餐厅	Z8+Z7	63.34		
	2	增门口	0.9×3[M3]×0.19	0.51		
	3	校核	D15+D19.1+H1−*R*−Z20=0			
22		9-1-51	水泥砂浆花岗石楼地面	=	63.85	63.53
23	9	011101003001	细石混凝土楼地面	m^2	130.63	130.33
			R2-D17-Z20			
24		9-1-4'	C20细石商品混凝土找平层40	=	130.63	130.33
25		9-1-5'	C20细石商混凝土找平层±5	=	130.63	130.33
26		9-1-12	1∶1砂浆加浆抹光随捣随抹5	=	130.63	
27	10	011107004001	水泥砂浆台阶面	m^2	4.2	1.56
			2.8×1.5			
28		9-1-11	1∶2.5砂浆台阶20	=	4.2	1.56
29	11	011105002001	石材踢脚线;花岗石板	m^2	36.16	38.03
	1	餐厅	2×(5.865+5.465)−0.9=21.76			
	2	大厅	2×(8.31+3.765)+0.11×4−3×0.9=21.89			
	3	楼梯	2×(2.51+5.465)−1.355=14.6			
	4	过道	2×(5.61+5.465)+0.11×2−1.355−1.8−0.8−3×0.9=15.72			
	5	卧室	[2×(5.865+3.765)−0.9]×2=36.72			
	6	卧室	2×(2.865+5.465)−1=15.66			
	7		[2×(2.81+5.465)−1]×2=31.1			
	8		2×(2.61+5.465)−1=15.15			
	9		2×(2.865+6.965)−1=18.66			
	10	起居室	2×(5.865+3.765)−0.8−3×1=15.46			
	11		2×(5.61+3.765)+0.11×2−0.8−4×1=14.17			
	12	楼梯间	2×(2.51+6.965)+0.11×2−2×1=17.17			
	13		Σ×0.15	35.71		
	14	增楼梯三角	11×2×0.27×0.15/2	0.45		
30		9-1-62	水泥砂浆异型花岗石踢脚板	m^2	1.34	2.05
			11×2×0.27(0.15+0.15/2)			
31		9-1-60	水泥砂浆直线形花岗石踢脚板	m^2	34.82	35.98
			D29-D30			
32	12	011206001001	石材零星项目;花岗石窗台板	m^2	8.28	8.28
			1.8×0.2×23			
33		9-5-23	窗台板水泥砂浆花岗石面层	=	8.28	8.28
34	13	011204003001	块料墙面;瓷砖	m^2	120.42	118.03
	1	厨房	2×(2.865+3.765)×3.15−C1−M3=36.64			
	2	1层卫生间	2×(2.865+1.51)×3.15−M2−C2=24.8			
	3	2层卫生间	2×(2.51+2.265)×3.2−C1−M2=25.64			
	4		2×(2.865+2.265)×3.2−C1−M2=27.91			
	5		Σ	114.99		

续表

序号		编号/部位	项目名称/计算式		工程量	图算校核
	6	门侧	([M2]3×(0.8+2×2.1)+[M3]0.9+2×2.1)×0.12	2.41		
	7	窗侧	[C1]3×(1.8×4)×0.14	3.02		
35		9-2-176	墙面砂浆粘贴瓷砖 200×200 D34.5	m^2	114.99	118.03
36		9-2-177	零星项目砂浆粘贴瓷砖 200×200 D34-D35	m^2	5.43	
37		4-1-117	墙面钉钢丝网	m^2	22.18	22.18
	1	厨房	2×(2.865+3.765+2.55×2)=23.46			
	2	1层卫生间	2×(2.865+1.51+2.7)=14.15			
	3	2层卫生间	2×(2.51+2.265+2.8+2.65/2)=17.8			
	4		2×(2.865+2.265+2.8+2.65/2)=18.51			
	5		∑×0.3	22.18		
38		9-2-334	面砖阳角 45°角对缝	m	45.9	45.9
	1	门侧	[M2](0.8+2×2.1)×3+[M3]0.9+2×2.1	20.1		
	2	窗侧	[C1](1.8×4)×3+[C2]2×(1.2+0.9)	25.8		
39		10-1-22-1	装饰钢管脚手架 3.6m 内	m^2	132.72	132.72
	1	厨房	2×(2.865+3.765)×3.15	41.77		
	2	1层卫生间	2×(2.865+1.51)×3.15	27.56		
	3	2层卫生间	2×(2.51+2.265)×3.2	30.56		
	4		2×(2.865+2.265)×3.2	32.83		
40	14	011201001001	墙面一般抹灰;内墙水泥砂浆	m^2	719.44	700.1
	1	餐厅	2×(5.865+5.465)×3.15−2C1−M3	63.01		
	2	大厅	[2×(8.31+3.765)+0.11×4]×3.15−3C1−3M3	62.07		
	3	楼梯	[(2×(2.51+5.465)−1.355]×3.15−C1	42.73		
	4	过道	[2×(5.61+5.465)+0.11×2−1.355]×3.15−M1−M2−3M3	53.99		
	5	卧室	[2×(5.865+3.765)×3.15−2C1−M3]×2	104.6		
	6	卧室	2×(2.865+5.465)×3.2−C1−M4	47.97		
	7		[2×(2.81+5.465)×3.2−C1−M4]×2	95.24		
	8		2×(2.61+5.465)×3.2−C1−M4	46.34		
	9		[2×(2.865+6.965)+0.11×2]×3.2−C1−M4	58.28		
	10	起居室	2×(5.865+3.765)×3.2−2C1−M2−3M4	47.17		
	11		[2×(5.61+3.765)+0.11×2]×3.2−2C1−M2−4M4	44.14		
	12	楼梯间	[2×(2.51+6.965)+0.11×2]×3.2−C1−2M4	53.9		
	13	扣门窗校核	2M−M1+C−63.84−75=0			
41		9-2-20	砖墙面墙裙水泥砂浆 14+6	=	719.44	700.1
42		9-2-103	1∶2.5 水泥砂浆装饰抹灰±1	=	719.44	700.1
43		4-1-117	墙面钉钢丝网	m^2	131.2	145.06
	1	餐厅	2×(5.865+5.465)+2.3×8=41.06			
	2	大厅	2×(8.31+3.765)+2.3×8=42.55			
	3	楼梯	2×(2.51+5.465)−1.355+2.4×4=24.2			
	4	过道	2×(5.61+5.465)+0.11×2−1.355+2.4×4=30.62			
	5	卧室	2×(5.865+3.765)+2.4×8=38.46			
	6	卧室	2×(5.865+3.765)+2.4×4=28.86			
	7	二层卧室	2×(2.865+5.465)+2.4×4=26.26			
	8		[2×(2.81+5.465)+2.5×4]×2=53.1			
	9		2×(2.61+5.465)+2.5×4=26.15			
	10		[2×(2.865+6.965)+0.11×2]+2.5×4=29.88			

续表

序号		编号/部位	项目名称/计算式		工程量	图算校核
	11	起居室	2×(5.865+3.765)+2.4×8=38.46			
	12		[2×(5.61+3.765)+0.11×2]+2.4×4=28.57			
	13	楼梯间	[2×(2.51+6.965)+0.11×2]+2.5×4=29.17			
	14		∑×0.3	131.2		
44		10-1-22-1	装饰钢管脚手架 3.6m 内	m^2	836.35	836.35
	1	餐厅	2×(5.865+5.465)×3.15	71.38		
	2	大厅	2×(8.31+3.765)×3.15	76.07		
	3	楼梯	[2×(2.51+5.465)−1.355]×3.15	45.97		
	4	过道	[2×(5.61+5.465)−1.355]×3.15	65.5		
	5	卧室	2×(5.865+3.765)×3.15×2	121.34		
	6	卧室	2×(2.865+5.465)×3.2	53.31		
	7		2×(2.81+5.465)×3.2×2	105.92		
	8		2×(2.61+5.465)×3.2	51.68		
	9		2×(2.865+6.965)×3.2	62.91		
	10	起居室	2×(5.865+3.765)×3.2	61.63		
	11		2×(5.61+3.765)×3.2	60		
	12	楼梯间	2×(2.51+6.965)×3.2	60.64		
45	15	011407001001	墙面喷刷涂料;乳胶漆 D40	m^2	719.44	700.1
46		9-4-260	内墙抹灰面满刮成品腻子二遍	=	719.44	700.1
47		9-4-152	室内墙柱光面刷乳胶漆二遍	=	719.44	700.1
48	16	011407002001	天棚喷刷涂料;刮腻子,乳胶漆三遍	m^2	371.74	365.08
	1		$R+R2$	308.57		
	2	楼梯底面系数	D17×0.31	3.3		
	3	1 层梁侧	2LX503×0.4+2(LX403+LX402)×0.3+2LX352×0.25	15.82		
	4	2 层梁侧	2WX503×0.4+2WX403×0.3	6.21		
	5	檐板底	$(W+4×0.6)×0.6$	35.04		
	6	雨篷底	2.8×1	2.8		
49		9-4-269	不抹灰顶棚、内墙满刮调制腻子	=	371.74	365.08
50		9-4-151	室内顶棚刷乳胶漆二遍	=	371.74	365.08
51		9-4-157	室内顶棚刷乳胶漆增一遍	=	371.74	365.08
52	17	011201001002	墙面一般抹灰;混合砂浆外墙面(加气混凝土) $(W+8×0.08)×6.7-C-M1$	m^2	299.03	294.45
53		9-2-32	混凝土墙面墙裙混合砂浆 12+8	=	299.03	294.45
54		9-4-242	混凝土界面剂涂敷加气混凝土砌块面	=	299.03	294.45
55	18	011201002001	墙面装饰抹灰;混合砂浆檐口	m^2	7.04	7.04
	1	檐板沿	$(W+8×0.6)×0.1$	6.08		
	2	雨篷沿	(2.8+1×2)×0.2	0.96		
56		9-2-36	零星项目混合砂浆 13+6	=	7.04	7.04
57	19	011407001002	墙面喷刷涂料;外墙涂料 D52+D55	m^2	306.07	301.49
58		9-4-184	抹灰外墙面丙烯酸涂料(一底二涂)	=	306.07	301.49
59	20	011503001001	金属扶手栏杆;不锈钢扶手带栏杆 (2.97×2)×1.15+0.2+1.5	m	8.53	8.53
60		9-5-203	不锈钢管扶手不锈钢栏杆	=	8.53	8.53
61		9-5-204	不锈钢管扶手弯头另加工料	个	4	4

注:单位列的"="表示当前定额项的单位和工程量与上项相同,均由软件自动带出。

4.7 统筹e算与原教材手工计算稿的对比

本节以二层有梁板工程量的计算为例，分别对原教材手算稿（参考文献5）和统筹e算计算稿的正确性进行剖析和对比。

4.7.1 原教材手算稿的问题分析

原教材用了2个清单项目，分别计算梁和板，二层部分计算式见表4-17所列。

原教材手算稿的问题分析　　表4-17

序号	项目编码	项目名称	工程量	问题描述	计算结果更正
1	010403002001	现浇混凝土单梁、连续梁，现场混凝土C30	16.10		14.4
2	010405003001	现浇混凝土平板，现场混凝土C30	14.48		16.41
		合计	30.58		30.81
WKL1(2)：0.29×0.6×(9.5−0.4×2)×2=3.03				梁长宜采用外边线长，避免用轴线偏中问题	0.29×0.6×(10−0.4×3)×2=3.06
WKL3(3)：0.29×0.6×(17.5−0.4×2)×2=2.84				同上	0.29×0.6×(18−0.4×4)=2.85
WKL5(3)：0.29×0.6×(17.5−0.4×2)×2=2.84				同上	0.29×0.6×(18−0.4×4)=2.85
WKL2(2)：0.3×0.5×(9.5−0.4×2)×2=2.61				WKL2是变截面应区分计算；内梁应算至板底	0.3×[0.4×(5.6−0.2−0.15)+0.3×(3.9−0.2−0.15)]×2=1.9
WKL4(3)：0.3×0.5×(17.5−0.4×2)×2=2.45				梁长宜采用外边线长18；内梁应算至板底	0.3×0.4×(18−0.4×4)=1.97
WL1(1)：0.25×0.4×(5.6−0.15−0.12)=0.533				长度扣减有误内梁应算至板底	0.25×0.3×(5.6−0.15−0.04)=0.41
WL2(2)：0.25×0.4×(9.5−0.3−0.12×2)×2=1.792				同上	0.25×0.3×(9.5−0.3−0.04×2)×2=1.36
梁混凝土小计：16.10					14.40
(17.5−0.3×2−0.25×2−0.12×2)×(3.9−0.15−0.12)×0.1=5.87(17.5−0.3×2−0.25×3−0.12×2)×(5.6−0.15−0.12)×0.1=8.61					(17.5−0.04×2)×(9.5−0.04×2)×0.1=16.41
板小计：14.48					16.41
二层板+梁混凝土合计：30.58					30.81

4.7.2 统筹e算计算书

统筹e算计算书见表4-18所列。

统筹 e 算计算书 **表 4-18**

序号		编号/部位	项目名称/计算式		工程量	图算校核
32	11	010505001001	有梁板;C30	m^3	30.83	
	6	2层外 WKL1,3,5	WL×0.29×0.6	8.77		
	7	内 WKL2,4	(W503+WX503)×0.3×0.5	4.04		
	8	内 WKL2	(W403+WX403)×0.3×0.4	0.85		
	9	WL1,2	W402×0.25×0.4	2.37		
	10	1层100板				
	11	2层100板	B2×0.1	14.8		

以上计算结果表明，更正后的手算结果与统筹 e 算结果基本一致。统筹 e 算采用了 1 项清单，5 行计算式，字符数 125；手算教材却用了 2 项清单和 11 行计算式，字符数 355。

复习思考题

1. 阐述基数计算表的用法和与基数表的关系。
2. 统计一下本工程有哪些项目用到了基数。
3. 如何校核门窗洞口在砌体中和内墙面抹灰中的扣减量?
4. 如何利用基数来校核楼地面工程量?

作　业　题

对 4.7 节列举的 2 种算量模式的优缺点进行分析，写出分析报告。

5 框架住宅工程计价

本章以招标控制价为例来介绍框架住宅计价的全过程表格应用。

5.1 招标控制价编制流程

下面以英特套价 11 软件的操作为例，介绍招标控制价的编制流程。

(1) 在统筹 e 算【报表输出】界面，选择“清单/定额工程量表（原始顺序）”，点击工具栏“输出计价”。

(2) 自动启动英特套价 11，工程信息界面默认工程类别：Ⅲ类，工程位置：市区，地区选择：定额 15（76）[表示采用 2015 省价，人工单价 76 元]。

(3) 在建筑中对装饰项目清单按建筑取费的处理方法：在分部分项界面，点击工具栏“费用”，弹出“费用管理”窗口，在建筑取费上点击“复制”，选中装饰取费点击“粘贴”、“保存”设置完成，这样“0111”的清单就按建筑专业来进行取费。

(4) “措施项目”界面，综合脚手架清单项，单位是 m^2，工程量按建筑面积 360 录入；垂直运输清单项，单位选择 m^2，工程量按建筑面积 360 录入。工具条［模式］下选择“综合计算措施费率项目”。

(5) 设置商品混凝土价，进入“材机汇总”页面，点击“商品混凝土价”，本工程采用泵送混凝土，应在泵送商品混凝土（比商品混凝土加 15 元泵送剂材料费用）基础上再加 75 元泵送费和管道安拆费用。

(6) 对临时换算进行处理：

1) 第 23 项清单中 6-3-40H 的处理，将聚苯乙烯泡沫板 δ100 改为 δ80，单价调整为 18.72。

2) 第 26 项清单中 6-3-43H 的处理，将聚苯乙烯泡沫板 δ100 改为 δ30，单价调整为 7.02。

3) 第 29 项清单中 4-1-118H 的处理，将钢筋 $\phi6.5$ 的数量改为 0。

(7) 设置暂列金额与总承包服务费，进入“其他项目”页面，选中暂列金额，在费率位置输入“10”，选中总承包服务费，在发包人供应材料行，费率位置输入“1”。

(8) 进入“费用汇总”页面，浏览总造价，进入“全费价”页面，查看全费表中总价与费用汇总中总价是否吻合。

(9) 进入“报表输出”页面，选中指定报表，输出成果。

5.2 招标控制价纸面文档

本案例作为一个单项工程含 2 个单位工程（建筑、装饰分列）来考虑，故本节含 5 类

7个表，即：1个封面、1个总说明、1个单项工程招标控制价汇总表（表5-3）、2个单位工程招标控制价汇总表（表5-6、表5-7）和2个全费单价表（表5-4、表5-5）。

5.2.1 封面

框架住宅 工程

招标控制价

招标人：

造价咨询人：

2015年 10月 1日

5.2.2 总说明

总 说 明

1. 工程概况

本工程为框架住宅工程，建筑面积360m^2。

2. 编制依据

（1）框架住宅施工图；

（2）《建设工程工程量清单计价规范》（GB 50500—2013）；

（3）《房屋建筑与装饰工程工程量计算规范》（GB 50854—2013）；

（4）2003山东省建筑工程消耗量定额及其至2013年的补充定额、有关定额解释；

（5）2015山东省建筑工程消耗量定额价目表；

（6）招标文件：将框架住宅作为两个单位工程（建筑和装饰）来计价，根据规定：在建筑中均按省2015价目表的省价作为计费基础，在装饰中均按省2015价目表的省价人工费作为计费基础；

（7）相关标准图集和技术资料。

3. 相关问题说明

（1）现浇构件清单项目中按《2013计价规范》要求列入模板。

（2）脚手架统一列入措施项目的综合脚手架清单内，按定额项目的工程量计价，以建筑面积为单位计取综合计价。

（3）有关竹胶板制作定额的系数按某市规定0.244计算。

（4）泵送商品混凝土由甲方供应，作为材料暂估价。乙方收取1%的总承包服务费。

（5）计日工暂不列入。

（6）暂列金额按10%列入。

4. 施工要求

（1）基层开挖后必须进行钎探验槽，经设计人员验收后方可继续施工。

（2）采用泵送商品混凝土。

5. 报价说明

招标控制价为全费综合单价的最高限价，如单价低于按规范规定编制的价格的3%时，应在招标控制价公布后5天内向招投标监督机构和工程造价管理机构投诉。

5.2.3 清单全费模式计价表（表 5-1、表 5-2）

建筑工程清单全费模式计价表 **表 5-1**

工程名称：框架住宅建筑

序号	项目编码	项 目 名 称	单位	工程量	全费单价	合价
		建筑				
1	010101001001	平整场地	m^2	180	9.99	1798
2	010101004001	挖基坑土方；坚土，地坑，2m 内	m^3	303.95	70.21	21340
3	010101003001	挖沟槽土方；坚土，地槽，2m 内	m^3	65.22	58.90	3841
4	010501001001	垫层；C15 垫层	m^3	10.16	543.02	5517
5	010501003001	独立基础；C30 柱基	m^3	38.72	594.50	23019
6	010503001001	基础梁；C30	m^3	17.41	865.38	15066
7	010403001001	石基础；M7.5 砂浆	m^3	11.91	270.27	3219
8	010401001001	砖基础；M7.5 砂浆	m^3	6.27	355.74	2230
9	010103001001	回填方；外运土 50m 内	m^3	288.27	11.06	3188
10	010502001001	矩形柱；C30	m^3	15.21	1257.81	19131
11	010505001001	有梁板；C30	m^3	60.61	1091.93	66182
12	010506001001	直形楼梯；C30	m^2	10.94	316.79	3466
13	010505007001	檐板；C30	m^3	3.5	1538.30	5384
14	010505008001	雨篷；C30	m^3	0.28	2090.80	585
15	010503005001	过梁；C30	m^3	0.49	2084.10	1021
16	010502002002	构造柱；C30	m^3	3.42	1166.58	3990
17	010507005001	压顶；C30	m^3	1.15	2002.49	2303
18	010402001001	砌块墙；外空心砌块墙 290，M5 混浆	m^3	54.03	294.31	15902
19	010402001002	砌块墙；内空心砌块墙 190，M5 混浆	m^3	47.01	298.05	14011
20	010902001001	屋面卷材防水；改性沥青防水卷材	m^2	215.04	54.44	11707
21	011101006001	平面砂浆找平层；1：3 砂浆 25 厚	m^2	180	18.18	3272
22	011001001001	保温隔热屋面；1：10 石灰炉渣最薄 30 厚找 2%坡	m^2	180	11.92	2146
23	011001001002	保温隔热屋面；80 厚聚苯乙烯保温板	m^2	180	26.24	4723
24	011101006002	平面砂浆找平层；1：3 砂浆 20 厚	m^2	215.04	14.14	3041
25	011001003001	保温隔热墙面；EPS 板 60	m^2	299.03	52.04	15562
26	011001006001	其他保温隔热；EPS 板 30	m^2	34.58	32.33	1118
27	010904001001	楼(地)面卷材防水；高分子卷材	m^2	27.26	70.50	1922
28	010902003001	屋面刚性层；防水砂浆	m^2	2.8	17.19	48
29	010515001004	现浇构件钢筋；砌体拉结筋	t	0.296	13125.60	3885
30	010515001005	现浇构件钢筋；HPB300 级钢	t	6.546	7167.02	46915
31	010515001006	现浇构件钢筋；HRB335 级钢	t	10.91	6232.72	67999
32	010507001001	散水；混凝土散水	m^2	39.2	65.92	2584

续表

序号	项目编码	项 目 名 称	单位	工程量	全费单价	合价
33	010507004002	台阶;C20	m^2	4.2	146.89	617
34	010404001001	垫层;1:3砂浆灌地瓜石	m^3	18.62	276	5139
35	010501001003	垫层;C15	m^3	9.31	480.29	4471
36	01B001	竣工清理	m^3	1188	1.49	1770
		小计				388112
37	011701001001	综合脚手架	m^2	360	26.03	9371
38	011703001002	垂直运输	m^2	360	44.30	15948
39	011705001002	大型机械设备进出场及安、拆	台次	1	74560.66	74561
		小计				99880
		其他项目				
		暂列金额				37957
		总承包服务费				658
		小计				38615
		合计				526607

装饰工程清单全费模式计价表 **表5-2**

工程名称：框架住宅装饰

序号	项目编码	项 目 名 称	单位	工程量	全费单价	合价
		装修				
1	010801001001	木质门;无亮全板门	m^2	29.19	301.28	8794
2	011401001001	木门油漆;调合漆	m^2	29.19	36.61	1069
3	010802004001	防盗门	m^2	4.86	353.81	1720
4	010807001001	塑钢窗带纱	m^2	75.60	374.84	28338
5	011101001002	水泥楼地面(其他房间)	m^2	76.67	24.13	1850
6	011106004001	水泥砂浆楼梯面层	m^2	10.64	71.07	756
7	011102003001	块料楼地面;面砖	m^2	27.92	78.13	2181
8	011102001001	石材地面;花岗石	m^2	63.85	268.34	17134
9	011101003001	细石混凝土楼地面	m^2	130.63	48.53	6339
10	011107004001	水泥砂浆台阶面	m^2	4.20	54.65	230
11	011105002001	石材踢脚线;花岗石板	m^2	36.16	215.81	7804
12	011206001001	石材零星项目;花岗石窗台板	m^2	8.28	281.52	2331
13	011204003001	块料墙面;瓷砖	m^2	120.42	116.83	14069
14	011201001001	墙面一般抹灰;内墙水泥砂浆	m^2	719.44	34.27	24655
15	011407001001	墙面喷刷涂料;乳胶漆	m^2	719.44	22.49	16180
16	011407002001	天棚喷刷涂料;刮腻子,乳胶漆三遍	m^2	371.74	28.01	10412
17	011201001002	墙面一般抹灰;混合砂浆外墙面(加气混凝土)	m^2	299.03	45.96	13743

续表

序号	项目编码	项 目 名 称	单位	工程量	全费单价	合价
18	011201002001	墙面装饰抹灰;混合砂浆檐口	m^2	7.04	104.14	733
19	011407001002	墙面喷刷涂料;外墙涂料	m^2	306.07	23.99	7343
20	011503001001	金属扶手栏杆;不锈钢扶手带栏杆	m	8.53	1060.17	9043
		小计				174724
21	011701001001	综合脚手架	m^2	360.00	7.99	2876
		小计				2876
		其他项目				
		暂列金额				16878
		总承包服务费				21
		小计				16899
		合计				194499

5.2.4 单项工程招标控制价汇总表（表5-3）

单项工程招标控制价汇总表 **表5-3**

工程名称：框架住宅

序号	单位工程名称	金额	其中		
			暂列金额及特殊项目暂估价	材料暂估价	规费
1	建筑工程	526611	34413	59652	31463
2	装饰工程	194476	15227	1843	12377
	合计	721087	49640	61495	43840

注：该表的总价721087与2个单位工程汇总表的合计一致；与全费价（表5-1）的526607和（表5-2）的194499基本一致。

5.3 招标控制价电子文档

电子文档的内容是一个计算过程，它的结果体现在纸面文档中。在招投标过程中，评标人员依纸面文档进行评标，遇到疑问时可通过电子文档进行核对。

5.3.1 全费单价分析表（表5-4、表5-5）

建筑工程全费单价分析表 **表5-4**

工程名称：框架住宅建筑

序号	项目编码	项目名称	单位	直接工程费	措施费	管理费和利润	规费	税金	全费单价
1	010101001001	平整场地	m^2	8.19	0.18	0.68	0.60	0.34	9.99
2	010101004001	挖基坑土方;坚土,地坑,2m内	m^3	57.58	1.30	4.77	4.20	2.36	70.21
3	010101003001	挖沟槽土方;坚土,地槽,2m内	m^3	48.31	1.09	4.00	3.52	1.98	58.90

注：为节约篇幅，下略。

（1）本表的 3 项单价与表 5-1 的 3 项单价完全一致。

（2）本表的直接工程费表示人、材、机的单价合计，措施费是按费率计取的部分，管理费和利润的计算基数是直接工程费和措施费之和（又称直接费）。

装饰工程全费单价分析表 **表 5-5**

工程名称：框架住宅装饰

序号	项目编码	项目名称	单位	直接工程费	措施费	管理费和利润	规费	税金	全费单价
1	010801001001	木质门;无亮全板门	m^2	230.82	6.62	34.53	19.18	10.13	301.28
2	011401001001	木门油漆;调合漆	m^2	22.42	1.66	8.96	2.34	1.23	36.61
3	010802004001	防盗门	m^2	301.76	3.09	14.55	22.51	11.90	353.81

注：为节约篇幅，下略。

5.3.2 单位工程招标控制价汇总表（表 5-6、表 5-7）

建筑工程单位工程招标控制价汇总表 **表 5-6**

工程名称：框架住宅建筑

序号	项目名称	计算基础	费率(%)	金额
1	分部分项工程量清单计价合计			344130
2	措施项目清单计价合计			98298
3	其他项目清单计价合计			35010
4	清单计价合计	分部分项＋措施项目＋其他项目		477438
5	其中人工费 R			117567
6	规费			31463
7	安全文明施工费			16137
8	环境保护费	分部分项＋措施项目＋其他项目	0.11	525
9	文明施工费	分部分项＋措施项目＋其他项目	0.55	2626
10	临时设施费	分部分项＋措施项目＋其他项目	0.72	3438
11	安全施工费	分部分项＋措施项目＋其他项目	2	9549
12	工程排污费	分部分项＋措施项目＋其他项目	0.26	1241
13	社会保障费	分部分项＋措施项目＋其他项目	2.60	12413
14	住房公积金	分部分项＋措施项目＋其他项目	0.20	955
15	危险工作意外伤害保险	分部分项＋措施项目＋其他项目	0.15	716
16	税金	分部分项＋措施项目＋其他项目＋规费	3.48	17710
17	合计	分部分项＋措施项目＋其他项目＋规费＋税金		526611

装饰工程单位工程招标控制价汇总表 **表 5-7**

工程名称：框架住宅装饰

序号	项目名称	计算基础	费率(%)	金额
1	分部分项工程量清单计价合计			152274
2	措施项目清单计价合计			8040
3	其他项目清单计价合计			15245

续表

序号	项目名称	计算基础	费率(%)	金额
4	清单计价合计	分部分项＋措施项目＋其他项目		175559
5	其中人工费 R			40473
6	规费			12377
7	安全文明施工费			6741
8	环境保护费	分部分项＋措施项目＋其他项目	0.12	211
9	文明施工费	分部分项＋措施项目＋其他项目	0.10	176
10	临时设施费	分部分项＋措施项目＋其他项目	1.62	2844
11	安全施工费	分部分项＋措施项目＋其他项目	2	3511
12	工程排污费	分部分项＋措施项目＋其他项目	0.26	456
13	社会保障费	分部分项＋措施项目＋其他项目	2.60	4565
14	住房公积金	分部分项＋措施项目＋其他项目	0.20	351
15	危险工作意外伤害保险	分部分项＋措施项目＋其他项目	0.15	263
16	税金	分部分项＋措施项目＋其他项目＋规费	3.48	6540
17	合计	分部分项＋措施项目＋其他项目＋规费＋税金		194476

5.3.3 分部分项工程量清单与计价表（表5-8、表5-9）

建筑工程分部分项工程量清单与计价表 **表5-8**

工程名称：框架住宅建筑

序号	项目编码	项目名称	计量单位	工程量	金额		
					综合单价	合价	其中：暂估价
		建筑					
1	010101001001	平整场地	m^2	180	8.85	1593	
2	010101004001	挖基坑土方;坚土,地坑,2m内	m^3	303.95	62.25	18921	
3	010101003001	挖沟槽土方;坚土,地槽,2m内	m^3	65.22	52.23	3406	
4	010501001001	垫层;C15垫层	m^3	10.16	481.49	4892	3181
5	010501003001	独立基础;C30柱基	m^3	38.72	527.14	20411	13362
6	010503001001	基础梁;C30	m^3	17.41	767.31	13359	6008
7	010403001001	石基础;M7.5砂浆	m^3	11.91	239.63	2854	
8	010401001001	砖基础;M7.5砂浆	m^3	6.27	315.43	1978	
9	010103001001	回填方;外运土50m内	m^3	288.27	9.81	2828	
10	010502001001	矩形柱;C30	m^3	15.21	1115.28	16963	5171
11	010505001001	有梁板;C30	m^3	60.61	968.20	58683	20917
12	010506001001	直形楼梯;C30	m^2	10.94	280.88	3073	897
13	010505007001	檐板;C30	m^3	3.5	1363.99	4774	1208
14	010505008001	雨篷;C30	m^3	0.28	1853.85	519	114

续表

序号	项目编码	项目名称	计量单位	工程量	金额		
					综合单价	合价	其中：暂估价
15	010503005001	过梁；C30	m^3	0.49	1847.93	905	169
16	010502002002	构造柱；C30	m^3	3.42	1034.37	3538	1163
17	010507005001	压顶；C30	m^3	1.15	1775.56	2042	397
18	010402001001	砌块墙；外空心砌块墙 290，M5 混浆	m^3	54.03	260.96	14100	
19	010402001002	砌块墙；内空心砌块墙 190，M5 混浆	m^3	47.01	264.26	12423	
20	010902001001	屋面卷材防水；改性沥青防水卷材	m^2	215.04	48.27	10380	
21	011101006001	平面砂浆找平层；1∶3 砂浆 25 厚	m^2	180	16.12	2902	
22	011001001001	保温隔热屋面；1∶10 石灰炉渣最薄 30 厚找 2%坡	m^2	180	10.56	1901	
23	011001001002	保温隔热屋面；80 厚聚苯乙烯保温板	m^2	180	23.27	4189	
24	011101006002	平面砂浆找平层；1∶3 砂浆 20 厚	m^2	215.04	12.54	2697	
25	011001003001	保温隔热墙面；EPS 板 60	m^2	299.03	46.14	13797	
26	011001006001	其他保温隔热；EPS 板 30	m^2	34.58	28.66	991	
27	010904001001	楼(地)面卷材防水；高分子卷材	m^2	27.26	62.50	1704	
28	010902003001	屋面刚性层；防水砂浆	m^2	2.8	15.23	43	
29	010515001004	现浇构件钢筋；砌体拉结筋	t	0.296	11638.13	3445	
30	010515001005	现浇构件钢筋；HPB300 级钢	t	6.546	6354.80	41599	
31	010515001006	现浇构件钢筋；HRB335 级钢	t	10.91	5526.37	60293	
32	010507001001	散水；混凝土散水	m^2	39.2	58.42	2290	739
33	010507004002	台阶；C20	m^2	4.2	130.23	547	264
34	010404001001	垫层；1∶3 砂浆灌地瓜石	m^3	18.62	244.72	4557	
35	010501001003	垫层；C15	m^3	9.31	425.87	3965	2915
36	01B001	竣工清理	m^3	1188.00	1.32	1568	
		小计				344130	56505
		合计				344130	56505

装饰工程分部分项工程量清单与计价表 **表 5-9**

工程名称：框架住宅装饰

序号	项目编码	项目名称	计量单位	工程量	金额		
					综合单价	合价	其中：暂估价
		装修					
1	010801001001	木质门；无亮全板门	m^2	29.19	264.53	7722	
2	011401001001	木门油漆；调合漆	m^2	29.19	31.16	910	
3	010802004001	防盗门	m^2	4.86	315.94	1535	
4	010807001001	塑钢窗带纱	m^2	75.6	333.80	25235	

续表

序号	项目编码	项目名称	计量单位	工程量	金额		
					综合单价	合价	其中：暂估价
5	011101001002	水泥楼地面(其他房间)	m^2	76.67	20.69	1586	
6	011106004001	水泥砂浆楼梯面层	m^2	10.64	59.98	638	
7	011102003001	块料楼地面;面砖	m^2	27.92	67.44	1883	
8	011102001001	石材地面;花岗石	m^2	63.85	239.36	15283	
9	011101003001	细石混凝土楼地面	m^2	130.63	41.76	5455	1843
10	011107004001	水泥砂浆台阶面	m^2	4.2	46.37	195	
11	011105002001	石材踢脚线;花岗石板	m^2	36.16	189.73	6861	
12	011206001001	石材零星项目;花岗石窗台板	m^2	8.28	250.18	2071	
13	011204003001	块料墙面;瓷砖	m^2	120.42	100.52	12105	
14	011201001001	墙面一般抹灰;内墙水泥砂浆	m^2	719.44	29.23	21029	
15	011407001001	墙面喷刷涂料;乳胶漆	m^2	719.44	19.44	13986	
16	011407002001	天棚喷刷涂料;刮腻子,乳胶漆三遍	m^2	371.74	24.03	8933	
17	011201001002	墙面一般抹灰;混合砂浆外墙面(加气混凝土)	m^2	299.03	39.41	11785	
18	011201002001	墙面装饰抹灰;混合砂浆檐口	m^2	7.04	87.12	613	
19	011407001002	墙面喷刷涂料;外墙涂料	m^2	306.07	20.80	6366	
20	011503001001	金属扶手栏杆;不锈钢扶手带栏杆	m	8.53	947.60	8083	
		小计				152274	1843
		合计				152274	1843

5.3.4 工程量清单综合单价分析表（表5-10、表5-11）

建筑工程工程量清单综合单价分析表 **表5-10**

工程名称：框架住宅建筑

序号	项目编码	项目名称	单位	工程量	综合单价组成					综合单价
					人工费	材料费	机械费	计费基础	管理费和利润	
		建筑								
1	010101001001	平整场地	m^2	180	8.19			8.19	0.66	8.85
	1-4-1	人工场地平整	$10m^2$	30.8	8.19			8.19	0.66	
2	010101004001	挖基坑土方;坚土,地坑,2m内	m^3	303.95	57.4	0.04	0.14	57.58	4.67	62.25
	1-2-18	人工挖地坑坚土深2m内	$10m^3$	30.395	54.26		0.14	54.41	4.41	
	1-4-4-1	基底钎探(灌砂)	十眼	10.8	3.14	0.04		3.17	0.26	
3	010101003001	挖沟槽土方;坚土,地槽,2m内	m^3	65.22	48.26		0.05	48.31	3.92	52.23

续表

序号	项目编码	项目名称	单位	工程量	综合单价组成					综合单价
					人工费	材料费	机械费	计费基础	管理费和利润	
	1-2-12	人工挖沟槽坚土深2m内	10m³	6.522	48.26		0.05	48.31	3.92	
4	010501001001	垫层;C15垫层	m³	10.16	98.61	344.85	1.95	445.40	36.08	481.49
	2-1-13-2'	C154商品混凝土无筋混凝土垫层(独立基础)	10m³	1.016	85.36	315.30	1.17	401.82	32.55	
	10-4-49	混凝土基础垫层木模板	10m²	1.384	13.25	29.55	0.78	43.58	3.53	
5	010501003001	独立基础;C30柱基	m³	38.72	87.63	397.26	2.75	487.65	39.50	527.14
	4-2-7.39'	C304商品混凝土独立基础	10m³	3.872	61.48	347.32	0.64	409.45	33.16	
	10-4-27'	混凝土独立基础胶合板模板木支撑[扣胶合板]	10m²	5.848	22.84	21.13	2.00	45.97	3.73	
	10-4-310	基础竹胶板模板制作	10m²	1.427	3.31	28.81	0.11	32.23	2.61	

注：为节约篇幅，下略。

装饰工程工程量清单综合单价分析表 **表5-11**

工程名称：框架住宅装饰

序号	项目编码	项目名称	单位	工程量	综合单价组成					综合单价
					人工费	材料费	机械费	计费基础	管理费和利润	
		装修								
1	010801001001	木质门;无亮全板门	m²	29.19	51.86	175.97	2.99	51.86	33.71	264.53
	5-1-13	单扇木门框制作	10m²	2.919	6.38	36.36	0.71	6.38	4.15	
	5-1-14	单扇木门框安装	10m²	2.919	13.00	8.58	0.02	13.00	8.45	
	5-1-37	单扇木门扇制作	10m²	2.919	21.89	73.52	2.26	21.89	14.23	
	5-1-38	单扇木门扇安装	10m²	2.919	7.30			7.30	4.75	
	5-1-108-2	镶木板门扇安装小百叶(注)	10m²	0.06	0.20	0.14		0.20	0.13	
	5-9-3-1	单扇木门配件(安执手锁)	10樘	1.5	3.09	57.37		3.09	2.00	
2	011401001001	木门油漆;调合漆	m²	29.19	13.45	8.97		13.45	8.74	31.16
	9-4-1	底油一遍调合漆二遍 单层木门	10m²	2.919	13.45	8.97		13.45	8.74	
3	010802004001	防盗门	m²	4.86	21.81	279.95		21.81	14.18	315.94
	5-4-14	钢防盗门安装(扇面积)	10m²	0.486	21.81	279.95		21.81	14.18	

续表

序号	项目编码	项目名称	单位	工程量	综合单价组成					综合单价
					人工费	材料费	机械费	计费基础	管理费和利润	
4	010807001001	塑钢窗带纱	m^2	75.6	29.64	284.87	0.03	29.64	19.26	333.80
	5-6-2	单层塑料窗安装	$10m^2$	7.56	19.00	203.58	0.02	19.00	12.35	
	5-6-3	塑料窗带纱扇安装	$10m^2$	2.52	10.64	81.29	0.01	10.64	6.91	
5	011101001002	水泥楼地面(其他房间)	m^2	76.67	7.83	7.34	0.43	7.83	5.09	20.69
	9-1-9-1	1∶2砂浆楼地面20	$10m^2$	7.667	7.83	7.34	0.43	7.83	5.09	

注：为节约篇幅，下略。本表中的综合单价是表5-1～表5-9的计算依据。

5.3.5 措施项目清单计价与汇总表（表5-12～表5-17）

建筑工程总价措施项目清单与计价表 **表5-12**

工程名称：框架住宅建筑

序号	项目编码	项目名称	计算基础	费率(%)	金额	调整费率(%)	调整后金额	备注
1	011707002001	夜间施工	直接费	0.7	2409			
2	011707004001	二次搬运	直接费	0.6	2065			
3	011707005001	冬雨期施工	直接费	0.8	2753			
4	011707007001	已完工程及设备保护	直接费	0.15	516			
	合计				7743			

装饰工程总价措施项目清单与计价表 **表5-13**

工程名称：框架住宅装饰

序号	项目编码	项目名称	计算基础	费率(%)	金额	调整费率(%)	调整后金额	备注
1	011707002001	夜间施工	人工费	4	1733			
2	011707004001	二次搬运	人工费	3.6	1559			
3	011707005001	冬雨期施工	人工费	4.5	1949			
4	011707007001	已完工程及设备保护	直接费	0.15	203			
	合计				5444			

建筑工程单价措施项目清单与计价表 **表5-14**

工程名称：框架住宅建筑

序号	项目编码	项目名称/项目特征描述	计量单位	工程量	金额		
					综合单价	合价	其中：暂估价
1	011701001001	综合脚手架	m^2	360.00	23.59	8492	
2	011703001002	垂直运输	m^2	360.00	40.18	14465	
3	011705001002	大型机械设备进出场及安拆	台次	1.00	67598.46	67598	3147
		合计				90555	

装饰工程单价措施项目清单与计价表　　表5-15

工程名称：框架住宅装饰

序号	项目编码	项目名称/项目特征描述	计量单位	工程量	金额		
					综合单价	合价	其中：暂估价
1	011701001001	综合脚手架	m^2	360	7.21	2596	
		合计				2596	

建筑工程措施项目清单计价汇总表　　表5-16

工程名称：框架住宅建筑

序号	项目名称	金额
1	单价措施项目费	90555
2	总价措施项目费	7743
	合计	98298

装饰工程措施项目清单计价汇总表　　表5-17

工程名称：框架住宅装饰

序号	项目名称	金额
1	单价措施项目费	2596
2	总价措施项目费	5444
	合计	8040

5.3.6 措施项目清单综合单价分析表（表5-18、表5-19）

建筑工程措施项目清单综合单价分析表　　表5-18

工程名称：框架住宅建筑

序号	项目编码	项目名称	单位	工程量	综合单价组成					综合单价
					人工费	材料费	机械费	计费基础	管理费和利润	
		建筑								
1	011701001001	综合脚手架	m^2	360	10.96	7.95	2.91	21.84	1.77	23.59
	10-1-102	单排外钢管脚手架6m内	$10m^2$	7.488	0.66	0.57	0.18	1.42	0.11	
	10-1-5	双排外钢管脚手架15m内	$10m^2$	38.08	6.99	6.84	1.53	15.36	1.25	
	10-1-22	双排里钢管脚手架3.6m内	$10m^2$	29.023	3.31	0.54	1.2	5.06	0.41	
2	011703001002	垂直运输	m^2	360.00			37.17	37.17	3.01	40.18
	10-2-15-1	30m内泵送混凝土垂直运输	$10m^2$	36.00			37.17	37.17	3.01	

续表

序号	项目编码	项目名称	单位	工程量	综合单价组成					综合单价
					人工费	材料费	机械费	计费基础	管理费和利润	
3	011705001002	大型机械设备进出场及安、拆	台次	1.00	14803.89	5164.86	42590.72	62209.48	5038.99	67598.46
	10-5-22-1	自升式塔式起重机场外运输	台次	1.00	3040.00	171.96	24427.16	27639.12	2238.77	
	10-5-22	自升式塔式起重机安、拆	台次	1.00	9120.00	537.42	17432.68	27090.10	2194.30	
	补-1	石渣外运（35 元/m^3）	m^3	10.00		350.00				
	10-5-3	塔式起重机混凝土基础拆除	$10m^3$	1.00	1375.60	7.67	678.88	2062.15	167.04	
	10-4-63	$20m^3$ 内设备基础组合钢模钢支撑	$10m^2$	1.30	369.51	217.59	26.62	613.73	49.72	
	4-1-131	现浇混凝土埋设螺栓	10 个	1.60	285.76	704.58	18.96	1009.30	81.76	
	10-5-1-1'	C204 商品混凝土塔吊基础	$10m^3$	1.00	613.02	3175.64	6.42	3795.08	307.40	
4	011707002001	夜间施工	项	1	445.67	1782.68		2228.35	180.50	2408.85
		计费基础 318336×0.7%，人工占 20%								
5	011707004001	二次搬运	项	1	382.00	1528.01		1910.02	154.71	2064.72
		计费基础 318336×0.6%，人工占 20%								
6	011707005001	冬雨期施工	项	1	509.34	2037.35		2546.69	206.28	2752.97
		计费基础 318336×0.8%，人工占 20%								
7	011707007001	已完工程及设备保护	项	1	47.75	429.75		477.50	38.68	516.18
		计费基础 318336×0.15%，人工占 10%								
		小计			20137	13807	57022		7340	
		合计			20137	13807	57022		7340	

注：垂直运输、施工组织设计中的大型机械设备进出场及安拆项目，由算量进入计价后自动划入措施项目界面，属于按定额计取的措施费。

装饰工程措施项目清单综合单价分析表　　表 5-19

工程名称：框架住宅装饰

序号	项目编码	项目名称	单位	工程量	综合单价组成					综合单价
					人工费	材料费	机械费	计费基础	管理费和利润	
		装修								
1	011701001001	综合脚手架	m^2	360.00	3.31	0.54	1.21	3.31	2.15	7.21
	10-1-22-1	装饰钢管脚手架 3.6m 内	$10m^2$	13.272	0.45	0.07	0.17	0.45	0.29	

续表

序号	项目编码	项目名称	单位	工程量	综合单价组成					综合单价
					人工费	材料费	机械费	计费基础	管理费和利润	
	10-1-22-1	装饰钢管脚手架3.6m内	$10m^2$	83.635	2.86	0.47	1.04	2.86	1.86	
2	011707002001	夜间施工	项	1	306.66	1226.62		306.66	199.33	1732.61
		计费基础 38332×4%,人工占20%								
3	011707004001	二次搬运	项	1	275.99	1103.96		275.99	179.4	1559.35
		计费基础 38332×3.6%,人工占20%								
4	011707005001	冬雨期施工	项	1	344.99	1379.95		344.99	224.25	1949.19
		计费基础 38332×4.5%,人工占20%								
5	011707007001	已完工程及设备保护	项	1	19.10	171.92		19.10	12.42	203.44
		计费基础 127346×0.15%,人工占10%								
		小计			2140	4078	434		1389	
		合计			2140	4078	434		1389	

5.3.7 其他项目清单计价与汇总表（表5-20～表5-25）

建筑工程其他项目清单计价与汇总表 **表5-20**

工程名称：框架住宅建筑

序号	项目名称	计量单位	金额	结算金额
1	暂列金额	项	34413	
2	暂估价	项		
2.1	材料暂估价			
2.2	专业工程暂估价			
3	计日工			
4	总承包服务费		597	
	合　计		35010	

装饰工程其他项目清单计价与汇总表 **表5-21**

工程名称：框架住宅装饰

序号	项目名称	计量单位	金额	结算金额
1	暂列金额	项	15227	
2	暂估价	项		
2.1	材料暂估价			
2.2	专业工程暂估价			
3	计日工			
4	总承包服务费		18	
	合　计		15245	

建筑工程暂列金额明细表　　表 5-22

工程名称：框架住宅建筑

序号	项目名称	计量单位	暂定金额	备注
1	暂列金额	项	34413	
	合计		34413	

装饰工程暂列金额明细表　　表 5-23

工程名称：框架住宅装饰

序号	项目名称	计量单位	暂定金额	备注
1	暂列金额	项	15227	
	合计		15227	

建筑工程总承包服务费计价表　　表 5-24

工程名称：框架住宅建筑

序号	项目名称	项目价值	服务内容	计算基础	费率(%)	金额
1	专业工程总承包服务费					
2	发包人供应材料总承包服务费	59652			1.00	597
	合　计					597

注：商品混凝土按暂估材料价格计入，由发包人供应材料，乙方投标时不得改动暂估价，按暂估价金额为计费基数，1%费率计取总承包服务费。

装饰工程总承包服务费计价表　　表 5-25

工程名称：框架住宅装饰

序号	项目名称	项目价值	服务内容	计算基础	费率(%)	金额
1	专业工程总承包服务费					
2	发包人供应材料总承包服务费	1843			1.00	18
	合　计					18

注：同表 5-24。

5.3.8 规费、税金项目清单与计价表（表 5-26、表 5-27）

建筑工程规费、税金项目清单与计价表　　表 5-26

工程名称：框架住宅建筑

序号	项目名称	计费基础	费率(%)	金额
1	规费			31463
1.1	安全文明施工费			16137
1.1.1	环境保护费	分部分项＋措施项目＋其他项目	0.11	525
1.1.2	文明施工费	分部分项＋措施项目＋其他项目	0.55	2626
1.1.3	临时设施费	分部分项＋措施项目＋其他项目	0.72	3438
1.1.4	安全施工费	分部分项＋措施项目＋其他项目	2	9549
1.2	工程排污费	分部分项＋措施项目＋其他项目	0.26	1241

续表

序号	项目名称	计费基础	费率(%)	金额
1.3	社会保障费	分部分项＋措施项目＋其他项目	2.6	12413
1.4	住房公积金	分部分项＋措施项目＋其他项目	0.2	955
1.5	危险工作意外伤害保险	分部分项＋措施项目＋其他项目	0.15	716
2	税金	分部分项＋措施项目＋其他项目＋规费	3.48	17710
	合计			49173

装饰工程规费、税金项目清单与计价表 **表 5-27**

工程名称：框架住宅装饰

序号	项目名称	计费基础	费率(%)	金额
1	规费			12377
1.1	安全文明施工费			6741
1.1.1	环境保护费	分部分项＋措施项目＋其他项目	0.12	211
1.1.2	文明施工费	分部分项＋措施项目＋其他项目	0.1	176
1.1.3	临时设施费	分部分项＋措施项目＋其他项目	1.62	2844
1.1.4	安全施工费	分部分项＋措施项目＋其他项目	2	3511
1.2	工程排污费	分部分项＋措施项目＋其他项目	0.26	456
1.3	社会保障费	分部分项＋措施项目＋其他项目	2.6	4565
1.4	住房公积金	分部分项＋措施项目＋其他项目	0.2	351
1.5	危险工作意外伤害保险	分部分项＋措施项目＋其他项目	0.15	263
2	税金	分部分项＋措施项目＋其他项目＋规费	3.48	6540
	合 计			18917

5.3.9 材料暂估价一览表（表 5-28、表 5-29）

建筑工程材料暂估价一览表 **表 5-28**

工程名称：框架住宅建筑

序号	材料编码	材料名称、规格、型号	计量单位	数量	单价	金额	备注
1	81020	C202 现浇混凝土碎石<20[商品]	m^3	0.853	310.00	264	
2	81022	C302 现浇混凝土碎石<20[商品]	m^3	69.213	340.00	23532	
3	81029	C303 现浇混凝土碎石<31.5[商品]	m^3	21.589	340.00	7340	
4	81036	C154 现浇混凝土碎石<40[商品]	m^3	19.665	310.00	6096	
5	81037	C204 现浇混凝土碎石<40[商品]	m^3	10.15	310.00	3147	
6	81039	C304 现浇混凝土碎石<40[商品]	m^3	54.511	340.00	18534	
7	81046	C20 细石混凝土[商品]	m^3	2.383	310.00	739	
		合 计				59652	

装饰工程材料暂估价一览表 表 5-29

工程名称：框架住宅装饰

序号	材料编码	材料名称、规格、型号	计量单位	数量	单价	金额	备注
1	81046	C20 细石混凝土[商品]	m^3	5.944	310.00	1843	
		合　计				1843	

5.3.10 补充材料价格取定表（表 5-30）

建筑工程市场价取定表 表 5-30

工程名称：框架住宅建筑

序号	工料机编码	名称、规格、型号	单位	数量	单价	合价
1	8071	聚苯乙烯泡沫板 δ80	m^2	183.60	18.72	3437
2	8071	聚苯乙烯泡沫板 δ30	m^2	35.272	7.02	248

复习思考题

1. 商品混凝土可分泵送和非泵送两种情况，在计价时将如何处理？

2. 通过本案例的学习，深刻理解执行全费价对造价业的影响有哪些？

3. 计价改革的目的，一是同国际接轨，二是量价分离。通过本教程的学习，有哪些体会？

4. 你认为我国实行招标控制价有哪些好处？招标控制价是对总价控制，还是对单价控制，为什么？

5. 你认为我国实行工程量清单计价以来，对工程造价有哪些影响？为何有人还提出恢复定额计价？你认为清单计价与定额计价有何区别？

6. 有人提出将来 BIM 实现图纸自动带出工程量和清单与定额后，预算人员将面临失业，应把造价管理的重点放在财务管理和工程管理上，你对此有何看法？

作　业　题

应用你所熟悉的算量和计价软件，依据框架住宅图纸和第 4 章的工程量计算结果，做出工程报价。并与本章结果进行对比，找出不同的原因。

6 框剪高层住宅工程计量

6.1 案例清单/定额知识

本章考虑了泵送商品混凝土的处理和高层建筑超高费的应用。本项目按 4 个单位工程（分地下建筑、装饰和地上建筑、装饰）来计算。每个分部的序号都从头开始编排，以利于计算结果的调用。

6.1.1 基础工程

（1）挖基坑采用大开挖方式，按机械挖普通土考虑放坡系数 0.33（定额与清单一致），基础垫层的工作面统一按 300mm 考虑。

（2）挖沟槽长度算至柱基垫层外皮，不考虑扣除工作面和放坡的重叠部分。

（3）本案例考虑了机械挖土，全部外运距离 1km 内；在计算回填时考虑了回填土乘以 1.15，灰土用土乘以 1.01×1.15×0.77 的压实系数。

（4）垫层按《2013 计价规范》规定：混凝土垫层按附录 E 中编码 010501001 列项，地面中的混凝土垫层单列；地面地瓜石垫层按附录 D 中编码 010404001 列项。

6.1.2 主体工程

（1）有梁板按梁板体积之和计算（不执行梁与板整体现浇时，梁高算至板底的梁和板分别计算的规定）。内外梁均按全高（不扣板厚）算至柱侧；板按梁间净面积计算，均不扣柱的板头；但斜屋面板则将梁算至屋面板下，以利于将斜屋面板单独计算。

（2）屋面根据《2013 计价规范》的要求将清单项目细化。

屋面中套了 4 项清单：保护层（水泥砂浆或地砖）、沥青卷材防水、保温找坡和涂膜防水找平层。

（3）按标准图要求：砌块墙拉结筋按 2ϕ6@500 计算，采用预埋件与拉结筋连接。

（4）马凳的材料比底板钢筋降低一个规格，长度按底板厚度的 2 倍加 200mm 计算，每平方米 1 个，计入钢筋总量。

（5）泵送商品混凝土的价格中只含泵送剂，泵送费用和管道安装费另行按混凝土用量计算。

6.1.3 措施项目

（1）垂直运输费按 2013 清单和定额，均按建筑面积计算。

（2）模板考虑在混凝土清单内列出，不再列入措施项目中。

（3）模板均按竹胶板考虑。由于山东消耗量定额增加了竹（胶合板）制作项目，并调整了定额消耗量，故在套用时扣除了定额中的胶合板模板含量，并按济南市规定，按混凝土工程量乘以 0.244 的系数来计算竹（胶合板）制作工程量。

（4）脚手架分别在砌体和装修清单项目中计算，转入计价时汇总在综合脚手架清单项目内，清单按建筑面积计算综合单价。

6.1.4 装修工程

（1）地面中的垫层、防水均列入建筑工程。

（2）墙面中的保温列入装修工程。

（3）油漆部分均单列。

6.2 门窗过梁表

6.2.1 门窗表

1. 门窗表由CAD图转来

表 6-1 摘自建施-02。

门窗表 CAD 图 **表 6-1**

类型	设计编号	洞口尺寸（mm）	数量								图集选用	备注
			地下二	地下一	1层	2~7层	8~10层	11层	机房	合计		
普通门	M1	800×2100	24	22						46	L13J4-1(79)PM-0821	平开夹板百叶门
	M2	1300×2100							4	4	多功能户门，甲方订货	防盗、保温、隔声
	M3	1000×2000							2	2	L13J4-1(78)PM-1021	平开夹板门
	MD2	900×2380			17	17×6=102	17×3=51	17		187	仅留门洞	
	MD3	800×2380			8	8×6=48	8×3=24	8		88	仅留门洞	
	M4	1200×2100				4×6=24	4×3=12	4		40	L13J4-1(78)PM-1221	平开夹板门
	M5	3000×2380			4	4×6=24	4×3=12	4		44	隔热铝合金中空玻璃门(6+12+6)	详大样图
	M6	2400×2380			1	1×6=6	1×3=3	1		11	隔热铝合金中空玻璃门(6+12+6)	详大样图
	M7	2100×2380			3	3×6=18	3×3=9	3		33	L13J4-1(6)TM4-2124	
	MD4	1800×2380			4	4×6=24	4×3=12	4		44	仅留门洞	
	M9	1300×2100			4					4	可视对讲一体防盗门	甲方订货

由 CAD 图纸生成的门窗表见表 6-2 所列。

由 CAD 图生成的门窗表 **表 6-2**

门窗号	图纸编号	洞口尺寸	面积	数量	墙	洞口过梁号
M1	M1	0.8×2.1	1.68	46	46	
地下二				24	24	
地下一				22	22	
M2	M2	1.3×2.1	2.73	4	4	
机房				4	4	
M3	M3	1×2	2	2	2	
机房				2	2	
MD2	MD2	0.9×2.38	2.14	68	68	
1 层				17	17	
2～7 层				17	17×6=102	
8～10 层				17	17×3=51	
11 层				17	17	
MD3	MD3	0.8×2.38	1.9	32	32	
1 层				8	8	
2～7 层				8	8×6=48	
8～10 层				8	8×3=24	
11 层				8	8	
M4	M4	1.2×2.1	2.52	12	12	
2～7 层				4	4×6=24	
8～10 层				4	4×3=12	
11 层				4	4	
M5	M5	3×2.38	7.14	16	16	
1 层				4	4	
2～7 层				4	4×6=24	
8～10 层				4	4×3=12	
11 层				4	4	
	……					

2. 门窗表生成步骤

第一步：统一门窗编号，以便于调用。凡门均用 M 打头，窗均用 C 打头。原则要求新编号与原编号一致。

第二步：规范楼层信息，例如 2～10 层的门窗数量相同，改为 2～10 层。

第三步：在标题栏列出墙体信息，生成门窗表。修改后的门窗表见表 6-3 所列。

门窗表的作用：一是利用门窗号变量调用其数值，以便于在墙体中作为扣减值应用。这需要在表中按墙体分列；二是填写相应的过梁代号，生成过梁表。表 6-3 中，过梁号 GL201 中 GL 表示现浇过梁，20 表示墙体宽度，1 表示序号；KL 表示用框架梁来代替过梁。

门窗表 **表 6-3**

门窗号	图纸编号	洞口尺寸	面积	数量	18W 墙	20N 墙	18N 墙	DT 墙	10N 墙	洞口过梁号
M1	M1	0.8×2.1	1.68	24		24				GL201
−2 层				12		12				
−1 层				12		12				
M1-1	M1	0.8×2.1	1.68	22					22	GL101
−2 层				12					12	
−1 层				10					10	
M2	M2	1.3×2.1	2.73	4	4					GL181
机房				4	4					
M3	M3	1×2	2	2		2				GL182
机房				2		2				
MD2	M2 留洞	0.9×2.38	2.14	187	44		99		44	KL
1 层				17	4		9		4	
2~10 层				153	4×9		9×9		4×9	
11 层				17	4		9		4	
MD3	M3 留洞	0.8×2.38	1.9	88			11		77	KL
1 层				8			1		7	
2~10 层				72			1×9		7×9	
11 层				8			1		7	
M4	M4	1.2×2.1	2.52	40			40			GL183
2~10 层				36			4×9			
11 层				4			4			
M5	M5	3×2.38	7.14	44	44					KL
1 层				4	4					
2~10 层				36	4×9					
11 层				4	4					
M6	M6	2.4×2.38	5.71	10	10					KL
1 层				1	1					
2~10 层				9	1×9					
M6-1	M6	2.4×2.38	5.71	1	1					GL184
11 层				1	1					
M7	M7	2.1×2.38	5	30	30					KL
1 层				3	3					
2~10 层				27	3×9					
M7-1	M7	2.1×2.38	5	3	3					GL185
11 层				3	3					
MD4	M8 留洞	1.8×2.38	4.28	44			44			KL
1 层				4			4			
2~10 层				36			4×9			
11 层				4			4			
M9	M9	1.3×2.1	2.73	4			4			GL181
1 层				4			4			

续表

门窗号	图纸编号	洞口尺寸	面积	数量	18W墙	20N墙	18N墙	DT墙	10N墙	洞口过梁号
M10	M10	1.2×2.1	2.52	2		2				GL202
-2层				1		1				
-1层				1		1				
M11	M11	1.3×2.1	2.73	44			44			GL181
1层				4			4			
2～10层				36			4×9			
11层				4			4			
M12	M12	1.2×2.1	2.52	8		8				GL202
-2层				4		4				
-1层				4		4				
M12-1	M12	1.2×2.1	2.52	2			2			GL183
1层				2			2			
M13	M13	0.9×2	1.8	52					52	GL102
-2层				4					4	
-1层				4					4	
1层				4					4	
2～10层				36					4×9	
11层				4					4	
M14	M14	0.8×2	1.6	4		4				GL201
-1层				4		4				
MD1	电梯门	1.1×2.2	2.42	52				52		KL
-2层				4				4		
-1层				4				4		
1层				4				4		
2～10层				36				4×9		
11层				4				4		
C1	C1	2.1×1.48	3.11	88	44		44			KL
1层				8	4		4			
2～10层				72	4×9		4×9			
11层				8	4		4			
C101	C101	2.1×1.2	2.52	4	4					KL
机房				4	4					
C2	C2	1.8×1.48	2.66	33	33					KL
1层				3	3					
2～10层				27	3×9					
11层				3	3					
C3	C3	1.5×1.48	2.22	33	33					KL
1层				3	3					
2～10层				27	3×9					
11层				3	3					

续表

门窗号	图纸编号	洞口尺寸	面积	数量	18W 墙	20N 墙	18N 墙	DT 墙	10N 墙	洞口过梁号
C301	C301	1.5×1.5	2.25	24	24					KL
1层				2	2					
2～10层				18	2×9					
11层				2	2					
机房				2	2					
C302	C302	1.5×1.5	2.25	4	4					GL186
机房				4	4					
C4	C4	1.3×1.48	1.92	40	40					KL
2～10层				36	4×9					
11层				4	4					
C5	C5	1.2×1.48	1.78	41	33	8				KL
−2层				4		4				
−1层				4		4				
1层				3	3					
2～10层				27	3×9					
11层				3	3					
C6	C6	0.9×1.48	1.33	11	11					KL
1层				1	1					
2～10层				9	1×9					
11层				1	1					
C7	C7	0.7×2.5	1.75	4	4					GL187
机房				4	4					
C8	C8	0.7×1.43	1	88	88					KL
1层				8	8					
2～10层				72	8×9					
11层				8	8					
C9	C9	0.6×1.43	0.86	22	22					KL
1层				2	2					
2～10层				18	2×9					
11层				2	2					
C10	C10	2.7×1.48	4	33	33					KL
1层				3	3					
2～10层				27	3×9					
11层				3	3					
C11	C11	2.5×1.48	3.7	11	11					KL
1层				1	1					
2～10层				9	1×9					
11层				1	1					
			门面积	1877.79	651.05	71.92	657.96	125.84	371.02	
			窗面积	958.83	807.75	14.24	136.84			
			数量	1103	522	46	288	52	195	
			合计	2839.26	1461.44	86.16	794.8	125.84	371.02	

门窗表的应用：M=1877.79；　C=958.83；

M<18>=1309.01；M<18W>=651.05；M<18N>=657.96；

M<20>=71.92；

M<10>=371.02；

C<18>=944.59；C<18W>=807.75；C<18N>=136.84；

C<20>=14.24。

3. 门窗统计表的输出

6.2.2 门窗统计表

由门窗表自动生成门窗统计表，见表 6-4 所列。

门窗统计表 　　**表 6-4**

门窗号	图纸编号	洞口尺寸	面积	数量	−2层	−1层	1层	2~10层	11层	机房	合计
M1	M1	0.8×2.1	1.68	46	24	22					77.28
M2	M2	1.3×2.1	2.73	4						4	10.92
M3	M3	1×2	2	2						2	4.00
MD2	M2 留洞	0.9×2.38	2.14	187			17	153	17		400.18
MD3	M3 留洞	0.8×2.38	1.9	88			8	72	8		167.20
M4	M4	1.2×2.1	2.52	40				36	4		100.80
M5	M5	3×2.38	7.14	44			4	36	4		314.16
M6	M6	2.4×2.38	5.71	11			1	9	1		62.81
M7	M7	2.1×2.38	5	33			3	27	3		165.00
MD4	M8 留洞	1.8×2.38	4.28	44			4	36	4		188.32
M9	M9	1.3×2.1	2.73	4			4				10.92
M10	M10	1.2×2.1	2.52	2	1	1					5.04
M11	M11	1.3×2.1	2.73	44			4	36	4		120.12
M12	M12	1.2×2.1	2.52	10	4	4	2				25.20
M13	M13	0.9×2	1.8	52	4	4	4	36	4		93.60
M14	M14	0.8×2	1.6	4		4					6.40
MD1	电梯门	1.1×2.2	2.42	52	4	4	4	36	4		125.84
C1	C1	2.1×1.48	3.11	88			8	72	8		273.68
C101	C101	2.1×1.2	2.52	4						4	10.08
C2	C2	1.8×1.48	2.66	33			3	27	3		87.78
C3	C3	1.5×1.48	2.22	33			3	27	3		73.26
C301	C301	1.5×1.5	2.25	24			2	18	2	2	54.00
C302	C302	1.5×1.5	2.25	4						4	9.00
C4	C4	1.3×1.48	1.92	40				36	4		76.80
C5	C5	1.2×1.48	1.78	41	4	4	3	27	3		72.98
C6	C6	0.9×1.48	1.33	11			1	9	1		14.63

续表

门窗号	图纸编号	洞口尺寸	面积	数量	−2层	−1层	1层	2～10层	11层	机房	合计
C7	C7	0.7×2.5	1.75	4						4	7.00
C8	C8	0.7×1.43	1	88			8	72	8		88.00
C9	C9	0.6×1.43	0.86	22			2	18	2		18.92
C10	C10	2.7×1.48	4	33			3	27	3		132.00
C11	C11	2.5×1.48	3.7	11			1	9	1		40.70
			门面积	1877.79	69.8	72.84	161.73	1402.65	155.85	14.92	
			窗面积	958.83	7.12	7.12	76.11	754.11	83.79	30.58	
			数量	1103	41	43	89	819	91	20	
			合计	2836.62	76.92	79.96	237.84	2156.76	239.64	45.5	

6.2.3 过梁表

依据门窗表中洞口过梁信息，生成过梁表（表 6-5）。过梁的长度根据洞口长度加 0.5m，高度需要从图纸上查得。

过梁表 **表 6-5**

工程名称：框剪高层架住宅

过梁号	图纸编号	L×B×H	体积	数量	18W墙	20N墙	18N墙	DT墙	10N墙	洞口门窗号
GL101	TGLA10082	1.3×0.1×0.1	0.01	22					22	M1-1
GL102	TGLA10092	1.4×0.1×0.1	0.01	52					52	M13
GL181	TGLA20152	1.8×0.18×0.15	0.05	52	4		48			M2;M9;M11
GL182	TGLA20102	1.5×0.18×0.1	0.03	2	2					M3
GL183	TGLA20122	1.7×0.18×0.1	0.03	42			42			M4;M12-1
GL184	TGLA20242	2.9×0.18×0.15	0.08	1	1					M6-1
GL185	TGLA20212	2.6×0.18×0.15	0.07	3	3					M7-1
GL186	TGLA20152	2×0.18×0.15	0.05	4	4					C302
GL187	TGLA20102	1.2×0.18×0.1	0.02	4	4					C7
GL201	TGLA20082	1.3×0.2×0.1	0.03	28		28				M1;M14
GL202	TGLA20122	1.7×0.2×0.15	0.05	10		10				M10;M12
			数量	220	18	38	90		74	
			合计	6.57	0.83	1.34	3.66		0.74	

过梁表的应用：GL=6.57；

GL＜18＞=4.49；　GL＜18W＞=0.83；　GL＜18N＞=3.66；

GL＜20＞=1.34；

GL＜10＞=0.74。

6.3 基 数 表

6.3.1 基数表（表 6-6）

基数表 表 6-6

工程名称：框剪高层架住宅

序号	基数	名称	计 算 式	基数值
1	SJ	基本面积	49.68×11.98+2.78×3.6×2−5.8×0.8	610.542
2	WJ	基本外长	2×(49.68+11.98+3.6×2)	137.72
		地下 2 层		
3		地下部分	(2.51×3+2.81)×1.27[窗井]+(7.08×2+2.33)×0.07[G]	14.286
4	S0	外围面积	SJ+H3+0.07×3.6×4[LT]−(3×3+6)×1.5−1.92×5.34	593.083
5	W0	外墙长	WJ+1.5×8+(1.27+1.2)×4+5.34×2	170.28
6	L0	外墙中	W0−0.25×4	169.28
7		−2 层内 20 横	[2−29]4.44×9+[2−18]4.33×6−2+[5−26]4.4×6 +[6−23]2.1×4+[7,22]4.49×2+0.61×2+[14,15]6.14×2−1.2 +[29]3.53=123.55	
8	N202	内墙 20	H7+[−C]1.2+3.1×4+2.8+[C]2.24+1.64×2+[D]1.2 +1.7×4+4.4+3.34+[SB]0.02×4+[G]2.01×3+2.31	169.63
9		内 10 横	[−2]1.01+[4,10,19]4.4×3+[6−23]1.45×4 +[12−17]0.91×2+[29−]1.21=23.04	
10	N102	内墙 10	H9+[−B]3.69×2+[B]1.25×4+[−C]3.05×4+1.3 +[D]1.45×3+1.1×2+[SB]2.42×2	60.31
11	Q02	墙体面积	L0×0.25+N202×0.2+N102×0.1	82.277
12		储藏 1、2	3.34×6.44−1.2×0.7+3.34×4.84−1.2×0.71=35.983	
13		储藏 3、4、5	1.7×4.13×3+3.1×4.24×4+1.45×4.3×3=92.344	
14		储藏 6、7	4.3×5.84×4−1.35×1.45×4+2.74×5.14×2−1.2×0.91 ×2+2×0.2=119.001	
15		储藏 8、9、10	3.69×2.89×2+1.2×0.2+1.7×4.2+4.4×4.2−2.26×0.87 =45.222	
16		储藏 11、12、13	2.8×4.24+3.34×7.15−1.3×1.31+3.34×3.33=45.172	
17	JC	窗井	2.01×1×3+2.31×1=8.34	
18	SB0	设备间	1.11×0.61×4=2.708	
19	LT	楼梯	2.42×3.6×2=17.424	
20	DTF	电梯、缝	2.38×2.48×2+6.14×0.12=12.542	
21	T0	门厅	1.61×4.4×4−0.22×2.1×4+2.42×1.21×2=32.344	
22		过道 1	16.9×1.21+1.25×4.4×3+1.2×4.4+3.69×4.16×2 −2.59×1.01×2=67.698	

续表

序号	基数	名称	计 算 式	基数值
23		过道 2	20×1.21+2.7×1.45×2=32.03	
24	R02	室内面积	Σ	510.808
25		校核	S0−Q02−R02=−0.002	
		地下 1 层		
26	N201	−1 层内 20 横	N202+[7,22]0.05×2+[8,23]5.94×2+[−B]2.9×2 +1.25×2+[−C]2.9×2	195.71
27	N101	内墙 10	N102+[6−21]1.5×2−1.45×4−[B]1.25×4−[−C]3.05×2	46.41
28	Q01	墙体面积	L0×0.25+N201×0.2+N101×0.1	86.103
29		储藏 1～5 热表	H12+H13=128.327	
30		储藏 6、7	4.3×5.84×2−1.35×1.5×2+2.74×5.14×2−1.2×0.91 ×2+2×0.2=72.557	
31		储藏 8～13	H15+H16=90.394	
32		配电,电表	2.9×3.54×2+2.9×2×2=32.132	
33		楼梯设备缝门厅	SB0+LT+DTF+T0=65.018	
34		过道	H22+20×1.21+(2.65×5.94−1.45×4.54)×2=110.214	
35	R01	室内面积	Σ	498.642
36		校核	S0−JC−Q01−R01=−0.002	
		标准层 2～10		
37	*S*	外围面积	SJ−(8.82×2+3.52)×1.5−(2.82×3+3.12)×1.2−1.92 ×5.4−6.58×0.12	553.748
38	*W*	外墙长	WJ+1.5×6+1.2×8+5.4×2−0.12×2	166.88
39	*L*	外墙中	W−0.18×4	166.16
40		内 18 横	[2,12,17](5.82+4.4)×3+[3−26]3.2×8+[4−29]4.5×5 +[6−23]2.1×4+[7,22]5.72×2+0.61×2+[14,15]6.22×2 +[27]4.32+[29]3.42×2=123.42	
41	N18	内墙 18	H40+[A−]3.12×3+2.41+[B]2.31+2.61×2+2.21 +[C−]4.41×3+6.12+[C]2.21+1.71×2+[D]1.72×3+1.62 ×4+8.02+[E]1.71×2+[SB]0.02×4	193.07
42	N10	内墙 10	[−2]3.86+[12−17]3.64×2+[29−]2.72+[−C]1.21 +[E]3.42+1.11×2+[SB]2.42×2	25.55
43	Q	墙体面积	(L+N18)×0.18+N10×0.1	67.216
44		卧 1、2、3、4	3.42×5.82−2.31×1.5+3.42×3.16+3.12×4.32×4 +2.82×3.12×2=98.757	
45		卧 5	3.72×5.82×2−2.61×1.5×2=35.471	
46		卧 6、7、8	2.82×4.32+3.42×5.9−2.21×1.58+3.42×3.42=40.565	
47		E 客厅走廊	8.91×6.86−4.59×4.5−7.8×1.14=31.576	

续表

序号	基数	名称	计 算 式	基数值
48		D客厅走廊	8.91×6.9×2−4.59×4.5×2−7.8×1.18×2=63.24	
49		G客厅走廊	12.01×5.72−7.69×4.5=34.092	
50		餐厅	2.82×3.2×3+3.12×3.2=37.056	
51	RQ		Σ	340.757
52		卫1、2、3	2.21×2.02+2.21×1.66+2.51×1.72×2=16.767	
53		卫4、5、6	1.61×1.92×2+2.02×3.42+2.11×2.72=18.83	
54	RW		Σ	35.597
55		厨1、2	1.72×4.22×3+2.22×4.22=31.144	
56		封闭阳台	3.12×1.32×3+2.42×1.32=15.55	
57	RC		Σ	46.694
58	DT	电梯	2.38×2.48×2=11.805	
59	T	门厅	1.62×4.22×4−0.2×2.1×4+2.42×1.21×2=31.522	
60	SB	设备间	1.12×0.61×4=2.733	
61	R	室内面积	RQ+RW+RC+DT+T+SB+LT	486.532
62		校核	$S-Q-R=0$	
		首层		
63	TJ	楼梯窗井	2.92×1.2×2=7.008	
64	S1	外围面积	S+4×(2.4×3.6+2.58×0.7)+0.8×0.18×4+TJ	603.116
65	W1	外墙长	W+0.7×8+0.8×8	178.88
66	L1	外墙中	W1−0.18×4	178.16
67	N1	内墙18	N18+3.6×4+1.42×4−1.21×2	210.73
68	Q1	墙体面积	(L1+N1)×0.18+(N10+1.21×2)×0.1	72.797
69	T1	进厅	2.22×4.12×4=36.586	
70	R1	室内面积	T1+TJ+R+1.21×(0.18−0.1)×2	530.32
71		校核	S1−Q1−R1=−0.001	
		机房层		
72	SD	外围面积	9.18×15.58−6.4×8−0.4×2.12	90.976
73	WD	外墙长	2×(9.18+15.58+0.2×2)	50.32
74	LD	外墙中	WD−0.18×4	49.6
75	ND	内墙18	7.22+2.02×2	11.26
76	QD	墙体面积	(LD+ND)×0.18	10.955
77		客厅	4.32×2.3×2=19.872	

续表

序号	基数	名称	计 算 式	基数值
78	TK	客厅上空	4.32×4.92×2=42.509	
79		电梯、平台	2.02×2.12+2.42×1.92=8.929	
80	RD	室内面积	Σ+LT/2	80.022
81		校核	SD−QD−RD=−0.001	
82	SD1	屋顶花园面积	2.48×3.5	8.68
83	WD1	屋顶花园墙长	2×(2.48+3.5)	11.96
84	LD1	外墙中	WD1−0.18×4	11.24
85	RD1	室内面积	2.12×3.14	6.657
86		校核	SD1−LD1×0.18−RD1=0	
		建筑面积体积		
87		外围面积	2S0+S1+S×10+2SD+2SD1=7526.074	
88	YD	非封闭阳台	8.82×2×1.5+(2.82×3+3.12)×1.2=40.356	
89		外墙保温	(W1+W×10+2WD)×0.04=77.933	
90		屋顶花园 1/2	−2.48×[(2.1−1.85)×TAN(50)]×2=−1.478	
91	JM	建筑面积	Σ+YD×10−0.8×0.18×4[1层YD]−2TK[客厅上空]−JC	7952.511
92		地下1～2层	2S0−JC=1177.826	
93	SM	1层	S1+YD−0.8×0.18×4+W1×0.04=650.051	
94		2～11层	(S+YD+W×0.04)×10=6007.792	
95		机房层	2(SD+WD×0.04)−2TK=100.96	
96		屋顶花园	2[SD1−2.48×(2.1−1.85)×TAN(50)]=15.882	
97		校核	Σ−JM	0
98	JTD	地下建筑体积	S0×6	3558.498
99		1层	(S1+YD−0.8×0.18×4+W1×0.04)×2.9+7.008[H90]×2.4=1901.968	
100		2～11层	(S+YD+W×0.04)×10×2.9=17422.597	
101		机房保温	(2WD×1.99+4×9.18×4.01/2+4×5.88×0.97)×0.04=11.868	
102		机房	2×9.18×7.58×(1.99+4.01/2)=555.979	
103		电梯楼梯	2×(2.78×5.88+2.38×2.12)×(3.125+1.095/2)=157.124	
104		屋顶花园	2SD1×(1.925+1.395/2)=45.527	
105	JT	地上建筑体积	Σ	20095.063
106		建筑体积	JTD+JT	23653.561
107	TH1	2层屋面找坡厚	0.03+(4.12×0.02+2.11×0.02)/2	0.092

续表

序号	基数	名称	计 算 式	基数值
108	TH2	屋面找坡厚度	0.03+5.4×0.02/2	0.084
109	TW	屋面坡度系数	1/COS(40)	1.305
110	TLD	地下楼梯系数	SQRT($0.26^2+0.167^2$)/0.26	1.188
111	TL	楼梯系数	SQRT($0.26^2+0.161^2$)/0.26	1.177
		构件基数		
112	DQ	地下混凝土-内墙	[2-17]0.2×5+[14,15]1.9×2+[18]4.33+[29]3.53+[D]1.7×3	17.76
113	DQD	混凝土-墙垛	[7,22]0.81×2+[28]0.64+[B]0.79×2	3.84
114		框剪柱	[2]1.34+1.69+0.34+[3,11]0.89×2+[4,10]1.44×2+0.9×2+[5,9]1.51×2+[6,8]0.89×2+[7]3.54=18.17	
115			H114+[12]1.34×2+0.69+[14,15]3.04×2+[17]2.94+0.69+1.44+[19,25]1.64×2+0.8×2=37.57	
116			H115+[20,24]1.51×2+[21,23]0.89×2+[22]3.54+[26]0.69+1.51+[27]1.44+0.7+[29]2.94=53.19	
117	DJZ	-1、2层框剪柱	H116+[-C]1.5×5+1.64×2+[D]1.59+0.8+0.74+[SB]0.02×4	67.18
		-2层墙		
118		-1层梁20下20墙	[2]3.1+2.1+[3,11]3.24×2+[4,10]2.1×2+[5,9]2.89×2=21.66	
119			H118+[6,8]1.21×2+[7,22]0.95×2+[12]3.1+2.1+[14]1.2+[17]1.5=33.88	
120			H119+[19,25]2×2+[20,24]2.89×2+[21,23]1.21×2+[26]2.2=48.28	
121	DL202		H120+[27]2.3+[29]1.5+[-C]1.6×4+1.3+[C]2.24+[D]2.01+2.6	66.63
122		-1层梁20下无墙	[2,12,17,29]1.21×4+[7,22]1.85×2+[15]1.2+[17]2+[28]2.69=14.43	
123	DL200		H122+[-B]4.3×2+[B]2.9×2+[-C]1.25×4+2.04+[C]1.1×3	39.17
124	DL182	-1层梁18下20墙	[7,22]0.08×2+[25]4.4+[D]1.7+[G]2.01×3+2.31	14.6
125	L1823	SB井300梁20墙	[7,22]0.53×2	1.06
126	DL180	-1层梁18下无墙	[D]1.25×3+1.61×4+1.2	11.39
127	DQ20	-1层板下20墙	[-C]1.2+[D]1.2	2.4
128		校核-2层20墙	N202-DQ-DZ-DL202-DL182-L1823-DQ20=0	
129	DL201	-1层梁20下10墙	[-C]3.05×4+1.3	13.5

续表

序号	基数	名称	计 算 式	基数值
130	DL181	一1层梁18下10墙	[4,10,19]4.3×3+[D]1.55×3+[SB]2.42×2	22.39
131	DQ10	一1层板下10墙	[−2]1.01+[6−23]1.35×4+[12−17]0.91×2+[29−]1.21+[−B]3.69×2+[B]1.35×4+[D]1.1×2	24.42
132		校核一2层10墙	N102−DL201−DL181−DQ10=0	
133	DL20	一1层框梁200	DL202+DL200+DL201	119.3
134	DL18	一1层框梁180	DL182+DL180+DL181	48.38
135	B0	板	S0−L0×0.25−[DT]2.38×2.48×2−[LT]2.42×3.6×2−JC	513.194
136	DB	一1层板	B0−(DQ+DZ+DL20)×0.2−(DL18+L1823)×0.18	476.883
		一1层墙		
137	SL202	1层梁20下20墙	DL202+[−C]1.15	67.78
138		一1层梁20下无墙	[2,12,17,29]1.21×4+[7,22]1.8×2+[15]1.2+[17]2+[28]2.69=14.33	
139	SL200		H138+[B]3.34×2+2.9×2+[−C]1.25×4+2.04+[C]1.1×3+[E]3.34+2.74×2	45.97
140	SL182	一1层梁18下20墙	[7,22]0.08×2+[25]4.4+[D]1.7+[−F]0.2×3+[G]2.01×3+2.31	15.2
141	SL180	1层梁18下无墙	[A]3×3+3.05+[D]1.25×3+1.61×4+1.2+[YD]2.7×3+2.9	34.44
142	SQ20	1层板下20墙	[8,23]5.74×2+[−B−]2.9×2+1.25×2+[−C]2.9×2+[D]1.15	26.73
143		校核一1层20墙	N201−DQ−DZ−SL202−SL182−L1823−SQ20=0	
144	SL201	1层梁20下10墙	[−2]1.01+[4,10,19]0.2×3+[12−17]0.91×2+[29−]1.31	4.74
145	SL181	1层梁18下10墙	[4,10,19]4.2×3+[D]1.55×3+[SB]2.42×2	22.09
146	SQ10	一1层板下10墙	[6,21]1.45×2+[−B]3.69×2+[−C]2.95×2+1.2+[D]1.1×2	19.58
147		校核一1层10墙	N101−SL201−SL181−SQ10=0	
148	SL20	1层框梁200	SL202+SL200+SL201	118.49
149	SL18	1层框梁180	SL182+SL180+SL181	71.73
150	WL30	框梁180×300	[−27]1.32	1.32
151	B1	1层板	DB+(3×3+3.05)×1.32−(SL20−DL20)×0.2−(SL18−DL18+WL30)×0.18	488.51
		2～11层墙		
152	WQ	1～11层外墙	[29]1.68+[30]3.78	5.46
153		2～11层外框剪	[1]3.09+3.64+[5,9,20,24,26]1.38×5+[6,21]1.65×2+[7,22]0.18×2=17.29	

续表

序号	基数	名称	计 算 式	基数值
154			H153+[8,23]1.89×2+[13,16]1.19×2+1.69×2 +[14,15]0.18×2+[28]0.98+[30]2.59=30.76	
155			H154+[A]0.61+0.89×3+1.09×2+0.41+0.91 +[A-]0.18×4+1.1+0.81=40.17	
156	WJZ	外框剪	H155+[F]0.71+0.81+[G]0.81+1.4+0.59×2+0.51×3 +0.21+[H]0.46×2	47.74
157	WZ	外柱	[6,21]0.4×2+[H]0.46×2	1.72
158	WKZ	外墙增 KZ	[7,22]1.32×2+[A]1.8×2+[G]0.36×4	7.68
159	LL	1050 梁	[6,21]0.75×2	1.5
160	WL60	60 外梁	[8,23]1.89×2	3.78
161	WL45	45 外梁	[1]5.25+[30]4.81	10.06
162		40 外梁	[3,11,18]1.2×3+[4-25]1.32×4+[6,21]0.98×2 +[13,16]2.7×2=16.24	
163			H162+[A]2.1×4+3.3×3+2.77+[A-]4.32×4+1.8 +[C]0.72×2+[-F]2.82×3+3.12=69.41	
164	WL40	外梁 400	H163+[F]4.1+[G]1.8+1.49×3+1.42×4+2.31×2+1.5 +[H]1.5×2	94.58
165	WL400	外梁 400 无墙	[-27]1.32+[A]3.51×4+0.71+0.7+[G]2.46×3+2.76	26.91
166		校核 18 外墙	L-WQ-WJZ-WZ-LL-WL60-WL45-WL40-WL30=0	
167	NQ	内混凝土墙	[2,12,17]1.5×3+[D]2.08×3	10.74
168		内框剪	[2]1.41+1.71+0.41+[3,11]0.91×2+[4,10]1.51×2 +0.89×2+[5,9,20,24,26]0.31×5+[6-23]0.89×4=15.26	
169			H168+[7,22]0.61×2+0.81×2+[12]0.91+0.71+1.41 +[14,15]1.91×2+1.9×2=28.75	
170			H169+[17]0.91+0.71+1.51+[18]0.91+[19]1.71+0.79 +[25]1.71+0.79=37.79	
171			H170+[26]1.09+[27]1.51+0.69+[28]0.71+[29]0.91 +1.69+[A-]0.31×4+0.71×3=47.76	
172	NJZ	内框剪	H171+[B]0.81×2+[-C]1.51×5+1.71×2+[D]1.6 +0.82+0.81+[SB]0.02×4	63.66
173	NL60	梁 18×60 墙	[8,23]1.21×2	2.42
174	NL50	梁 18×50 墙	[7,22]4.3×2	8.6
175	NL45	梁 18×45 墙	[2]3.09+[12,17,29]3.59×3	13.86
176		梁 18×40 墙	[2]2.1+[3,11,18]2.11×3+[4,10]2.1×2 +[5,9,20,24]2.71×4=23.47	
177			H176+[6,22]1.21×2+[12]2.1+[14,15]2.41×2 +[17,19,25]2×3+[26]1.8+[27]2.3=42.91	

续表

序号	基数	名称	计 算 式	基数值
178			H177+[28]2.71+[29]1.91+[A−]2.1×4+[B]2.31+1.8×2+2.21=64.05	
179	NL40	梁下18墙	H178+[−C]1.11×3+1.61×4+1.31+[C]2.21+[D]1.8×4+2+2.61+[E]1.71×2	92.57
180	NL30	梁18×30墙	[7,22]0.61×2	1.22
181		校核18内墙	N18−NQ−NJZ−NL60−NL50−NL45−NL40−NL30=0	
182	NL450	梁18×45下无墙	[2,12,17,19]1.22×4	4.88
183	NL400	梁18×40下无墙	[27]1.22+[B]1.11×3+1.21+[D]2.82×3+3.12	17.34
184	NL401	梁18下10墙	[−2]3.86+[12−17]3.64×2+[29−]2.72+[−C]1.21+[E]3.42+1.11×2+[SB]2.42×2	25.55
185		校核10墙	N10−NL401=0	
186	YDB	阳台板	8.82×2×1.32+(2.82×3+3.12)×1.02=35.096	
187	B10	卫、厨、阳台	RW+RC+YDB	117.387
188	BQ10	卧室、客厅	RQ−B11−B13	176.378
189	B11	卧室5	H45	35.471
190	B12	门厅、设备	T+SB	34.255
191	B13	客厅	H47+H48+H49	128.908
192		校核2～11层板	R+YDB−B10−BQ10−B11−B12−B13−DT−LT=0	
		首层墙		
193	WSJZ	首层外框剪	WJZ−[6,21]1.65×2−[8,23]1.71×2+[G]0.36×4	42.46
194	WSZ	首层柱	[H]0.64×2+[H−]0.45×8	4.88
195	WSKZ	外墙增KZ	[7,22]1.32×2+[A]1.8×2	6.24
196	WSL40	40外梁	WL40+[进厅](3.76+0.7+1.86)×4−[6,21]0.98×2+[G]0.44×4−1.42×4	113.98
197	WSL400	40外梁无墙	WL400−[G]0.44×4	25.15
198		校核首层外墙	L1−WQ−WSJZ−WSZ−WL45−WSL40−WL30=0	
199	NSJZ	首层内框剪	NJZ+[6,21]1.65×2+[8,23]1.71×2	70.38
200	NSZ	首层内柱	[6,21]0.22×2	0.44
201	NL600	2层内梁60无墙	[8,23]1.21×2	2.42
202	NSL60	2层内梁60	[8,23]1.89×2	3.78
203	NSL40	40内梁下18墙	NL40+[6,21]0.98×2+[G]1.42×4	100.21
204		校核1层18内墙	N1−NQ−NSJZ−NSZ−NSL60−NL50−NL45−NSL40−NL30−LL=0	
		顶层梁墙		
205	WDL40	顶层40外梁	[3,11,18]1.2×3+[4−25]1.32×4+[6,21]0.98×2+[A]3.3×3+2.77+[A−]4.32×4+[H]1.5×2	43.79
206	WL52	40外框梁	WL45+WL40−WDL40−[F]2.82×3−3.12	49.27
207	Q18	板下18外墙	[−27]1.32+[−F]2.82×3+3.12	12.9

续表

序号	基数	名称	计 算 式	基数值
208	WDL400	40 梁下无墙	[14]1.5+[27]1.32+[A]3.51×4+3.53+[D−]0.72×2	21.83
209	WL520	52 梁下无墙	[G]2.46×3+2.76	10.14
210		校核顶 18 外墙	L−WQ−WJZ−WZ−LL−WL60−WL52−WDL40−Q18=0	
211	NDL52	顶 52 内梁 18 墙	[A−]2.1×4	8.4
212	NDL40	顶 40 内梁 18 墙	NL40−NDL52	84.17
213		校核 18 内墙	N18−NQ−NZ−NL60−NDL52−NL50−NL45−NDL40−NL30=0	
214	WDB	顶层板 120	R−DT−LT+YD−4.32×5.72×4	398.817
		机房层梁墙		
215	JWZ	外剪柱	[4,10](1.69+0.89)×2+[6,8](0.89+1.89)×2+[A]0.5+[SB]0.2×2+[H]0.46×2	12.54
216	JWL60	60 外框梁	[6,8]3.1×2	6.2
217	JWL40	40 外框梁	[4,10](1.5+2.1+1.4)×2+[A]4.16×2+[D]3.22×2+[H]1.5	26.26
218	JWDT	电梯墙	2.3×2	4.6
219		机房外墙校核	LD−JWDT−JWZ−JWL40−JWL60=0	
220	JNZ	内框剪	[7]2.11+0.81	2.92
221	JNL40	40 内梁下 18 墙	[7]4.3	4.3
222	JDT	电梯墙	2.02×2	4.04
223		机房内墙校核	ND−JDT−JNZ−JNL40=0	
		屋顶花园		
224	WHZ	屋顶花园混凝土柱	0.62×8	4.96
225	WHL45	45 梁	2.7×4	10.8
226	WHL40	40 梁	1.68×4	6.72
227	WHL	屋顶花园周长	(3.32+2.3)×4	22.48
228		校核	WHL−WHZ−WHL45−WHL40=0	
		屋面女儿墙		
229	WMQ	屋面混凝土墙	[2,12,17,29]1.68×4	6.72
230	WMJZ	屋面框剪柱	[14,15]1.08×2+[A]0.71×2+0.91×2+[A−]0.31×3+1.1+0.81	8.24
231	WML40	屋面 40 梁	[A]2.1×2+[A−]2.81×3+2.41+1.8	16.84
232	NVSQ	一层女儿墙	(0.5+3.6+2.4+0.7)×4	28.8
233		女儿墙	[1,28,30]2×(11.98−3.5)+[13,16]3.9×2=24.76	
234	NVQ		H233+[A]3.42×2+[G−]49.32−0.12−2×2.78[LT]	75.24
235	LW	屋顶墙周长	2×(49.5−9.18−[LT]2.78−0.12+11.8−[花园]3.5+[13]3.9+[14]0.9)+1.5×4	107.04
236		校核	LW−WMQ−WMJZ−WML40−NVQ=0	

续表

序号	基数	名称	计　算　式	基数值
		其他构件		
237		地下 20 系梁 9 道	[3,11]2.44×2+[24]1.71+[26]1.2+[−C]0.6×4+[D]1.6	11.79
238	D×L	−1 层加 2 道	H237×2+[7−,22−]2.44×2	28.46
239	D×L1	地下 10 系梁 5 道	([4,10,19]3.3×3+[−B]2.69×2)×2	30.56
240		内柱侧数	[2]3+[3,11]2×2+[4,10,19,25,27]2×5+[5,9,20,24]4=21	
241	NZC		H240+[7,22]2×2+[12]3+[17]3+[29]1+[−B]2+[−C]10	44
242	×L	18 系梁 10 道	[3,11,18]1.51×3+[−C]0.6×4+[D]1.6+[E]1.71×2	11.95
243	×L1	10 系梁 5 道	[卫]2.1×3+1.92+[E]2.42	10.64
244	WZC	外柱侧数	[1,30]2×2+[A]8+[A−]10+[F]5+2+[G]13	42
245	YJ	檐口 500 截面	0.26TW×0.1+0.08×0.1+0.16×0.12	0.061
246	YM	檐口 500 模板宽	0.26TW+0.06+0.3+0.2	0.899
247	SYJ	山檐 300 截面	0.3×0.1+0.11×0.08+0.16×0.12	0.058
248	SYM	山檐 300 模板宽	0.3+0.3+0.2	0.8
249	SYJ5	山檐 500 截面	0.2×0.1+SYJ	0.078
250	SYM5	山檐 500 模板宽	0.2+SYM	1
251	SYJ9	山檐 900 截面	0.6×0.1+SYJ	0.118
252	SYM9	山檐 900 模板宽	0.6+SYM	1.4
253	SYT	32.1 山墙檐头	0.1×0.18+0.16×0.12	0.037
254	SYTM	32.1 檐头模板	0.06+0.3+0.2	0.56
255	KTL	空调梁长	0.7×9×2	12.6
256	KTB	空调板	[29]1.32+[A]1.04×3+1.6×2+[G]0.76×4	10.68
257	KTTB	空调挑板	KTB+9×0.1×2+0.18	12.66

(1) 三线三面基数对于框架结构来说，虽不能用外墙中和内墙净长来计算墙体，但仍要用它们来校核基数。每个房间的面积都要分别计算，以便提取到室内装修表中来计算踢脚、墙面抹灰等。

(2) 构件基数中列出了各种梁高的总长度，它们是计算梁构件的公因数，以变量命名并调用，可简化构件的体积计算式。

(3) 基数命名规则：

DQ——混凝土——墙梁，指混凝土墙的长度或该砌体墙的顶部被梁占用长度。例如：梁宽 300，横墙 180，纵墙的长度应比梁长再加上 60，该长度列入 DQ 内才能闭合。

DZ——框剪柱长度。

DL202——地下−1 层梁 200 宽下 200 墙。

DL200——地下−1 层梁 200 宽下无墙。

DQ20——地下−1 层板下 200 墙。

N202——−2 层内墙 200 的总长度，包括 DQ、DZ、DL20× 和 DQ20 之和。其合计数自动得出，与基数中的 N202 一致。

6.3.2 基数计算表（表 6-7～表 6-18）

基数计算表（地下 2 层） 表 6-7

工程名称：框剪高层架住宅

名称	混凝土墙梁	框柱	框梁					梁下无墙		板下墙		墙	
轴号	DQ	DJZ	DL202	DL182	L1823	DL181	DL201	DL200	DL180	DQ20	DQ10	N202	N102
−2											1.01		1.01
2	0.2	1.34+1.69+0.34	3.1+2.1					1.21				8.77	
3、11	0.2×2	0.89×2	3.24×2									8.66	
4、10		1.44×2+0.9×2	2.1×2			4.3×2						8.88	8.6
5、9		1.51×2	2.89×2									8.8	
6、8		0.89×2	1.21×2								1.35×2	4.2	2.7
7		3.54	0.95	0.08	0.53			1.85				5.1	
12	0.2	1.34×2+0.69	3.1+2.1					1.21			0.91	8.77	0.91
14、15	1.9×2	3.04×2	1.2					1.2				11.08	
17	0.2	2.94+0.69+1.44	1.5					1.21+2			0.91	6.77	0.91
18	4.33											4.33	
19		1.64+0.8	2			4.3						4.44	4.3
20、24		1.51×2	2.89×2									8.8	
21、23		0.89×2	1.21×2								1.35×2	4.2	2.7
22		3.54	0.95	0.08	0.53			1.85				5.1	
25		1.64+0.8	2	4.4								8.84	
26		0.69+1.51	2.2									4.4	
27		1.44+0.7	2.3									4.44	
28								2.69					
29	3.53	2.94	1.5					1.21			1.21	7.97	1.21

续表

名称	混凝土墙梁	框柱	框梁					梁下无墙		板下墙		墙	
轴号	DQ	DJZ	DL202	DL182	L1823	DL181	DL201	DL200	DL180	DQ20	DQ10	N202	N102
−B								4.3×2			3.69×2		7.38
B								2.9×2			1.35×4		5.4
−C		1.5×5	1.6×4+1.3				3.05×4+1.3	1.25×4+2.04		1.2		16.4	13.5
C		1.64×2	2.24					1.1×3				5.52	
D	1.7×3	1.59+0.8+0.74	2.01+2.6	1.7		1.55×3			1.25×3+1.61×4+1.2	1.2	1.1×2	15.74	6.85
−G		0.02×4				2.42×2						0.08	4.84
G				2.01×3+2.31								8.34	
小计	17.76	67.18	66.63	14.6	1.06	22.39	13.5	39.17	11.39	2.4	24.42	169.63	60.31
变量名	DQ	DJZ	DL202	DL182	L1823	DL181	DL201	DL200	DL180	DQ20	DQ10	N202	N102
校核	17.76	67.18	66.63	14.6	1.06	22.39	13.5	39.17	11.39	2.4	24.42	169.63	60.31

基数计算表（地下1层） **表6-8**

工程名称：框剪高层架住宅

名称	混凝土墙梁	框柱	框梁					梁下无墙		板下墙		墙	
轴号	DQ	DZ	SL202	SL182	L1823	SL181	SL201	SL200	SL180	SQ20	SQ10	N201	N101
−2							1.01						1.01
2	0.2	1.34+1.69+0.34	3.1+2.1					1.21				8.77	
3、11	0.2×2	0.89×2	3.24×2									8.66	
4、10		1.44×2+0.9×2	2.1×2			4.2×2	0.2×2					8.88	8.8
5、9		1.51×2	2.89×2									8.8	
6、8		0.89×2	1.21×2								1.45	4.2	1.45
8、23										5.74×2		11.48	
7		3.54	0.95	0.08	0.53			1.8				5.1	

续表

名称	混凝土墙梁	框柱	框梁					梁下无墙		板下墙		墙	
轴号	DQ	DZ	SL202	SL182	L1823	SL181	SL201	SL200	SL180	SQ20	SQ10	N201	N101
12	0.2	1.34+0.69+1.34	3.1+2.1				0.91	1.21				8.77	0.91
14、15	1.9×2	3.04×2	1.2					1.2				11.08	
17	0.2	2.94+0.69+1.44	1.5				0.91	1.21+2				6.77	0.91
18	4.33											4.33	
19		1.64+0.8	2			4.2	0.2					4.44	4.4
20、24		1.51×2	2.89×2									8.8	
21～23		0.89×2	1.21×2								1.45	4.2	1.45
22		3.54	0.95	0.08	0.53			1.8				5.1	
25		1.64+0.8	2	4.4								8.84	
26		0.69+1.51	2.2									4.4	
27		1.44+0.7	2.3									4.44	
28								2.69					
29	3.53	2.94	1.5				1.31	1.21				7.97	1.31
A									3×3+3.05				
−B											3.69×2		7.38
B								3.34×2+2.9×2		2.9×2		5.8	
−C		1.5×5	1.15+1.6×4+1.3					1.25×4+2.04		1.25×2+2.9×2	2.95×2+1.2	24.65	7.1
C		1.64×2	2.24					1.1×3				5.52	
D	1.7×3	1.59+0.8+0.74	2.01+2.6	1.7		1.55×3			1.25×3+1.61×4+1.2	1.15	1.1×2	15.69	6.85
E								3.34+2.74×2					

续表

名称	混凝土墙梁	框柱	框梁					梁下无墙		板下墙		墙	
轴号	DQ	DZ	SL202	SL182	L1823	SL181	SL201	SL200	SL180	SQ20	SQ10	N201	N101
F				0.2×3					2.7×3+2.9			0.6	
−G		0.02×4				2.42×2						0.08	4.84
G				2.01×3 +2.31								8.34	
小计	17.76	67.18	67.78	15.2	1.06	22.09	4.74	45.97	34.44	26.73	19.58	195.71	46.41
变量名	DQ	DZ	SL202	SL182	L1823	SL181	SL201	SL200	SL180	SQ20	SQ10	N201	N101
校核	17.76	67.18	67.78	15.2	1.06	22.09	4.74	45.97	34.44	26.73	19.58	195.71	46.41

基数计算表（2～10层外） **表 6-9**

工程名称：框剪高层架住宅

名称	混凝土墙梁	框柱		框梁					梁下无墙	墙
轴号	WQ	WJZ	WZ	LL	WL60	WL45	WL40	WL30	WL400	L
1		3.09+3.64				5.25				11.98
3、11							1.2×2			2.4
4、10、19、25							1.32×4			5.28
5、9		1.38×2								2.76
6、21		1.65×2	0.4×2	0.75×2			0.98×2			7.56
8、23		1.89×2			1.89×2					7.56
13、16		1.19×2+1.69×2					2.7×2			11.16
14、15		0.18×2								0.36
18							1.2			1.2
20、24、26		1.38×3								4.14
27									1.32	
−27								1.32		1.32

续表

名称	混凝土墙梁	框柱		框梁					梁下无墙	墙
轴号	WQ	WJZ	WZ	LL	WL60	WL45	WL40	WL30	WL400	L
28	0.98									0.98
29	1.68									1.68
30	3.78	2.59				4.81				11.18
A		0.61+0.89×3+1.09×2+0.41+0.91					2.1×4+3.3×3+2.77		3.51×4+1.41	27.85
A−		0.18×6+1.1+0.81					4.32×4+1.8			22.07
C							0.72×2			1.44
F−							2.82×3+3.12			11.58
F		0.71+0.81					4.1			5.62
G		0.81+1.4+0.59×2+0.51×3+0.21					1.8+1.49×3+1.42×4+2.31×2+1.5		2.46×3+2.76	23.2
H		0.46×2	0.46×2				1.5×2			4.84
小计	6.44	46.76	1.72	1.5	3.78	10.06	94.58	1.32	26.91	166.16
变量名	WQ	WJZ	WZ	LL	WL60	WL45	WL40	WL30	WL400	L
校核	6.44	46.76	1.72	1.5	3.78	10.06	94.58	1.32	26.91	166.16

基数计算表（2～10层内） **表6-10**

工程名称：框剪高层架住宅

名称	混凝土墙梁	框柱	框梁						梁下无墙		墙	
轴号	NQ	NJZ	NL60	NL50	NL45	NL40	NL30	NL401	NL450	NL400	N18	N10
−2								3.86				3.86
2、12、17	1.5	1.41+1.71+0.41			3.09	2.1			1.22		10.22	
3、11		0.91×2				2.11×2					6.04	
4、10		1.51×2+0.89×2				2.1×2					9	
5、9、20、24、26		0.31×5				2.71×4					12.39	
6、21		0.89×2				1.21×2					4.2	
7、22		0.61×2+0.81×2		4.3×2			0.61×2				12.66	

续表

名称	混凝土墙梁	框柱	框梁						梁下无墙		墙	
轴号	NQ	NJZ	NL60	NL50	NL45	NL40	NL30	NL401	NL450	NL400	N18	N10
8、23		0.89×2	1.21×2								4.2	
12	1.5	0.91+0.71+1.41			3.59	2.1		3.64	1.22		10.22	3.64
14、15		1.91×2+1.9×2				2.41×2					12.44	
17	1.5	0.91+0.71+1.51			3.59	2		3.64	1.22		10.22	3.64
18		0.91				2.11					3.02	
19		1.71+0.79				2					4.5	
25		1.71+0.79				2					4.5	
26		1.09				1.8					2.89	
27		1.51+0.69				2.3				1.22	4.5	
28		0.71				2.71					3.42	
29		0.91+1.69			3.59	1.91			1.22		8.1	
29—								2.72				2.72
A—		0.31×4+0.71×3				2.1×4					11.77	
B		0.81×2				2.31+2.21+1.8×2				1.11×3+1.21	9.74	
C—						1.11×3+1.61×4+1.31					11.08	
C						2.21					2.21	
—C		1.51×5+1.71×2						1.21			10.97	1.21
D	2.08×3	1.6+0.82+0.81				1.8×4+2+2.61				2.82×3+3.12	21.28	
E						1.71×2		3.42+1.11×2			3.42	5.64
SB		0.02×4						2.42×2			0.08	4.84
小计	10.74	63.66	2.42	8.6	13.86	92.57	1.22	25.55	4.88	17.34	193.07	25.55
变量名	NQ	NJZ	NL60	NL50	NL45	NL40	NL30	NL401	NL450	NL400	N18	N10
校核	10.74	63.66	2.42	8.6	13.86	92.57	1.22	25.55	4.88	17.34	193.07	25.55

表 6-11

基数计算表（1层外）

工程名称：框剪高层架住宅

名称	混凝土墙梁	框柱		框梁			梁下无墙	墙
轴号	WQ	WSJZ	WSZ	WL45	WSL40	WL30	WSL400	L1
1		3.09+3.64		5.25				11.98
3、11					1.2×2			2.4
4、10、19、25					1.32×4			5.28
5、9		1.38×2						2.76
8、23		0.18×2						0.36
13、16		1.19×2+1.69×2			2.7×2			11.16
14、15		0.18×2						0.36
18					1.2			1.2
20、24、26		1.38×3						4.14
27							1.32	
−27						1.32		1.32
28	0.98							0.98
29	1.68							1.68
30	3.78	2.59		4.81				11.18
A		0.61+0.89×3+1.09×2+0.41+0.91			2.1×4+3.3×3+2.77		3.51×4+1.41	27.85
A−		0.18×6+1.1+0.81			4.32×4+1.8			22.07
C					0.72×2			1.44
F−					2.82×3+3.12			11.58
F		0.71+0.81			4.1			5.62
G		0.81+1.4+0.36×4+0.59×2+0.51×3+0.21			1.8+1.49×3+0.44×4+2.31×2+1.5		2.02×3+2.32	20.72
H		0.46×2	0.64×2		1.5×2			5.2
进厅			0.45×8		(3.76+0.7+1.86)×4			28.88
小计	6.44	41.48	4.88	10.06	113.98	1.32	25.15	178.16
变量名	WQ	WSJZ	WSZ	WL45	WSL40	WL30	WSL400	L1
校核	6.44	41.48	4.88	10.06	113.98	1.32	25.15	178.16

表 6-12

基数计算表（1 层内）

工程名称：框剪高层架住宅

名称	混凝土墙梁	框柱		框梁							梁下无墙			墙	
轴号	NQ	NSJZ	NSZ	LL	NSL60	NL50	NL45	NL30	NSL40	NL401	NL600	NL450	NL400	N1	N10
—2										3.86					3.86
2、12、17	1.5	1.41+1.71+0.41					3.09		2.1			1.22×3		10.22	
3、11		0.91×2							2.11×2					6.04	
4、10		1.51×2+0.89×2							2.1×2					9	
5、9、20、24、26		0.31×5							2.71×4					12.39	
6、21		(0.89+1.65)×2	0.22×2	0.75×2					1.21×2+0.98×2					11.4	
7		0.61+0.81				4.3		0.61						6.33	
8、23		(0.89+1.71)×2			1.89×2						1.21×2			8.98	
12	1.5	0.91+0.71+1.41					3.59		2.1	3.64				10.22	3.64
14、15		1.91×2+1.9×2							2.41×2					12.44	
17	1.5	0.91+0.71+1.51					3.59		2	3.64				10.22	3.64
18		0.91							2.11					3.02	
19		1.71+0.79							2					4.5	
22		0.61+0.81				4.3		0.61						6.33	
25		1.71+0.79							2					4.5	
26		1.09							1.8					2.89	
27		1.51+0.69							2.3				1.22	4.5	
28		0.71							2.71					3.42	
29		0.91+1.69					3.59		1.91			1.22		8.1	
29—										2.72					2.72
A—		0.31×4+0.71×3							2.1×4					11.77	
B		0.81×2							2.31+2.21+1.8×2				1.11×3+1.21	9.74	

续表

名称	混凝土墙梁	框柱		框梁							梁下无墙			墙	
轴号	NQ	NSJZ	NSZ	LL	NSL60	NL50	NL45	NL30	NSL40	NL401	NL600	NL450	NL400	N1	N10
C—									1.11×3+1.61×4+1.31					11.08	
C									2.21					2.21	
—C		1.51×5+1.71×2								1.21				10.97	1.21
D	2.08×3	1.6+0.32+0.81							1.8×4+2+2.61				2.82×3+3.12	21.28	
E									1.71×2	3.42+1.11×2				3.42	5.64
G									1.42×4					5.68	
SB		0.02×4								2.42×2				0.08	4.84
小计	10.74	70.38	0.44	1.5	3.78	8.6	13.86	1.22	100.21	25.55	2.42	4.88	17.34	210.73	25.55
变量名	NQ	NSJZ	NSZ	LL	NSL60	NL50	NL45	NL30	NSL40	NL401	NL600	NL450	NL400	N1	N10
校核	10.74	70.38	0.44	1.5	3.78	8.6	13.86	1.22	100.21	25.55	2.42	4.88	17.34	210.73	25.55

基数计算表（顶层外） 表 6-13

工程名称：框剪高层架住宅

名称	混凝土墙梁	框柱		框梁				梁下无墙		板下墙	墙
轴号	WQ	WJZ	WZ	LL	WL60	WL52	WDL40	WL520	WDL400	Q18	L
1		3.09+3.64				5.25					11.98
3,11							1.2×2				2.4
4,10,19,25							1.32×4				5.28
5,9		1.38×2									2.76
6,21		1.65×2	0.4×2	0.75×2			0.98×2				7.56
7,22		0.18×2									0.36
8,23		1.89×2			1.89×2						7.56

续表

名称	混凝土墙梁	框柱		框梁				梁下无墙		板下墙	墙
轴号	WQ	WJZ	WZ	LL	WL60	WL52	WDL40	WL520	WDL400	Q18	L
13,16		1.19×2+1.69×2				2.7×2					11.16
14,15		0.18×2							1.5		0.36
18							1.2				1.2
20,24,26		1.38×3									4.14
27									1.32		
—27										1.32	1.32
28	0.98										0.98
29	1.68										1.68
30	3.78	2.59				4.81					11.18
A		0.61+0.89×3+1.09×2 +0.41+0.91				2.1×4	3.3×3 +2.77		3.51×4 +3.53		27.85
A—		1.1+0.81+0.18×4				1.8	4.32×4				21.71
C						0.72×2					1.44
D—									0.72×2		
—F										2.82×3 +3.12	11.58
F		0.71+0.81				4.1					5.62
G		0.81+1.4+0.59×2+0.51 ×3+0.21				1.8+1.49×3+1.42×4+2.31 ×2+1.5		2.46×3 +2.76			23.2
H		0.46×2	0.46×2				1.5×2				4.84
小计	6.44	46.76	1.72	1.5	3.78	49.27	43.79	10.14	21.83	12.9	166.16
变量名	WQ	WJZ	WZ	LL	WL60	WL52	WDL40	WL520	WDL400	Q18	L
校核	5.46	47.74	1.72	1.5	3.78	49.27	43.79	10.14	21.83	12.9	166.16

基数计算表（顶层内）

表 6-14

工程名称：框剪高层架住宅

名称	混凝土墙	框柱	框梁							梁下无墙		墙	
轴号	NQ	NZ	NL60	NDL52	NL50	NL45	NDL40	NL401	NL30	NL450	NL400	N18	N10
−2								3.86					3.86
2、12、17	1.5×3	1.41+1.71+0.41				3.09	2.1			1.22×3		13.22	
3、11		0.91×2					2.11×2					6.04	
4、10		1.51×2+0.89×2					2.1×2					9	
5、9、20、24、26		0.31×5					2.71×4					12.39	
6、21		0.89×2					1.21×2					4.2	
7		0.41+0.81			4.5				0.61			6.33	
8、23		0.89×2	1.21×2									4.2	
12		0.91+0.71+1.41				3.59	2.1	3.64				8.72	3.64
14、15		1.91×2+1.9×2					2.41×2					12.44	
17		0.91+0.71+1.51				3.59	2	3.64				8.72	3.64
18		0.91					2.11					3.02	
19		1.71+0.79					2					4.5	
22		0.61+0.81			4.3				0.61			6.33	
25		1.71+0.79					2					4.5	
26		1.09					1.8					2.89	
27		1.51+0.69					2.3				1.22	4.5	
28		0.71					2.71					3.42	
29		0.91+1.69				3.59	1.91			1.22		8.1	
29−								2.72					2.72
A−		0.31×4+0.71×3		2.1×4								11.77	
B		0.81×2					2.31+2.21+1.8×2				1.11×3+1.21	9.74	

续表

名称	混凝土墙	框柱	框梁							梁下无墙		墙	
轴号	NQ	NZ	NL60	NDL52	NL50	NL45	NDL40	NL401	NL30	NL450	NL400	N18	N10
C—							1.11×3+1.61×4+1.31					11.08	
C							2.21					2.21	
—C		1.51×5+1.71×2						1.21				10.97	1.21
D	2.08×3	1.6+0.82+0.81					1.8×4+2+2.61				2.82×3+3.12	21.28	
E							1.71×2	3.42+1.11×2				3.42	5.64
SB		0.02×4						2.42×2				0.08	4.84
—F													
小计	10.74	63.46	2.42	8.4	8.8	13.86	84.17	25.55	1.22	4.88	17.34	193.07	25.55
轴号	NQ	NZ	NL60	NDL52	NL50	NL45	NDL40	NL401	NL30	NL450	NL400	N18	N10
参考	10.74	63.46	2.42	8.4	8.8	13.86	84.17	25.55	1.22	4.88	17.34	193.07	25.55

基数计算表（机房外） **表 6-15**

工程名称：框剪高层架住宅

名称	混凝土墙	框柱	框梁		墙
轴号	JWDT	JWZ	JWL60	JWL40	LD
4、10		1.69×2+0.89×2		(1.5+2.1+1.4)×2	15.16
6、8		0.89×2+1.89×2	3.1×2		11.76
A		0.5		4.16×2	8.82
D				3.22×2	6.44
SB		0.2×2			0.4
H		0.46×2		1.5	2.42
DT	2.3×2				4.6
小计	4.6	12.54	6.2	26.26	49.6
轴号	JWDT	JWZ	JWL60	JWL40	LD
参考	4.6	12.54	6.2	26.26	49.6

基数计算表（机房内） 表 6-16

工程名称：框剪高层架住宅

名称	混凝土墙	框柱	框梁	墙
轴号	JDT	JNZ	JNL40	ND
7		2.11+0.81	4.3	7.22
DT	2.02×2			4.04
小计	4.04	2.92	4.3	11.26
轴号	JDT	JNZ	JNL40	ND
参考	4.04	2.92	4.3	11.26

基数计算表（屋顶花园） 表 6-17

工程名称：框剪高层架住宅

名称	混凝土墙梁	框柱	框梁		墙
轴号		WHZ	WHL45	WHL40	WHL
1～2,29～30		0.4×8	2.7×4		14
B～D		0.22×8		1.68×4	8.48
小计		4.96	10.8	6.72	22.48
变量名		WHZ	WHL45	WHL40	WHL
校核		4.96	10.8	6.72	22.48

基数计算表（女儿墙） 表 6-18

工程名称：框剪高层架住宅

名称	混凝土墙梁		框柱	框梁	梁下无墙	板下墙	墙
轴号	WMQ	NVQ	WMJZ	WML40			LW
1		11.98−3.5					8.48
2、29	1.68×2						3.36
12、17	1.68×2						3.36
13、16		3.9×2					7.8
14、15			1.08×2				2.16
28、30		11.98−3.5					8.48
A		3.42×2	0.71×2+0.91×2	2.1×2			14.28
A−			0.31×3+1.1+0.81	2.81×3+2.41+1.8			15.48
F、G		49.2−2×2.78					43.64
小计	6.72	75.24	8.24	16.84			107.04
变量名	WMQ	NVQ	WMJZ	WML40			LW
校核	6.72	75.24	8.24	16.84			107.04

6.4 构 件 表

构件表见表 6-19、表 6-20 所列。

构件表 **表 6-19**

工程名称：框剪高层架住宅（不计超高）

序号		构件类别/名称	*L*	*a*	*b*	基础	一2层	一1层	数量
1		满堂基础 C30P6							
	1	外围	51.9	17.8	0.7	1			1
2		独基 C30							
	1	DJb－M	1.2	1.2	0.45	4			4
	2	进厅基础	3.1＋2.4	0.18	0.53	4			4
3		挡土墙 C35							
	1	一2层	L0	0.25	3		1		1
	2	一1层	L0	0.25	2.91			1	1
4		混凝土墙 C35							
	1	一2层	DQ	0.2	3		1		1
	2	一1层	DQ	0.2	2.91			1	1
5		电梯墙 C35							
	1	一2层	2×(2.2＋2.3)	0.18	3		1		1
	2	一1层	2×(2.2＋2.3)	0.18	2.91			1	1
6		壁式柱 C35							
	1	一2层	DJZ＋DQD	0.2	3		1		1
	2	一1层	DJZ＋DQD	0.2	2.91			1	1
7		±0.00 以下异型柱 C35							
	1	KZ1	0.9	0.18	0.63			4	4
8		有梁板(防水)C30P6							
	1	1层厨卫	RW＋RC		0.18			1	1
9		±0.00 以下有梁板							
	1	一1层梁	DL20	0.2	0.4		1		1
	2		DL18	0.18	0.4		1		1
	3		L1823	0.18	0.3		1	1	2
	4	一1层 120 板	DB		0.12		1		1
	5	130 板加厚	4.3	5.74	0.01		2		2
	6	1层梁	SL20	0.2	0.4			1	1
	7		SL18	0.18	0.4			1	1
	8		WL30	0.18	0.3			1	1
	9	1层 180 板	B1－RW－RC		0.18			1	1
	10	120 板减厚	1.11	0.61	－0.06			4	4
	11	空调板挑梁	0.7	0.1	0.3			18	18
	12	Ⓐ轴	0.63	0.18	0.4			1	1
	13	北面空调板	1.06	0.7	0.1			4	4
	14	南面空调板	1.04	0.7	0.1			3	3
	15		1.6	0.7	0.1			2	2
	16		1.32	0.63	0.1			2	2
10		矩形梁							
	1	⑮轴挑梁	2.33	0.18	0.4			1	1
	2	楼梯墙梁	1.21＋2.26TLD	0.15	0.18			2	2

续表

序号		构件类别/名称	L	a	b	基础	−2层	−1层	数量
11		门口抱框							
	1	20墙24M1	0.2	0.1	2.1		21	21	42
	2	4M14	0.2	0.1	2			8	8
	3	10墙22M1	0.1	0.1	2.1		24	20	44
	4	8M13	0.1	0.1	2		4	4	8
12		水平系梁							
	1	地下20系梁	D×L	0.2	0.1		1	1	2
	2	10系梁	D×L1	0.1	0.1		1	1	2
13		±0.00以下楼梯							
			2.42	3.6			2	2	4
14		集水坑盖板							
			1.6	0.5	0.1			6	6
15		水簸箕							
		C20混凝土水簸箕	0.5	0.5	0.05			8	8

构件表 **表6-20**

工程名称：框剪高层架住宅（计超高）

序号		构件类别/名称	L	a	b	1层	2层	3～10层	11层	机房层	数量
1		1～顶混凝土墙									
	1	1～2层C35	WQ+NQ	0.18	2.9	1	1				2
	2	3～10层C30	WQ+NQ	0.18	2.9			1×8			8
	3	11层	WQ+NQ	0.18	3.02				1		1
	4	屋面混凝土墙	WMQ	0.18	1.4					1	1
	5	女儿墙	NVQ	0.15	1.4					1	1
	6	一层女儿墙	NVSQ	0.15	0.9	1					1
2		1～顶电梯墙									
	1	1～2层C35	2×(2.2+2.3)	0.18	2.9	2	2				4
	2	3～10层C30	2×(2.2+2.3)	0.18	2.9			2×8			16
	3	11层	2×(2.2+2.3)	0.18	3.02				2		2
	4	电梯墙	2×(2.2+2.3)	0.18	3.2					2	2
	5	电梯山墙	2×1.1/2	0.18	1.1×TAN(40)					2	2
3		异型柱									
	1	1层C35	WSZ+NSZ	0.18	2.9	1					1
	2	2层C35	WZ	0.18	2.9		1				1
	3	3～10层	WZ	0.18	2.9			1×8			8
	4	11层	WZ	0.18	3.02				1		1
	5	屋顶花园	WHZ	0.18	1.925					1	1
4		C35短肢剪力墙									
	1	1层外	WSJZ+WSKZ	0.18	2.9	1					1
	2	1层内	NSJZ	0.18	2.9	1					1
	3	2层外	WJZ+WKZ	0.18	2.9		1				1
	4	2层内	NJZ	0.18	2.9		1				1
5		C30短肢剪力墙									
	1	3～10层外	WJZ+WKZ	0.18	2.9			1×8			8
	2	3～10层内	NJZ	0.18	2.9			1×8			8
	3	11层外	WJZ+WKZ	0.18	3.02				1		1
	4	11层内	NJZ	0.18	3.02				1		1

续表

序号		构件类别/名称	L	a	b	1层	2层	3～10层	11层	机房层	数量
	5	机房层	JWZ＋JNZ	0.18	2.325					2	2
	6	机房⑦、㉒轴墙	0.5＋2.11＋0.81	0.18	3.775					2	2
	7	屋顶	WMJZ	0.18	1.4					1	1
6		有梁板(防水)									
		2～11层厨、卫	B10		0.1	1	1	1×8			10
7		有梁板									
	1	2层梁	WL45	0.18	0.45	1					1
	2		WSL40	0.18	0.4	1					1
	3		WSL400	0.18	0.4	1					1
	4		WL30	0.18	0.3	1					1
	5		NSL60	0.18	0.6	1					1
	6		NL600	0.18	0.6	1					1
	7		NL50	0.18	0.5	1					1
	8		NL45	0.18	0.45	1					1
	9		NL450	0.18	0.45	1					1
	10		NSL40	0.18	0.4	1					1
	11		NL400	0.18	0.4	1					1
	12		NL401	0.18	0.4	1					1
	13		NL30	0.18	0.3	1					1
	14		LL	0.18	1.05	1					1
	15	2层屋面板	T1		0.12	1					1
	16	2层板	BQ10		0.1	1					1
	17		B11		0.11	1					1
	18		B12		0.12	1					1
	19		B13		0.13	1					1
	20	3～11层梁	LL	0.18	1.05		1	1×8			9
	21		WL60	0.18	0.6		1	1×8			9
	22		WL45	0.18	0.45		1	1×8			9
	23		WL40	0.18	0.4		1	1×8			9
	24		WL400	0.18	0.4		1	1×8			9
	25		WL30	0.18	0.3		1	1×8			9
	26		NL60	0.18	0.6		1	1×8			9
	27		NL50	0.18	0.5		1	1×8			9
	28		NL45	0.18	0.45		1	1×8			9
	29		NL450	0.18	0.45		1	1×8			9
	30		NL40	0.18	0.4		1	1×8			9
	31		NL400	0.18	0.4		1	1×8			9
	32		NL401	0.18	0.4		1	1×8			9
	33		NL30	0.18	0.3		1	1×8			9
	34		BQ10		0.1		1	1×8			9
	35		B11		0.11		1	1×8			9
	36		B12		0.12		1	1×8			9
	37		B13		0.13		1	1×8			9
	38	顶层梁	LL	0.18	1.05				1		1
	39		WL60	0.18	0.6				1		1
	40		WL52	0.18	0.52				1		1
	41		WL520	0.18	0.52				1		1
	42		WDL40	0.18	0.4				1		1

续表

序号	构件类别/名称	L	a	b	1层	2层	3～10层	11层	机房层	数量
43		WDL400	0.18	0.4				1		1
44		NL60	0.18	0.6				1		1
45		NDL52	0.18	0.52				1		1
46		NL50	0.18	0.5				1		1
47		NL45	0.18	0.45				1		1
48		NL450	0.18	0.45				1		1
49		NDL40	0.18	0.4				1		1
50		NL401	0.18	0.4				1		1
51		NL400	0.18	0.4				1		1
52		NL30	0.18	0.3				1		1
53	顶层板	WDB		0.12				1		1
54	机房梁	JWL60	0.18	0.48					2	2
55		JWL40	0.18	0.28					2	2
56		JNL40	0.18	0.28					2	2
57	屋顶花园梁	2.71TW	0.18	0.4					4	4
58		1.68	0.18	0.4					4	4
59	山墙斜梁增长	4.16+3.22	0.18	0.25					4	4
60	屋面 WKL9	2.1	0.18	0.3					2	2
61	屋面 L1	3.72	0.18	0.3					2	2
62	空调板挑梁	0.7	0.1	0.3	18	18	18×8			180
63	北面空调板	1.06	0.7	0.1	4	4	4×8			40
64	南面空调板	1.04	0.7	0.1	3	3	3×8			30
65		1.6	0.7	0.1	2	2	2×8	2		22
66	Ⓐ轴	0.63	0.18	0.4	1	1	1×8			10
67	㉙轴板	1.32	0.63	0.1	2	2	2×8			20
8	坡屋面板									
1	客厅	4.59TW	7.58	0.15					4	4
2	电梯	2.38TW	2.12	0.12					2	2
3	楼梯	2.78TW	5.52	0.12					2	2
4	屋顶花园	3.5TW	2.48	0.1					2	2
5	32.2 山墙坡顶板	0.86TW	3.5	0.1					2	2
6	阳台大样三顶板	3.3	1.59TW	0.1					3	3
7		5.4	1.59TW	0.1					1	1
9	檐板 C30									
1	北面半层空调板	1.06	0.7	0.1	4	4	4×8	4		44
2	32.3 挂板	1.26	0.1	0.6+0.9				4		4
3	南面	1.04	0.7	0.1	3	3	3×8	3		33
4	32.3 挂板	1.24	0.1	0.6+0.9				1		1
5		1.6	0.7	0.1	2	2	2×8	2		22
6	31.9 挂板	1.8	0.1	0.6+0.5				2		2
7	㉙轴	1.32	0.7	0.1	2	2	2×8	2		22
8	C1 窗下檐	2.1	0.1	0.1	4	4	4×8	4		44
9	C2 窗下檐	1.8	0.1	0.1	3	3	3×8	3		33
10	C3 窗下檐	1.5	0.1	0.1	3	3	3×8	3		33
11	C4 窗下檐	1.3	0.1	0.1			4×8	4		36
12	C5 窗下檐	1.2	0.1	0.1	3	3	3×8	3		33
13	C6 窗下檐	0.9	0.1	0.1	1	1	1×8	1		11
14	山墙 8 层以下 2−2	2.5	0.2	0.1	4	4	4×5−2			26

续表

序号		构件类别/名称	*L*	*a*	*b*	1层	2层	3～10层	11层	机房层	数量
	15	8层20.18处底板	2.5	0.5	0.1			2			2
	16	8层顶板	2.5	0.6	0.12			2			2
	17	8层立板	2.5	0.1	0.28			2			2
	18	山墙8层以上2-2	2.5	0.48	0.1			4×3	4		16
	19	窗檐	2.1	0.4	0.1			4×3	4		16
	20	山墙线角1-1上	0.1	0.68	0.1			8×3	8		32
	21	山墙线角1-1下	0.1	0.6	0.15			8×3	8		32
	22	封闭阳台檐	2.7	0.3	0.08	3	3	3×8	3		33
	23		2.5	0.3	0.08	1	1	1×8	1		11
	24	顶花园山檐300	4.5TW		SYJ					4	4
	25	顶花园平檐	2.48		YJ					4	4
	26	Ⓐ轴客厅山檐300	10.18TW		SYJ					2	2
	27	Ⓓ轴客厅山檐900	10.18TW		SYJ9					2	2
	28	④～㉕客厅平檐	7.58		YJ					4	4
	29	Ⓗ轴楼梯山檐	3.78TW		YJ					2	2
	30	⑥～㉓电梯平檐	8		YJ					4	4
	31	⑥～㉓电梯加宽	2.12	0.2TW	0.1					4	4
	32	32.1山墙坡顶板	0.86TW	3.5	0.1					2	2
	33	32.1山墙檐头	3.5+1.2×2		SYT					2	2
	34	阳台大样三挑檐	2.79		SYJ					3	3
	35		5.4		SYJ					1	1
	36	⑫～⑰墙身大样一	4.38	1.84TW	0.13					2	2
	37	檐口	4.38+1.84TW	0.17	0.12					2	2
	38	31.9山墙底板	3.5	1.2	0.1					2	2
	39	客厅楼梯上挑板	3	0.7	0.1					4	4
	40	女儿墙檐	NVQ	0.1	0.1					1	1
	41	一层女儿墙檐	NVSQ	0.1	0.1					1	1
10		栏板									
	1	封闭阳台大样三	2.7	1.02	0.1	3	3	3×8	3		33
	2		2.5	1.02	0.1	1	1	1×8	1		11
	3	出檐	2.7	0.1	0.1	6	6	6×8	6		66
	4		2.5	0.1	0.1	2	2	2×8	2		22
	5	山墙F8	2.3	0.82	0.1			2			2
	6	山墙F9～11	2.3	1.02	0.1			2×2	2		6
11		矩形梁1～11层									
	1	⑮轴	2.4	0.18	0.4	1	1	1×8	1		11
	2	屋面造型挑板	0.5	0.5	0.2					4	4
12		1～11层楼梯									
			2.42	3.6		2	2	2×8	2		22
13		压顶									
	1	8层以下山墙	2.3	0.18	0.1	2	2	2×6			16
	2	非封闭阳台大样二	3	0.28	0.1	4	4	4×8	4		44
	3		3	0.12	0.1	4	4	4×8	4		44

续表

序号		构件类别/名称	L	a	b	1层	2层	3～10层	11层	机房层	数量
	4	北立面一层阳台	1.66	0.28	0.1	3					3
	5		1.66	0.12	0.1	3					3
	6		1.96	0.28	0.1	1					1
	7		1.96	0.12	0.1	1					1
	8	北立面阳台	2.1	0.28	0.1		3	3×8	3		30
	9		2.1	0.12	0.1		3	3×8	3		30
	10		2.4	0.28	0.1		1	1×8	1		10
	11		2.4	0.12	0.1		1	1×8	1		10
	12	屋面造型压顶	1.45	0.7	0.4					2	2
	13		0.325^2	$\pi/4$	0.4					4	4
14		圈梁(结施-27)									
	1	XL半层空调板Ⓐ轴	0.42	0.18	0.3	3	3	3×8	3		33
	2	Ⓖ轴12、17	0.74	0.18	0.3	2	2	2×8	2		22
	3	㉙轴	1.26	0.18	0.3	1	1	1×8	1		11
	4	㉗轴	1.32	0.18	0.3	1	1	1×8	1		11
	5	C1窗下混凝土、窗台	2.1	0.18	0.1	8	8	8×8	8		88
	6	C2窗下混凝土	1.8	0.18	0.1	3	3	3×8	3		33
	7	C3窗下混凝土	1.5	0.18	0.1	3	3	3×8	3		33
	8	C4窗下混凝土	1.5	0.18	0.1			4×8	4		36
	9	C5窗下混凝土	1.2	0.18	0.1	3	3	3×8	3		33
	10	C6窗下混凝土	0.9	0.18	0.1	1	1	1×8	1		11
	11	山墙大样2-2	2.5	0.18	0.1	2	2	2×6			16
	12	结施-24中1-1	3.4	0.18	0.4					4	4
	13	18系梁	XL	0.18	0.1	1	1	1×8	1		11
	14	10系梁	XL1	0.1	0.1	1	1	1×8	1		11
15		构造柱									
	1	M5、6、7、C10、11端	0.18	0.2	2.38	24	24	24×8	24		264
	2	1、13、16、29、30、G丁	0.18	0.2	2.5	7	7	7×8	7		77
	3	4、10、19、29拐	0.18	0.2	2.5	4	4	4×8	4		44
	4	15端	0.1	0.2	2.5	1	1	1×8	1		11
16		门口抱框1～11层									
	1	18墙M2	0.18	0.1	2.1					8	8
	2	M3	0.18	0.1	2					2	2
	3	MD2、3	0.18	0.1	2.38	24	24	24×8	24		264
	4	M9	0.18	0.1	2.1	8					8
	5	M4、11	0.18	0.1	2.1	8	16	16×8	16		168
	6	10墙MD2、3	0.1	0.1	2.38	22	22	22×8	22		242
	7	M13	0.1	0.1	2	8	8	8×8	8		88

6.5 项目清单/定额表

项目清单/定额表见表6-21、表6-22所列。

建筑工程项目清单/定额表 表 6-21

工程名称：框剪高层架住宅建筑

序号	项目名称	编码	清单/定额名称
	建筑(不计超高)		
1	平整场地		
1	平整场地	010101001	平整场地
2		1-4-2	机械场地平整
3		10-5-4	75kW 履带推土机场外运输
2	挖基坑土方		
4	1. 筏板大开挖(普通土)	010101004	挖基坑土方;大开挖,普通土,外运 1km 内
5	2. 挖基坑土方	1-3-14	挖掘机挖普通土自卸汽车运 1km 内
6	3. 钎探	1-2-2-2	人工挖机械剩余 5%普通土深>2m
7	4. 机械挖土外运 1km 内	1-3-45	装载机装土方
8		1-3-57	自卸汽车运土方 1km 内
9		1-4-4-1	基底钎探(灌砂)
10		1-4-6	机械原土夯实
11		10-5-6	$1m^3$ 内履带液压单斗挖掘机运输费
3	垫层		
12	1. C15 垫层	010501001	垫层;C15
13	2. 3∶7 灰土垫层(用于进厅地面)	2-1-13'	C154 商品混凝土无筋混凝土垫层
14		10-4-49	混凝土基础垫层木模板
4	基础防水(建施-20)		
15	1. 20 厚 1∶2.5 水泥砂浆找平层	010904002	垫层面涂膜防水;建施-20 地下防水大样
16	2. 刷涂 1.5 厚 JD-JS 复合防水涂料	9-1-1-2	1∶2.5 砂浆硬基层上找平层 20
17	3. 20 厚 1∶2.5 水泥砂浆找平层	6-2-84	平面聚合物水泥复合涂料三遍
18	4. 刷涂 1 厚 JD-水泥基渗透结晶型防水涂料	9-1-1-2	1∶2.5 砂浆硬基层上找平层 20
19		6-2-62H	JD-水泥基渗透结晶型防水涂料
5	混凝土基础		
20	1. C30P6 筏板基础	010501004	满堂基础;C30P6
21	2. C30 柱基	4-2-11.39H'	C304 商品混凝土无梁式满堂基础 P6
22		10-4-42'	无梁满堂基础胶合板模木支撑[扣胶合板]
23		10-4-310	基础竹胶板模板制作
24		010501003	独立基础;C30
25		4-2-7.39'	C304 商品混凝土独立基础
26		10-4-27'	混凝土独立基础胶合板模板木支撑[扣胶合板]
27		10-4-310	基础竹胶板模板制作
6	混凝土挡土墙		
28	C35 混凝土挡土墙	010504004	挡土墙;C35
29		4-2-30.30'	C353 商品混凝土混凝土墙
30		10-4-136'	直形墙胶合板模板钢支撑[扣胶合板]
31		10-4-314	墙竹胶板模板制作
32		10-4-316	地下暗室模板拆除增加用工
33		10-4-317	对拉螺栓端头处理增加
34		10-1-103	双排外钢管脚手架 6m 内
7	混凝土墙		
35	C35 混凝土墙	010504001	直形墙;混凝土墙 C35
36		4-2-30.30'	C353 商品混凝土混凝土墙
37		10-4-136'	直形墙胶合板模板钢支撑[扣胶合板]

续表

序号	项 目 名 称	编码	清单/定额名称
38		10-4-314	墙竹胶板模板制作
39		10-4-316	地下暗室模板拆除增加用工
40		10-1-103	双排外钢管脚手架 6m 内
41		010504001	直形墙；电梯井壁 C35
42		4-2-31.30'	C353 商品混凝土电梯井壁
43		10-4-142'	电梯井壁胶合板模板钢支撑[扣胶合板]
44		10-4-314	墙竹胶板模板制作
45		10-4-316	地下暗室模板拆除增加用工
46		10-1-66	电梯井字架 40m 内
8	柱(框剪、异型)		
47	1. C35 框剪柱	010504003	短肢剪力墙；C35
48	2. C35 异型柱	4-2-35.40'	C354 商品混凝土轻型框剪墙
49		10-4-154'	壁式柱胶合板模板钢支撑[扣胶合板]
50		10-4-311	柱竹胶板模板制作
51		10-4-316	地下暗室模板拆除增加用工
52		10-1-103	双排外钢管脚手架 6m 内
53		010502003	异型柱；C35
54		4-2-19.40'	C354 商品混凝土异型柱
55		10-4-94'	异型柱胶合板模板钢支撑[扣胶合板]
56		10-4-311	柱竹胶板模板制作
9	厨卫阳台现浇板		
57	C30P6 防水混凝土	010505001	有梁板；厨卫阳台防水 C30P6
58		4-2-36.2H'	C302 商品混凝土有梁板 P6 防水
59		10-4-160'	有梁板胶合板模板钢支撑[扣胶合板]
60		10-4-315	板竹胶板模板制作
61		10-4-316	地下暗室模板拆除增加用工
10	有梁板		
62	C30 有梁板	010505001	有梁板；C30
63		4-2-36.2'	C302 商品混凝土有梁板
64		10-4-160'	有梁板胶合板模板钢支撑[扣胶合板]
65		10-4-315	板竹胶板模板制作
66		10-4-316	地下暗室模板拆除增加用工
11	单梁		
67	C30 单梁	010503002	矩形梁；C30
68		4-2-24.2'	C303 商品混凝土单梁、连续梁
69		10-4-114H'	单梁连续梁胶合板模板钢支撑[扣胶合板]
70		10-4-313	梁竹胶板模板制作
12	过梁		
71	C25 现浇过梁	010503005	过梁；C25
72		4-2-27'	C253 商品混凝土过梁
73		10-4-118'	过梁胶合板模板木支撑[扣胶合板]
74		10-4-313	梁竹胶板模板制作
75		10-4-316	地下暗室模板拆除增加用工
13	构造柱		
76	C25 门口抱框	010502002	构造柱；C25 门口抱框
77		4-2-20'	C253 商品混凝土构造柱

续表

序号	项目名称	编码	清单/定额名称
78		10-4-88’	矩形柱胶合板模板钢支撑[扣胶合板]
79		10-4-312	构造柱竹胶板模板制作
80		10-4-316	地下暗室模板拆除增加用工
14	圈梁		
81	C25 水平系梁	010503004	圈梁;C25 水平系梁
82		4-2-26’	C253 商品混凝土圈梁
83		10-4-127’	圈梁胶合板模板木支撑[扣胶合板]
84		10-4-313	梁竹胶板模板制作
85		10-4-316	地下暗室模板拆除增加用工
15	楼梯		
86	C25 楼梯	010506001	直形楼梯;C25
87		4-2-42.21’	C252 商品混凝土直形楼梯无斜梁 100
88		4-2-46.21×1’	C252 商品混凝土楼梯板厚+10
89		4-2-46.21×2’	C252 商品混凝土楼梯板厚+10×2
90		10-4-201	直形楼梯木模板木支撑
91		10-4-316	地下暗室模板拆除增加用工
16	砌体墙		
92	1. M5 水泥砂浆加气混凝土砌块墙 200	010402001	砌块墙;加气混凝土砌块墙 200,M5 水泥砂浆
93	2. M5 水泥砂浆加气混凝土砌块墙 100	3-3-61.07	M5 水泥砂浆加气混凝土砌块墙 200
94		10-1-22	双排里钢管脚手架 3.6m 内
95		010402001	砌块墙;加气混凝土砌块墙 100,M5 水泥砂浆
96		3-3-80.07	M5 水泥砂浆加气混凝土砌块墙 100 厚
97		10-1-22	双排里钢管脚手架 3.6m 内
17	后浇带		
98	1. C35 膨胀混凝土	010508001	后浇带;C35 基础底板
99	2. C40 膨胀混凝土	4-2-64.23’	C352 商品混凝土后浇带基础底板
100		010508001	后浇带;C35 楼板
101		4-2-61.23’	C352 商品混凝土后浇带楼板
102		10-4-193’	后浇带有梁板平板胶合板模钢支撑[扣胶合板]
103		10-4-315	板竹胶板模板制作
104		10-4-316	地下暗室模板拆除增加用工
105		010508001	后浇带;C40 墙
106		4-2-62.24’	C402 商品混凝土后浇带墙 300 内
107		10-4-185’	后浇带墙胶合板模板钢支撑[扣胶合板]
108		10-4-314	墙竹胶板模板制作
109		10-4-316	地下暗室模板拆除增加用工
18	挡土墙防水(建施-20)		
110	1. 20 厚 1:2.5 水泥砂浆找平层	010903002	墙面涂膜防水;建施-20 地下防水大样
111	2. 刷涂 1.5 厚 JD-JS 复合防水涂料	9-2-20	砖墙面墙裙水泥砂浆 14+6
112	3. 20 厚 1:2.5 水泥砂浆找平层	6-2-85	立面聚合物水泥复合涂料三遍
113	4. 刷涂 1 厚 JD-水泥基渗透结晶型防水涂料	9-2-20	砖墙面墙裙水泥砂浆 14+6
114		6-2-62H	JD-水泥基渗透结晶型防水涂料

续表

序号	项 目 名 称	编码	清单/定额名称
19	回填		
115	1. 基坑回填灰土	010103001	回填方;3∶7 灰土
116	2. 回填土	1-4-13-1	槽坑机械夯填 3∶7 灰土
117		2-1-1	3∶7 灰土垫层
118		1-3-45	装载机装土方
119		1-3-57	自卸汽车运土方 1km 内
120		010103001	回填方;素土
121		1-4-13	槽、坑机械夯填土
122		1-4-11	机械夯填土(地坪)
123		1-3-45	装载机装土方
124		1-3-57	自卸汽车运土方 1km 内
20	集水坑盖板		
125	C30 预制盖板	010512008	集水坑盖板;C30
126		4-3-21'	C302 预制井盖板[商品混凝土]
127		10-4-237	现场预制小型构件木模板
128		10-3-193	0.1m^3 内其他混凝土构件人力安装
129		10-3-194	其他混凝土构件灌缝
21	水簸箕		
130	C20 水簸箕	010507007	其他构件;C20 水簸箕
131		4-2-55'	C202 商品混凝土小型构件
132		10-4-212	小型构件木模板木支撑
22	窗井支架		
133	1. 窗井支架 L13J9-1②	010901004	玻璃钢屋面
134	2. 玻璃钢板	6-1-22	钢檩上玻璃钢波纹瓦屋面
135		010606012	钢支架;L13J9-1②
136		7-2-6	钢托架制作 1.5t 内
137		10-3-251	圆钢平台、操作台安装
23	铁件		
138	1. 系梁预埋铁件	010516002	预埋铁件
139	2. 楼梯栏杆预埋铁件	4-1-96	铁件
	3. 窗井支架预埋铁件		
24	钢筋		
140	1. 砌体加固筋	010515001	现浇构件钢筋;砌体拉结筋
141	2. HPB300 级钢	4-1-98	砌体加固筋 ϕ6.5 内
142	3. HRB400 级钢	010515001	现浇构件钢筋;HPB300 级钢
143		4-1-3	现浇构件圆钢筋 ϕ8
144		4-1-5	现浇构件圆钢筋 ϕ12
145		4-1-52	现浇构件箍筋 ϕ6.5
146		4-1-53	现浇构件箍筋 ϕ8
147		4-1-118H	植筋 ϕ6.5(扣钢筋)
148		4-1-119H	植筋 ϕ8(扣钢筋)
149		010515001	现浇构件钢筋;HRB400 级钢

续表

序号	项 目 名 称	编码	清单/定额名称
150		4-1-104H	现浇构件螺纹钢筋 HRB400 级 ϕ6
151		4-1-104	现浇构件螺纹钢筋 HRB400 级 ϕ8
152		4-1-105	现浇构件螺纹钢筋 HRB400 级 ϕ10
153		4-1-106	现浇构件螺纹钢筋 HRB400 级 ϕ12
154		4-1-107	现浇构件螺纹钢筋 HRB400 级 ϕ14
155		4-1-108	现浇构件螺纹钢筋 HRB400 级 ϕ16
156		4-1-109	现浇构件螺纹钢筋 HRB400 级 ϕ18
157		4-1-110	现浇构件螺纹钢筋 HRB400 级 ϕ20
158		4-1-52H	现浇构件箍筋螺纹 HRB400 级钢 ϕ6.5
159		4-1-53H	现浇构件箍筋螺纹 HRB400 级钢 ϕ8
160		4-1-55H	现浇构件箍筋螺纹 HRB400 级钢 ϕ12
25	混凝土散水:散 2		
161	1. 40 厚细石 C20 混凝土,上撒 1∶1 水泥细砂压实抹光	010507001	散水;混凝土散水
162	2. 150 厚 3∶7 灰土	8-7-51’	C20 细石商品混凝土散水 3∶7 灰土垫层
163	3. 素土夯实,向外坡 4%	10-4-49	混凝土基础垫层木模板
26	台阶\坡道:L13J9-1\L13J12-25④		
164	1. C25 台阶	010507004	台阶;C25
165	2. 3∶7 灰土垫层 300	4-2-57.21’	C252 商品混凝土台阶
166	3. 坡道 C15 混凝土垫层 100	10-4-205	台阶木模板木支撑
167		010404001	垫层;3∶7 灰土
168		2-1-1	3∶7 灰土垫层
169		010501001	垫层;C15 混凝土垫层
170		2-1-13’	C154 商品混凝土无筋混凝土垫层
27	竣工清理		
171	竣工清理	01B001	竣工清理
172		1-4-3	竣工清理
28	施工技术措施		
173	1. 现浇混凝土均采用泵送商品混凝土	011705001	大型机械设备进出场及安拆
174	2. 自升式塔式起重机安拆、运输	10-5-1-1’	C204 商品混凝土塔吊基础
175	3. 主体外钢管脚手架	4-1-131	现浇混凝土埋设螺栓
176	4. 钢管依附斜道 50	10-4-63	20m³ 内设备基础组合钢模钢支撑
177		10-5-3	塔式起重机混凝土基础拆除
178		1-1-17	机械打孔爆破坚石
179		10-5-22	自升式塔式起重机安、拆
180		10-5-22-1	自升式塔式起重机场外运输
29	垂直运输		
181	1. 泵送混凝土增加费	011703001	垂直运输
182	2. 垂直运输机械	10-2-3-1	二层地下室泵送混凝土垂直运输
183		10-2-1-1	>3m 满堂基础泵送混凝土垂直运输
184		4-4-6	基础泵送混凝土 15m³/h
185		4-4-19	基础输送混凝土管道安拆 50m 内

续表

序号	项目名称	编码	清单/定额名称
186		4-4-9	柱、墙、梁、板泵送混凝土 15m³/h
187		4-4-20	柱、墙、梁、板输送混凝土管道安拆 50m 内
188		4-4-12	其他构件泵送混凝土 15m³/h
189		4-4-21	其他构件输送混凝土管道安拆 50m 内
	建筑(计超高)		
1	混凝土墙		
1	1. C35 混凝土墙(1～2 层)	010504001	直形墙;混凝土墙 C35
2	2. C30 混凝土墙(3 层～屋面)	4-2-30.30'	C353 商品混凝土混凝土墙
3		10-4-136'	直形墙胶合板模板钢支撑[扣胶合板]
4		10-4-314	墙竹胶板模板制作
5		10-1-103	双排外钢管脚手架 6m 内
6		010504001	直形墙;混凝土墙 C30
7		4-2-30.29'	C303 商品混凝土混凝土墙
8		10-4-136'	直形墙胶合板模板钢支撑[扣胶合板]
9		10-4-314	墙竹胶板模板制作
10		10-1-103	双排外钢管脚手架 6m 内
11		010504001	直形墙;电梯井壁 C35
12		4-2-31.30'	C353 商品混凝土电梯井壁
13		10-4-142'	电梯井壁胶合板模板钢支撑[扣胶合板]
14		10-4-314	墙竹胶板模板制作
15		010504001	直形墙;电梯井壁 C30
16		4-2-31.29'	C303 商品混凝土电梯井壁
17		10-4-142'	电梯井壁胶合板模板钢支撑[扣胶合板]
18		10-4-314	墙竹胶板模板制作
2	柱		
19	1. C35 异型柱(1～2 层)	010502003	异型柱;C35(1～2 层)
20	2. C30 异型柱(3 层～屋面)	4-2-19.40'	C354 商品混凝土异型柱
21	3. C35 短肢剪力墙(1～2 层)	10-4-94'	异型柱胶合板模板钢支撑[扣胶合板]
22	4. C30 短肢剪力墙(3 层～屋面)	10-4-311	柱竹胶板模板制作
23		010502003	异型柱;C30(3 层～屋面)
24		4-2-19.39'	C304 商品混凝土异型柱
25		10-4-94'	异型柱胶合板模板钢支撑[扣胶合板]
26		10-4-311	柱竹胶板模板制作
27		010504003	短肢剪力墙;C35(1～2 层)
28		4-2-35.40'	C354 商品混凝土轻型框剪墙
29		10-4-154'	壁式柱胶合板模板钢支撑[扣胶合板]
30		10-4-311	柱竹胶板模板制作
31		10-1-103	双排外钢管脚手架 6m 内
32		010504003	短肢剪力墙;C30(3 层～屋面)
33		4-2-35.39'	C304 商品混凝土轻型框剪墙
34		10-4-154'	壁式柱胶合板模板钢支撑[扣胶合板]
35		10-4-311	柱竹胶板模板制作
36		10-1-103	双排外钢管脚手架 6m 内
3	厨卫阳台现浇板		
37	C30P6 防水混凝土	010505001	有梁板;厨卫阳台防水 C30P6
38		4-2-36.2H'	C302 商品混凝土有梁板 P6 防水
39		10-4-160'	有梁板胶合板模板钢支撑[扣胶合板]
40		10-4-315	板竹胶板模板制作

续表

序号	项 目 名 称	编码	清单/定额名称
4	有梁板		
41	C30 有梁板	010505001	有梁板;C30
42		4-2-36.2’	C302 商品混凝土有梁板
43		10-4-160’	有梁板胶合板模板钢支撑[扣胶合板]
44		10-4-315	板竹胶板模板制作
5	有梁板(屋面斜板)		
45	C30 有梁板	010505001	有梁板;C30 屋面斜板
46		4-2-41.2’	C302 商品混凝土斜板、折板
47		10-4-160-1’	斜有梁板胶合板模板钢支撑[扣胶合板]
48		10-4-315	板竹胶板模板制作
49		10-4-176	板钢支撑高＞3.6m 每增 3m
6	檐板		
50	C30 檐板	010505007	檐板;C30
51		4-2-56.22’	C302 商品混凝土挑檐、天沟
52		10-4-211	挑檐、天沟木模板木支撑
7	栏板		
53		010505006	栏板;C30
54		4-2-51.22’	C302 商品混凝土栏板
55		10-4-206	栏板木模板木支撑
8	单梁		
56	C30 单梁	010503002	矩形梁;C30
57		4-2-24.2’	C303 商品混凝土单梁、连续梁
58		10-4-114H’	单梁连续梁胶合板模板钢支撑[扣胶合板]
59		10-4-313	梁竹胶板模板制作
9	楼梯		
60	C25 楼梯	010506001	直形楼梯;C25
61		4-2-42.21’	C252 商品混凝土直形楼梯无斜梁 100
62		4-2-46.21×1’	C252 商品混凝土楼梯板厚＋10
63		4-2-46.21×2’	C252 商品混凝土楼梯板厚＋10×2
64		10-4-201	直形楼梯木模板木支撑
10	过梁		
65	C25 现浇过梁	010503005	过梁;现浇,C25
66		4-2-27’	C253 商品混凝土过梁
67		10-4-118’	过梁胶合板模板木支撑[扣胶合板]
68		10-4-313	梁竹胶板模板制作
11	压顶		
69	C25 压顶	010507005	压顶;C25 压顶
70		4-2-58.21’	C252 商品混凝土压顶
71		10-4-213	扶手、压顶木模板木支撑
12	圈梁		
72	C25 水平系梁	010503004	圈梁;C25 水平系梁
73		4-2-26’	C253 商品混凝土圈梁
74		10-4-127’	圈梁胶合板模板木支撑[扣胶合板]
75		10-4-313	梁竹胶板模板制作

续表

序号	项 目 名 称	编码	清单/定额名称
13	构造柱		
76	C25 构造柱	010502002	构造柱;C25
77		4-2-20'	C253 商品混凝土构造柱
78		10-4-89'	矩形柱胶合板模板木支撑[扣胶合板]
79		10-4-312	构造柱竹胶板模板制作
14	砌体墙		
80	1. M5 混浆加气混凝土砌块墙 180	010402001	砌块墙;加气混凝土砌块墙 180,M5 混浆
81	2. M5 混浆加气混凝土砌块墙 100	3-3-25	M5 混浆加气混凝土砌块墙 180
82	3. M5 混浆加气混凝土砌块柱	10-1-22	双排里钢管脚手架 3.6m 内
83		010402001	砌块墙;加气混凝土砌块墙 100,M5 混浆
84		3-3-80	M5 混浆加气混凝土砌块墙 100 厚
85		10-1-22	双排里钢管脚手架 3.6m 内
86		010402002	砌块柱;加气混凝土砌块柱
87		3-3-25H	M5 混浆加气混凝土砌块柱(墙 180 人工乘 1.2)
15	厨房烟道		
88	厨房烟道 PC12(L09J104)	010514001	厨房烟道;PC12(L09J104)
89		3-3-52	M5 混浆砌变压式排烟道半周 800
16	变形缝		
90	1. 铝合金盖板	010902008	屋面变形缝;L13J5-1
91	2. 平面油浸麻丝变形缝	6-5-21	平面伸缩缝铝板盖板
92	3. 变形缝立面	6-5-3	沥青玛琋脂变形缝
93		010903004	墙面变形缝;L07J109-40
94		6-5-22	立面伸缩缝铝板盖板
95		6-5-9H	聚苯板变形缝
17	钢筋		
96	1. 砌体加固筋	010515001	现浇构件钢筋;砌体拉结筋
97	2. HPB300 级钢	4-1-98	砌体加固筋 ϕ6.5 内
98	3. HRB400 级钢	010515001	现浇构件钢筋;HPB300 级钢
99		4-1-2	现浇构件圆钢筋 ϕ6.5
100		4-1-3	现浇构件圆钢筋 ϕ8
101		4-1-5	现浇构件圆钢筋 ϕ12
102		4-1-52	现浇构件箍筋 ϕ6.5
103		4-1-118H	植筋 ϕ6.5(扣钢筋)
104		4-1-119H	植筋 ϕ8(扣钢筋)
105		4-1-120H	植筋 ϕ10(扣钢筋)
106		010515001	现浇构件钢筋;HRB400 级钢
107		4-1-104H	现浇构件螺纹钢筋 HRB400 级 ϕ6
108		4-1-104	现浇构件螺纹钢筋 HRB400 级 ϕ8
109		4-1-105	现浇构件螺纹钢筋 HRB400 级 ϕ10
110		4-1-106	现浇构件螺纹钢筋 HRB400 级 ϕ12
111		4-1-107	现浇构件螺纹钢筋 HRB400 级 ϕ14
112		4-1-108	现浇构件螺纹钢筋 HRB400 级 ϕ16
113		4-1-109	现浇构件螺纹钢筋 HRB400 级 ϕ18
114		4-1-110	现浇构件螺纹钢筋 HRB400 级 ϕ20
115		4-1-111	现浇构件螺纹钢筋 HRB400 级 ϕ22
116		4-1-112	现浇构件螺纹钢筋 HRB400 级钢 ϕ25
117		4-1-52H	现浇构件箍筋螺纹 HRB400 级钢 ϕ6.5
118		4-1-53H	现浇构件箍筋螺纹 HRB400 级钢 ϕ8
119		4-1-54H	现浇构件箍筋螺纹 HRB400 级钢 ϕ10

续表

序号	项目名称	编码	清单/定额名称
18	铁件		
120	1. 预埋铁件	010516002	预埋铁件
121	2. 楼梯栏杆	4-1-96	铁件
19	水泥砂浆保护层屋面:屋 105,不上人屋面		
122	1. 保护层:20 厚 1∶2.5 水泥砂浆抹平压光,1m×1m 分格,缝宽 20,密封胶嵌缝	011101001	屋面水泥砂浆保护层;1∶2.5 水泥砂浆 20
123	2. 隔离层:0.4 厚聚乙烯膜一层	6-2-3	水泥砂浆二次抹压防水层 20
124	3. 防水层:4 厚 SBS 改性沥青防水卷材一道+水泥基渗透结晶型防水涂料一道	010902001	屋面卷材防水;聚乙烯薄膜,SBS 防水卷材,防水涂料,C20 混凝土找平 30
125	4. 30 厚 C20 细石混凝土找平层	6-2-30H	平面 SBS 改性沥青卷材加膜隔离
126	5. 保温层:30 厚玻化微珠保温砂浆	6-2-62H	JD-水泥基渗透结晶型防水涂料
127	6. 20 厚 1∶2.5 水泥砂浆找平	6-2-1'	C20 细石商混凝土防水层 40
128	7. 最薄处 30 厚找坡 2%找坡层:1∶8 水泥憎水性珍珠岩	9-1-5×-2'	C20 细石商混凝土找平层－5×2
129	8. 隔气层:1.5 厚聚氨酯防水材料	011001001	保温隔热屋面;30 厚保温砂浆,水泥珍珠岩找坡
130	9. 20 厚 1∶2.5 水泥砂浆找平	6-3-39H	混凝土面 30 厚玻化微珠保温砂浆
131	10. 现浇钢筋混凝土屋面板	9-1-1-2	1∶2.5 砂浆硬基层上找平层 20
132		6-3-15H	混凝土板上现浇水泥珍珠岩 1∶8
133		010902002	屋面涂膜防水;聚氨酯防水
134		6-2-71	聚氨酯二遍
135		9-1-1-2	1∶2.5 砂浆硬基层上找平层 20
20	岩棉板防火隔离带		
136	岩棉板,A 级	011001001	隔热屋面;岩棉板防火隔离带
137		6-3-40H	混凝土板上干铺岩棉板
138		011001003	保隔热墙面;岩棉板防火隔离带
139		6-3-38H	外墙挂贴岩棉板
21	地砖保护层屋面:屋 101,上人屋面		
140	1. 8～10 厚防滑地砖铺平拍实,缝宽 5～8,1∶1 水泥砂浆填缝	011102003	屋面防滑地砖
141	2. 25 厚 1∶3 干硬性水泥砂浆结合层	9-1-169-1	干硬 1∶3 水泥砂浆全瓷地板砖 300×300
142	3. 隔离层:0.4 厚聚乙烯膜一层	9-1-3×-1	1∶3 砂浆找平层-5
143	4. 防水层:4 厚 SBS 改性沥青防水卷材一道+水泥基渗透结晶型防水涂料一道	010902001	屋面卷材防水;聚乙烯薄膜,SBS 防水卷材,防水涂料,C20 混凝土找平 30
144	5. 30 厚 C20 细石混凝土找平层	6-2-30H	平面 SBS 改性沥青卷材加膜隔离
145	6. 保温层:75 厚挤塑板(XPS 板)	6-2-62H	JD-水泥基渗透结晶型防水涂料
146	7. 20 厚 1∶2.5 水泥砂浆找平	6-2-1'	C20 细石商品混凝土防水层 40
147	8. 最薄处 30 厚找坡 2%找坡层:1∶8 水泥憎水型膨胀珍珠岩	9-1-5×-2'	C20 细石商品混凝土找平层-5×2
148	9. 隔汽层:1.5 厚聚氨酯防水材料	011001001	保温隔热屋面;75 厚挤塑板,水泥珍珠岩找坡
149	10. 20 厚 1∶2.5 水泥砂浆找平	6-3-41H	混凝土板上干铺挤塑板 75
150	11. 现浇钢筋混凝土屋面板	9-1-1-2	1∶2.5 砂浆硬基层上找平层 20
151		6-3-15H	混凝土板上现浇水泥珍珠岩 1∶8
152		010902002	屋面涂膜防水;聚氨酯防水
153		6-2-71	聚氨酯二遍
154		9-1-1-2	1∶2.5 砂浆硬基层上找平层 20

续表

序号	项目名称	编码	清单/定额名称
22	块瓦坡屋面:屋 301,坡屋面		
155	1. 块瓦	010901001	瓦屋面;块瓦坡屋面
156	2. 挂瓦条 30×30(h),中距挂瓦规格	6-1-4H	屋面板、挂瓦条上铺块瓦
157	3. 顺水条 40×20(h),中距 500	010902003	屋面刚性层;35 厚细石混凝土配 ϕ4@100×100 钢筋网
158	4. 35 厚 C20 细石混凝土持钉层,内配 ϕ4@100×100 钢筋网	6-2-1’	C20 细石商品混凝土防水层 40
159	5. 满铺 0.4 厚聚乙烯膜一层	9-1-5×-1’	C20 细石商品混凝土找平层-5
160	6. 防水垫层:4 厚 SBS 改性沥青防水卷材一道+水泥基渗透结晶型防水涂料一道	4-1-1	现浇构件圆钢筋 ϕ4
161	7. 20 厚 1∶2.5 水泥砂浆找平	010902001	屋面卷材防水
162	8. 保温层:75 厚挤塑板(XPS 板)	6-2-30	平面一层 SBS 改性沥青卷材满铺
163	9. 钢筋混凝土屋面板,板内预埋锚筋 ϕ10@900×900,伸入持钉层 25	补-1	成品金属泛水板
164		011101006	平面砂浆找平层;1∶2.5 水泥砂浆
165		9-1-1-2	1∶2.5 砂浆硬基层上找平层 20
166		011001001	保温隔热屋面;XPS 板
167		6-3-41H	混凝土板上干铺挤塑板 75
168		4-1-120	植筋 ϕ10
23	玻化微珠防火隔离带		
169	玻化微珠防火隔离带	011001001	隔热屋面;30 厚玻化微珠防火隔离带
170		6-3-41H	混凝土板上干铺玻化微珠防火隔离带 30 厚
24	屋面排水		
171	1. 塑料落水管	010902004	屋面排水管;塑料水落管 ϕ100
172	2. 铸铁弯头落水口	6-4-9	塑料水落管 ϕ100
173	3. 铸铁雨水口	6-4-22	铸铁弯头落水口(含箅子板)
174	4. 塑料水斗	6-4-20	铸铁雨水口
175		6-4-10	塑料水斗
25	台阶:L13J5-1		
176	C25 踏步	010507004	台阶;C25
177		4-2-57.2’	C252 商品混凝土台阶
178		10-4-205	台阶木模板木支撑
26	竣工清理		
179	竣工清理	01B001	竣工清理
180		1-4-3	竣工清理
27	垂直运输		
181	1. 泵送混凝土增加费	011703001	垂直运输
182	2. 垂直运输机械	10-2-17-1	50m 内泵送混凝土垂直运输
183		4-4-9	柱、墙、梁、板泵送混凝土 15m³/h
184		4-4-20	柱、墙、梁、板输送混凝土管道安拆 50m 内
185		4-4-12	其他构件泵送混凝土 15m³/h
186		4-4-21	其他构件输送混凝土管道安拆 50m 内
28	脚手架		
187		011701001	综合脚手架
188		10-1-8	双排外钢管脚手架 50m 内
189		10-1-103	双排外钢管脚手架 6m 内

装饰工程项目清单/定额表　　表 6-22

工程名称：框剪高层架住宅装饰

序号	项目名称	编码	清单/定额名称
	装饰(不计超高)		
1	木质门		
1	平开夹板百叶门	010801001	木质门;平开夹板百叶门,L13J4-1(78)
2		5-1-13	单扇木门框制作
3		5-1-14	单扇木门框安装
4		5-1-77	单扇胶合板门扇制作
5		5-1-78	单扇胶合板门扇安装
6		5-1-109-2	胶合板门扇安装小百叶(注)
7		5-9-3-1	单扇木门配件(安执手锁)
8		011401001	木门油漆
9		9-4-1	底油一遍调合漆二遍 单层木门
2	防火门		
10	1. 甲级 L13J4-2(3)MFM01-1221/MFM01-0820	010802003	钢质防火门
11	2. 乙级 L13J4-2(3)MFM01-1221	5-4-12	钢质防火门安装(扇面积)
3	铝合金窗		
12	铝合金窗	010807001	铝合金中空玻璃窗
13		5-5-5	铝合金平开窗安装
4	水泥砂浆楼地面:用于地下室		
14	1. 30 厚 1∶2 水泥砂浆压平抹光	011101001	水泥砂浆地面;1∶2 水泥砂浆 30
15	2. 素水泥浆一道	9-1-9-1	1∶2 砂浆楼地面 20
16	3. 混凝土底板或楼板	9-1-3-1×2	1∶2 砂浆找平层+5×2
5	大理石地面:地 204 用于一层进厅		
17	1. 20 厚大理石稀水泥浆或是彩色水泥浆擦缝	011102003	块料地面;大理石(地 204)
18	2. 30 厚 1∶3 干硬性水泥砂浆	9-1-167.79	干硬水泥砂浆大理石楼地面[换水泥砂浆 1∶3]
	3. 素水泥浆一道		
	4. 60 厚 C15 混凝土垫层随打随抹(建筑)		
	5. 150 厚 3∶7 灰土(建筑)		
	6. 190 厚素土夯实(建筑)		
6	水泥砂浆楼面:楼面二用于楼梯及息板		
19	1. 20 厚 1∶2 水泥砂浆压平抹光	011101001	水泥砂浆楼面;楼梯面
20	2. 素水泥浆一道	9-1-10-2	1∶2 砂浆楼梯 20
	3. 现浇钢筋混凝土楼梯板		
7	大理石楼面:楼面三用于一层门厅		
21	1. 20 厚大理石稀水泥浆或是彩色水泥浆擦缝	011102003	块料楼地面;大理石楼面
22	2. 30 厚 1∶3 干硬性水泥砂浆	9-1-167.79	干硬水泥砂浆大理石楼地面[换水泥砂浆 1∶3]
23	3. 素水泥浆一道	010404001	垫层;60 厚 LC7.5 炉渣混凝土
24	4. 60 厚 LC7.5 轻骨料混凝土填充层	6-3-20-1	混凝土板上铺水泥石灰炉渣 1∶1∶8
	5. 现浇钢筋混凝土楼板		
8	地砖楼面:楼面五用于一层卫生间		
25	1. 8～10 厚防滑地砖铺实拍平,稀水泥浆擦缝	011102003	块料楼地面;卫生间地砖楼面,楼面五

续表

序号	项 目 名 称	编码	清单/定额名称
26	2. 20厚1∶3干硬性水泥砂浆	9-1-169-1	干硬1∶3水泥砂浆全瓷地板砖300×300
27	3. 1.5厚合成高分子防水砂浆	9-1-3×-2	1∶3砂浆找平层-5×2
28	4. 最薄处50厚C15豆石混凝土随打随抹平(上下配 $\phi3$ 双向@50钢丝网片,中间敷散热管)坡向地漏	6-2-93	1.5厚LM高分子涂料防水层
29	5. 0.2厚真空镀铝聚酯薄膜	6-2-1H'	C20细石商品混凝土防水层40(配 $\phi3$@50钢丝网)
30	6. 20厚挤塑聚苯乙烯泡沫塑料板	6-2-2×1'	C20细石商品混凝土防水层+10
31	7. 1.5厚合成高分子防水涂料防潮层	010904001	楼面卷材防水;卫生间防水
32	8. 20厚1∶3水泥砂浆找平层	9-1-178H	地面0.2厚真空镀铝聚酯薄膜
33	9. 素水泥浆一道	6-3-41H	混凝土板上干铺挤塑板20
34	10. 现浇钢筋混凝土屋面板	6-2-93	1.5厚LM高分子涂料防水层
35		9-1-1	1∶3砂浆硬基层上找平层20
9	地砖楼面:楼面七用于厨房		
36	1. 8～10厚防滑地砖铺实拍平,稀水泥浆擦缝	011102003	块料楼地面;厨房、阳台地砖楼面(楼面七)
37	2. 20厚1∶3干硬性水泥砂浆	9-1-169-1	干硬1∶3水泥砂浆全瓷地板砖300×300
38	3. 1.5厚合成高分子防水砂浆	9-1-3×-2	1∶3砂浆找平层-5×2
39	4. 最薄处50厚C15豆石混凝土随打随抹平(上下配 $\phi3$ 双向@50钢丝网片,中间敷散热管)坡向地漏	6-2-93	1.5厚LM高分子涂料防水层
40	5. 0.2厚真空镀铝聚酯薄膜	6-2-1H'	C20细石商品混凝土防水层40(配 $\phi3$@50钢丝网)
41	6. 20厚挤塑聚苯乙烯泡沫塑料板	6-2-2×1'	C20细石商品混凝土防水层+10
42	7. 1.5厚合成高分子防水涂料防潮层	010904001	楼面卷材防水;厨房、阳台楼面防水
43	8. 20厚1∶3水泥砂浆找平层	9-1-178H	地面0.2厚真空镀铝聚酯薄膜
44	9. 素水泥浆一道	6-3-41H	混凝土板上干铺挤塑板20
45	10. 现浇钢筋混凝土屋面板	6-2-93	1.5厚LM高分子涂料防水层
46		9-1-1	1∶3砂浆硬基层上找平层20
10	水泥砂浆楼面:楼面八用于餐厅、客厅、卧室		
47	1. 20厚1∶2水泥砂浆抹平压光	011101001	水泥砂浆楼地面;楼面八(低温热辐射供暖楼面)
48	2. 素水泥浆一道	9-1-9-1	1∶2砂浆楼地面20
49	3. 50厚C15豆石混凝土(上下配 $\phi3$ 双向@50钢丝网片,中间敷散热管)	6-2-1H'	C20细石商品混凝土防水层40(配 $\phi3$@50钢丝网)
50	4. 0.2厚真空镀铝聚酯薄膜	6-2-2×1'	C20细石商品混凝土防水层+10
51	5. 20厚挤塑聚苯乙烯泡沫塑料板	011001005	保温隔热楼地面
52	6. 20厚1∶3水泥砂浆找平层	6-3-41H	混凝土板上干铺挤塑板20
53	7. 素水泥浆一道	9-1-1	1∶3砂浆硬基层上找平层20
54	8. 现浇钢筋混凝土楼板	9-1-179	垫层、楼板地暖埋管增加
11	地砖楼面:楼面九用于阳台		
55	1. 8～10厚防滑地砖铺实拍平,稀水泥浆擦缝	011102003	块料楼地面;阳台楼面(楼面九)
56	2. 30厚1∶3干硬性水泥砂浆	9-1-169-1	干硬1∶3水泥砂浆全瓷地板砖300×300
57	3. 1.5厚合成高分子防水涂料	010702001	阳台卷材防水;楼面九
58	4. 最薄处20厚1∶3水泥砂浆找坡层抹平	6-2-93	1.5厚LM高分子涂料防水层
59	5. 素水泥浆一道	9-1-1	1∶3砂浆硬基层上找平层20
	6. 现浇钢筋混凝土楼板		

续表

序号	项 目 名 称	编码	清单/定额名称
12	水泥砂浆墙面[混凝土墙/混凝土砌块墙(内墙 1)]		
60	1. 刷专用界面剂一遍	011201001	墙面一般抹灰;水泥砂浆内墙面(混凝土墙)
61	2. 9 厚 1∶3 水泥砂浆	9-4-241	混凝土界面剂涂敷混凝土面
62	3. 6 厚 1∶2 水泥砂浆抹平	9-2-21	混凝土墙面墙裙水泥砂浆 12+8
63		10-1-22-1	装饰钢管脚手架 3.6m 内
13	刮腻子顶棚:顶棚二(顶 2)		
64	1. 现浇钢筋混凝土板底清理干净	011407002	天棚喷刷涂料;刮腻子
65	2. 2～3 厚柔韧型腻子分遍批刮	9-4-209	顶棚、内墙抹灰面满刮腻子二遍
	3. 表面刷(喷)涂料另选		
14	机磨纹花岗石板坡道:L13J12-25④		
66	1. 机磨纹花岗石板[装饰]	011102001	石材楼地面;花岗石坡道
67	2. 撒素水泥面[装饰]	8-7-59'	C154 商品混凝土剁斧花岗石坡道 100
	3. 25 厚 1∶3 干硬性水泥砂浆结合层[装饰]		
	4. 素水泥浆一道[装饰]		
	5. 100 厚 C15 混凝土[装饰]		
	6. 垫层 3∶7 灰土 300[建筑]		
	7. 素土夯实[建筑]		
15	台阶:L13J9-1		
68	花岗石台阶	011107001	花岗石台阶面
69		9-1-59	花岗石台阶
16	楼梯栏杆:建施-20		
70	1. 钢管扶手方钢栏杆	011503001	金属扶手栏杆;钢管扶手方钢栏杆(建施-20)
71	2. 防锈漆 2 遍	9-5-206	钢管扶手型钢栏杆
72	3. 调合漆 2 遍	9-5-208	弯头另加工料 钢管
73		9-4-137×2	红丹防锈漆一遍 金属构件×2
74		9-4-117	调合漆二遍 金属构件
17	坡道栏杆扶手:L13J12-21		
75	1. 钢管喷塑栏杆	011503001	金属扶手栏杆;钢管喷塑栏杆 L13J12
76	2. 钢管喷塑	9-5-206H	钢管扶手钢管栏杆
77		9-5-208	弯头另加工料 钢管
78		9-4-128	过氯乙烯漆五遍成活 金属构件
	装饰(计超高)		
1	木质门		
1	平开夹板门	010801001	木质门;平开夹板门,L13J4-1(78)
2		5-1-13	单扇木门框制作
3		5-1-14	单扇木门框安装
4		5-1-77	单扇胶合板门扇制作
5		5-1-78	单扇胶合板门扇安装
6		5-9-3-1	单扇木门配件(安执手锁)
7		011401001	木门油漆
8		9-4-1	底油一遍调合漆二遍 单层木门
2	防盗门		
9		010802004	防盗对讲门;甲供
10		5-4-14	钢防盗门安装(扇面积)

续表

序号	项 目 名 称	编码	清单/定额名称
11		010802004	防盗防火保温进户门;甲供
12		5-4-14H	钢防盗防火保温户门安装(扇面积)
3	防火门		
13		010802003	钢质防火门
14		5-4-12	钢质防火门安装(扇面积)
4	铝合金门		
15	铝合金推拉门	010802001	金属门;隔热铝合金中空玻璃门
16		5-5-3	铝合金推拉门安装
5	铝合金窗		
17	1. 铝合金窗	010807001	隔热铝合金窗中空玻璃窗
18	2. 铝合金百叶	5-5-5	铝合金平开窗安装
19		010807003	铝合金百叶
20		5-5-6H	铝合金百叶窗安装
6	水泥砂浆楼梯面		
21	1. 20 厚 1:2 水泥砂浆压平抹光	011101001	水泥砂浆楼梯面;水泥楼面二
22	2. 素水泥浆一道	9-1-10-2	1:2 水泥砂浆楼梯 20
7	地砖楼面:楼面四用于 2～顶层门厅		
23	1. 8～10 厚防滑地砖铺实拍平,稀水泥浆擦缝	011102003	块料楼地面;门厅地砖楼面(楼面四)
24	2. 20 厚 1:3 干硬性水泥砂浆	9-1-169-1	干硬 1:3 水泥砂浆全瓷地板砖 300×300
25	3. 素水泥浆一道	010404001	垫层;LC7.5 轻骨料混凝土填充层 60
26	4. 60 厚 LC7.5 轻骨料混凝土填充层	6-3-21	混凝土板上铺 C7.5 矿渣混凝土
	5. 现浇钢筋混凝土楼板		
8	地砖楼面:楼面六用于 2～顶层卫生间		
27	1. 8～10 厚防滑地砖铺实拍平,稀水泥浆擦缝	011102003	块料楼地面;卫生间地砖楼面(楼面六)
28	2. 20 厚 1:3 干硬性水泥砂浆	9-1-169-1	干硬 1:3 水泥砂浆全瓷地板砖 300×300
29	3. 1.5 厚合成高分子防水砂浆	6-2-93	1.5 厚 LM 高分子涂料防水层
30	4. 最薄处 50 厚 C15 豆石混凝土随打随抹平(上下配 $\phi3$ 双向@50 钢丝网片,中间敷散热管)坡向地漏	6-2-1H'	C20 细石商品混凝土防水层 40(配 $\phi3$ 双向@50 钢丝)
31	5. 0.2 厚真空镀铝聚酯薄膜	6-2-2×1'	C20 细石商品混凝土防水层+10
32	6. 20 厚挤塑聚苯乙烯泡沫塑料板	010904001	楼面卷材防水;卫生间防水
33	7. 300 厚 LC7.5 轻骨料混凝土填充层	9-1-178H	0.2 厚真空镀铝聚酯薄膜
34	8. 0.7 厚聚乙烯丙纶防水卷材用 1.3 厚专用粘结料满粘	6-3-41H	混凝土板上干铺挤塑板 20
35	9. 现浇钢筋混凝土楼板(基层处理平整)	6-2-38	平面氯化聚乙烯-橡胶共混卷材
36		010404001	垫层;LC7.5 轻骨料混凝土填充层 300
37		6-3-21	混凝土板上铺 C7.5 矿渣混凝土
9	地砖楼面:楼面七用于厨房、封闭阳台		
38	1. 8～10 厚防滑地砖铺实拍平,稀水泥浆擦缝	011102003	块料楼地面;厨房、封闭阳台地砖楼面(楼面七)
39	2. 20 厚 1:3 干硬性水泥砂浆	9-1-169-1	干硬 1:3 水泥砂浆全瓷地板砖 300×300
40	3. 1.5 厚合成高分子防水砂浆	6-2-93	1.5 厚 LM 高分子涂料防水层
41	4. 最薄处 50 厚 C15 豆石混凝土随打随抹平(上下配 $\phi3$ 双向@50 钢丝网片,中间敷散热管)坡向地漏	6-2-1H'	C20 细石商品混凝土防水层 40(配 $\phi3$ 双向@50 钢丝)

续表

序号	项 目 名 称	编码	清单/定额名称
42	5. 0.2厚真空镀铝聚酯薄膜	6-2-2×1'	C20细石商品混凝土防水层+10
43	6. 20厚挤塑聚苯乙烯泡沫塑料板	010904001	楼面卷材防水；厨房、封闭阳台楼面
44	7. 1.5厚合成高分子防水涂料防潮层	6-2-54	平面一布二涂合成胶沥青聚酯布
45	8. 20厚1∶3水泥砂浆找平层	6-3-41H	混凝土板上干铺挤塑板 20
46	9. 素水泥浆一道	6-2-93	1.5厚LM高分子涂料防水层
47	10. 现浇钢筋混凝土屋面板	9-1-1	1∶3砂浆硬基层上找平层 20
10	水泥砂浆保温楼面：楼面八用于餐厅、客厅、卧室		
48	1. 20厚1∶2水泥砂浆抹平压光	011101001	水泥砂浆楼面；楼面八（卧室、走廊、餐厅）
49	2，素水泥浆一道	9-1-9-1	1∶2水泥砂浆楼地面 20
50	3. 50厚C15豆石混凝土（上下配 ϕ3 双向@50 钢丝网片，中间敷散热管）	6-2-1H'	C20细石商品混凝土防水层 40（配 ϕ3 双向@50 钢丝）
51	4. 0.2厚真空镀铝聚酯薄膜	6-2-2×1'	C20细石商品混凝土防水层+10
52	5. 20厚挤塑聚苯乙烯泡沫塑料板	011001005	保温隔热楼地面；楼面八
53	6. 20厚1∶3水泥砂浆找平层	6-3-41H	混凝土板上干铺挤塑板 20
54	7. 素水泥浆一道	9-1-1	1∶3砂浆硬基层上找平层 20
	8. 现浇钢筋混凝土楼板		
11	地砖楼面：楼面九用于阳台		
55	1. 8～10厚防滑地砖铺实拍平，稀水泥浆擦缝	011102003	块料楼地面；阳台楼面（楼面九）
56	2. 30厚1∶3干硬性水泥砂浆	9-1-169-1	干硬1∶3水泥砂浆全瓷地板砖 300×300
57	3. 1.5厚合成高分子防水涂料	010702001	阳台卷材防水；开敞阳台楼面
58	4. 最薄处20厚1∶3水泥砂浆找坡层抹平	6-2-93	1.5厚LM高分子涂料防水层
59	5. 素水泥浆一道	9-1-1	1∶3砂浆硬基层上找平层 20
	6. 现浇钢筋混凝土楼板		
12	水泥砂浆楼面：用于设备间、机房层		
60	1. 20厚1∶2水泥砂浆抹平压光	011101001	水泥砂浆楼地面；20厚1∶2水泥砂浆
61	2. 素水泥浆一道 20厚	9-1-9-1	1∶2水泥砂浆楼地面 20
	3. 现浇钢筋混凝土楼板		
13	刮腻子顶棚：顶棚二（顶 2）		
62	1. 现浇钢筋混凝土板底清理干净	011407002	天棚喷刷涂料；2～3厚柔韧型腻子
63	2. 2～3厚柔韧型腻子分遍批刮	9-4-209	顶棚、内墙抹灰面满刮腻子二遍
	3. 表面刷（喷）涂料另选		
14	石质板材踢脚（高 120）踢 4 用于一层门厅		
64	1. 刷专用界面剂一遍	011105003	块料踢脚线；大理石板踢脚（一层门厅）
65	2. 9厚1∶3水泥砂浆	9-1-45	水泥砂浆直线形大理石踢脚板
	3. 6厚1∶2水泥砂浆		
	4. 素水泥砂浆一遍		
	5. 4～5厚1∶1水泥砂浆加水重20%建筑胶		
	6. 8～10厚石材面层，稀水砂浆擦缝		
15	面砖踢脚（高 120）踢 3 用于 2～顶层门厅		
66	1. 刷专用界面剂一遍	011105003	块料踢脚线；面砖踢脚（2～顶层候梯厅）
67	2. 9厚1∶3水泥砂浆	9-1-86	水泥砂浆彩釉砖踢脚板
	3. 6厚1∶2水泥砂浆		
	4. 素水泥砂浆一遍		

续表

序号	项目名称	编码	清单/定额名称
	5. 3～4厚1∶1水泥砂浆加水重20%建筑胶		
	6. 5～7厚面砖，稀水砂浆擦缝		
16	面砖墙面：内墙二用于一层候梯厅、进厅内墙		
68	1. 2厚配套专用界面剂一遍	011204003	块料墙面；面砖墙面(一层候梯厅、进厅)
69	2. 7厚1∶1∶6水泥石灰砂浆	9-2-191	砂浆粘贴全瓷墙面砖L2400内
70	3. 6厚1∶0.5∶2.5水泥石灰砂浆	9-4-242	混凝土界面剂涂敷加气混凝土砌块面
71	4. 素水泥浆一道	10-1-22-1	装饰钢管脚手架3.6m内
72	5. 4～5厚1∶1水泥砂浆加水重20%建筑胶粘结层		
73	6. 5～7厚面砖，白水泥擦缝		
17	釉面砖墙面：内墙三用于厨房、卫生间、封闭阳台		
74	1. 刷专用界面剂一遍	011204003	块料墙面；釉面砖(厨房、卫生间、封闭阳台)
75	2. 9厚1∶3水泥砂浆压实抹平	9-2-188	砂浆粘贴全瓷墙面砖L1200内
76	3. 1.5厚聚合物水泥防水涂料(Ⅰ型)高出地面250mm，淋浴花洒周围1m范围内内墙防水层高出地面1800mm	9-4-242	混凝土界面剂涂敷加气混凝土砌块面
77	4. 素水泥浆一道	10-1-22-1	装饰钢管脚手架3.6m内
78	5. 3～4厚1∶1水泥砂浆加水重20%建筑胶粘结层	010903002	墙面涂膜防水；聚合物水泥复合涂料
79	6. 4～5厚釉面砖，白水泥浆擦缝	6-2-85	立面聚合物水泥复合涂料三遍
18	刮腻子墙面：内墙四(内墙五轻质隔墙)		
80	1. 轻质隔墙	011201001	墙面一般抹灰；刮腻子墙面(内墙四)
81	2. 满贴涂塑8目中碱玻璃纤维网布一层，石膏胶粘剂横向粘贴	9-4-260	内墙抹灰面满刮成品腻子二遍
82	3. 2～3厚柔性耐水腻子分遍批刮，磨平	9-2-349	墙面耐碱纤维网格布 一层
83	4. 楼梯厅内墙刷白色涂料	10-1-22-1	装饰钢管脚手架3.6m内
84		011407001	墙面喷刷涂料；白色涂料
85		9-4-245	内墙柱抹灰面刷106涂料三遍
19	真石漆外墙面		
86	1. 基层墙体	011201004	立面砂浆找平层；真石漆外墙聚合物水泥砂浆20
87	2. 20厚聚合物水泥砂浆找平层	9-2-341	墙保温层上胶粉聚苯颗粒找平15
88	3. 40厚挤塑板(XPS板)，特用胶粘剂+固定件方式固定	9-2-342	墙保温层上胶粉聚苯颗粒找平±5
89	4. 2厚配套专用界面砂浆批刮	011001003	保温隔热墙面；40厚挤塑板(XPS板)
90	5. 9厚2∶1∶8水泥石灰砂浆[以下含不保温]	6-3-63	立面胶粘剂点粘挤塑板
91	6. 6厚1∶2.5水泥砂浆找平	011203001	檐板、零星项目一般抹灰
92	7. 5厚干粉类聚合物水泥防水砂浆，中间压入一层耐碱玻璃纤维网布	9-2-37	装饰线条混合砂浆
93	8. 涂饰底层涂料	9-3-3H	现浇混凝土顶棚混合砂浆9+6抹灰
94	9. 喷涂主层涂料	9-2-36H	零星项目混合砂浆9+6
95	10. 涂饰面层涂料二遍	011201001	墙面一般抹灰；9厚混浆，6厚水泥砂浆
96		9-2-20H	砖墙面墙裙水泥砂浆9+6

续表

序号	项 目 名 称	编码	清单/定额名称
97		010903003	墙面砂浆防水;5 厚干粉类聚合物水泥防水砂浆
98		9-2-343	抗裂砂浆 墙面 5 内
99		9-2-349	墙面耐碱纤维网格布 一层
100		011407001	墙面喷刷涂料;真石漆外墙面
101		9-4-150	墙柱外抹灰面层喷真石漆三遍成活
20	面砖外墙面		
102	1. 基层墙体	011201004	立面砂浆找平层;面砖墙面聚合物水泥砂浆 20
103	2. 20 厚聚合物水泥砂浆找平层	9-2-341	墙保温层上胶粉聚苯颗粒找平 15
104	3. 40 厚挤塑板(XPS 板),特用胶粘剂+固定件方式固定	9-2-342	墙保温层上胶粉聚苯颗粒找平±5
105	4. 2 厚配套专用界面砂浆批刮	011001003	保温隔热墙面;40 厚挤塑板(XPS 板)
106	5. 9 厚 2∶1∶8 水泥石灰砂浆[以下含不保温]	6-3-63	立面胶粘剂点粘挤塑板
107	6. 6 厚 1∶2.5 水泥砂浆找平	011201001	墙面一般抹灰;9 厚混浆,6 厚水泥砂浆
108	7. 5 厚干粉类聚合物水泥防水砂浆,中间压入一层热镀锌电焊网	9-2-20H	砖墙面墙裙水泥砂浆 9+6
109	8. 配套专用胶粘剂粘结	010903003	墙面砂浆防水;5 厚干粉类聚合物水泥防水砂浆,中间压镀锌网
110	9. 5~7 厚外墙面砖,填缝剂填缝	9-2-343	抗裂砂浆 墙面 5 内
111		4-1-117H	墙面钉镀锌电焊网
112		011204003	块料墙面;面砖外墙
113		9-2-222	砂浆粘贴面砖 240×60 灰缝 5 内
21	台阶:L13J9-1		
114	水泥台阶面	011107004	水泥砂浆台阶面
115		9-1-11	1∶2.5 砂浆台阶 20
22	楼梯栏杆:建施-20		
116	1. 钢管扶手方钢栏杆	011503001	金属扶手栏杆;钢管扶手方钢栏杆(建施-20)
117	2. 防锈漆二遍	9-5-206	钢管扶手型钢栏杆
118	3. 调合漆二遍	9-5-208	弯头另加工料 钢管
119		9-4-137×2	红丹防锈漆一遍 金属构件×2
120		9-4-117	调合漆二遍 金属构件
23	屋面铸铁栏杆		
121	铸铁成品栏杆	011503001	铸铁成品栏杆 800
122		9-5-203H	成品铸铁栏杆 800
24	室内钢梯 L13J8		
123	钢梯 L13J8-74	010606008	钢梯;L13J8-74
124		7-5-4	踏步式钢梯子制作
125		9-4-117	调合漆二遍 金属构件
25	阳台栏杆		
126	1. 成品铸铁栏杆	011503001	成品铸铁栏杆 200
127	2. 成品玻璃栏板	9-5-203H	成品铸铁栏杆 200
128		011503001	成品铸铁栏杆 700
129		9-5-203H	成品铸铁栏杆 700
130		011503001	成品玻璃栏板 700
131		9-5-195H	有机玻璃栏板
132		011503001	成品铸铁栏杆 900
133		9-5-203H	成品铸铁栏杆 900

6.6 辅助计算表与实物量表

6.6.1 辅助计算表（表6-23～表6-26）

挖坑表（C表）　　表6-23

说明	坑长	坑宽	加宽	垫层厚	工作面	坑深	放坡	数量	挖坑	垫层	模板	钎探
C1:基坑												
大开挖	52.1	18		0.1	0.3	6.43	0.33	1	7282.42	93.78	14.02	938
									7282.42	93.78	14.02	938
C2:电梯井												
电梯井	3.12	3.22				1.47	0.577	2	48.17			22
集水井	3.8	3.8				0.87		2	25.13			30
									73.3			52

截头方锥体（E表）　　表6-24

说明	底长	底宽	底高	顶长	顶宽	顶高	数量	体积	模板
E1									
电梯井外	4.62	4.72	0	3.02	3.02	2.92	2	43.6	
								43.6	

构造柱表（H表）　　表6-25

说明	型号	长(*a*)	宽(*b*)	高	数量	筋①	筋②	筋③	筋④	柱体积	模板
H1:1～11层											
M5～M7,C10、C11	端形	0.18	0.2	2.4	24×11	1056				26.23	443.52
⑮轴	端形	0.1	0.2	2.5	11	44				0.63	17.05
①、⑬、⑯、㉙、㉚、Ⓖ	┻形	0.18	0.2	2.5	7×11	308		616		10.16	107.8
Ⓐ	┗形	0.18	0.2	2.5	4×11	352				5.21	68.2
						1760		616		42.23	636.57

室内装修表（J表）　　表6-26

说明	*a*边	*b*边	高	增垛扣墙	立面洞口	间数	踢脚线(m)	墙面	平面	脚手架
J1:地下2层装修										
储藏1	3.34	6.44	2.88		M1	1	18.76	54.65	21.51	56.33
	1.2	−0.7				1			−0.84	
储藏2	3.34	4.84	2.88		M1	1	15.56	45.44	16.17	47.12
	1.2	−0.71				1			−0.85	

续表

说明	a边	b边	高	增垛扣墙	立面洞口	间数	踢脚线(m)	墙面	平面	脚手架
储藏3	1.7	4.13	2.88		M1	2	21.72	63.8	14.04	67.16
	1.7	4.13	2.88	−2	M1	1	8.86	26.14	7.02	27.82
储藏4	3.1	4.24	2.88		M1	4	55.52	162.39	52.58	169.11
储藏5	1.45	4.3	2.88		M1	3	32.1	94.32	18.71	99.36
储藏6	4.3	5.84	2.87		M1	2	38.96	113.05	50.22	116.41
	4.3	5.84	2.88		M1	2	38.96	113.45	50.22	116.81
	1.35	−1.45				4			−7.83	
储藏7	2.74	5.14	2.88		M1	2	29.92	87.42	28.17	90.78
	1.2	−0.91				2			−2.18	
	2	0.2				1			0.4	
储藏8	3.69	2.89	2.88		M1	2	24.72	72.44	21.33	75.8
	1.2	0.2				1			0.24	
储藏9	1.7	4.2	2.88		M1	1	11	32.3	7.14	33.98
储藏10	4.4	4.2	2.88	0.64×2	M1	1	17.68	51.54	18.48	49.54
	2.26	−0.87				1			−1.97	
储藏11	2.8	4.24	2.88		M1	1	13.28	38.87	11.87	40.55
储藏12	3.34	7.15	2.88		M1	1	20.18	58.74	23.88	60.42
	1.3	−1.31				1			−1.7	
储藏13	3.34	3.33	2.88		M1	1	12.54	36.74	11.12	38.42
窗井	2.01	1	3		C5	3	18.06	48.84	6.03	54.18
	2.31	1	3		C5	1	6.62	18.08	2.31	19.86
设备间	1.11	0.61	2.88		M13	4	10.16	32.43	2.71	39.63
楼梯间	2.42	3.6	2.88	−2.42		2	19.24	55.41	17.42	55.41
门厅	1.61	4.4	2.88	−1.61	M12+MD1	4	32.44	100.16	28.34	119.92
	0.22	−2.1				4			−1.85	
	2.42	1.21	2.88	−2.42	2M12+2M13	2	1.28	10.6	5.86	27.88
过道1	16.9	1.21	2.88	−1.2−1.25×2 −1.61×2−2.7	6M1	1	21.8	66.53	20.45	76.61
	1.25	4.4	2.88	−1.25	2M1+C5	2	16.9	47.61	11	57.89
	1.25	4.4	2.88	−1.25	M1+C5	1	9.25	25.48	5.5	28.94
	1.2	4.4	2.88	−1.2	M1+C5	1	9.2	25.34	5.28	28.8
	3.69	4.16	2.88	−1.2+0.79×2	2M1+M10	1	13.28	40.43	15.35	41.76
	3.69	4.16	2.88	−1.2−1.25 +0.79×2	2M1	1	13.23	39.35	15.35	38.16
	2.59	−1.01				2			−5.23	

续表

说明	*a*边	*b*边	高	增垛扣墙	立面洞口	间数	踢脚线（m）	墙面	平面	脚手架
过道2	20	1.21	2.88	−1.2×2−2.7 −1.61×2−1.25	7M1	1	27.25	82.85	24.2	94.61
	2.7	1.45	2.88	−2.7		2	11.2	32.26	7.83	32.26
					141.64		569.67	1676.66	498.28	1805.52
J2:地下1层装修										
储藏1	3.34	6.44	2.73		M1	1	18.76	51.72	21.51	53.4
	1.2	−0.7				1			−0.84	
储藏2	3.34	4.84	2.73		M1	1	15.56	42.98	16.17	44.66
	1.2	−0.71				1			−0.85	
储藏3	1.7	4.13	2.73		M1	2	21.72	60.3	14.04	63.66
	1.7	4.13	2.73	−2	M1	1	8.86	24.69	7.02	26.37
储藏4	3.1	4.24	2.73		M1	4	55.52	153.59	52.58	160.31
热表、储藏5	1.45	4.3	2.73		M1	3	32.1	89.15	18.71	94.19
储藏6	4.3	5.84	2.73		M1	2	38.96	107.37	50.22	110.73
	1.35	−1.5				2			−4.05	
储藏7	2.74	5.14	2.73		M1	2	29.92	82.69	28.17	86.05
	1.2	−0.91				2			−2.18	
	2	0.2				1			0.4	
储藏8	3.69	2.89	2.73		M1	2	24.72	68.49	21.33	71.85
	1.2	0.2				1			0.24	
储藏9	1.7	4.2	2.73		M1	1	11	30.53	7.14	32.21
储藏10	4.4	4.2	2.73	0.64×2	M1	1	17.68	48.77	18.48	46.96
	2.26	−0.87				1			−1.97	
储藏11	2.8	4.24	2.73		M1	1	13.28	36.76	11.87	38.44
储藏12	3.34	7.15	2.73		M1	1	20.18	55.6	23.88	57.28
	1.3	−1.31				1			−1.7	
储藏13	3.34	3.33	2.73		M1	1	12.54	34.74	11.12	36.42
配电	2.9	3.54	2.73		M14	2	24.16	67.12	20.53	70.32
电表	2.9	2	2.73		M14	2	18	50.31	11.6	53.51
窗井	2.01	−1	2.91		C5	3	18.06	47.21		52.55
	2.31	−1	2.91		C5	1	6.62	17.48		19.26
设备间	1.11	0.61	2.79		M13	4	10.16	31.19	2.71	38.39
楼梯间	2.42	3.6	2.88	−2.42		2	19.24	55.41	17.42	55.41
门厅	1.61	4.4	2.73	−1.61	M12+MD1	4	32.44	93.92	28.34	113.68
	2.1	−0.22				4			−1.85	

续表

说明	a边	b边	高	增垛扣墙	立面洞口	间数	踢脚线(m)	墙面	平面	脚手架
	2.42	1.21	2.73		2M12+2M13	2	6.12	22.36	5.86	39.64
过道1	16.9	1.21	2.73	−1.2−1.25×2 −1.61×2−2.65	5M1+M14	1	21.85	62.75	20.45	72.75
	1.25	4.4	2.73	−1.25	2M1+C5	2	16.9	44.59	11	54.87
	1.25	4.4	2.73	−1.25	M1+C5	1	9.25	23.98	5.5	27.44
	1.2	4.4	2.73	−1.2	M1+C5	1	9.2	23.84	5.28	27.3
	3.69	4.16	2.73	−1.2+0.79×2	2M1+M10	1	13.28	38.02	15.35	39.59
	3.69	4.16	2.73	−1.2×2 +0.79×2	2M1	1	13.28	37.26	15.35	36.31
	2.59	−1.01				2			−5.23	
过道2	20	1.21	2.73	−1.2×2−1.25 −1.61×2−2.65	6M1+M14	1	27.3	78.14	24.2	89.82
	2.65	5.94	2.73	−2.65	M14	2	27.46	76.13	31.48	79.33
	1.45	−4.54				2			−13.17	
					147.72		594.12	1657.09	486.11	1792.7

J3:2～10层装修

说明	a边	b边	高	增垛扣墙	立面洞口	间数	踢脚线(m)	墙面	平面	脚手架
卧1	3.42	5.82	2.68		MD2+MD3+C1	1	16.78	42.38	19.9	49.53
	2.31	−1.5				1			−3.47	
卧2	3.42	3.16	2.68		MD2+C2	1	12.26	30.47	10.81	35.27
卧3	3.12	4.32	2.68		MD2+C1	4	55.92	138.51	53.91	159.51
卧4	2.82	3.12	2.68		MD2+C3	2	21.96	54.96	17.6	63.68
卧5	3.72	5.82	2.68		MD2+MD3+C1	2	34.76	87.97	43.3	102.27
	2.61	−1.5				2			−7.83	
卧6	2.82	4.32	2.68		MD2+C2	1	13.38	33.47	12.18	38.27
卧7	3.42	5.9	2.68		MD2+MD3+C1	1	16.94	42.81	20.18	49.96
	2.21	−1.58				1			−3.49	
卧8	3.42	3.42	2.68		MD2+C2	1	12.78	31.86	11.7	36.66
E客厅走廊	8.91	6.86	2.65	−2.82	3MD2+MD3 +M11+M5	1	20.92	57.92	61.12	76.11
	4.59	−4.5				1			−20.66	
	7.8	−1.14				1			−8.89	
D客厅走廊	8.91	6.9	2.65	−2.82	3MD2+MD3 +M11+M5	2	42	116.26	122.96	152.64
	4.59	−4.5				2			−41.31	
	7.8	−1.18				2			−18.41	

续表

说明	a边	b边	高	增垛扣墙	立面洞口	间数	踢脚线（m）	墙面	平面	脚手架
G客厅走廊	12.01	5.72	2.65	−3.12	4MD2＋MD3＋M11＋M5	1	23.64	65.37	68.7	85.7
	7.69	−4.5				1			−34.61	
餐厅	2.82	3.2	2.68	−2.82	M7＋MD4	3	15.96	46.29	27.07	74.13
	3.12	3.2	2.68	−3.12	M6＋MD4	1	5.32	15.52	9.98	25.51
卫1	2.21	2.02	2.38		MD3＋C8	1	7.66	17.23	4.46	20.13
卫2	2.21	1.66	2.38		MD3＋2C8	1	6.94	14.52	3.67	18.42
卫3	2.51	1.72	2.38		MD3＋C9	2	15.32	34.75	8.63	40.27
卫4	1.61	1.92	2.38		MD3＋C8	2	12.52	27.81	6.18	33.61
卫5	2.02	3.42	2.38		MD3＋C6	1	10.08	22.66	6.91	25.89
卫6	2.11	2.72	2.38		MD3＋3C8	1	8.86	18.09	5.74	22.99
厨1	1.72	4.22	2.68		MD4＋C5	3	30.24	77.34	21.78	95.52
厨2	2.22	4.22	2.68		MD4＋C3	1	11.08	28.02	9.37	34.52
封闭阳台	3.12	1.32	2.68		MD2＋C1＋C10	3	23.94	43.65	12.36	71.4
	2.42	1.32	2.68		MD2＋C1＋C11	1	6.58	11.1	3.19	20.05
门厅	1.62	4.22	2.69		M11＋M4＋MD1＋C4	4	32.32	87.32	27.35	125.68
	0.2	−2.1				4			−1.68	
	2.42	1.21	2.69	−2.42	2M4＋2M13	2	1.28	8.76	5.86	26.04
设备	1.12	0.61	2.78		M13	4	10.24	31.28	2.73	38.48
楼梯	2.42	3.6	2.78	−2.42	C301	2	19.24	48.99	17.42	53.49
					340.42		488.92	1235.31	474.71	1575.73
J4:1层装修										
卧1	3.42	5.82	2.68		MD2＋MD3＋C1	1	16.78	42.38	19.9	49.53
	2.31	−1.5				1			−3.47	
卧2	3.42	3.16	2.68		MD2＋C2	1	12.26	30.47	10.81	35.27
卧3	3.12	4.32	2.68		MD2＋C1	4	55.92	138.51	53.91	159.51
卧4	2.82	3.12	2.68		MD2＋C3	2	21.96	54.96	17.6	63.68
卧5	3.72	5.82	2.68		MD2＋MD3＋C1	2	34.76	87.97	43.3	102.27
	2.61	−1.5				2			−7.83	
卧6	2.82	4.32	2.68		MD2＋C2	1	13.38	33.47	12.18	38.27
卧7	3.42	5.9	2.68		MD2＋MD3＋C1	1	16.94	42.81	20.18	49.96
	2.21	−1.58				1			−3.49	
卧8	3.42	3.42	2.68		MD2＋C2	1	12.78	31.86	11.7	36.66

续表

说明	a边	b边	高	增垛扣墙	立面洞口	间数	踢脚线（m）	墙面	平面	脚手架
E客厅走廊	8.91	6.86	2.65	−2.82	3MD2+MD3+M11+M5	1	20.92	57.92	61.12	76.11
	4.59	−4.5				1			−20.66	
	7.8	−1.14				1			−8.89	
D客厅走廊	8.91	6.9	2.65	−2.82	3MD2+MD3+M11+M5	2	42	116.26	122.96	152.64
	4.59	−4.5				2			−41.31	
	7.8	−1.18				2			−18.41	
G客厅走廊	12.01	5.72	2.65	−3.12	4MD2+MD3+M11+M5	1	23.64	65.37	68.7	85.7
	7.69	−4.5				1			−34.61	
餐厅	2.82	3.2	2.68	−2.82	M7+MD4	3	15.96	46.29	27.07	74.13
	3.12	3.2	2.68	−3.12	M6+MD4	1	5.32	15.52	9.98	25.51
卫1	2.21	2.02	2.38		MD3+C8	1	7.66	17.23	4.46	20.13
卫2	2.21	1.66	2.38		MD3+2C8	1	6.94	14.52	3.67	18.42
卫3	2.51	1.72	2.38		MD3+C9	2	15.32	34.75	8.63	40.27
卫4	1.61	1.92	2.38		MD3+C8	2	12.52	27.81	6.18	33.61
卫5	2.02	3.42	2.38		MD3+C6	1	10.08	22.66	6.91	25.89
卫6	2.11	2.72	2.38		MD3+3C8	1	8.86	18.09	5.74	22.99
厨1	1.72	4.22	2.68		MD4+C5	3	30.24	77.34	21.78	95.52
厨2	2.22	4.22	2.68		MD4+C3	1	11.08	28.02	9.37	34.52
封闭阳台	3.12	1.32	2.68		MD2+C1+C10	3	23.94	43.65	12.36	71.4
	2.42	1.32	2.68		MD2+C1+C11	1	6.58	11.1	3.19	20.05
门厅	1.62	4.22	2.69		M11+M9+M12+MD1	2	13.56	42.04	13.67	62.84
	1.62	4.22	2.69	−1.21	M11+M9+MD1	2	13.54	40.57	13.67	56.33
	0.2	−2.1				4			−1.68	
	1.16	1.21	2.69	−1.16	M12+M13	2	2.96	10.62	2.81	19.26
	1.16	1.21	2.69	−1.16−1.21	M13	2	2.94	9.15	2.81	12.75
设备	1.12	0.61	2.78		M13	4	10.24	31.28	2.73	38.48
楼梯	2.42	3.6	2.78	−2.42	C301	2	19.24	48.99	17.42	53.49
进厅	2.22	4.12	2.78	−1.5×2	M9	4	33.52	96.72	36.59	107.64
					344.5		521.84	1338.33	511.05	1682.83

续表

说明	a边	b边	高	增垛扣墙	立面洞口	间数	踢脚线（m）	墙面	平面	脚手架
J5:11层装修										
卧1	3.42	5.82	2.8		MD2＋MD3＋C1	1	16.78	44.59	19.9	51.74
	2.31	−1.5				1			−3.47	
卧2	3.42	3.16	2.8		MD2＋C2	1	12.26	32.05	10.81	36.85
卧3	3.12	4.32	2.8		MD2＋C1	4	55.92	145.66	53.91	166.66
卧4	2.82	3.12	2.8		MD2＋C3	2	21.96	57.81	17.6	66.53
卧5	3.72	5.82	2.8		MD2＋MD3＋C1	2	34.76	92.55	43.3	106.85
	2.61	−1.5				2			−7.83	
卧6	2.82	4.32	2.8		MD2＋C2	1	13.38	35.18	12.18	39.98
卧7	3.42	5.9	2.8		MD2＋MD3＋C1	1	16.94	45.04	20.18	52.19
	2.21	−1.58				1			−3.49	
卧8	3.42	3.42	2.8		MD2＋C2	1	12.78	33.5	11.7	38.3
E客厅走廊	8.91	6.86	2.8	−2.82	3MD2＋MD3＋M11＋M5	1	20.92	62.23	61.12	80.42
	4.59	−4.5				1			−20.66	
	7.8	−1.14				1			−8.89	
D客厅走廊	8.91	6.9	2.8	−2.82	3MD2＋MD3＋M11＋M5	2	42	124.9	122.96	161.28
	4.59	−4.5				2			−41.31	
	7.8	−1.18				2			−18.41	
G客厅走廊	12.01	5.72	2.8	−3.12	4MD2＋MD3＋M11＋M5	1	23.64	70.22	68.7	90.55
	7.69	−4.5				1			−34.61	
墙面加高	4.5		0.1			8		3.6		3.6
餐厅	2.82	3.2	2.8		M7＋MD4	3	24.42	73.3	27.07	101.14
	3.12	3.2	2.8		M6＋MD4	1	8.44	25.4	9.98	35.39
卫1	2.21	2.02	2.8		MD3＋C8	1	7.66	20.79	4.46	23.69
卫2	2.21	1.66	2.8		MD3＋2C8	1	6.94	17.77	3.67	21.67
卫3	2.51	1.72	2.8		MD3＋C9	2	15.32	41.86	8.63	47.38
卫4	1.61	1.92	2.8		MD3＋C8	2	12.52	33.74	6.18	39.54
卫5	2.02	3.42	2.8		MD3＋C6	1	10.08	27.23	6.91	30.46
卫6	2.11	2.72	2.8		MD3＋3C8	1	8.86	22.15	5.74	27.05
厨1	1.72	4.22	2.8		MD4＋C5	3	30.24	81.61	21.78	99.79
厨2	2.22	4.22	2.8		MD4＋C3	1	11.08	29.56	9.37	36.06
封闭阳台	3.12	1.32	2.8		MD2＋C1＋C10	3	23.94	46.84	12.36	74.59
	2.42	1.32	2.8		MD2＋C1＋C11	1	6.58	11.99	3.19	20.94

续表

说明	a边	b边	高	增垛扣墙	立面洞口	间数	踢脚线（m）	墙面	平面	脚手架
门厅	1.62	4.22	2.8		M11＋M4＋1.1×2.2＋C4	4	36.72	92.46	27.35	130.82
	0.2	－2.1				4			－1.68	
	2.42	1.21	2.8	－2.42	2M4＋2M13	2	1.28	9.82	5.86	27.1
设备	1.12	0.61	2.8		M13	4	10.24	31.55	2.73	38.75
楼梯	2.42	3.6	2.78	－2.42	C301	2	19.24	48.99	17.42	53.49
					340.42		504.9	1362.39	474.71	1702.81
J6:机房装修										
客厅	4.32	7.22	2.925		C101＋C302＋C7＋M2	4	87.12	233.04	124.76	270.04
	4.32	－4.92				4			－85.02	
客厅山尖	4.32		3.175			4		54.86		54.86
平台	2.42	1.92	3.125		M3	2	15.36	50.25	9.29	54.25
楼梯	2.42	3.6	3.125	－2.42	C301	2	19.24	55.63	17.42	60.13
楼梯山尖	1.21		1.095			4		5.3		5.3
					45.5		121.72	399.08	66.45	444.58

6.6.2 实物量表（表 6-27、表 6-28）

实物量表（1） **表 6-27**

工程名称：框剪高层架住宅建筑

序号	部位	项目名称/计算式		工程量
		建筑(不计超高)		
1	C	挖坑	m^3	7355.72
2	C	垫层	m^3	93.78
3	C	模板	m^2	14.02
4	C	钎探	个	990
5	E	体积	m^3	43.6
		建筑(计超高)		
1	H1	1～11层:柱体积	m^3	42.23
2	H1	1～11层:模板	m^2	636.57
3	H1	1～11层:拉结筋	t	1.357

实物量表（2） 表 6-28

工程名称：框剪高层架住宅装饰

序号	部位	项目名称/计算式		工程量
		装饰(不计超高)		
1	J1	地下 2 层装修:踢脚线	m	569.67
2	J1	地下 2 层装修:墙面	m^2	1676.66
3	J1	地下 2 层装修:平面	m^2	498.28
4	J1	地下 2 层装修:脚手架	m^2	1805.52
5	J2	地下 1 层装修:踢脚线	m	594.12
6	J2	地下 1 层装修:墙面	m^2	1657.09
7	J2	地下 1 层装修:平面	m^2	486.11
8	J2	地下 1 层装修:脚手架	m^2	1792.7
9		校核:扣地下 1～2 层门窗		0
1 2 3 4	地下 2 层 地下 1 层 校核表中扣量	[门窗表]69.8×2－M10－4MD1＋8C5＝141.64 [门窗表]72.84×2－M10－4MD1＋8C5＝147.72 [J1]141.64－H1＝0 [J2]147.72－H2＝0		
10		校核:地下 1 层平面		0
1 2	地下 2 层平面 地下 1 层平面	R02－DTF－D3＝－0.01 R01－DTF－D7＝－0.01		
		装饰(计超高)		
1	J3	2～10 层装修:踢脚线	m	488.92
2	J3	2～10 层装修:墙面	m^2	1235.31
3	J3	2～10 层装修:平面	m^2	474.71
4	J3	2～10 层装修:脚手架	m^2	1575.73
5	J4	1 层装修:踢脚线	m	521.84
6	J4	1 层装修:墙面	m^2	1338.33
7	J4	1 层装修:平面	m^2	511.05
8	J4	1 层装修:脚手架	m^2	1682.83
9	J5	11 层装修:踢脚线	m	504.9
10	J5	11 层装修:墙面	m^2	1362.39
11	J5	11 层装修:平面	m^2	474.71
12	J5	11 层装修:脚手架	m^2	1699.21
13	J6	机房装修:踢脚线	m	121.72
14	J6	机房装修:墙面	m^2	399.08
15	J6	机房装修:平面	m^2	66.45
16	J6	机房装修:脚手架	m^2	444.58
17		校核:扣地上门窗		3794.2
1 2	表中扣量 外门窗	[J3,J5]340.42×10＋[J4]344.5＋[J6]45.5 M<18W>＋C<18W>＝1458.8	3794.2	

续表

序号	部位	项目名称/计算式		工程量
3	内门窗	2(M＜18N＞＋C＜18N＞＋44MD2＋77MD3＋44M13)＋44MD1＝2335.4		
4	校核	H1－H2－H3＝0		
18		校核:2～11层楼面		4747.27
1	2～11层平面	(R－DT)×10	4747.27	
2	校核	D3×10－H1＝－0.17		
19		墙面抹灰		14217.59
	抹灰面	D6＋9D2＋D10＋D14	14217.59	
20		抹灰脚手		18008.19
	脚手架	D8＋9D4＋D12＋D16	18008.19	

6.7 钢筋明细表与汇总表

6.7.1 钢筋明细表（表6-29、表6-30）

钢筋明细表（1） **表6-29**

工程名称：框剪高层住宅（不计超高）

序号	构件名称	数量	筋号	规格	图形	长度(mm)	根数	重量(kg)
1	筏板基础							
		1	筏板底筋	Φ16	30996	30996	136	6651.99
			筏板面筋	Φ12	49532 / 395	49927	89	7011.85
			筏板底筋	Φ16	395 / 12133	12528	322	6365.68
			筏板面筋	Φ16	14552 / 395	14947	284	6698.53
			筏板面筋	Φ12	6340	6340	48	270.24
			筏板面筋	Φ12	4359	4359	14	54.19
			筏板面筋	Φ12	3721	3721	48	158.6
			筏板底筋	Φ18	3200	3200	12	76.8
			……					

续表

序号	构件名称	数量	筋号	规格	图形	长度(mm)	根数	重量(kg)
2	基坑							
		1	宽方向坑底筋	Φ16	3492	3492	13	71.63
			长方向基底筋(弯起)	Φ16	782 1692 2940 782 1692	7796	17	209.14
			宽方向基底筋(弯起)	Φ16	782 1692 2840 782 1692	7696	17	206.45
			长方向坑底筋	Φ16	3592	3592	12	68.02
			坑壁水平筋	Φ16	3622	3622	36	205.76
			坑基侧边长向水平筋(弯起)	Φ16	782 8860 3886 782 866	7090	19	212.57
			坑基侧边宽向水平筋(弯起)	Φ16	782 8860 3786 782 866	6990	19	209.57
			……					
3	构造柱							
		1	柱截高方向拉筋	Φ6	56	157	11	0.38
			竖向纵筋	Φ12	3076	3226	2	5.73
			柱插筋	Φ12	958	1108	2	1.97
			……					
4	梁							
	KL27(1)	1	受力锚固面筋[0跨]	Φ16	3098	3098	2	9.78
			梁底直筋[0跨]	Φ16	3098	3098	3	14.67
			抗扭腰筋[0跨]	Φ12	2826	2826	2	5.02
			矩形箍(2)[1跨]	Φ8	352 152	1223	17	8.21
			截宽方向拉筋[1跨]	Φ6	166	357	6	0.48
			节点加密箍(矩形2)[1跨]	Φ8	352 152	1223	6	2.9
	L1(1)	1	受力锚固面筋[0跨]	Φ16	3984 240 240	4464	2	14.09
			梁底直筋[0跨]	Φ14	3676	3676	3	13.32
			矩形箍(2)[1跨]	Φ8	352 152	1143	18	8.13
			……					

续表

序号	构件名称	数量	筋号	规格	图形	长度(mm)	根数	重量(kg)
5	圈梁							
	QL	1	圈梁主筋	Φ12	40	190	2	0.34
			梁宽拉筋	Φ6	56	157	2	0.07
			……					
6	过梁							
	GL1	1	矩形箍(2)	Φ6	44 44	277	7	0.43
			梁底直筋	Φ10	1250	1250	2	1.54
			受力锚固面筋	Φ16	1250	1250	2	1.54
			……					
7	挡土墙							
	DTQ-1	1	垂直分布筋	Φ10	3318	3318	28	57.32
			水平分布筋	Φ12	180 3760 120	4060	32	115.37
			墙拉筋(梅花点)	Φ6	176	367	46	3.75
			墙插筋	Φ10	60 1068	1128	28	19.49
			墙内插筋水平分布筋	Φ12	180 3760 120	4060	4	14.42
			墙插筋内拉筋	Φ6	176	367	10	0.81
			……					
8	暗柱							
	GBZ1	1	拉筋3	Φ6	226	417	32	2.96
			拉筋4	Φ6	226	417	32	2.96
			竖向纵筋	Φ12	3400	3400	8	24.15
			竖向纵筋	Φ12	3400	3400	8	24.15
			外箍1	Φ6	214 514	1647	34	12.43
			外箍2	Φ6	214 514	1647	34	12.43
			柱插筋	Φ12	150 1650	1800	8	12.79
			柱插筋	Φ12	150 2640	2790	8	19.82
			……					
9	板							
	LB120	1	板负筋[⑦：Ⓐ～Ⓑ]	Φ10	2429 115 105	2649	19	31.05
			板负筋[㉒：Ⓐ～Ⓑ]	Φ10	2450 115 105	2670	23	37.89
			板底筋[Ⓐ～Ⓐ：①～②]	Φ6	3565	3565	33	26.12

续表

序号	构件名称	数量	筋号	规格	图形	长度(mm)	根数	重量(kg)
9	板							
			板底筋[Ⓑ~Ⓑ：①~②]	Φ8	3570	3570	33	46.54
			板面筋[②：Ⓐ~Ⓒ]	Φ8	120 3770 100	3990	33	52.01
			板底筋[Ⓐ~Ⓐ：⑦~⑩]	Φ8	4510	4510	17	30.28
			板面筋[⑩：Ⓐ~Ⓑ]	Φ8	100 4689 100	4889	17	32.83
			板底筋[Ⓐ~Ⓐ：⑫~⑮]	Φ6	4210	4210	21	19.63
			……					
10	楼梯							
	AT-2	1	梯板底筋	Φ8	2687	2687	11	11.68
			梯板底分布筋	φ8	1130	1230	14	6.8
			板上端负弯筋	Φ8	85 811 120	1016	7	2.81
			板上端负弯筋分布筋	φ8	1130	1230	5	2.43
			板下端负弯筋	Φ8	85 931	1016	7	2.81
			板下端负弯筋分布筋	φ8	1130	1230	5	2.43
			……					
11	独立基础							
	DJ1	1	长方向基底筋	Φ12	1120	1120	8	7.96
			宽方向基底筋	Φ12	1120	1120	8	7.96
			……					
12	框架柱							
	KZ1	1	拉筋3	Φ8	148	362	7	1.
			拉筋4	Φ8	148	362	7	1.
			竖向纵筋	Φ16	2275	2275	2	7.18
			竖向纵筋	Φ16	1617	1617	4	10.21
			竖向纵筋	Φ16	1617	1617	2	5.1
			竖向纵筋	Φ16	2275	2275	4	14.36
			外箍1	Φ8	132 2275 492	1462	9	5.2
			外箍2	Φ8	132 2275 492	1462	9	5.2
			柱插筋	Φ16	150 1487	1637	2	5.17
			柱插筋	Φ16	240 1519	1759	4	11.1
			柱插筋	Φ16	150 1487	1637	2	5.17
			柱插筋	Φ16	240 1519	1759	4	11.1
			……					

注：为节省篇幅，本表只摘录了部分构件钢筋明细，供读者了解钢筋图形和长度计算式以及重量计算。

钢筋明细表（2） 表 6-30

工程名称：框剪高层住宅（计超高）

序号	构件名称	数量	筋号	规格	图形	长度(mm)	根数	重量(kg)
1	框架柱							
	KZ1	1	拉筋 3	Φ8	148	36	33	4.72
			拉筋 4	Φ8	148	36	33	4.72
			竖向纵筋	Φ16	3662	366	6	34.67
			竖向纵筋	Φ16	3995	399	6	37.82
			外箍 1	Φ8	132 492	146	33	19.06
			外箍 2	Φ8	132 492	146	33	19.06
			……					
2	构造柱							
	GZ1	1	竖向纵筋	Φ12	2450	245	4	8.7
			柱插筋	Φ12	960	96	4	3.41
			柱顶预留筋	Φ12	1056	106	4	3.75
			矩形箍(2×2)	Φ6	124 144	64	13	1.84
			……					
3	梁							
	KL27A(3)	1	受力锚固面筋[0 跨]	Φ16	10420 240	10660	2	33.64
			梁底直筋[0 跨]	Φ16	240 10420	10660	3	50.46
			矩形箍(2)[1 跨]	Φ8	352 132	1183	11	5.14
			中间支座负筋[1 2 跨]	Φ16	3174	3174	1	5.01
			矩形箍(2)[2 跨]	Φ8	352 132	1183	27	12.62
			节点加密箍(矩形 2)[2 跨,3 跨]	Φ8	352 132	1183	18	8.41
			中间支座负筋[2 3 跨]	Φ16	3224	3224	1	5.09
			矩形箍(2)[3 跨]	Φ8	352 132	1183	19	8.88
			右端支座负筋[3 跨]	Φ16	1314	1314	1	2.07
	L2	1	受力锚固面筋[0 跨]	Φ16	4092 240 240	4572	2	14.43
			梁底直筋[0 跨]	Φ16	3804	3804	3	18.01
			矩形箍(2)[1 跨]	Φ8	352 132	1103	18	7.84

续表

序号	构件名称	数量	筋号	规格	图形	长度(mm)	根数	重量(kg)
	XL2	1	纯悬挑面筋(一排)[0跨]	Φ18	2956 216	3172	2	12.69
			纯悬挑面筋带下弯(一排)[0跨]	Φ18	180 509 2417	3106	1	6.21
			悬挑底筋[0跨]	Φ14	2590	2590	2	6.26
			矩形箍(2)[100跨]	Φ8	352 132	1103	24	10.46
	WKL1(1)	1	受力锚固面筋[0跨]	Φ16	430 4536 430	5396	2	17.03
			梁底直筋[0跨]	Φ14	210 7271 210	7691	3	27.87
			矩形箍(2)[1跨]	Φ8	402 132	1283	27	13.68
			端支座负筋[1跨]	Φ16	430 1625	2055	1	3.24
			……					
4	剪力墙							
	Q-3	1	垂直分布筋	Φ8	3226	3226	12	15.29
			水平分布筋	Φ8	80 1860 142	2082	30	24.67
			墙拉筋(梅花点)	Φ6	156	347	18	1.39
			……					
5	暗柱							
	GBZ2	1	拉筋3	Φ6	156	347	32	2.47
			拉筋4	Φ6	156	347	32	2.47
			拉筋5	Φ6	156	347	32	2.47
			竖向纵筋	Φ12	3390	3390	3	9.03
			竖向纵筋	Φ12	3390	3390	3	9.03
			竖向纵筋	Φ12	3390	3390	5	15.05
			竖向纵筋	Φ12	3390	3390	5	15.05
			外箍1	Φ8	142 852	2203	32	27.85
			外箍2	Φ6	142 442	1359	32	9.65
			……					
6	暗梁							
	AL1	1	受力锚固面筋[跨]	Φ14	210 1935	2145	4	10.36
			梁底直筋[跨]	Φ14	210 1935	2145	4	10.36

续表

序号	构件名称	数量	筋号	规格	图形	长度(mm)	根数	重量(kg)
			矩形箍(2)[跨]	Φ6	1264 364	3447	13	9.95
			……					
7	板							
	LB110	1	板底筋[⑫～⑭：Ⓑ～Ⓑ]	Φ8	3900	3900	22	33.89
			板负筋[⑫：Ⓐ～Ⓐ]	Φ8	1165 115 95	1375	7	3.8
			构造分布筋[Ⓐ：⑫～⑫]	Φ6	560	560	5	0.62
			板负筋[⑭：Ⓐ～Ⓑ]	Φ8	1168 95 120	1383	22	12.02
			构造分布筋[Ⓑ：⑭～⑭]	Φ6	2620	2620	5	2.91
			板底筋[⑮～⑰：Ⓑ～Ⓑ]	Φ8	3900	3900	22	33.89
			板负筋[⑮：Ⓐ～Ⓑ]	Φ8	1168 120 95	1383	22	12.02
			构造分布筋[Ⓐ：⑮～⑮]	Φ6	2620	2620	5	2.91
			板负筋[⑰：Ⓐ～Ⓐ]	Φ8	1165 95 115	1375	7	3.8
			构造分布筋[Ⓐ：⑰～⑰]	Φ6	560	560	5	0.62
			……					
8	楼梯							
	AT-1	1	梯板底筋	Φ8	2659	2659	10	10.5
			梯板底分布筋	Φ8	1130	1230	14	6.8
			板上端负弯筋	Φ8	804 85 120	1009	7	2.79
			板上端负弯筋分布筋	Φ8	1130	1230	5	2.43
			板下端负弯筋	Φ8	924 85	1009	7	2.79
			板下端负弯筋分布筋	Φ8	1130	1230	5	2.43
			……					
9	雨篷							
	YP1	1	悬挑受力筋	Φ8	-50 995 50 40 -50 -50	975	8	3.08
			悬挑分布筋	Φ6	990	990	5	1.1
			……					

续表

序号	构件名称	数量	筋号	规格	图形	长度(mm)	根数	重量(kg)
10	压顶							
		1	分布筋	Ф8	1495	1495	19	11.22
			压顶主筋	Ф8	320 2010 320	2650	12	12.56
			……					
11	过梁							
	GL1	1	受力锚固面筋	Ф12	1533	1533	2	2.72
			梁底直筋	Ф12	1533	1533	2	2.72
			矩形箍(2)	Φ6	44 44	277	7	0.43
			……					
12	圈梁							
	QL1	1	圈梁主筋	Φ12		4910	2	8.72
			梁宽拉筋	Φ6	136	237	17	0.89
			……					

注：为节省篇幅，本表只摘录了部分构件钢筋明细，供读者了解钢筋图形和长度计算式以及重量计算。

6.7.2 钢筋汇总表（表6-31、表6-32）

钢筋汇总表　　表6-31

工程名称：框剪高层住宅（不计超高）

规格	基础	柱	构造柱	墙	梁、板	圈梁	过梁	楼梯	其他筋	拉结筋	合计(kg)
Φ6G			40	907	19	47	49				1062
Φ6										369	369
Φ8								93			93
Φ10G		424									424
Φ12			676			174					850
Ф6					346						346
Φ6G		3501			39						3540
Ф8					4692			274			4966
Ф8G		2474			1368			68			3910
Ф10				3366	7218		276				10860
Ф12G		1932									1932
Ф12	1010	10424		37891	287						49612
Ф14	296	551			318			178			1344
Ф16	30395	321			2804						33521
Ф18	296				430						726
Ф20		1119			199						1318
合计	31997	20747	716	42164	17719	221	324	613		369	114872

注：Φ表示HPB300级钢，Ф表示HRB335级钢，Φ6G表示HPB300级钢箍筋。

钢筋汇总表 　　　　　　　　　　　　　　　　表 6-32

工程名称：框剪高层住宅（计超高）

规格	基础	柱	构造柱	墙	梁、板	圈梁	过梁	楼梯	其他筋	拉结筋	合计(kg)
Φ6G			1348	981	289	407	95				3120
Φ6										4629	4629
Φ8								751			516
Φ12			4012			3681					7694
Ф6G		16291			592						16883
Ф6					11035				844		11879
Ф8				26083	38185			1402	1658		67328
Ф8G		15578			13842			716	98		30234
Ф10G					442						442
Ф10				743	3014						3757
Ф12		36758	6305		2887		805				46755
Ф14		5923			4803			1892			12619
Ф16		2338			22948						25286
Ф18					9614						9614
Ф20					5282						5282
Ф22					1028						1028
Ф25					212						212
合计		76889	11665	27807	114173	4089	900	4761	2601	4629	247513

注：Φ表示 HPB300 级钢，Ф表示 HRB335 级钢，Φ6G 表示 HPB300 级钢箍筋。

6.8　工程量计算书

6.8.1　建筑部分（表 6-33）

建筑工程量计算书 　　　　　　　　　　　　　　　　表 6-33

工程名称：框剪高层架住宅建筑

序号		编号/部位	项目名称/计算式		工程量	图算校核
			建筑(不计超高)			
1	1	010101001001	平整场地 SM	m^2	650.05	650.05
2		1-4-2	机械场地平整	m^2	941.49	941.49
	1		SM+16	666.05		
	2		2WJ	275.44		
3		10-5-4	75kW 履带推土机场外运输	台次	1	1

续表

序号			编号/部位	项目名称/计算式		工程量	图算校核
4	2		010101004001	挖基坑土方;大开挖,普通土,外运1km内	m^3	6429.33	6418.48
		1	−0.45挖至−6.88	(52.7+0.33×6.33)×(18.6+0.33×6.33)×6.33+0.33^2×6.33^3/3+52.7×18.6×0.1	7282.42		
		2	扣Ⓐ轴	−(3×0.1+3.1)×1.5=−5.1			
		3	扣Ⓕ~Ⓗ轴	−5.8×4.4−(6.1+9.9+3)×3.6−(4×3+4.3)×3=−142.82			
		4	扣体积	∑×6.43	−951.13		
		5	电梯井加深1.47	[(3.12+0.577×1.47)×(3.22+0.577×1.47)×1.47+0.577^2×1.47^3/3]×2	48.17		
		6	加深0.3部分	[(6.4+0.3×0.577)×3.99+5×3]×0.3×2	24.74		
		7	集水坑加深0.87	3.8×3.8×0.87×2	25.13		
		8	校核垫层长度	5.8+6.1+10.5+3+4×3+4.3+[H]5.2×2−52.1=0			
5			1-3-14	挖掘机挖普通土自卸汽车运1km内 D4×0.95	m^3	6107.86	6097.56
6			1-2-2-2	人工挖机械剩余5%普通土深>2m D4-D5	m^3	321.47	320.92
7			1-3-45	装载机装土方	=	321.47	320.92
8			1-3-57	自卸汽车运土方1km内	=	321.47	320.92
9			1-4-4-1	基底钎探(灌砂) D12.4+/0.1	眼	784	768
10			1-4-6	机械原土夯实 D9	m^2	784	768
11			10-5-6	1m^{3}内履带液压单斗挖掘机运输费	台次	1	1
12	3		010501001001	垫层;C15	m^3	84.19	83.28
		1	外围面	52.1×18=937.8			
		2	扣Ⓐ轴	−(3×0.7+3.7)×1.5=−8.7			
		3	扣Ⓕ~Ⓗ轴	−5.8×4.4−(6.1+10.5+3)×3.6−(4×3+4.3)×3=−144.98			
		4		∑×0.1	78.41		
		5	电梯井	{1.5/6[(2×3.89+3.08)×3.79+(2×3.08+3.89)×2.98]}×2=35.55			
		6		{1.5/6[(2×3.66+3.02)×3.56+(2×3.02+3.66)×2.92]}×2=32.57			
		7	电梯井壁垫层	H5−H6−2.92×3.02×0.1×2	1.22		
		8	集水井壁垫层	2×0.8/1.73×0.8+/0.866×0.1×2	0.17		
		9	楼梯窗井垫层	2.92×1.3×0.1×2	0.76		
		10	独基垫层	1.4×1.4×0.1×4	0.78		
		11	一层进厅基础垫层	(2.49+1.79)×0.38×0.1×4	0.65		
		12	一层进厅地面垫层	2.22×4.12×0.06×4	2.2		
13			2-1-13'	C154商品混凝土无筋混凝土垫层	=	84.19	83.28
14			10-4-49	混凝土基础垫层木模板	m^2	22.5	21.52
		1	外围	2×(52.1+18)×0.1	14.02		
		2	加凹	(1.5×8+3.6×2)×0.1	1.92		
		3	楼梯窗井	(1.92+2×1.3)×0.1×2	0.9		
		4	独基	2×(1.4+1.4)×0.1×4	2.24		
		5	一层进厅	4×(2.49+1.79)×0.1×2	3.42		
15	4		010904002001	垫层面涂膜防水;建施-20地下防水大样	m^2	798	784.11

续表

序号			编号/部位	项目名称/计算式		工程量	图算校核
			外围面	(D12.4＋D12.7＋D12.8)/0.1		789	784.11
16			9-1-1-2	1∶2.5砂浆硬基层上找平层20	＝	798	784.11
17			6-2-84	平面聚合物水泥复合涂料三遍	＝	798	784.11
18			9-1-1-2	1∶2.5砂浆硬基层上找平层20	＝	798	784.11
19			6-2-62H	JD-水泥基渗透结晶型防水涂料	＝	798	784.11
20	5		010501004001	满堂基础；C30P6	m^3	581.35	569.31
		1	外围	51.9×17.8＝923.82			
		2	扣Ⓐ轴	－(3×0.9＋3.9)×1.5＝－9.9			
		3	Ⓕ、Ⓖ轴以上	－5.8×4.4－(6.1＋10.7＋3)×3.6－(4×3＋4.3)×3＝－145.7			
		4		Σ×0.7	537.75		
		5	电梯井	{1.47/6[(2×4.62＋2.92)×4.72＋(2×2.92＋4.62)×3.02]}×2	43.6		
		6	扣井心	－2.02×2.12×1.5×2	－12.85		
		7	电梯加深	{1.4/6[(2×4.232＋3.02)×4.132＋(2×3.02＋4.232)×2.92]}×2＝36.14			
		8		H7－2.02×2.12×2.2×2	17.3		
		9	集水坑加深	(1.5＋1.5)×(0.45＋0.28)×0.8×2	3.5		
		10	扣后浇带	－14.2×0.8×0.7	－7.95		
21			4-2-11.39H'	C304商品混凝土无梁式满堂基础P6	＝	581.35	569.31
22			10-4-42'	无梁满堂基础胶合板模木支撑[扣胶合板]	m^2	129.78	131.14
		1	外围长	2×(51.9＋17.8)＋1.5×8＋3.6×2＝158.6			
		2	后浇带	2×(14.2－0.8)＝26.8			
		3		Σ×0.7	129.78		
23			10-4-310	基础竹胶板模板制作 D22×0.244	m^2	31.67	32
24	6		010501003001	独立基础；C30	m^3	4.69	4.7
		1	基础DJb-M	1.2×1.2×0.45×4	2.59		
		2	进厅基础	(3.1＋2.4)×0.18×0.53×4	2.1		
25			4-2-7.39'	C304商品混凝土独立基础	＝	4.69	4.7
26			10-4-27'	混凝土独立基础胶合板模板木支撑[扣胶合板]	m^2	31.96	31.96
		1	DJb-M	4×1.2×0.45×4	8.64		
		2	进厅基础	(3.1＋2.4)×0.53×2×4	23.32		
27			10-4-310	基础竹胶板模板制作 D26×0.244	m^2	7.8	7.8
28	7		010504004001	挡土墙；C35	m^3	249.45	252.53
		1		L0×5.91×0.25	250.11		
		2	加深0.3部分	[(2×3.6＋6.4)＋5.8×3.99＋5×3]×0.3×2			
		3	楼梯消防箱加固	[1.47×(2.91－1.1＋0.2)－0.75×1.81]×0.1×2	0.32		
		4	楼梯窗井	(2×1.1＋2.72)×0.2×1.55×2	3.05		
		5	扣楼梯墙	－2.42×1.38×0.25×2	－1.67		
		6	扣后浇带	－0.8×0.25×5.91×2	－2.36		
29			4-2-30.30'	C353商品混凝土混凝土墙	＝	249.45	252.53
30			10-4-136'	直形墙胶合板模板钢支撑[扣胶合板]	m^2	1956.72	1957.6
		1		W0×5.91＋(L0－1)×(5.91－0.3[板厚])	1950.41		
		2	楼梯窗井	2(2×1.1＋2.72)×1.55×2	30.5		

续表

序号			编号/部位	项目名称/计算式		工程量	图算校核
		3	扣后浇带	－(0.8＋0.25)×(5.91＋5.61)×2	－24.19		
31			10-4-314	墙竹胶板模板制作 D30×0.244	m^2	477.44	477.65
32			10-4-316	地下暗室模板拆除增加用工 (D30－D30.2)/2	m^2	963.11	966.25
33			10-4-317	对拉螺栓端头处理增加	＝	963.11	966.35
34			10-1-103	双排外钢管脚手架 6m 内 W0×5.91	m^2	1006.35	1006.35
35	8		010504001001 地下 1,2 层	直形墙;混凝土墙 C35 DQ×0.2×5.91	m^3	20.99	21.01
36			4-2-30.30'	C353 商品混凝土混凝土墙	＝	20.99	21.01
37			10-4-136'	直形墙胶合板模板钢支撑[扣胶合板] DQ×(5.61＋5.91)	m^2	204.6	200.33
38			10-4-314	墙竹胶板模板制作 D37×0.244	m^2	49.92	48.89
39			10-4-316	地下暗室模板拆除增加用工 D37	m^2	204.6	200.33
40			10-1-103	双排外钢管脚手架 6m 内 DQ×5.91	m^2	104.96	105.08
41	9		010504001002	直形墙;电梯井壁 C35	m^3	15.48	15.61
		1		2×(2.2＋2.3)×5.91×2＝106.38			
		2	扣洞口	－(MD1＋1.1×0.12)×8＝－20.42			
		3		∑×0.18	15.48		
42			4-2-31.30'	C353 商品混凝土电梯井壁	＝	15.48	15.61
43			10-4-142'	电梯井壁胶合板模板钢支撑[扣胶合板] D41/0.18×2	m^2	172	169.95
44			10-4-314	墙竹胶板模板制作 D43×0.244	m^2	41.97	41.47
45			10-4-316	地下暗室模板拆除增加用工 D43	m^2	172	169.95
46			10-1-66	电梯井字架 40m 内	座	2	2
47	10		010504003001	短肢剪力墙;C35	m^3	84.53	85.32
		1		(DJZ＋DQD)×0.2×5.91	83.95		
		2	加深 300 处	(1.51＋0.91)×0.2×0.3×4	0.58		
48			4-2-35.40'	C354 商品混凝土轻型框剪墙	＝	84.53	85.32
49			10-4-154'	壁式柱胶合板模板钢支撑[扣胶合板]	m^2	847.36	872.75
		1		D47/0.2×2×5.61/5.91	802.39		
		2	地下 2 层墙侧	NZC×0.2×2.5	22		
		3	地下 1 层墙侧	NZC×0.2×2.61	22.97		
50			10-4-311	柱竹胶板模板制作 D49×0.244	m^2	206.76	212.95
51			10-4-316	地下暗室模板拆除增加用工 D49	m^2	847.36	872.75
52			10-1-103	双排外钢管脚手架 6m 内	m^2	401.32	400.25
		1		(DJZ＋DQD)×(5.91－0.3)	398.42		
		2	加深 300 处	(1.51＋0.91)×0.3×4	2.9		

续表

序号		编号/部位	项目名称/计算式		工程量	图算校核
53	11	010502003001	异型柱;C35	m^3	0.41	0.41
		KZ1	0.9×0.18×0.63×4			
54		4-2-19.40’	C354 商品混凝土异型柱	=	0.41	0.41
55		10-4-94’	异型柱胶合板模板钢支撑[扣胶合板]	m^2	5.44	5.44
			0.54×4×0.63×4			
56		10-4-311	柱竹胶板模板制作	m^2	1.33	1.33
			D55×0.244			
57	12	010505001001	有梁板;厨卫阳台防水 C30P6	m^3	14.81	14.81
		一层板	(RW+RC)×0.18			
58		4-2-36.2H’	C302 商品混凝土有梁板 P6 防水	=	14.81	14.81
59		10-4-160’	有梁板胶合板模板钢支撑[扣胶合板]	m^2	82.29	82.28
			RW+RC			
60		10-4-315	板竹胶板模板制作	m^2	20.08	20.07
			D59×0.244			
61		10-4-316	地下暗室模板拆除增加用工	m^2	82.29	82.28
			D59			
62	13	010505001002	有梁板;C30	m^3	156.91	156.3
	1	-1 层梁	DL20×0.2×0.4=9.54			
	2		DL18×0.18×0.4=3.48			
	3		L1823×0.18×0.3×2=0.11			
	4	-1 层 120 板	DB×0.12=57.23			
	5	130 板加厚	4.3×5.74×0.01×2=0.49			
	6	1 层梁	SL20×0.2×0.4=9.48			
	7		SL18×0.18×0.4=5.16			
	8		WL30×0.18×0.3=0.07			
	9	1 层 180 板	(B1-RC-RW)×0.18=73.12			
	10	120 板减厚	1.11×0.61×(-0.06)×4=-0.16			
	11		∑	158.52		
	12	扣后浇带	-11.48×0.8×(0.12+0.18)[B]-0.8×0.2×(0.28×2+0.22×3)[KL]	-2.95		
	13	空调板挑梁	0.7×0.1×0.3×18=0.38			
	14	Ⓐ轴	0.63×0.18×0.4=0.05			
	15	北面空调板	1.06×0.7×0.1×4=0.3			
	16	南面空调板	1.04×0.7×0.1×3=0.22			
	17		1.6×0.7×0.1×2=0.22			
	18		1.32×0.63×0.1×2=0.17			
	19		∑	1.34		
63		4-2-36.2’	C302 商品混凝土有梁板	=	156.91	156.3
64		10-4-160’	有梁板胶合板模板钢支撑[扣胶合板]	m^2	1128.4	1104.89
	1		DL20×(0.28×2+0.2)	90.67		
	2		DL18×(0.28×2+0.18)	35.8		
	3		L1823×(0.18×2+0.18)×2	1.14		
	4		SL20×(0.22×2+0.2)	75.83		
	5		SL18×(0.22×2+0.18)	44.47		
	6		WL30×(0.12×2+0.18)	0.55		
	7		DB+B1-RC-RW	883.1		
	8	扣后浇带	-11.48×0.8×2[B]-0.8×2×(0.28×2+0.22×3)[KL]	-20.32		

续表

序号		编号/部位	项目名称/计算式		工程量	图算校核
	9	空调板挑梁	0.7×(0.1+0.3+0.2)×18=7.56			
	10	Ⓐ轴	0.63×(0.18+0.4+0.3)=0.55			
	11	北面空调板	1.06×0.7×4=2.97			
	12	南面空调板	1.04×0.7×3=2.18			
	13		1.6×0.7×2=2.24			
	14		1.32×0.63×2=1.66			
	15		Σ	17.16		
65		10-4-315	板竹胶板模板制作	m^2	275.33	269.6
			D64×0.244			
66		10-4-316	地下暗室模板拆除增加用工	m^2	1128.4	1104.89
			D64			
67	14	010503002001	矩形梁；C30	m^3	0.38	0.39
	1	⑮轴挑梁	2.33×0.18×0.4	0.17		
	2	楼梯墙梁	(1.21+2.26TLD)×0.15×0.18×2	0.21		
68		4-2-24.2'	C303 商品混凝土单梁、连续梁	=	0.38	0.39
69		10-4-114H'	单梁连续梁胶合板模板钢支撑[扣胶合板]	m^2	5.41	5.3
	1	⑮轴挑梁	2.33×(0.4×2+0.18)	2.28		
	2	楼梯墙梁	2×[1.21×0.18×2+2.26TLD×(0.06+0.18×2)]	3.13		
70		10-4-313	梁竹胶板模板制作	m^2	1.32	1.3
			D69×0.244			
71	15	010503005001	过梁；C25	m^3	1.64	1.61
	1	20 墙过梁	28GL201+10GL202	1.34		
	2	10 墙过梁	22GL101+8GL102	0.3		
72		4-2-27'	C253 商品混凝土过梁	=	1.64	1.61
73		10-4-118'	过梁胶合板模板木支撑[扣胶合板]	m^2	29.7	31.07
	1	GL201	(1.3×0.1×2+0.8×0.2)×28=11.76			
	2	GL202	(1.7×0.15×2+1.2×0.2)×10=7.5			
	3		Σ	19.26		
	4	GL101	(1.3×0.1×2+0.8×0.1)×22=7.48			
	5	GL102	(1.4×0.1×2+0.9×0.1)×8=2.96			
	6		Σ	10.44		
74		10-4-313	梁竹胶板模板制作	m^2	7.25	7.58
			D73×0.244			
75		10-4-316	地下暗室模板拆除增加用工	m^2	29.7	31.07
			D73			
76	16	010502002001	构造柱；C25 门口抱框	m^3	3.16	3.04
	1	20 墙 24M1	0.2×0.1×2.1×42=1.76			
	2	4M14	0.2×0.1×2×8=0.32			
	3		Σ	2.08		
	4	10 墙 22M1	0.1×0.1×2.1×44=0.92			
	5	8M13	0.1×0.1×2×8=0.16			
	6		Σ	1.08		
77		4-2-20'	C253 商品混凝土构造柱	=	3.16	3.04
78		10-4-88'	矩形柱胶合板模板钢支撑[扣胶合板]	m^2	74.2	74.23
	1	20 墙 24M1	(0.1×2+0.2)×2.1×42=35.28			
	2	4M14	(0.1×2+0.2)×2×8=6.4			
	3	10 墙 22M1	(0.1×3)×2.1×44=27.72			

续表

序号			编号/部位	项目名称/计算式		工程量	图算校核
		4	8M13	(0.1×3)×2×8=4.8			
		5		∑	74.2	74.2	74.23
79			10-4-312	构造柱竹胶板模板制作	m²	18.1	18.11
				D78×0.244			
80			10-4-316	地下暗室模板拆除增加用工	m²	74.2	74.23
				D78			
81	17		010503004001	圈梁;C25 水平系梁	m³	0.88	0.87
		1	地下 20 系梁	DXL×0.2×0.1	0.57		
		2	10 系梁	DXL1×0.1×0.1	0.31		
82			4-2-26'	C253 商品混凝土圈梁	=	0.88	0.87
83			10-4-127'	圈梁胶合板模板木支撑[扣胶合板]	m²	11.8	11.83
		1	地下 20 系梁	DXL×0.1×2	5.69		
		2	10 系梁	DXL1×0.1×2	6.11		
84			10-4-313	梁竹胶板模板制作	m²	2.88	2.89
				D83×0.244			
85			10-4-316	地下暗室模板拆除增加用工	m²	11.8	11.83
				D83			
86	18		010506001001	直形楼梯;C25	m²	34.85	34.85
				LT×2			
87			4-2-42.21'	C252 商品混凝土直形楼梯无斜梁 100	=	34.85	34.85
88			4-2-46.21×1'	C252 商品混凝土楼梯板厚+10	m²	20.33	20.33
			息板厚 120	2.42×2.1×2×2			
89			4-2-46.21×2'	C252 商品混凝土楼梯板厚+10×2	m²	14.52	14.52
			息板	2.42×1.5×2×2			
90			10-4-201	直形楼梯木模板木支撑	m²	34.85	34.85
				D87			
91			10-4-316	地下暗室模板拆除增加用工	m²	34.85	34.85
				D86			
92	19		010402001001	砌块墙;加气混凝土砌块墙 200,M5 水泥砂浆	m³	79.78	80.33
		1	−2 层梁下墙	(DL202+DL182)×(3−0.4)+L1823×2.7=214.06			
		2	120 板下墙	DQ20×(3−0.12)=6.91			
		3	−1 层梁下墙	(SL202+SL182)×(2.91−0.4)+L1823×2.61 =211.05			
		4	180 板下墙	SQ20×(2.91−0.18)=72.97			
		5	20 墙面积	∑=504.99			
		6	门窗	24M1+2M10+8M12+4M14+8C5=86.16			
		7	砌体体积	(H5−H6)×0.2	83.77		
		8	扣过梁、系梁、抱框	−(D71.1+D76.3+D81.1)	−3.99		
93			3-3-61.07	M5 水泥砂浆加气混凝土砌块墙 200	m³	79.78	80.33
94			10-1-22	双排里钢管脚手架 3.6m 内	m²	504.99	508.56
				D92.5			
95	20		010402001002	砌块墙;加气混凝土砌块墙 100,M5 水泥砂浆	m³	21.62	22.14
		1	−2 层梁下墙	(DL201+DL181)×2.6=93.31			
		2	板下 10 墙	DQ10×2.88=70.33			
		3	−1 层梁下墙	(SL201+SL181)×2.51=67.34			
		4	板下 10 墙	SQ10×2.73=53.45			
		5	10 墙面积	∑=284.43			

续表

序号		编号/部位	项目名称/计算式		工程量	图算校核
	6	门窗	22M1+8M13=51.36			
	7	砌体体积	(H5−H6)×0.1	23.31		
	8	扣过梁、系梁、抱框	−(D71.2+D76.6+D81.2)	−1.69	21.62	22.14
	9	扣门窗校核	[M]69.8+72.84+[C]7.12×2−D92.6−H6 +D41.2[DT]=−1.06			
96		3-3-80.07	M5 水泥砂浆加气混凝土砌块墙 100 厚	m³	21.62	22.14
97		10-1-22	双排里钢管脚手架 3.6m 内 D95.5	m²	284.43	288.12
98	21	010508001001	后浇带;C35 基础底板 −D20.11	m³	7.95	7.95
99		4-2-64.23'	C352 商品混凝土后浇带基础底板	=	7.95	7.95
100	22	010508001002	后浇带;C35 楼板 −D62.12	m³	2.95	2.96
101		4-2-61.23'	C352 商品混凝土后浇带楼板	=	2.95	2.96
102		10-4-193' 后浇带	后浇带有梁板平板胶合板模钢支撑[扣胶合板] −D64.8	m²	20.32	20.32
103		10-4-315	板竹胶板模板制作 D102×0.244	m²	4.96	4.96
104		10-4-316	地下暗室模板拆除增加用工 D102	m²	20.32	20.32
105	23	010508001003 扣后浇带	后浇带;C40 墙 −D28.6	m³	2.36	2.36
106		4-2-62.24'	C402 商品混凝土后浇带墙 300 内	=	2.36	2.36
107		10-4-185' 后浇带	后浇带墙胶合板模板钢支撑[扣胶合板] (0.8+0.25)×5.91×4	m²	24.82	25.27
108		10-4-314	墙竹胶板模板制作 D107×0.244	m²	6.06	6.17
109		10-4-316	地下暗室模板拆除增加用工 D107	m²	24.82	25.27
110	24	010903002001	墙面涂膜防水;建施-20 地下防水大样	m²	1235.71	1249.13
	1		W0×5.6+(WJ+1.5×8+4×1.11)×1.81+4 ×1.11×0.7	1235.71		
	2	筏板周长	(137.72[WJ]+1.5×8+8×1.11)=158.6			
111		9-2-20	砖墙面墙裙水泥砂浆 14+6	=	1235.71	1249.13
112		6-2-85	立面聚合物水泥复合涂料三遍	=	1235.71	1249.13
113		9-2-20	砖墙面墙裙水泥砂浆 14+6	=	1235.71	1249.13
114		6-2-62H	JD-水泥基渗透结晶型防水涂料	=	1235.71	1249.13
115	25	010103001001	回填方;3∶7 灰土	m³	546.45	546.45
	1	地下外围 3∶7 灰土	(W0+4×0.5)×(6.73-0.45)×0.5	540.96		
	2	进厅灰土垫层	2.22×4.12×0.15×4	5.49		
116		1-4-13-1	槽坑机械夯填 3∶7 灰土 D115.1	m³	540.96	540.96
117		2-1-1 进厅灰土垫层	3∶7 灰土垫层 D115.2	m³	5.49	5.49
118		1-3-45	装载机装土方 (D115+D167)×1.01×1.15×0.77	m³	497.48	497.48

续表

序号		编号/部位	项目名称/计算式		工程量	图算校核
119		1-3-57	自卸汽车运土方 1km 内	=	497.48	497.48
120	26	010103001002	回填方;素土	m^3	1938.17	1893.59
	1	室外回填	D4-S0×5.55-D12-D20-D116	1931.22		
	2	进厅地面回填土	2.22×4.12×4×0.19	6.95		
121		1-4-13	槽、坑机械夯填土	=	1938.17	1893.59
122		1-4-11	机械夯填土(地坪)	m^3	6.95	6.95
		进厅回填土	D120.2			
123		1-3-45	装载机装土方	m^3	2228.9	2177.63
			D120×1.15			
124		1-3-57	自卸汽车运土方 1km 内	=	2228.9	2177.63
125	27	010512008001	集水坑盖板;C30	m^3	0.48	0.48
			1.6×0.5×0.1×6			
126		4-3-21'	C302 预制井盖板[商品混凝土]	=	0.48	0.48
127		10-4-237	现场预制小型构件木模板	=	0.48	0.48
128		10-3-193	0.1m^3 内其他混凝土构件人力安装	m^3	0.48	0.48
			D126×1.005			
129		10-3-194	其他混凝土构件灌缝	m^3	0.48	0.48
			D126			
130	28	010507007001	其他构件;C20 水篦箕	m^3	0.21	0.21
	1	C20 混凝土水篦箕	0.5×0.5×0.05×8	0.1		
	2	翻边	(0.5×2+0.4)×0.2×0.05×8	0.11		
131		4-2-55'	C202 商品混凝土小型构件	=	0.21	0.21
132		10-4-212	小型构件木模板木支撑	=	0.21	0.21
133	29	010901004001	玻璃钢屋面	m^2	15.45	15.45
		采光井盖	(2.5×3+2.8)×1.5			
134		6-1-22	钢檩上玻璃钢波纹瓦屋面	=	15.45	15.45
135	30	010606012001	钢支架;L13J9-1②	t	0.169	0.169
	1	采光井∠63×5	1.6×3×4×4.822=92.582			
	2	∠50×5	(2.2×3+2.5)×3.77=34.307			
	3	檩条∠30×3	(2.5×3+2.8)×3×1.373=42.426			
	4		Σ/1000	0.169		
136		7-2-6	钢托架制作 1.5t 内	=	0.169	0.169
137		10-3-251	圆钢平台、操作台安装	=	0.169	0.169
138	31	010516002001	预埋铁件	t	0.406	0.406
		楼梯埋件				
	1	[L13J8-71③]	[-6×100×100]0.1×0.1×47.1=0.471			
	2		[ϕ8]0.344×0.395×2=0.272			
	3	每跑 8 个	Σ×8×2×2/1000	0.024		
		柱预埋件				
	4	[L13J3-30②M-1]	[-6×100×150]0.1×0.15×47.1=0.707			
	5		[ϕ6]0.43×0.222=0.095			
	6		Σ×NZC×5×2/1000	0.353		
		窗井支架预埋件				
	7	K[L13J9-1]	[-5×90×90]0.09×0.09×39.25=0.318			
	8		[ϕ8]0.3×2×0.395=0.237			

续表

序号		编号/部位	项目名称/计算式		工程量	图算校核
	9	窗井支架预埋件H[L13J9-1]	[−5×100×100]0.1×0.1×39.25=0.393			
	10		[ϕ6]0.26×2×0.222=0.115			
	11		∑×3×4/1000	0.013		
	12	栏杆预埋件[L13J12-21A]	[−6×80×80]0.08×0.08×47.1=0.301			
	13		[ϕ10]0.15×2×0.617=0.185			
	14		∑×8×4/1000	0.016		
139		4-1-96	铁件	=	0.406	0.406
140	32	010515001002	现浇构件钢筋;砌体拉结筋	t	0.369	0.369
	1		[2(NZC×5−14)×[ϕ6]2×0.8×0.222/1000=0.146]			
	2	图算量	0.369	0.369		
141		4-1-98	砌体加固筋ϕ6.5内	=	0.369	0.369
142	33	010515001002	现浇构件钢筋;HPB300级钢 D143+…+D146	t	2.429	2.429
143		4-1-3	现浇构件圆钢筋ϕ8	t	0.093	0.093
144		4-1-5	现浇构件圆钢筋ϕ12	t	0.85	0.85
145		4-1-52	现浇构件箍筋ϕ6.5	t	1.062	1.062
146		4-1-53	现浇构件箍筋ϕ8	t	0.424	0.424
147		4-1-118H	植筋ϕ6.5(扣钢筋) [GL202]10	根	10	10
148		4-1-119H	植筋ϕ8(扣钢筋) [GL101]22+[GL102]8+[GL201]28+[GL202]10	根	68	68
149	34	010515001003	现浇构件钢筋;HRB400级钢 D150+…+D160	t	112.075	112.075
150		4-1-104H	现浇构件螺纹钢筋HRB400级ϕ6	t	0.346	0.346
151		4-1-104	现浇构件螺纹钢筋HRB400级ϕ8	t	4.966	4.966
152		4-1-105	现浇构件螺纹钢筋HRB400级ϕ10	t	10.86	10.86
153		4-1-106	现浇构件螺纹钢筋HRB400级ϕ12	t	49.612	49.612
154		4-1-107	现浇构件螺纹钢筋HRB400级ϕ14	t	1.344	1.344
155		4-1-108	现浇构件螺纹钢筋HRB400级ϕ16	t	33.521	33.521
156		4-1-109	现浇构件螺纹钢筋HRB400级ϕ18	t	0.726	0.726
157		4-1-110	现浇构件螺纹钢筋HRB400级ϕ20	t	1.318	1.318
158		4-1-52H	现浇构件箍筋螺纹HRB400级钢ϕ6.5	t	3.54	3.54
159		4-1-53H	现浇构件箍筋螺纹HRB400级钢ϕ8	t	3.91	3.91
160		4-1-55H	现浇构件箍筋螺纹HRB400级钢ϕ12	t	1.932	1.932
161	35	010507001001	散水;混凝土散水	m^2	120.16	119.64
	1		17.58×2+(2.9−1.5)×4+49.68×2+1.5×2	143.12		
	2		−2.51×3−2.81[窗井]−7.18×2[楼梯窗井]	−24.7		
	3		1.45×4×0.3	1.74		

续表

序号		编号/部位	项目名称/计算式		工程量	图算校核
162		8-7-51’	C20 细石商品混凝土散水 3：7 灰土垫层	=	120.16	119.64
163		10-4-49	混凝土基础垫层木模板 (D161＋4)×0.1	m^2	12.42	12.36
164	36	010507004001 L13J9-103②	台阶；C25 1.6×0.6×(0.15/2＋0.06)×4	m^3	0.52	0.52
165		4-2-57.21’	C252 商品混凝土台阶	=	0.52	0.52
166		10-4-205	台阶木模板木支撑 1.6×0.6×4	m^2	3.84	3.84
167	37	010404001001	垫层；3：7 灰土	m^3	9.79	9.79
	1	台阶	D166×0.3	1.15		
	2	坡道	4.5×1.6×0.3×4	8.64		
168		2-1-1	3：7 灰土垫层	=	9.79	9.79
169	38	010501001002 坡道	垫层；C15 混凝土垫层 4.5×1.4×0.1×4	m^3	2.52	2.52
170		2-1-13’	C154 商品混凝土无筋混凝土垫层	=	2.52	2.52
171	39	01B001 地下建筑体积	竣工清理 JTD	m^3	3558.5	3558.5
172		1-4-3	竣工清理	=	3558.5	3558.5
173	01	011705001001	大型机械设备进出场及安、拆	台次	1	1
174		10-5-1-1’	C204 商品混凝土塔吊基础 4×2.5×1	m^3	10	10
175		4-1-131	现浇混凝土埋设螺栓	个	16	16
176		10-4-63	$20m^3$ 内设备基础组合钢模钢支撑 2×(4＋2.5)×1	m^2	13	13
177		10-5-3	塔式起重机混凝土基础拆除	m^3	10	10
178		1-1-17	机械打孔爆破坚石	m^3	10	10
179		10-5-22	自升式塔式起重机安、拆	台次	1	1
180		10-5-22-1	自升式塔式起重机场外运输	台次	1	1
181	02	011703001001 地下	垂直运输 2S0-JC	m^2	1177.83	1177.83
182		10-2-3-1	二层地下室泵送混凝土垂直运输	=	1177.83	1177.83
183		10-2-1-1	＞3m 满堂基础泵送混凝土垂直运输 D21＋D99	m^3	589.3	577.26
184		4-4-6 基础	基础泵送混凝土 $15m^3/h$ (D21＋D25)×1.015	m^3	594.83	590.61
185		4-4-19	基础输送混凝土管道安拆 50m 内	=	594.83	590.61
186		4-4-9	柱、墙、梁、板泵送混凝土 $15m^3/h$	m^3	552.15	555.37
	1	混凝土墙	(D29＋D36＋D42＋D48)×0.988	366		
	2	柱	D54＋D77	3.57		
	3	梁、板	(D58＋D63＋D68＋D72＋D82)×1.015	177.24		
	4	后浇带梁板、墙	(D100＋D105)×1.005	5.34		
187		4-4-20	柱、墙、梁、板输送混凝土管道安拆 50m 内	=	552.15	555.37
188		4-4-12	其他构件泵送混凝土 $15m^3/h$	m^3	96.46	94.84
	1	垫层	(D13＋D169)×1.01	87.58		

续表

序号		编号/部位	项目名称/计算式		工程量	图算校核
	2	楼梯	D87×0.219+D88×0.011+D89×0.011×2	8.18		
	3	小型构件	(D126+D131)×1.015	0.7		
189		4-4-21	其他构件输送混凝土管道安拆 50m 内	=	96.46	94.84
			建筑(计超高)			
1	40	010504001003 1～2 层混凝土墙	直形墙;混凝土墙 C35 (WQ+NQ)×5.8×0.18	m^3	16.91	16.92
2		4-2-30.30'	C353 商品混凝土混凝土墙	=	16.91	16.92
3		10-4-136'	直形墙胶合板模板钢支撑[扣胶合板]	m^2	182.53	178.14
	1	外	WQ×5.8	31.67		
	2	内	(WQ+2NQ)×5.6	150.86		
4		10-4-314	墙竹胶板模板制作 D3×0.244	m^2	44.54	43.47
5		10-1-103	双排外钢管脚手架 6m 内 NQ×5.6	m^2	60.14	59.8
6	41	010504001004	直形墙;混凝土墙 C30	m^3	97.84	98.56
	1	3～11 层混凝土墙	(WQ+NQ)×(2.9×8+3.02)×0.18	76.46		
	2	屋面混凝土墙	WMQ×1.4×0.18	1.69		
	3	女儿墙	NVQ×1.4×0.15	15.8		
	4	一层女儿墙	NVSQ×0.9×0.15	3.89		
7		4-2-30.29'	C303 商品混凝土混凝土墙	=	97.84	98.56
8		10-4-136'	直形墙胶合板模板钢支撑[扣胶合板]	m^2	1106.07	1089.65
	1	外	WQ×26.22	143.16		
	2	内	(WQ+2NQ)×(26.22−0.1×8−0.12)	681.58		
	3	女儿墙	(WMQ+NVQ)×1.4×2	229.49		
	4	一层女儿墙	NVSQ×0.9×2	51.84		
9		10-4-314	墙竹胶板模板制作 D8×0.244	m^2	269.88	265.87
10		10-1-103	双排外钢管脚手架 6m 内 NQ×(2.8×8+2.9)	m^2	271.72	270.34
11	42	010504001005	直形墙;电梯井壁 C35	m^3	15.12	15.12
	1	1～2 层	2(2.2+2.3)×5.8×2−8(MD1+1.1×0.12)=83.98			
	2		H1×0.18	15.12		
12		4-2-31.30'	C353 商品混凝土电梯井壁	=	15.12	15.12
13		10-4-142'	电梯井壁胶合板模板钢支撑[扣胶合板] D11.1×2	m^2	167.96	166.02
14		10-4-314	墙竹胶板模板制作 D13×0.244	m^2	40.98	40.51
15	43	010504001006	直形墙;电梯井壁 C30	m^3	79.11	79.17
	1	3～机房层	2×(2.2+2.3)×2(36−5.8)−40(MD1+1.1×0.12)=441.52			
	2	扣山墙	−2.2×1.1×TAN(40)/2×2=−2.03			
	3		∑×0.18	79.11		
16		4-2-31.29'	C303 商品混凝土电梯井壁	=	79.11	79.17
17		10-4-142'	电梯井壁胶合板模板钢支撑[扣胶合板]	m^2	879	872.45

续表

序号		编号/部位	项目名称/计算式		工程量	图算校核
			D15＋/0.18×2			
18		10-4-314	墙竹胶板模板制作	m^2	214.48	212.88
			D17×0.244			
19	44	010502003002	异型柱；C35(1～2层)	m^3	3.68	3.68
	1	1层KZ1,17	(WSZ＋NSZ)×0.18×2.9	2.78		
	2	2层KZ17	WZ×0.18×2.9	0.9		
20		4-2-19.40'	C354商品混凝土异形柱	＝	3.68	3.68
21		10-4-94'	异型柱胶合板模板钢支撑[扣胶合板]	m^2	49.19	49.16
	1	1层KZ1	0.54×4×2.9×4	25.06		
	2	1～2层KZ17	(0.64＋0.4)×2×2.9×2×2	24.13		
22		10-4-311	柱竹胶板模板制作	m^2	12	12
			D21×0.244			
23	45	010502003003	异型柱；C30(3～屋面)	m^3	9.84	9.9
	1	3～11层KZ17	WZ×0.18×(2.9×8＋3.02)	8.12		
	2	屋顶花园	WHZ×0.18×1.925	1.72		
24		4-2-19.39'	C304商品混凝土异型柱	＝	9.84	9.9
25		10-4-94'	异型柱胶合板模板钢支撑[扣胶合板]	m^2	133.72	133.36
	1	3～顶层KZ17	(0.64＋0.4)×2×(2.9×8＋3.02)×2	109.08		
	2	屋顶花园	0.4×4×1.925×8	24.64		
26		10-4-311	柱竹胶板模板制作	m^2	32.63	32.54
			D25×0.244			
27	46	010504003003	短肢剪力墙；C35(1～2层)	m^3	124.32	124.25
	1	1～2层外	(WSJZ＋WSKZ＋WJZ＋WKZ)×2.9×0.18	54.35		
	2	1～2层内	(NSJZ＋NJZ)×2.9×0.18	69.97		
28		4-2-35.40'	C354商品混凝土轻型框剪墙	＝	124.32	124.25
29		10-4-154'	壁式柱胶合板模板钢支撑[扣胶合板]	m^2	1421.5	1442.65
	1	1～2层外	(WSJZ＋WSKZ＋WJZ＋WKZ)×(2.9＋2.8)	593.48		
	2	1～2层内	(NSJZ＋NJZ)×2.8×2	750.62		
	3	内外柱端侧	(WZC＋NZC)×0.18×2.5×2	77.4		
30		10-4-311	柱竹胶板模板制作	m^2	346.85	352
			D29×0.244			
31		10-1-103	双排外钢管脚手架6m内	m^2	390.09	392.13
	1	内柱脚手	(NSJZ＋NJZ)×2.8	375.31		
	2	⑦、㉒轴	1.32×2×2.8×2	14.78		
32	47	010504003004	短肢剪力墙；C30(3～屋面)	m^3	581.68	580.84
	1	3～11层	(WJZ＋WKZ＋NJZ)×(2.9×8＋3.02)×0.18	562.01		
	2	机房	2×(JWZ＋JNZ)×2.325×0.18	12.94		
	3	⑦、㉒轴墙	2×(0.5＋2.11＋0.81)×3.775×0.18	4.65		
	4	屋顶	WMJZ×1.4×0.18	2.08		
33		4-2-35.39'	C304商品混凝土轻型框剪墙	＝	581.68	580.84
34		10-4-154'	壁式柱胶合板模板钢支撑[扣胶合板]	m^2	6668.76	6755.5
	1	3～顶层外	(WJZ＋WKZ)×(2.9×8＋3.02＋2.8×8＋2.9)	2855.24		
	2	3～顶层内	NJZ×(2.8×8＋2.9)×2	3221.2		
	3	内外柱端侧	(WZC＋NZC)×0.18×2.5×9	348.3		
	4	机房	2×(JWZ＋0.18×10＋JNZ＋0.18×2)×2.325×2	163.87		
	5	山墙	2×(0.5＋2.11＋0.81＋0.18×2)×3.775×2	57.08		
	6	屋顶	WMJZ×1.4×2	23.07		

续表

序号		编号/部位	项目名称/计算式		工程量	图算校核
35		10-4-311	柱竹胶板模板制作	m^2	1627.18	1648.34
			D34×0.244			
36		10-1-103	双排外钢管脚手架 6m 内	m^2	1746.6	1783.14
	1	3～11层	NJZ×(2.8×8+2.9)	1610.6		
	2	⑦、㉒轴	1.32×2×(2.8×8+2.9)	66.79		
	3	机房	2JNZ×2.33	35.62		
	4	山墙	2(2.11+0.81)×3.775	22.05		
	5	屋顶	WMJZ×1.4	11.54		
37	48	010505001003	有梁板;厨卫阳台防水 C30P6	m^3	117.39	116.9
		2～11层厨卫	B10×0.1×10			
38		4-2-36.2H'	C302 商品混凝土有梁板 P6 防水	=	117.39	116.9
39		10-4-160'	有梁板胶合板模板钢支撑[扣胶合板]	m^2	1173.87	1169
			B10×10			
40		10-4-315	板竹胶板模板制作	m^2	286.42	285.24
			D39×0.244			
41	49	010505001004	有梁板;C30	m^3	749.77	744.32
	1	2层梁	WL45×0.18×0.45=0.81			
	2		WSL40×0.18×0.4=8.21			
	3		WSL400×0.18×0.4=1.81			
	4		WL30×0.18×0.3=0.07			
	5		NSL60×0.18×0.6=0.41			
	6		NL600×0.18×0.6=0.26			
	7		NL50×0.18×0.5=0.77			
	8		NL45×0.18×0.45=1.12			
	9		NL450×0.18×0.45=0.4			
	10		NSL40×0.18×0.4=7.22			
	11		NL400×0.18×0.4=1.25			
	12		NL401×0.18×0.4=1.84			
	13		NL30×0.18×0.3=0.07			
	14		LL×0.18×1.05=0.28			
	15		Σ	24.52		
	16	2层屋面板	T1×0.12	4.39		
	17	2层板	BQ10×0.1=17.64			
	18		B11×0.11=3.9			
	19		B12×0.12=4.11			
	20		B13×0.13=16.76			
	21		Σ	42.41		
	22	3～11层梁	LL×0.18×1.05=0.28			
	23		WL60×0.18×0.6=0.41			
	24		WL45×0.18×0.45=0.81			
	25		WL40×0.18×0.4=6.81			
	26		WL400×0.18×0.4=1.94			
	27		WL30×0.18×0.3=0.07			
	28		NL60×0.18×0.6=0.26			
	29		NL50×0.18×0.5=0.77			
	30		NL45×0.18×0.45=1.12			
	31		NL450×0.18×0.45=0.4			
	32		NL40×0.18×0.4=6.67			

续表

序号	编号/部位	项目名称/计算式		工程量	图算校核
33		NL400×0.18×0.4=1.25			
34		NL401×0.18×0.4=1.84			
35		NL30×0.18×0.3=0.07			
36		∑×9	204.3		
37	3～11层板	H21×9	381.69		
38	顶层梁	LL×0.18×1.05=0.28			
39		WL60×0.18×0.6=0.41			
40		WL52×0.18×0.52=4.61			
41		WL520×0.18×0.52=0.95			
42		WDL40×0.18×0.4=3.15			
43		WDL400×0.18×0.4=1.57			
44		NL60×0.18×0.6=0.26			
45		NDL52×0.18×0.52=0.79			
46		NL50×0.18×0.5=0.77			
47		NL45×0.18×0.45=1.12			
48		NL450×0.18×0.45=0.4			
49		NDL40×0.18×0.4=6.06			
50		NL401×0.18×0.4=1.84			
51		NL400×0.18×0.4=1.25			
52		NL30×0.18×0.3=0.07			
53		∑	23.53		
54	顶层板	WDB×0.12	47.86		
55	机房梁	JWL60×0.18×0.48=0.54			
56		JWL40×0.18×0.28=1.32			
57		JNL40×0.18×0.28=0.22			
58	屋顶花园梁	2×2.7TW×0.18×0.4=0.51			
59		2×1.68×0.18×0.4=0.24			
60	山墙加长	([A]4.16×2+[D]3.22×2)×(TW−1)×0.18×0.25=0.2			
61		∑×2	6.06		
62	屋面12～17梁WKL9	2.1×0.18×0.27×2	0.2		
63	屋面12～17梁L1(1)	3.72×(0.09×0.4+0.09×0.2)×2	0.4		
64	[A-]WKL8	(WML40−2.1×2)×0.18×0.4	0.91		
65	空调板挑梁	0.7×0.1×0.3×180=3.78			
66	北面空调板	1.06×0.7×0.1×40=2.97			
67	南面空调板	1.04×0.7×0.1×30=2.18			
68		1.6×0.7×0.1×22=2.46			
69	Ⓐ轴挑梁	0.63×0.18×0.4×10=0.45			
70	[-29]轴板	1.32×0.63×0.1×20=1.66			
71		∑	13.5		
42	4-2-36.2'	C302商混凝土有梁板	=	749.77	744.32
43	10-4-160'	有梁板胶合板模板钢支撑[扣胶合板]	m²	7315.52	7190.31
1	2层梁	WL45×(0.18+0.45+0.35)=9.86			
2		(WSL40+WSL400)×(0.18+0.4+0.3)=122.43			
3		WL30×(0.18+0.2+0.3)=0.9			
4		(NSL60+NL600)×(0.18+0.48×2)=7.07			
5		NL50×(0.18+0.37×2)=7.91			
6		(NL45+NL450)×(0.18+0.35×2)=16.49			
7		(NSL40+NL400+NL401)×(0.18+0.3×2)=111.62			

续表

序号		编号/部位	项目名称/计算式		工程量	图算校核
	8		NL30×(0.18+0.2×2)=0.71			
	9		LL×(0.18+0.95+0.93)=3.09			
	10	2层屋面板	T1=36.59			
	11	2层板	BQ10+B11+B12+B13=375.01			
	12		∑	691.68		
	13	3～11层外梁	LL×(0.18+1.05+0.93)=3.24			
	14		WL60×(0.18+0.6+0.48)=4.76			
	15		WL45×(0.18+0.45+0.35)=9.86			
	16		(WL40+WL400)×(0.18+0.4+0.3)=106.91			
	17		WL30×(0.18+0.2+0.3)=0.9			
	18	3～11层内梁	NL60×(0.18+0.48×2)=2.76			
	19		NL50×(0.18+0.37×2)=7.91			
	20		(NL45+NL450)×(0.18+0.35×2)=16.49			
	21		(NL40+NL400+NL401)×(0.18+0.3×2)=105.66			
	22		NL30×(0.18+0.2×2)=0.71			
	23	板	H11=375.01			
	24	3～11层	∑×9	5707.89		
	25	顶层外梁	LL×(0.18+1.05+0.93)=3.24			
	26		WL60×(0.18+0.6+0.48)=4.76			
	27		(WL52+WL520)×(0.18+0.52+0.42)=66.54			
	28		(WDL40+WDL400)×(0.18+0.4+0.3)=57.75			
	29	顶层内梁	NL60×(0.18+0.48×2)=2.76			
	30		NDL52×(0.18+0.4×2)=8.23			
	31		NL50×(0.18+0.38×2)=8.08			
	32		(NL45+NL450)×(0.18+0.33×2)=15.74			
	33		(NDL40+NL400+NL401)×(0.18+0.28×2)=94.02			
	34		NL30×(0.18+0.18×2)=0.66			
	35	顶层板	WDB=398.82			
	36	顶层	∑	660.6		
	37	楼梯顶层外梁	JWL60×(0.18+0.48×2)=7.07			
	38	客厅、楼梯外梁	JWL40×(0.18+0.28×2)=19.43			
	39	客厅内梁	JNL40×(0.18+0.28×2)=3.18			
	40	屋顶花园梁	2×2.7×TW×(0.18+0.28×2)=5.21			
	41		2×1.68×(0.18+0.28×2)=2.49			
	42	山墙加长	([A]4.16×2+[D]3.22×2)×(TW-1)×(0.18+0.28×2)=3.33			
	43	机房层	∑×2	81.42		
	44	空调板挑梁	0.7×(0.1+0.2+0.3)×180=75.6			
	45	Ⓐ轴	0.63×(0.18+0.3+0.4)×10=5.54			
	46	北面空调板	1.06×0.7×40=29.68			
	47	南面空调板	1.04×0.7×30=21.84			
	48		1.6×0.7×22=24.64			
	49		1.32×0.63×20=16.63			
	50		∑	173.93		
44		10-4-315	板竹胶板模板制作 D43×0.244	m^2	1784.99	1754.44
45	50	010505001005	有梁板;C30屋面斜板	m^3	39.86	42.73
	1	客厅	4.59TW×7.58×4×0.15	27.24		

续表

序号		编号/部位	项目名称/计算式		工程量	图算校核
	2	电梯	2.38TW×2.12×2=13.17			
	3	楼梯	2.78TW×5.52×2=40.05			
	4		∑×0.12	6.39		
	5	屋顶花园	3.5TW×2.48×2=22.65			
	6	32.1 山墙坡顶板	0.86TW×3.5×2=7.86			
	7	31.9 封闭阳台顶板	(3.3×3+5.4)×1.59TW=31.75			
	8		∑×0.1	6.23		
46		4-2-41.2’	C302 商品混凝土斜板、折板	=	39.86	42.73
47		10-4-160-1’	斜有梁板胶合板模板钢支撑[扣胶合板]	m^2	297.15	301.58
	1	客厅	D45.1+/0.15	181.6		
	2	电梯楼梯	D45.4+/0.12	53.25		
	3		D45.8+/0.1	62.3		
48		10-4-315	板竹胶板模板制作 D47×0.244	m^2	72.5	73.58
49		10-4-176	板钢支撑高>3.6m 每增 3m 2TK	m^2	85.02	84.72
50	51	010505007002	檐板;C30	m^3	41.34	40.07
	1	北面半层空调板	1.06×0.7×0.1×44	3.26		
	2	32.3 挂板	1.26×0.1×(0.6+0.9)×4	0.76		
	3	南面	1.04×0.7×0.1×33	2.4		
	4	32.3 挂板	1.24×0.1×(0.6+0.9)	0.19		
	5		1.6×0.7×0.1×22	2.46		
	6	31.9 挂板	1.8×0.1×(0.6+0.5)×2	0.4		
	7	㉙轴	1.32×0.7×0.1×22	2.03		
	8	C1 窗下檐	2.1×0.1×0.1×44	0.92		
	9	C2 窗下檐	1.8×0.1×0.1×33	0.59		
	10	C3 窗下檐	1.5×0.1×0.1×33	0.5		
	11	C4 窗下檐	1.3×0.1×0.1×36	0.47		
	12	C5 窗下檐	1.2×0.1×0.1×33	0.4		
	13	C6 窗下檐	0.9×0.1×0.1×11	0.1		
	14	山墙 8F 以下 2-2	2.5×0.2×0.1×26	1.3		
	15	8F20.18 处底板	2.5×0.5×0.1×2	0.25		
	16	8F 顶板	2.5×0.6×0.12×2	0.36		
	17	8F 立板	2.5×0.1×0.28×2	0.14		
	18	山墙 8F 以上 2-2	2.5×0.48×0.1×16	1.92		
	19	窗檐	2.1×0.4×0.1×16	1.34		
	20	山墙线角 1-1 上	0.68×0.1×0.1×32	0.22		
	21	山墙线角 1-1 下	0.6×0.1×0.15×32	0.29		
	22	封闭阳台檐	2.7×0.3×0.08×33	2.14		
	23		2.5×0.3×0.08×11	0.66		
	24	顶花园山檐 300	4.5TW×SYJ×4	1.36		
	25	顶花园平檐	2.48×YJ×4	0.61		
	26	Ⓐ轴客厅山檐 300	10.18TW×SYJ×2	1.54		
	27	Ⓓ轴客厅山檐 900	10.18TW×SYJ9×2	3.14		
	28	④~㉕客厅平檐	7.58×YJ×4	1.85		
	29	Ⓗ轴楼梯山檐	3.78TW×YJ×2	0.6		
	30	⑥~㉓梯平檐	8×YJ×4	1.95		
	31	⑥~㉓电梯加宽	2.12×0.2TW×0.1×4	0.22		

续表

序号		编号/部位	项目名称/计算式		工程量	图算校核
	32	32.1 山檐头	(3.5+1.2×2)×SYT×2	0.44		
	33	阳台大样三挑檐	2.79×SYJ×3	0.49		
	34		5.4×SYJ	0.31		
	35	⑫～⑰墙身大样一	4.38×1.84TW×0.13×2	2.73		
	36	檐口	(4.38+1.84TW)×0.17×0.12×2	0.28		
	37	31.9 山墙底板	3.5×1.2×0.1×2	0.84		
	38	客厅楼梯上挑板	3×0.7×0.1×4	0.84		
	39	女儿墙檐	NVQ×0.1×0.1	0.75		
	40	一层女儿墙檐	NVSQ×0.1×0.1	0.29		
51		4-2-56.22'	C302 商品混凝土挑檐、天沟	=	41.34	40.07
52		10-4-211	挑檐、天沟木模板木支撑	m^2	571.75	515.13
	1	北面半层空调板	[1.06×0.7+(1.06+0.7×2)×0.1)]×44	43.47		
	2	32.3 挂板	[1.26×(0.7+0.9+0.8)+0.1×2(0.6+0.9)]×4	13.3		
	3	南面	[1.04×0.7+(1.04+0.7×2)×0.1]×33	32.08		
	4	32.3 挂板	1.24×(0.7+0.9+0.8)+0.1×2×(0.6+0.9)	3.28		
	5	⑦、㉒轴	[1.6×0.7+(1.6+0.7×2)×0.1]×22	31.24		
	6	31.9 挂板	[1.6×(0.7+0.5+0.4)+0.1×2(0.6+0.5)]×2	5.56		
	7	㉙轴	[1.32×0.7+(1.32+0.7×2)×0.1]×22	26.31		
	8	C1 窗下檐	2.1×0.2×44	18.48		
	9	C2 窗下檐	1.8×0.2×33	11.88		
	10	C3 窗下檐	1.5×0.2×33	9.9		
	11	C4 窗下檐	1.3×0.2×36	9.36		
	12	C5 窗下檐	1.2×0.2×33	7.92		
	13	C6 窗下檐	0.9×0.2×11	1.98		
	14	山墙 8F 以下 2-2	[2.5×0.2+(2.5+0.2×2)×0.1]×27	21.33		
	15	8F20.18 处底板	[2.5×0.5+(2.5+0.5×2)×0.1]×2	3.2		
	16	8F 顶板	[2.5×0.5+(2.5+0.6×2)×0.12]×2	3.39		
	17	8F 立板	2.5×(0.4+0.1+0.28)×2	3.9		
	18	山墙 8F 以上 2-2	[2.5×0.48+(2.5+0.48×2)×0.1]×16	24.74		
	19	窗檐	[2.1×0.4+(2.1+0.4×2)×0.1]×16	18.08		
	20	山墙线角 1-1 上	0.68×0.1×3×32	6.53		
	21	山墙线角 1-1 下	0.6×(0.1+0.15×2)×32	7.68		
	22	封闭阳台檐	2.7×(0.3+0.08)×33	33.86		
	23		2.5×(0.3+0.08)×11	10.45		
	24	顶花园山檐 300	4.5TW×SYM×4	18.79		
	25	顶花园平檐	2.48×YM×4	8.92		
	26	Ⓐ轴客厅山檐 300	10.18TW×SYM×2	21.26		
	27	Ⓓ轴客厅山檐 900	10.18TW×SYM9×2	37.2		
	28	④～㉕客厅平檐	7.58×YM×4	27.26		
	29	Ⓗ轴楼梯山檐	3.78TW×YM×2	8.87		
	30	⑥～㉓梯平檐	8×YM×4	28.77		
	31	⑥～㉓电梯加宽	2.12×0.2TW×4	2.21		
	32	32.1 山檐头	(3.5+1.2×2)×SYTM×2	6.61		
	33	阳台大样三挑檐	2.79×SYM×3	6.7		
	34		5.4×SYM	4.32		
	35	⑫～⑰墙身大样一	4.38×0.76TW×2	8.69		
	36	檐口	(4.38+1.84TW)×(0.06+0.17×2)×2	5.42		

续表

序号		编号/部位	项目名称/计算式		工程量	图算校核
	37	31.9 山墙底板	3.5×1.2×2	8.4		
	38	客厅楼梯上挑板	3×(0.7+0.1)×4	9.6		
	39	女儿墙檐	NVQ×0.1×2	15.05		
	40	一层女儿墙檐	NVSQ×0.1×2	5.76		
53	52	010505006001	栏板;C30	m^3	16.02	15.87
	1	封闭阳台大样三	2.7×1.02×0.1×33	9.09		
	2		2.5×1.02×0.1×11	2.81		
	3	出檐	2.7×0.1×0.1×66	1.78		
	4		2.5×0.1×0.1×22	0.55		
	5	山墙 F8	2.3×0.82×0.1×2	0.38		
	6	山墙 F9～11	2.3×1.02×0.1×6	1.41		
54		4-2-51.22'	C302 商品混凝土栏板	=	16.02	15.87
55		10-4-206	栏板木模板木支撑 D53×2+/0.1	m^2	320.4	307.63
56	53	010503002002	矩形梁;C30	m^3	2.1	2.07
	1	⑮轴	2.4×0.18×0.4×11	1.9		
	2	屋面造型挑板	0.5×0.5×0.2×4	0.2		
57		4-2-24.2'	C303 商品混凝土单梁、连续梁	=	2.1	2.07
58		10-4-114H'	单梁连续梁胶合板模板钢支撑[扣胶合板]	m^2	27.67	25.29
	1	⑮轴	2.4×(0.18+0.4×2)×11	25.87		
	2	屋面造型挑板	0.5×(0.2×2+0.5)×4	1.8		
59		10-4-313	梁竹胶板模板制作 D58×0.244	m^2	6.75	6.6
60	54	010506001002 1～11 层	直形楼梯;C25 2.42×3.6×2×11	m^2	191.66	191.62
61		4-2-42.21'	C252 商品混凝土直形楼梯无斜梁 100	=	191.66	191.62
62		4-2-46.21×1'	C252 商品混凝土楼梯板厚+10 2.42×2.1×2×11	m^2	111.8	111.76
63		4-2-46.21×2'	C252 商品混凝土楼梯板厚+10×2 2.42×1.5×2×11	m^2	79.86	79.86
64		10-4-201	直形楼梯木模板木支撑 D60	m^2	191.66	191.62
65	55	010503005002	过梁;现浇,C25 GL<18>+44GL102	m^3	4.93	4.37
66		4-2-27'	C253 商品混凝土过梁	=	4.93	4.37
67		10-4-118'	过梁胶合板模板木支撑[扣胶合板]	m^2	90.55	83.34
	1	GL102	44×(1.4×0.1×2+0.9×0.1)	16.28		
	2	GL181	52×(1.8×0.15×2+1.3×0.18)	40.25		
	3	GL182	2×(1.5×0.1×2+1×0.18)	0.96		
	4	GL183	42×(1.7×0.1×2+1.2×0.18)	23.35		
	5	GL184	2.9×0.15×2+2.4×0.18	1.3		
	6	GL185	3×(2.6×0.15×2+2.1×0.18)	3.47		
	7	GL186	4×(2×0.15×2+1.5×0.18)	3.48		
	8	GL187	4×(1.2×0.1×2+0.7×0.18)	1.46		
68		10-4-313	梁竹胶板模板制作 D67×0.244	m^3	22.09	20.33
69	56	010507005001	压顶;C25 压顶	m^3	10.63	9.99

续表

序号			编号/部位	项目名称/计算式		工程量	图算校核
		1	8F 以下山墙	2.3×0.18×0.1×16=0.66			
		2	非封闭阳台大样二	3×0.28×0.1×44=3.7			
		3		3×0.12×0.1×44=1.58			
		4	北立面一层阳台	1.66×0.28×0.1×3=0.14			
		5		1.66×0.12×0.1×3=0.06			
		6		1.96×0.28×0.1=0.05			
		7		1.96×0.12×0.1=0.02			
		8	北立面阳台	2.1×0.28×0.1×30=1.76			
		9		2.1×0.12×0.1×30=0.76			
		10		2.4×0.28×0.1×10=0.67			
		11		2.4×0.12×0.1×10=0.29			
		12		Σ	9.69		
		13	屋面造型压顶	1.45×0.7×0.4×2	0.81		
		14		$0.325^2×\pi/4×0.4×4$	0.13		
70			4-2-58.21’	C252 商品混凝土压顶	=	10.63	9.99
71			10-4-213	扶手、压顶木模板木支撑	=	10.63	9.99
72	57		010503004002	圈梁；C25 水平系梁	m^3	15.55	14.08
		1	XL 半层空调板Ⓐ轴	0.42×0.18×0.3×33=0.75			
		2	Ⓒ轴⑫,⑰	0.74×0.18×0.3×22=0.88			
		3	㉙轴	1.26×0.18×0.3×11=0.75			
		4	㉗轴	1.32×0.18×0.3×11=0.78			
		5	C1 窗下混凝土及窗台	2.1×0.18×0.1×88=3.33			
		6	C2 窗下混凝土	1.8×0.18×0.1×33=1.07			
		7	C3 窗下混凝土	1.5×0.18×0.1×33=0.89			
		8	C4 窗下混凝土	1.5×0.18×0.1×36=0.97			
		9	C5 窗下混凝土	1.2×0.18×0.1×33=0.71			
		10	C6 窗下混凝土	0.9×0.18×0.1×11=0.18			
		11	山墙大样 2-2	2.5×0.18×0.1×16=0.72			
		12	结施-24 中 1-1	3.4×0.18×0.4×4=0.98			
		13	18 系梁	XL×0.18×0.1×11=2.37			
		14		Σ	14.38		
		15	10 系梁	XL1×0.1×0.1×11	1.17		
73			4-2-26’	C253 商品混凝土圈梁	=	15.55	14.08
74			10-4-127’	圈梁胶合板模板木支撑[扣胶合板]	m^2	183.14	169.05
		1	XL 半层空调板Ⓐ轴	0.42×(0.3×2)×33	8.32		
		2	Ⓒ轴 12,17	0.74×(0.3×2)×22	9.77		
		3	㉙轴	1.26×(0.3×2)×11	8.32		
		4	㉗轴	1.32×(0.3×2)×11	8.71		
		5	C1 窗下混凝土及窗台	2.1×0.2×88	36.96		
		6	C2 窗下混凝土	1.8×0.2×33	11.88		
		7	C3 窗下混凝土	1.5×0.2×33	9.9		
		8	C4 窗下混凝土	1.5×0.2×36	10.8		
		9	C5 窗下混凝土	1.2×0.2×33	7.92		
		10	C6 窗下混凝土	0.9×0.2×11	1.98		
		11	山墙大样 2-2	2.5×0.2×16	8		
		12	18 系梁	XL×0.2×11	26.29		

续表

序号		编号/部位	项目名称/计算式		工程量	图算校核
	13	10 系梁	XL1×0.2×11	23.41		
	14	结施-24 中 1-1	3.4×0.4×2×4	10.88		
75		10-4-313	梁竹胶板模板制作 D74×0.244	m²	44.69	41.25
76	58	010502002002	构造柱;C25	m³	68.08	71.29
	1	M5、6、7、C10、11	[端形](0.18×0.2+0.06×0.18/2)×2.4×24×11=26.23			
	2	①,⑬,⑯, ㉙,㉚,Ⓖ	[┻形](0.18×0.2+0.18×0.06+0.2×0.06/2)×2.5×7×11=10.16			
	3	A	[┗形][0.18×0.2+0.06×(0.18+0.2)/2]×2.5×4×11=5.21			
	4	18 墙 M2	0.18×0.1×2.1×8=0.3			
	5	M3	0.18×0.1×2×2=0.07			
	6	MD2、3	0.18×0.1×2.38×264=11.31			
	7	M9	0.18×0.1×2.1×8=0.3			
	8	M4、11	0.18×0.1×2.1×168=6.35			
	9	18 墙构 造柱抱框	Σ	59.93		
	10	⑮轴	[端形](0.1×0.2+0.06×0.1/2)×2.5×11=0.63			
	11	10 墙 MD2、3	0.1×0.1×2.38×242=5.76			
	12	M13	0.1×0.1×2×88=1.76			
	13	10 墙构 造柱抱框	Σ	8.15		
77		4-2-20'	C253 商品混凝土构造柱	=	68.08	71.29
78		10-4-89'	矩形柱胶合板模板木支撑[扣胶合板]	m²	1250.78	1285.68
	1	M5、6、7、C10、11	[端形](0.18+2×0.2+2×0.06)×2.4×24×11=443.52			
	2	⑮轴	[端形](0.1+2×0.2+2×0.06)×2.5×11=17.05			
	3	①,⑬,⑯,㉙,㉚,Ⓖ	[┻形](0.2+6×0.06)×2.5×7×11=107.8			
	4	Ⓐ轴	[┗形](0.18+0.2+4×0.06)×2.5×4×11=68.2			
	5	构造柱模板	Σ	636.57		
	6	18 墙 M2	(0.18+0.1×2)×2.1×8=6.38			
	7	M3	(0.18+0.1×2)×2×4=3.04			
	8	MD2、3	(0.18+0.1×2)×2.38×264=238.76			
	9	M9	(0.18+0.1×2)×2.1×8=6.38			
	10	M4、11	(0.18+0.1×2)×2.1×168=134.06			
	11	10 墙 MD2、3	0.1×3×2.38×242=172.79			
	12	10 墙 M13	0.1×3×2×88=52.8			
	13	抱框模板	Σ	614.21		
79		10-4-312	构造柱竹胶板模板制作 D78×0.244	m²	305.19	313.71
80	59	010402001003	砌块墙;加气混凝土砌块墙 180,M5 混浆	m³	701.34	701.97
	1	1 层外墙	WL45×2.45+WSL40×2.5+WL30×2.6=313.03			
	2	2 层外墙	LL×2.15+WL60×2.3+WL45×2.45+WL40×2.5+WL30×2.6=276.45			
	3	顶层外墙	LL×2.27+WL60×2.42+WL52×2.5+WDL40×2.62+Q18×2.9=287.87			
	4	1 层内墙	LL×2.15+NL50×2.4+NL45×2.45+NSL40×2.5+NL30×2.6=311.52			

续表

序号		编号/部位	项目名称/计算式		工程量	图算校核
	5	2层内墙	NL60×2.3＋NL50×2.4＋NL45×2.45＋NL40×2.5＋NL30×2.6＝294.76			
	6	顶层内墙	NL60×2.42＋NL52×2.5＋NL50×2.52＋NL45×2.57＋NDL40×2.62＋NL30×2.72＝286.99			
	7	3～10层内外墙	(H2＋H5)×8＝4569.68			
	8	8～顶山墙2-2内	－2.1×(0.72＋0.97×3)×2＝－15.25			
	9	＞31.9机房	(JWL60×2.525＋JWL40×1.925＋JNL40×3.1)×2＝159.07			
	10	18墙面积	∑＝6484.12			
	11	门窗面积	M<18>＋C<18>＝2253.6			
	12	砌体体积	(H10-H11)×0.18	761.49		
	13	扣过梁、系梁、抱框	－GL<18>－D72.14－D76.9	－78.8		
	14	非封闭阳台挡墙	(2.9×4＋2.1×3＋2.4)×0.42×0.18×11	16.88		
	15	封闭阳台顶墙	(2.81×3＋2.41＋1.8)×0.776×0.18	1.77		
81		3-3-25	M5混浆加气混凝土砌块墙180	＝	701.34	701.97
82		10-1-22	双排里钢管脚手架3.6m内 D80.4＋D80.5×9＋D80.6	m²	3251.35	3335.51
83	60	010402001004	砌块墙；加气混凝土砌块墙100，M5混浆	m³	91.92	91.89
	1	1～10层内墙	NL401×2.5×10＝638.75			
	2	顶层内墙	NL401×2.62＝66.94			
	3	15轴外墙	2.4×(2.6×10＋2.72)＝68.93			
	4	8～顶山 墙2-2内	2.1×(0.72＋0.97×3)×2＝15.25			
	5	8～顶山 墙2-2外	2.1×(0.72＋1.27×3＋0.67)×2＝21.84			
	6	10墙面积	∑＝811.71			
	7	10墙门	44MD2＋77MD3＋44M13＝319.66			
	8	校核	H7－(M<10>－[地下]22M1－8M13)＝0			
	9	10Q墙砌体体积	(H6-H7)×0.1	49.21		
	10	扣过梁、系梁、抱框	－(44GL102＋D72.15＋D76.13)	－9.76		
	11	一层楼梯中间墙	3.31×2.78×2＝18.4			
	12	空调板大样一侧墙	0.7×5×2×(33.32－21×0.1)＝218.54			
	13	空调板大样二⑦、㉒轴	0.7×4×2×(31.92－21×0.1)＝166.99			
	14	墙身大样二	0.7×2×2×(32.02＋0.3＋0.61/2－21×0.1)＝85.47			
	15	百叶窗侧⑦、㉒轴	0.6×2×(31.92－0.4－21×0.1)＝35.3			
	16		∑×0.1	52.47		
84		3-3-80	M5混浆加气混凝土砌块墙100厚	＝	91.92	91.89
85		10-1-22	双排里钢管脚手架3.6m内 D83.1＋D83.2＋D83.11	m²	724.09	725.87
86	61	010402002001	砌块柱；加气混凝土砌块柱	m³	3.43	3.43
	1		0.5×0.5×(6.4－0.4)×2	3		
	2	屋面以上	0.85×0.5×0.5×2	0.43		
87		3-3-25H	M5混浆加气混凝土砌块柱(墙180人工乘1.2)	＝	3.43	3.43
88	62	010514001001	厨房烟道；PC12(L09J104) (31.9＋1.8)×4	m	134.8	134.8
89		3-3-52	M5混浆砌变压式排烟道半周800	＝	134.8	134.8
90	63	010902008001	屋面变形缝；L13J5-1	m	6.58	6.58

续表

序号		编号/部位	项目名称/计算式		工程量	图算校核
91		6-5-21	平面伸缩缝铝板盖板	=	6.58	6.58
92		6-5-3	沥青玛琋脂变形缝	=	6.58	6.58
93	64	010903004001	墙面变形缝;L07J109-40 2×31.9	m	63.8	63.8
94		6-5-22	立面伸缩缝铝板盖板	m	63.8	63.8
95		6-5-9H	聚苯板变形缝	=	63.8	63.8
96	65	010515001004	现浇构件钢筋;砌体拉结筋	t	4.629	4.629
97		4-1-98	砌体加固筋 ϕ6.5 内	=	4.629	4.629
98	66	010515001005	现浇构件钢筋;HPB300 级钢 D99+…+D102	t	11.565	11.565
99		4-1-2	现浇构件圆钢筋 ϕ6.5	t	0.369	0.369
100		4-1-3	现浇构件圆钢筋 ϕ8	t	0.751	0.751
101		4-1-5	现浇构件圆钢筋 ϕ12	t	7.694	7.694
102		4-1-52	现浇构件箍筋 ϕ6.5	t	2.751	2.751
103		4-1-118H	植筋 ϕ6.5(扣钢筋) ([GL102]52+[GL183]42)×2	根	188	188
104		4-1-119H	植筋 ϕ8(扣钢筋) [GL183]42×2	根	84	84
105		4-1-120H	植筋 ϕ10(扣钢筋) [GL187]4×2	根	8	8
106	67	010515001006	现浇构件钢筋;HRB400 级钢 D107+…+D119	t	231.319	231.319
107		4-1-104H	现浇构件螺纹钢筋 HRB400 级 ϕ6	t	11.879	11.879
108		4-1-104	现浇构件螺纹钢筋 HRB400 级 ϕ8	t	67.328	67.328
109		4-1-105	现浇构件螺纹钢筋 HRB400 级 ϕ10	t	3.757	3.757
110		4-1-106	现浇构件螺纹钢筋 HRB400 级 ϕ12	t	46.755	46.755
111		4-1-107	现浇构件螺纹钢筋 HRB400 级 ϕ14	t	12.619	12.619
112		4-1-108	现浇构件螺纹钢筋 HRB400 级 ϕ16	t	25.286	25.286
113		4-1-109	现浇构件螺纹钢筋 HRB400 级 ϕ18	t	9.614	9.614
114		4-1-110	现浇构件螺纹钢筋 HRB400 级 ϕ20	t	5.282	5.282
115		4-1-111	现浇构件螺纹钢筋 HRB400 级 ϕ22	t	1.028	1.028
116		4-1-112	现浇构件螺纹钢筋 HRB400 级 ϕ25	t	0.212	0.212
117		4-1-52H	现浇构件箍筋螺纹 HRB400 级钢 ϕ6.5	t	16.883	16.883
118		4-1-53H	现浇构件箍筋螺纹 HRB400 级钢 ϕ8	t	30.234	30.234
119		4-1-54H	现浇构件箍筋螺纹 HRB400 级钢 ϕ10	t	0.442	0.442
120	68	010516002002	预埋铁件	t	0.746	0.746
	1	楼梯埋件[L13J8-71③]	[-6×100×100]0.1×0.1×47.1=0.471			
	2		[ϕ8]0.344×0.395×2=0.272			
	3	每跑 8 个	Σ×8×11×2/1000	0.024		
	4	系梁预埋件 [L13J3-30②M-1]	[-6×100×150]0.1×0.15×47.1=0.707			

续表

序号		编号/部位	项目名称/计算式		工程量	图算校核
	5		[ϕ6]0.43×0.222=0.095			
	6		∑×900/1000	0.722		
121		4-1-96	铁件	=	0.746	0.746
122	69	011101001001	屋面水泥砂浆保护层;1∶2.5 水泥砂浆 20	m^2	36.15	36.59
		进厅屋面	(2.22×4.12-0.61×0.18)×4			
123		6-2-3	水泥砂浆二次抹压防水层 20	m^2	36.15	36.59
124	70	010902001001	屋面卷材防水;聚乙烯薄膜,SBS 防水卷材,防水涂料,C20 混凝土找平 30	m^2	48.98	49.06
	1	进厅屋面	(2.22×4.12-0.4×0.18)×4	36.3		
	2	泛水	2×(2.22+4.12)×0.25×4	12.68		
125		6-2-30H	平面 SBS 改性沥青卷材加膜隔离	=	48.98	49.06
126		6-2-62H	JD-水泥基渗透结晶型防水涂料	=	48.98	49.06
127		6-2-1'	C20 细石商品混凝土防水层 40	m^2	36.15	36.59
			D122			
128		9-1-5×-2'	C20 细石商品混凝土找平层-5×2	m^2	36.15	36.59
129	71	011001001001	保温隔热屋面;30 厚保温砂浆,水泥珍珠岩找坡	m^2	36.3	36.59
			D124.1			
130		6-3-39H	混凝土面 30 厚玻化微珠保温砂浆	=	36.3	36.59
131		9-1-1-2	1∶2.5 砂浆硬基层上找平层 20	=	36.3	36.59
132		6-3-15H	混凝土板上现浇水泥珍珠岩 1∶8	m^3	3.34	3.37
			D124.1×TH1			
133	72	010902002001	屋面涂膜防水;聚氨酯防水	m^2	36.3	36.59
			D124.1			
134		6-2-71	聚氨酯二遍	=	36.3	36.59
135		9-1-1-2	1∶2.5 砂浆硬基层上找平层 20	=	36.3	36.59
136	73	011001001002	隔热屋面;岩棉板防火隔离带	m^2	38.93	38.93
	1	北面隔离带	49.32-2.78×2-2.38=41.38			
	2	南面隔离带	49.32-9.18×2-0.48+1.5×4=36.48			
	3		∑×0.5	38.93		
137		6-3-40H	混凝土板上干铺岩棉板	=	38.93	38.93
138	74	011001003001	保温隔热墙面;岩棉板防火隔离带	m^2	250.32	250.32
			W×0.3×5			
139		6-3-38H	外墙挂贴岩棉板	m^3	10.01	10.01
			D138×0.04			
140	75	011102003001	屋面防滑地砖	m^2	321.27	316.86
	1		49.32×11.62-2.28×3.9-6.4×0.4[变形缝]-5.8×0.8=557.01			
	2	屋顶花园	-2.3×3.5×2=-16.1			
	3	阳台	-(3.3×3+6.3)×1.5=-24.3			
	4	客厅、梯上空	-2×(9.18×7.4+2.38×2.12+2.78×2.1)=-157.63			
	5		∑	358.98		
	6	屋面排水道	-(49.32-2.78×2-2.38+3.42×2+3.8×3+6.8+1.5×4+1.5×0.5×4)×0.5	-37.71		
141		9-1-169-1	干硬 1∶3 水泥砂浆全瓷地板砖 300×300	=	321.27	316.86

续表

序号		编号/部位	项目名称/计算式		工程量	图算校核
142		9-1-3×-1	1∶3 砂浆找平层－5	＝	321.27	316.86
143	76	010902001002	屋面卷材防水;聚乙烯薄膜,SBS 防水卷材,防水涂料,C20 混凝土找平 30	m^2	406.76	396.35
	1		D140.5	358.98		
	2	泛水横向	11.62×8＝92.96			
	3	泛水纵向	2.3×4＋9.92×2＋10.22×4＋12.92×2＝95.76			
	4	排烟道	0.4×6＝2.4			
	5		∑×0.25	47.78		
144		6-2-30H	平面 SBS 改性沥青卷材加膜隔离	＝	406.76	396.35
145		6-2-62H	JD-水泥基渗透结晶型防水涂料	＝	406.76	396.35
146		6-2-1’	C20 细石商品混凝土防水层 40 D140.5	m^2	358.98	355.79
147		9-1-5×-2’	C20 细石商品混凝土找平层-5×2	＝	358.98	355.79
148	77	011001001003	保温隔热屋面;75 厚挤塑板,水泥珍珠岩找坡 D140	m^2	321.27	316.86
149		6-3-41H	混凝土板上干铺挤塑板 75	＝	321.27	316.86
150		9-1-1-2	1∶2.5 砂浆硬基层上找平层 20	＝	321.27	316.86
151		6-3-15H	混凝土板上现浇水泥珍珠岩 1∶8 D148×TH2	m^3	26.99	26.62
152	78	010902002002	屋面涂膜防水;聚氨酯防水 D140.5	m^2	358.98	355.79
153		6-2-71	聚氨酯二遍	＝	358.98	355.79
154		9-1-1-2	1∶2.5 砂浆硬基层上找平层 20	＝	358.98	355.79
155	79	010901001001	瓦屋面;块瓦坡屋面	m^2	425.91	423.01
	1	客厅	10.18TW×8.78×2	233.28		
	2	电梯、楼梯	3.78TW×8.3×2	81.89		
	3	屋顶花园	4.5TW×3.08×2	36.17		
	4	31.9 山墙顶板	3.5×1.1TW×2	10.05		
	5	31.9 封闭阳台顶板	(3.3×3＋5.4)×1.89TW	37.74		
	6	墙身大样一⑫～⑰	2×4.5×2.28TW	26.78		
156		6-1-4H	屋面板、挂瓦条上铺块瓦	＝	425.91	423.01
157	80	010902003001	屋面刚性层;35 厚细石混凝土配 ϕ4@100×100 钢筋网 D155	m^2	425.91	423.01
158		6-2-1’	C20 细石商品混凝土防水层 40	＝	425.91	423.01
159		9-1-5×-1’	C20 细石商品混凝土找平层-5	＝	425.91	423.01
160		4-1-1	现浇构件圆钢筋 ϕ4 D157/0.1×2×0.099/1000	t	0.843	0.835
161	81	010902001003 斜屋面	屋面卷材防水 D155	m^2	425.91	423.01
162		6-2-30	平面一层 SBS 改性沥青卷材满铺	＝	425.91	423.01
163		补-1	成品金属泛水板 D169/0.5	m	80.64	80.64

续表

序号		编号/部位	项目名称/计算式		工程量	图算校核
164	82	011101006001	平面砂浆找平层；1∶2.5 水泥砂浆 D155	m^2	425.91	423.01
165		9-1-1-2	1∶2.5 砂浆硬基层上找平层 20	=	425.91	423.01
166	83	011001001004 斜屋面	保温隔热屋面；XPS 板 D155-D169	m^2	385.59	382.69
167		6-3-41H	混凝土板上干铺挤塑板 75	=	385.59	382.69
168		4-1-120	植筋 ϕ10 D166/0.9/0.9	根	476	472
169	84	011001001005	隔热屋面；30 厚玻化微珠防火隔离带	m^2	40.32	40.32
	1	客厅	8.78×4=35.12			
	2	电梯、楼梯	8.3×4=33.2			
	3	屋顶花园	3.08×4=12.32			
	4		∑×0.5	40.32		
170		6-3-41H	混凝土板上干铺玻化微珠防火隔离带 30 厚	=	40.32	40.32
171	85	010902004001	屋面排水管；塑料水落管 ϕ100	m	266.8	266.8
	1	L13J5-1-6/E2	31.9×8	255.2		
	2	L13J5-1-7/E2	2.9×4	11.6		
172		6-4-9	塑料水落管 ϕ100	=	266.8	266.8
173		6-4-22	铸铁弯头落水口（含箅子板）	个	4	4
174		6-4-20	铸铁雨水口	个	12	12
175		6-4-10	塑料水斗	个	8	8
176	86	010507004002	台阶；C25	m^2	8.76	8.82
	1	客厅门口	1.6×0.6×4	3.84		
	2	楼梯门口	1.3×0.6×4	3.12		
	3	变形缝处	1.5×0.6×2	1.8		
177		4-2-57.2’	C252 商品混凝土台阶 D176×0.15+D176/2×0.15	m^3	1.97	1.97
178		10-4-205	台阶木模板木支撑 D176	m^2	8.76	8.82
179	87	01B001	竣工清理 JT	m^3	20095.06	20095.06
180		1-4-3	竣工清理	=	20095.06	20095.06
181	03	011703001002	垂直运输 JM-(2S0-JC)	m^2	6774.69	6774.69
182		10-2-17-1	50m 内泵送混凝土垂直运输	=	6774.69	6774.69
183		4-4-9	柱、墙、梁、板泵送混凝土 15m^3/h	m^3	1987.36	1997.49
	1	混凝土墙	(D1+D6+D11+D15+D27+D32)×0.988	904		
	2	柱	D19+D23+D76	81.6		
	3	梁、板	(D37+D41+D45+D50+D53+D56+D65 +D72)×1.015	1001.76		
184		4-4-20	柱、墙、梁、板输送混凝土管道安拆 50m 内	=	1987.36	1997.49
185		4-4-12	其他构件泵送混凝土 15m^3/h	m^3	90.95	89.08
	1	楼梯	D60×0.219+D62×0.011+D63×0.022	44.96		
	2	压顶、台阶	(D69+D177)×1.015	12.79		
	3	细石混凝土	D146×0.0404+D147×0.0102+D158×0.0404 -D159×0.0051	33.2		

续表

序号		编号/部位	项目名称/计算式		工程量	图算校核
186		4-4-21	其他构件输送混凝土管道安拆 50m 内	＝	90.95	89.08
187	04	011701001002	综合脚手架 D181	m^2	6774.69	6774.69
188		10-1-8	双排外钢管脚手架 50m 内	m^2	5696.48	5632.2
	1	外围	W×(33.3＋0.45)	5632.2		
	2	南立面客厅	9.18×(0.925＋3.775/2)×2	51.64		
	3	北立面楼梯	2.78×(1.725＋1.095/2)×2	12.64		
189		10-1-103	双排外钢管脚手架 6m 内	m^2	317.58	317.58
	1	一层进厅	(4.3＋2.58＋0.7)×(0.45＋2.9＋0.9)×4	128.86		
	2	机房层客厅	7.4×2.325×4	68.82		
	3	机房层楼梯	4.22×3.125×4	52.75		
	4	屋顶花园	3.5×(1.925＋1.395/2)×2＋2.3×1.925×4	36.07		
	5	机房层阳台顶	(3.3×3＋6.3＋1.5×4)×1.4	31.08		

6.8.2 装饰部分（表 6-34）

工程量计算书 **表 6-34**

工程名称：框剪高层架住宅装饰

序号		编号/部位	项目名称/计算式		工程量	图算校核
			装饰(不计超高)			
1	1	010801001001	木质门;平开夹板百叶门,L13J4-1(78) 46M1	m^2	77.28	77.28
2		5-1-13	单扇木门框制作	＝	77.28	77.28
3		5-1-14	单扇木门框安装	＝	77.28	77.28
4		5-1-77	单扇胶合板门扇制作	＝	77.28	77.28
5		5-1-78	单扇胶合板门扇安装	＝	77.28	77.28
6		5-1-109-2	胶合板门扇安装小百叶(注) 0.5×0.6×46	m^2	13.8	13.8
7		5-9-3-1	单扇木门配件(安执手锁)	樘	46	46
8	2	011401001001	木门油漆 D1	m^2	77.28	77.28
9		9-4-1	底油一遍调合漆二遍 单层木门	＝	77.28	77.28
10	3	010802003001	钢质防火门 2M10＋8M12＋8M13＋4M14	m^2	46	46
11		5-4-12	钢质防火门安装(扇面积)	m^2	46	46
12	4	010807001001	铝合金中空玻璃窗	m^2	14.24	14.24
	1		8C5	14.24		
	2	校核	D1＋D10＋H1＋8MD1-[门窗统计表－2层]76.92－[－1层]79.96＝0			
13		5-5-5	铝合金平开窗安装	＝	14.24	14.24
14	5	011101001001	水泥砂浆地面;1∶2水泥砂浆 30	m^2	976.07	949.36
	1	－2层	R02-DTF	498.27		
	2	－1层	R01-DTF-LT	468.68		
	3	与计算表核对	H1＋H2＋LT－[J1]498.28－[J2]486.11＝－0.02			

续表

序号		编号/部位	项目名称/计算式		工程量	图算校核
	4	空调板地面	(1.04×3+1.6×2+1.32×2+1.06×4)×0.7	9.24		
	5	扣①、㉒轴洞口跺	−0.6×0.1×2	−0.12		
15		9-1-9-1	1∶2 砂浆楼地面 20	=	976.07	949.36
16		9-1-3-1×2	1∶2 砂浆找平层+5×2	=	976.07	949.36
17	6	011102003001	块料地面;大理石(地 204)	m²	38.75	37.68
	1	一层进厅	2.22×4.12×4	36.59		
	2	增洞口	1.5×0.18×8	2.16		
18		9-1-167.79	干硬水泥砂浆大理石楼地面[换水泥砂浆 1∶3]	m²	38.75	37.68
19	7	011101001002	水泥砂浆楼面;楼梯面	m²	34.85	34.85
		−2,−1 层楼梯	2LT			
20		9-1-10-2	1∶2 砂浆楼梯 20	=	34.85	34.85
21	8	011102003002	块料楼地面;大理石楼面	m²	34.82	35.13
	1	一层门厅	T+1.21×(0.18-0.1)×2	31.72		
	2	增门洞口	([M1,9]1.3×8+[M2]1.2×2+[MD1]1.1×4)×0.18	3.1		
22		9-1-167.79	干硬水泥砂浆大理石楼地面[换水泥砂浆 1∶3]	=	34.82	35.13
23	9	010404001001	垫层;60 厚 LC7.5 炉渣混凝土	m³	1.9	1.88
			D21.1×0.06			
24		6-3-20-1	混凝土板上铺水泥石灰炉渣 1∶1∶8	=	1.9	1.88
25	10	011102003003	块料楼地面;卫生间地砖楼面(楼面五)	m²	36.3	36.3
	1	卫生间	RW	35.6		
	2	增门口	[MD3]0.8×0.1×7+0.8×0.18	0.7		
26		9-1-169-1	干硬 1∶3 水泥砂浆全瓷地板砖 300×300	=	36.3	36.3
27		9-1-3×-2	1∶3 砂浆找平层−5×2	=	36.3	36.3
28		6-2-93	1.5 厚 LM 高分子涂料防水层	=	36.3	36.3
29		6-2-1H'	C20 细石商品混凝土防水层 40(配 ϕ3@50 钢丝网)	m²	35.6	35.6
			RW			
30		6-2-2×1'	C20 细石商品混凝土防水层+10	=	35.6	35.6
31	11	010904001001	楼面卷材防水;卫生间防水	m²	35.6	35.6
			RW			
32		9-1-178H	地面 0.2 厚真空镀铝聚酯薄膜	=	35.6	35.6
33		6-3-41H	混凝土板上干铺挤塑板 20	m²	0.71	0.71
			D31×0.02			
34		6-2-93	1.5 厚 LM 高分子涂料防水层	m²	35.6	35.6
			D31			
35		9-1-1	1∶3 砂浆硬基层上找平层 20	=	35.6	35.6
36	12	011102003004	块料楼地面;厨房、阳台地砖楼面(楼面七)	m²	48.63	49.39
	1	厨房+封闭阳台	RC	46.69		
	2	增门口	([MD4]1.8+[MD2]0.9)×0.18×4	1.94		
37		9-1-169-1	干硬 1∶3 水泥砂浆全瓷地板砖 300×300	=	48.63	49.39
38		9-1-3×-2	1∶3 砂浆找平层−5×2	=	48.63	49.39
39		6-2-93	1.5 厚 LM 高分子涂料防水层	m²	46.69	46.69
			D36.1			
40		6-2-1H'	C20 细石商品混凝土防水层 40(配 ϕ3@50 钢丝网)	=	46.69	46.69

续表

序号		编号/部位	项目名称/计算式		工程量	图算校核
41		6-2-2×1'	C20 细石商品混凝土防水层＋10	＝	46.69	46.69
42	13	010904001002	楼面卷材防水；厨房、阳台楼面防水 RC	m²	46.69	46.69
43		9-1-178H	地面 0.2 厚真空镀铝聚酯薄膜	＝	46.69	46.69
44		6-3-41H	混凝土板上干铺挤塑板 20	＝	46.69	46.69
45		6-2-93	1.5 厚 LM 高分子涂料防水层 D42	m²	46.69	46.69
46		9-1-1	1∶3 砂浆硬基层上找平层 20	＝	46.69	46.69
47	14	011101001003 卧室、走廊、餐厅	水泥砂浆楼地面；低温热辐射供暖楼面(楼面八) RQ	m²	340.76	340.76
48		9-1-9-1	1∶2 砂浆楼地面 20	＝	340.76	340.76
49		6-2-1H'	C20 细石商品混凝土防水层 40(配 ϕ3@50 钢丝网)	＝	340.76	340.76
50		6-2-2×1'	C20 细石商品混凝土防水层＋10	＝	340.76	340.76
51	15	011001005001	保温隔热楼地面	m²	340.76	340.76
	1		RQ	340.76		
	2	楼面积校核	R1－DT－LT－SB－D47[卧廊餐]－D42[厨阳台]－D81[厕]－D21.1[厅]－[进厅]D17.1－TJ＝－0.01			
52		6-3-41H	混凝土板上干铺挤塑板 20 D51×0.02	m²	6.82	6.82
53		9-1-1	1∶3 砂浆硬基层上找平层 20 D51	m²	340.76	340.76
54		9-1-179	垫层、楼板地暖埋管增加	＝	340.76	340.76
55	16	011102003005 非封闭阳台	块料楼地面；阳台楼面(楼面九) 4.32×4×1.32＋(2.82×3＋3.12)×1.02	m²	34.62	34.62
56		9-1-169-1	干硬 1∶3 水泥砂浆全瓷地板砖 300×300	＝	34.62	34.62
57	17	010702001001	阳台卷材防水；楼面九 D55	m²	34.62	34.62
58		6-2-93	1.5 厚 LM 高分子涂料防水层	＝	34.62	34.62
59		9-1-1	1∶3 砂浆硬基层上找平层 20	＝	34.62	34.62
60	18	011201001001	墙面一般抹灰；水泥砂浆内墙面(混凝土墙)	m²	3333.75	3241.9
	1	储藏 1	2×(3.34＋6.44)×2.88－M1＝54.65			
	2	储藏 2	2×(3.34＋4.84)×2.88－M1＝45.44			
	3	储藏 3	[2×(1.7＋4.13)×2.88－M1]×2＝63.8			
	4		[2×(1.7＋4.13)－2]×2.88－M1＝26.14			
	5	储藏 4	[2×(3.1＋4.24)×2.88－M1]×4＝162.39			
	6	储藏 5	[2×(1.45＋4.3)×2.88－M1)]×3＝94.32			
	7	储藏 6	[2×(4.3＋5.84)×2.87－M1)]×2＝113.05			
	8		[2×(4.3＋5.84)×2.88－M1]×2＝113.45			
	9	储藏 7	[2×(2.74＋5.14)×2.88－M1]×2＝87.42			
	10	储藏 8	[2×(3.69＋2.89)×2.88－M1]×2＝72.44			
	11	储藏 9	2×(1.7＋4.2)×2.88－M1＝32.3			
	12	储藏 10	[2×(4.4＋4.2)＋0.64×2]×2.88－M1＝51.54			
	13	储藏 11	2×(2.8＋4.24)×2.88－M1＝38.87			
	14	储藏 12	2×(3.34＋7.15)×2.88－M1＝58.74			
	15	储藏 13	2×(3.34＋3.33)×2.88－M1＝36.74			

续表

序号	编号/部位	项目名称/计算式	工程量	图算校核
16	窗井	[2×(2.01+1)×3−C5]×3=48.84		
17		2×(2.31+1)×3−C5=18.08		
18	设备间	[2×(1.11+0.61)×2.88−M13]×4=32.43		
19	楼梯间	[2×2.42+3.6)−2.42]×2.88×2=55.41		
20	门厅	{[2×(1.61+4.4)−1.61]×2.88−M12−MD1}×4=100.16		
21		{[2×(2.42+1.21)−2.42]×2.88−2M12−2M13}×2=10.6		
22	过道1	[2×(16.9+1.21)−1.2−1.25×2−1.61×2−2.7]×2.88−6M1=66.53		
23		{[2×(1.25+4.4)−1.25]×2.88−2M1−C5}×2=47.61		
24		[2×(1.25+4.4)−1.25]×2.88−M1−C5=25.48		
25		[2×(1.2+4.4)−1.2]×2.88−M1−C5=25.34		
26		[2×(3.69+4.16)−1.2+0.79×2]×2.88−2M1−M10=40.43		
27		[2×(3.69+4.16)−1.2−1.25+0.79×2]×2.88−2M1=39.35		
28	过道2	[2×(20+1.21)−1.2×2−2.7−1.61×2−1.25]×2.88−7M1=82.85		
29		[2×(2.7+1.45)−2.7]×2.88×2=32.26		
30	地下二层	Σ	1676.66	
31	储藏1	2×(3.34+6.44)×2.73−M1=51.72		
32	储藏2	2×(3.34+4.84)×2.73−M1=42.98		
33	储藏3	[2×(1.7+4.13)×2.73−M1]×2=60.3		
34		[2×(1.7+4.13)−2]×2.73−M1=24.69		
35	储藏4	[2×(3.1+4.24)×2.73−M1]×4=153.59		
36	热表、储藏5	[2×(1.45+4.3)×2.73−M1]×3=89.15		
37	储藏6	[2×(4.3+5.84)×2.73−M1]×2=107.37		
38	储藏7	[2×(2.74+5.14)×2.73−M1]×2=82.69		
39	储藏8	[2×(3.69+2.89)×2.73−M1]×2=68.49		
40	储藏9	2×(1.7+4.2)×2.73−M1=30.53		
41	储藏10	[2×(4.4+4.2)+0.64×2]×2.73−M1=48.77		
42	储藏11	2×(2.8+4.24)×2.73−M1=36.76		
43	储藏12	2×(3.34+7.15)×2.73−M1=55.6		
44	储藏13	2×(3.34+3.33)×2.73−M1=34.74		
45	配电	[2×(2.9+3.54)×2.73−M14]×2=67.12		
46	电表	[2×(2.9+2)×2.73−M14]×2=50.31		
47	窗井	[2×(2.01+1)×2.91−C5]×3=47.21		
48		2×(2.31+1)×2.91−C5=17.48		
49	设备间	[2×(1.11+0.61)×2.79−M13]×4=31.19		
50	楼梯间	[2×(2.42+3.6)−2.42]×2.88×2=55.41		
51	门厅	{[2×(1.61+4.4)−1.61]×2.73−M12−MD1}×4=93.92		
52		[2×(2.42+1.21)×2.73−2M12−2M13]×2=22.36		
53	过道1	[2×(16.9+1.21)−1.2−1.25×2−1.61×2−2.65]×2.73−5M1−M14=62.75		
54		{[2×(1.25+4.4)−1.25]×2.73−2M1−C5}×2=44.59		

续表

序号		编号/部位	项目名称/计算式	工程量	图算校核
	55		[2×(1.25+4.4)−1.25]×2.73−M1−C5=23.98		
	56		[2×(1.2+4.4)−1.2]×2.73−M1−C5=23.84		
	57		[2×(3.69+4.16)−1.2+0.79×2]×2.73−2M1−M10=38.02		
	58		[2×(3.69+4.16)−1.2×2+0.79×2]×2.73−2M1=37.26		
	59	过道 2	[2×(20+1.21)−1.2×2−1.25−1.61×2−2.65]×2.73−6M1−M14=78.14		
	60		{[2×(2.65+5.94)−2.65]×2.73−M14}×2=76.13		
	61	地下一层	Σ 1657.09		
61		9-4-241	混凝土界面剂涂敷混凝土面 =	3333.75	3241.9
62		9-2-21	混凝土墙面墙裙水泥砂浆 12+8 =	3333.75	3241.9
63		10-1-22-1	装饰钢管脚手架 3.6m 内 m^2	3598.22	3594.41
	1	储藏 1	2×(3.34+6.44)×2.88=56.33		
	2	储藏 2	2×(3.34+4.84)×2.88=47.12		
	3	储藏 3	2×(1.7+4.13)×2.88×2=67.16		
	4		[2×(1.7+4.13)−2]×2.88=27.82		
	5	储藏 4	2×(3.1+4.24)×2.88×4=169.11		
	6	储藏 5	2×(1.45+4.3)×2.88×3=99.36		
	7	储藏 6	2×(4.3+5.84)×2.87×2=116.41		
	8		2×(4.3+5.84)×2.88×2=116.81		
	9	储藏 7	2×(2.74+5.14)×2.88×2=90.78		
	10	储藏 8	2×(3.69+2.89)×2.88×2=75.8		
	11	储藏 9	2×(1.7+4.2)×2.88=33.98		
	12	储藏 10	2×(4.4+4.2)×2.88=49.54		
	13	储藏 11	2×(2.8+4.24)×2.88=40.55		
	14	储藏 12	2×(3.34+7.15)×2.88=60.42		
	15	储藏 13	2×(3.34+3.33)×2.88=38.42		
	16	窗井	2×(2.01+1)×3×3=54.18		
	17		2×(2.31+1)×3=19.86		
	18	设备间	2×(1.11+0.61)×2.88×4=39.63		
	19	楼梯间	[2×(2.42+3.6)−2.42]×2.88×2=55.41		
	20	门厅	[2×(1.61+4.4)−1.61]×2.88×4=119.92		
	21		[2×(2.42+1.21)−2.42]×2.88×2=27.88		
	22	过道 1	[2×(16.9+1.21)−9.62]×2.88=76.61		
	23		[2×(1.25+4.4)−1.25]×2.88×2=57.89		
	24		[2×(1.25+4.4)−1.25]×2.88=28.94		
	25		[2×(1.2+4.4)−1.2]×2.88=28.8		
	26		[2×(3.69+4.16)−1.2]×2.88=41.76		
	27		[2×(3.69+4.16)−2.45]×2.88=38.16		
	28	过道 2	[2×(20+1.21)−9.57]×2.88=94.61		
	29		[2×(2.7+1.45)−2.7]×2.88×2=32.26		
	30	地下 2 层	Σ 1805.52		
	31	储藏 1	2×(3.34+6.44)×2.73=53.4		
	32	储藏 2	2×(3.34+4.84)×2.73=44.66		
	33	储藏 3	2×(1.7+4.13)×2.73×2=63.66		
	34		[2×(1.7+4.13)−2]×2.73=26.37		

续表

序号			编号/部位	项目名称/计算式		工程量	图算校核
		35	储藏 4	2×(3.1+4.24)×2.73×4=160.31			
		36	热表、储藏 5	2×(1.45+4.3)×2.73×3=94.19			
		37	储藏 6	2×(4.3+5.84)×2.73×2=110.73			
		38	储藏 7	2×(2.74+5.14)×2.73×2=86.05			
		39	储藏 8	2×(3.69+2.89)×2.73×2=71.85			
		40	储藏 9	2×(1.7+4.2)×2.73=32.21			
		41	储藏 10	2×(4.4+4.2)×2.73=46.96			
		42	储藏 11	2×(2.8+4.24)×2.73=38.44			
		43	储藏 12	2×(3.34+7.15)×2.73=57.28			
		44	储藏 13	2×(3.34+3.33)×2.73=36.42			
		45	配电	2×(2.9+3.54)×2.73×2=70.32			
		46	电表	2×(2.9+2)×2.73×2=53.51			
		47	窗井	2×(2.01+1)×2.91×3=52.55			
		48		2×(2.31+1)×2.91=19.26			
		49	设备间	2×(1.11+0.61)×2.79×4=38.39			
		50	楼梯间	[2×(2.42+3.6)-2.42]×2.88×2=55.41			
		51	门厅	[2×(1.61+4.4)-1.61]×2.73×4=113.68			
		52		2×(2.42+1.21)×2.73×2=39.64			
		53	过道 1	[2×(16.9+1.21)-9.57]×2.73=72.75			
		54		[2×(1.25+4.4)-1.25]×2.73×2=54.87			
		55		[2×(1.25+4.4)-1.25]×2.73=27.44			
		56		[2×(1.2+4.4)-1.2]×2.73=27.3			
		57		[2×(3.69+4.16)-1.2]×2.73=39.59			
		58		[2×(3.69+4.16)-2.4]×2.73=36.31			
		59	过道 2	[2×(20+1.21)-9.52]×2.73=89.82			
		60		[2×(2.65+5.94)-2.65]×2.73×2=79.33			
		61	地下 1 层	Σ	1792.7		
64	19		011407002001	天棚喷刷涂料;刮腻子	m²	1051.09	1050.45
		1		D14.1+D14.2	966.95		
		2	楼梯系数	D19×0.31	10.8		
		3	-1 层梁下	(DL200+DL180)×0.28×2	28.31		
		4	1 层梁下	(SL200+SL180)×0.28×2	45.03		
65			9-4-209	顶棚内墙抹灰面满刮腻子二遍	=	1051.09	1050.45
66	20		011102001002	石材楼地面;花岗石坡道 4.5×1.4×4	m²	25.2	25.2
67			8-7-59'	C154 商品混凝土剁斧花岗石坡道 100	=	25.2	25.2
68	21		011107001002	花岗石台阶面 1.6×0.6×4	m³	3.84	3.84
69			9-1-59	花岗石台阶	—	3.84	3.84
70	22		011503001001	金属扶手栏杆;钢管扶手方钢栏杆(建施-20)	m	19.76	19.76
		1	楼梯斜长	2.08TLD×2=4.94			
		2	2 层楼梯斜长	H1×2[层]×2	19.76		
71			9-5-206	钢管扶手型钢栏杆	t	0.415	0.415
		1	钢管 ϕ50×3	D70×3.48/1000	0.069		
		2	方钢 25×25 立杆	1.05×8×4.91=41.244			
		3	方钢 20×20	0.95×12×3.14=35.796			
		4	方钢 10×10	1×12×0.785=9.42			
		5		Σ×2×2/1000	0.346		

续表

序号		编号/部位	项目名称/计算式		工程量	图算校核
72		9-5-208	弯头另加工料 钢管	个	16	16
			4×2×2			
73		9-4-137×2	红丹防锈漆一遍 金属构件×2	t	0.415	0.415
			D71			
74		9-4-117	调合漆二遍 金属构件	=	0.415	0.415
75	23	011503001002 坡道栏杆⑤	金属扶手栏杆;钢管喷塑栏杆 L13J12 4.8×8	m	38.4	38.4
76		9-5-206H	钢管扶手钢管栏杆	t	0.709	0.709
	1	钢管 ϕ50×3	(2+4.8)×3.48=23.664			
	2	钢管 ϕ50×4	(1×6+4.8)×4.54=49.032			
	3	钢管 ϕ20×3	4.2×3×1.26=15.876			
	4		∑×8/1000	0.709		
77		9-5-208	弯头另加工料 钢管	个	16	16
78		9-4-128	过氯乙烯漆五遍成活 金属构件	t	0.709	0.709
			D76			
			装饰(计超高)			
1	24	010801001002	木质门;平开夹板门,L13J4-1(78) 2M3+40M4	m^2	104.8	104.8
2		5-1-13	单扇木门框制作	=	104.8	104.8
3		5-1-14	单扇木门框安装	=	104.8	104.8
4		5-1-77	单扇胶合板门扇制作	=	104.8	104.8
5		5-1-78	单扇胶合板门扇安装	=	104.8	104.8
6		5-9-3-1	单扇木门配件(安执手锁)	樘	42	42
7	25	011401001002	木门油漆	m^2	104.8	104.8
			D1			
8		9-4-1	底油一遍调合漆二遍 单层木门	=	104.8	104.8
9	26	010802004001	防盗对讲门;甲供	樘	4	4
10		5-4-14	钢防盗门安装(扇面积) 4M9	m^2	10.92	10.92
11	27	010802004002	防盗防火保温进户门;甲供	樘	48	48
12		5-4-14H	钢防盗防火保温户门安装(扇面积) 4M2+44M11	m^2	131.04	131.04
13	28	010802003002	钢质防火门 2M12+44M13	m^2	84.24	84.24
14		5-4-12	钢质防火门安装(扇面积)	=	84.24	84.24
15	29	010802001001	金属门;隔热铝合金中空玻璃门 44M5+11M6+33M7	m^2	541.97	541.97
16		5-5-3	铝合金推拉门安装	=	541.97	541.97
17	30	010807001003	隔热铝合金窗中空玻璃窗	m^2	944.59	944.59
	1		C<18>	944.59		
	2	门洞[扣地下电梯]	MD-8MD1=862.18			
	3	门窗表[扣地下]	2836.62−76.92−79.96=2679.74			
	4	校核	D1+D10+D12+D13+D15+H1+H2−H3=0			
18		5-5-5	铝合金平开窗安装	=	944.59	944.59

续表

序号		编号/部位	项目名称/计算式		工程量	图算校核
19	31	010807003001	铝合金百叶	m²	312.45	312.45
	1	空调板大样一	(31.52－0.1×21)×(1.06×4＋1.04)	155.34		
	2	空调板大样二	(31.52－0.1×21)×(1.04＋1×2)	89.44		
	3	㉗、㉙轴	(31.52－0.1×21)×1.15×2	67.67		
	4	校核高度	1.07＋1.35×21＋0.1×21－31.52＝0			
20		5-6-4H	铝合金百叶窗安装	m²	312.45	312.45
21	32	011101001004 1～顶层楼梯	水泥砂浆楼梯面；水泥楼面二 LT×11	m²	191.66	191.66
22		9-1-10-2	1∶2砂浆楼梯20	＝	191.66	191.66
23	33	011102003006	块料楼地面；门厅地砖楼面(楼面四)	m²	347.26	347.04
	1	2～11层门厅	10T	315.22		
	2	加门口	([MD1]1.1×4＋[M4]1.2×6＋[M11]1.3×4)×0.18×10＋[M13]0.9×2×0.1×10	32.04		
24		9-1-169-1	干硬1∶3水泥砂浆全瓷地板砖300×300	＝	347.26	347.04
25	34	010404001002	垫层；LC7.5轻骨料混凝土填充层60 D23×0.06	m³	20.84	20.82
26		6-3-21	混凝土板上铺C7.5矿渣混凝土	＝	20.84	20.82
27	35	011102003007	块料楼地面；卫生间地砖楼面(楼面六)	m²	363.01	363
	1	卫生间	10RW	355.97		
	2	增门口	[M3](0.1×7＋0.18)×0.8×10	7.04		
28		9-1-169-1	干硬1∶3水泥砂浆全瓷地板砖300×300	＝	363.01	363
29		6-2-93	1.5厚LM高分子涂料防水层	＝	363.01	363
30		6-2-1H'	C20细石商品混凝土防水层40(配φ3双向@50钢丝) D27.1	m²	355.97	355.96
31		6-2-2×1'	C20细石商品混凝土防水层＋10	＝	355.97	355.96
32	36	010904001003	楼面卷材防水；卫生间防水 D27.1	m²	355.97	356
33		9-1-178H	0.2厚真空镀铝聚酯薄膜	＝	355.97	356
34		6-3-41H	混凝土板上干铺挤塑板20	＝	355.97	356
35		6-2-38	平面氯化聚乙烯-橡胶共混卷材	＝	355.97	356
36	37	010404001003	垫层；LC7.5轻骨料混凝土填充层300 RW×0.3×10	m³	106.79	106.8
37		6-3-21	混凝土板上铺C7.5矿渣混凝土	＝	106.79	106.8
38	38	011102003008	块料楼地面；厨房、封闭阳台地砖楼面(楼面七)	m²	486.38	487.5
	1	厨房、封闭阳台	10RC	466.94		
	2	增门口	4([MD4]1.8＋[MD2]0.9)×0.18×10	19.44		
39		9-1-169-1	干硬1∶3水泥砂浆全瓷地板砖300×300	＝	486.38	487.5
40		6-2-93	1.5厚LM高分子涂料防水层 D38.1	m²	466.94	466.94
41		6-2-1H'	C20细石商品混凝土防水层40(配φ3双向@50钢丝)	＝	466.94	466.94
42		6-2-2×1'	C20细石商品混凝土防水层＋10	＝	466.94	466.94
43	39	010904001004	楼面卷材防水；厨房、封闭阳台楼面 10RC	m²	466.94	468.1
44		6-2-54	平面一布二涂合成胶沥青聚酯布	＝	466.94	468.1

续表

序号		编号/部位	项目名称/计算式		工程量	图算校核
45		6-3-41H	混凝土板上干铺挤塑板 20	=	466.94	468.1
46		6-2-93	1.5 厚 LM 高分子涂料防水层 D43	m²	466.94	468.1
47		9-1-1	1∶3 砂浆硬基层上找平层 20	=	466.94	468.1
48	40	011101001005	水泥砂浆楼面；卧室、走廊、餐厅（楼面八）	m²	3407.57	3456.96
	1	2～11 层卧室走廊餐厅	RQ×10	3407.57		
	2	楼面校核	(R－DT－LT)×10－H1［卧］－D38.1［厨］－D27.1［卫］－D23.1［厅］－SB×10＝0			
49		9-1-9-1	1∶2 砂浆楼地面 20	=	3407.57	3456.96
50		6-2-1H'	C20 细石商品混凝土防水层 40（配 ϕ3 双向@50 钢丝）	=	3407.57	3456.96
51		6-2-2×1'	C20 细石商品混凝土防水层＋10	=	3407.57	3456.96
52	41	011001005002	保温隔热楼地面；楼面八 D48	m²	3407.57	3459.56
53		6-3-41H	混凝土板上干铺挤塑板 20	=	3407.57	3459.56
54		9-1-1	1∶3 砂浆硬基层上找平层 20 D48	m²	3407.57	3459.56
55	42	011102003009	块料楼地面；阳台楼面（楼面九）	m²	346.22	346.2
	1	南面阳台	4.32×4×1.32×10	228.1		
	2	北面阳台	(2.82×3＋3.12)×1.02×10	118.12		
56		9-1-169-1	干硬 1∶3 水泥砂浆全瓷地板砖 300×300	=	346.22	346.2
57	43	010702001002	阳台卷材防水；开敞阳台楼面 D55	m²	346.22	346.2
58		6-2-93	1.5 厚 LM 高分子涂料防水层	=	346.22	346.2
59		9-1-1	1∶3 砂浆硬基层上找平层 20	=	346.22	346.2
60	44	011101001006	水泥砂浆楼地面；20 厚 1∶2 水泥砂浆	m²	254.37	254.34
	1	设备间	10SB	27.33		
	2	机房层平台	(4.32×1.5＋3×0.8)×4［客厅上空］	35.52		
	3	空调板面	(1.04×3＋1.6×2＋1.32×2＋1.06×4)×0.7×21	194.04		
	4	扣⑦、㉒轴洞口跺	－0.6×0.1×2×21	－2.52		
61		9-1-9-1	1∶2 砂浆楼地面 20	=	254.37	254.34
62	45	011407002002	天棚喷刷涂料；2～3 厚柔韧型腻子	m²	6454.79	6362.78
	1	1～11 层基数面积	R1＋10R＋D55［阳台］-11DT-11LT-2TK	5335.32		
	2	与地面校核	H1－(R1－DT－LT＋D23.1＋D27.1＋D38.1＋D48＋D55＋D60.1－2TK)＝0			
	3	11 层阳台	D55/10	34.62		
	4	机房层天棚	2RD×TW	208.86		
	5	屋顶花园天棚	2RD1×TW	17.37		
	6	1 层梁侧	NL600×0.48×2＋NL450×(0.32＋0.35)＋NL400×0.3×3＋WL4010×0.28	21.2		
	7	2～10 层梁侧	［NL450×(0.32＋0.35)＋NL400×0.3×2＋WL400×0.28＋WL400×0.3］×9	263.53		
	8	顶层梁侧	NL450×0.33×2＋NL400×0.28×2＋WL520×0.4＋WDL400×0.28	23.1		
	9	楼梯底面	11LT×1.33	254.91		

续表

序号		编号/部位	项目名称/计算式		工程量	图算校核
	10	空调板顶棚	(1.04×3+1.6×2+1.32×2+1.06×4)×0.7×22	203.28		
	11	扣⑦、㉒轴洞口跺	−0.6×0.1×2×22	−2.64		
	12	阳台梁内侧	(4.32×4+2.82×3+3.12)×0.3×11	95.24		
63		9-4-209	顶棚、内墙抹灰面满刮腻子二遍	=	6454.79	6362.78
64	46	011105003001	块料踢脚线;大理石板踢脚(一层门厅)	m	66.72	66.8
	1	门厅	[2×(1.62+4.22)−1.3−1.3−1.2−1.1]×2=13.56			
	2		[2×(1.62+4.22)−1.21−1.3−1.3−1.1]×2=13.54			
	3		[2×(2.42+1.21)−1.21−1.2−2×0.9]×2=6.1			
	4		Σ	33.2		
	5	进厅	[2×(2.22+4.12)−1.5×2−1.3]×4	33.52		
65		9-1-45	水泥砂浆直线形大理石踢脚板 D64×0.12	m^2	8.01	8.03
66	47	011105003002	块料踢脚线;面砖踢脚(2～顶层候梯厅)	m	336	335.2
	1	2～顶层门厅	[2×(1.62+4.22)−1.3−1.2−1.1]×4=32.32			
	2		[2×(2.42+1.21)−2.42−2×1.2−2×0.9]×2=1.28			
	3		Σ×10	336		
67		9-1-86	水泥砂浆彩釉砖踢脚板	=	336	335.2
68	48	011204003001	块料墙面;面砖墙面(一层候梯厅、进厅)	m^2	199.1	178.91
	1	进厅	{[2×(2.22+4.12)−1.5×2]×2.78−M9}×4	96.72		
	2	门厅	[2×(1.62+4.22)×2.69−M11−M9−M12−MD1]×2=42.04			
	3		{[2×(1.62+4.22)−1.21]×2.69−M11−M9−MD1}×2=40.57			
	4		{[2×(1.16+1.21)−1.16]×2.69−M12−M13}×2=10.62			
	5		{[2×(1.16+1.21)−1.16−1.21]×2.69−M13}×2=9.15			
	6		Σ	102.38		
69		9-2-191	砂浆粘贴全瓷墙面砖 L2400 内	=	199.1	178.91
70		9-4-242	混凝土界面剂涂敷加气混凝土砌块面	=	199.1	178.91
71		10-1-22-1	装饰钢管脚手架 3.6m 内	m^2	258.82	260.6
	1	进厅	[2×(2.22+4.12)−3]×2.78×4	107.64		
	2	一层门厅	2×(1.62+4.22]×2.69×2=62.84			
	3		[2×(1.62+4.22)−1.21]×2.69×2=56.33			
	4		[2×(1.16+1.21)−1.16]×2.69×2=19.26			
	5		[2×(1.16+1.21)−2.37]×2.69×2=12.75			
	6		Σ	151.18		
72	49	011204003002	块料墙面;釉面砖(厨房、卫生间、封闭阳台)	m^2	3285.24	3277.39
	1	卫 1、2、3	2×(2.21+2.02)×2.38−MD3−C8=17.23			
	2		2×(2.21+1.66)×2.38−MD3−2C8=14.52			
	3		[2×(2.51+1.72)×2.38−MD3−C9]×2=34.75			
	4	卫 4、5、6	[2×(1.61+1.92)×2.38−MD3−C8]×2=27.81			
	5		2×(2.02+3.42)×2.38−MD3−C6=22.66			
	6		2×(2.11+2.72)×2.38−MD3−3C8=18.09			
	7	厨 1、2	[2×(1.72+4.22)×2.68−MD4−C5)×3=77.34			
	8		2×(2.22+4.22)×2.68−MD4−C3=28.02			
	9	封闭阳台	[2×(3.12+1.32)×2.68−MD2−C1−C10)×3=43.65			
	10		2×(2.42+1.32)×2.68−MD2−C1−C11=11.1			
	11	1～10 层	Σ×10	2951.7		
	12	卫 1、2、3	2×(2.21+2.02)×2.8−MD3−C8=20.79			
	13		2×(2.21+1.66)×2.8−MD3−2C8=17.77			
	14		[2×(2.51+1.72)×2.8−MD3−C9]×2=41.86			

续表

序号		编号/部位	项目名称/计算式		工程量	图算校核
	15	卫 4、5、6	[2×(1.61+1.92)×2.8−MD3−C8]×2=33.74			
	16		2×(2.02+3.42)×2.8−MD3−C6=27.23			
	17		2×(2.11+2.72)×2.8−MD3−3C8=22.15			
	18	厨 1、2	[2×(1.72+4.22)×2.8−MD4−C5]×3=81.61			
	19		2×(2.22+4.22)×2.8−MD4−C3=29.56			
	20	封闭阳台	[2×(3.12+1.32)×2.8−MD2−C1−C10]×3=46.84			
	21		2×(2.42+1.32)×2.8−MD2−C1−C11=11.99			
	22	11 层	∑	333.54		
73		9-2-188	砂浆粘贴全瓷墙面砖 L1200 内	=	3285.24	3277.39
74		9-4-242	混凝土界面剂涂敷加气混凝土砌块面	=	3285.24	3277.39
75		10-1-22-1	装饰钢管脚手架 3.6m 内	m^2	4249.17	4197.16
	1	卫 1、2、3	2×(2.21+2.02)×2.38=20.13			
	2		2×(2.21+1.66)×2.38=18.42			
	3		2×(2.51+1.72)×2.38×2=40.27			
	4	卫 4、5、6	2×(1.61+1.92)×2.38×2=33.61			
	5		2×(2.02+3.42)×2.38=25.89			
	6		2×(2.11+2.72)×2.38=22.99			
	7	厨 1、2	2×(1.72+4.22)×2.68×3=95.52			
	8		2×(2.22+4.22)×2.68=34.52			
	9	封闭阳台	2×(3.12+1.32)×2.68×3=71.4			
	10		2×(2.42+1.32)×2.68=20.05			
	11	1～10 层	∑×10	3828		
	12	卫 1、2、3	2×(2.21+2.02)×2.8=23.69			
	13		2×(2.21+1.66)×2.8=21.67			
	14		2×(2.51+1.72)×2.8×2=47.38			
	15	卫 4、5、6	2×(1.61+1.92)×2.8×2=39.54			
	16		2×(2.02+3.42)×2.8=30.46			
	17		2×(2.11+2.72)×2.8=27.05			
	18	厨 1、2	2×(1.72+4.22)×2.8×3=99.79			
	19		2×(2.22+4.22)×2.8=36.06			
	20	封闭阳台	2×(3.12+1.32)×2.8×3=74.59			
	21		2×(2.42+1.32)×2.8=20.94			
	22	11 层	∑	421.17		
76	50	010903002001	墙面涂膜防水；聚合物水泥复合涂料 D72	m^3	3285.24	3277.39
77		6-2-85	立面聚合物水泥复合涂料三遍	=	3285.24	3277.39
78	51	011201001003	墙面一般抹灰；刮腻子墙面（内墙四）	m^2	11652.1	11589.42
	1	卧 1	2×(3.42+5.82)×2.68−MD2−MD3−C1=42.38			
	2	卧 2	2×(3.42+3.16)×2.68−MD2−C2=30.47			
	3	卧 3	[2×(3.12+4.32)×2.68−MD2−C1]×4=138.51			
	4	卧 4	[2×(2.82+3.12)×2.68−MD2−C3]×2=54.96			
	5	卧 5	[2×(3.72+5.82)×2.68−MD2−MD3−C1]×2=87.97			
	6	卧 6	2×(2.82+4.32)×2.68−MD2−C2=33.47			
	7	卧 7	2×(3.42+5.9)×2.68−MD2−MD3−C1=42.81			
	8	卧 8	2×(3.42+3.42)×2.68−MD2−C2=31.86			
	9	E 客厅走廊	[2×(8.91+6.86)−2.82]×2.65−3MD2−MD3−M11−M5=57.92			

续表

序号	编号/部位	项目名称/计算式	工程量	图算校核
10	D客厅走廊	{[2×(8.91+6.9)−2.82]×2.65−3MD2−MD3−M11−M5}×2=116.26		
11	G客厅走廊	[2×(12.01+5.72)−3.12]×2.65−4MD2−MD3−M11−M5=65.37		
12	餐厅	{[2×(2.82+3.2)−2.82]×2.68−M7−MD4}×3=46.29		
13		[2×(3.12+3.2)−3.12]×2.68−M6−MD4=15.52		
14	门厅	[2×(1.62+4.22)×2.69−M11−M4−MD1−C4]×4=87.32		
15		{[2×(2.42+1.21)−2.42]×2.69−2M4−2M13}×2=8.76		
16	设备	[2×(1.12+0.61)×2.78−M13]×4=31.28		
17	楼梯	{[2×(2.42+3.6)−2.42]×2.78−C301}×2=48.99		
18	1～10层	Σ×10	9401.4	
19	扣1层门厅	−H14−H15	−96.08	
20	1层楼梯中间墙	2.1×2.78×2×2	23.35	
21	卧1	2×(3.42+5.82)×2.8−MD2−MD3−C1=44.59		
22	卧2	2×(3.42+3.16)×2.8−MD2−C2=32.05		
23	卧3	[2×(3.12+4.32)×2.8−MD2−C1]×4=145.66		
24	卧4	[2×(2.82+3.12)×2.8−MD2−C3]×2=57.81		
25	卧5	[2×(3.72+5.82)×2.8−MD2−MD3−C1]×2=92.55		
26	卧6	2×(2.82+4.32)×2.8−MD2−C2=35.18		
27	卧7	2×(3.42+5.9)×2.8−MD2−MD3−C1=45.04		
28	卧8	2×(3.42+3.42)×2.8−MD2−C2=33.5		
29	E客厅走廊	[2×(8.91+6.86)−2.82]×2.8−3MD2−MD3−M11−M5=62.23		
30	D客厅走廊	{[2×(8.91+6.9)−2.82]×2.8−3MD2−MD3−M11−M5}×2=124.9		
31	G客厅走廊	[2×(12.01+5.72)−3.12]×2.8−4MD2−MD3−M11−M5=70.22		
32	墙面加高	4.5×0.1×8=3.6		
33	餐厅	[2×(2.82+3.2)×2.8−M7−MD4]×3=73.3		
34		2×(3.12+3.2)×2.8−M6−MD4=25.4		
35	门厅	[2×(1.62+4.22)×2.8−M11−M4−MD1−C4]×4=92.46		
36		{[2×(2.42+1.21)−2.42]×2.8−2M4−2M13}×2=9.82		
37	设备	[2×(1.12+0.61)×2.8−M13]×4=31.55		
38	楼梯	{[2×(2.42+3.6)−2.42]×2.78−C301}×2=48.99		
39	11层	Σ	1028.85	
40	客厅	[2×(4.32+7.22)×2.925−C101−C302−C7−M2]×4=233.04		
41	客厅山尖	4.32×3.175×4=54.86		
42	平台	[2×(2.42+1.92)×3.125−M3]×2=50.25		
43	楼梯	{[2×(2.42+3.6)−2.42]×3.125−C301}×2=55.63		
44	楼梯山尖	1.21×1.095×4=5.3		
45		Σ	399.08	
46	空调板内墙面	[(1.6+0.6)×2+1.32×2+0.7×4×2]×(31.92−0.1×21)	376.92	
47		(1.04×3+1.06×4+0.7×7×2)×(32.32−0.1×21)	518.58	

续表

序号		编号/部位	项目名称/计算式		工程量	图算校核
79		9-4-260	内墙抹灰面满刮成品腻子二遍	=	11652.1	11589.42
80		9-2-349	墙面耐碱纤维网格布 一层	=	11652.1	11589.42
81		10-1-22-1	装饰钢管脚手架 3.6m 内	m^2	13523.55	13518.73
	1	卧1	2×(3.42+5.82)×2.68=49.53			
	2	卧2	2×(3.42+3.16)×2.68=35.27			
	3	卧3	2×(3.12+4.32)×2.68×4=159.51			
	4	卧4	2×(2.82+3.12)×2.68×2=63.68			
	5	卧5	2×(3.72+5.82)×2.68×2=102.27			
	6	卧6	2×(2.82+4.32)×2.68=38.27			
	7	卧7	2×(3.42+5.9)×2.68=49.96			
	8	卧8	2×(3.42+3.42)×2.68=36.66			
	9	E客厅走廊	[2×(8.91+6.86)−2.82]×2.65=76.11			
	10	D客厅走廊	[2×(8.91+6.9)−2.82]×2.65×2=152.64			
	11	G客厅走廊	[2×(12.01+5.72)−3.12]×2.65=85.7			
	12	餐厅	[2×(2.82+3.2)−2.82]×2.68×3=74.13			
	13		[2×(3.12+3.2)−3.12]×2.68=25.51			
	14	设备	2×(1.12+0.61)×2.78×4=38.48			
	15	楼梯	[2×(2.42+3.6)−2.42]×2.78×2=53.49			
	16	1~10层	Σ×10	10412.1		
	17	2~10层门厅	2×(1.62+4.22)×2.69×4=125.68			
	18		[2×(2.42+1.21)−2.42]×2.69×2=26.04			
	19		Σ×9	1365.48		
	20	1层楼梯中间墙	2.1×2.78×2×2	23.35		
	21	卧1	2×(3.42+5.82)×2.8=51.74			
	22	卧2	2×(3.42+3.16)×2.8=36.85			
	23	卧3	2×(3.12+4.32)×2.8×4=166.66			
	24	卧4	2×(2.82+3.12)×2.8×2=66.53			
	25	卧5	2×(3.72+5.82)×2.8×2=106.85			
	26	卧6	2×(2.82+4.32)×2.8=39.98			
	27	卧7	2×(3.42+5.9)×2.8=52.19			
	28	卧8	2×(3.42+3.42)×2.8=38.3			
	29	E客厅走廊	[2×(8.91+6.86)−2.82]×2.8=80.42			
	30	D客厅走廊	[2×(8.91+6.9)−2.82]×2.8×2=161.28			
	31	G客厅走廊	[2×(12.01+5.72)−3.12]×2.8=90.55			
	32	餐厅	2×(2.82+3.2)×2.8×3=101.14			
	33		2×(3.12+3.2)×2.8=35.39			
	34	门厅	2×(1.62+4.22)×2.8×4=130.82			
	35		[2×(2.42+1.21)−2.42]×2.8×2=27.1			
	36	设备	2×(1.12+0.61)×2.8×4=38.75			
	37	楼梯	[2×(2.42+3.6)−2.42]×2.78×2=53.49			
	38	11层	Σ	1278.04		
	39	客厅	2×(4.32+7.22)×2.925×4=270.04			
	40	客厅山尖	4.32×3.175×4=54.86			
	41	平台	2×(2.42+1.92)×3.125×2=54.25			
	42	楼梯	[2×(2.42+3.6)−2.42]×3.125×2=60.13			
	43	楼梯山尖	1.21×1.095×4=5.3			
	44	机房层	Σ	444.58		
82	52	011407001001	墙面喷刷涂料：白色涂料	m^2	1566.79	1571.59

续表

序号		编号/部位	项目名称/计算式		工程量	图算校核
	1	门厅	[2×(1.62+4.22)×2.69－M11－M4－MD1－C4]×4=87.32			
	2		{[2×(2.42+1.21)－2.42]×2.69－2M4－2M13}×2=8.76			
	3	2～10层门厅	∑×9	864.72		
	4	门厅	[2×(1.62+4.22)×2.8－M11－M4－MD1－C4]×4=92.46			
	5		{[2×(2.42+1.21)－2.42]×2.8－2M4－2M13}×2=9.82			
	6	11层门厅	∑	102.28		
	7	1～11层楼梯间	{[2×(2.42+3.6)－2.42]×2.78－C301}×2×11	538.86		
	8	机房层楼梯间	{[2×(2.42+3.6)－2.42]×3.125－C301}×2	55.63		
	9	楼梯山墙	1.21×1.095×4	5.3		
	10	校核抹灰面	D68[门厅]+D72[厨卫]+D78[腻子]－D78.20[LT]－14217.59=895.5			
	11	校核抹灰脚手	D71[门厅]+D75[厨卫]+D81[腻子]－D81.20[LT]－18008.19=0			
83		9-4-245	内墙柱抹灰面刷106涂料三遍	=	1566.79	1571.59
84	53	011201004001	立面砂浆找平层：真石漆外墙聚合物水泥砂浆20	m^2	241.27	220.01
	1	立面窗下墙	([C1]2.1×4+[C2]1.8×3+[C3]1.5×5+[C5]1.2×3+[C6]0.9)×0.5×11	141.9		
	2	山墙立面窗间墙	2.1×(1.35+1.47×10+0.57)×2	69.8		
	3	山墙立面侧墙	(32.1－19.78)×0.6×4	29.57		
85		9-2-341	墙保温层上胶粉聚苯颗粒找平15	=	241.27	220.01
86		9-2-342	墙保温层上胶粉聚苯颗粒找平±5	=	241.27	220.01
87	54	011001003001	保温隔热墙面；40厚挤塑板(XPS板) D84	m^2	241.27	220.01
88		6-3-63	立面胶粘剂点粘挤塑板	=	241.27	220.01
89	55	011203001001	檐板、零星项目一般抹灰	m^2	677.27	603.11
	1	客厅、梯斜檐	10.18TW×4+3.78TW×2=63.01			
	2	客厅、梯平檐	8.78×4+8.3×4=68.32			
	3	屋顶花园斜平檐	(4.5TW+3.08)×4=35.81			
	4	⑫～⑰轴大样图一斜平檐	(1.84TW+4.5)×2=13.8			
	5	阳台平檐	2.79×3+5.4=13.77			
	6	①、㉚轴山墙平檐	(3.5+1.2×2)×2=11.8			
	7	檐头抹灰	∑×(0.3+0.06)	74.34		
	8	客厅、梯斜檐底	10.18TW×(0.3+0.9)×2=31.88			
	9	客厅、梯平檐底	4×(7.58+8)×0.5TW+4×2.12×2TW=62.8			
	10	屋顶花园斜檐底	4.5TW×0.26×4=6.11			
	11	屋顶花园平檐底	2.48×0.5TW×4=6.47			
	12	⑫～⑰轴大样图一平檐底	4.5×0.96TW×2=11.28			
	13	⑫～⑰轴大样图一斜檐底	1.94TW×3×2=15.19			
	14	阳台平檐底	(2.79×3+5.4)×0.3TW=5.39			
	15	①,㉚轴山墙平檐底	(3.5+1.2×2)×0.3×2=3.54			

续表

序号		编号/部位	项目名称/计算式		工程量	图算校核
	16	封闭阳台檐底	(2.7×33+2.5×11)×0.3=34.98			
	17	檐底抹灰	Σ	177.64		
	18	空调板正面	(1.3×4+1.28+1.84×2+1.28×2+1.5×2)×31.52-D19	183.04		
	19	C1、C2、C3 窗下檐	2.1×44[C1]+1.8×33[C2]+1.5×33[C3]=201.3			
	20	C4、C5、C6 窗下檐	1.3×36[C4]+1.2×33[C5]+0.9×11[C6]=96.3			
	21	窗下檐抹灰	Σ×(0.14+0.06×2)	77.38		
	22	山墙 8F 以下 2-2	2.5×(0.14+0.2×2)×27=36.45			
	23	8F20.18 处底板	2.5×(0.14+0.5×2)×2=5.7			
	24	8F 顶板面	2.5×0.4×2=2			
	25	8F 立面	(2.5+0.6×2)×0.65×2=4.81			
	26	山墙 8F 以上 2-2	2.5×(0.58+0.2+0.14)×16=36.8			
	27	窗檐	2.1×(0.4+0.2+0.14)×16=24.86			
	28	封闭阳台檐	(2.7×33+2.5×11)×(0.3+0.12)=48.97			
	29	空调板顶檐	(1.26×4+1.24)×(0.7+0.14)=5.28			
	30		Σ	164.87		
90		9-2-37	装饰线条混合砂浆 D89.7+/0.36	m	206.5	176.19
91		9-3-3H	现浇混凝土顶棚混合砂浆 9+6 抹灰 D89.17	m^2	177.64	180.64
92		9-2-36H	零星项目混合砂浆 9+6 D89.18+D89.22+D89.30	m^2	384.36	338.25
93	56	011201001004	墙面一般抹灰;9 厚混浆,6 厚水泥砂浆	m^2	1024.05	1065.71
	1		D84	241.27		
	2	女儿墙内面抹灰	(NVQ+WMQ)×(1.4-0.4[泛水+防水防火])	81.96		
	3	一层女儿墙内抹灰	NVSQ×(0.9-0.4[泛水+防水])	14.4		
	4	南外阳台抹灰	[A]3×4(31.9+0.45-1.88×11)	140.04		
	5	北外阳台抹灰	[G](2.4×3+2.7)×(31.38+0.45-1.88×11)	110.39		
	6	南阳台内抹灰	[A](4.32×2.8-3×1.88)×4×11	284.06		
	7	北阳台内抹灰	[G][(2.82×3+3.12)×2.8-(2.4×3+2.7)×1.88]×11	151.93		
94		9-2-20H	砖墙面墙裙水泥砂浆 9+6	=	1024.05	1065.71
95	57	010903003001	墙面砂浆防水;5 厚干粉类聚合物水泥防水砂浆 D84	m^2	241.27	220.01
96		9-2-343	抗裂砂浆 墙面 5 内	=	241.27	220.01
97		9-2-349	墙面耐碱纤维网格布 一层	=	241.27	220.01
98	58	011407001002	墙面喷刷涂料;真石漆外墙面 D89+D93	m^2	1701.32	1668.82
99		9-4-150	墙柱外抹灰面层喷真石漆三遍成活	=	1701.32	1668.82
100	59	011201004003	立面砂浆找平层;墙面聚合物水泥砂浆 20	m^2	4875.08	4755.61
	1	外墙面	W×33.75=5632.2			
	2	1 层增加	(W1-W)×4.25=51			
	3	机房山墙	4×9.18×(33.89-33.3)+[山]9.18×4.01×2=95.29			
	4	机房Ⓓ轴山墙	4×3.3×(0.59+1.4-0.5[泛水保温])=19.67			
	5	机房檐墙	4×(7.58×1.99+8×3.125-(15.28+3.1)×0.5[泛水保温])=123.58			
	6	屋顶花园山墙	3.5×4×9.18×0.59+[山]9.18×4.01×2=149.45			

续表

序号		编号/部位	项目名称/计算式		工程量	图算校核
	7	南阳台扣板厚	−(1.5×4+8.82×2)×0.1×11=−26			
	8	北阳台扣板厚	−(1.2×8+2.82×3+3.12)×0.1×11=−23.3			
	9	扣门窗	−M<18W>−C<18W>=−1458.8			
	10		Σ	4563.09		
	11	窗边	[C1]2×(2.1+1.48)×4+[C2]2(1.8+1.48)×3+[C3]2×(1.5+1.48)×3=66.2			
	12		[C301]2×(1.5+1.5)×2+[C5]2×(1.2+1.48)×3+[C6]2×(0.9+1.48)=32.84			
	13		[C8]2×(0.5+1.43)×8+[C9]2×(0.6+1.43)×2+[C10]2×(2.7+1.48)×3+[C11]2×(2.5+1.48)=72.04			
	14	门边	[MD2](2×2.38+0.9)×4+[M5](2×2.38+3)×4+[M6](2×2.38+2.4)+[M7](2×2.38+2.1)×3=81.42			
	15	1～11层门窗边	Σ×0.1×11	277.75		
	16	窗边C4	[C4]2×(1.3+1.48)×40=222.4			
	17	机房窗边	[C101]2×(2.1+1.2)×4+[C301,302]2×(1.5+1.5)×6+[C7]2×(0.7+2.5)×4=88			
	18	机房门边	[M2](2×2.1+1.3)×4+[M3](2×2+1)×2=32			
	19		Σ×0.1	34.24		
	20		44C1+33C2+33C3+22C301+33C5+11C6+88C8+22C9+33C10+11C11=700.37			
	21	校核窗	H20+4C101+2C301+4C302+40C4+4C7−C<18W>=0			
	22	校核门	4M2+2M3+44MD2+44M5+11M6+33M7−M<18W>=0			
101		9-2-341	墙保温层上胶粉聚苯颗粒找平15	=	4875.08	4755.61
102		9-2-342	墙保温层上胶粉聚苯颗粒找平±5	=	4875.08	4755.61
103	60	011001003002	保温隔热墙面;40厚挤塑板(XPS板) D100	m²	4875.08	4755.61
104		6-3-63	立面胶粘剂点粘挤塑板	=	4875.08	4755.61
105	61	011201001005	墙面一般抹灰;9厚混浆,6厚水泥砂浆	m²	5358.99	5478.08
	1		D100	4875.08		
	2	女儿墙压顶	(NVQ+NVSQ)×(0.12+0.19)	32.25		
	3	空调板正面⑦、㉒	31.52×(1.8−1)×2	50.43		
	4	空调板侧面	31.52×0.7×18	397.15		
	5	空调板下部	(1.24×3+1.8×2+1.26×4)×0.33	4.08		
106		9-2-20H	砖墙面墙裙水泥砂浆9+6	=	5358.99	5478.08
107	62	010903003002	墙面砂浆防水;5厚干粉类聚合物水泥防水砂浆,中间压镀锌网 D100	m²	4875.08	4755.75
108		9-2-343	抗裂砂浆 墙面5内	=	4875.08	4755.75
109		4-1-117H	墙面钉镀锌电焊网	=	4875.08	4755.75
110	63	011204003003	块料墙面;面砖外墙 D105	m²	5358.99	5478.08
111		9-2-222	砂浆粘贴面砖240×60灰缝5内	=	5358.99	5478.08
112	64	011107004001	水泥砂浆台阶面	m²	8.76	8.82
	1	客厅门口	1.6×0.6×4	3.84		

续表

序号		编号/部位	项目名称/计算式		工程量	图算校核
	2	楼梯门口	1.3×0.6×4	3.12		
	3	变形缝处	1.5×0.6×2	1.8		
113		9-1-11	1∶2.5 砂浆台阶 20	=	8.76	8.82
114	65	011503001003	金属扶手栏杆；钢管扶手方钢栏杆(建施-20)	m	107.8	107.8
	1	楼梯斜长	SQRT(1.5^2+2.15^2)×2=5.24			
	2	楼梯斜长	2.08×TL×2=4.9			
	3	1～11 层楼梯斜长	H2×2×11[层]	107.8		
115		9-5-206	钢管扶手型钢栏杆	t	2.277	2.277
	1	钢管 ϕ50×3	D114×3.48/1000	0.375		
	2	方钢 25×25 立杆	1.05×8×4.91=41.244			
	3	方钢 20×20	0.95×12×3.14=35.796			
	4	方钢 10×10	1×12×0.785=9.42			
	5		Σ×2/1000×11[层]	1.902		
116		9-5-208	弯头另加工料 钢管 4×2×11	个	88	88
117		9-4-137×2	红丹防锈漆一遍 金属构件×2 D115	t	2.277	2.277
118		9-4-117	调合漆二遍 金属构件	=	2.277	2.277
119	66	011503001004 屋面	铸铁成品栏杆 800 2×(10.4+3.3)	m	27.4	27.4
120		9-5-203H	成品铸铁栏杆 800	=	27.4	27.4
121	67	010606008001	钢梯；L13J8-74	t	1.108	1.108
	1	钢梯斜长	2.9×1.41+4=8.089			
	2	钢管 ϕ50×3	(1.1×2+H1)×3.48=35.806			
	3	T2 踏步－330×4.5	17×0.8×0.33×35.33=158.561			
	4	梯梁－180×8	2×(2.9+0.4)×0.18×62.8=74.606			
	5	室内钢梯	Σ×4/1000	1.108		
122		7-5-4	踏步式钢梯子制作	=	1.108	1.108
123		9-4-117	调合漆二遍 金属构件	=	1.108	1.108
124	68	011503001005 用于封闭阳台	成品铸铁栏杆 200 (2.7×3+2.5)×11	m	116.6	116.6
125		9-5-203H	成品铸铁栏杆 200	=	116.6	116.6
126	69	011503001006	成品铸铁栏杆 700	m	179.8	178.8
	1	北非封闭阳台	2.9×4×11	127.6		
	2	南非封闭阳台 1	(2.1×3+2.4)×6	52.2		
127		9-5-203H	成品铸铁栏杆 700	=	179.8	178.8
128	70	011503001007 南非封闭阳台 2	成品玻璃栏板 700 (2.1×3+2.4)×5	m	43.5	43.5
129		9-5-195H	有机玻璃栏板	=	43.5	43.5
130	71	011503001008 东西山墙栏杆	成品铸铁栏杆 900 (1.46+0.66+2.3)×4	m	17.68	
131		9-5-203H	成品铸铁栏杆 900	=	17.68	17.68

6.9 图纸审核与审定记录

6.9.1 图纸审核

根据导则一般规定：在熟悉图纸过程中，应进行碰撞检查，做出计量备忘录。

碰撞检查可以通过 BIM 软件来完成。通过本案例和本节发现的问题可以作为检验 BIM 软件可行性和准确性的标本。

本节讲的是通过识图方法来完成。一般遇到的问题是：

(1) 建筑面积不符；

(2) 门窗统计不符；

(3) 建筑与结构图纸矛盾；

(4) 不同设计人员对同样问题的处理方法不一致；

(5) 图纸遗漏或不完整；

(6) 图纸明显错误，包括建筑不合理或结构前后图纸矛盾等。

以上是在编制招标控制价过程中发现的问题。上述问题应记录在案，一般称做“计量备忘录”。

在会审图纸时，经过设计单位、建设单位、监理单位和施工单位认证，签字形成图纸会审记录，与原施工图具有同等效力。

本案例发现的问题，通过与原设计人员沟通，基本上达成了一致意见，故称为“图纸审定记录”。

6.9.2 图纸审定记录（表 6-35）

图纸审定记录　　表 6-35

图号	原图内容	修改内容	序号
建施图			
建施-01	总建筑面积 8045.86	7952.51	1
	地上建筑面积 6852.69	6774.69	2
	地下建筑面积 1193.17	1177.82	3
建施-02	门窗表设计编号不统一	统一改为以 M、MD、C 打头，按顺序编号	4
	门高 2400 的 6 个门	改为 2380	5
	门窗表 C301 去掉地下 2 个	C301 合计由 26 改为 24	6
建施 04-10	平面图中的门窗编号	按新编号修改	7
建施 04、05	⑮轴洞口宽 1260	改为同⑭轴门宽 1200 一致	8
	⑰～㉙轴内墙为偏中 110、90	改为居中 100、100	9
	Ⓓ轴②～⑫轴为居中 100、100	改为偏中 110、90	10
建施-05	楼梯间的窗和窗井属于一层	去掉	11
	地下一层建筑面积 600.09	改为 584.74(按新规范采光井只算一层)	12

续表

图号	原图内容	修改内容	序号
建施-06	一层建筑面积 643.03	改为 650.05	13
	说明第 10 条建筑面积同建施-01	按建施-01 数据修改	14
建施-16	Ⓐ轴⑦～⑩轴阳台墙 3000、600	改为 2900、700	15
建施-17	Ⓐ轴㉒～㉕轴阳台墙 3000、600	改为 2900、700	16
建施-18	空调板大样图一：百叶至女儿墙挑板与立面图不符	将挑板下降 1000，底高度与大样二一致，女儿墙顶做法同阳台大样一	17
	阳台大样图一：女儿墙与结施-27 做法不符	按结施-27 做法改为 150 厚混凝土墙	18
建施-19	D-D 大样图中 C4 应为 C3"，C8 应为 C8'	按新编号改为 C302、C7	19
建施-20	M5、M6 立面详图高 2400	改为 2380 与门窗表一致	20
建施-21	地下一层平面的窗井和窗 C3'	此处应取消，属于一层平面	21
		结　施　图	
结施-02	说明七.1 中：填充墙与框架柱（剪力墙）拉结筋通常设置	改为：填充墙与框架柱（剪力墙）按 L13J3-3 设置水平系梁	22
	说明七.2 中洞口宽度≤2.1m	改为≥2.1m	23
结施-03	地面 100	改为 30	24
	筏板基底标高-6.800，高 1400	基底标高改为－6.730，高为 1,400 改为 1,470	25
	明确加深 300 部分的回填材料	回填材料为 L7.5 炉渣混凝土	26
	㉑、㉓轴电梯外出跺	改为与⑥、⑧轴 GBZ7 一致，从结施 04 到结施-23 均取消	27
	㉕轴的外出跺 510	从结施 04 到结施－23 均取消，与⑩轴一致，将 1～11 层框剪墙长度由 1600 改为 1800	28
	集水坑做法大样	400 改为 330；7.100 改为 7.030；800 改为 870	29
	集水坑做法大样	770 改为 700，－6.800 改为 6.730，1400 改为 1470	30
结施-04、05	㉒轴框剪墙长 4690 与⑦轴不同	改为 3700 与⑦轴一致	31
	⑰～㉒轴内墙为偏中 110、90	改为居中 100、100	32
	Ⓓ轴②～⑫轴为居中 100、100	改为偏中 110、90	33
	25 轴左拐角 GBZ19 可否去掉?	去掉，向上 1600 改为 1800	34
	Ⓑ～Ⓓ轴间走廊墙为偏中 110、90	改为居中 100、100	35
	⑲、㉕轴框剪柱长度 690	改为 700	36
	㉗轴Ⓓ～Ⓕ间长度 100、740，洞口长 2060	改为 90、800；洞口长 2000	37
结施-04	㉒～㉕轴应同⑦～⑩轴一样加梁	增梁的点画线	38
结施 06、07	地下 1、2 层暗柱表	做相应修改	39

续表

图号	原图内容	修改内容	序号
结施-07	GBZ24 大样在何处应用?	删除	40
	GBZ19 大样图如何修改?	去掉左拐角;向上 300 改为 500;增加纵筋 2 根;增加拉筋一道;纵筋 28 根改为 24 根;相应修改箍筋图	41
结施 08、09	㉕轴左拐角可否去掉?	结施 08 的 YBZ10 和结施 09 的 GZB22 左拐角均去掉	42
	㉕轴框剪柱尺寸与⑲轴不一致	由 1600 改为 1800	43
	㉑、㉓轴交Ⓓ轴的 GBZ24	改为 GBZ9 与左边单元一致	44
	⑦轴框剪柱尺寸	由 500 改为 700	45
结施-10	⑦轴柱长 1690,与㉒轴不一致	改为 2200	46
结施-11	GBZ22 在 1～3 层没有?	去掉该项说明	47
	GBZ22 在 4 层以上应修改	GBZ22 去掉 510 拐角;删除左拐角配筋;向上 300 改为 500;增加纵筋两根;增拉筋 1 道;纵筋改为 14ϕ12;修改箍筋示意图	48
	GBZ24 应去掉	删除	49
结施-12	YBZ10 大样图应改	去掉左拐角;向上 300 改为 500;增加纵筋两根;拉筋一道;纵筋改为 8ϕ14＋6ϕ12;修改箍筋示意图	50
结施-13,14	④轴和⑩轴处应增设承重梁	增设 L5(1)180×400	51
	⑮～⑰轴间 KL32、KL32a 梁宽 180 与框剪墙不符	均改为 200×400	52
	⑯～⑰交Ⓓ轴的 KL37 不应存在	删掉	53
	⑱～㉖轴交Ⓓ轴上的 KL38、KL39 梁宽 200 与③～⑪轴间不一致	KL38、KL39 尺寸改为 180×400,与电梯墙取平	54
	㉒～㉕轴间 L7 与建筑图不符	删除 L7	55
	㉒～㉕轴间 L33 与建筑图不符	㉒/㉕轴交Ⓑ轴位置 L33 下移与⑦/⑩轴交Ⓑ轴位置的 L4 齐平;删 L33、KL35 附加箍筋;移动 KL27 附加箍筋;删 L33 原抗扭腰筋	56
结施-15	⑱～㉖轴交Ⓓ轴上的 KL40、KL41 梁宽 200 与③～⑪轴间不一致	改为 180×400	57
	L4(1)200×400 与 L5(1)不一致	L4(1)改为 180×400	58
	楼梯间增加楼梯墙梁及配筋	增楼梯墙梁 TL-2(2)150×300	59
结施-15、16	⑲～㉕轴的 KL37(2)可否去掉?与④～⑩轴一致	去掉	60
结施-15～21	㉙轴Ⓐ轴外挑的 XL1a 200×400	改为 180×400	61
结施-17～24	楼梯间⑥轴剪力墙与结施-08、09 的 1650 长度不一致	均按结施-08、09 长度改为 1650	62
	⑦轴梁 KL8(KL3)高与㉒轴梁 KL36(KL13)高不一致	⑦轴梁 KL8(KL3)高均由 400 改为 500	63

续表

图号	原图内容	修改内容	序号
结施-23、24	北阳台L12与L13梁上无墙	去掉L12、L13	64
结施-27	阳台大样图中女儿墙做法是否适用于一层女儿墙	适用于所有女儿墙，一层女儿墙高度改900	65
	空调板大样一顶部修改	将挑板下降1000，底高度与大样二一致，女儿墙顶做法同阳台大样一	66
结施-28	缺进厅基础大样	补进厅基础大样	67

复习思考题

1. 统计在基数表中共有多少校核项目，并简述其原理。
2. 简述本案例的基数变量命名规则。
3. 阐述基数计算表中的校核原理。
4. 简述实物量表中的校核原理。
5. 在建筑和装饰分部工程量计算中涉及哪些校核工作？
6. 探讨梁算到板底与梁算整高的合理性。
7. 谈谈您对表算为主、图算为辅理念的理解。
8. 谈谈图纸审查的必要性。

作业题

找出5项表算与图算结果不同的工程量，分析其不同的原因，写出分析报告。

7　框剪高层住宅工程计价

本章以招标控制价为例来介绍框剪高层住宅计价的全过程表格应用。

7.1　招标控制价编制流程

下面以英特套价 11 软件的操作为例，介绍招标控制价的编制流程。

（1）在统筹 e 算【报表输出】界面，选择“清单/定额工程量表（原始顺序）”，点击工具栏“输出计价”。

（2）自动启动英特套价 11，工程信息界面默认工程类别：建筑Ⅱ类，装饰Ⅲ类工程位置：市区，地区选择：定额 15（76）[表示采用 2015 省价，人工单价 76 元]。

（3）在建筑中对装饰项目清单按建筑取费的处理方法：在分部分项界面，点击工具栏“费用”，弹出“费用管理”窗口，在建筑取费上点击“复制”，选中装饰取费点击“粘贴”、“保存”设置完成，这样“0111”的清单就按建筑专业来进行取费。

（4）本工程分不计超高部分和计超高部分，计超高部分，需要统一增加 10-2-51 整体建筑超高 40m 内 人机增 6%，右键菜单“添加超高降效定额”在建筑（计超高）标题内增加。

（5）“措施项目”界面，综合脚手架清单项，单位是 m^2，不计超高部分工程量按地下二层建筑面积 1177.83 录入；计超高部分工程量按地上建筑面积 6774.69 录入；垂直运输清单项，单位选择 m^2，工程量输入同对应的地下、地上建筑面积。工具条［模式］下选择“综合计算措施费率项目”。

（6）设置商品混凝土价，进入“材机汇总”页面，点击“商品混凝土价”，本工程采用泵送混凝土，在【修改商品混凝土价】中选择泵送商品混凝土（比商品混凝土加 15 元泵送剂材料费用）。

（7）对临时换算进行处理（换材，需光标定位原材料点工具条【插入】，新增行中修改材机名称，原材料实际数量改为 0）：

1）建筑工程（价格调整详见表 7-30 补充材料价格取定表）：

① 第 4、24、70、76 项清单中 6-2-62H 的处理，将冷底子油 30：70 换材为 JD-水泥基渗透结晶型防水涂料，木柴的实际数量改为 0。

② 第 5 项清单中 4-2-11.39H’的处理，在材料 C304 现浇混凝土碎石＜40 的名称中标注 P6，在价格中区分于普通商品混凝土。

③ 第 12、48 项清单中的 P6 换算同换算②。

④ 第 34、67 项中螺纹钢筋 HRB400 级钢的换算，直接进行规格换算即可。HRB400 级钢箍筋，换螺纹 HRB400 级钢材料编码，机械乘以 1.25 系数。

⑤ 第 33、66 项中的植筋，钢筋实际用量改为 0。

⑥ 第 61 项，人工乘 1.2 系数。

⑦ 第 64 项清单中 6-5-9H 的处理，将木丝板 1830×610×25 换材为聚苯板，石油沥青 10 号、木柴的实际数量改为 0。

⑧ 第 70、76 项清单中 6-2-30H 的处理，将 SBS 防水卷材换材为 SBS 改性沥青卷材加膜。

⑨ 第 71 项清单中 6-3-39H 的处理，将聚苯乙烯颗粒换材为玻化微珠。

⑩ 第 71、77 项清单中 6-3-15H 的处理，将 81119　水泥珍珠岩 1∶10 换材为 81118　水泥珍珠岩1∶8。

⑪ 第 73 项清单中 6-3-40H 的处理，将聚苯乙烯泡沫板 δ100 改为岩棉板 75 厚。

⑫ 第 74 项清单中 6-3-38H 的处理，将聚苯乙烯泡沫板改为岩棉板。

⑬ 第 77、83 项清单中 6-3-41H 的处理，将挤塑板 δ100 改为 δ75。

⑭ 第 79 项清单中的 6-1-4H 的处理，将水泥瓦 387×218 换材为块瓦。

⑮ 第 81 项清单中的补充定额，单价 15 元/m，省价同市场价。

⑯ 第 84 项清单中的 6-3-41 的处理，将挤塑板 δ100 改为 30 厚玻化微珠。

2）装饰工程（价格调整详见表 7-30 补充材料价格取定表）：

① 第 10、12、14、35、38、40 项清单中的 6-2-1H’的处理，人材机组成中增加材料编码为 14907 钢丝网，实际数量为 10。

② 第 11、13、36 项清单中的 9-1-178H 的处理，将耐碱纤维网格布换材为 0.2 厚真空镀铝聚酯薄膜。

③ 第 11、13、15、36、39、41 项清单中的 6-3-41H 的处理，将挤塑板 δ100 换材为挤塑板 δ20。

④ 第 23 项清单中的 9-5-206H 的处理，人材机组成中增加材料编码为 10290 面油（喷塑高光面油），实际数量为 10。

⑤ 第 27 项清单中的 5-4-14H 的处理，将钢防盗门换材为钢防盗防火保温门。

⑥ 第 31 项清单中的 5-6-4H 的处理，将塑料百叶窗换材为铝合金百叶窗。

⑦ 第 55 项清单中的 9-3-3H 的处理，将水泥砂浆 1∶3 换材为水泥石灰砂浆 2∶1∶8。

⑧ 第 55 项清单中的 9-2-36H 的处理，将混合砂浆 1∶1∶4 换材为水泥砂浆 1∶2.5；将混合砂浆 1∶1∶6 换材为水泥石灰砂浆 2∶1∶8。

⑨ 第 56、61 项清单中的 9-2-20H 的处理，将水泥砂浆 1∶3 换材为水泥石灰砂浆 2∶1∶8，并按比例修改实际数量为 0.104。

⑩ 第 62 项清单中的 4-1-117H 的处理，将钢丝网换材为镀锌电焊网。

⑪ 第 66、68、69、71 项清单中的 9-5-203H 的处理，换材后的成品铸铁栏杆，实际用量 10m，对应规格进行市场价定价。

⑫ 第 70 项清单中的 9-1-195H 的处理，换材后的成品有机玻璃栏板，实际用量 10m，进行市场价定价。

（8）设置暂列金额与总承包服务费，进入“其他项目”页面，选中暂列金额，在费率位置输入“10”，选中总承包服务费，在发包人供应材料行，费率位置输入“1”。

（9）进入“费用汇总”页面，浏览总造价，进入“全费价”页面，查看全费表中总价与费用汇总中总价是否吻合。

(10) 进入“报表输出”页面，选中指定报表，输出成果。

7.2 招标控制价纸面文档

本案例作为一个单项工程含2个单位工程（建筑、装饰分列）来考虑，故本节含5类7个表即：1个封面、1个总说明、1个单项工程招标控制价汇总表（表7-3）、2个单位工程招标控制价汇总表（表7-6、表7-7）和2个全费价表（表7-4、表7-5）。

7.2.1 封面

框剪高层住宅 工程

招标控制价

招标人：

造价咨询人：

2015年 10月 1日

7.2.2 总说明

总 说 明

1. 工程概况

本工程为框剪高层住宅工程，建筑面积7952.51m^2。

2. 编制依据

(1) 框剪高层住宅施工图；

(2)《建设工程工程量清单计价规范》(GB 50500—2013)；

(3)《房屋建筑与装饰工程工程量计算规范》(GB 50854—2013)；

(4) 2003山东省建筑工程消耗量定额及其至2013年的补充定额、有关定额解释；

(5) 2015山东省建筑工程消耗量定额价目表；

(6) 招标文件：将框剪高层住宅作为两个单位工程（建筑和装饰）来计价，根据规定：在建筑中均按省2015价目表的省价作为计费基础，在装饰中均按省2015价目表省价人工费作为计费基础；

(7) 相关标准图集和技术资料。

3. 相关问题说明

(1) 现浇构件清单项目中按《2013 计价规范》要求列入模板。

(2) 脚手架统一列入措施项目的综合脚手架清单内，按定额项目的工程量计价，以建筑面积为单位计取综合计价。

(3) 有关竹胶板制作定额的系数按某市规定 0.244 计算。

(4) 泵送商品混凝土（不含泵送费）由甲方供应，作为材料暂估价。乙方收取 1%的总承包服务费。

(5) 计日工暂不列入。

(6) 暂列金额按 10%列入。

4. 施工要求

(1) 基层开挖后必须进行钎探验槽，经设计人员验收后方可继续施工。

(2) 采用泵送商品混凝土。

5. 报价说明

招标控制价为全费综合单价的最高限价，如单价低于按规范规定编制的价格的 3%时，应在招标控制价公布后 5 天内向招投标监督机构和工程造价管理机构投诉。

7.2.3 清单全费模式计价表（表 7-1、表 7-2）

建筑工程清单全费模式计价表 表 7-1

工程名称：框剪高层住宅建筑

序号	项目编码	项 目 名 称	单位	工程量	全费单价	合价
		建筑(不计超高)				
1	010101001001	平整场地	m^2	650.05	1.09	709
2	010101004001	挖基坑土方;大开挖,普通土,外运 1km 内	m^3	6429.33	20.42	131287
3	010501001001	垫层;C15	m^3	84.19	409.43	34470
4	010904002001	垫层面涂膜防水;建施-20 地下防水大样	m^2	798.00	80.91	64566
5	010501004001	满堂基础;C30P6	m^3	581.35	446.12	259352
6	010501003001	独立基础;C30	m^3	4.69	859.77	4032
7	010504004001	挡土墙;C35	m^3	249.45	938.74	234169
8	010504001001	直形墙;混凝土墙 C35	m^3	20.99	1031.97	21661
9	010504001002	直形墙;电梯井壁 C35	m^3	15.48	1147.90	17769
10	010504003001	短肢剪力墙;C35	m^3	84.53	1293.52	109341
11	010502003001	异型柱;C35	m^3	0.41	1553.85	637
12	010505001001	有梁板;厨卫阳台防水 C30P6	m^3	14.81	844.33	12505
13	010505001002	有梁板;C30	m^3	156.91	927.77	145576
14	010503002001	矩形梁;C30	m^3	0.38	1522.94	579
15	010503005001	过梁;C25	m^3	1.64	2257.33	3702
16	010502002001	构造柱;C25 门口抱框	m^3	3.16	2213.25	6994
17	010503004001	圈梁;C25 水平系梁	m^3	0.88	1443.51	1270
18	010506001001	直形楼梯;C25	m^2	34.85	297.49	10368

续表

序号	项目编码	项目名称	单位	工程量	全费单价	合价
19	010402001001	砌块墙;加气混凝土砌块墙200,M5水泥砂浆	m^3	79.78	297.02	23696
20	010402001002	砌块墙;加气混凝土砌块墙100,M5水泥砂浆	m^3	21.62	286.32	6190
21	010508001001	后浇带;C35基础底板	m^3	7.95	555.63	4417
22	010508001002	后浇带;C35楼板	m^3	2.95	1149.81	3392
23	010508001003	后浇带;C40墙	m^3	2.36	1491.70	3520
24	010903002001	墙面涂膜防水;建施-20地下防水大样	m^2	1235.71	93.97	116120
25	010103001001	回填方;3∶7灰土	m^3	546.45	152.12	83126
26	010103001002	回填方;素土	m^3	1938.17	22.93	44442
27	010512008001	集水坑盖板;C30	m^3	0.48	1513.25	726
28	010507007001	其他构件;C20水簸箕	m^3	0.21	707.88	149
29	010901004001	玻璃钢屋面	m^2	15.45	42.71	660
30	010606012001	钢支架;L13J9-1②	t	0.169	11769.92	1989
31	010516002001	预埋铁件	t	0.406	10225.13	4151
32	010515001002	现浇构件钢筋;砌体拉结筋	t	0.369	7802.79	2879
33	010515001002	现浇构件钢筋;HRB00级钢	t	2.429	7808.18	18966
34	010515001003	现浇构件钢筋;HRB400级钢	t	112.075	6952.56	779208
35	010507001001	散水;混凝土散水	m^2	120.16	90.29	10849
36	010507004001	台阶;C25	m^3	0.52	779.56	405
37	010404001001	垫层;3∶7灰土	m^3	9.79	183.04	1792
38	010501001002	垫层;C15混凝土垫层	m^3	2.52	398.72	1005
39	01B001	竣工清理	m^3	3558.50	1.53	5445
		小　　计				2172114
		建筑(计超高)				
40	010504001003	直形墙;混凝土墙C35	m^3	16.91	1098.61	18577
41	010504001004	直形墙;混凝土墙C30	m^3	97.84	1100.40	107663
42	010504001005	直形墙;电梯井壁C35	m^3	15.12	1163.06	17585
43	010504001006	直形墙;电梯井壁C30	m^3	79.11	1138.48	90065
44	010502003002	异型柱;C35(1～2层)	m^3	3.68	1606.57	5912
45	010502003003	异型柱;C30(3～屋面)	m^3	9.84	1598.37	15728
46	010504003003	短肢剪力墙;C35(1～2层)	m^3	124.32	1417.51	176225
47	010504003004	短肢剪力墙;C30(3～屋面)	m^3	581.68	1394.98	811432
48	010505001003	有梁板;厨卫阳台防水C30P6	m^3	117.39	1156.54	135766
49	010505001004	有梁板;C30	m^3	749.77	1114.71	835776
50	010505001005	有梁板;C30屋面斜板	m^3	39.86	1058.72	42201
51	010505007002	檐板;C30	m^3	41.34	1704.77	70475
52	010505006001	栏板;C30	m^3	16.02	2325.13	37249

续表

序号	项目编码	项目名称	单位	工程量	全费单价	合价
53	010503002002	矩形梁;C30	m^3	2.10	1479.80	3108
54	010506001002	直形楼梯;C25	m^2	191.66	305.67	58585
55	010503005002	过梁;现浇,C25	m^3	4.93	2326.87	11471
56	010507005001	压顶;C25 压顶	m^3	10.63	2019.25	21465
57	010503004002	圈梁;C25 水平系梁	m^3	15.55	1354.71	21066
58	010502002002	构造柱;C25	m^3	68.08	1897.73	129197
59	010402001003	砌块墙;加气混凝土砌块墙 180,M5 混浆	m^3	701.34	311.23	218278
60	010402001004	砌块墙;加气混凝土砌块墙 100,M5 混浆	m^3	91.92	293.84	27010
61	010402002001	砌块柱;加气混凝土砌块柱	m^3	3.43	332.11	1139
62	010514001001	厨房烟道;PC12(L09J104)	m	134.80	141.81	19116
63	010902008001	屋面变形缝;L13J5-1	m	6.58	55.73	367
64	010903004001	墙面变形缝;L07J109-40	m	63.80	56.39	3598
65	010515001004	现浇构件钢筋;砌体拉结筋	t	4.629	7914.98	36638
66	010515001005	现浇构件钢筋;HRB300 级钢	t	11.565	7429.74	85925
67	010515001006	现浇构件钢筋;HRB400 级钢	t	231.319	7405.92	1713130
68	010516002002	预埋铁件	t	0.746	10396.65	7756
69	011101001001	屋面水泥砂浆保护层;1∶2.5 水泥砂浆 20	m^2	36.15	27.95	1010
70	010902001001	屋面卷材防水;聚乙烯薄膜,SBS 防水卷材,防水涂料,C20 混凝土找平 30	m^2	48.98	191.61	9385
71	011001001001	保温隔热屋面;30 厚保温砂浆,水泥珍珠岩找坡	m^2	36.30	105.97	3847
72	010902002001	屋面涂膜防水;聚氨酯防水	m^2	36.30	93.76	3403
73	011001001002	隔热屋面;岩棉板防火隔离带	m^2	38.93	23.02	896
74	011001003001	保隔热墙面;岩棉板防火隔离带	m^2	250.32	74.89	18746
75	011102003001	屋面防滑地砖	m^2	321.27	71.43	22948
76	010902001002	屋面卷材防水;聚乙烯薄膜,SBS 防水卷材,防水涂料,C20 混凝土找平 30	m^2	406.76	196.05	79745
77	011001001003	保温隔热屋面;75 厚挤塑板,水泥珍珠岩找坡	m^2	321.27	91.12	29274
78	010902002002	屋面涂膜防水;聚氨酯防水	m^2	358.98	93.76	33658
79	010901001001	瓦屋面;块瓦坡屋面	m^2	425.91	13.75	5856
80	010902003001	屋面刚性层;35 厚细石混凝土配 $\phi4@100\times100$ 钢筋网	m^2	425.91	49.45	21061
81	010902001003	屋面卷材防水	m^2	425.91	59.74	25444
82	011101006001	平面砂浆找平层;1∶2.5 水泥砂浆	m^2	425.91	15.69	6683
83	011001001004	保温隔热屋面;XPS 板	m^2	385.59	59.08	22781
84	011001001005	隔热屋面;30 厚玻化微珠防火隔离带	m^2	40.32	62.01	2500
85	010902004001	屋面排水管;塑料水落管 $\phi100$	m	266.80	34.97	9330

续表

序号	项目编码	项目名称	单位	工程量	全费单价	合价
86	010507004002	台阶;C25	m^2	8.76	152.60	1337
87	01B001	竣工清理	m^3	20095.06	1.61	32353
		小　计				5052760
88	011701001001	综合脚手架	m^2	1177.83	26.88	31660
89	011703001002	垂直运输	m^2	1177.83	140.58	165579
90	011705001002	大型机械设备进出场及安拆	台次	1.00	86832.58	86833
91	011701001002	综合脚手架	m^2	6774.69	34.79	235691
92	011703001002	垂直运输	m^2	6774.69	100.29	679434
		小　计				1199197
		其他项目				
		暂列金额				706570
		总承包服务费				9985
		小　计				716555
		合　计				9140626

装饰工程清单全费模式计价表　　表 7-2

工程名称：框剪高层住宅装饰

序号	项目编码	项目名称	单位	工程量	全费单价	合价
		装饰(不计超高)				
1	010801001001	木质门;平开夹板百叶门,L13J4-1(78)	m^2	77.28	391.45	30251
2	011401001001	木门油漆	m^2	77.28	36.61	2829
3	010802003001	钢质防火门	m^2	46.00	777.89	35783
4	010807001001	铝合金中空玻璃窗	m^2	14.24	448.68	6389
5	011101001001	水泥砂浆地面;1：2 水泥砂浆 30	m^2	976.07	31.68	30922
6	011102003001	块料地面;大理石(地 204)	m^2	38.75	239.43	9278
7	011101001002	水泥砂浆楼面;楼梯面	m^2	34.85	71.07	2477
8	011102003002	块料楼地面;大理石楼面	m^2	34.82	239.43	8337
9	010404001001	垫层;60 厚 LC7.5 炉渣混凝土	m^3	1.90	256.38	487
10	011102003003	块料楼地面;卫生间地砖楼面(楼面五)	m^2	36.30	190.13	6902
11	010904001001	楼面卷材防水;卫生间防水	m^2	35.60	78.30	2787
12	011102003004	块料楼地面;厨房、阳台地砖楼面(楼面七)	m^2	48.63	186.76	9082
13	010904001002	楼面卷材防水;厨房、阳台楼面防水	m^2	46.69	97.47	4551
14	011101001003	水泥砂浆楼地面;低温热辐射供暖楼面(楼面八)	m^2	340.76	88.01	29990
15	011001005001	保温隔热楼地面	m^2	340.76	21.03	7166
16	011102003005	块料楼地面;阳台楼面(楼面九)	m^2	34.62	83.13	2878
17	010702001001	阳台卷材防水;楼面九	m^2	34.62	69.54	2407
18	011201001001	墙面一般抹灰;水泥砂浆内墙面(混凝土墙)	m^2	3333.75	41.57	138584

续表

序号	项目编码	项目名称	单位	工程量	全费单价	合价
19	011407002001	天棚喷刷涂料;刮腻子	m^2	1051.09	7.55	7936
20	011102001002	石材楼地面;花岗石坡道	m^2	25.20	256.81	6472
21	011107001002	花岗石台阶面	m^3	3.84	434.31	1668
22	011503001001	金属扶手栏杆;钢管扶手方钢栏杆(建施-20)	m	19.76	45.74	904
23	011503001002	金属扶手栏杆;钢管喷塑栏杆 L13J12	m	38.40	52.07	1999
		小　计				350079
		装饰(计超高)				
24	010801001002	木质门;平开夹板门,L13J4-1(78)	m^2	104.80	368.52	38621
25	011401001002	木门油漆	m^2	104.80	38.20	4003
26	010802004001	防盗对讲门;甲供	樘	4.00	972.89	3892
27	010802004002	防盗防火保温进户门;甲供	樘	48.00	4222.00	202656
28	010802003002	钢质防火门	m^2	84.24	781.49	65833
29	010802001001	金属门;隔热铝合金中空玻璃门	m^2	541.97	484.81	262752
30	010807001003	隔热铝合金窗中空玻璃窗	m^2	944.59	453.05	427946
31	010807003001	铝合金百叶	m^2	312.45	274.58	85793
32	011101001004	水泥砂浆楼梯面;水泥楼面二	m^2	191.66	74.68	14313
33	011102003006	块料楼地面;门厅地砖楼面(楼面四)	m^2	347.26	85.74	29774
34	010404001002	垫层;LC7.5 轻骨料混凝土填充层 60	m^3	20.84	284.90	5937
35	011102003007	块料楼地面;卫生间地砖楼面(楼面六)	m^2	363.01	201.77	73245
36	010904001003	楼面卷材防水;卫生间防水	m^2	355.97	152.04	54122
37	010404001003	垫层;LC7.5 轻骨料混凝土填充层 300	m^3	106.79	284.92	30427
38	011102003008	块料楼地面;厨房、封闭阳台地砖楼面(楼面七)	m^2	486.38	198.34	96469
39	010904001004	楼面卷材防水;厨房、封闭阳台楼面	m^2	466.94	119.97	56019
40	011101001005	水泥砂浆楼面;楼面八(卧室、走廊、餐厅)	m^2	3407.57	90.76	309271
41	011001005002	保温隔热楼地面;楼面八	m^2	3407.57	38.58	131464
42	011102003009	块料楼地面;阳台楼面(楼面九)	m^2	346.22	85.74	29685
43	010702001002	阳台卷材防水;开敞阳台楼面	m^2	346.22	70.41	24377
44	011101001006	水泥砂浆楼地面;20 厚 1:2 水泥砂浆	m^2	254.37	25.10	6385
45	011407002002	天棚喷刷涂料;2~3 厚柔韧型腻子	m^2	6454.79	7.95	51316
46	011105003001	块料踢脚线;大理石板踢脚(一层门厅)	m	66.72	27.19	1814
47	011105003002	块料踢脚线;面砖踢脚(2~顶层候梯厅)	m	336.00	20.74	6969
48	011204003001	块料墙面;面砖墙面(一层候梯厅、进厅)	m^2	199.10	216.15	43035
49	011204003002	块料墙面;釉面砖(厨房、卫生间、封闭阳台)	m^2	3285.24	145.35	477510
50	010903002001	墙面涂膜防水;聚合物水泥复合涂料	m^3	3285.24	30.99	101810
51	011201001003	墙面一般抹灰;刮腻子墙面(内墙四)	m^2	11652.10	22.53	262522
52	011407001001	墙面喷刷涂料;白色涂料	m^2	1566.79	9.48	14853

续表

序号	项目编码	项目名称	单位	工程量	全费单价	合价
53	011201004001	立面砂浆找平层;真石漆外墙聚合物水泥砂浆20	m^2	241.27	39.34	9492
54	011001003001	保温隔热墙面;40厚挤塑板(XPS板)	m^2	241.27	62.84	15161
55	011203001001	檐板、零星项目一般抹灰	m^2	677.27	79.30	53708
56	011201001004	墙面一般抹灰;9厚混浆,6厚水泥砂浆	m^2	1024.05	28.46	29144
57	010903003001	墙面砂浆防水;5厚干粉类聚合物水泥防水砂浆	m^2	241.27	44.65	10773
58	011407001002	墙面喷刷涂料;真石漆外墙面	m^2	1701.32	118.37	201385
59	011201004003	立面砂浆找平层;墙面聚合物水泥砂浆20	m^2	4875.08	39.34	191786
60	011001003002	保温隔热墙面;40厚挤塑板(XPS板)	m^2	4875.08	62.84	306350
61	011201001005	墙面一般抹灰;9厚混浆,6厚水泥砂浆	m^2	5358.99	28.46	152517
62	010903003002	墙面砂浆防水;5厚干粉类聚合物水泥防水砂浆,中间压镀锌网	m^2	4875.08	65.18	317758
63	011204003003	块料墙面;面砖外墙	m^2	5358.99	117.13	627698
64	011107004001	水泥砂浆台阶面	m^2	8.76	57.22	501
65	011503001003	金属扶手栏杆;钢管扶手方钢栏杆(建施-20)	m	107.80	48.28	5205
66	011503001004	铸铁成品栏杆800	m	27.40	166.43	4560
67	010606008001	钢梯;L13J8-74	t	1.108	13339.20	14780
68	011503001005	成品铸铁栏杆200	m	116.60	110.94	12936
69	011503001006	成品铸铁栏杆700	m	179.80	166.43	29924
70	011503001007	成品玻璃栏板700	m	43.50	554.76	24132
71	011503001008	成品铸铁栏杆900	m	17.68	166.43	2942
		小　计				4923565
72	011701001001	综合脚手架	m^2	1177.83	9.06	10671
73	011701001001	综合脚手架	m^2	6774.69	7.92	53656
		小　计				64327
		其他项目				
		暂列金额				510266
		总承包服务费				618
		小　计				510884
		合　计				5848855

7.2.4 单项工程招标控制价汇总表（表7-3）

单项工程招标控制价汇总表 **表7-3**

工程名称：框剪高层住宅

序号	单位工程名称	金额	其中		
			暂列金额及特殊项目暂估价	材料暂估价	规费
1	建筑工程	9140544	640593	905311	546116
2	装饰工程	5848675	460631	55823	372223
	合计	14989219	1101224	961134	918339

注意：该表的总价 14989219 与 2 个单位工程汇总表的合计一致；与全费价（表 7-1）的 9140626 与（表 7-2）5848855 合计值差值（不到万分之一）在合理范围内。

7.3 招标控制价电子文档

电子文档的内容是一个计算过程，它的结果体现在纸面文档中。在招投标过程中，评标人员依纸面文档进行评标，遇到疑问时可通过电子文档进行核对。

7.3.1 全费单价分析表（表 7-4、表 7-5）

建筑工程全费单价分析表 **表 7-4**

工程名称：框剪高层住宅建筑

序号	项目编码	项目名称	单位	直接工程费	措施费	管理费和利润	规费	税金	全费单价
		建筑(不计超高)							
1	010101001001	平整场地	m^2	0.86	0.02	0.10	0.07	0.04	1.09
2	010101004001	挖基坑土方;大开挖,普通土,外运 1km 内	m^3	16.29	0.37	1.85	1.22	0.69	20.42
3	010501001001	垫层;C15	m^3	326.76	7.35	37.09	24.46	13.77	409.43

注：为节约篇幅，下略。

（1）本表的 3 项单价与表 7-1 的 3 项单价完全一致。

（2）本表的直接工程费表示人、材、机的单价合计，措施费是按费率计取的部分，管理费和利润的计算基数是直接工程费和措施费之和（又称直接费）。

装饰工程全费单价分析表 **表 7-5**

工程名称：框剪高层住宅装饰

序号	项目编码	项目名称	单位	直接工程费	措施费	管理费和利润	规费	税金	全费单价
		装饰(不计超高)							
1	010801001001	木质门;平开夹板百叶门,L13J4-1(78)	m^2	311.64	6.81	34.93	24.91	13.16	391.45
2	011401001001	木门油漆	m^2	22.42	1.66	8.96	2.34	1.23	36.61
3	010802003001	钢质防火门	m^2	677.28	4.69	20.26	49.50	26.16	777.89

注：为节约篇幅，下略。

7.3.2 单位工程招标控制价汇总表（表 7-6、表 7-7）

建筑工程单位工程招标控制价汇总表 **表 7-6**

工程名称：框剪高层住宅建筑

序号	项目名称	计算基础	费率(%)	金额
1	分部分项工程量清单计价合计			6405932
2	措施项目清单计价合计			1231457

续表

序号	项目名称	计算基础	费率(%)	金额
3	其他项目清单计价合计			649646
4	清单计价合计	分部分项＋措施项目＋其他项目		8287035
5	其中人工费 R			2031731
6	规费			546116
7	安全文明施工费			280102
8	环境保护费	分部分项＋措施项目＋其他项目	0.11	9116
9	文明施工费	分部分项＋措施项目＋其他项目	0.55	45579
10	临时设施费	分部分项＋措施项目＋其他项目	0.72	59667
11	安全施工费	分部分项＋措施项目＋其他项目	2	165741
12	工程排污费	分部分项＋措施项目＋其他项目	0.26	21546
13	社会保障费	分部分项＋措施项目＋其他项目	2.6	215463
14	住房公积金	分部分项＋措施项目＋其他项目	0.2	16574
15	危险工作意外伤害保险	分部分项＋措施项目＋其他项目	0.15	12431
16	税金	分部分项＋措施项目＋其他项目＋规费	3.48	307394
17	合计	分部分项＋措施项目＋其他项目＋规费＋税金		9140544

装饰工程单位工程招标控制价汇总表 **表 7-7**

工程名称：框剪高层住宅装饰

序号	项目名称	计算基础	费率(%)	金额
1	分部分项工程量清单计价合计			4606313
2	措施项目清单计价合计			212166
3	其他项目清单计价合计			461189
4	清单计价合计	分部分项＋措施项目＋其他项目		5279763
5	其中人工费 R			1135909
6	规费			372223
7	安全文明施工费			202743
8	环境保护费	分部分项＋措施项目＋其他项目	0.12	6336
9	文明施工费	分部分项＋措施项目＋其他项目	0.1	5280
10	临时设施费	分部分项＋措施项目＋其他项目	1.62	85532
11	安全施工费	分部分项＋措施项目＋其他项目	2	105595
12	工程排污费	分部分项＋措施项目＋其他项目	0.26	13727
13	社会保障费	分部分项＋措施项目＋其他项目	2.6	137274
14	住房公积金	分部分项＋措施项目＋其他项目	0.2	10560
15	危险工作意外伤害保险	分部分项＋措施项目＋其他项目	0.15	7920
16	税金	分部分项＋措施项目＋其他项目＋规费	3.48	196689
17	合计	分部分项＋措施项目＋其他项目＋规费＋税金		5848675

7.3.3 分部分项工程量清单与计价表（表 7-8、表 7-9）

建筑工程分部分项工程量清单与计价表　　表 7-8

工程名称：框剪高层住宅建筑

序号	项目编码	项目名称	计量单位	工程量	金额		
					综合单价	合价	其中：暂估价
		建筑(不计超高)					
1	010101001001	平整场地	m^2	650.05	0.96	624	
2	010101004001	挖基坑土方;大开挖,普通土,外运 1km 内	m^3	6429.33	18.10	116371	
3	010501001001	垫层;C15	m^3	84.19	363.03	30563	19982
4	010904002001	垫层面涂膜防水;建施-20 地下防水大样	m^2	798.00	71.74	57249	
5	010501004001	满堂基础;C30P6	m^3	581.35	395.57	229965	168170
6	010501003001	独立基础;C30	m^3	4.69	762.32	3575	1261
7	010504004001	挡土墙;C35	m^3	249.45	832.34	207627	70240
8	010504001001	直形墙;混凝土墙 C35	m^3	20.99	915.01	19206	5910
9	010504001002	直形墙;电梯井壁 C35	m^3	15.48	1017.82	15756	4359
10	010504003001	短肢剪力墙;C35	m^3	84.53	1146.95	96952	23802
11	010502003001	异形柱;C35	m^3	0.41	1377.75	565	117
12	010505001001	有梁板;厨卫阳台防水 C30P6	m^3	14.81	748.67	11088	4284
13	010505001002	有梁板;C30	m^3	156.91	822.62	129077	42205
14	010503002001	矩形梁;C30	m^3	0.38	1350.35	513	102
15	010503005001	过梁;C25	m^3	1.64	2001.51	3282	424
16	010502002001	构造柱;C25 门口抱框	m^3	3.16	1962.43	6201	806
17	010503004001	圈梁;C25 水平系梁	m^3	0.88	1279.93	1126	228
18	010506001001	直形楼梯;C25	m^2	34.85	263.78	9193	2084
19	010402001001	砌块墙;加气混凝土砌块墙 200,M5 水泥砂浆	m^3	79.78	263.37	21012	
20	010402001002	砌块墙;加气混凝土砌块墙 100,M5 水泥砂浆	m^3	21.62	253.88	5489	
21	010508001001	后浇带;C35 基础底板	m^3	7.95	492.65	3917	2277
22	010508001002	后浇带;C35 楼板	m^3	2.95	1019.51	3008	845
23	010508001003	后浇带;C40 墙	m^3	2.36	1322.64	3121	723
24	010903002001	墙面涂膜防水;建施-20 地下防水大样	m^2	1235.71	83.32	102959	
25	010103001001	回填方;3∶7 灰土	m^3	546.45	134.85	73689	
26	010103001002	回填方;素土	m^3	1938.17	20.36	39461	
27	010512008001	集水坑盖板;C30	m^3	0.48	1341.75	644	129
28	010507007001	其他构件;C20 水簸箕	m^3	0.21	627.65	132	50
29	010901004001	玻璃钢屋面	m^2	15.45	37.86	585	
30	010606012001	钢支架;L13J9-1②	t	0.169	10436.08	1764	

续表

序号	项目编码	项目名称	计量单位	工程量	金额		
					综合单价	合价	其中：暂估价
31	010516002001	预埋铁件	t	0.406	9066.34	3681	
32	010515001002	现浇构件钢筋；砌体拉结筋	t	0.369	6918.54	2553	
33	010515001002	现浇构件钢筋；HPB300 级钢	t	2.429	6923.29	16817	
34	010515001003	现浇构件钢筋；HPB400 级钢	t	112.075	6164.64	690902	
35	010507001001	散水；混凝土散水	m²	120.16	80.06	9620	1717
36	010507004001	台阶；C25	m³	0.52	691.20	359	135
37	010404001001	垫层；3∶7 灰土	m³	9.79	162.31	1589	
38	010501001002	垫层；C15 混凝土垫层	m³	2.52	353.53	891	598
39	01B001	竣工清理	m³	3558.50	1.35	4804	
		小　计				1925930	350448
		建筑(计超高)					
40	010504001003	直形墙；混凝土墙 C35	m³	16.91	974.10	16472	4762
41	010504001004	直形墙；混凝土墙 C30	m³	97.84	975.69	95462	25616
42	010504001005	直形墙；电梯井壁 C35	m³	15.12	1031.27	15593	4257
43	010504001006	直形墙；电梯井壁 C30	m³	79.11	1009.46	79858	20713
44	010502003002	异型柱；C35(1～2 层)	m³	3.68	1424.50	5242	1049
45	010502003003	异型柱；C30(3～屋面)	m³	9.84	1417.25	13946	2608
46	010504003003	短肢剪力墙；C35(1～2 层)	m³	124.32	1256.90	156258	35006
47	010504003004	短肢剪力墙；C30(3～屋面)	m³	581.68	1236.90	719480	152295
48	010505001003	有梁板；厨卫阳台防水 C30P6	m³	117.39	1025.49	120382	33958
49	010505001004	有梁板；C30	m³	749.77	988.36	741043	201669
50	010505001005	有梁板；C30 屋面斜板	m³	39.86	938.72	37417	10827
51	010505007002	檐板；C30	m³	41.34	1511.58	62489	11119
52	010505006001	栏板；C30	m³	16.02	2061.64	33027	4309
53	010503002002	矩形梁；C30	m³	2.10	1312.09	2755	565
54	010506001002	直形楼梯；C25	m²	191.66	271.02	51944	11465
55	010503005002	过梁；现浇，C25	m³	4.93	2063.18	10171	1276
56	010507005001	压顶；C25 压顶	m³	10.63	1790.42	19032	2751
57	010503004002	圈梁；C25 水平系梁	m³	15.55	1201.19	18679	4025
58	010502002002	构造柱；C25	m³	68.08	1682.68	114557	17360
59	010402001003	砌块墙；加气混凝土砌块墙 180，M5 混浆	m³	701.34	275.97	193549	
60	010402001004	砌块墙；加气混凝土砌块墙 100，M5 混浆	m³	91.92	260.53	23948	
61	010402002001	砌块柱；加气混凝土砌块柱	m³	3.43	294.47	1010	
62	010514001001	厨房烟道；PC12(L09J104)	m	134.80	25.74	16950	

续表

序号	项目编码	项目名称	计量单位	工程量	金额		
					综合单价	合价	其中：暂估价
63	010902008001	屋面变形缝；L13J5-1	m	6.58	49.42	325	
64	010903004001	墙面变形缝；L07J109-40	m	63.80	49.99	3189	
65	010515001004	现浇构件钢筋；砌体拉结筋	t	4.629	7018.00	32486	
66	010515001005	现浇构件钢筋；HPB300级钢	t	11.565	6587.76	76187	
67	010515001006	现浇构件钢筋；HRB400级钢	t	231.319	6566.62	1518984	
68	010516002002	预埋铁件	t	0.746	9218.43	6877	
69	011101001001	屋面水泥砂浆保护层；1∶2.5水泥砂浆20	m^2	36.15	24.78	896	
70	010902001001	屋面卷材防水；聚乙烯薄膜，SBS防水卷材，防水涂料，C20混凝土找平30	m^2	48.98	169.88	8321	256
71	011001001001	保温隔热屋面；30厚保温砂浆，水泥珍珠岩找坡	m^2	36.30	93.98	3411	
72	010902002001	屋面涂膜防水；聚氨酯防水	m^2	36.30	83.15	3018	
73	011001001002	隔热屋面；岩棉板防火隔离带	m^2	38.93	20.44	796	
74	011001003001	保隔热墙面；岩棉板防火隔离带	m^2	250.32	66.41	16624	
75	011102003001	屋面防滑地砖	m^2	321.27	63.33	20346	
76	010902001002	屋面卷材防水；聚乙烯薄膜，SBS防水卷材，防水涂料，C20混凝土找平30	m^2	406.76	173.82	70703	2548
77	011001001003	保温隔热屋面；75厚挤塑板，水泥珍珠岩找坡	m^2	321.27	80.81	25962	
78	010902002002	屋面涂膜防水；聚氨酯防水	m^2	358.98	83.15	29849	
79	010901001001	瓦屋面；块瓦坡屋面	m^2	425.91	12.20	5196	
80	010902003001	屋面刚性层；35厚细石混凝土配ϕ4@100×100钢筋网	m^2	425.91	43.82	18663	3534
81	010902001003	屋面卷材防水	m^2	425.91	52.98	22565	
82	011101006001	平面砂浆找平层；1∶2.5水泥砂浆	m^2	425.91	13.92	5929	
83	011001001004	保温隔热屋面；XPS板	m^2	385.59	52.38	20197	
84	011001001005	隔热屋面；30厚玻化微珠防火隔离带	m^2	40.32	55.00	2218	
85	010902004001	屋面排水管；塑料水落管ϕ100	m	266.80	31.02	8276	
86	010507004002	台阶；C25	m^2	8.76	135.30	1185	510
87	01B001	竣工清理	m^3	20095.06	1.42	28535	
		小　计				4480002	552478
		合　计				6405932	902926

装饰工程分部分项工程量清单与计价表

表 7-9

工程名称：框剪高层住宅装饰

序号	项目编码	项目名称	计量单位	工程量	金额		
					综合单价	合价	其中：暂估价
		装饰(不计超高)					
1	010801001001	木质门;平开夹板百叶门,L13J4-1(78)	m^2	77.28	345.73	26718	
2	011401001001	木门油漆	m^2	77.28	31.16	2408	
3	010802003001	钢质防火门	m^2	46.00	696.99	32062	
4	010807001001	铝合金中空玻璃窗	m^2	14.24	399.48	5689	
5	011101001001	水泥砂浆地面;1∶2 水泥砂浆 30	m^2	976.07	27.21	26559	
6	011102003001	块料地面;大理石(地 204)	m^2	38.75	212.84	8248	
7	011101001002	水泥砂浆楼面;楼梯面	m^2	34.85	59.98	2090	
8	011102003002	块料楼地面;大理石楼面	m^2	34.82	212.84	7411	
9	010404001001	垫层;60 厚 LC7.5 炉渣混凝土	m^3	1.90	223.53	425	
10	011102003003	块料楼地面;卫生间地砖楼面(楼面五)	m^2	36.30	166.59	6047	422
11	010904001001	楼面卷材防水;卫生间防水	m^2	35.60	69.39	2470	
12	011102003004	块料楼地面;厨房、阳台地砖楼面(楼面七)	m^2	48.63	163.58	7955	554
13	010904001002	楼面卷材防水;厨房、阳台楼面防水	m^2	46.69	86.32	4030	
14	011101001003	水泥砂浆楼地面;楼面八(低温热辐射供暖楼面)	m^2	340.76	76.15	25949	4044
15	011001005001	保温隔热楼地面	m^2	340.76	17.97	6123	
16	011102003005	块料楼地面;阳台楼面(楼面九)	m^2	34.62	72.01	2493	
17	010702001001	阳台卷材防水;楼面九	m^2	34.62	61.76	2138	
18	011201001001	墙面一般抹灰;水泥砂浆内墙面(混凝土墙)	m^2	3333.75	35.69	118982	
19	011407002001	天棚喷刷涂料;刮腻子	m^2	1051.09	6.35	6674	
20	011102001002	石材楼地面;花岗石坡道	m^2	25.20	226.68	5712	598
21	011107001002	花岗石台阶面	m^3	3.84	386.28	1483	
22	011503001001	金属扶手栏杆;钢管扶手方钢栏杆(建施-20)	m	19.76	38.91	769	
23	011503001002	金属扶手栏杆;钢管喷塑栏杆 L13J12	m	38.40	45.02	1729	
		小　计				304164	5618
		装饰(计超高)					
24	010801001002	木质门;平开夹板门,L13J4-1(78)	m^2	104.80	324.98	34058	
25	011401001002	木门油漆	m^2	104.80	32.50	3406	
26	010802004001	防盗对讲门;甲供	樘	4.00	868.40	3474	
27	010802004002	防盗防火保温进户门;甲供	樘	48.00	3796.71	182242	
28	010802003002	钢质防火门	m^2	84.24	699.99	58967	
29	010802001001	金属门;隔热铝合金中空玻璃门	m^2	541.97	430.72	233437	
30	010807001003	隔热铝合金窗中空玻璃窗	m^2	944.59	403.09	380755	

续表

序号	项目编码	项目名称	计量单位	工程量	金额		
					综合单价	合价	其中：暂估价
31	010807003001	铝合金百叶	m^2	312.45	243.45	76066	
32	011101001004	水泥砂浆楼梯面；水泥楼面二	m^2	191.66	63.00	12075	
33	011102003006	块料楼地面；门厅地砖楼面(楼面四)	m^2	347.26	74.21	25770	
34	010404001002	垫层；LC7.5轻骨料混凝土填充层60	m^3	20.84	249.52	5200	
35	011102003007	块料楼地面；卫生间地砖楼面(楼面六)	m^2	363.01	176.49	64068	4225
36	010904001003	楼面卷材防水；卫生间防水	m^2	355.97	134.32	47814	
37	010404001003	垫层；LC7.5轻骨料混凝土填充层300	m^3	106.79	249.52	26646	
38	011102003008	块料楼地面；厨房、封闭阳台地砖楼面(楼面七)	m^2	486.38	173.42	84348	5541
39	010904001004	楼面卷材防水；厨房、封闭阳台楼面	m^2	466.94	106.17	49575	
40	011101001005	水泥砂浆楼面；楼面八(卧室、走廊、餐厅)	m^2	3407.57	78.47	267392	40439
41	011001005002	保温隔热楼地面；楼面八	m^2	3407.57	33.59	114460	
42	011102003009	块料楼地面；阳台楼面(楼面九)	m^2	346.22	74.21	25693	
43	010702001002	阳台卷材防水；开敞阳台楼面	m^2	346.22	62.47	21628	
44	011101001006	水泥砂浆楼地面；20厚1：2水泥砂浆	m^2	254.37	21.50	5469	
45	011407002002	天棚喷刷涂料；2～3厚柔韧型腻子	m^2	6454.79	6.68	43118	
46	011105003001	块料踢脚线；大理石板踢脚(一层门厅)	m	66.72	23.94	1597	
47	011105003002	块料踢脚线；面砖踢脚(2～顶层候梯厅)	m	336.00	17.65	5930	
48	011204003001	块料墙面；面砖墙面(一层候梯厅、进厅)	m^2	199.10	191.11	38050	
49	011204003002	块料墙面；釉面砖(厨房、卫生间、封闭阳台)	m^2	3285.24	126.68	416174	
50	010903002001	墙面涂膜防水；聚合物水泥复合涂料	m^3	3285.24	27.61	90705	
51	011201001003	墙面一般抹灰；刮腻子墙面(内墙四)	m^2	11652.10	19.31	225002	
52	011407001001	墙面喷刷涂料；白色涂料	m^2	1566.79	7.95	12456	
53	011201004001	立面砂浆找平层；真石漆外墙聚合物水泥砂浆20	m^2	241.27	33.45	8070	
54	011001003001	保温隔热墙面；40厚挤塑板(XPS板)	m^2	241.27	55.58	13410	
55	011203001001	檐板、零星项目一般抹灰	m^2	677.27	66.41	44978	
56	011201001004	墙面一般抹灰；9厚混浆，6厚水泥砂浆	m^2	1024.05	24.05	24628	
57	010903003001	墙面砂浆防水；5厚干粉类聚合物水泥防水砂浆	m^2	241.27	38.81	9364	
58	011407001002	墙面喷刷涂料；真石漆外墙面	m^2	1701.32	105.43	179370	
59	011201004003	立面砂浆找平层；墙面聚合物水泥砂浆20	m^2	4875.08	33.45	163071	
60	011001003002	保温隔热墙面；40厚挤塑板(XPS板)	m^2	4875.08	55.58	270957	
61	011201001005	墙面一般抹灰；9厚混浆，6厚水泥砂浆	m^2	5358.99	24.05	128884	
62	010903003002	墙面砂浆防水；5厚干粉类聚合物水泥防水砂浆，中间压镀锌网	m^2	4875.08	57.20	278855	

续表

序号	项目编码	项目名称	计量单位	工程量	金额		
					综合单价	合价	其中：暂估价
63	011204003003	块料墙面；面砖外墙	m^2	5358.99	100.78	540079	
64	011107004001	水泥砂浆台阶面	m^2	8.76	48.52	425	
65	011503001003	金属扶手栏杆；钢管扶手方钢栏杆(建施-20)	m	107.80	41.05	4425	
66	011503001004	铸铁成品栏杆 800	m	27.40	150.00	4110	
67	010606008001	钢梯；L13J8-74	t	1.108	11657.25	12916	
68	011503001005	成品铸铁栏杆 200	m	116.60	100.00	11660	
69	011503001006	成品铸铁栏杆 700	m	179.80	150.00	26970	
70	011503001007	成品玻璃栏板 700	m	43.50	500.00	21750	
71	011503001008	成品铸铁栏杆 900	m	17.68	150.00	2652	
		小　计				4302149	50205
		合　计				4606313	55823

7.3.4 工程量清单综合单价分析表（表 7-10、表 7-11）

建筑工程量清单综合单价分析表　　**表 7-10**

工程名称：框剪高层住宅建筑

序号	项目编码	项目名称	单位	工程量	综合单价组成					综合单价
					人工费	材料费	机械费	计费基础	管理费和利润	
		建筑(不计超高)								
1	**010101001001**	**平整场地**	**m^2**	**650.05**	**0.11**		**0.75**	**0.86**	**0.10**	**0.96**
	1-4-2	机械场地平整	$10m^2$	94.149	0.11		0.75	0.86	0.10	
2	**010101004001**	**挖基坑土方；大开挖，普通土，外运 1km 内**	**m^3**	**6429.33**	**4.49**	**0.06**	**11.74**	**16.30**	**1.81**	**18.10**
	1-3-14	挖掘机挖普通土自卸汽车运 1km 内	$10m^3$	610.786	0.65	0.05	11.29	11.99	1.33	
	1-2-2-2	人工挖机械剩余 5%普通土深＞2m	$10m^3$	32.147	2.65			2.65	0.29	
	1-3-45	装载机装土方	$10m^3$	32.147	0.02		0.09	0.11	0.01	
	1-3-57	自卸汽车运土方 1km 内	$10m^3$	32.147	0.01		0.34	0.36	0.04	
	1-4-4-1	基底钎探(灌砂)	十眼	78.40	1.08	0.01		1.09	0.13	
	1-4-6	机械原土夯实	$10m^2$	78.40	0.08		0.02	0.10	0.01	
3	**010501001001**	**垫层；C15**	**m^3**	**84.19**	**80.20**	**245.35**	**1.21**	**326.76**	**36.27**	**363.03**
	2-1-13'	C154 商混凝土无筋混凝土垫层	$10m^3$	8.419	77.60	239.55	1.06	318.21	35.32	
	10-4-49	混凝土基础垫层木模板	$10m^2$	2.25	2.60	5.80	0.15	8.55	0.95	

……

续表

序号	项目编码	项目名称	单位	工程量	综合单价组成					综合单价
					人工费	材料费	机械费	计费基础	管理费和利润	
		建筑(计超高)								
40	**010504001003**	**直形墙;混凝土墙 C35**	**m³**	**16.91**	**299.83**	**557.40**	**19.55**	**876.75**	**97.32**	**974.10**
	4-2-30.30'	C353 商品混凝土混凝土墙	10m³	1.691	129.66	289.95	1.13	420.73	46.70	
	10-4-136'	直形墙胶合板模板钢支撑[扣胶合板]	10m²	18.253	136.18	68.87	16.64	221.69	24.61	
	10-4-314	墙竹胶板模板制作	10m²	4.454	17.02	198.58	0.67	216.26	24.00	
	10-2-51	整体建筑超高 40m 内 人机增 6%	%	1.00	16.97		1.11	18.07	2.01	
41	**010504001004**	**直形墙;混凝土墙 C30**	**m³**	**97.84**	**307.51**	**550.28**	**20.42**	**878.19**	**97.48**	**975.69**
	4-2-30.29'	C303 商品混凝土混凝土墙	10m³	9.784	129.66	270.19	1.13	400.97	44.51	
	10-4-136'	直形墙胶合板模板钢支撑[扣胶合板]	10m²	110.607	142.62	72.13	17.43	232.18	25.77	
	10-4-314	墙竹胶板模板制作	10m²	26.988	17.82	207.96	0.70	226.48	25.14	
	10-2-51	整体建筑超高 40m 内 人机增 6%	%	1.00	17.41		1.16	18.56	2.06	
		……								

注：为节约篇幅，……代表省略。

装饰工程量清单综合单价分析表 **表 7-11**

工程名称：框剪高层住宅装饰

序号	项目编码	项目名称	单位	工程量	综合单价组成					综合单价
					人工费	材料费	机械费	计费基础	管理费和利润	
		装饰(不计超高)								
1	**010801001001**	**木质门;平开夹板百叶门,L13J4-1(78)**	**m²**	**77.28**	**52.44**	**255.06**	**4.14**	**311.65**	**34.09**	**345.73**
	5-1-13	单扇木门框制作	10m²	7.728	6.38	36.36	0.71	43.46	4.15	
	5-1-14	单扇木门框安装	10m²	7.728	13.00	8.58	0.02	21.60	8.45	
	5-1-77	单扇胶合板门扇制作	10m²	7.728	20.98	143.33	3.41	167.72	13.64	
	5-1-78	单扇胶合板门扇安装	10m²	7.728	7.30			7.30	4.75	
	5-1-109-2	胶合板门扇安装小百叶(注)	10m²	1.38	1.21	0.33		1.54	0.78	
	5-9-3-1	单扇木门配件(安执手锁)	10 樘	4.60	3.57	66.46		70.03	2.32	
2	**011401001001**	**木门油漆**	**m²**	**77.28**	**13.45**	**8.97**		**13.45**	**8.74**	**31.16**
	9-4-1	底油一遍调合漆二遍 单层木门	10m²	7.728	13.45	8.97		13.45	8.74	
3	**010802003001**	**钢质防火门**	**m²**	**46.00**	**30.32**	**646.96**		**677.28**	**19.71**	**696.99**
	5-4-12	钢质防火门安装(扇面积)	10m²	4.60	30.32	646.96		677.28	19.71	
		……								

续表

序号	项目编码	项目名称	单位	工程量	综合单价组成					综合单价
					人工费	材料费	机械费	计费基础	管理费和利润	
		装饰(计超高)								
24	**010801001002**	**木质门;平开夹板门,L13J4-1(78)**	**m^2**	**104.80**	**53.07**	**233.01**	**4.39**	**290.48**	**34.51**	**324.98**
	5-1-13	单扇木门框制作	$10m^2$	10.48	6.38	36.36	0.71	43.46	4.15	
	5-1-14	单扇木门框安装	$10m^2$	10.48	13.00	8.58	0.02	21.60	8.45	
	5-1-77	单扇胶合板门扇制作	$10m^2$	10.48	20.98	143.33	3.41	167.72	13.64	
	5-1-78	单扇胶合板门扇安装	$10m^2$	10.48	7.30			7.30	4.75	
	5-9-3-1	单扇木门配件(安执手锁)	10樘	4.20	2.41	44.74		47.15	1.57	
	10-2-51	整体建筑超高40m内人机增6%	%	1.00	3.00		0.25	3.25	1.95	
25	**011401001002**	**木门油漆**	**m^2**	**104.80**	**14.26**	**8.97**		**14.26**	**9.27**	**32.50**
	9-4-1	底油一遍调合漆二遍 单层木门	$10m^2$	10.48	13.45	8.97		13.45	8.74	
	10-2-51	整体建筑超高40m内人机增6%	%	1.00	0.81			0.81	0.53	
26	**010802004001**	**防盗对讲门;甲供**	**樘**	**4.00**	**63.12**	**764.25**		**827.37**	**41.03**	**868.40**
	5-4-14	钢防盗门安装(扇面积)	$10m^2$	1.092	59.55	764.25		823.80	38.71	
	10-2-51	整体建筑超高40m内人机增6%	%	1.00	3.57			3.57	2.32	
		……								

注：为节约篇幅，……代表省略。本表中的综合单价是表1～表9的计算依据。

7.3.5 措施项目清单计价与汇总表（表7-12～表7-17）

建筑工程总价措施项目清单与计价表 表7-12

工程名称：框剪高层住宅建筑

序号	项目编码	项目名称	计算基础	费率(%)	金额	调整费率(%)	调整后金额	备注
1	011707002001	夜间施工	直接费	0.7	44843			
2	011707004001	二次搬运	直接费	0.6	38437			
3	011707005001	冬雨期施工	直接费	0.8	51250			
4	011707007001	已完工程及设备保护	直接费	0.15	9609			
	合计				144139			

装饰工程总价措施项目清单与计价表　　表 7-13

工程名称：框剪高层住宅装饰

序号	项目编码	项目名称	计算基础	费率(%)	金　额	调整费率(%)	调整后金额	备注
1	011707002001	夜间施工	人工费	4	48929			
2	011707004001	二次搬运	人工费	3.6	44036			
3	011707005001	冬雨期施工	人工费	4.5	55045			
4	011707007001	已完工程及设备保护	直接费	0.15	6234			
	合　计				154244			

建筑工程单价措施项目清单与计价表　　表 7-14

工程名称：框剪高层住宅建筑

序号	项目编码	项目名称/项目特征描述	计量单位	工程量	金　额		
					综合单价	合价	其中:暂估价
1	011701001001	综合脚手架	m^2	1177.83	24.37	28704	
2	011703001002	垂直运输	m^2	1177.83	127.46	150126	
3	011705001002	大型机械设备进出场及安拆	台次	1.00	78724.48	78724	2385
4	011701001002	综合脚手架	m^2	6774.69	31.55	213741	
5	011703001002	垂直运输	m^2	6774.69	90.93	616023	
		合　计				1087318	

装饰工程单价措施项目清单与计价表　　表 7-15

工程名称：框剪高层住宅装饰

序号	项目编码	项目名称/项目特征描述	计量单位	工程量	金　额		
					综合单价	合价	其中:暂估价
1	011701001001	综合脚手架	m^2	1177.83	8.19	9646	
2	011701001001	综合脚手架	m^2	6774.69	7.14	48371	
		合　计				58017	

建筑工程措施项目清单计价汇总表　　表 7-16

工程名称：框剪高层住宅建筑

序号	项目名称	金额
1	单价措施项目费	1087318
2	总价措施项目费	144139
	合　计	1231457

装饰工程措施项目清单计价汇总表　　表 7-17

工程名称：框剪高层住宅装饰

序号	项目名称	金额
1	单价措施项目费	58017
2	总价措施项目费	154244
	合　计	212261

7.3.6 措施项目清单综合单价分析表（表7-18、表7-19）

建筑工程措施项目清单综合单价分析表　　　　表7-18

工程名称：框剪高层住宅建筑

序号	项目编码	项目名称	单位	工程量	综合单价组成					综合单价
					人工费	材料费	机械费	计费基础	管理费和利润	
	建筑(不计超高)									
1	**011701001001**	**综合脚手架**	**m^2**	**1177.83**	**12.04**	**7.26**	**2.64**	**21.93**	**2.43**	**24.37**
	10-1-103	双排外钢管脚手架6m内	$10m^2$	100.635	3.70	3.16	0.91	7.76	0.87	
	10-1-103	双排外钢管脚手架6m内	$10m^2$	10.496	0.39	0.33	0.09	0.81	0.09	
	10-1-66	电梯井字架40m内	座	2.00	3.72	2.06	0.28	6.06	0.67	
	10-1-103	双排外钢管脚手架6m内	$10m^2$	40.132	1.48	1.26	0.36	3.10	0.34	
	10-1-22	双排里钢管脚手架3.6m内	$10m^2$	50.499	1.76	0.29	0.64	2.69	0.30	
	10-1-22	双排里钢管脚手架3.6m内	$10m^2$	28.443	0.99	0.16	0.36	1.51	0.16	
2	**011703001002**	**垂直运输**	**m^2**	**1177.83**	**61.61**	**8.31**	**44.81**	**114.74**	**12.73**	**127.46**
	4-4-21	其他构件输送混凝土管道安拆50m内	$10m^3$	9.646	0.28	0.33		0.61	0.07	
	4-4-12	其他构件泵送混凝土15m^3/h	$10m^3$	9.646	8.37	0.43	1.08	9.88	1.09	
	4-4-20	柱、墙、梁、板输送混凝土管道安拆50m内	$10m^3$	55.215	1.07	1.26		2.33	0.26	
	4-4-9	柱、墙、梁、板泵送混凝土15m^3/h	$10m^3$	55.215	31.99	2.49	6.16	40.64	4.51	
	4-4-19	基础输送混凝土管道安拆50m内	$10m^3$	59.483	0.96	1.12		2.08	0.23	
	4-4-6	基础泵送混凝土15m^3/h	$10m^3$	59.483	17.23	2.68	5.53	25.44	2.83	
	10-2-1-1	＞3m满堂基础泵送混凝土垂直运输	$10m^3$	58.93	1.71		6.97	8.69	0.96	
	10-2-3-1	二层地下室泵送混凝土垂直运输	$10m^2$	117.783			25.07	25.07	2.78	
3	**011705001002**	**大型机械设备进出场及安拆**	**台次**	**1.00**	**16276.01**	**4654.24**	**49928.87**	**70859.13**	**7865.36**	**78724.48**
	10-5-4	75kW履带推土机场外运输	台次	1.00	456.00	320.65	3318.56	4095.21	454.57	
	10-5-6	1m^3内履带液压单斗挖掘机运输费	台次	1.00	912.00	224.55	3928.22	5064.77	562.19	
	10-5-22-1	自升式塔式起重机场外运输	台次	1.00	3040.00	171.96	24427.16	27639.12	3067.94	
	10-5-22	自升式塔式起重机安拆	台次	1.00	9120.00	537.42	17432.68	27090.10	3007.00	
	1-1-17	机械打孔爆破坚石	$10m^3$	1.00	104.12	55.43	91.37	250.92	27.85	

续表

序号	项目编码	项目名称	单位	工程量	综合单价组成					综合单价
					人工费	材料费	机械费	计费基础	管理费和利润	
	10-5-3	塔式起重机混凝土基础拆除	$10m^3$	1.00	1375.60	7.67	678.88	2062.15	228.90	
	10-4-63	$20m^3$ 内设备基础组合钢模钢支撑	$10m^2$	1.30	369.51	217.59	26.62	613.73	68.13	
	4-1-131	现浇混凝土埋设螺栓	10个	1.60	285.76	704.58	18.96	1009.30	112.03	
	10-5-1-1'	C204 商品混凝土塔吊基础	$10m^3$	1.00	613.02	2414.39	6.42	3033.83	336.75	
		小　计			103022	22987	105809		25721	
	建筑(计超高)									
4	**011701001002**	**综合脚手架**	**m^2**	**6774.69**	**12.63**	**13.22**	**2.53**	**28.38**	**3.17**	**31.55**
	10-1-103	双排外钢管脚手架 6m 内	$10m^2$	6.014	0.04	0.03	0.01	0.08	0.01	
	10-1-103	双排外钢管脚手架 6m 内	$10m^2$	27.172	0.17	0.15	0.04	0.36	0.04	
	10-1-103	双排外钢管脚手架 6m 内	$10m^2$	39.009	0.25	0.21	0.06	0.52	0.06	
	10-1-103	双排外钢管脚手架 6m 内	$10m^2$	174.66	1.12	0.95	0.27	2.34	0.26	
	10-1-22	双排里钢管脚手架 3.6m 内	$10m^2$	325.135	1.97	0.32	0.72	3.01	0.34	
	10-1-22	双排里钢管脚手架 3.6m 内	$10m^2$	72.409	0.44	0.07	0.16	0.67	0.08	
	10-1-103	双排外钢管脚手架 6m 内	$10m^2$	31.758	0.20	0.17	0.05	0.43	0.05	
	10-1-8	双排外钢管脚手架 50m 内	$10m^2$	569.648	8.44	11.32	1.22	20.97	2.33	
5	**011703001002**	**垂直运输**	**m^2**	**6774.69**	**24.85**	**2.47**	**54.53**	**81.85**	**9.08**	**90.93**
	4-4-21	其他构件输送混凝土管道安拆 50m 内	$10m^3$	9.095	0.05	0.05		0.10	0.01	
	4-4-12	其他构件泵送混凝土 $15m^3/h$	$10m^3$	9.095	1.37	0.07	0.18	1.62	0.18	
	4-4-20	柱、墙、梁、板输送混凝土管道安拆 50m 内	$10m^3$	198.736	0.67	0.79		1.46	0.16	
	4-4-9	柱、墙、梁、板泵送混凝土 $15m^3/h$	$10m^3$	198.736	20.02	1.56	3.85	25.43	2.82	
	10-2-17-1	50m 内泵送混凝土垂直运输	$10m^2$	677.469	2.74		50.50	53.24	5.91	
6	**011707002001**	**夜间施工**	**项**	**1**	**8072.63**	**32290.50**		**40363.13**	**4480.31**	**44843.44**
		计费基础 5766161×0.7%，人工占 20%								
7	**011707004001**	**二次搬运**	**项**	**1**	**6919.39**	**27677.57**		**34596.97**	**3840.26**	**38437.22**

续表

序号	项目编码	项目名称	单位	工程量	综合单价组成					综合单价
					人工费	材料费	机械费	计费基础	管理费和利润	
		计费基础 5766161×0.6%，人工占20%								
8	**011707005001**	**冬雨期施工**	**项**	**1**	**9225.86**	**36903.43**		**46129.29**	**5120.35**	**51249.64**
		计费基础 5766161×0.8%，人工占20%								
9	**011707007001**	**已完工程及设备保护**	**项**	**1**	**864.92**	**7784.32**		**8649.24**	**960.07**	**9609.31**
		计费基础 5766161×0.15%，人工占10%								
		小　计			278916	211035	386551		97391	973903
		合　计			381938	234022	492361		123113	1231457

注：垂直运输、施工组织设计中的大型机械设备进出场及安拆项目，由算量进入计价后自动划入措施项目界面，属于按定额计取的措施费。

装饰工程措施项目清单综合单价分析表　　表 7-19

工程名称：框剪高层住宅装饰

序号	项目编码	项目名称	单位	工程量	综合单价组成					综合单价
					人工费	材料费	机械费	计费基础	管理费和利润	
	装饰(不计超高)									
1	**011701001001**	**综合脚手架**	**m^2**	**1177.83**	**3.76**	**0.62**	**1.37**	**3.76**	**2.44**	**8.19**
	10-1-22-1	装饰钢管脚手架 3.6m 内	$10m^2$	359.822	3.76	0.62	1.37	3.76	2.44	
		小　计			4429	727	1612		2874	9646
		合　计			4429	727	1612		2874	9646
	装饰(计超高)									
2	**011701001001**	**综合脚手架**	**m^2**	**6774.69**	**3.28**	**0.54**	**1.19**	**3.28**	**2.13**	**7.14**
	10-1-22-1	装饰钢管脚手架 3.6m 内	$10m^2$	25.882	0.05	0.01	0.02	0.05	0.03	
	10-1-22-1	装饰钢管脚手架 3.6m 内	$10m^2$	424.917	0.77	0.13	0.28	0.77	0.5	
	10-1-22-1	装饰钢管脚手架 3.6m 内	$10m^2$	1352.355	2.46	0.40	0.89	2.46	1.6	
3	**011707002001**	**夜间施工**	**项**	**1**	**8659.98**	**34639.90**		**8659.98**	**5628.99**	**48928.87**
		计费基础 1082497×4%，人工占20%								
4	**011707004001**	**二次搬运**	**项**	**1**	**7793.98**	**31175.91**		**7793.98**	**5066.09**	**44035.98**
		计费基础 1082497×3.6%，人工占20%								
5	**011707005001**	**冬雨期施工**	**项**	**1**	**9742.47**	**38969.89**		**9742.47**	**6332.61**	**55044.97**
		计费基础 1082497×4.5%，人工占20%								
6	**011707007001**	**已完工程及设备保护**	**项**	**1**	**585.38**	**5268.41**		**585.38**	**380.50**	**6234.29**
		计费基础 3902528×0.15%，人工占10%								
		小　计			48979	113697	8078		31838	
		合　计			53408	114424	9690		34713	

7.3.7 其他项目清单计价与汇总表（表7-20～表7-25）

建筑工程其他项目清单计价与汇总表 **表7-20**

工程名称：框剪高层住宅建筑

序号	项目名称	计量单位	金额	结算金额
1	暂列金额	项	640593	
2	暂估价	项		
2.1	材料暂估价			
2.2	专业工程暂估价			
3	计日工			
4	总承包服务费		9053	
	合　计		649646	

装饰工程其他项目清单计价与汇总表 **表7-21**

工程名称：框剪高层住宅装饰

序号	项目名称	计量单位	金额	结算金额
1	暂列金额	项	460631	
2	暂估价	项		
2.1	材料暂估价			
2.2	专业工程暂估价			
3	计日工			
4	总承包服务费		558	
	合　计		461189	

建筑工程暂列金额明细表 **表7-22**

工程名称：框剪高层住宅建筑

序号	项目名称	计量单位	暂定金额	备注
1	暂列金额	项	640593	
	合　计		640593	

装饰工程暂列金额明细表 **表7 23**

工程名称：框剪高层住宅装饰

序号	项目名称	计量单位	暂定金额	备注
1	暂列金额	项	460631	
	合　计		460631	

建筑工程总承包服务费计价表 **表7-24**

工程名称：框剪高层住宅建筑

序号	项目名称	项目价值	服务内容	计算基础	费率(%)	金额
1	专业工程总承包服务费					0
2	发包人供应材料总承包服务费	905313			1.00	9053
	合　计					9053

注：商混凝土按暂估材料价格计入，由发包人供应材料，乙方投标时不得改动暂估价，以暂估价金额为计费基数，按1%费率计取总承包服务费。

装饰工程总承包服务费计价表　　表 7-25

工程名称：框剪高层住宅装饰

序号	项目名称	项目价值	服务内容	计算基础	费率(%)	金额
1	专业工程总承包服务费					0
2	发包人供应材料总承包服务费	55824			1.00	558
	合　计					558

注：同上。

7.3.8 规费、税金项目清单与计价表（表 7-26、表 7-27）

建筑工程规费、税金项目计价表　　表 7-26

工程名称：框剪高层住宅建筑

序号	项目名称	计费基础	费率(%)	金额
1	规费			546116
1.1	安全文明施工费			280102
1.1.1	环境保护费	分部分项＋措施项目＋其他项目	0.11	9116
1.1.2	文明施工费	分部分项＋措施项目＋其他项目	0.55	45579
1.1.3	临时设施费	分部分项＋措施项目＋其他项目	0.72	59667
1.1.4	安全施工费	分部分项＋措施项目＋其他项目	2	165741
1.2	工程排污费	分部分项＋措施项目＋其他项目	0.26	21546
1.3	社会保障费	分部分项＋措施项目＋其他项目	2.6	215463
1.4	住房公积金	分部分项＋措施项目＋其他项目	0.2	16574
1.5	危险工作意外伤害保险	分部分项＋措施项目＋其他项目	0.15	12431
2	税金	分部分项＋措施项目＋其他项目＋规费	3.48	307394
	合 计			853510

装饰工程规费、税金项目计价表　　表 7-27

工程名称：框剪高层住宅装饰

序号	项目名称	计费基础	费率(%)	金额
1	规费			372223
1.1	安全文明施工费			202743
1.1.1	环境保护费	分部分项＋措施项目＋其他项目	0.12	6336
1.1.2	文明施工费	分部分项＋措施项目＋其他项目	0.1	5280
1.1.3	临时设施费	分部分项＋措施项目＋其他项目	1.62	85532
1.1.4	安全施工费	分部分项＋措施项目＋其他项目	2	105595
1.2	工程排污费	分部分项＋措施项目＋其他项目	0.26	13727
1.3	社会保障费	分部分项＋措施项目＋其他项目	2.6	137274
1.4	住房公积金	分部分项＋措施项目＋其他项目	0.2	10560
1.5	危险工作意外伤害保险	分部分项＋措施项目＋其他项目	0.15	7920
2	税金	分部分项＋措施项目＋其他项目＋规费	3.48	196689
	合 计			568912

7.3.9 材料暂估价一览表（表 7-28、表 7-29）

建筑工程材料暂估价一览表　　表 7-28

工程名称：框剪高层住宅建筑

序号	材料编码	材料名称、规格、型号	计量单位	数量	单价	金额	备注
1	81020	C202 现浇混凝土碎石＜20[商品]	m^3	0.213	235.00	50	
2	81021	C252 现浇混凝土碎石＜20[商品]	m^3	66.452	255.00	16945	
3	81022	C302 现浇混凝土碎石＜20 P6[商品]	m^3	134.183	285.00	38242	
4	81022	C302 现浇混凝土碎石＜20[商品]	m^3	1019.357	265.00	270130	
5	81023	C352 现浇混凝土碎石＜20[商品]	m^3	10.955	285.00	3122	
6	81024	C402 现浇混凝土碎石＜20[商品]	m^3	2.372	305.00	723	
7	81028	C253 现浇混凝土碎石＜31.5[商品]	m^3	94.585	255.00	24119	
8	81029	C303 现浇混凝土碎石＜31.5[商品]	m^3	177.344	265.00	46996	
9	81030	C353 现浇混凝土碎石＜31.5[商品]	m^3	314.135	285.00	89528	
10	81036	C154 现浇混凝土碎石＜40[商品]	m^3	87.577	235.00	20581	
11	81037	C204 现浇混凝土碎石＜40[商品]	m^3	10.15	235.00	2385	
12	81039	C304 现浇混凝土碎石＜40[商品]	m^3	589.30	265.00	156165	
13	81039	C304 现浇混凝土碎石＜40 P6[商品]	m^3	590.07	285.00	168170	
14	81040	C354 现浇混凝土碎石＜40[商品]	m^3	210.434	285.00	59974	
15	81046	C20 细石混凝土[商品]	m^3	34.273	235.00	8054	
16	81056	C302 预制混凝土碎石＜20[商品]	m^3	0.487	265.00	129	
		合　计				905313	

装饰工程材料暂估价一览表　　表 7-29

工程名称：框剪高层住宅装饰

序号	材料编码	材料名称、规格、型号	计量单位	数量	单价	金额	备注
1	81036	C154 现浇混凝土碎石＜40[商品]	m^3	2.545	235.00	598	
2	81046	C20 细石混凝土[商品]	m^3	235.003	235.00	55226	
		合　计				55824	

7.3.10 补充材料价格取定表（表 7-30）

建筑装饰工程补充材料价格取定表　　表 7-30

工程名称：框剪高层住宅建筑装饰

序号	工料机编码	名称、规格、型号	单位	数量	单价	合价
1	8066	岩棉板	m^3	10.21	500.00	5105
2	8071	岩棉板 75 厚	m^2	39.709	15.50	615
3	8219	玻化微珠	kg	27.878	2.00	56
4	8310	挤塑板 δ75	m^2	720.997	38.00	27398
5	8310	30 厚玻化微珠	m^2	41.126	46.00	1892
6	12029	SBS 改性沥青卷材	m^2	565.892	88.00	49798
7	12068	JD-水泥基渗透结晶型防水涂料	kg	1206.885	28.00	33793

续表

序号	工料机编码	名称、规格、型号	单位	数量	单价	合价
8	23039	聚苯板	m^2	9.908	72.00	713
9	8310	挤塑板 δ20	m^2	4370.394	13.00	56815
10	8315	0.2厚真空镀铝聚酯薄膜	m^2	482.086	3.90	1880
11	14907	镀锌电焊网	m^2	5118.834	18.00	92139
12	15087	成品铸铁栏杆700	m	179.80	150.00	26970
13	15087	成品铸铁栏杆200	m	116.60	100.00	11660
14	15087	成品铸铁栏杆900	m	17.68	150.00	2652
15	15087	成品铸铁栏杆800	m	27.40	150.00	4110
16	23403	成品有机玻璃栏板	m	43.50	500.00	21750
17	25003	钢防盗防火保温门	m^2	131.04	1350.00	176904
18	25039	铝合金百叶窗	m^2	296.203	180.00	53317

复习思考题

1. 了解本章进行了哪些材料名称或价格的换算，在计价时是如何处理的?

2. 本案例对超高问题是如何处理的?

3. 关于泵送商品混凝土的处理有两种方式：一种是按每立方米混凝土加价，一种是记取泵送费和管道安拆费。试比较两种计价方法的价格差异和优缺点。

4. 我国实行招标控制价要求对单价控制，不能高于控制单价，也不能低于成本价，那么投标方的最大让利是多少，为什么?

作 业 题

应用你所熟悉的算量和计价软件，依据框剪高层住宅图纸和第6章的工程量计算结果，做出工程报价。并与本章结果进行对比，找出不同的原因。

8 框剪高层住宅工程标准图集

8.1 目　　录

序号	图集号	图集名称	页码	名称
1	L06J103	阳台	14	单阳台平、立面(31～33)
2			15	单阳台平、立面(34～36)
3	L07J109	外墙外保温构造详图(二)	13	外墙外保温做法
4			23	与不采暖空间相邻的楼板保温做法
5			40	变形缝保温构造(二)
6	L09J104	住宅厨房卫生间防火型变压式排风道	6	住宅厨房变压式排风道选用表
7			18	排风道出屋面详图
8	L09J105	住宅防火型烟气集中排放系统	6	住宅厨房卫生间烟气道选用表
9	L13J1	建筑工程做法	24	地 101FC/楼 101
10			36	地 204
11			59	踢 1
12			61	踢 3
13			62	踢 4
14			77	内墙 1
15			79	内墙 5
16			82	内墙 8
17			91	顶 2
18			136	屋 101
19			140	屋 105
20			146	屋 301
21			152	散 2
22	L13J2	地下工程防水	C13	窗井做法
23	L13J3-3	加气混凝土砌块墙	19	普通灰缝墙体与框架柱拉结
24			20	墙身构造柱
25			24	无洞口墙体构造柱、水平系梁布置
26			25	有洞口墙体构造柱、水平系梁布置
27			28	门洞口补强做法
28			30	预埋件、铁件详图

续表

序号	图集号	图集名称	页码	名称
29	L13J4-1	常用门窗	6	推拉全玻门立面图
30			78	平开夹板门立面图
31			79	平开夹板百叶门立面图
32	L13J4-2	专用门窗	3	GFM01、MFM01选用图(一)
33	L13J5-1	屋面排水系统	A9	卷材、涂膜防水屋面、女儿墙详图
34			A10	卷材、涂膜防水屋面节点详图(一)
35			A11	卷材、涂膜防水屋面节点详图(二)
36			A13	防水屋面变形缝
37			A14	防水屋面出入口
38			E2	UPVC雨水管
39			E3	屋面排水构件组合
40			E5	镀锌钢板雨水管详图
41			E6	管底出水口
42			E7	UPVC雨水管零件(一)
43	L13J5-2	坡屋面	K4	块瓦屋面檐口
44	L13J8	楼梯	021	扶手栏杆高度与防攀爬和防攀滑
45			34	木扶手金属花式栏杆(二)
46			68	楼梯踏步水泥防滑条(一)
47			69	楼梯踏步水泥防滑条(二)
48			71	预埋件
49			74	钢梯(一)-1
50			75	钢梯(一)-2
51			78	钢梯预埋件及踏步板
52	L13J9-1	室外工程	103	多步台阶(二)
53			116	窗井支架
54			117	窗井支架铁件H、J、K
55	L13J12	无障碍设施	21	坡道栏杆扶手(一)
56			25	坡道地面做法(一)
57	L13G7	钢筋混凝土过梁	36	100mm厚蒸压加气混凝土砌块 填充墙过梁选用表
58			38	200mm厚蒸压加气混凝土砌块 填充墙过梁选用表
59			81	TGLA10061～TGLA10242尺寸、材料表
60			83	TGLA20061～TGLA20242尺寸、材料表
61	12G614-1	砌体填充墙结构构造	16	填充墙顶部拉结做法

8.2 详　　图

1. L06J103-14-31

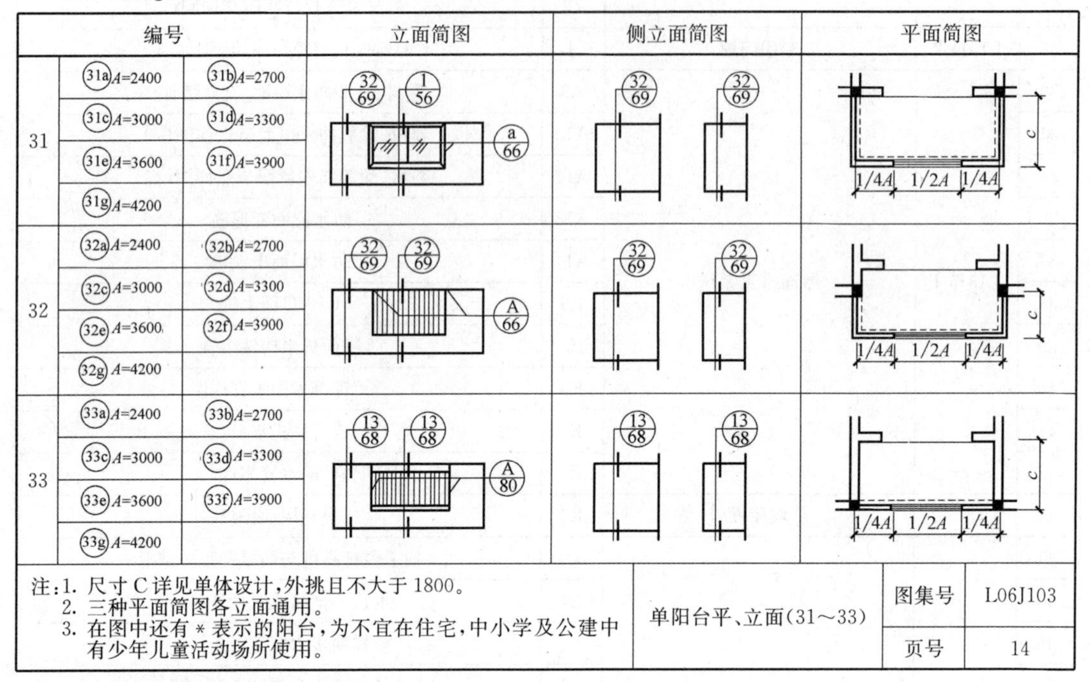

编号			立面简图	侧立面简图	平面简图
31	31a A=2400	31b A=2700			
	31c A=3000	31d A=3300			
	31e A=3600	31f A=3900			
	31g A=4200				
32	32a A=2400	32b A=2700			
	32c A=3000	32d A=3300			
	32e A=3600	32f A=3900			
	32g A=4200				
33	33a A=2400	33b A=2700			
	33c A=3000	33d A=3300			
	33e A=3600	33f A=3900			
	33g A=4200				

注			
注:1. 尺寸C详见单体设计,外挑且不大于1800。 2. 三种平面简图各立面通用。 3. 在图中还有＊表示的阳台,为不宜在住宅,中小学及公建中有少年儿童活动场所使用。	单阳台平、立面(31～33)	图集号	L06J103
		页号	14

2. L06J103-15-36

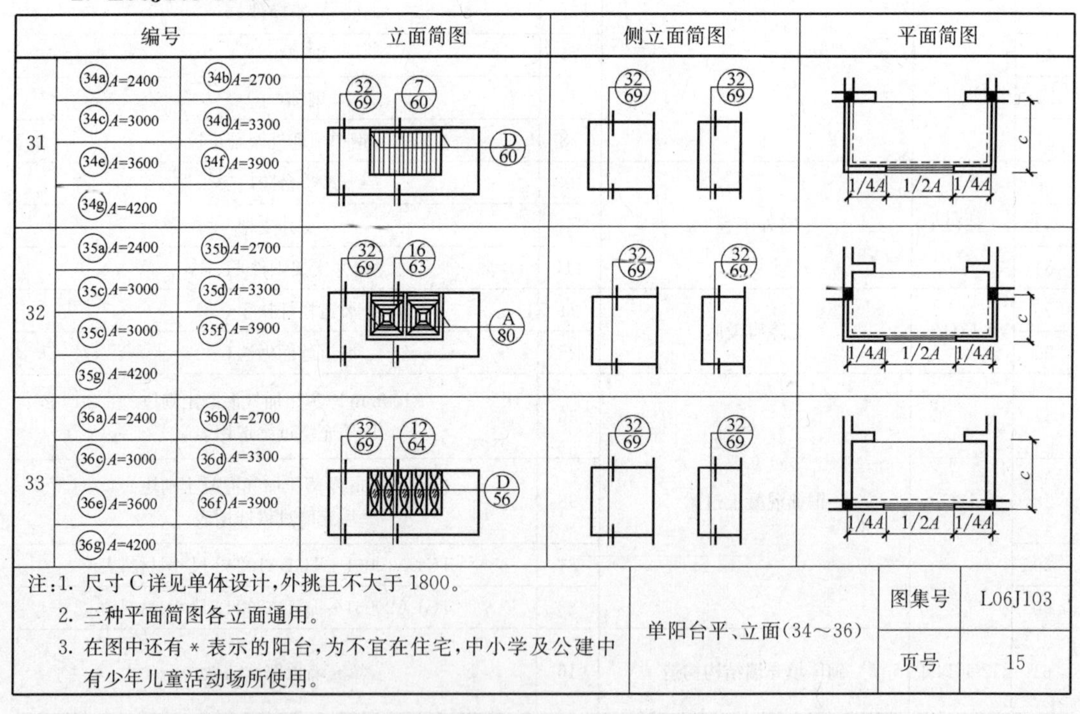

编号			立面简图	侧立面简图	平面简图
31	34a A=2400	34b A=2700			
	34c A=3000	34d A=3300			
	34e A=3600	34f A=3900			
	34g A=4200				
32	35a A=2400	35b A=2700			
	35c A=3000	35d A=3300			
	35c A=3000	35f A=3900			
	35g A=4200				
33	36a A=2400	36b A=2700			
	36c A=3000	36d A=3300			
	36e A=3600	36f A=3900			
	36g A=4200				

注			
注:1. 尺寸C详见单体设计,外挑且不大于1800。 2. 三种平面简图各立面通用。 3. 在图中还有＊表示的阳台,为不宜在住宅,中小学及公建中有少年儿童活动场所使用。	单阳台平、立面(34～36)	图集号	L06J103
		页号	15

3. L07J109-13（1）

外墙外保温做法及热工计算选用表

序号	外墙构造简图	工程做法	分层厚度 δ mm	干密度 ρ_0 kg/m³	导热系数 λ W/(m·K)	修正系数 α	热阻 R m²·K/W	主体部位 热惰性指标 D 值	主体部位 传热阻 R_s m²·K/W	主体部位 传热系数 K W/(m²·K)	参考平均传热系数 W/(m²·K)
1	外 内 543 2 1	1. 混合砂浆	20	1700	0.870	1.00	0.023				
		2. 加气混凝土砌块	180	600	0.200	1.25	0.720				
		3 聚合物水泥砂浆找平层	20	1800	0.930	1.00	0.022				
		4 挤塑板（XPS板）	30	20-35	0.030	1.10	0.909	3.613	1.829	0.547	0.623
			35				1.061	3.673	1.981	0.505	0.568
			45				1.364	3.793	2.284	0.438	0.482
			50				1.515	3.853	2.435	0.411	0.449
		5. 抹面胶浆	5	1800	0.930	1.00	0.005				
2	外 内 543 2 1	1. 混合砂浆	20	1700	0.870	1.00	0.023				
		2. 加气混凝土砌块	200	600	0.200	1.25	0.800				
		3 聚合物水泥砂浆找平层	20	1800	0.930	1.00	0.0022				
		4 挤塑板（XPS板）	30	20-35	0.030	1.10	0.909	3.913	1.909	0.524	0.605
			35				1.061	3.973	2.061	0.485	0.552
			45				1.364	4.093	2.364	0.423	0.471
			50				1.515	4.153	2.515	0.398	0.438
		5. 抹面胶浆	5	1800	0.930	1.00	0.005				

注：1. 参考平均传热系数的计算标准：开间 3.3m、层高 2.8m、圈梁 240×墙厚，构造柱 240×墙厚。窗户 1500×1500。实际平均传热系数 K。由单体工程按国家相关标准计算确定。
2. α 为 λ 修正系数。
3. 按涂料、面砖饰面系统构造进行热工计算，连环甲系统参照选用。
4. 简图中外墙饰面层未表示，热工计算时未计饰面层和胶粘剂。

外墙外保温做法及热工计算选用表	图集号	L07J109
	页号	13

4. L07J109-23（22）

与不采暖空间相邻的楼板外保温做法及热工计算选用表

序号	楼板构造简图	工程做法	分层厚度 δ mm	干密度 ρ_0 kg/m³	导热系数 λ W/(m·K)	修正系数 α	热阻 R m²·K/W	热惰性指标 D 值	传热阻 R_s m²·K/W	传热系数 K W/(m²·K)
21	1 2 3 4 5 6	1. 水泥砂浆	20	1800	0.930	1.00	0.022			
		2. 轻集料混凝土垫层	60	1300	0.630	1.00	0.095			
		3. 现浇钢筋混凝土楼板	120	2500	1.740	1.00	0.069			
		4. 水泥砂浆找平层	20	1800	0.930	1.00	0.022			
		5. 挤塑板（XPS板）	10*	20-35	0.030	1.10	0.303	2.634	0.686	1.458
			40				1.212	2.994	1.595	0.627
			45				1.364	3.054	1.747	0.572
			55				1.667	3.174	2.050	0.488
		6. 抹面胶浆	5	1800	0.930	1.00	0.005			
22	1 2 3 4 5 6 7	1. 水泥砂浆	20	1800	0.930	1.00	0.022			
		2. 泡沫混凝土管道层	50	500	0.490	1.25	0.21			
		3. 挤塑板绝热层	20	25-35	0.030	1.15	0.580			
		4. 现浇钢筋混凝土楼板	120	2500	1.740	1.00	0.069			
		5. 水泥砂浆找平层	20	1800	0.930	1.00	0.022			
		6. 挤塑板（XPS板）	15	20-35	0.030	1.10	0.455	3.091	1.534	0.652
			20				0.606	3.151	1.685	0.593
			30				0.909	3.271	1.988	0.503
			35				1.061	3.331	2.140	0.467
		7. 抹面胶浆	5	1800	0.930	1.00	0.005			

注：1. α 为 λ 修正系数。
2. 构造简图中楼板饰面层未表示，热工计算时未计饰面层和胶粘剂。
3. 带 * 的保温层厚度为满足公建中与不采暖空间相邻楼板保温性能要求的参考值。

与不采暖空间相邻的楼板保温做法及热工计算选用表	图集号	L07J109
	页号	23

5. L07J109-40-②③

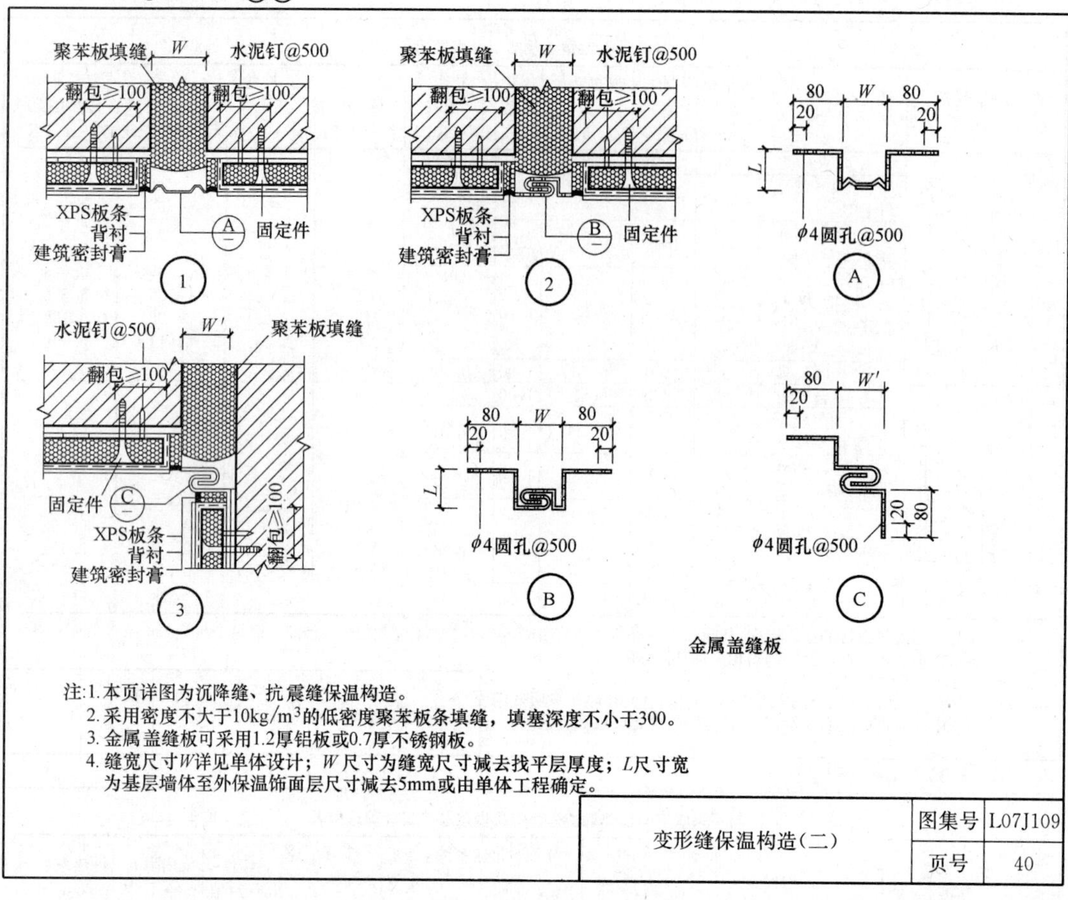

6. L09J104-6-2/PC12

住宅厨房变压式排风道选用表

编号	型号	建筑层数	断面外形尺寸 $a\times b$ (mm)	壁厚 (mm)	自重 (kg/m)	楼板预留洞尺寸 $a_1\times b_1$ (mm)	进风口尺寸 (mm)	排风道筒图 进风口方向▲
1	PC6-	≤6层	320×240	10	21	370×290	160×160	
2	PC12-	≤12层	340×300	12	29	390×350		
3	PC18-	≤18层	430×300	12	34	480×350		
4	PC24-	≤24层	460×400	15	45	510×450		
5	PC30-	≤30层	600×400	15	54	700×500		
6	PC40-	≤40层	600×500	15	61	700×600		

注：表中排风道也可为侧向进风口，设计人员可在单体设计中注明。

住宅厨房变压式排风道选用表	图集号	L09J104
	页号	6

7. L09J104-18

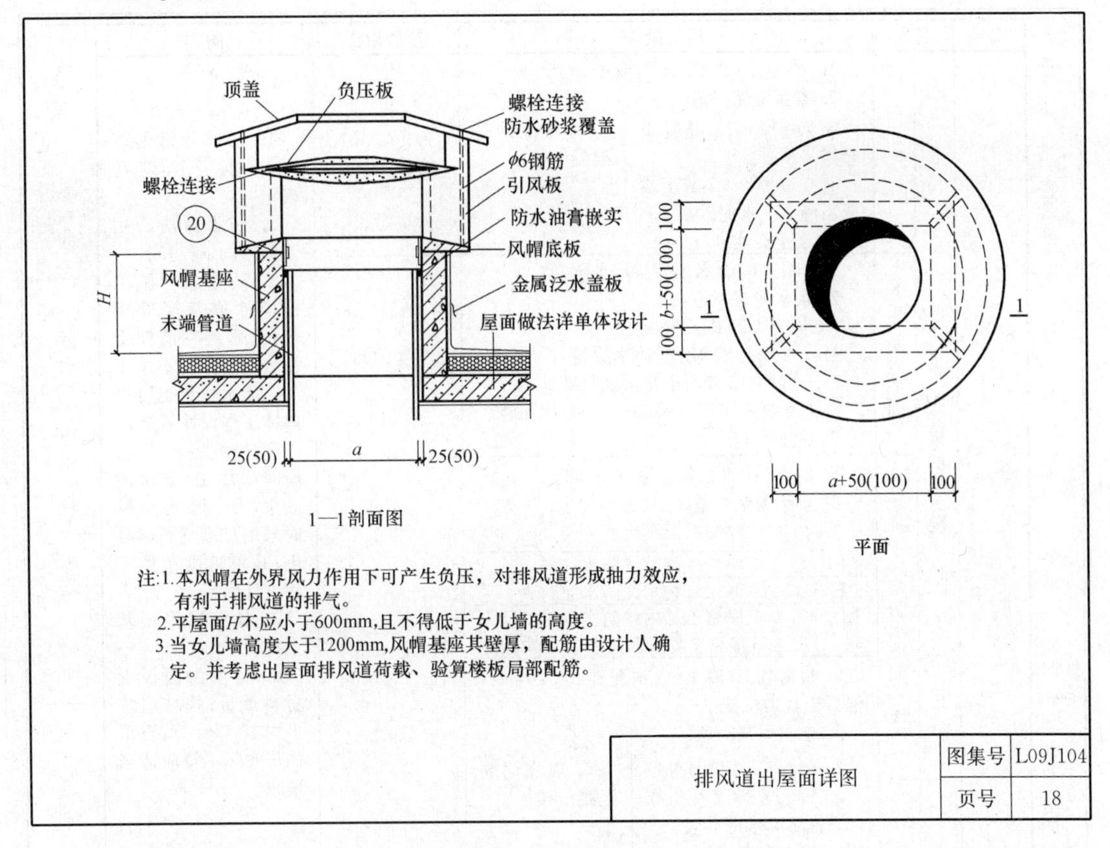

注:1.本风帽在外界风力作用下可产生负压，对排风道形成抽力效应，有利于排风道的排气。

2.平屋面H不应小于600mm,且不得低于女儿墙的高度。

3.当女儿墙高度大于1200mm,风帽基座其壁厚，配筋由设计人确定。并考虑出屋面排风道荷载、验算楼板局部配筋。

排风道出屋面详图	图集号	L09J104
	页号	18

8. L09J105-6-C3

住宅厨房卫生间烟气道选用表

编号	型号	用途	建筑层数	断面外形尺寸(mm) $a\times b$	预留洞(mm) 长×宽	壁厚 (mm)	自重 (kg/m)	毛截面积 (mm²)
1	C1	厨房排烟	≤6层	300×250	350×300	15	32.23	0.0750
2	C2		≤9层	350×250	400×300		35.27	0.0875
3	C3		≤18层	400×350	450×400		44.63	0.1400
4	C4		≤24层	450×350	500×400		47.66	0.1575
5	C5		≤30层	500×350	500×400		50.70	0.1750
6	C6		≤36层	500×400	550×450		53.86	0.2250
7	W1	卫生间排气	≤15层	250×250	300×300	15	29.19	0.0625
8	W2		≤30层	350×250	400×300		35.27	0.0875
9	W3		≤36层	350×300	400×350		38.43	0.1050

住宅厨房卫生间烟气道选用表	图集号	L09J105
	页号	6

9. L13J1-24（地101FC/楼101）

<table>
<tr><th>编号</th><th colspan="2">名称</th><th>建筑做法</th><th>参考指标</th><th>附注</th></tr>
<tr><td rowspan="3">地101
楼101</td><td rowspan="3">水泥砂浆地面/楼面</td><td></td><td>1. 20厚1∶2水泥砂浆抹平压光
2. 素水泥浆一道
3. 60厚C15混凝土垫层
4. 150厚3∶7灰土或碎石灌M5水泥砂浆
5. 素土夯实
3. 现浇钢筋混凝土楼板</td><td>总厚度:230/20
自重:0.40kN/m²</td><td rowspan="3">1. 面层分格处理由单体工程设计确定。
2. 防水做法适用于厕浴间、厨房间。
3. 防水涂料施工前应涂刷基层处理剂；防水层在墙柱交接处翻起高度不小于250；防水材料也可由单体工程设计另选。
4. 找坡层小于30厚时采用1∶3水泥砂浆，大于等于30厚时采用C20细石混凝土；找坡坡度单体工程设计确定。
5. 地面可采用基土找坡。
6. 自重为楼板上材料重量；找坡层按平均40厚计算，自重如与实际不符应适当增减。</td></tr>
<tr><td>FC（防潮地面）</td><td>1. 20厚1∶2水泥砂浆抹平压光
2. 素水泥浆一道
3. 30厚C20细石混凝土
4. 1.2厚合成高分子防水涂料
5. 60厚C15混凝土垫层随打随抹平
6. 150厚3∶7灰土或碎石灌M5水泥砂浆
7. 素土夯实</td><td>总厚度:263</td></tr>
<tr><td>F（防水地面/楼面）</td><td>1. 20厚1∶2水泥砂浆抹平压光
2. 素水泥浆一道
3. 30厚C20细石混凝土
4. F1 1.5厚合成高分子防水涂料
F2 2.0厚聚合物水泥防水涂料
F3 0.7厚聚乙烯丙纶防水卷材 1.3厚聚合物水泥防水粘结料满贴
5. 最薄处20厚1∶3水泥砂或C20细石混凝土找坡层抹平
6. 素水泥浆一道
7. 60厚C15混凝土垫层
8. 150厚3∶7灰土或碎石灌M5水泥砂浆
9. 素土夯实
7. 现浇钢筋混凝土楼板</td><td>总厚度:305/95
自重:2.3kN/m²</td></tr>
</table>

10. L13J1-36（地204）

<table>
<tr><th>编号</th><th colspan="2">名称</th><th>建筑做法</th><th>参考指标</th><th>附注</th></tr>
<tr><td rowspan="2">地204（大理石）
楼204（大理石）

地205（花岗石）
楼205（花岗石）</td><td rowspan="2">大理石（花岗石）地面/楼面</td><td></td><td>1. 20厚大理石（花岗石）板，稀水泥浆或彩色水泥浆擦缝
2. 30厚1∶3干硬性水泥砂浆
3. 素水泥浆一道
4. 60厚C15混凝土垫层
5. 150厚3∶7灰土或碎石灌M5水泥砂浆
6. 素土夯实
4. 现浇钢筋混凝土楼板</td><td>总厚度:260/50
自重:1.16kN/m²</td><td rowspan="2">1. 石材规格、品种详见单体工程设计。
2. 石材铺装前、应采用防碱背涂剂进行背涂处理。
3. 防水涂料施工前应涂刷基层处理剂；防水层在墙柱交接处翻起高度不小于250；防水材料也可由单体工程设计另选
4. 找坡层小于30厚时采用1∶3水泥砂浆，大于等于30厚时采用C20细石混凝土；找坡度单项工程设计确定。
5. 地面可采用基土找坡。
6. 自重为楼板上材料重量；找坡层按平均40厚计算，自重如与实际不符应适当增减。</td></tr>
<tr><td>F（防水地面/楼面）</td><td>1. 20厚大理石（花岗石）板、稀水泥浆或彩色水泥浆擦缝
2. 30厚1∶3干硬性水泥砂浆
3. F1 1.5厚合成高分子防水涂料
F2 2.0厚聚合物水泥防水涂料
F3 0.7厚聚乙烯丙纶防水卷材 1.3厚聚合物水泥防水粘结料满贴
4. 最薄处20厚1∶3水泥砂浆或C20细石混凝土找坡层抹平
5. 素水泥浆一道
6. 60厚C15混凝土垫层
7. 150厚3∶7灰土或碎石灌M5水泥砂浆
8. 素土夯实
6. 现浇钢筋混凝土楼板</td><td>总厚度:305/95
自重:1.16kN/m²</td></tr>
</table>

地下室 楼地面 踢脚 顶棚涂料 外墙 屋面 室外工程

11. L13J1-59（踢1）

编号	名称		建筑做法	参考指标	附注
踢1	水泥砂浆踢脚	A（清水砖墙）	1. 6厚1∶3水泥砂浆 2. 6厚1∶2水泥砂浆抹面压光	总厚度:12	
		B（混凝土砌块墙）（混凝土墙）	1. 刷专用界面剂一遍 2. 12厚1∶3水泥砂浆 3. 6厚1∶2水泥砂浆抹面压光	总厚度:18	
		C（蒸压加气混凝土砌块墙）	1. 2厚配套专用界面砂浆批刮 2. 10厚1∶3水泥砂浆 3. 6厚1∶2水泥砂浆抹面压光	总厚度:18	

12. L13J1-61（踢3）

编号	名称		建筑做法	参考指标	附注
踢3	面砖踢脚	A（砖墙）	1. 9厚1∶3水泥砂浆 2. 6厚1∶2水泥砂浆 3. 素水泥浆一道（用专用胶粘剂粘贴时无此道工序） 4. 3～4厚1∶1水泥砂浆加水重20%建筑胶（或配套专用胶粘剂）粘结层 5. 5～7厚面砖、水泥浆擦缝或填缝剂填缝	总厚度:23～26	1. 面砖颜色，规格、品种由施工图中注明。 2. 用专用胶粘剂粘贴时，抹灰基层应压实抹平。 3. 专用胶粘剂应符合《陶瓷墙地砖胶粘剂》JC/T 547的相关规定。填缝剂应符合《陶瓷墙砖填缝剂》JC/T 1004的相关规定。
		B（混凝土砌块墙）（混凝土墙）	1. 刷专用界面剂一遍 2. 9厚1∶3水泥砂浆 3. 6厚1∶2水泥砂浆 4. 素水泥浆一道（用专用胶粘剂粘贴时无此道工序） 5. 3～4厚1∶1水泥砂浆加水重20%建筑胶（或配套专用胶粘剂）粘结层 6. 5～7厚面砖，水泥浆擦缝或填缝剂填缝	总厚度:23～26	
		C（蒸压加气混凝土砌块墙）	1. 2厚配套专用界面砂浆批刮 2. 7厚1∶3水泥砂浆 3. 6厚1∶2水泥砂浆 4. 素水泥浆一道（用专用胶粘剂粘贴时无此道工序） 5. 3～4厚1∶1水泥砂浆加水重20%建筑胶（或配套专用胶粘剂）粘结层 6. 5～7厚面砖，水泥浆擦缝或填缝剂填缝	总厚度:23～26	

13. L13J1-62（踢 4）

编号	名称		建筑做法	参考指标	附注
踢 4 （大理石） 踢 5 （花岗石）	石质板材踢脚	A（砖墙）	1. 9 厚 1∶3 水泥砂浆 2. 6 厚 1∶2 水泥砂浆 3. 素水泥浆一道（用专用胶粘剂粘贴时无此道工序） 4. 4～5 厚 1∶1 水泥砂浆加水重 20%建筑胶（或配套专用胶粘剂）粘结层 5. 8～10 厚石材面层，稀水泥浆擦缝	总厚度：27～30	1. 石质板材规格、品种、颜色详单体工程设计。 2. 用专用胶粘剂粘贴时，抹灰基层应压实抹平。 3. 粘贴用专用胶粘剂的选用应符合国家相关标准。 4. 石材正、背面及周边满涂防污剂，防污剂需按生产厂家使用说明书施工。
		B（混凝土墙）（混凝土砌块墙）	1. 刷专用界面剂一遍 2. 9 厚 1∶3 水泥砂浆 3. 6 厚 1∶2 水泥砂浆 4. 素水泥浆一道（用专用胶粘剂粘贴时无此道工序） 5. 4～5 厚 1∶1 水泥砂浆加水重 20%建筑胶（或配套专用胶粘剂）粘结层 6. 8～10 厚石材面砖，稀水泥浆擦缝	总厚度：27～30	
		C（蒸压加气混凝土砌块墙）	1. 2 厚配套专用界面砂浆批刮 2. 7 厚 1∶3 水泥砂浆 3. 6 厚 1∶2 水泥砂浆 4. 素水泥浆一道（用专用胶粘剂粘贴时无此道工序） 5. 4～5 厚 1∶1 水泥砂浆加水重 20%建筑胶（或配套专用胶粘剂）粘结层 6. 8～10 厚石材面砖，稀水泥浆擦缝	总厚度：27～30	

14. L13J1-77（内墙 1）

编号	名称		建筑做法	参考指标	附注
内墙 1	水泥砂浆墙面	A（砖墙）	1. 9 厚 1∶3 水泥砂浆 2. 6 厚 1∶2 水泥砂浆抹平	总厚度：15	
		B（混凝土墙）（混凝土砌块墙）	1. 刷专用界面剂一遍 2. 9 厚 1∶3 水泥砂浆 3. 6 厚 1∶2 水泥砂浆抹干	总厚度：15	
		C（蒸压加气混凝土砌块墙）	1. 2 厚配套专用界面砂浆批刮 2. 7 厚 2∶1∶8 水泥石灰砂浆 3. 6 厚 1∶2 水泥砂浆抹平	总厚度：15	
内墙 2	防水砂浆墙面		1. 配套基层处理 2. 20 厚掺外加剂、掺合料的防水砂浆，分层铺抹压实 3. 5 厚 1∶2 水泥砂浆抹面压光	总厚度：25	防水砂浆的主要性能指标应符合《建筑室内防水工程技术规程》CECS 196 的要求

15. L13J1-79（内墙 5）

编号	名称		建筑做法	参考指标	附注
内墙 5	刮腻子墙面	A（混凝土墙）	1. 大模板混凝土墙 2. 2～3 厚柔性耐水腻子分遍批刮，磨平	总厚度：2～3	1. 腻子执行标准： 《建筑室内用腻子》JG/T 298。 2. 涂饰材料另选。
		B（纸面石膏板隔墙）	1. 轻钢龙骨纸面石膏板隔墙 2. 防潮涂料二道：纵横方向各刷一道（防水石膏板可不刷） 3. 2～3 厚柔性耐水腻子分遍批刮，磨平	总厚度：2～3	
		C（轻质隔墙）	1. 轻质隔墙 2. 粘贴涂塑 8 目中碱玻璃纤维网布一层，石膏胶粘剂横向粘贴（纤维增强水泥条板可不贴） 3. 2～3 厚柔性耐水腻子分遍批刮，磨平	总厚度：2～3	

16. L13J1-82（内墙 8）

编号	名称		建筑做法	参考指标	附注
内墙 8	面砖墙面	A（砖墙）	1. 9 厚 1∶3 水泥砂浆 2. 素水泥浆一道（用专用胶粘剂粘贴时无此道工序） 3. 4～5 厚 1∶1 水泥砂浆加水重 20%建筑胶（或配套专用胶粘剂）粘结层 4. 5～7 厚面砖，白水泥擦缝或填缝剂填缝	总厚度：18～31	1. 面砖颜色、式样等由单体工程设计确定，规格不应大于 300×300。 2. 用专用胶粘剂粘贴时，抹灰基层应压实抹平。 3. 专用胶粘剂应符合《陶瓷墙地砖胶粘剂》JC/T 547 的相关规定，填缝剂应符合《陶瓷墙地砖填缝剂》JC/T 1004 的相关规定。
		B（混凝土墙）（混凝土砌块墙）	1. 刷专用界面剂一遍 2. 9 厚 1∶3 水泥砂浆 3. 素水泥浆一道（用专用胶粘剂粘贴时无此道工序） 4. 4～5 厚 1∶1 水泥砂浆加水重 20%建筑胶（或配套专用胶粘剂）粘结层 5. 5～7 厚面砖，白水泥擦缝或填缝剂填缝	总厚度：18～21	
		C（蒸压加气混凝土砌块墙）	1. 2 厚配套专用界面砂浆批刮 2. 7 厚 1∶1∶6 水泥石灰砂浆 3. 6 厚 1∶0.5∶2.5 水泥石灰砂浆 4. 素水泥浆一道（用专用胶粘剂粘贴时无此道工序） 5. 4～5 厚 1∶1 水泥砂浆加水重 20%建筑胶（或配套专用胶粘剂）粘结层 6. 5～7 厚面砖，白水泥擦缝或填缝剂填缝	总厚度：24～27	

17. L13J1-91（顶 2）

编号	名称	建筑做法	参考指标	附注
顶 1	嵌缝批灰	1. 预制钢筋混凝土板底面清理干净 2. 1∶1∶4 水泥石灰砂浆嵌缝 3. 表面是否喷刷涂料详单体设计		适用于有吊顶的顶棚或对顶棚饰面要求不高的场所
顶 2	刮腻子顶棚	1. 现浇钢筋混凝土板底面清理干净 2. 2～3 厚柔韧型腻子分遍刮平 3. 表面刷（喷）涂料另选	总厚层：2～3 自重：0.05kN/m²	腻子执行标准：《建筑室内用腻子》JG/T 298
顶 3	粉刷石膏顶棚	1. 现浇钢筋混凝土板底面清理干净 2. 3 厚底层粉刷石膏抹平 3. 2 厚面层粉刷石膏屋面 4. 表面刷（喷）涂料另选	总厚度 5 自重：0.07kN/m²	粉刷石膏执行标准：《粉刷石膏》JC/T 517
顶 4	聚合物水泥抹灰砂浆顶棚	1. 现浇钢筋混凝土板底面清理干净 2. 3～5 厚聚合物水泥抹灰砂浆分层抹平 a. 柔性聚合物水泥抹灰砂浆 b. 防水聚合物水泥抹灰砂浆 3. 表面刷（喷）涂料另选	总厚度：3～5 自重：0.12kN/m²	1. 应根据不同基体材料及使用条件选择不同的聚合物水泥抹灰砂浆。 2. 聚合物水泥抹灰砂浆应符合《抹灰砂浆技术规程》JGJ/T 220 的要求。 3. 根据工程具体情况，底层抹灰可增设一道耐碱玻纤网布。

18. L13J1-136（屋 101）

编号	名称	建筑做法	参考指标	附注
屋 101 屋 101A （隔汽层）	地砖保护层屋面（上人屋面）	1. 8～10 厚防滑地砖铺平拍实，缝宽 5～8，1∶1 水泥砂浆填缝 2. 25 厚 1∶3 干硬性水泥砂浆结合层 3. 隔离层：0.4 厚聚乙烯膜一层 或 a. 3 厚发泡聚乙烯膜 b. 200g/m² 聚酯无纺布 c. 2 厚石油沥青卷材一层 4. 防水层 5. 30 厚 C20 细石混凝土找平层 6. 保温层 7. 20 厚 1∶2.5 水泥砂浆找平层 8. 最薄处 30 厚找抹 2% 找坡层：1∶6 水泥憎水型膨胀珍珠岩 或 a. 1∶8 水泥加气混凝土碎块 b. 1∶6 水泥焦渣 c. LC5.0 轻骨料混凝土 9. 隔汽层：1.5 厚聚氨酯防水涂料 或 a. 1.5 厚氯化聚乙烯防水卷材 b. 4 厚 SBS 改性沥青防水卷材 10. 20 厚 1∶2.5 水泥砂浆找平层 （9、10 项用于屋 101A） 11. 现浇钢筋混凝土屋面板	总厚度：115+δ 137+δ	1. 总厚度按最薄处计，且不包含防水层厚度。 2. 屋面防水层、保温层按屋面说明要求可在附表中选用。 3. 保温层厚度由建筑节能计算确定。δ 表示保温层厚度。 4. 找坡层表面符合找平层相关要求时，其上部找平层可取消。 5. 屋面由结构找坡时，材料找坡层取消。 6. 屋 101A 为设置隔汽层屋面；选用隔汽层材料应验算确定。 7. 地砖种类、规格见单体工程设计。

19. L13J1-140（屋 105）

编号	名称	建筑做法	参考指标	附注
屋 105 屋 105A (隔汽层)	水泥砂浆保护层屋面(不上人屋面)	1. 保护层：20 厚 1：2.5 或 M15 水泥砂浆抹平压光，1m×1m 分格，缝宽 20，密封胶嵌缝 2. 隔离层：0.4 厚聚乙烯膜一层 或a. 3 厚发泡聚乙烯膜 b. 200g/m² 聚酯无纺布 c. 2 厚石油沥青卷材一层 3. 防水层 4. 30 厚 C20 细石混凝土找平层 5. 保温层 6. 20 厚 1：2.5 水泥砂浆找平层 7. 最薄处 30 厚找坡 2% 找坡层：1：6 水泥憎水型膨胀珍珠岩 或a. 1：8 水泥加气混凝土碎块 b. 1：6 水泥焦渣 c. LC5.0 轻骨料混凝土 8. 隔汽层：1.5 厚聚氨酯防水涂料 或a. 1.5 厚氯化聚乙烯防水卷材 b. 4 厚 SBS 改性沥青防水卷材 9. 20 厚 1：2.5 水泥砂浆找平层 （8～9 用于屋 105A） 10. 现浇钢筋混凝土屋面板	总厚度：100＋δ 122＋δ	1. 总厚度按最薄处计，且不包含防水层厚度。 2. 屋面防水层、保温层按屋面说明要求可在附表中选用。 3. 保温层厚度由建筑节能计算确定，δ 表示保温层厚度。 4. 找坡层表面符合找平层相关要求时，其上部找平层可取消。 5. 屋面由结构找坡时，材料找坡层取消。 6. 屋 105A 为设置隔汽层屋面；选用隔汽层材料应验算确定。 7. 水泥砂浆保护层上也可粘贴不燃人造草皮作饰面。

20. L13J1-146（屋 301）

编号	名称		建筑做法	参考指标	附注
屋 301	块瓦坡屋面(一)	C(木挂瓦条、外保温)	1. 块瓦 2. 挂瓦条 30×30，中距按瓦规格 3. 顺水条 40×20(h)，中距 500 4. 35 厚 C20 细石混凝土持钉层，内配 ϕ4@100×100 钢筋网 5. 满铺 0.4 厚聚乙烯膜一层 6. 防水(垫)层 7. 20 厚 1：2.5 水泥砂架找平层 8. 保温层 9. 钢筋混凝土屋面板，板内预埋锚筋 ϕ10@900×900，伸入持钉层 25		1. 块瓦主要有混凝土瓦和烧结瓦等。单体工程设计应注明块瓦瓦型和颜色。 2. 混凝土屋面板内预埋锚筋必须在屋脊和檐口处各设置一排；细石混凝土持钉层内 ϕ4 钢筋网应骑跨屋脊并绷直与屋面板内预埋 ϕ10 锚筋连牢。 3. 防水(垫)层兼作隔汽层时，应验算所采用材料是否满足蒸汽渗透阻要求；否则应另选适用材料。 4. 屋面板上直接铺贴保温层时，屋面板应平整，否则其上应增设找平层。 5. 屋面保温层、防水(垫)层按屋面说明要求可在附表中选用。
		D(木挂瓦条、外保温)	1. 块瓦 2. 挂瓦条 30×30，中距按瓦规格 3. 顺水条 40×20(h)，中距 500 4. 35 厚 C20 细石混凝土持钉层，内配 ϕ4@100×100 钢筋网 5. 保温层 6. 防水(垫)层 7. 20 厚 1：2.5 水泥砂架找平层 8. 钢筋混凝土屋面板，板内预埋锚筋 ϕ10@900×900，伸入持钉层 25		

21. L13J1-152（散 2）

编号	名称	建筑做法	参考指标	附注
散 1	混凝土散水	1. 60 厚 C20 混凝土，上撒 1∶1 水泥砂子压实赶光 2. 150 厚 3∶7 灰土 3. 素土夯实，向外坡 4%	总厚度：210	
散 2	细石混凝土散水	1. 40 厚 C20 细石混凝土，上撒 1∶1 水泥砂子压实赶光 2. 150 厚 3∶7 灰土 3. 素土夯实，向外坡 4%	总厚度：190	
散 3	水泥砂浆散水	1. 20 厚 1∶2.5 水泥砂浆压实赶光 2. 素水泥浆一道 3. 60 厚 C15 混凝土 4. 150 厚 3∶7 灰土 5. 素土夯实，向外坡 4%	总厚度：230	
散 4	砖铺散水	1. 53 厚砖平铺一层，M5 水泥砂浆灌缝 2. 25 厚中砂 3. 150 厚 3∶7 灰土 4. 素土夯实，向外坡 4%	总厚度：228	1. 铺砌用砖应采用非黏土实心砖。 2. 外侧立砖挡砌。
散 5	块石散水	1. 100 厚块石，1∶2.5 水泥砂浆灌缝 2. 30 厚粗砂 3. 150 厚 3∶7 灰土 4. 素土夯实，向外坡 4%	总厚度：280	块石表面应平整

地下室 楼地面 踢裙内墙 顶棚涂料 外墙 屋面 散水

22. L13J2-C13-①

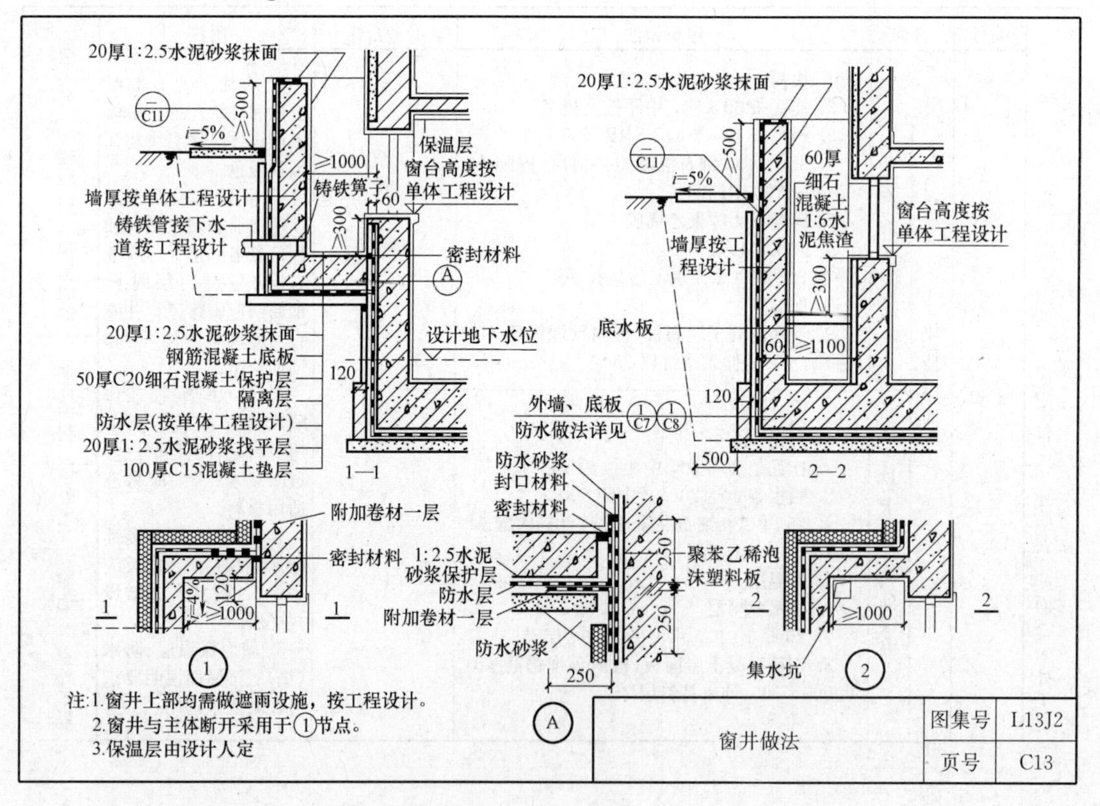

注：1.窗井上部均需做遮雨设施，按工程设计。
2.窗井与主体断开采用于①节点。
3.保温层由设计人定

窗井做法	图集号	L13J2
	页号	C13

23. L13J3-3　P19

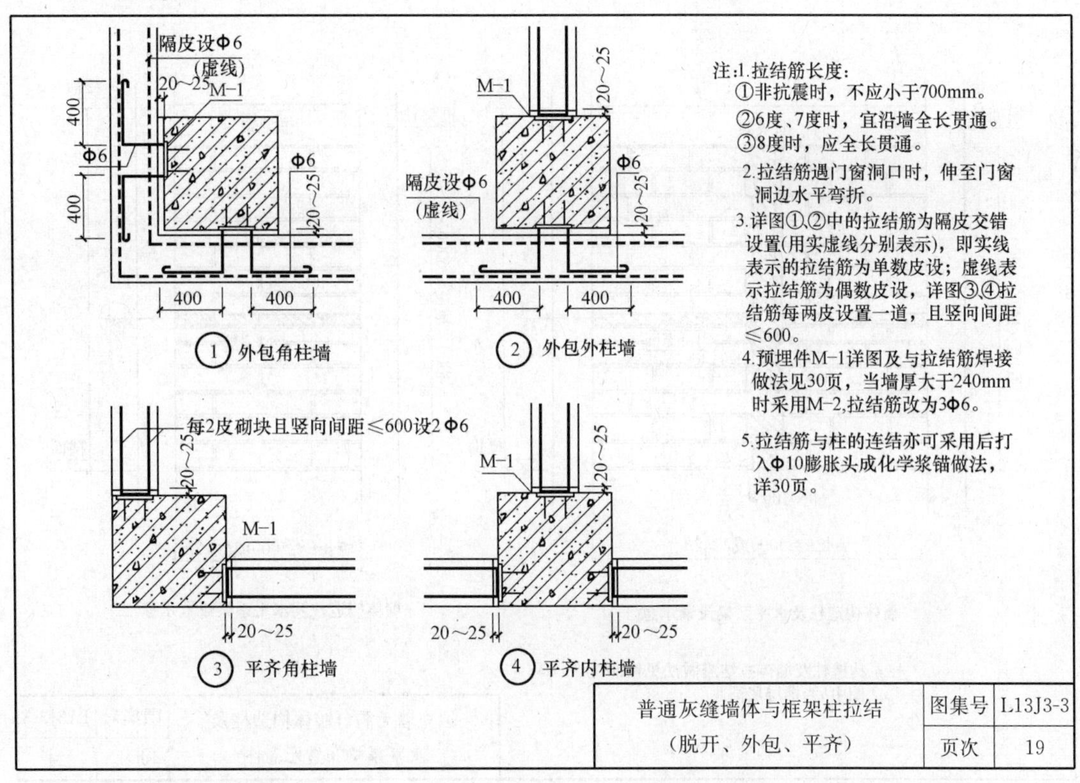

24. L13J3-3　P20

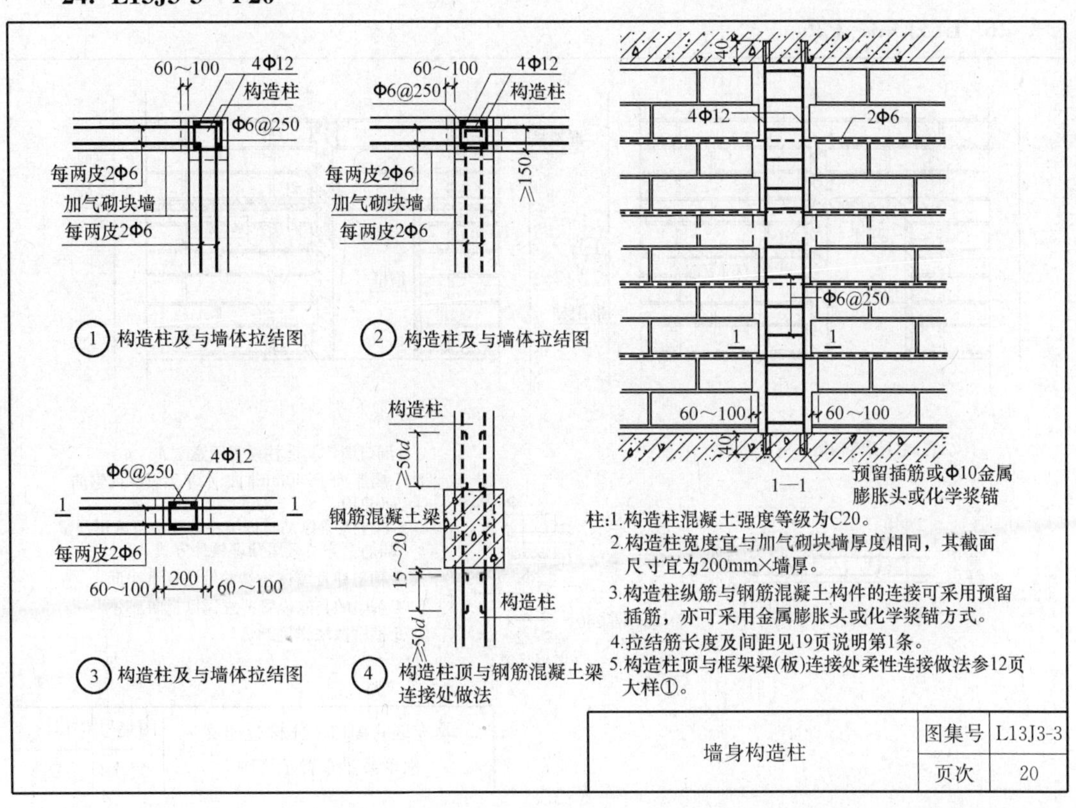

25. L13J3-3　P24

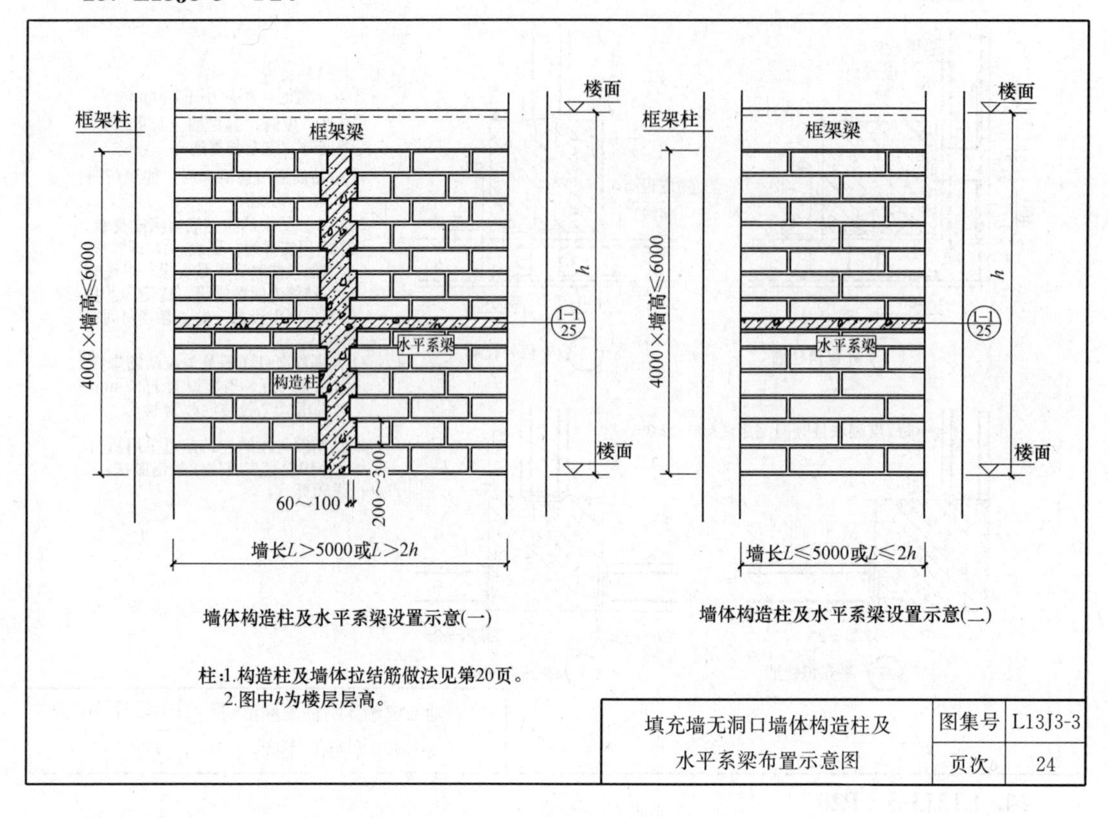

26. L13J3-3　P25

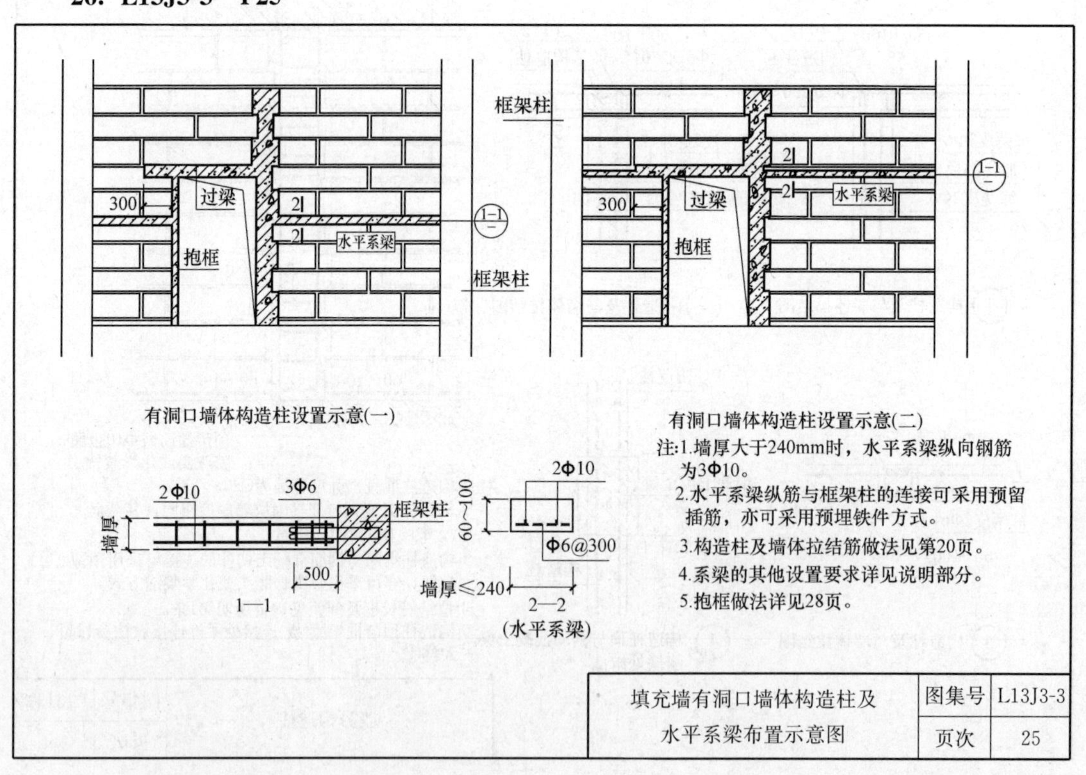

27. L13J3-3　P28

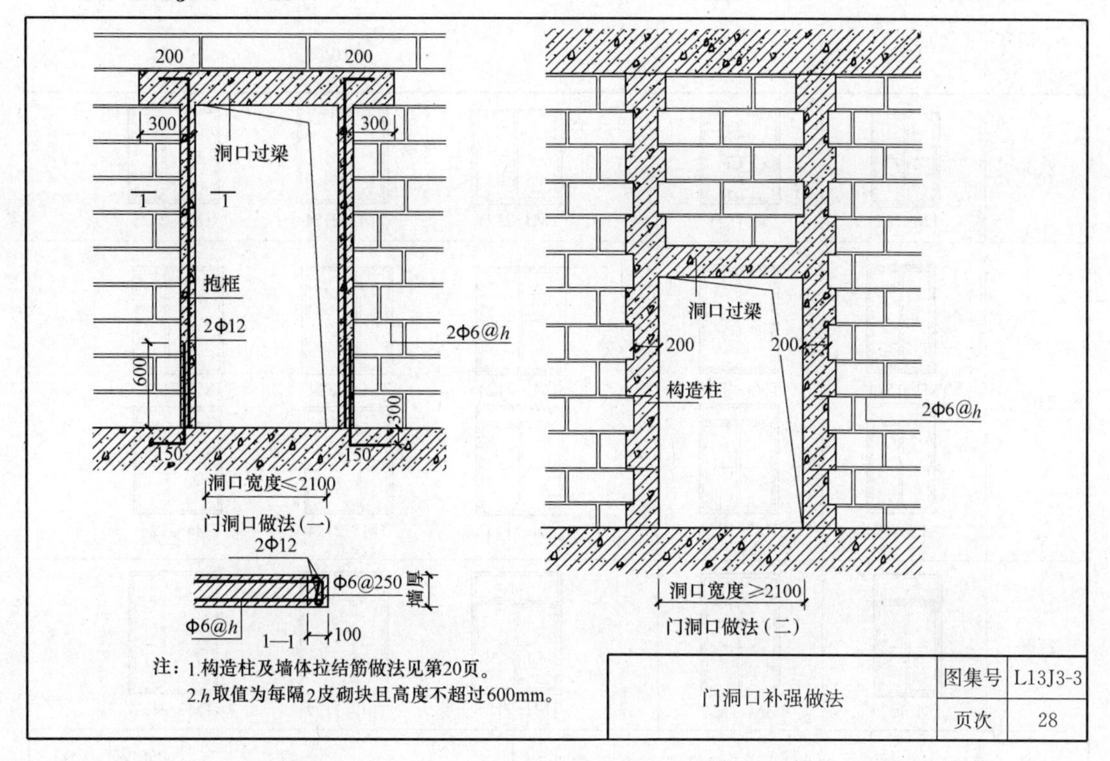

28. L13J3-3　P30

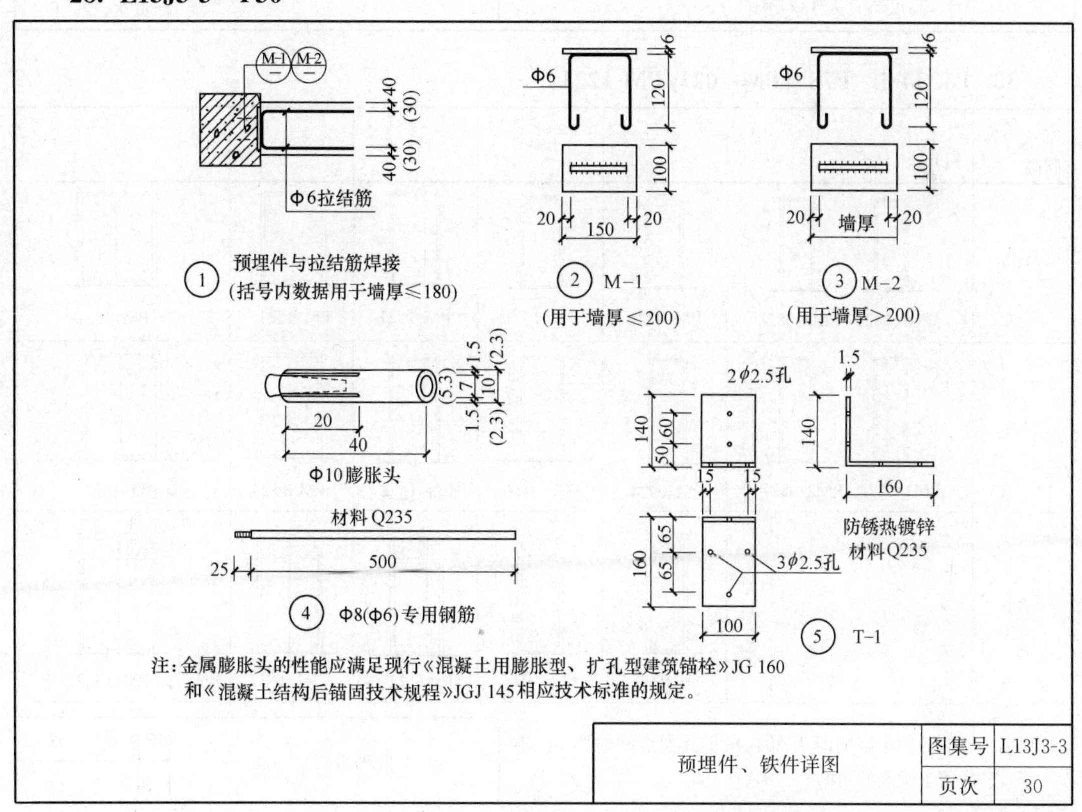

29. L13J4-1　P6（TM4-2124）

洞宽/洞高	1500	1800	2100		
2100	TM-1521	TM-1821	TM1-2121	TM2-2121	TM3-2121
2400	TM1-1524	TM1-1824	TM1-2124	TM2-2124	TM3-2124
	TM2-1524	TM2-1824	TM4-2124	TM5-2124	TM6-2124
2700	TM-1527	TM-1827	TM1-2127	TM2-2127	TM3-2127

注：推拉门不应用于疏散门，且门扇净宽度不宜小于700，高度不宜大于2400。

推拉全玻门立面图	图集号	L13J4-1
	页次	6

30. L13J4-1　P78（PM-1021/PM-1221）

洞宽/洞高	800		900	1000	1200	1500	1800
2100	PM1-0821	PM2-0821	PM-0921	PM-1021	PM-1221	PM 1521	PM-1821
2400	PM1-0824	PM2-0824	PM-0924	PM-1024	PM-1224	PM-1524	PM-1824
2700			PM-0927	PM-1027	PM-1227	PM-1527	PM-1827

注：扫地缝用于浴厕时为25，用于其他房间时为5，不适用于潮湿的房间。

平开夹板门立面图	图集号	L13J4-1
	页次	78

31. L13J4-1 P79（PM-0821）

洞高＼洞宽	800	900	1000	1200	1500	1800
2100	PM-0821	PM-0921	PM-1021	PM-1221	PM-1521	PM-1821
2400	PM-0824	PM-0924	PM-1024	PM-1224	PM-1524	PM-1824
2700		PM-0927	PM-1027	PM-1227	PM-1527	PM-1827

注：通风百叶面积应根据通风量计算或凭经验确定。

平开夹板百叶门立面图	图集号	L13J4-1
	页次	79

32. L13J4-2 P3（MFM01-0820/ MFM01-0920/ MFM01-1221）

洞高＼洞宽		800	900	1000	1200	1500	1800	2100
2000	2000	GFM01-0820 MFM01-0820	GFM01-0920 MFM01-0920	GFM01-1020 MFM01-1020	300 900 GFM01-1220 MFM01-1220	GFM01-1520 MFM01-1520	GFM01-1820 MFM01-1820	GFM01-2120 MFM01-2120
2100	2100	GFM01-0821 MFM01-0821	GFM01-0921 MFM01-0921	GFM01-1021 MFM01-1021	GFM01-1221 MFM01-1221	GFM01-1521 MFM01-1521	GFM01-1821 MFM01-1821	GFM01-2121 MFM01-2121
2400	2400	GFM01-0824 MFM01-0824	GFM01-0924 MFM01-0924	GFM01-1024 MFM01-1024	GFM01-1224 MFM01-1224	GFM01-1524 MFM01-1524	GFM01-1824 MFM01-1824	GFM01-2124 MFM01-2124
2400	400 2000	GFM011-0824 MFM011-0824	GFM011-0924 MFM011-0924	GFM011-1024 MFM011-1024	GFM011-1224 MFM011-1224	GFM011-1524 MFM011-1524	GFM011-1824 MFM011-1824	GFM011-2124 MFM011-2124

GFM01、MFM01 选用图（一）	图集号	L13J4-2
	页次	3

33. L13J5-1 A9-②

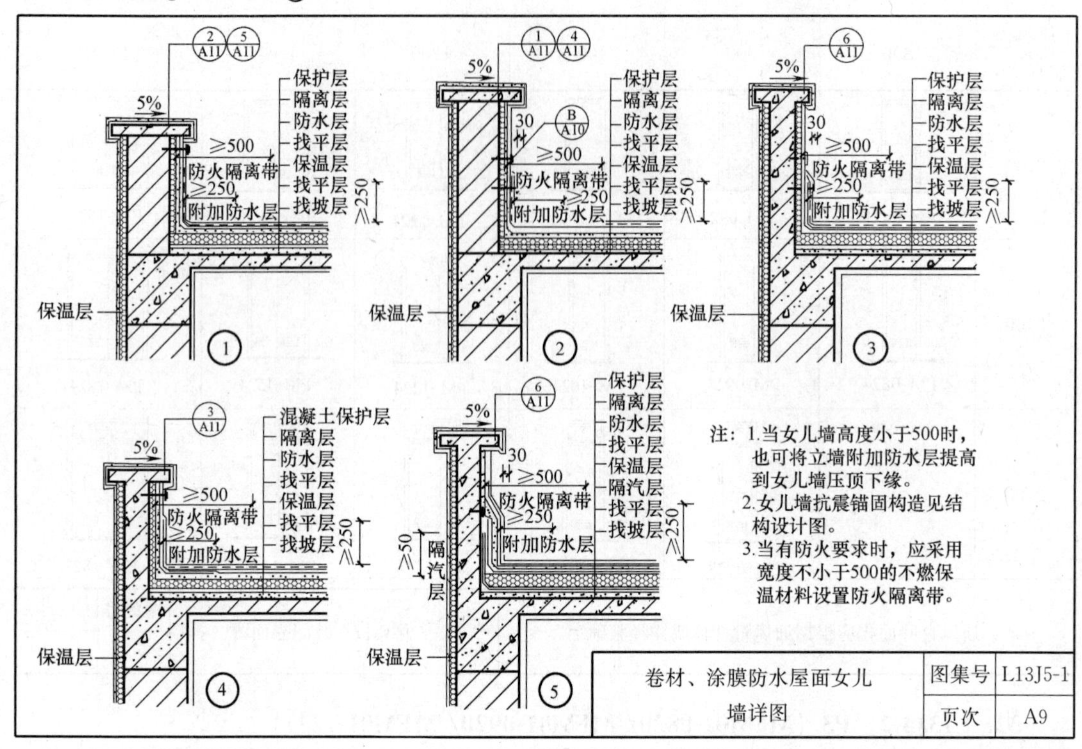

34. L13J5-1 A10-Ⓑ

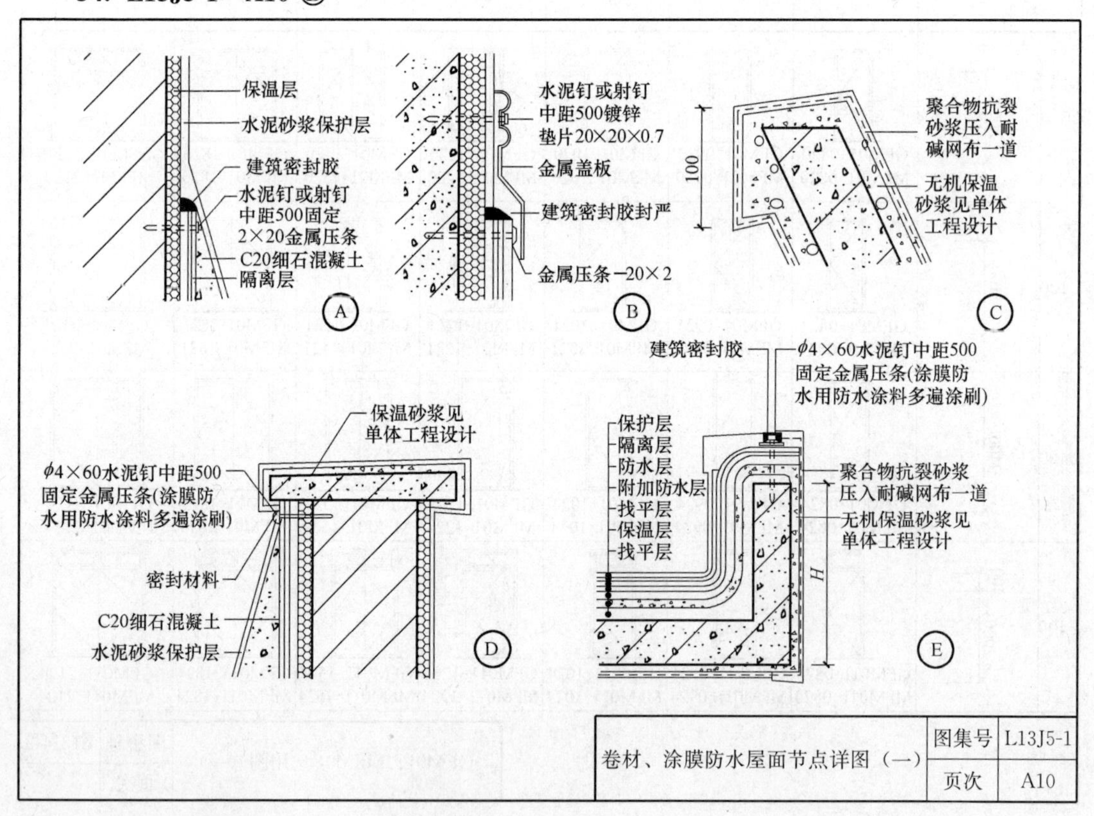

35. L13J5-1　A11-①④

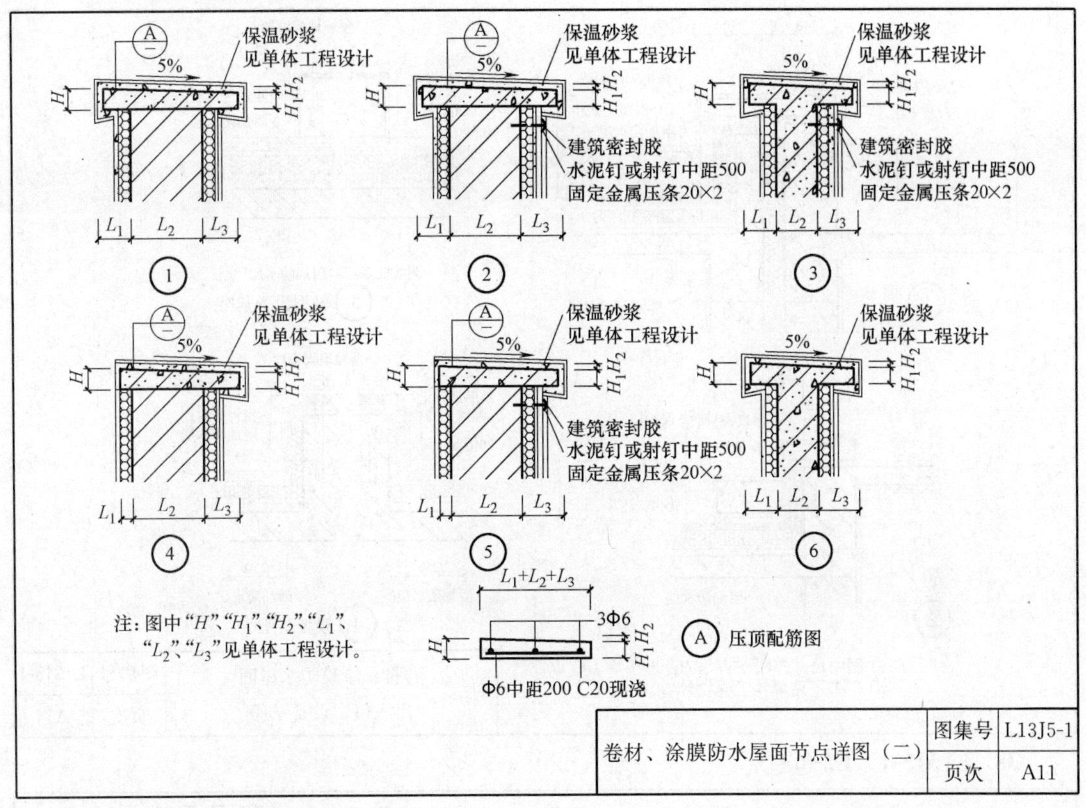

36. L13J5-1　A13-①

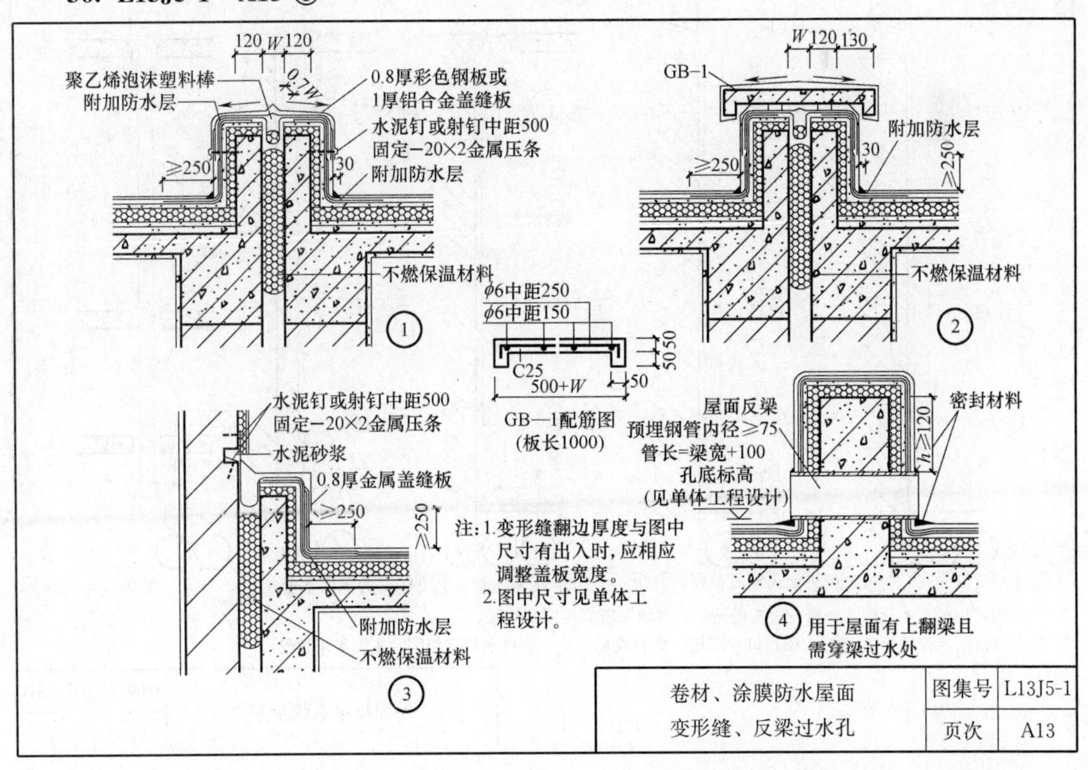

37. L13J5-1　A14-①②

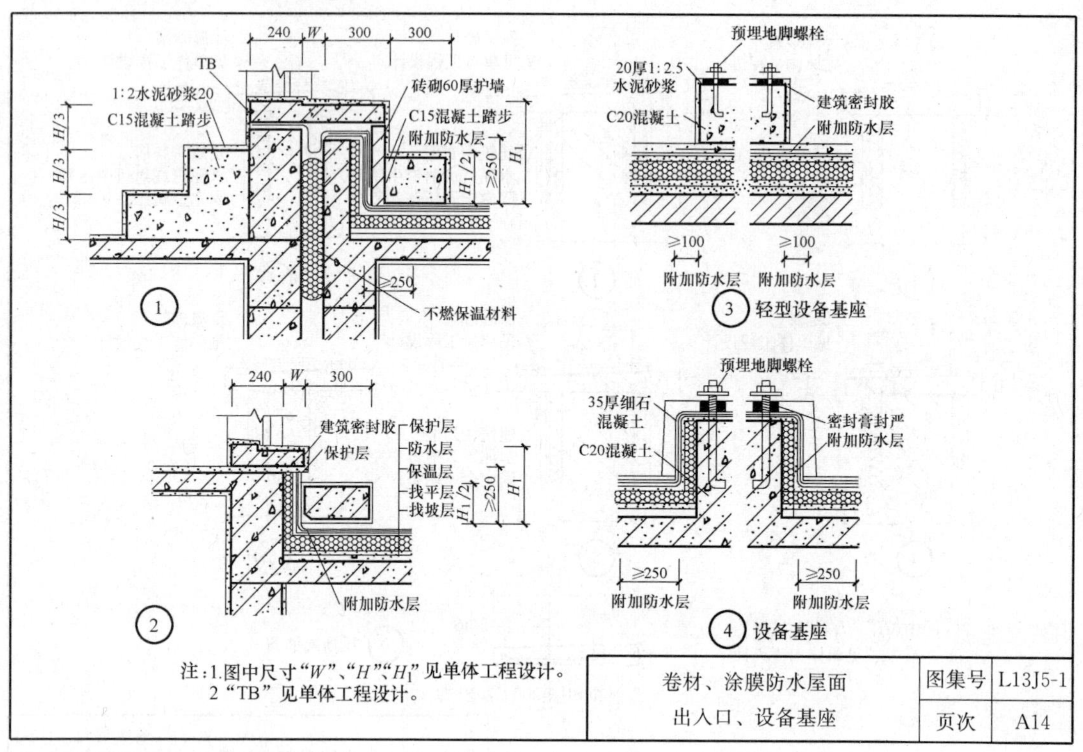

38. L13J5-1　E2-⑥⑦

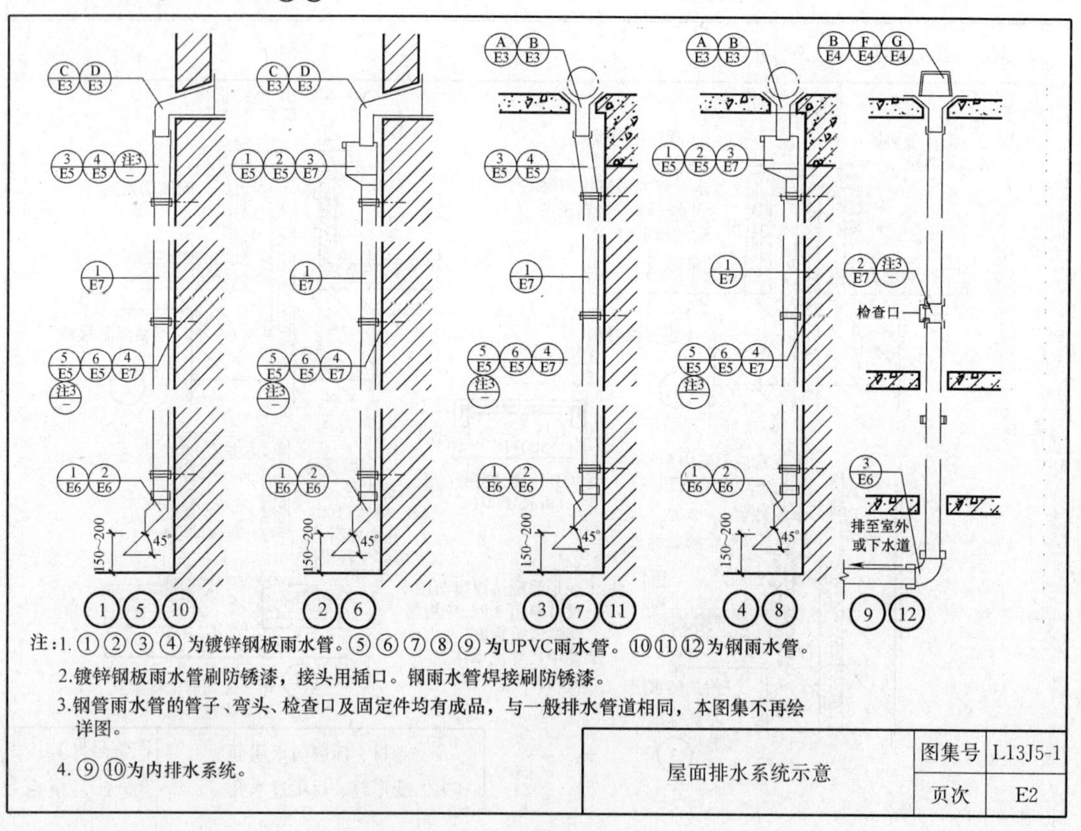

39. L13J5-1 E3

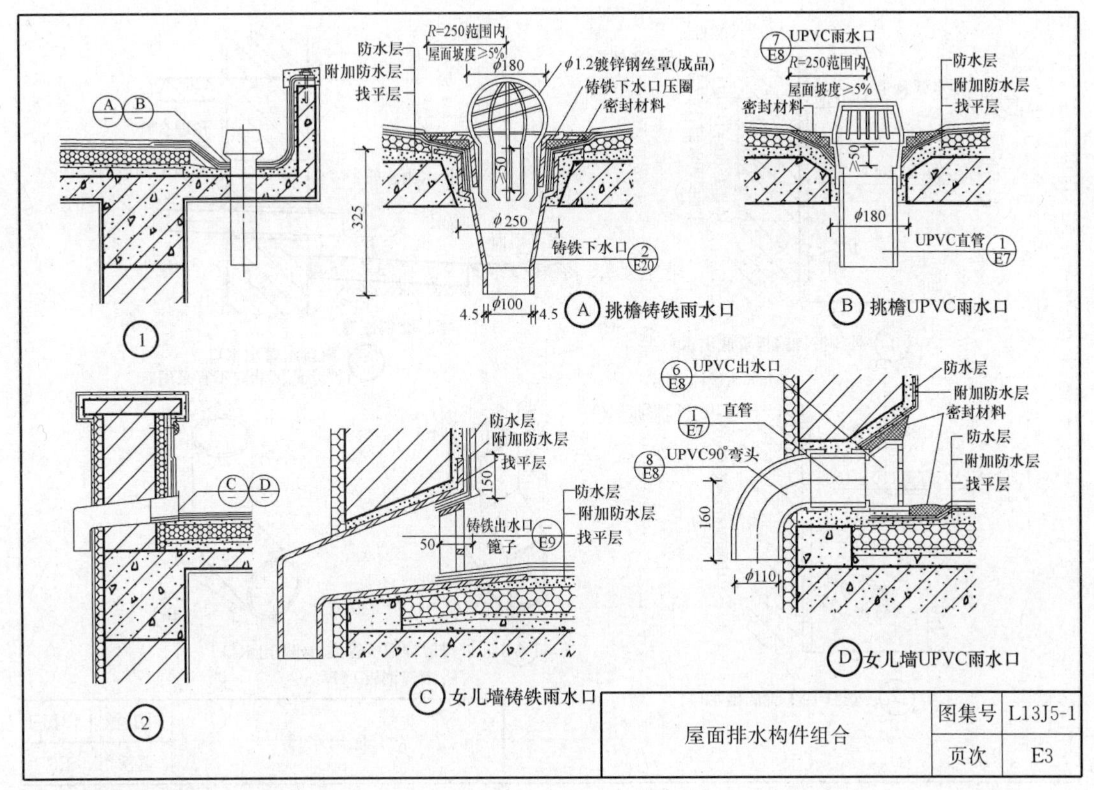

屋面排水构件组合	图集号	L13J5-1
	页次	E3

40. L13J5-1 E5

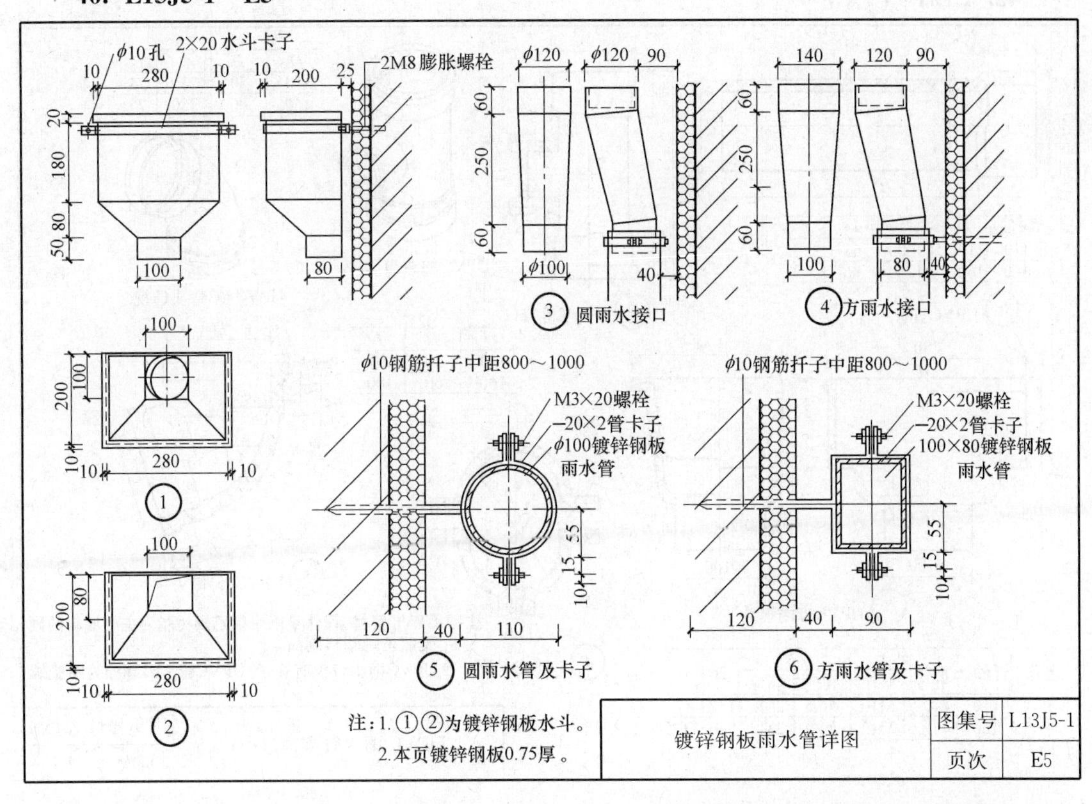

注：1.①②为镀锌钢板水斗。
2.本页镀锌钢板0.75厚。

镀锌钢板雨水管详图	图集号	L13J5-1
	页次	E5

41. L13J5-1 E6-③

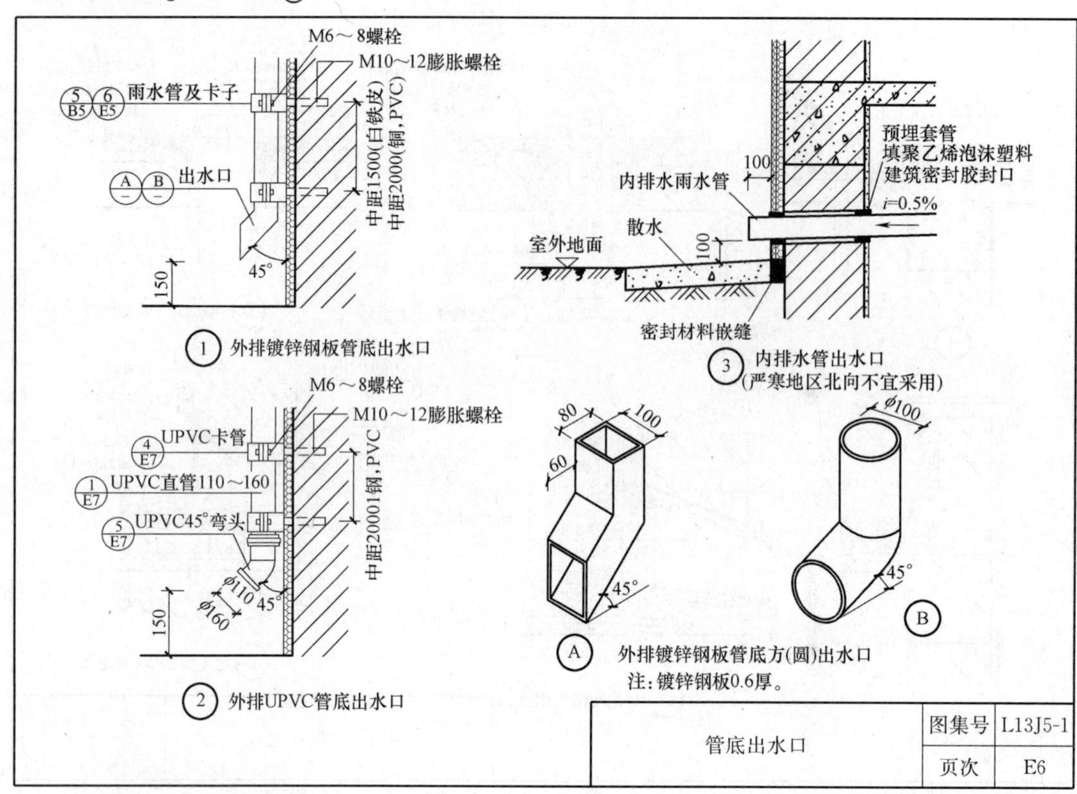

42. L13J5-1 E7

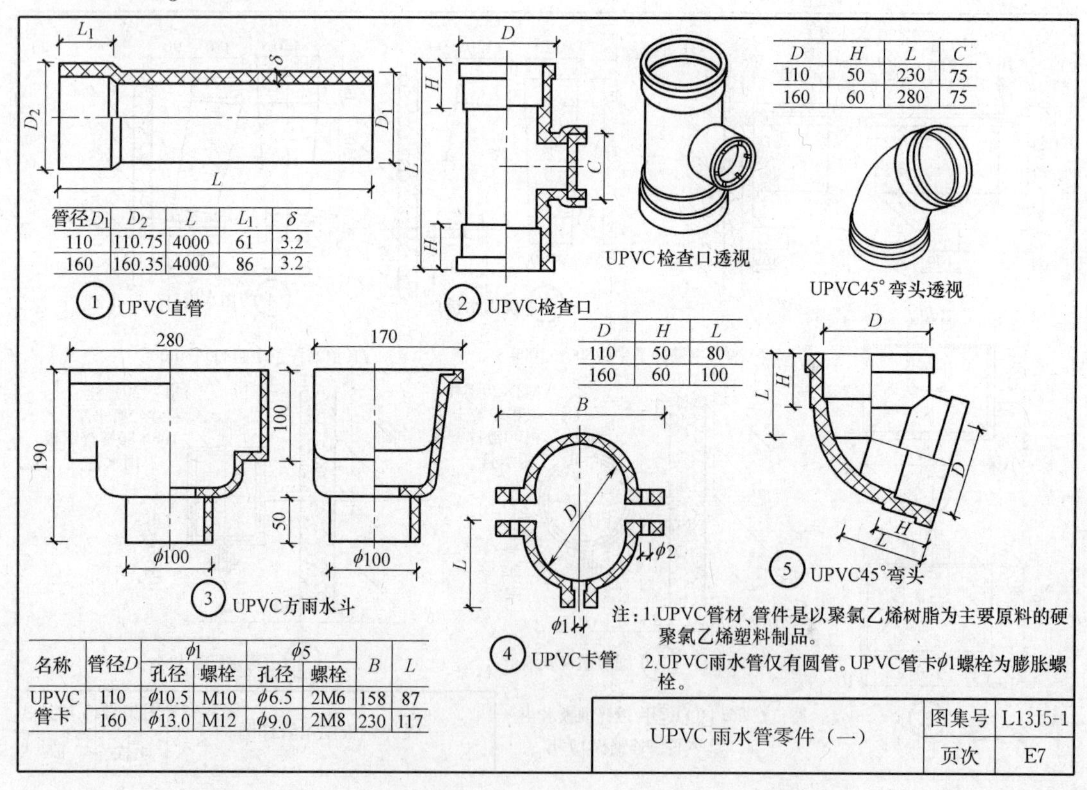

管径D_1	D_2	L	L_1	δ
110	110.75	4000	61	3.2
160	160.35	4000	86	3.2

D	H	L	C
110	50	230	75
160	60	280	75

D	H	L
110	50	80
160	60	100

名称	管径D	$\phi1$		$\phi5$		B	L
		孔径	螺栓	孔径	螺栓		
UPVC管卡	110	$\phi10.5$	M10	$\phi6.5$	2M6	158	87
	160	$\phi13.0$	M12	$\phi9.0$	2M8	230	117

注：1.UPVC管材、管件是以聚氯乙烯树脂为主要原料的硬聚氯乙烯塑料制品。

2.UPVC雨水管仅有圆管。UPVC管卡$\phi1$螺栓为膨胀螺栓。

43. L13J5-2-K4

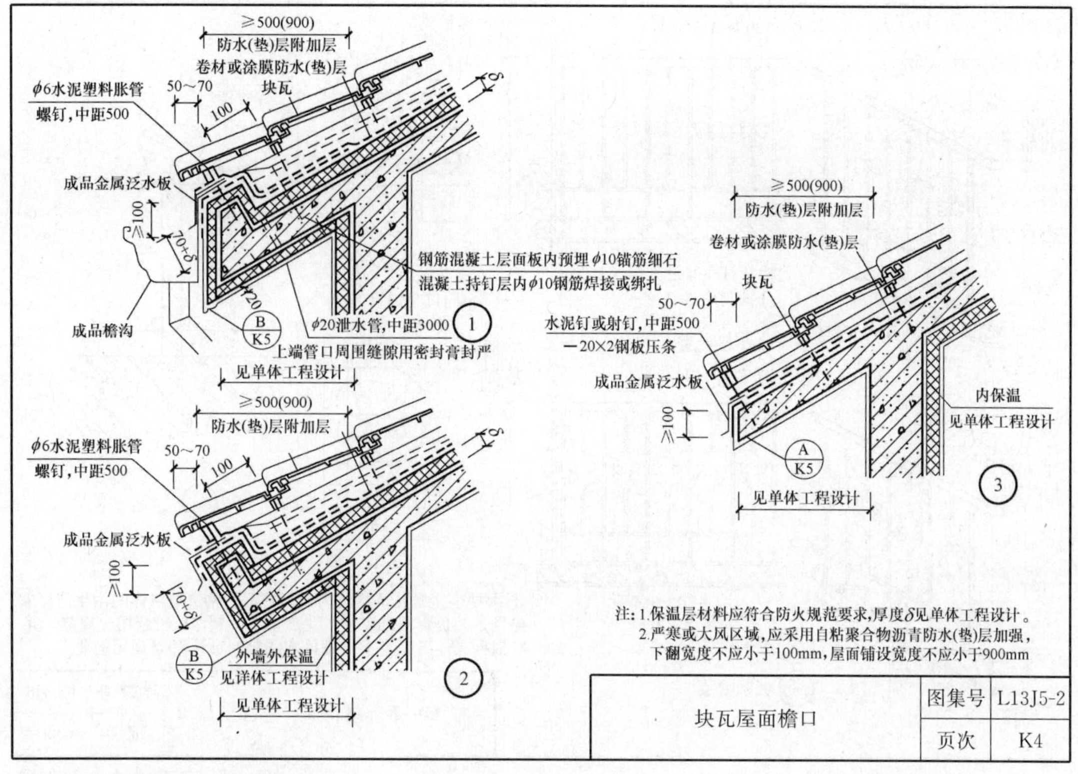

44. L13J8-021-⑤

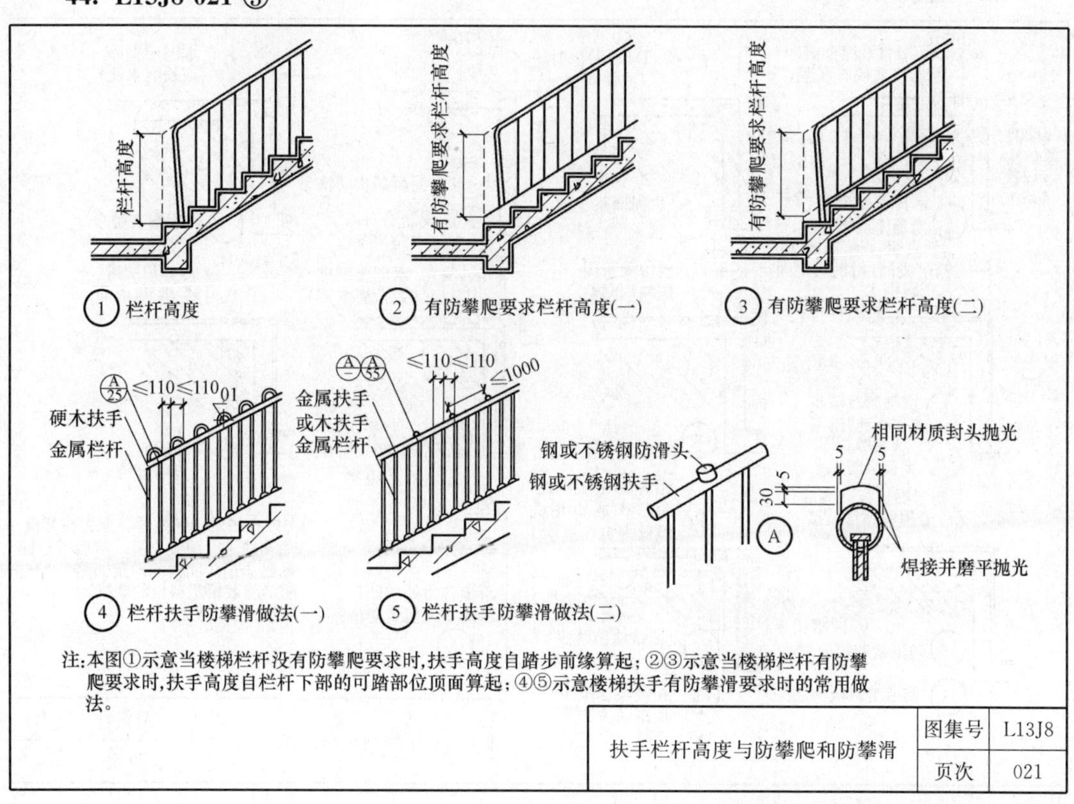

45. L13J8-34-Ⓒ

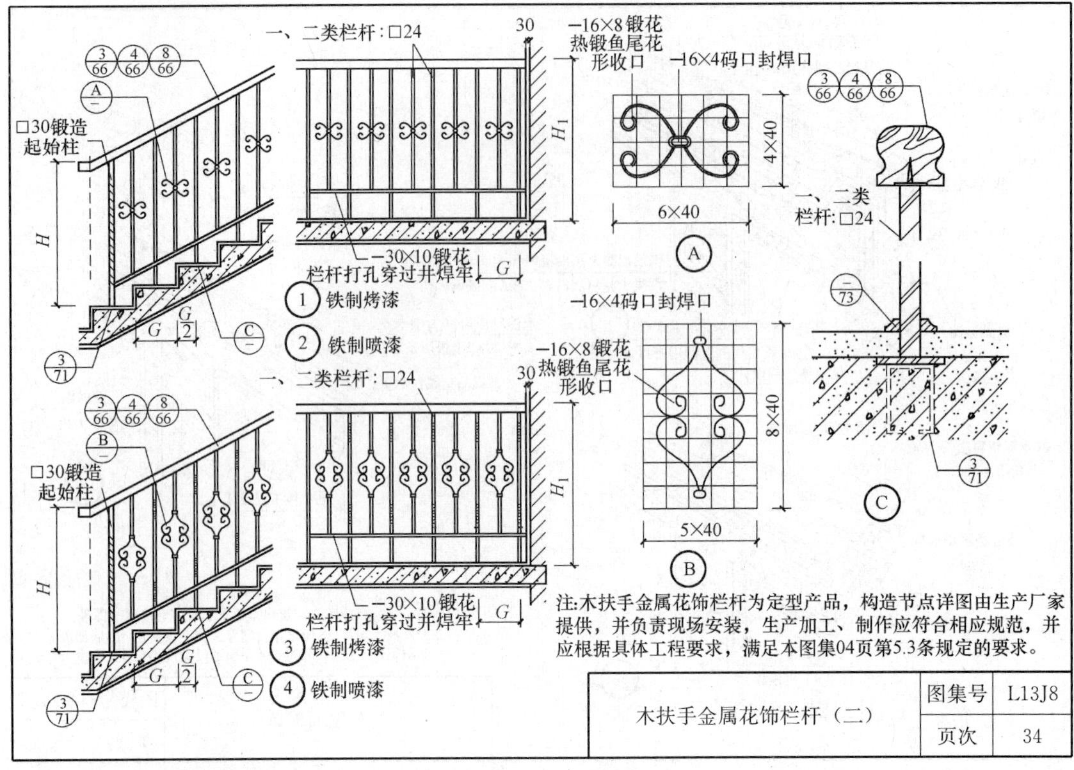

46. L13J8-68-③

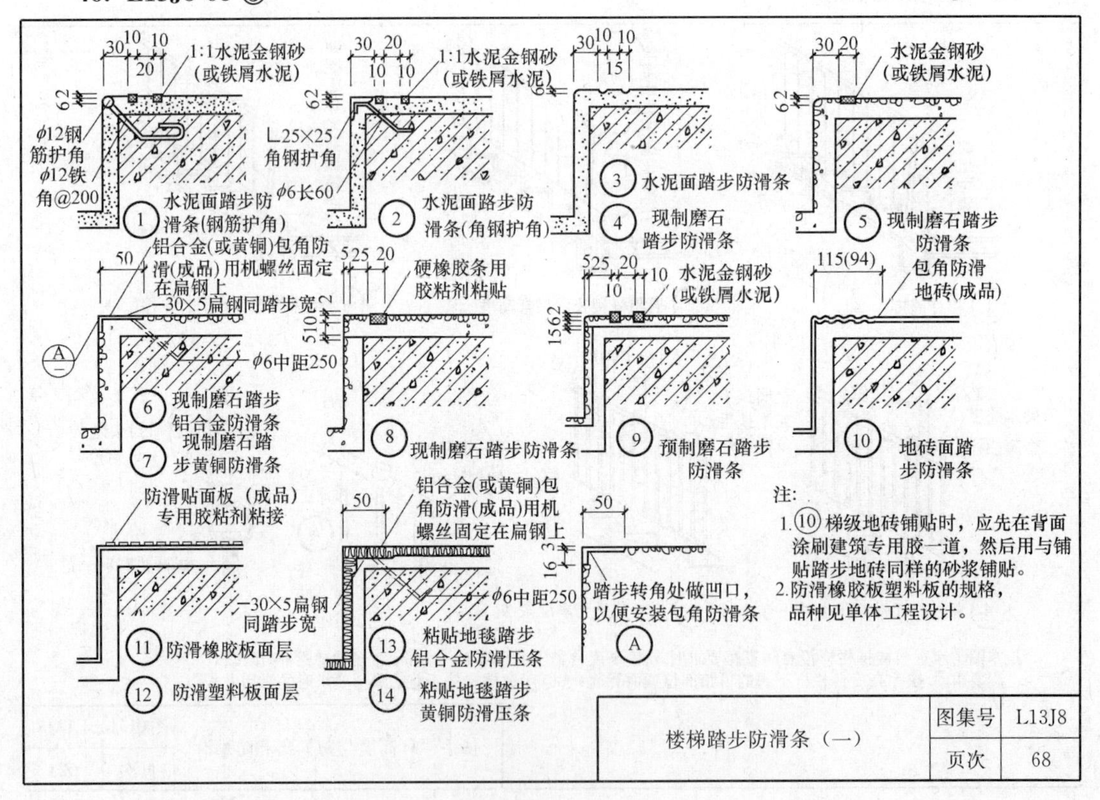

47. L13J8-69-①

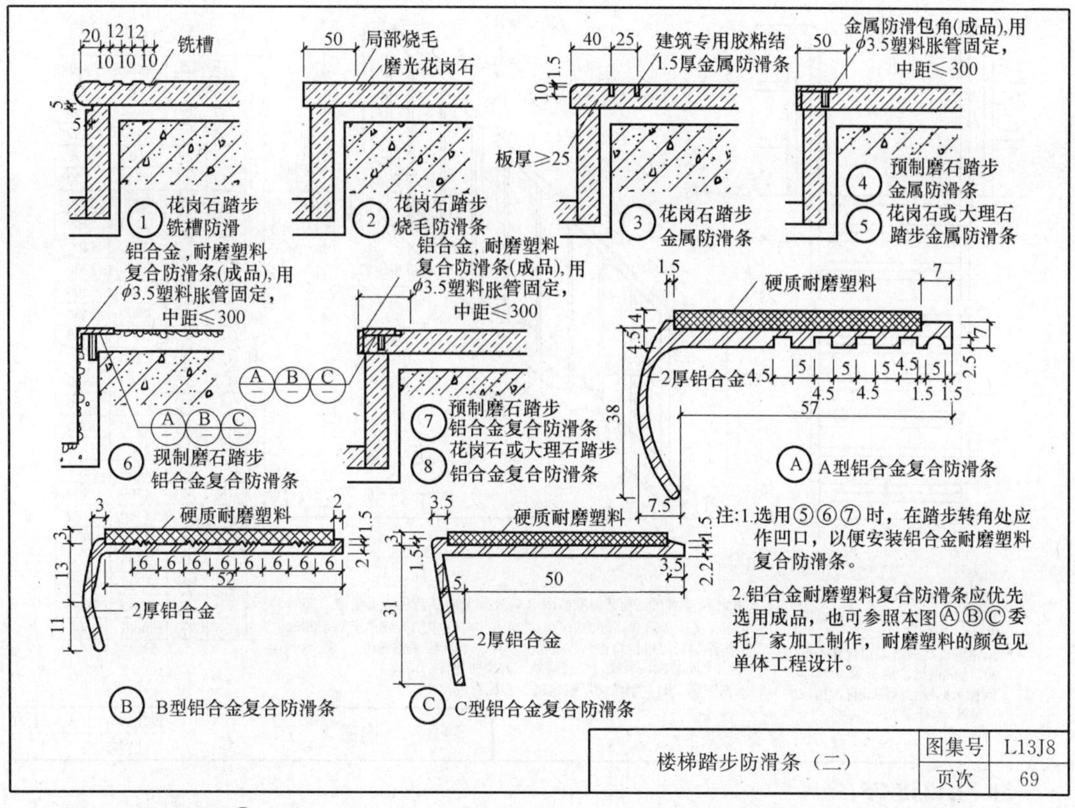

48. L13J8-71-③

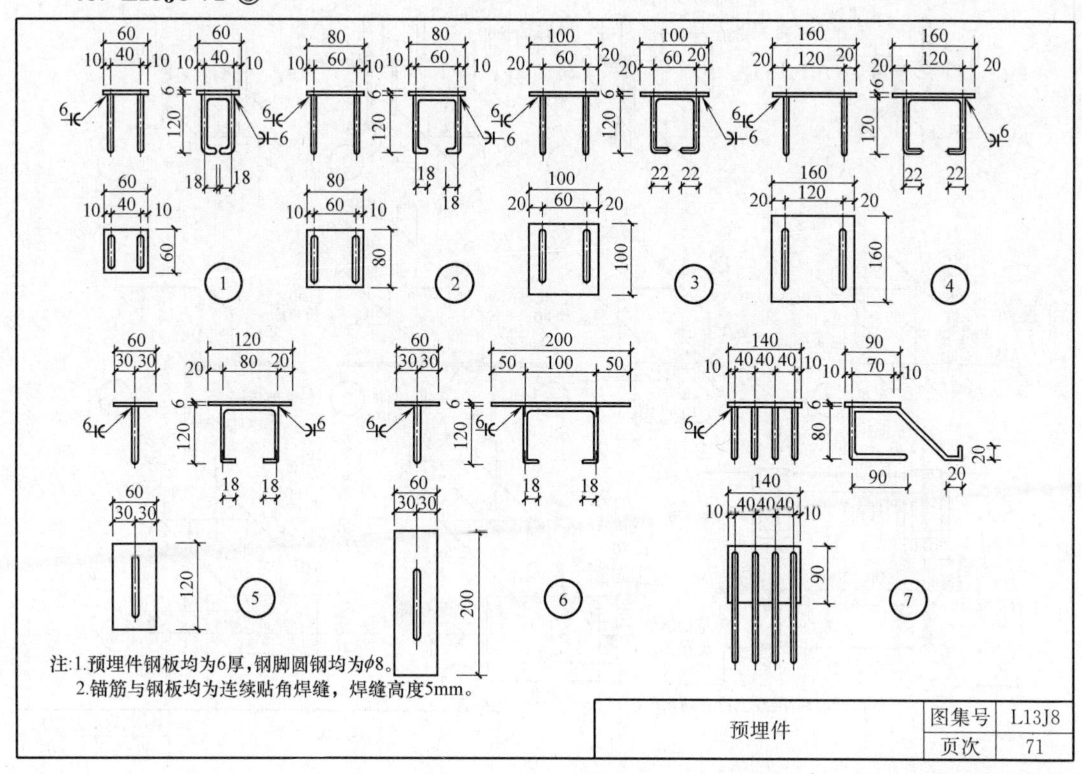

49. L13J8-74

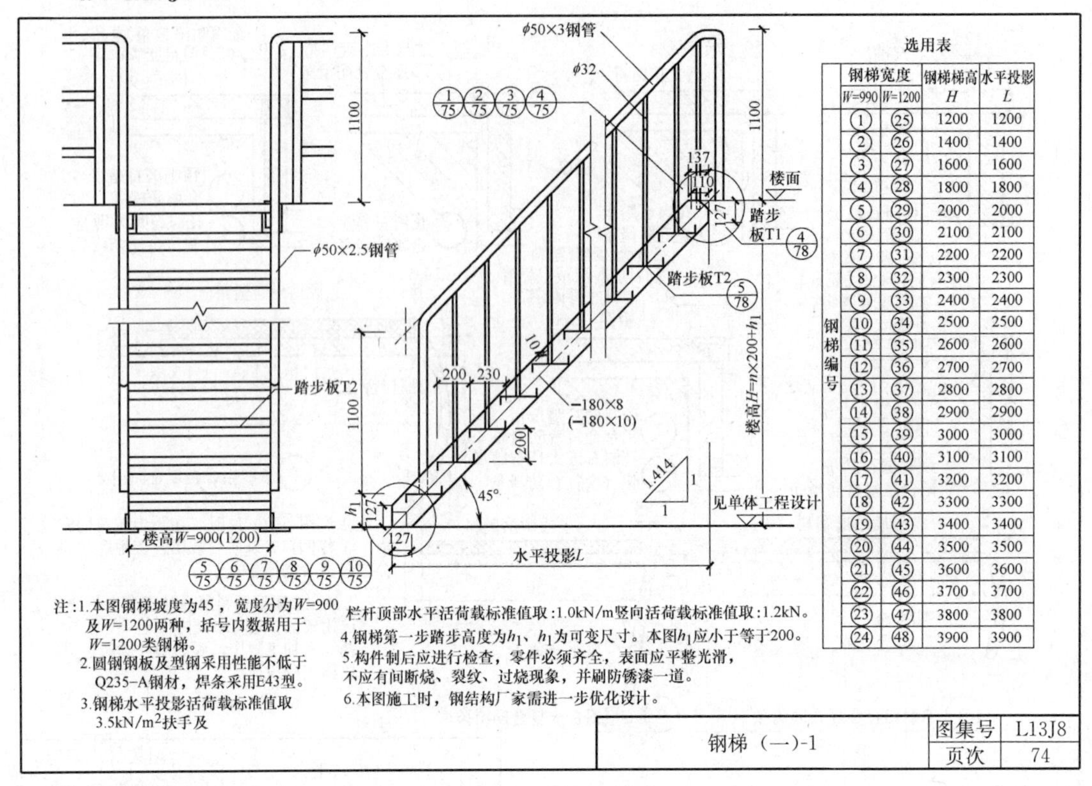

选用表

钢梯编号 W=990	钢梯编号 W=1200	钢梯梯高 H	水平投影 L
①	㉕	1200	1200
②	㉖	1400	1400
③	㉗	1600	1600
④	㉘	1800	1800
⑤	㉙	2000	2000
⑥	㉚	2100	2100
⑦	㉛	2200	2200
⑧	㉜	2300	2300
⑨	㉝	2400	2400
⑩	㉞	2500	2500
⑪	㉟	2600	2600
⑫	㊱	2700	2700
⑬	㊲	2800	2800
⑭	㊳	2900	2900
⑮	㊴	3000	3000
⑯	㊵	3100	3100
⑰	㊶	3200	3200
⑱	㊷	3300	3300
⑲	㊸	3400	3400
⑳	㊹	3500	3500
㉑	㊺	3600	3600
㉒	㊻	3700	3700
㉓	㊼	3800	3800
㉔	㊽	3900	3900

注：1.本图钢梯坡度为45，宽度分为W=900及W=1200两种，括号内数据用于W=1200类钢梯。

2.圆钢钢板及型钢采用性能不低于Q235−A钢材，焊条采用E43型。

3.钢梯水平投影活荷载标准值取3.5kN/m²扶手及栏杆顶部水平活荷载标准值取：1.0kN/m竖向活荷载标准值取：1.2kN。

4.钢梯第一步踏步高度为h_1、h_1为可变尺寸。本图h_1应小于等于200。

5.构件制后应进行检查，零件必须齐全，表面应平整光滑，不应有间断烧、裂纹、过烧现象，并刷防锈漆一道。

6.本图施工时，钢结构厂家需进一步优化设计。

50. L13J8-75

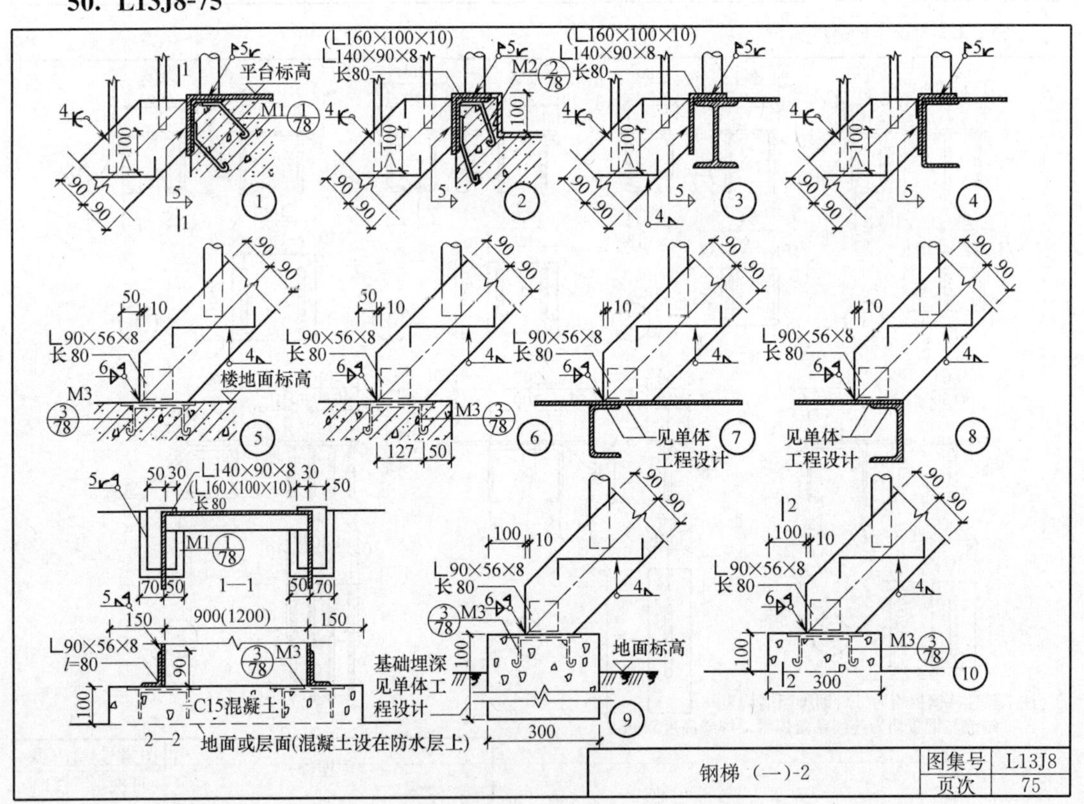

51. L13J8-78-④

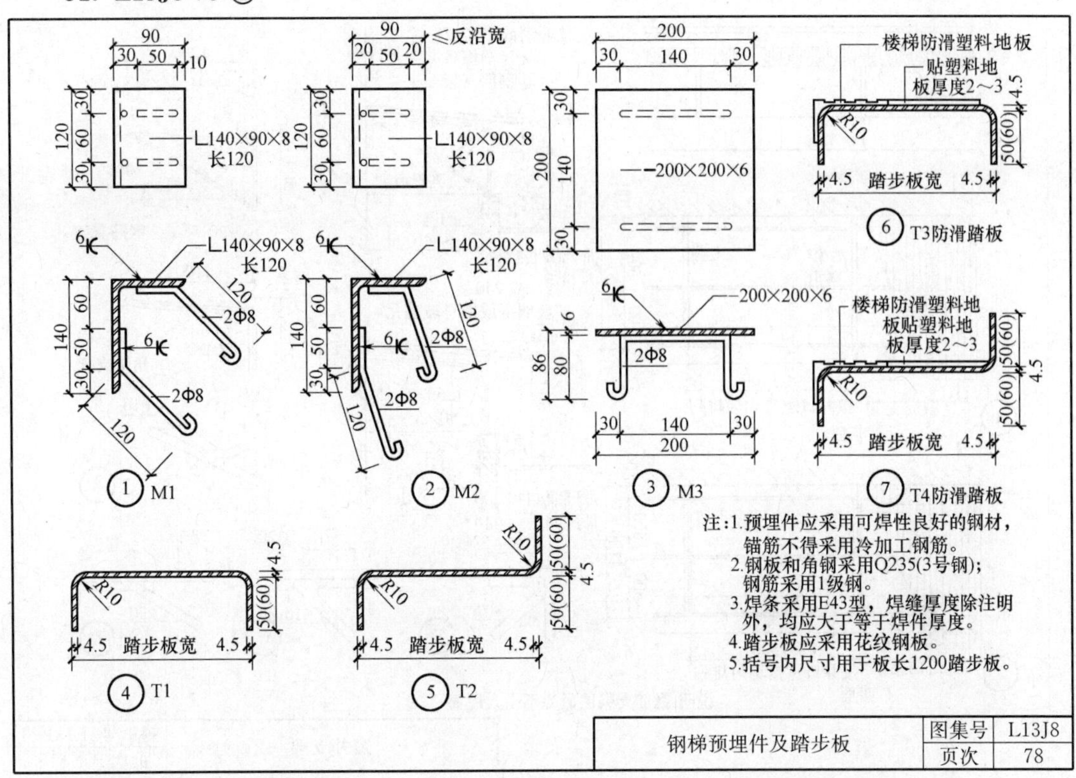

52. L13J9-1 P103-②

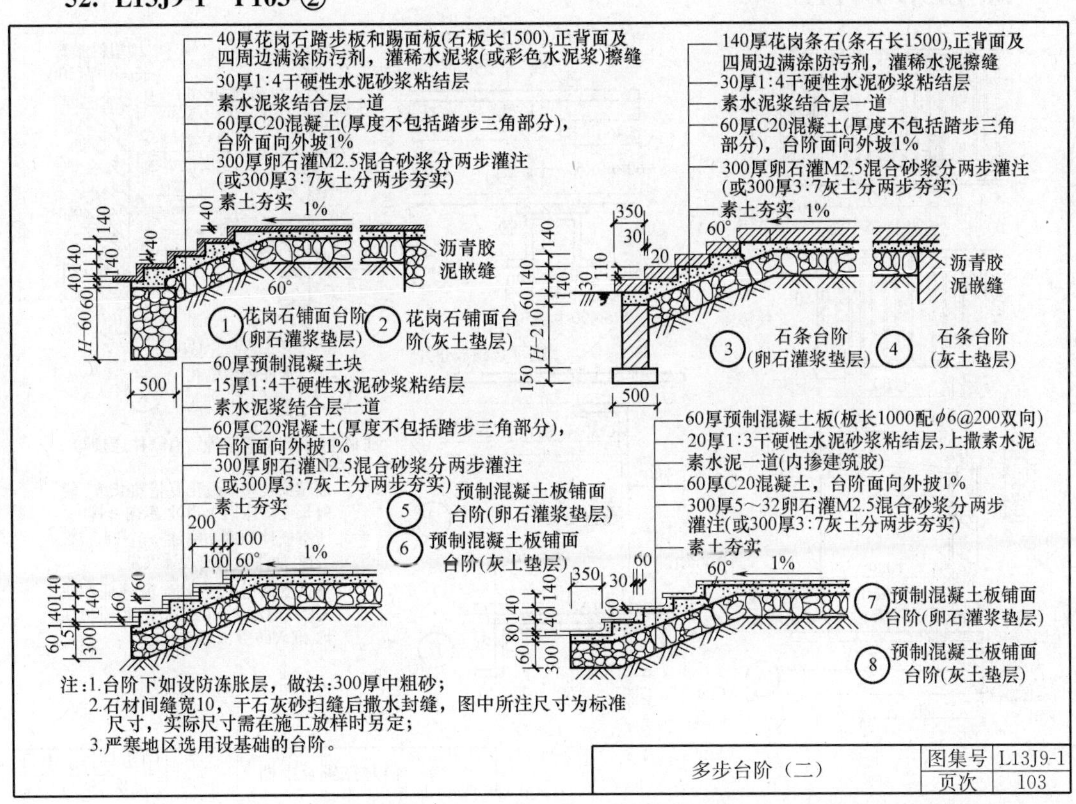

53. L13J9-1 P116-②

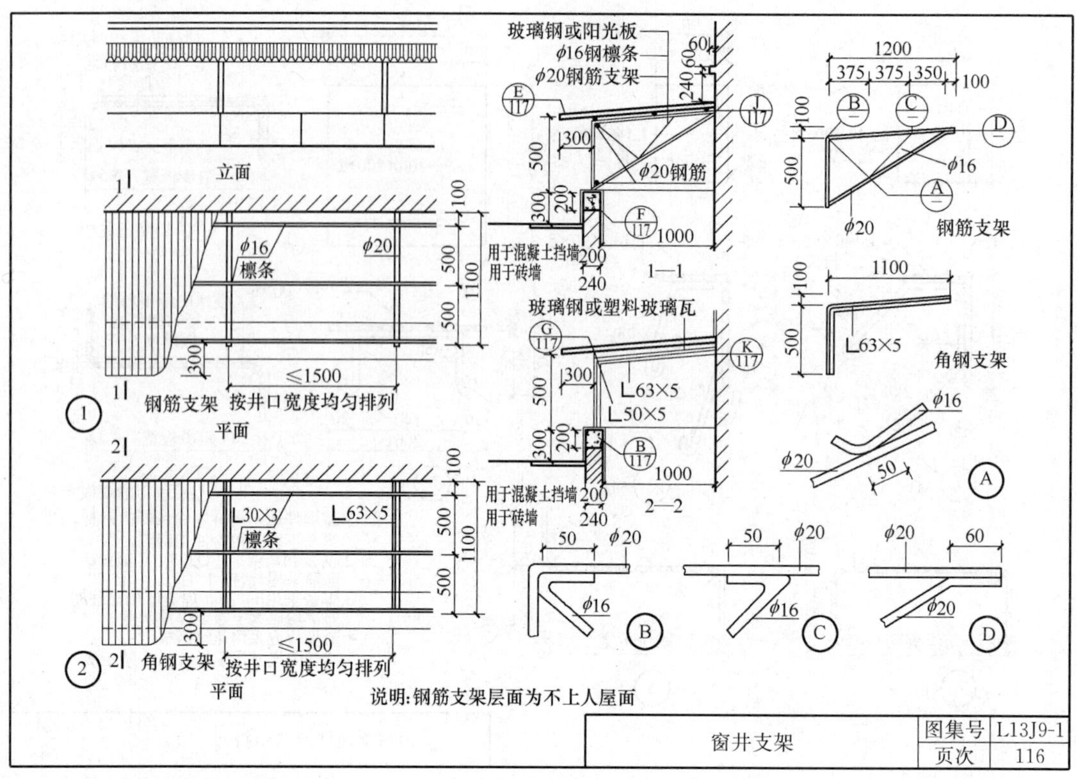

54. L13J9-1 P117

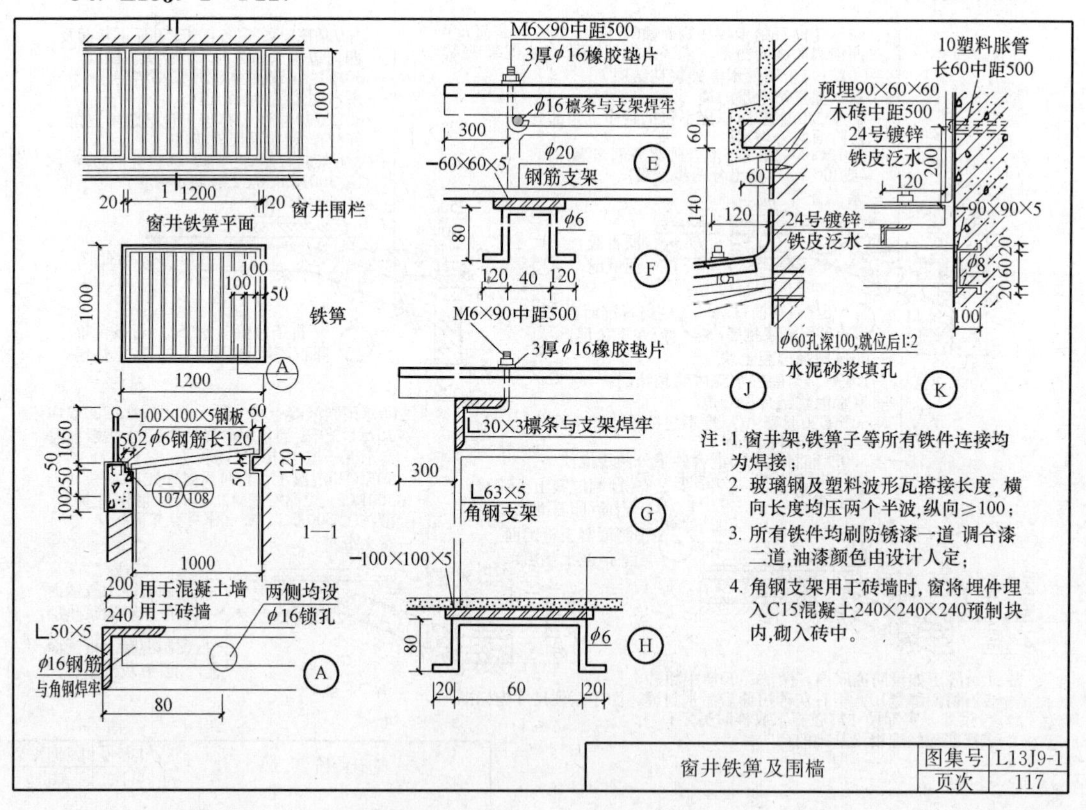

55. L13J12-21-⑤

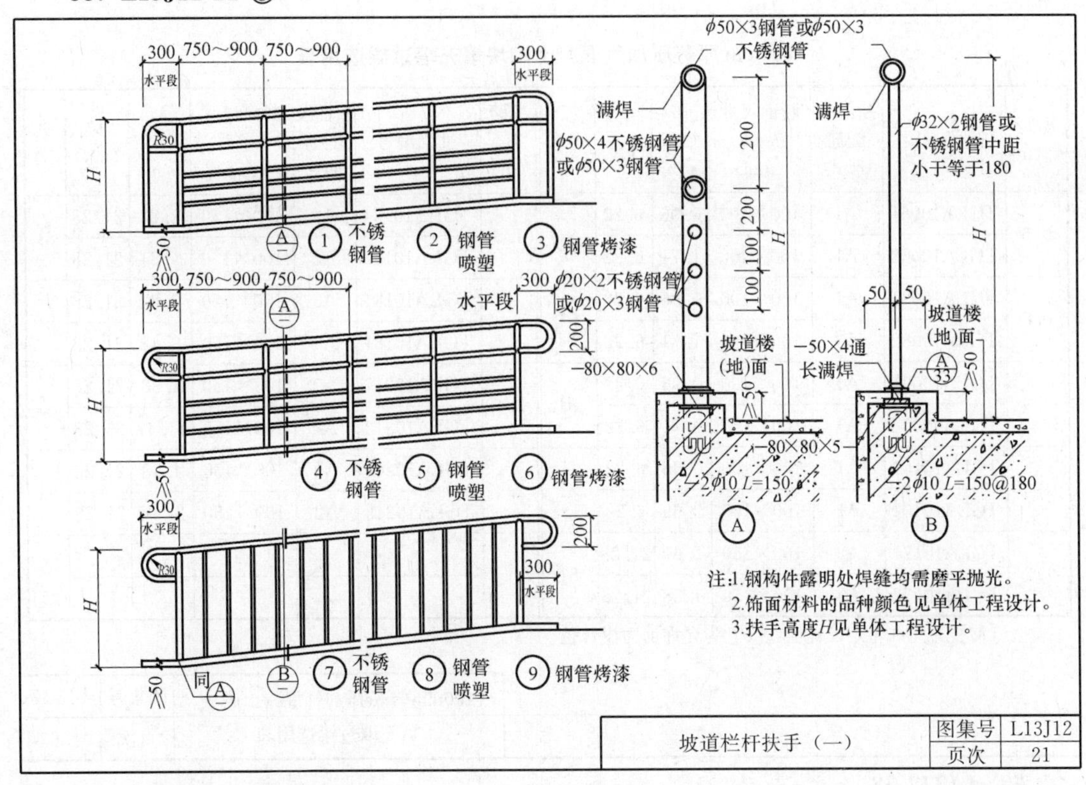

56. L13J12 P25-④

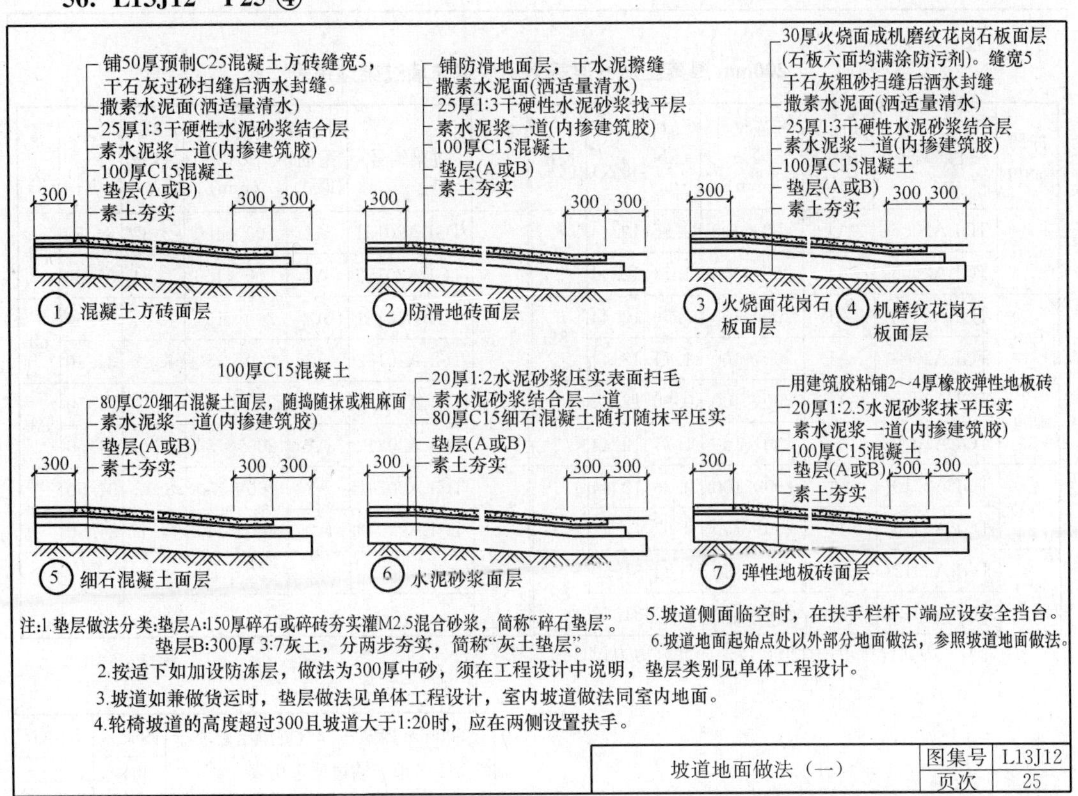

57. L13J7-36

100mm 厚蒸压加气混凝土砌块填充墙过梁选用表

净跨 L_n(m)	过梁编号	断面及配筋形式	断面尺寸 $b\times h$ (mm)	$[M]$ (kN·m)	$[V]$ (kN)	页次	净跨 L_n (m)	过梁编号	断面及配筋形式	断面尺寸 $b\times h$ (mm)	$[M]$ (kN·m)	$[V]$ (kN)	页次
0.6	TGLA10061	A1	100×100	0.96	6.22	81	1.5	TGLA10151	A2	100×150	2.82	21.28	81
	TGLA10062	A1	100×100	1.71	6.22			TGLA10152	A2	100×150	5.84	21.28	
0.8	TGLA10081	A1	100×100	0.96	6.22	81	1.8	TGLA10181	A2	100×150	2.82	21.28	81
	TGLA10082	A1	100×100	1.71	6.22			TGLA10181	A2	100×150	8.42	21.28	
0.9	TGLA10091	A1	100×100	0.96	6.22	81	2.1	TGLA10211	A2	100×150	4.38	21.28	81
	TGLA10092	A1	100×100	0.71	6.22			TGLA10212	A2	100×150	11.47	21.28	
1.0	TGLA10101	A1	100×100	0.96	6.22	81	2.4	TGLA10241	A2	100×150	4.38	21.28	81
	TGLA10102	A1	100×100	2.69	6.22			TGLA10242	A2	100×150	14.97	21.28	
1.2	TGLA10121	A2	100×150	1.69	21.28	81							
	TGLA10122	A2	100×150	4.38	21.28								

注：$[M]$ 为允许弯矩设计值，$[v]$ 为允许剪力设计值。

100mm 厚蒸压加气混凝土砌块填充墙过梁选用表	图集号	L13G7
	页次	36

58. L13J7-38

200mm 厚蒸压加气混凝土砌块填充墙过梁选用表

净跨 L_n(m)	过梁编号	断面及配筋形式	断面尺寸 $b\times h$ (mm)	$[M]$ (kN·m)	$[V]$ (kN)	页次	净跨 L_n (m)	过梁编号	断面及配筋形式	断面尺寸 $b\times h$ (mm)	$[M]$ (kN·m)	$[V]$ (kN)	页次
0.6	TGLA20061	A1	200×100	0.96	12.44	83	1.5	TGLA20151	A2	200×150	2.82	31.50	83
	TGLA20062	A1	200×100	1.71	12.44			TGLA20152	A2	200×150	5.84	31.50	
0.8	TGLA20081	A1	200×100	0.96	12.44	83	1.8	TGLA20181	A2	200×150	5.84	31.50	83
	TGLA20082	A1	200×100	1.71	12.44			TGLA20182	A2	200×150	8.42	31.50	
0.9	TGLA20091	A1	200×100	0.96	12.44	83	2.1	TGLA20211	A2	200×150	5.84	31.50	83
	TGLA20092	A1	200×100	1.71	12.44			TGLA20212	A2	200×150	12.63	31.50	
1.0	TGLA20101	A1	200×100	0.96	12.44	83	2.4	TGLA20241	A2	200×150	8.42	31.50	83
	TGLA20102	A1	200×100	2.67	12.44			TGLA20242	A2	200×150	17.17	31.50	
1.2	TGLA20121	A2	200×150	3.82	31.50	83							
	TGLA20122	A2	200×150	2.82	31.50								

注：$[M]$ 为允许弯矩设计值，$[v]$ 为允许剪力设计值。

200mm 厚蒸压加气混凝土砌块填充墙过梁选用表	图集号	L13G7
	页次	38

59. L13J7-81

TGLA10061～TGLA10242 尺寸、材料表

过梁编号	断面尺寸 $b\times h$(mm)	配筋大样	L_n (mm)	L (mm)	①		②		③		④		⑤		⑥		⑦	
					规格	长度	规格	长度	规格	长度	规格	长度	规格	长度	规格	长度	规格	长度
TGLA10061	100×100	A1	600	1100	2Φ6	1135							8Φ^{b}4	70				
TGLA10062	100×100	A1			2Φ8	1160							8Φ^{b}4	70				
TGLA10081	100×100	A1	800	1300	2Φ6	1335							9Φ^{b}4	70				
TGLA10082	100×100	A1			2Φ8	1360							9Φ^{b}4	70				
TGLA10091	100×100	A1	900	1400	2Φ6	1435							9Φ^{b}4	70				
TGLA10092	100×100	A1			2Φ8	1460							9Φ^{b}4	70				
TGLA10101	100×100	A1	1000	1500	2Φ6	1535							10Φ^{b}4	70				
TGLA10102	100×100	A1			2Φ10	1585							10Φ^{b}4	70				
TGLA10121	100×150	A2	1200	1700	2Φ6	1725			2Φ6	1685							12Φ6	460
TGLA10122	100×150	A2			2Φ10	1725			2Φ6	1685							12Φ6	460
TGLA10151	100×150	A2	1500	2600	2Φ8	2050			2Φ6	1985							12Φ6	460
TGLA10152	100×150	A2			2Φ10	1950			2Φ6	1985							12Φ6	460
TGLA10181	100×150	A2	1800	2300	2Φ8	2350			2Φ6	2285							14Φ6	460
TGLA10182	100×150	A2			2Φ12	2250			2Φ6	2285							14Φ6	460
TGLA10211	100×150	A2	2100	2600	2Φ10	2575			2Φ6	2585							16Φ6	460
TGLA10212	100×150	A2			2Φ14	2550			2Φ6	2585							16Φ6	460
TGLA10241	100×150	A2	2400	2900	2Φ10	2575			2Φ6	2885							18Φ6	460
TGLA10242	100×150	A2			2Φ16	2850			2Φ6	2885							18Φ6	460

注：1. 混凝土强度等级 C25。
2. 钢筋长度规格仅供参考，不作下料依据。

TGLA10061～TGLA10242 尺寸、材料表	图集号	L13G7
	页次	81

60. L13J7-83

TGLA10061～TGLA10242 尺寸、材料表

过梁编号	断面尺寸 $b\times h$(mm)	配筋大样	L_n (mm)	L (mm)	①		②		③		④		⑤		⑥		⑦	
					规格	长度	规格	长度	规格	长度	规格	长度	规格	长度	规格	长度	规格	长度
TGLA20061	200×100	A1	600	1100	2Φ6	1135							8Φ^{b}4	170				
TGLA20062	200×100	A1			2Φ8	1160							8Φ^{b}4	170				
TGLA20081	200×100	A1	800	1300	2Φ6	1335							9Φ^{b}4	170				
TGLA20082	200×100	A1			2Φ8	1360							9Φ^{b}4	170				
TGLA20091	200×100	A1	900	1400	2Φ6	1435							9Φ^{b}4	170				
TGLA20092	200×100	A1			2Φ8	1460							9Φ^{b}4	170				
TGLA20101	200×100	A1	1000	1500	2Φ6	1535							10Φ^{b}4	170				
TGLA20102	200×100	A1			2Φ10	1585							10Φ^{b}4	170				
TGLA20121	200×150	A2	1200	1700	2Φ8	1750			2Φ6	1685							11Φ6	660
TGLA20122	200×150	A2			2Φ8	1750			2Φ6	1685							11Φ6	660
TGLA20151	200×150	A2	1500	2000	2Φ8	2050			2Φ6	1985							12Φ6	660
TGLA20152	200×150	A2			2Φ10	1950			2Φ6	1985							12Φ6	660
TGLA20181	200×150	A2	1800	2300	2Φ10	2250			2Φ6	2285							14Φ6	660
TGLA20182	200×150	A2			2Φ12	2250			2Φ6	2285							14Φ6	660
TGLA20211	200×150	A2	2100	2600	2Φ10	2550			2Φ6	2585							16Φ6	660
TGLA20212	200×150	A2			2Φ12	2550	1Φ12	2250	2Φ6	2585							16Φ6	660
TGLA20241	200×150	A2	2400	2900	2Φ12	2850			2Φ6	2885							18Φ6	660
TGLA20242	200×150	A2			2Φ14	2850	1Φ14	2850	2Φ6	2885							18Φ6	660

注：1. 混凝土强度等级 C25。
2. 钢筋长度规格仅供参考，不作下料依据。

TGLA20061～TGLA10242 尺寸、材料表	图集号	L13G7
	页次	83

61. 12G614-1　P16

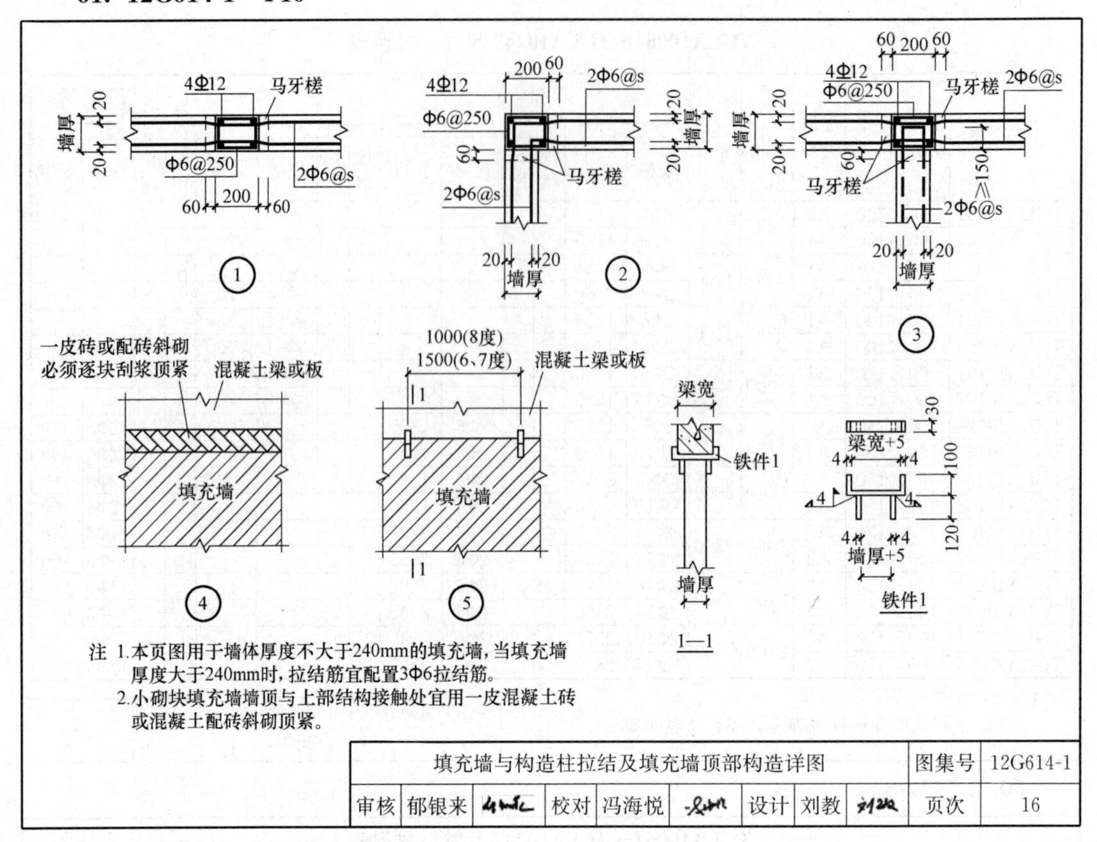

下篇　论统筹e算

绪　论

统筹法（Overall Planning Method）最先是由我国著名数学家华罗庚教授提出的。简单的说，就是统筹计划将错综复杂的工作进行合理安排。在工程量计算领域，统筹法同样有着广阔的发挥空间。早在1973年，华罗庚教授的小分队就在沈阳进行了应用计算机编制建筑工程预算的初步尝试，并提出了统筹法计算工程量的设想。从1974年起，原国家建委建筑科学研究院经济研究所计算机应用小组曾先后与北京、天津、济南、西安等地的建工局、建委合作，进行了应用电子计算机编制工程预算的试验研究工作，并在山东济南和国内其他城市推广应用。

统筹法算量已推广了40多年，基本上没有发展。如大学教材中对统筹法算量的介绍仍然是“统筹程序、合理安排、利用基数、连续计算、一次算出、多次应用、结合实际、灵活机动”32个字的基本要点。

当今，对统筹法的研究，旨在将统筹法与电算表格算量相结合，打破算量信息孤岛，将其基本要点扩充为思想、关联、功能三个方面共8条原则64个字：

1. 规范算式、校核基数

基数由三线一面扩展为三线三面，形成一闭合体系，且必须进行校核，利用校核后的基数，一次算出，多次应用。

为了规范工程量计算式，便于交流，团队从采集数据顺序、基本约定、应用技巧、简化算式四个方面制定了11条数据采集规程来规范数据的录入。通过教学实践证明，使用以上11条数据采集规程，可以基本上做到使每人所录入的数据顺序一致而不必在图纸上做任何记号，这样就可以做到基数计算式的统一。此方法将为制定国家统一的工程量计算规范打下基础。

2. 统筹计算、清正简约

清正简约指的是所有计算公式均清晰地在计算书正文中以简约方式展现出来，便于核对和公开工程量计算式。核对时只看计算书而不需要计算机，也不需要在录入原始数据时用到的辅助计算图表。

3. 资源丰富、实时查询

原版清单计价规范、定额数据、计算规则、定额说明、综合解释、补充定额均及时更新，不断充实，以便供用户实时查询。

4. 数据算式、均可调用

应用该团队自创的二维序号变量技术，使计算书中所有计算结果和计算式、费用表中的计算，均可以二维变量的形式调用。

5. 重复内容、调用模板

可调用整个工程数据、做法清单/定额模板、清单/定额工程量或计算式以及建筑做法挂接定额模板等，能自动积累以上模板，供交流和新工程调用，可减少预算员的重复劳动，确保工程量清单的完整性。

6. 相同数据、自动带出

定额量与清单量相同或辅助计算表中与上行同列数据相同的数据以及定额中所包含的主材名称和数量均自动带出，以尽量节省原始数据的录入。

7. 图表结合、辅助计算

辅助计算表均配有图形，可选择填表录入数据或按图示位置录入后导入表中，通过录入原始数据，自动计算工程量，并列出计算式转入工程量计算书中。

8. 图算结果、兼容导入

统筹 e 算本着海纳百川的原则，尽量与其他软件兼容。目前，统筹 e 算可以导入斯维尔图算、广联达图算结果。对于其他软件成果，也可以先转换为 excel 表格数据后再导入。

统筹 e 算项目是通过长期的实践积累开发出来的一个实用项目，目前设计的必备表格有：门窗过梁表、基数表、构件表、项目模板、钢筋汇总表、工程量计算书、计价相关报表。该项目针对每一表格都设计了样式、用法，表格简单清晰、不繁琐、所见即所得、计算式透明、便于核对，符合造价员手算习惯。能够帮助预算员摆脱手算并且使工程量计算工作准确、高效。

自 2008 年起，经过 6 年的研究发展，该项目已经初具成效，出版了《建筑及装饰工程计量计价技术导则》、《建筑与装饰计量计价导则实训教程》、《统筹 e 算实训教程》、《工程量清单招标控制价实例教程》等 6 本大学及预算员教材用书，在住建部核心刊物上先后发表了 20 余篇论文，与山东各大高校均有良好的合作关系。目前，统筹 e 算项目已经引起广泛的支持和响应。未来，统筹 e 算将有更加无限广阔的发展前景。

从 2009～2014 年开始在中国建设报、中国建设信息杂志、工程造价管理杂志上发表的有关统筹 e 算的文章及论文 24 篇，涉及作者 21 人。本书选择了 5 篇便于读者了解国内对这方面的研究成果。在此仅向作者付出的辛勤劳动表示衷心的感谢。

编者

2015 年 7 月

论“建筑与装饰工程计量计价技术导则”

青岛英特软件有限公司　王在生　殷耀静　吴春雷

【摘要】本文介绍了《建筑与装饰工程计量计价技术导则》一书的核心思想和主要内容；结合我国计价改革11年来存在的10大问题，提出了解决方案。社会上存在的陋习很难改变，改革应从学校开始，从教材入手，不但教学生如何去“做”；而且要教学生如何能“做对”，要证明自己做的正确和完整；进一步再教学生如何去“做好”，达到规范、简约的要求。

【关键词】技术导则；公开算式；校核结果；电算基数；一算多用

《建筑与装饰工程计量计价技术导则》（以下简称导则）一书，已由中国建筑工业出版社出版。以下是摘自中国建设工程造价管理协会秘书长吴佐民为本书写序言的部分。

作为计价“导则”，应是指导工程计量计价的方法与规则。“导则”虽然尚未成为国家或行业标准，但它仍是规范指导工程计量计价的重要参考文献，也可以说是我国《2013计价规范》和《工程量计算规范》的补充，其以专著形式发布在我国工程造价领域尚属首例。该导则偏重于用统筹法原理和电算方法来解决整体工程的计算流程和计算方法问题，并力求规范有序，很有意义。

回顾我国工程计价体制改革已经走过了11个年头。目前存在的问题，一是我们工程量清单计价模式的制度和规范建设还有待深入；二是工程量清单计价模式的推广还需加大力度；三是配套的大学教材和规范辅导材料还跟不上发展要求。相当一部分工程计价工作还停留在简单的计算机辅助计算或手工计算阶段，与社会上广泛应用的图算方法严重脱节，致使大学生出校门后不能立即上手工作。本导则提出了“统筹e算”为主、图算为辅、两算结合、相互验证，确保计算准确和完整（不漏项）的计量方法和要求，提出了统一计量、计价方法，规范计量、计价流程，公开六大计算表格的有关内容，并遵循准确、完整、精简、低碳原则和遵循闭合原则对计算结果进行校核等一系列措施来避免重复劳动，使计算成果一传到底，彻底打破了算量信息孤岛。可以设想：如果在大学教材中写入该导则的内容，则毕业的学生直接适应工程实践将有重要的促进作用。

吴秘书长的序言对导则作出了很高的评价，措辞恰当、中肯地提出了三个存在问题，应引起有关领导和学者、专家以及全社会造价人员的重视。

一般做事（以工程计量为例）有三个标准：

（1）做出——给别人做（混事）占时20%，这是目前工程计量的现状。

（2）做对——凭良心做正确占时80%（通过自己验证或另一种算法来保证正确），只有到了结算时，才有人这样去做。

（3）做好——完整、规范、简约、美观、大方，目前还没有人对“工程计量”提出这样的要求。

"导则"助您把计量工作"做好"!

下面本文就有关"导则"的三个问题，分别进行论述。

1 统筹e算概论

1.1 由统筹法计量到统筹e算

（1）"统筹e算"简言之就是用电算方法来实现统筹法计算工程量。

（2）统筹法计量32个字的基本要点："统筹程序、合理安排、利用基数、连续计算、一次算出、多次应用、结合实际、灵活机动。"其中：统筹程序、合理安排、结合实际、灵活机动属于统筹法本身的概念，不专指计量；利用基数、连续计算中的"基数"是个重要概念，至于是否连续计算则不十分必要；"一次算出，多次应用"这8个字可以简化为"一算多用"。故统筹法计量的32个字要点可以简化为"基数"和"一算多用"6个字继承下来。

（3）"公开算式"和"校核结果"是统筹e算对传统统筹法计量的重要补充。

1.2 统筹e算的要点

（1）公开算式

公开算式是对全过程计量来说最大的统筹，可以彻底打破计量信息孤岛。具体包括以下四点：

1）公开算式可以有效防止工程量的造假行为，可以提高造价员的业务水平。

2）图形算量应改进计算书的输出，使其简约；应将图算仅作为一种校核工程量的手段，提倡统筹e算为主、图算为辅、相互验证、确保正确完整。

3）投标时不需要计算工程量，不存在时间不允许的问题。

4）上级有关文件应当强调公开算式的必要性。

（2）校核结果

所谓"校核"，就是在计量时，至少要算两遍。有效的校核是用两种方法计算而得出结果一致。譬如：校核基数的闭合法；用图算结果来证明表算的正确以及按原方法重复计算一遍。

大学教材中有关工程量计算不应停留在讲授如何"做"的阶段，而应当讲授如何"做对和做好"的问题。计量中的所谓"对"，是要经过"校核"来自己证明其结果是正确的；所谓"好"则是要做到简约和方法统一。

将"校核结果"列为统筹e算的16字要点之二，是为了在大学教材中补上这一重要内容。从学生开始养成将一件事情应该去"做对"的习惯，教授学生如何去"做好"的方法。

（3）电算基数

传统的统筹法计量用手算来实现，指的是三线一面。在应用时只能抄用数值，而不能使用变量调用，数值可能抄错，且数值改动后不能像变量那样做相应改动。而变量的调用，只能在电算时才能实现，故称为电算基数。基数分为三类：

1）三线三面基数——用新三线三面代替原三线一面基数，目的是用闭合原理来校核基数的正确。

2）基础基数——用于基础的垫层长度与基础长度以及其他需要调用的基本数据。

3）构件基数——为了应用提取公因式和合并同类项的代数原理，将断面相同构件的长度（高度、面积）计算出来作为构件基数应用，达到便于校核与化简计算式的效果。

（4）一算多用

在手算时采用“一算多用”，有两大弊端，一是只能照抄数据，有可能抄错，二是前面数据改后，调用时还要再抄一次。电算采用的是完善的一算多用，即变量调用，用字母代替数据不用抄，也不用担心前面数据改动后不会联动。

变量分两大类：一种是用固定字母表示的变量（用于基数、门窗、过梁等）；

另一种我们称做“二维序号变量”，序号变量用打头的字母 D 和 H，后面带行号表示如下：

D_m——代表第 m 项工程量值；

$D_{m,n}$——代表第 m 项中第 n 行的中间结果值；

H_n——代表本项中第 n 行的中间结果值。

2 计量计价技术导则

2.1 总则

总则共 7 条，分别就编制依据、适用范围、指导思想、编制原则、使用要求等内容进行了说明。以下 4 点具有创新和指导意义。

（1）导则的指导思想是统筹安排、科学合理、方法统一、成果完整。

（2）计量计价工作应遵循准确、完整、精简、低碳的原则。

（3）工程计量应遵循闭合原则，对计算结果进行校核。

（4）导则要求：统一计量、计价方法；规范计量、计价流程；公开计算表格。

2.2 导则一般规定

导则在一般规定中提出了以下 8 点具体的方法和工作流程。

（1）工程计量的方法和要求：统筹 e 算为主、图算为辅、两算结合、相互验证，确保计算准确和完整（不漏项）。

（2）工程计量应提供计算依据，应遵循提取公因式、合并同类项和应用变量的代数原理以及公开计算式的原则，公开六大表。

（3）在熟悉施工图过程中应进行碰撞检查，做出计量备忘录。

（4）工程量清单和招标控制价宜由同一单位、同时编制。

（5）工程量清单和招标控制价中的项目特征描述宜采用简约式；定额名称应统一；宜采用换算库和统一换算方法来代替人机会话式的定额换算。

（6）宜采用统一法计算综合单价分析表。

（7）在招投标过程中宜采用全费用计价表作为纸面文档，其他计价表格均提供电子文档（必要时提供打开该文档的软件）以利于环保和低碳。

（8）计量、计价工作流程图1所示。

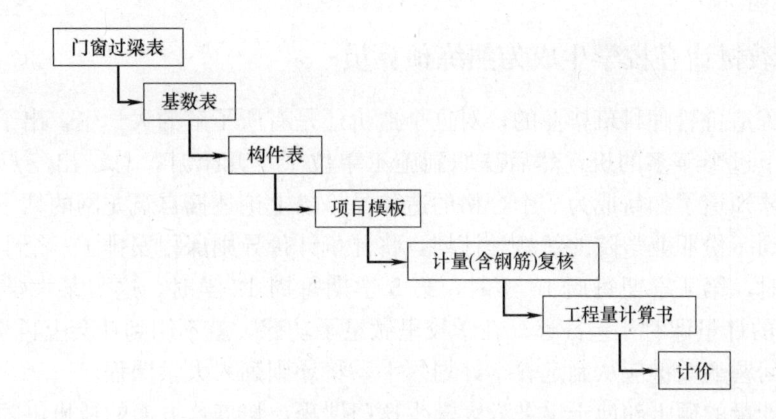

图1　计量计价流程图

2.3　导则应用于甲方造价人员

作为甲方造价人员，应当先学习和积累，先做学生，把作业交给老师（投标人）审查，再做先生来审查乙方的结算。具体工作如下：

（1）积累一批项目模板，将每个类型的工程都套那些清单，挂接那些定额，分别整理出来，解决工程项目的完整性（不漏项）问题。

（2）要自己计算工程量，做出招标控制价，公开综合单价分析表，并欢迎各投标单位对招标控制价进行质疑，不断提高自己编制招标控制价的水平。

（3）向中标单位公开工程量计算书（包括六大表），以便施工单位根据具体施工变更情况及时调整，按进度进行结算，将发生问题随时解决，避免工程竣工后再整理资料，造成扯皮现象，以便在规定时间内完成结算工作。

（4）如果自己没有人员和能力完成以上工作，需要聘用咨询单位时，也应指导他们按以上流程进行工作。

2.4　导则应用于招投标

招标文件中建设单位一般要求：

“投标单位对设计图纸、工程量清单的列项、数量仔细核对，应该充分了解施工现场情况和招标人要求。总报价应包含施工图中所有包干（除甩项）内容；投标单位若对文件和工程量清单有疑义应随答疑以书面形式向招标人提出，否则视为认可工程量清单内容”。

此内容与《2013计价规范》的强制性规定相悖。

按量价分离的原则，工程量清单的准确性和完整性由招标人承担，投标人对工程量清单没有核实的义务，更没有修改的权利。与投标人有关的是价格，而不是量。

招标单位按导则要求提供6大表，是解决问题的有效措施。

3 解决计价改革十大问题

3.1 编写教材让在校学生成为熟练预算员

一个工程造价管理科班毕业的，对这个造价还是有所了解的大学生，出了校门后在造价咨询公司上过半年多的班，然后辞职到施工单位干了几个月，总结出三点：识图、算量、套价，才知道了如何成为一个合格的造价员（以上论述摘自筑龙网的帖子）。

最近看到一份职业学院的新教学计划，将计量计价导则课程安排了三个学期，第3学期每周8学时，第4学期每周10学时，第5学期每周12学时。这与某大学一共才安排40～80学时的计量课时相差甚远。在学校里做足了功课，就不用到社会上再学了。

解决此问题的关键应从制定教学计划入手，将导则列入大学课程。

要有学计量的硕士和博士出来教大学生这门课程，培养这方面的科班讲师，而不是至今有的大学仍请社会上的预算员来给大学生上课或大学毕业后再进社会上业余的培训班来学预算的怪现象。

3.2 解决工程计量彻底电算化的问题

当代的电脑已经普及到儿童。但大学的计量教材仍在讲算数（用笔和纸来计算的手算方法），《2013建设工程计价计量规范辅导》一书中也全是讲解的手算方法。

电算离不开软件的支持。一种代替手算的电算方法是统筹e算，它是采用统筹法原理用电算来实现计量的应用软件。它是用代数原理（变量、提取公因式、合并同类项等）来实现统筹法中的基数和一次算出多次应用的基本理念。

有人说图形算量是大势所趋，但现在的图算软件（例如：广联达、斯维尔、鲁班等）是一种过渡，只能解决房屋建筑和安装的图纸算量，其他专业尚未涉及。将来BIM实现由设计图纸自动出量后将被自动淘汰。鲁班图算软件免费，完全投入BIM的开发研制就是一个例证。

图算与统筹e算互补才是工程计量完全的电算化。希望全国的造价软件公司投入统筹e算软件的研究，全面解决工程计量电算化的问题。

3.3 正确认识清单计价与定额计价的区别

工程量清单计价与定额计价仅仅是在表现形式、计价方法上有区别，所以有人说："清单只不过是披了马夹的定额而已。"当今，国家允许清单计价与定额计价并存，其原因就是两者的计算结果是一致的。

定额是从苏联学来的，定额是个好东西，现在不少国家都有定额，不能因为英美国家没有，我国就应当取消，或者说将来要取消。

从《2008计价规范》开始提出了招标控制价的概念，这就巩固了定额的地位。清单是无价的，因为它没有人材机组成。清单必须同定额结合起来才能实现计价功能。定额包含七要素：编号、名称、单位、工作内容、计算规则及解释、人材机组成和消耗量。清单包括前五个要素，而没有人材机组成和消耗量。

企业定额不宜改变定额的前六个要素，只可以改动消耗量。企业定额必须在国家定额的基础上修改消耗量，否则将无法进行交流。因为招标控制价是按国家定额编制的，如果另搞一套去投标，必然会有单价过高而被废标的可能。

既然清单计价模式可以代替定额计价模式，那么后者就没有存在的必要了。

取消定额计价模式，就不会再有人出来议论清单计价与定额计价的区别了。

3.4 投标人不需要计算工程量

量价分离可以说是计价模式改革的一个主要目标，在2003清单宣贯时，原建设部领导的讲话就强调不让所有投标人按同一图纸做计算工程量的重复劳动；《2008计价规范》及《2013计价规范》中都以强制性条文的形式规定“工程量清单必须作为招标文件的组成部分，其准确性和完整性应由招标人负责”。量的责任由甲方承担，乙方仅部分承担价的责任，这就是量价分离的真谛。

所以，工程量清单投标报价时需不需要计算工程量的问题，是不学习清单计价规范所致。当然，此情况非常普遍，原因是不执行清单计价规范所致。

有人说：“根据清单计价规范规定投标单位是不需要再计算工程量了，但不计算的话，还是不放心啊。”如果是总价合同，你不放心，有道理。现在提出应采用单价合同，工程量多退少补，按实计算，有何不放心？

所以说量价分离与单价合同相辅相成。总价合同就不能算是量价分离。

招投标是我国基本建设程序的第四步，前三步（开工准备、设计图纸、报送上级审查）没有完成就急于开工（俗称三边工程），进行招投标的例子很多。执行总价合同是无法进行的，但执行单价合同，按招标方的工程量清单和招标控制价即可进行招标。

认真执行“工程量清单的正确性和完整性由招标人负责”这一强制性规定，就不存在“投标人要不要计算工程量”的问题。

3.5 招标控制价是对单价控制而不是控制总价

应明确招标控制价是对单价的控制而不是总价。这样做才符合量价分离和规范中明确规定应采用单价合同的精神；才能将清单计价用于三边工程的招投标；才能有效防止不平衡报价行为；才有条件让投标人对招标人恶意压价的行为进行投诉。

不平衡报价在国内外均属于被防止的恶意竞争行为。它的目的是损害招标方和其他竞争者的利益，也有可能被发现而废标，损害了自己，故不应提倡。不应在教材前面讲乙方不平衡报价的伎俩（造假），后面又讲甲方如何应对（反造假），《2013计价规范》强调了应采用单价合同，又执行了招标控制价的政策，高于招标控制价的废标。这就判了不平衡报价的死刑！

退一步说，对总价控制是没有标准衡量的，也就无法进行投诉。曾经问过几个地区的定额管理部门，他们均没有接到过投诉，原因是大部分地区的招投标活动仍采用总价控制，而无法投诉。

明文规定要量价分离，应采用单价合同，实际在招投标活动中仍按量价合一，按总价来评标。这是由于利益在驱动，触及利益比触及灵魂还难啊！但不能因难而退却。

明确招标控制价是对单价控制，是打击造假行为的有效措施。

3.6 全费价应立即执行

我们提出的全费价模式，并不是改变现行计价规范的表格。而只是增加一个全费价表格作为纸面文档，对其他计价表格要求作为计算草稿以电子表格方式提供。这样一来，全费价的模式完全可以立即实行，在招投标时就可以节省大量纸张。它不同于完全电子招标，这样做利于评委发现问题后，可打开电子文档进行查阅。纸面文档必须与电子文档的结果一致，既可防止造假，又利于低碳和环保。

2013 年 11 月 19 日中价协在顺德召开的“工程计价模式改革与发展”研讨会上，许多专家都提出了立即执行全费价的建议，在网上也是得到了绝大多数网民的支持。因不可竞争费需要单列以及不符合国情的所谓理由，并不成立。以时间问题为借口来拒绝执行已经不能再重复了，全费价应立即实行。

3.7 问答式的清单项目特征描述应立即改为简化式

《2013 规范辅导》中正式提出了项目特征描述的问答式和简化式两种方法。从 2003 规范发布十几年以来，问答式描述占据了主导地位，甚至新版的规范辅导中，前面讲了简化的许多优点，但后面的实例都不执行谢洪学所讲的简化模式，究其原因如下：

（1）正如谢洪学所讲，是由于应用软件造成的。

（2）教条主义在作怪，宣贯及大学教材只知生搬硬套，不知道节约和低碳。

执行简化式，所有的教材和软件都要改，不是小事。但比起为全世界的低碳和国家的节能政策作出贡献的大事来比，只能是小事了。

所有的大学教材和软件都应立即将问答式描述改为简化式。

3.8 定额名称应允许简化

一般软件的定额库大多是由没有造价工作实践的计算机人员建立，依据定额本的名称进行大小标题的罗列和叠加。

例如：山东省 2003 消耗量定额 1-1-13 的名称原来是：

“拉铲挖掘机挖土方，自卸汽车运土方，运距 1km 以内，普通土，单独土石方”，以上名称用了 32 个汉字和字符，现在山东省工程造价标准信息网已简化为下面 15 个字：

“拉铲挖自卸汽车运普通土 1km 内”。

但有人说，除山东外，在其他省市都不允许这样改的情况令人不解。

为什么要鼓励建立企业定额，为什么《2013 规范辅导》中允许对项目名称用特征进行替换（例如：可以用插座来代替小电器），而不许对定额名称进行简化？

我们期望着主管部门的一把手能够开拓进取、二把手能够出谋献策，则此问题将会迎刃而解。

3.9 换算项目和名称应实现定额化

一般软件常用的定额换算方法是采用人机对话来实现。

这样做对软件开发者来说，每一省的定额不同，处理方法不同，需要写进代码中，这是第一不便；对用户来说，要回答询问，进行人机会话，这是第二不便。

如果对定额换算采用以下方法处理，既不需要根据每个省的定额来改写代码，又不需要人机会话，就如同定额号的录入方法一样，用数字来表示定额换算，岂不更好！

这样做就需要在定额库之外再加一个定额换算库，一劳永逸地把一切定额规定的换算都放进去。山东省是允许这样做的，听说其他省不允许。

换算名称定额化应当成为衡量一个造价软件是否专业和好用的标准。

希望各种造价软件都能为此而更新自己的产品。

3.10 应用项目模板可以使清单计价更简单

人们的两个行动理由是“追求快乐，逃离痛苦”。实行清单计价，如果人们感到清单计价不如定额计价方便，就不会自觉去执行。

工程量计算分两个工序，一个是算量，一个是挂接清单、定额。同类工程（譬如：框架结构办公楼）所挂接的清单、定额是雷同的，是可以做成模板供别人调用的，这就避免了重复劳动。但工程量必须分别按图纸来计算，只有这部分才是创造性劳动。这个模板就是项目清单/定额表，它由项目具体做法和套用那些清单、定额两部分组成。

一个地区的造价主管部门若能根据本地区已有工程结算资料做出一批模板放入软件中来供大家调用，这将是一个创举，它将开拓工程造价专业的标准化进程，它将会像平法设计那样产生巨大的社会效益，减轻造价员的重复劳动，有效解决工程量清单的完整性（不漏项）问题。

目前部分图形算量软件宣传的自动套清单和定额的功能并不如介绍中那样完美，各类构件手工参与调整的工作量较大，均需通过人机对话来解决。一个是整体解决，好比是一种档案方式（集装箱式）。一个是分项解决，好比是字典模式（个人作坊）。项目模板好比是拉抽屉，调档案，在前人的成果基础上（不漏项）进行调整（力求正确）。

所以，目前部分图形算量软件中自动套清单和定额的功能可以完全取消，软件可以不考虑如何挂接清单和定额的问题，只算出实物量来，而使得算量软件在全国通用。每个地区都有自己的项目模板，导入模板后，再把工程量调入即可。

由项目模板来替代软件自动套清单、定额，是一个创新。有人说，这样一来，套价不就很容易吗？很对。但愿这一创新，能像设计领域的“平法”那样，在全国很快普及开来。

推广应用项目模板可以使清单计价更简单。

4 结 束 语

统筹法计算工程量在我国已推行了近40年，目前大学教材上介绍的仍是32字要点，基本上没有发展。期望导则的出版能逐步改变这一现状，将工程计量、计价形成一门介于管理科学和工程科学的边缘学科，能吸引广大学者和教授投入到这一新学科的工作和研究中去。不应偏重于去研究合同、索赔，不应再研究不平衡报价和企业定额等，研究统筹法计量还是大有作为的。

本文获得第七届中国管理科学大会论文评选二等奖

荣誉证书

编号：GLKXDHLW14-066

王在生 殷耀静 吴春雷同志：

您撰写的《论“建筑与装饰工程计量计价技术导则”》一文，在第七届中国管理科学大会论文评选中，荣获 二 等奖。

特颁此证

论项目模板的应用

青岛英特软件有限公司　殷耀静
青岛习远工程造价咨询有限公司　仇勇军
日照兴业房地产开发有限公司　郑芸

【摘要】本文以某加油站泵房工程为例，通过某咨询单位一份考试题的答案，来分析国内工程造价业内定额计价模式和清单计价模式并列的现状，并提出将逐项由软件带出定额和问答式的项目特征描述、定额换算为采用调入整体项目模板来避免重复劳动，使清单计价比定额计价更容易、更方便，从而让定额计价模式自动退出历史舞台。

【关键词】定额计价；清单计价；项目模板

一、关于清单计价与定额计价模式的区别

原建设部令第107号文（2001年11月5日颁布）第5条规定：施工图预算、招标标底和投标报价由成本（直接费、间接费）、利润和税金构成。在编制时可以采用如下两种办法：

工料单价法：分部分项工程量中单价为直接费。其中，直接费以人工、材料、机械的消耗量及其相应价格确定，间接费、利润、税金等按照相关规定另行计算。

综合单价法：分部分项工程量中单价为全费单价。在全费用单价中综合包含了完成分部分项工程所发生的直接费、间接费、利润、税金等相关费用。

有人把定额计价归为工料单价法，清单计价归为综合单价法，笔者认为是不正确的。

定额计价采用的是各省颁布的定额编号及五要素（包含名称、单位、工作内容、计算规则、综合解释）和对应的单价及其人材机组成和消耗量，定额计价也可以采用综合单价法。

清单计价采用的是全国统一的清单编码，它也包含五要素，但缺少相应的单价及其人材机组成和消耗量，故必须用定额来组价。清单计价的好处其一是全国统一，其二是定额的综合。

有人称清单是披着统一马甲的定额。有人主张取消清单计价而采用全国统一定额计价，这是不可取的，这是因为我国地域辽阔，建筑做法、材料要求等各地均有差别；再者就是做不到综合和简约。

我国推广清单计价已经10年了，开始有的专家、教授提出取消定额的建议未被主管部门采纳，并一再指出外国人说：定额是个好东西，在他们国家内办不到。本文提出的取消定额模式计价与取消定额完全是两回事，因为清单是靠定额来组价的，尤其是招标控制价的编制，更加明确了定额和政府指导价的作用。

两套计价模式并列的原因是人们认为清单计价繁杂，项目特征描述不统一，不如定额

简单，因此对非国有资产投资项目，允许不采用清单计价。

本文将通过实例来说明：如果应用项目模板可以把清单计价（表2）变得比定额计价（表1）在准确性和完整性的质量方面有所提高以及操作上还要简单的话，大家就都愿意实行清单计价了。

二、定额计价模式案例

现在，人们都离不开软件，定额大都是算量软件自动带出的，对于带出的定额是否正确和完整，一般不去考虑。对于清单项目，也可自动带出，但要靠软件逐项提出项目特征的问题来回答（2013规范辅导教材上称为问答式），故对项目特征的描述可以用五花八门来形容。于是在新员工培训中，回避了清单，只涉及定额部分。

以下实例取自某咨询单位一份对新员工培训考试题的答案。

定额计价 **表1**

定额每个0.5分，共27分(凡涉及图集部分的定额均不在本次考察范围内)；
钢筋按楼层每个构件1分，共25分；工程量48分

序号	定额号	名称	单位
1	1-4-2	机械场地平整	$10m^2$
2	1-4-3	竣工清理	$10m^3$
3	1-2-11h	人工挖沟槽普通土深>2m（2.00倍）	$10m^3$
4	1-3-12	挖掘机挖槽坑普通土	$10m^3$
5	1-4-4	基底钎探	10眼
6	1-4-17	钎探灌砂	10眼
7	1-4-13	沟槽、地坑|机械夯填土	$10m^3$
8	3-1-1h	M10砂浆/砖基础	$10m^3$
9	2-1-13hs	C154现浇混凝土碎石<40/C154现浇无筋混凝土垫层（条基）(人工×1.05,机械×1.05[商品混凝土])	$10m^3$
10	4-2-4hs	C304现浇混凝土碎石<40/现浇混凝土无梁式带形基础	$10m^3$
11	10-4-49	水泥砂浆1∶2/混凝土基础垫层木模板	$10m^2$
12	10-4-12	水泥砂浆1∶2/无梁混凝土带形基胶合板模钢支撑	$10m^2$
13	4-2-14hs	C304现浇混凝土碎石<40/现浇混凝土设备基础	$10m^3$
14	4-2-15hs	C352现浇混凝土碎石<20/现浇混凝土二次灌浆	$10m^3$
15	4-2-26hs	C253现浇混凝土碎石<31.5/C303现浇混凝土碎石<31.5/现浇圈梁	$10m^3$
16	10-4-127	水泥砂浆1∶2/圈梁胶合板模板木支撑	$10m^2$
17	3-3-3h	M7.5混浆/烧结粉煤灰轻质砖墙240mm	$10m^3$
18	4-2-27hs	C253现浇混凝土碎石<31.5/C303现浇混凝土碎石<31.5/现浇过梁	$10m^3$
19	10-4-116	水泥砂浆1∶2/过梁组合钢模板木支撑	$10m^2$
20	4-2-49hs	C302现浇混凝土碎石<20/现浇雨篷	$10m^2$
21	4-2-65hs	C302现浇混凝土碎石<20/现浇阳台、雨篷每±10mm（2.00倍）	$10m^2$
22	4-2-38hs	C302现浇混凝土碎石<20/现浇平板	$10m^3$
23	10-4-172	水泥砂浆1:2/平板胶合板模板钢支撑	$10m^2$

续表

序号	定额号	名称	单位
24	4-2-24hs	C302 现浇混凝土碎石＜21/ 现浇单梁连续梁	$10m^3$
25	10-4-114	水泥砂浆 1∶2/ 单梁连续梁胶合板模板钢支撑	$10m^2$
26	4-2-20s	水泥砂浆 1∶2/ C253 现浇混凝土碎石＜31.5/ 现浇构造柱	$10m^3$
27	10-4-100	构造柱复合木模板钢支撑	$10m^2$
28	4-2-58hs	C302 现浇混凝土碎石＜20/ 现浇压顶	$10m^3$
29	4-2-57s	C202 现浇混凝土碎石＜20/ 现浇台阶	$10m^3$
30	8-7-49hs	3∶7 灰土/ 素水泥浆/ 水泥砂浆 1∶2.5/ C202 现浇混凝土碎石＜20/ 混凝土散水 3∶7 灰土垫层	$10m^2$
31	6-4-9	塑料水落管 ϕ100	10m
32	6-4-10	塑料水斗	10 个
33	6-4-25	塑料落水口	10 个
34	7-5-1	篦式钢平台制作	t
35	10-3-255	钢梯(板式、篦式、直梯)	t
36	9-1-1	素水泥浆/ 水泥砂浆 1∶3/ 1∶3 水泥砂浆混凝土硬基层上找平层 20mm	$10m^2$
37	6-3-15h	水泥珍珠岩 1∶8/ 混凝土板上现浇水泥珍珠岩	$10m^3$
38	10-4-313	竹(胶)板模板制作　梁	$10m^2$
39	10-4-315	竹(胶)板模板制作　板	$10m^2$
40	10-4-312	竹(胶)板模板制作　构造柱	$10m^2$
41	10-4-310	竹(胶)板模板制作　基础	$10m^2$
42	9-5-23	素水泥浆/ 水泥砂浆 1∶2/ 窗台板水泥砂浆花岗石面层	$10m^2$
43	3-5-6	砂浆用砂过筛	$10m^2$
44	10-1-103	外脚手架(6m 以内)钢管架　双排	$10m^2$
45	10-1-27	满堂钢管脚手架	$10m^2$
46	4-1-3	现浇构件圆钢筋 ϕ8	t
47	4-1-52	现浇构件箍筋 ϕ6.5	t
48	4-1-53	现浇构件箍筋 ϕ8	t
49	4-1-98	砌体加固筋焊接 ϕ6.5 内	t
50	4-1-104	HRB400 级钢 ϕ8	t
51	4-1-105	HRB400 级钢 ϕ10	t
52	4-1-106	HRB400 级钢 ϕ12	t
53	4-1-107	HRB400 级钢 ϕ14	t
54	4-1-111	HRB400 级钢 ϕ22	t

按题目要求：凡涉及图集部分的定额均不在本次考察范围内，故表 1 仅提供定额 54 项。

问题 1：其中明显错套和漏套定额多项，例如：挖掘机挖普通土应考虑挖掘机和推土机的大型机械进场费用；图纸要求用灰土回填，而不是一般夯填土；半地下室外墙按计算规则应算入砖墙，按±0.00 以下用 M10 砂浆砌筑，不应算入基础内。

问题 2：牵扯 18 项定额换算，均需要人机对话来实现。

1）3 项 h，表示换算。

2）1 项 s，表示采用商品混凝土。

3）14 项 hs，表示换算和采用商品混凝土。

三、清单计价模式案例

我们根据《2013 计价规范》和山东省《2003 消耗量定额计算规则》，结合图纸要求，对本案例制作了项目模板（表 2），其中含清单项目 52 项，包含定额 106 项，共 158 项。

项目清单定额表　　表 2

序号	项目名称	工作内容	编号	清单/定额名称
1	平整场地	平整场地	010101001	平整场地
			1-4-2	机械场地平整
2	挖基础土方	1. 大开挖(普通土 0.5m,以下为坚土)	010101004	挖基坑土方;一、二类土
		2. 基底钎探(灌砂)	1-3-9	挖掘机挖普通土
		3. 基底夯实	010101003	挖基坑土方;三类土
			1-3-10	挖掘机挖坚土
			1-2-3-2	人工挖机械剩余 5%坚土深 2m 内
			1-4-4-1	基底钎探(灌砂)
			1-4-6	机械原土夯实
			011705001	大型机械设备进出场及安拆
			10-5-4	75kW 履带推土机场外运输
			10-5-6	$1m^3$ 内履带液压单斗挖掘机运输费
3	带形基础	1. C15 混凝土垫层	010501001	垫层;带形基础垫层 C15
		2. C30 条基	2-1-13-1’	C154 商品混凝土无筋混凝土垫层(条形基础)
			10-4-49	混凝土基础垫层木模板
			010501002	带形基础;C30
			4-2-4.39	C304 商品混凝土无梁式带形基础
			10-4-12’	无梁混凝土带形基胶合板模木支撑[扣胶合板]
			10-4-310	基础竹胶板模板制作
4	设备基础	1. C15 混凝土垫层	010501001	垫层;设备基础垫层 C15
		2. C30 设备基础	2-1-13-2’	C154 商品混凝土无筋混凝土垫层(独立基础)
			10-4-49	混凝土基础垫层木模板
			010501006	设备基础;C30
			4-2-14.39’	C304 商品混凝土设备基础
			4-2-15.39’	C304 商品混凝土二次灌浆
			10-4-61’	$5m^3$ 内设备基础胶合板模钢支撑[扣胶合板]
			10-4-310	基础竹胶板模板制作

续表

序号	项目名称	工作内容	编号	清单/定额名称
5	集水坑槽	C15 集水坑槽	010507003	地沟;集水沟槽,C15
			4-2-59.19’	C152 商品混凝土小型池槽
			10-4-214	小型池槽木模板木支撑(外形体积)
6	砖基础	1. M10 砂浆粉煤灰砖墙 240	010401001	砖基础;M10 砂浆
		2. 20 厚防潮层 1:2 砂浆加 5%防水粉	3-1-1.09	M10 砂浆砖基础
			6-2-5	基础防水砂浆防潮层 20
7	基础圈梁	C25 基础圈梁	010503004	圈梁;基础圈梁 C25
			4-2-26.28’	C253 商品混凝土圈梁
			10-4-127’	圈梁胶合板模板木支撑[扣胶合板]
			10-4-310	基础竹胶板模板制作
8	回填	1. 槽坑 3:7 灰土回填(就地取土)	010103001	回填方;3:7 灰土
		2. 余土外运 10km	1-4-12-2	槽坑人工夯填 3:7 灰土(就地取土)
			1-4-13-2	槽坑机械夯填 3:7 灰土(就地取土)
			010103002	余土外运 10km
			1-3-45	装载机装土方
			1-3-57	自卸汽车运土方 1km 内
			1-3-58×9	自卸汽车运土方增运 1km×9
9	构造柱	C25 构造柱	010502002	构造柱;C25
			4-2-20’	C253 商品混凝土构造柱
			10-4-89’	矩形柱胶合板模板木支撑[扣胶合板]
			10-4-312	构造柱竹胶板模板制作
10	过梁	C25 现浇过梁	010503005	过梁;C25
			4-2-27.28’	C253 商品混凝土过梁
			10-4-118’	过梁胶合板模板木支撑
			10-4-313	梁竹胶板模板制作
11	圈梁	C25 圈梁	010503004	圈梁;C25
			4-2-26.28’	C253 商品混凝土圈梁
			10-4-127’	圈梁胶合板模板木支撑[扣胶合板]
			10-4-310	基础竹胶板模板制作
12	压顶	C25 压顶	010507005	压顶;C25
			4-2-58.2’	C252 商品混凝土压顶
			10-4-213	扶手、压顶木模板木支撑
13	砌体	1. M10 砂浆粉煤灰砖墙 240,±0.00 以下	010401003	实心砖墙;M10 砂浆粉煤灰砖墙 240
		2. M7.5 混浆粉煤灰砖墙 240,>±0.00	3-3-3.09	M10 砂浆烧结粉煤灰轻质砖墙 240

续表

序号	项目名称	工作内容	编号	清单/定额名称
13	砌体		010401003	实心砖墙;M7.5混浆粉煤灰砖墙240
			3-3-3.04	M7.5混浆烧结粉煤灰轻质砖墙240
			011701002	外脚手架
			10-1-103	双排外钢管脚手架6m内
14	有梁板	C30有梁板	010505001	有梁板;C30
			4-2-36.2'	C302商混凝土有梁板
			10-4-160'	有梁板胶合板模板钢支撑[扣胶合板]
			10-4-315	板竹胶板模板制作
			10-4-176	板钢支撑高＞3.6m每增3m
15	雨篷	C25雨篷	010505008	雨篷;C25
			4-2-49.21'	C252商品混凝土雨篷
			4-2-65.21×2'	C252商品混凝土阳台、雨篷每＋10×2
			10-4-203	直形悬挑板阳台、雨篷木模板木支撑
16	屋15水泥砂浆平屋面	1. 25厚1∶2.5水泥砂浆抹平压光1m×1m分格,密封胶嵌缝	011101006	屋面面层25厚1∶2.5水泥砂浆及20厚1∶3水泥砂浆找平
		2. 隔离层(干铺玻纤布)一道	6-2-3	水泥砂浆二次抹压防水层20
		3. 防水:3厚高聚物改性沥青防水卷材	9-1-3-2	1∶2.5砂浆找平层±5
		4. 刷基层处理剂一道	9-1-1	1∶3砂浆硬基层上找平层20
		5. 20厚1∶3水泥砂浆找平	010902001	屋面卷材防水;改性沥青防水卷材2道,基层处理剂
		6. 保温层:硬质聚氨酯泡沫板	6-2-34	平面一层高强APP改性沥青卷材
		7. 防水:3厚高聚物改性沥青防水涂料	9-1-178	地面耐碱纤维网格布
		8. 刷基层处理剂一道	6-2-34	平面一层高强APP改性沥青卷材
		9. 20厚1∶3水泥砂浆找平	011001001	保温隔热屋面;聚氨酯泡沫板,现浇水泥珍珠岩1∶8找坡
		10. 40厚(最薄处)1∶8(重量比)水泥珍珠岩找坡层2%	6-3-42	混凝土板上干铺聚氨酯泡沫板100
		11. 钢筋混凝土屋面板	9-1-2	1∶3砂浆填充料上找平层20
			6-3-15-1	混凝土板上现浇水泥珍珠岩1∶8
17	屋面排水	1. 塑料落水管	010902004	屋面排水管;塑料水落管ϕ100
		2. 铸铁弯头落水口	6-4-9	塑料水落管ϕ100
		3. 塑料水斗	6-4-22	铸铁弯头落水口(含箅子板)
			6-4-10	塑料水斗

续表

序号	项目名称	工作内容	编号	清单/定额名称
18	HPB300级钢筋	1. 砌体加固筋 ϕ6	010515001	现浇构件钢筋;HPB300 级钢
		2. 现浇钢筋 ϕ6	4-1-2	现浇构件圆钢筋 ϕ6.5
		3. 箍筋	4-1-3	现浇构件圆钢筋 ϕ8
			4-1-53	现浇构件箍筋 ϕ8
			4-1-98	砌体加固筋 ϕ6.5 内
19	HRB400级钢筋	现浇钢筋	010515001	现浇构件钢筋;HRB400 级钢
			4-1-104	现浇构件螺纹钢筋 HRB400 级 ϕ8
			4-1-105	现浇构件螺纹钢筋 HRB400 级 ϕ10
			4-1-106	现浇构件螺纹钢筋 HRB400 级 ϕ12
			4-1-107	现浇构件螺纹钢筋 HRB400 级 ϕ14
			4-1-111	现浇构件螺纹钢筋 HRB400 级 ϕ22
20	混凝土散水散 1	1. 60 厚 C20 混凝土随打随抹,上撒 1∶1 水泥细砂压实抹光	010507001	散水;混凝土散水
		2. 150 厚 3∶7 灰土	8-7-51’	C20 细石商品混凝土散水 3∶7 灰土垫层
		3. 素土夯实	10-4-49	混凝土基础垫层木模板
21	混凝土台阶 L03J004-1/11	1. 素土夯实	010507004	台阶;C15 垫层,C20 台阶
		2. 100 厚 C15 混凝土垫层	1-4-6	机械原土夯实
		3. C20 混凝土台阶	2-1-13’	C154 商品混凝土无筋混凝土垫层
		4. 防滑地砖台阶抹面(装饰)	4-2-57’	C202 商品混凝土台阶
			10-4-205	台阶木模板木支撑
22	竣工清理	竣工清理	01B001	竣工清理
			1-4-3	竣工清理
23	塑钢门	塑钢门	010802001	塑钢门
			5-6-1	塑料平开门安装
24	塑钢窗	成品塑钢窗带纱扇	010807001	塑钢窗;带纱扇
			5-6-3	塑料窗带纱扇安装
25	窗台板	花岗石窗台	010809004	石材窗台板;花岗混凝土窗台
			9-5-23	窗台板水泥砂浆花岗混凝土面层
26	地 6 细石混凝土防潮地面	1. 40 厚 C20 细石混凝土,表面撒 1∶1 水泥砂子随打随抹光	011101003	细石混凝土地面;40 厚 C20
		2. 1 厚合成高分子防水涂料	9-1-26	C20 细石混凝土地面 40
		3. 刷基层处理剂一道	9-1-1	1∶3 砂浆硬基层上找平层 20
		4. 20 厚 1∶3 水泥砂浆抹平	010501001	垫层;地面垫层 C15
		5. 素水泥一道	2-1-13	C154 现浇无筋混凝土垫层

续表

序号	项目名称	工作内容	编号	清单/定额名称
26	地6细石混凝土防潮地面	6.60厚C15混凝土垫层	010404001	垫层;地面3∶7灰土垫层
		7.300厚3∶7灰土夯实	2-1-1	3∶7灰土垫层
		8.素土夯实,压实系数大于等于0.9	010904002	地面涂膜防水;1厚合成高分子防水涂料,基层处理剂
			6-2-93	1.5厚LM高分子涂料防水层
			9-4-243	防水界面处理剂涂敷
27	踢4面砖踢脚(砖墙)	1.5～10厚面砖,用3～5厚1∶1水泥砂浆或建筑胶粘剂粘贴,白水泥浆(或彩色水泥浆)擦缝	011105003	块料踢脚线;面砖踢脚
		2.6厚1∶2.5水泥砂浆压实抹光	9-1-86	水泥砂浆彩釉砖踢脚板
		3.9厚1∶3水泥砂浆打底扫毛		
		4.砖墙		
28	棚4混合砂浆涂料顶棚	1.现浇钢筋混凝土楼板	011301001	天棚抹灰;混浆天棚抹灰
		2.素水泥浆一道	9-3-5	混凝土面顶棚混合砂浆找平
		3.7厚1∶0.5∶3水泥石灰膏砂浆打底	011701006	满堂脚手架
		4.扫毛或划出纹道	10-1-27	满堂钢管脚手架
		5.7厚1∶0.5∶2.5水泥石灰砂浆找平	011407002	天棚喷刷涂料;刷乳胶漆二遍
		6.内墙涂料	9-4-151	室内顶棚刷乳胶漆二遍
29	内墙4混合砂浆抹面内墙(砖墙)	1.内墙涂料	011201001	墙面一般抹灰;内墙4
		2.7厚1∶0.3∶2.5水泥石灰膏砂浆压实赶光	9-2-31	砖墙面墙裙混合砂浆14+6
		3.7厚1∶0.3∶3水泥石灰膏砂浆找平扫毛	9-2-108	1∶1∶6混合砂浆装饰抹灰±1
		4.7厚1∶1∶6水泥石灰膏砂浆打底扫毛或划出纹道	9-4-152	室内墙柱光面刷乳胶漆二遍
		5.砖墙		
30	外墙9涂料外墙(砖墙)	1.外墙涂料	011201001	墙面一般抹灰;外墙9
		2.8厚1∶2.5水泥砂浆找平	9-2-20	砖墙面墙裙水泥砂浆14+6
		3.10厚1∶3水泥砂浆打底扫毛或划出纹道	9-2-54×-2	1∶3水泥砂浆一般抹灰层-1×2
		4.砖墙	011203001	零星项目一般抹灰;外墙9
			9-2-25	零星项目水泥砂浆14+6
			011407001	墙面喷刷涂料;外墙涂料
			9-4-184	抹灰外墙面丙烯酸涂料(一底二涂)

续表

序号	项目名称	工作内容	编号	清单/定额名称
31	混凝土台阶抹面 L03J004-1/11	防滑地砖台阶抹面	011107002	块料台阶面；防滑地砖台阶抹面
			9-1-80	1：2.5 砂浆 10 彩釉砖楼地面 800 内
32	地砖抹面 L03J004-1/11	1. 防滑地砖	011102003	块料楼地面；彩釉地砖
		2. C15 混凝土垫层 80	9-1-80	1：2.5 砂浆 10 彩釉砖楼地面 800 内
		3. 3：7 灰土垫层 150	010501001	垫层；地面垫层 C15
			2-1-13'	C154 商品混凝土无筋混凝土垫层
			010404001	垫层；地面 3：7 灰土垫层
			2-1-1-3	3：7 灰土垫层(就地取土)
33	栏杆 L03J004-2	钢管栏杆	011503001	金属扶手、栏杆；L03J004-2
			9-5-206	钢管扶手型钢栏杆
			011405001	栏杆油漆；调合漆二遍
			9-4-117	调合漆二遍 金属构件

四、结束语

通过表 1 与表 2 的对比，可以得出以下结论：

（1）对换算的处理，表 2 采用了换算模板（换算定额），不需要人机对话，既方便了操作，又加强了软件在全国的通用性，还节省了设置人机会话窗口的代码，降低了软件开发成本。

如表 1 中为 6-3-15h，水泥珍珠岩 1：8 混凝土板上现浇水泥珍珠岩（定额为 1：10，换算为 1：8）。

在表 2 中为 6-3-15-1，混凝土板上现浇水泥珍珠岩 1：8。

（2）对项目的处理，采用了项目模板，有以下 3 点显著的效益：

可以保证项目的完整性（由 54～106 项定额）和正确性（可以在此基础上不断修正和积累）。

可以简化清单项目特征描述，避免重复劳动，让造价人员只做创造性工作。

彻底解决清单计价难的问题，有利于清单计价模式的普及，有利于提高造价文件的编制质量。

综上所述，解决了换算的处理方式和采用了项目模板，可以大幅度简化清单计价的操作，有助于摆脱定额计价的模式，全面实行清单计价模式。

本文发表于《中国建设信息》2013 年 6 月下总第 531 期

探讨框架梁中有梁板的工程量计算问题

青岛英特软件有限公司　吴春雷
山东润德工程项目管理有限公司　陈兆连
南山集团总部工程预决算审计部　孙　鹏

【摘要】本文以框架梁中有梁板的计算为例，通过图算和表算两种电算方法的实例分析，对国内4套软件的计算结果进行对比，提出了图算软件应设立有梁板构件的建议；同时提出了当定额计算规则矛盾（表1与表2）或相关定额规定与有关解释相悖（表2）时，如何本着客观、公正、公平、合理的原则来统一工程量计算结果。

【关键词】框架梁；有梁板；表算；图算

当今时代，计算机的应用已普及到儿童，人们已经逐渐脱离了手算（用笔和纸来工作）而用电算来替代。于是在工程造价业内出现了两种电算方法：

人工识图、利用表格录入数据或计算式、计算机算量，输出完整计算结果，简称：表算。

人工建模（画图或导图识别）、计算机算量、输出计算结果（扣减量无算式），简称：图算。

工程造价可分计量和计价。计量工作要占全部工作量的90%以上。这个统计是建立在有计算依据（详细计算式）并保证正确和完整的基础上。一般工作可分“做了”、“做对”、“做好”三个阶段。目前的状况绝大部分是停留在“做了”这一阶段，往往是用图算出来量以后，问算量人员对不对时，得到的回答是“不知道，是软件算的”。因为图算是不需要操作者来掌握计算规则，而是依据软件中设置的计算规则来自动算量的。于是出现了核对工程量时，要求双方都用同一软件来对量，相当于默认了软件的水平代替了对计算规则的理解。本文将通过两个人为控制的表算结果和三个由图算软件输出的结果来阐述有梁板的计算争议问题。

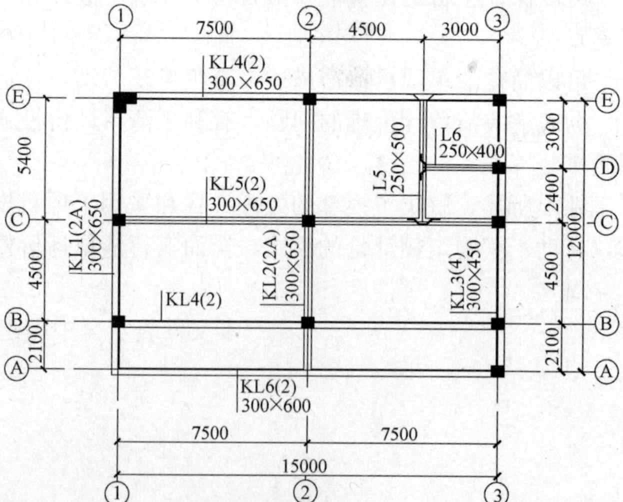

地下室楼面梁结构图
（标高为4.150）

一、定额计算规则矛盾给计算有梁板带来的问题

《山东省消耗量定额计算规则》

第四章（四）6. 梁与板整体现浇时，梁高算至板底；（五）1. 有梁板包括主、次梁及板，工程量按梁、板体积之和计算。

前一条是“梁与板整体现浇时，梁高算至板底”，要求将梁分成上下两部分来计算；后一条则是工程量按梁、板体积之和计算，不需要分成两部分来计算，这就形成了在算量软件中计算工程量时，有的执行按梁、板体积之和计算而将梁按全高计算（省事）；有的则将梁高算至板底（人为地加大算量的复杂性），这样一来，由于相应的规定：梁扣柱（梁长算至柱侧面）、板不扣柱头（不扣除柱、垛所占板的面积）以及板头的模板不计算（伸入墙内的梁头、板头均不计算模板面积）等，给两种算法带来了不同的结果。以下面的实际案例来分析它们的区别：

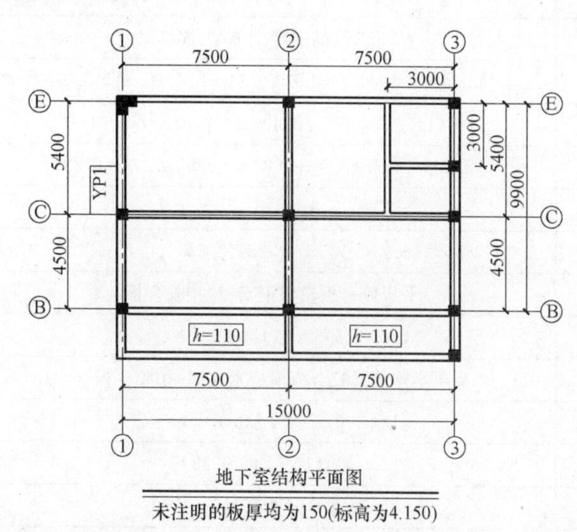

地下室结构平面图

未注明的板厚均为150(标高为4.150)

（1）按有梁板计算（求梁板体积之和），见表1所列。

本方法符合《计算规则》（五）1. 有梁板包括主、次梁板，工程量按梁、板体积之和计算。

板的计算原则：板算至外梁内侧，板厚者压满梁，板薄者算至梁侧。

梁的计算原则：外梁按全高计算，内梁算至板底。当梁两侧板高不一致时，按板厚者计算。

项目工程量　　表1

序号		编号/部位	项目名称/计算式		工程量
2		4-2-36.2'	C302商品混凝土有梁板	m^3	40.63
	1	地下室板	(14.9×10)×0.15+14.9×1.9×0.11	25.464	
	2	外KL1、3	(10.6×0.65+10×0.45)×0.3	3.417	
	3	KL4、6	(14.7×0.6+13.6×0.65)×0.3	5.298	
	4	内KL2、4、5	((8.9+14×2)×0.5+1.8×0.54)×0.3	5.827	
	5	L5、6	(5.2×0.35+2.625×0.25)×0.25	0.619	
3		10-4-160'	有梁板胶合板模板钢支撑[扣胶合板]	m^2	282.88
	1	板下	14.9×11.9	177.31	
	2	外KL1、3	10.6×(0.65+0.5+0.3)+10×(0.45+0.3+0.3)	25.87	
	3	KL4、6	14.7×(0.6+0.49+0.3)+13.6×(0.65+0.5+0.3)	40.153	
	4	内梁模板	(D2.4/0.3+D2.5/0.25)×2	43.799	
	5	扣墙顶	−(10+7)×0.25	−4.25	

（2）按单梁和平板分别计算，见表2所列。

本方法符合计算规则（四）6. 梁与板整体现浇时，梁高算至板底。

板的计算原则：板算至外梁外侧，内墙的板厚者压满梁，板薄者算至梁侧。

梁的计算原则：梁（不分内外）均算至板底。当梁的两侧板高不一致时，按板厚者计算。

单梁和平板分别计算 **表2**

序号		编号/部位	项目名称/计算式		工程量
8		4-2-38.2’	C302商品混凝土平板	m^3	27.76
		地下室板	15.5×(10.4×0.15+2.1×0.11)		
9		4-2-24.2’	C303商品混凝土单梁、连续梁	m^3	13.18
	1	外KL1、3	(2.1×0.54+8.5×0.5+1.6×0.34+8.4×0.3)×0.3=2.534		
	2	KL4、6	(14.7×0.49+13.6×0.5)×0.3=4.201		
	3	内KL2、4、5	[1.8×0.54+(8.9+14×2)×0.5]×0.3=5.827		
	4		Σ	12.562	
	5	L5、6	(5.2×0.35+2.625×0.25)×0.25	0.619	
10		10-4-172’	平板胶合板模板钢支撑[扣胶合板]	m^2	193.75
		地下室板	15.5×(10.4+2.1)		
11		10-4-115’	单梁连续梁胶合板模板木支撑[扣胶合板]	m^2	84.45
	1	KL，L侧面	D9.4/0.3×2+D9.5/0.25×2	88.699	
	2	扣墙顶	−(10+7)×0.25	−4.25	
12		10-1-103	双排外钢脚手架6m内	m^2	186.17
	1	内KL2、4、5	1.8×4.04+(8.9+14×2)×4	154.872	
		L5、6	(5.2+2.625)×4	31.3	

（3）两种算法的区别

表1与表2计算结果的差异原因分析如下：

1）混凝土工程量相差40.94-40.63=0.31

其原因是第二种算法多计算了外柱柱头0.3×[(0.7×6+0.75+1.5)×0.15+0.7×0.11]=0.29

2）模板工程量相差282.75−278.2=4.55

其原因是第二种算法少计算了外梁模板（2.1+1.6+15）×0.11+(8.5+8.4+13.6)×0.15=6.632；

多计算了柱头模板−(0.7×7+0.75+1.5)×0.3=−2.145。两者相抵为4.49。

（4）当计算规则矛盾时，应本着客观、公正、公平、合理的原则，选取计算简便又合理（表1）的方法。理由如下：

1）按混凝土工程计算规则第四节一、（五）条：板不扣除柱头，有点不合理。表1的板算至外梁的内皮，外梁按全高计算，而梁是扣柱子的，则避开了此问题，故梁和板的混凝土总量比较合理。

2）按模板计算规则第四节一、（五）条：伸入墙内的梁头、板头部分，均不计算模板面积。梁头伸入柱内，并未计算，板头面积不小，忽略有点不合理。此例由于表 1 的板算至外梁的内皮，则不存在伸入梁内的板头部分，而避免了不合理成分，故模板总量也是合理的。

二、四种软件的计算结果对比及建议

根据地下室楼面结构图，我们对 4 种软件的计算结果进行了对比，结果见表 3 所列。

四种软件对照表 **表 3**

软件名	板	梁	板模板	梁模板	计算式字数	有梁板	模板
统筹 e 算	27.76	13.18	193.75	84.45	101	40.63	282.88
广联达	26.54	14.26	162.97	124.52	2703		
斯维尔	27.68	13.27	165.52	124.3	2681		
福　莱	27.517	13.269	162.962	117.525	2739		

4 种算量软件以 KL2（2A）的计算式为例进行对比，见表 4 所列。

四种软件计算式对照表 **表 4**

软件名	工程量		计　算　式
统筹 e 算	混凝土	1.675	（2.1×0.54＋8.9×0.5）×0.3＝1.675m^3
广联达		1.6802	（0.3＜宽度＞×0.65＜高度＞×12.25＜中心线长度＞）－0.2438＜扣柱＞－0.4649＜扣现浇板＞＝1.6802m^3
斯维尔		1.68	8.9(长)×0.3(截宽)×0.65(截高)－0.401(板厚体积)＝1.34m^3 2.1(长)×0.3(截宽)×0.65(截高)－0.069(板厚体积)＝0.34m^3
福莱		1.675	0.3{截面宽}×0.5{截面净高}×4.9{跨长}{1 跨}＋0.3{截面宽}×0.5{截面净高}×4{跨长}{2 跨}＋0.3{截面宽}×0.54{截面净高}×2.1{跨长}{3 跨}＝1.675m^3
统筹 e 算	模板	11.17	1.675/0.3×2＝11.17m^2
广联达		14.501	[（0.65＜高度＞×2＋0.3＜宽度＞）×12.25＜中心线长度＞]－2＜扣柱＞－3.099＜扣现浇板＞＝14.501m^2
斯维尔		14.53	8.9(长)×(0.3(截宽)＋2×0.65(截高))－2.67(板)＝11.57m^2 2.1(长)×(0.3(截宽)＋2×0.65(截高))－0.396(板)＝2.96m^2
福莱		14.468	(2×0.65{截面高}－2×0.15{扣减板})×4.9{跨长}{1 跨}＋(2×0.65{截面高}－2×0.15{扣减板})×4{跨长}{2 跨}＋(2×0.65{截面高}－2×0.11{扣减板})×2.1{跨长}{3 跨}＝11.168m^2 4.9{长度}×0.3{宽度}{1 跨}＋4{长度}×0.3{宽度}{2 跨}＋2.1{长度}×0.3{宽度}{3 跨}＝3.300m^2

通过表 3、表 4 可以看出：

（1）有梁板作为常用项目在清单和定额中均有单独列项。但在三种图算软件中却都按单梁和板分别计算，既增加了不必要的难度，又易产生分歧；如果在图算软件中增设有梁板构件，不但此问题可迎刃而解，而且也实现了算量与清单和定额接轨。

（2）统筹 e 算软件的计算式和结果完全由人来控制，可以自主列式；而图算只能听从软件摆布，例如：梁的高度已经扣除了板厚，应将梁底模板归入板内，而 3 套图算软件均算入梁内，其模板多算了 11×0.3＝3.30。

（3）广联达和斯维尔计算式中均有扣减量而没有计算式，故无法详细核对。

(4) 三套图算软件的结果都不一致，对量是相当困难的，这里面有人为的原因，也不排除有软件处理方法的原因。

(5) 仅此例可以看出，图算软件的输出结果字数是统筹 e 算的 27 倍左右，如此庞大的输出结果，很难让人读懂；另外，国家提倡低碳，节约是一个民族的美德，故在此建议将图算软件改善一下输出格式。

(6) 图算软件只能解决快速出量的问题。要想算对、算好（输出简约易懂），还要依靠统筹 e 算来解决。

(7) 建议各图算软件公司开拓对统筹法计算工程量的研发工作，以弥补图算软件的不足。为满足全国造价人员对工程量计算工作“算对”、“算好”的时代要求，而提供一个先进而有力的工具。

三、框架梁按单梁计算引起的争议

由于定额中没有框架梁的概念，且框架梁中又可分为单梁和支撑板的梁（有梁板）两类情况，故对有关“框架梁”按单梁计算并计算脚手架的解释，我们认为是不合理和不符合定额规定的。理由如下：

1. 框架梁不应全按单梁计算的依据

山东省定额站 2003 年 5 月的交底培训资料中第 210 页写道：“现浇混凝土有梁板是指梁（包括主次梁）与板构成一体的情况，无梁板是指不带梁直接用柱头支撑的板，平板是指无柱、梁，直接用墙支撑的板。”可简化为三句话：

有梁板——梁支撑的板；

无梁板——柱支撑的板；

平　板——墙支撑的板。

在框架梁中有单梁（不与板构成一体）和有梁板（与板构成一体）两种情况，应区别对待。不应都按单梁来对待。

2. 框架梁全按单梁计算对工程造价的影响

查得：板的省价为 2288.3，单梁的省价为 2320.61，有梁板的省价为 2260.59。

现以本文中地下室有梁板总量 40.63m^3 为例（板 25.49 占 63%，梁 15.14 占 37%为）：

梁、板分开计价为 1441＋859＝2300 元。

此价是有梁板价格的 1.018 倍，增加不到 2%。

由于按单梁（距地 4m 计算脚手架 10-1-103 单价 76.16）要多计算梁的双排脚手架费用为：

内梁长度为：10.7＋14×2＋5.2＋2.625＝46.53m；

应增加脚手架直接费：46.53×4×76.16/10＝1417 元。

因此，有的甲方则坚持定额规定，在招标文件中声明，不允许与板整浇的框架梁按单梁计算脚手架。

3. 从定额解释来看单梁是否应搭设脚手架的问题

定额规定有梁板不计算脚手架，也规定了单梁按双排脚手架计算。但有一份学习资料中作了如下解释：关于混凝土梁搭设脚手架，定额中的梁是指现浇混凝土单梁或现浇混凝土框架梁上部为混凝土预制板的形式，若混凝土梁与板整体浇筑（不论是混凝土板下梁、混凝土框架梁、混凝土框架间连系梁）则均不计算脚手架。在该学习资料又强调："单梁、连系梁、框架梁与混凝土板一起整浇时，不计算脚手架"。

前面讲的是与板整浇的梁按有梁板计算（按规定不能计算脚手架），后面又强调如果按单梁计算了也不应计算脚手架，似乎对计算脚手架的问题已经讲得很清楚了，但由于人们对规则的解释与理解不同，目前全省仍有部分地市的造价人员执行了框架梁不分是否与板整浇均按单梁计算并额外计算了脚手架费用。

四、结束语

综上所述，笔者认为应注意这三个方面，梁与板整体现浇时应按有梁板计算，而不应分别按单梁与板计算；框架梁应区分单梁与有梁板，而不应全按单梁计算；图算软件应增加有梁板构件，便于统一计算方法。

以上问题在实际的工程量计算过程中确实给造价人员带来了很多困扰与争论，并普遍存在。我们希望通过对此问题的探讨，为保证工程量计算的准确性和完整性，便于核对工程量而提供一种新的解读方式与思路，使计算结果能够统一并贴近工程实际。

本文发表于《工程造价管理》2013 年 5 月总第 133 期

统筹 e 算在工程造价中的应用

青岛英特软件有限公司　殷耀静

【摘 要】"统筹 e 算"是根据 20 世纪 70 年代的统筹法算量理论发展为 8 条原则和 11 条规程用于工程量计算方法和计算式的统一；用表格和图形相结合的方法来彻底摆脱手工算量；用序号变量技术实现一算多用；用科学化、规范化、标准化和模板化的要求来实现让造价人员摆脱重复劳动，只做创造性工作；它对我国工程计价领域的算量、计价和招投标活动提出了创新的精简和低碳原则，并用实例验证了它的可行性。

【关键词】统筹 e 算；序号变量；项目清单/定额模板

本文通过一个基础挖土方案例全面介绍了"统筹 e 算"的理论和实践。

【例】用统筹 e 算按图计算挖土方工程量并做出招标控制价。

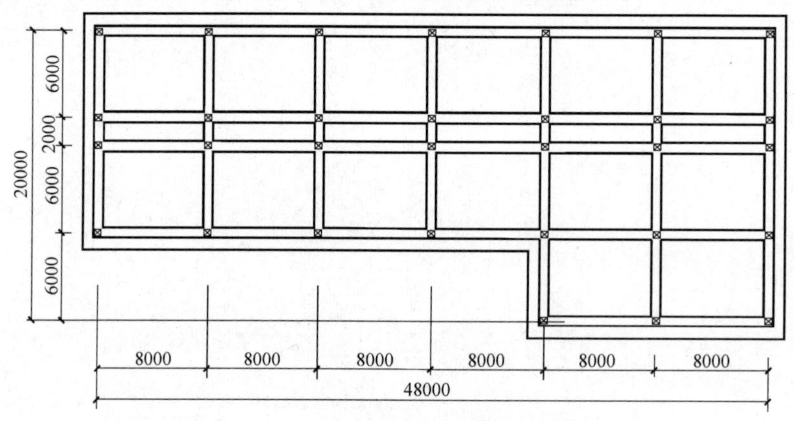

图 1　基础平面图

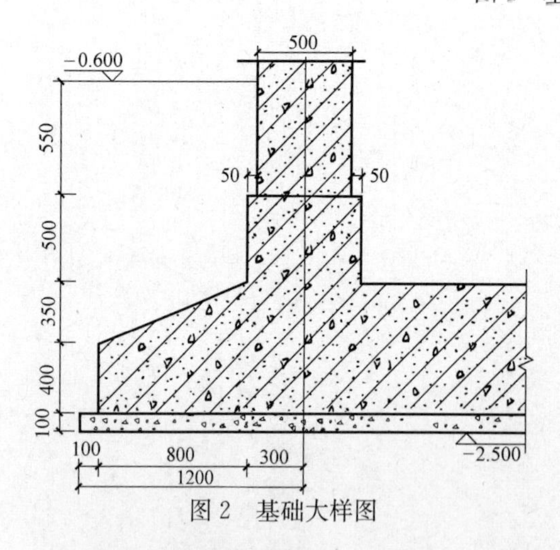

图 2　基础大样图

说明

1. 图示尺寸单位为毫米；

2. 室内地坪为±0.000，设计室外地坪为−0.600；

3. 地质报告为坚土，余土外运 1km；

4. 基抗挖完后应钎探，由设计人员验坑后方可继续施工。

1 统筹e算算量步骤

1.1 调入或做出项目清单/定额表（表1）

项目清单/定额表 表1

工程名称：满堂基础（土方）

序号	项目名称	工作内容	编号	清单/定额名称
		基础		
1	平整场地	平整场地	010101001	平整场地
			1-4-2	机械场地平整
			10-5-4	75kW履带推土机场外运输
2	挖土方外运1km	1. 挖基础土方(坚土)1.9m	010101003	挖基础土方；坚土1.9m，外运1km
		2. 钎探	1-3-15	挖掘机挖坚土自卸汽车运1km内
		3. 土方外运1km	1-2-3-2	人工挖机械剩余5%坚土深2m内
			1-4-4-1	基底钎探(灌砂)
			1-4-6	机械原土夯实
			10-5-6	$1m^3$内履带液压单斗挖掘机运输费

说明：

（1）对清单的项目特征采用简约的描述；一项挖基础土方清单需要多项定额来组价。

（2）10-5-4和10-5-6的定额属于措施项目中的大型机械进场费用，统筹e算在套价时自动列入措施项目，其他算量软件处理方法不同。

（3）统筹e算不采用国内软件通用的人机会话方式，因为那样做会浪费用户的时间和加大软件的开发成本。统筹e算采用的换算方法是用换算号直接调出换算定额。例如：

原定额1-2-3的名称是人工挖坚土深2m内，换算定额1-2-3-2改为人工挖机械剩余5%坚土深2m内；

原定额1-4-4的名称是基底钎探，1-4-17的名称是钎探灌砂，换算定额1-4-4-1改为基底钎探（灌砂）。

1.2 用辅助计算表填写数据计算挖土方（表2）

辅助计算表 表2

工程名称：满堂基础（土方）

基础分部

C1：

说明	坑长(D)	坑宽	加宽	垫层厚	工作面	坑深	放坡	数量	挖坑	垫层	模板	钎探
方坑	50.4	22.4	0.2	0.1	0.1	1.9	0.2	1	2247.19	112.90	14.56	1129
扣减	−32	6		0.1		1.9		1	−364.80	−19.20		-192
							1882.39	93.70	14.56	937		

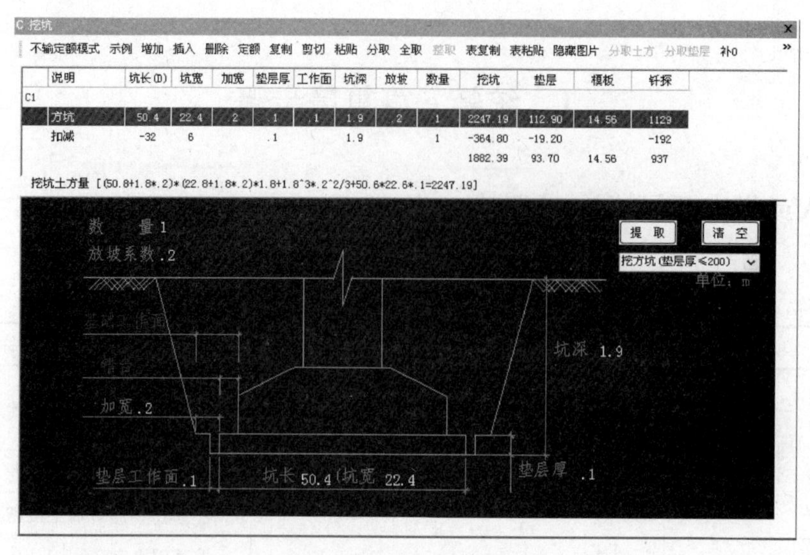

图 3 图表结合录入数据

说明：

(1) C 表是挖坑表，放坡系数为 0.2，放坡高度不包括垫层厚度，垫层工作面和混凝土基础工作面分列，先按混凝土基础工作面要求挖到垫层上皮，再按垫层工作面挖至垫层底面；钎探的面积按垫层面积计算（按每平方米 1 个取整），而不是按挖坑底面积来计算。

(2) 本表可计算挖坑、垫层、模板和钎探 4 项工程量。本案例只用挖坑和钎探 2 项，可采用点取的方式直接调入清单/定额界面。

1.3 清单/定额工程量计算书的形成

在清单/定额界面内计算基数 S、W；将项目清单/定额表调入基础分部；然后调整计算书（表 3）。

清单/定额工程量计算书 **表 3**

工程名称：满堂基础（土方）

序号		编号/部位	项目名称/计算式		工程量	
		基数计算式			基数名	
1		外围面积	48.5×20.5−32×6	802.25	S	
2		外墙长	2×(48.5+20.5)	138	W	
		基础分部				
1	1	010101001001	平整场地 S	m^2		802.25
2		1-4-2	机械场地平整 $S+2W+16$	m^2	1094.25	
3		10-5-4	75kW 履带推土机场外运输	台次	1.00	
4	2	010101003001	挖基础土方；坚土 1.9m，外运 1km	m^3		1780.22
	1	基底	50.4×22.4−32×6=936.96			
	2		H1×1.9	1780.224		
5		1-3-15	挖掘机挖坚土自卸汽车运 1km 内	m^3	1788.27	
	1	方坑	$(50.8+1.8\times0.2)\times(22.8+1.8\times0.2)\times1.8+1.8^3\times0.2^2/3+50.6\times22.6\times0.1=2247.192$			

续表

序号		编号/部位	项目名称/计算式		工程量	
	2	扣减	−32×6×1.9=−364.8			
	3		Σ	1882.392		
	4	人工挖土	−H3×0.05	−94.12		
6		1-2-3-2	人工挖机械剩余5%坚土深2m内 −D5.4	m^3	94.12	
7		1-4-4-1 方坑	基底钎探(灌砂) 1129-192	眼	937.00	
8		1-4-6	机械原土夯实 D4.1	m^2	936.96	
9		10-5-6	$1m^3$内履带液压单斗挖掘机运输费	台次	1.00	

说明：

(1) 基数表定义了2个变量 S、W 用于计算场地平整的清单和定额工程量。

(2) 第5.1项、5.2项和第7项的计算式取自表2。

(3) 本表4.2项和5.4项采用了序号变量H1和H3；第6、8项的D5.4、D4.1采用了二维序号变量。

2 清 单 计 价

2.1 编制说明

(1) 本案例按山东省计价规则编制，采用济南市2012.4信息价，人工单价55元。

(2) 本工程类别为Ⅲ类，管理费率5%，利润率3.1%，以2011年省价直接费为计费基础。

(3) 其他各项费率按工程造价管理机构现行规定计算。采用济南市规定，即：工程排污费0.26，住房公积金0.2，危险作业意外伤害保险0.15。

(4) 暂列金额——按分部分项工程量清单费的10%计取。

(5) 凡合价一律按元取整。

2.2 生成清单计价表格

进入套价生成清单全费报价单（表4）、综合单价成本分析表（表5）和工料机汇总价格表（表6）

清单全费报价单 **表4**

工程名称：满堂基础（土方）

序号	项目编码	项目名称	单位	工程量	全费单价	合价	专业工程
1	010101001001	平整场地	m^2	802.25	0.90	722	
2	010101003001	挖基础土方;坚土1.9m,外运1km	m^3	1780.22	25.25	44951	
3	CS1.4	大型机械设备进出场及安拆费	项			10108	
4		暂列金额				4466	
		合　计				60247	

综合单价成本分析表 表5

工程名称：满堂基础（土方）

序号	项目编码 定额编号	项目名称	单位	工程量	综合单价成本分析			
					人工费	材料费	机械费	计费基础
1	010101001001	平整场地	m^2	802.25	0.08		0.66	0.73
	1-4-2	机械场地平整	$10m^2$	109.425	0.08		0.66	0.73
2	010101003001	挖基础土方;坚土1.9m,外运1km	m^3	1780.22	6.65	0.14	13.98	20.50
	1-3-15	挖掘机挖坚土自卸汽车运1km内	$10m^3$	178.827	0.50	0.08	13.90	14.43
	1-2-3-2	人工挖机械剩余5%坚土深2m内	$10m^3$	9.412	2.53			2.44
	1-4-4-1	基底钎探(灌砂)	十眼	93.70	3.36	0.06		3.30
	1-4-6	机械原土夯实	$10m^2$	93.696	0.26		0.08	0.33
3	CS1.4	大型机械设备进出场及安拆	项	1	990.00	635.90	6884.26	8351.78
	10-5-4	75kW履带推土机场外运输	台次	1	330.00	366.00	3151.03	3775.34
	10-5-6	1 m^3内履带液压单斗挖掘机运输费	台次	1	660.00	269.90	3733.23	4576.44

工料机汇总价格表 表6

工程名称：满堂基础（土方）

序号	工料机编码	名称、规格、型号	单位	数量	单价	合价	备注
1	1	综合工日(土建)	工日	234.385	55.00	12891	
2	1557	钢钎 $\phi22\sim\phi25$	kg	4.31	4.41	19	
3	3076	枕木	m^3	0.16	2080.00	333	
4	5168	黄砂(粗砂)	m^3	0.75	84.00	63	
5	7117	橡胶板 $\delta10$	m^2	0.78	123.21	96	
6	14929	镀锌铁丝8号	kg	10.00	12.60	126	
7	26104	草袋	条	20.00	4.05	81	
8	26371	水	m^3	24.458	6.23	152	
9	29035	架线费	次	0.70	450.00	315	
10	29053	回程费占人材机费	%	1670.36	1.00	1670	
11	51002	履带式推土机75kW	台班	5.843	802.10	4687	
12	51003	履带式推土机90kW内	台班	0.50	945.48	473	
13	51044	履带式单斗挖掘机(液压)1	台班	6.222	1153.44	7177	
14	51070	电动夯实机20～62Nm	台班	5.247	27.39	144	
15	53025	汽车式起重机5t	台班	2.00	465.52	931	
16	54018	自卸汽车8t	台班	21.459	628.46	13486	
17	54028	平板拖车组40t	台班	2.00	1443.36	2887	
18	54038	洒水车4000L	台班	1.073	468.54	503	
19		合计				46034	
20		其中:人工费合计				12891	
21		材料费合计				2540	
22		机械费合计				30603	

2.3 统筹 e 算的创新

（1）“统筹 e 算”的 8 条原则和规范计算式的 11 条规程，用工程实例进行了验证，在大学内进行教学，使学生们的计算式统一，实现工程量计算的科学化、规范化、标准化和模板化的要求，得到了国内专家的肯定。

例如：表 3 中第 4 行计算式 50.4×22.4－32×6（14 字符）是按照统筹 e 算的数据采集规程，采用的原则是先数轴后字母轴、大扣小和 L、B、H 顺序。一般图算软件的计算式：

32.000＜长度＞×16.200＜宽度＞＋22.200＜长度＞×18.200＜宽度＞（51 字符）。

将两种计算式的字符长度进行比较，后者是前者的 3.6 倍。由此可以看出，若都采用计算规程，不但大家列式统一，而且可大幅度节省资源。

（2）应用统筹法原理，采用序号变量技术，将图形算量和表格算量相结合，提高了计算工程量的准确性和工作效率，可将现在允许的误差率由 3%～5%降为 1%以内，被鉴定为达到国内领先水平。

（3）采用全费价报表，算量和计价一体，可立即得出全费造价，有利于招投标和结算。

（4）对定额换算采用直接调用换算库中的换算定额号解决，来代替用“换”或“H”这种人机对话的传统模式，这样做不但使定额换算标准化，而且一劳永逸，大幅度节省用户上机时间。

（5）推广单位工程的项目清单/定额模板，让造价员只做创造性工作，对套清单和定额的重复工作，采用整个工程模板调用，有效解决招标控制价项目完整（不漏项）和新手套清单、定额难的问题。

（6）严格按计算规则保留小数和采用合价取整，节省表格中的数据，使表格更加美观和简化。

（7）简化项目特征描述，只对其价值特性进行描述，倡导低碳原则。

（8）清单与定额同步算量，表格计算结果转化为统一格式的计算书。可公开工程量计算书，一传到底，避免重复劳动。

（9）统一法计算综合单价成本分析表，来代替正算和反算。

（10）统筹 e 算实现的是让造价员做算量的主人，把算量的主动权掌握在自己手里，而不是让造价员做软件的奴隶，只会操作而不知其计算原理。统筹 e 算不排除图算，而是把图算当成重要的校核手段。

本文发表于《中国建设信息》2012 年 6 月下总第 507 期

论算量软件的自动套项

青岛英特软件有限公司　连玲玲　郝婧文

【摘要】本文对国内部分图形算量软件宣传的自动套清单和定额的功能提出了质疑，强调了造价专业知识的重要性，提出让造价人员只做创造性劳动，推广应用做法清单/定额表模板，来保证工程量清单的完整性，提高造价人员的工作效率。

【关键词】自动套项；统筹 e 算；做法清单/定额表

如今造价界，造价师们对造价软件的要求越来越高，不再仅仅局限于手动一项项的套清单/定额项，而是要求软件能够自动带出所需的清单/定额。于是，做法模板就在这种情况下应运而生了。目前软件市场上存在两类模板：统筹 e 算软件首创的整体工程模板【做法清单/定额表】和其他图形算量软件的单构件模板。

最近，有部分软件销售人员在推销软件的时候宣传自己的软件能够根据构件自动带出清单/定额项。下面笔者就以一个简单的挖基础土方为例，详细说明这两类软件在挖土方套项上的处理。例子工程图纸如图 1、图 2 所示。

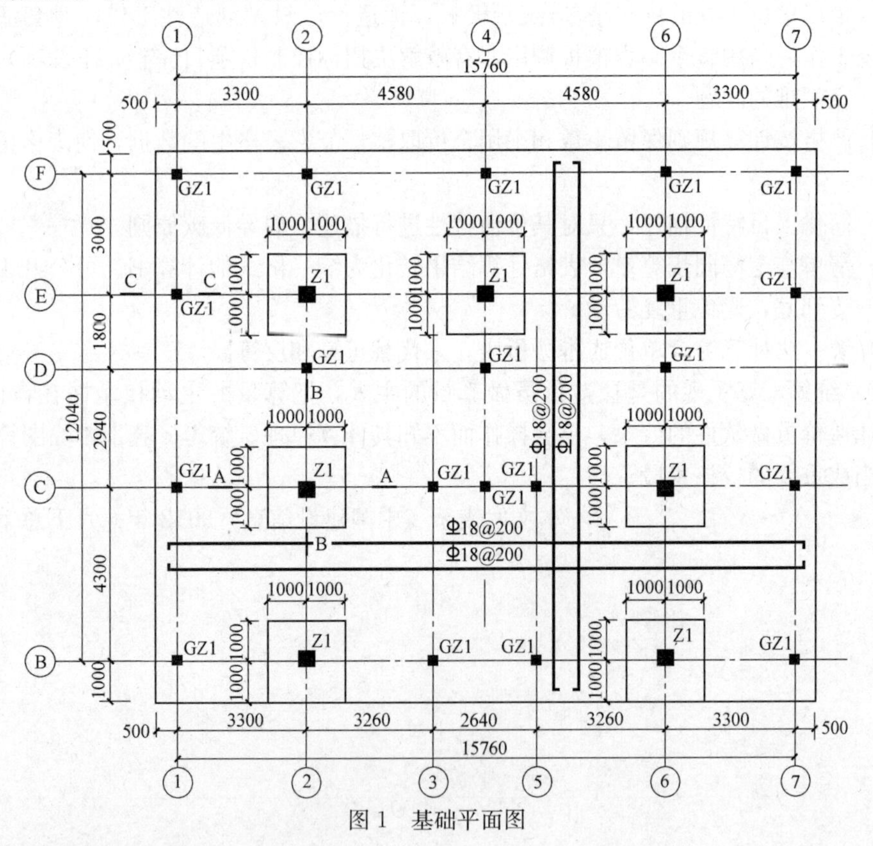

图 1　基础平面图

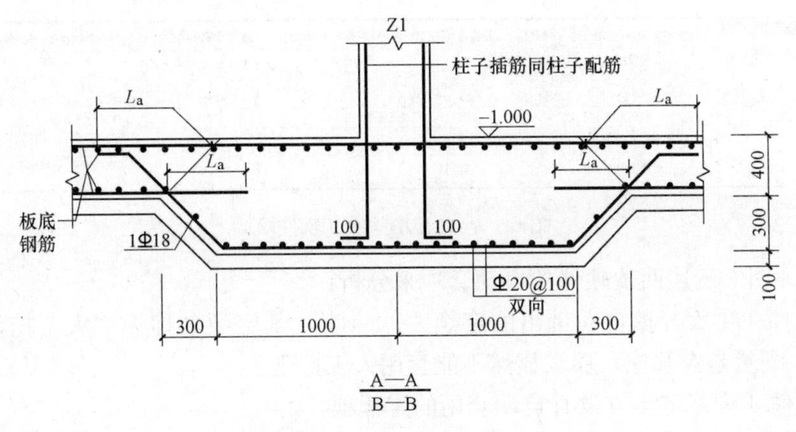

注：室外地坪−0.300m，垫层厚100mm，土方外运10km。

图2 基础大样图

图形算量软件在创建构件时，可以给构件挂接清单/定额，图3～图6为两款图形算量软件自动带出的挖基础土方的清单/定额项。

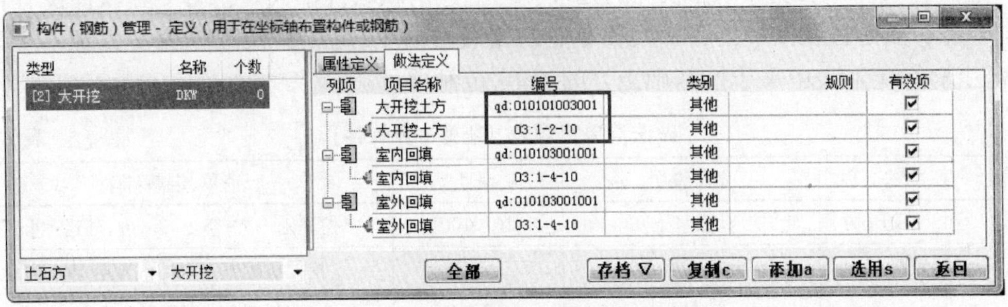

构件（钢筋）管理 - 定义（用于在坐标轴布置构件或钢筋）

类型	名称	个数
[2] 大开挖	DKW	0

属性定义　做法定义

列项	项目名称	编号	类别	规则	有效项
	大开挖土方	qd:010101003001	其他		☑
	大开挖土方	03:1-2-10	其他		☑
	室内回填	qd:010103001001	其他		☑
	室内回填	03:1-4-10	其他		☑
	室外回填	qd:010103001001	其他		☑
	室外回填	03:1-4-10	其他		☑

土石方　大开挖　全部　存档∇　复制c　添加a　选用s　返回

图3 大开挖土方套项（软件-1）

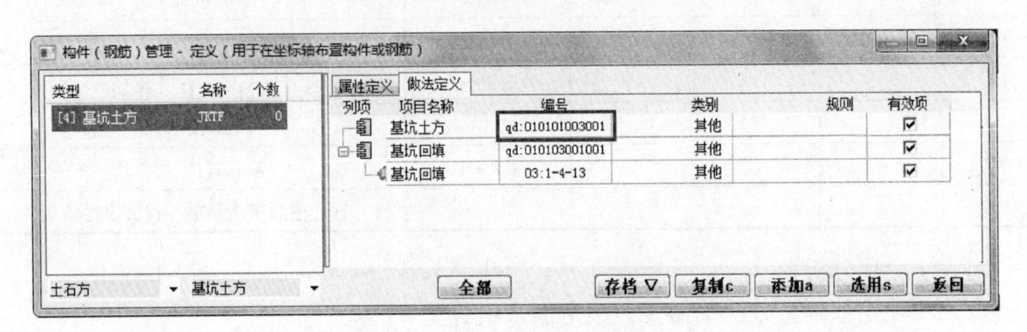

构件（钢筋）管理 - 定义（用于在坐标轴布置构件或钢筋）

类型	名称	个数
[4] 基坑土方	JKTF	0

属性定义　做法定义

列项	项目名称	编号	类别	规则	有效项
	基坑土方	qd:010101003001	其他		☑
	基坑回填	qd:010103001001	其他		☑
	基坑回填	03:1-4-13	其他		☑

土石方　基坑土方　全部　存档∇　复制c　添加a　选用s　返回

图4 基坑土方套项（软件-1）

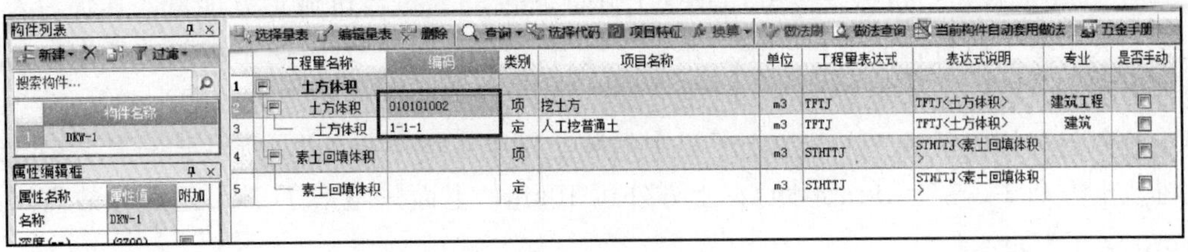

构件列表　新建　过滤　搜索构件…　构件名称　1 DKW-1

属性编辑框

属性名称	属性值	附加
名称	DKW-1	
深度(mm)	(2700)	

选择量表　编辑量表　删除　查询　选择代码　项目特征　换算　做法刷　做法查询　当前构件自动套用做法　五金手册

	工程量名称	编码	类别	项目名称	单位	工程量表达式	表达式说明	专业	是否手动
1	土方体积								
2	土方体积	010101002	项	挖土方	m3	TFTJ	TFTJ<土方体积>	建筑工程	☐
3	土方体积	1-1-1	定	人工挖普通土	m3	TFTJ	TFTJ<土方体积>	建筑	☐
4	素土回填体积		项		m3	STHTTJ	STHTTJ<素土回填体积>		☐
5	素土回填体积		定		m3	STHTTJ	STHTTJ<素土回填体积>		☐

图5 大开挖土方套项（软件-2）

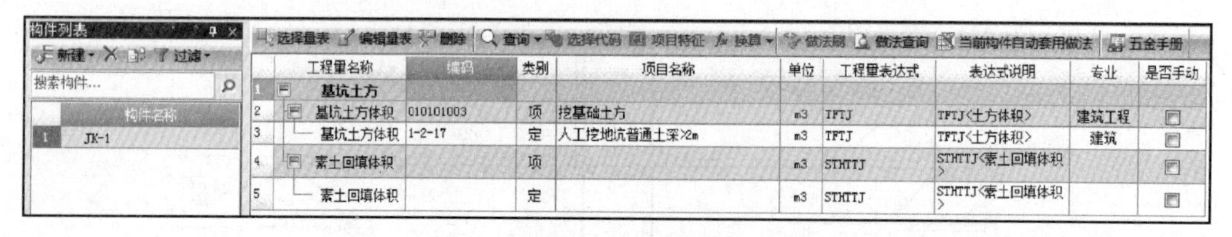

图 6 基坑土方套项（软件-2）

从图 3～图 6 所述两款软件的自动套项来分析：

（1）软件-1 中大开挖自动带出的定额“1-2-10”，其定额名称为“人工挖沟槽普通土深 2m 内”，既然是大开挖，那么显然不能套用人工挖土。

（2）软件-1 中基坑土方没有自动套用的定额项。

（3）软件-2 大开挖自动带出的定额“1-1-1”，其定额名称为“人工挖普通土”，此定额属于单独土石方定额项目，该定额项目仅适用于自然地坪与设计室外地坪之间，且挖方或填方工程量大于 5000m^3 的土石方工程，本项目属于自然地坪下的开挖，套用此定额显然是不合适的。

下面再来看一下统筹 e 算软件的处理。与上述两款软件不同，统筹 e 算软件没有自动套项功能，而是在软件中集成了大量专业的【做法清单/定额】模板。表 1 为统筹 e 算软件做法清单/定额表中关于挖基础土方的清单/定额项目。

做法清单定额表（统筹 e 算软件） **表 1**

序号	做法名称	做法说明	编号	清单/定额名称
1	基础土方	1. 挖地坑(坚土)2m 内	010101003	挖基础土方;坚土,2m 内,外运 10km
		2. 土方外运 10km	1-3-15	挖掘机挖坚土自卸汽车运 1km 内
		3. 钎探	1-2-3-2	人工挖机械剩余 5%,坚土深 2m 内
			1-3-45	装载机装土方
			1-3-57	自卸汽车运土方 1km 内
			1-3-58 * 9	自卸汽车运土方增运 1km×9
			1-4-6	机械原土夯实
			1-4-4-1	基底钎探(灌砂)
			10-5-6	1m^3 内履带液压单斗挖掘机运输费

对表 1 套项分析：

（1）一项挖基础土方清单需要 8 项定额来组价。

1）按一般现场要求，大开挖采用机械挖土（含 1km 内运土），套 1-3-15。

2）按定额规定“机械挖土方，其挖土方总量的 95%执行机械土方项目，其余为人工挖土。人工挖土执行相应项目时乘以系数 2”，套用 1-2-3-2；人工挖土定额的工作内容中包含了挖土、装土，未包括运土，但在定额解释中又提到：“机械（机动翻斗车等）运土，装土另套装车相应子目。人工挖土子目中的装土用工，均不扣除”，所以要再套 1-3-45 装载机装土方和 1-3-57（1km 运距）；土方外运 10km，上面只考虑了 1km 运距，故需增运 9km，套 1-3-58×9。

3）1-3-15 和 1-2-3-2 定额工作内容不含基底夯实，故增加基底夯实 1-4-6。

4）基底钎探是基础开挖达到设计标高后的一项必不可少的工作，探钎拔出后应灌砂堵眼，套1-4-4-1基底钎探（灌砂）。

5）采用机械开挖，挖掘机的运输费用亦应考虑在内，套用10-5-6。

（2）10-5-6的定额属于措施项目中的大型机械进场费，在套价时自动列入措施项目。

（3）本案例涉及3项定额换算1-2-3-2、1-3-58×9和1-4-4-1，统筹e算不采用国内软件通用的人机会话方式，而是依据定额说明、综合解释及定额脚注，将换算内容做成换算库，一劳永逸。

从以上两类软件的对比分析可知：目前部分图形算量软件宣传的自动套清单和定额的功能并不如介绍中那样完美，各类构件手工参与调整的工作量较大。通过这么一个小例子，我们看到，本来需要套8项定额来完成的内容，结果只套了1～2项错误的定额，这样做容易给人以误导，这样的“自动”并不能满足工作中的需要，更达不到宣传中的效果。因此笔者提倡使用统筹e算软件的【做法清单/定额表】功能，选择适用的模板。

看目前造价软件市场，图形算量虽然在出量方面比较便捷，宣传外行也可以快速入门，但是其在专业套项方面的情况确实令资深造价员们担心，其准确性和完整性能否得到保障，应当引起重视。目前的这种情况下，作为造价员，不可完全依赖图算。在目前国内对工程量计算图快不图准（一般3%～5%的误差即为合格）的情况下，我们可以用图形算量软件计算部分实物量，加快出量时间，然后在统筹e算软件中调用【做法清单/定额】模板，将模板中的清单/定额与图形算量软件计算的实物量和其他零星实物量进行组合。这种组合模式，不仅可以省时、省力，还可加快编制招标控制价的速度。将来BIM实现图纸带出工程量、统筹e算的普及、工程量计算规范的出台以及工程量计算书一传到底政策的实施后，可以把工程量计算的误差控制在1%以内。再者，根据08规范，工程量清单的准确性和完整性由招标方负责，投标方没有核实的义务，更没有修改的权力，故推广做法清单/定额表模板是编好招标控制价，保证其完整性的关键，作为投资方应充分认识到这一点。

本文发表于《中国建设信息》2012年3月下总第501期

参考文献

[1] 山东省建设厅. 山东省建筑工程消耗量定额. 北京：中国建筑工业出版社，2003.

[2] 中华人民共和国国家标准. GB 50500—2013 建设工程工程量清单计价规范. 北京：中国计划出版社，2013.

[3] 中华人民共和国国家标准. GB 50854—2013 房屋建筑与装饰工程工程量计算规范. 北京：中国计划出版社，2013.

[4] 山东省标准定额站. 2013 年山东省建筑消耗量定额价目表. 2013.

[5] 张淑芬等. 造价员—专业技能入门与精通. 北京：机械工业出版社，2013.

[6] 本书编写组. 建筑工程造价员培训教材. 北京：中国建材工业出版社，2013.

[7] 规范编制组. 2013 建设工程计价计量规范辅导. 北京：中国计划出版社，2013.

[8] 肖明和，简红，关永冰. 建筑工程计量与计价. 北京：北京大学出版社，2013.

[9] 王在生，赵春红，张友全. 建筑与装饰工程计量计价导则实训教程. 济南：山东科学技术出版社，2014.

[10] 王在生，吴春雷. 建筑与装饰工程计量计价技术导则. 北京：中国建筑工业出版社，2014.

[11] 张建平. 建筑工程计量与计价. 北京：机械工业出版社，2015.

建筑与装饰工程计量计价技术导则

实训案例与统筹e算

——工 程 图 纸

中国建筑工业出版社

收发室工程图纸目录

序号	图号	图纸名称	页码
1	建总	设计总说明	1
2	建施01	建筑平面图	2
3	结施01	基础平面图	3
4	结施02	柱梁板平面图	4
使用图集汇总	11G101-1	混凝土结构施工图平面整体表示方法制图规则和构造详图（现浇混凝土框架、剪力墙、梁、板）	
	11G101-2	混凝土结构施工图平面整体表示方法制图规则和构造详图（现浇混凝土板式楼梯）	
	11G101-3	混凝土结构施工图平面整体表示方法制图规则和构造详图（独立基础、条形基础、筏形基础及桩基承台）	
	L06J002	06系列山东省建筑标准图集 建筑工程做法	

设计总说明

1. 工程概况

本收发中心建筑工程为单层框架结构，层高3.6m，建筑面积95.96m²，防火等级为二级。

2. 设计标高

2.1本工程±0.000为室内地坪标高，室内外高差为-0.3m。

2.2本工程标高以m为单位，其他尺寸以mm为单位标注。

3. 墙体工程

±0.000以下采用机制（240×115×53）黏土实心砖，M5水泥砂浆砌筑；±0.000以上采用承重多孔砖、M5混合砂浆砌筑，施工图中未注明的墙厚均为240mm，砌体加固筋按Φ6@500，120厚墙无基础。

4. 建筑工程做法

根据06系列山东省建筑标准设计图集《建筑工程做法L06J002》。

建筑室内外装修表 L06J002

编号	名称	做法	部位
散水	细石混凝土散水	散1	室外墙根处，宽度600
台阶	水泥砂浆台阶	L03J004-1/11	入户台阶（踏步高150，宽300）
外墙	面砖外墙	外墙12	面砖颜色、品种甲方定
内墙	混合砂浆抹面内墙	内墙4，刷乳胶漆三遍	室内全部
踢脚	水泥砂浆踢脚线	踢1	室内全部
天棚	水泥砂浆顶棚	棚3，刷乳胶漆二遍	室内全部
地面	水泥砂浆地面	地1	室内全部

5. 门窗工程

门窗统计表

名称	洞口尺寸	类别	数量
M-1	900×2100	无亮全板门、无纱	3
M-2	1000×2400	有亮全夹板门、无纱	1
LC-1	1800×1800	塑钢窗、带纱	2
LC-2	1500×1800	塑钢窗、无纱	2

6. 结构部分

6.1土方开挖为地坑和地槽，土质为一、二类土，地下水位-2.5m，土方按现场堆放计算。

6.2混凝土：柱为C30砾石混凝土（42.5水泥）其余均为C20砾石混凝土（42.5水泥），现浇钢筋混凝土构件钢筋按设计要求配置。

6.3门窗过梁（现场预制）240×180，梁长同洞口宽+500，面筋2Φ12，底筋2Φ12，箍筋Φ6@200。

建 总
设计总说明

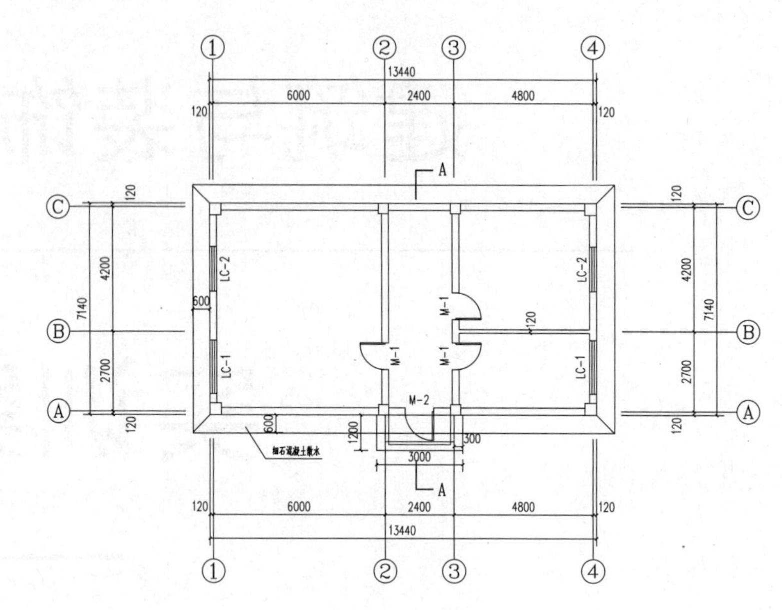

建筑平面图1:100

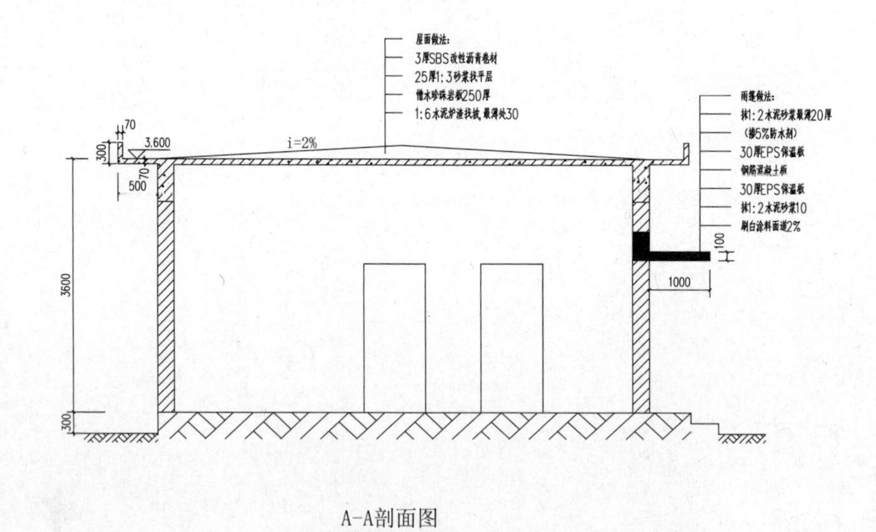

A-A剖面图

建施01
建筑平面图

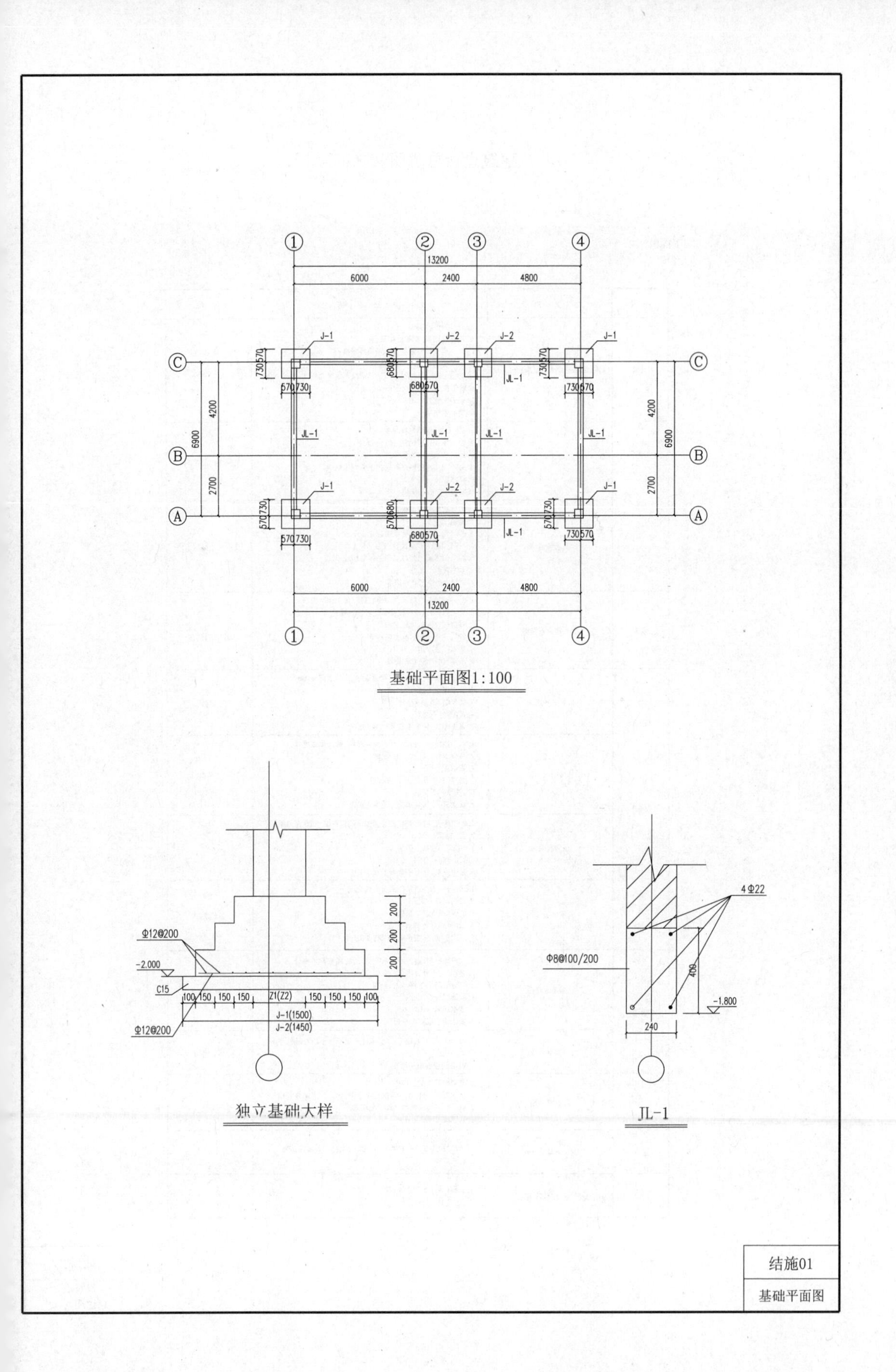
基础平面图1:100
独立基础大样
Φ12@200
-2.000
C15
Z1(Z2)
J-1(1500)
J-2(1450)
JL-1
4Φ22
Φ8@100/200
-1.800
240
结施01
基础平面图

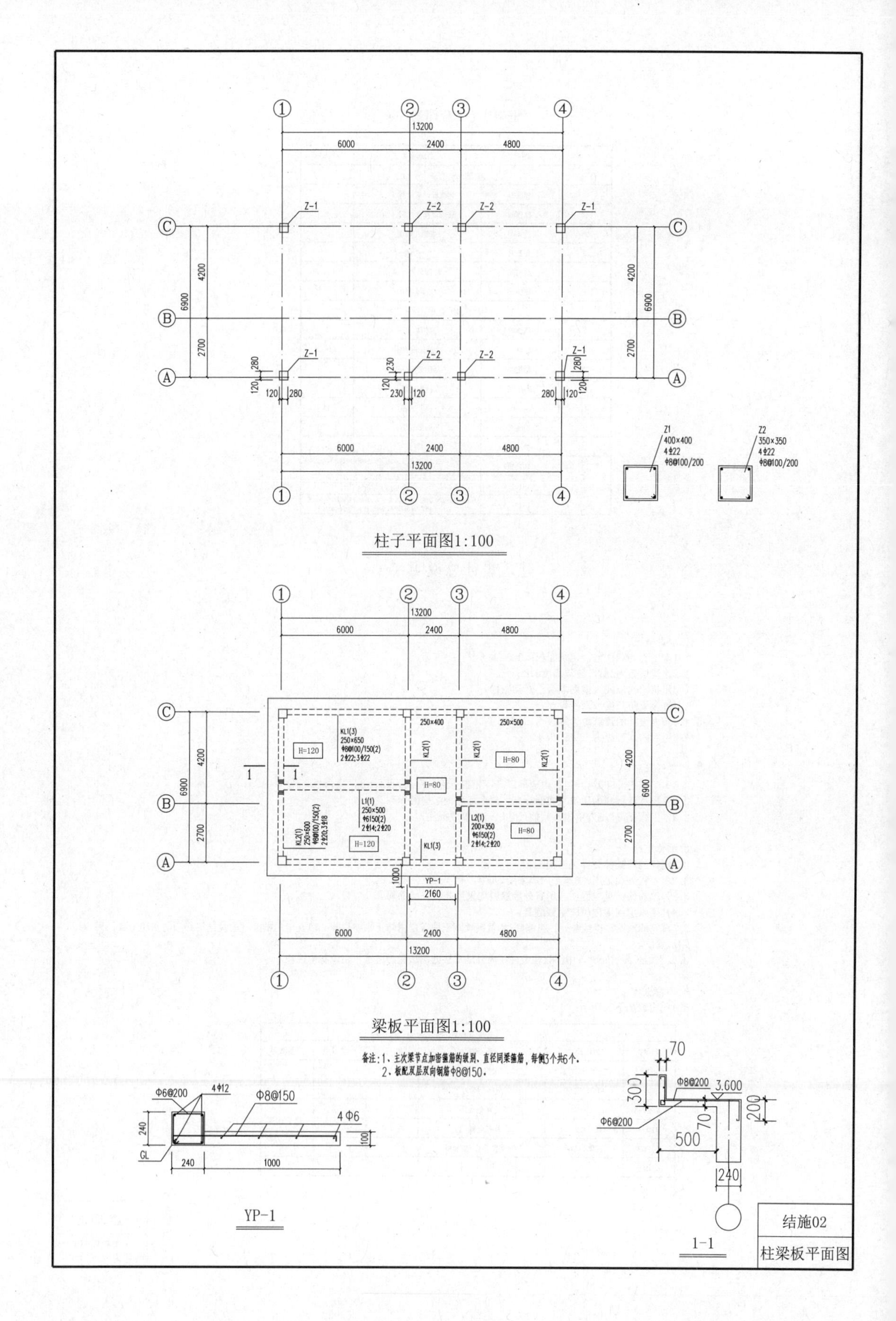
柱子平面图1:100
Z1
400×400
4Φ22
Φ8@100/200
Z2
350×350
4Φ22
Φ8@100/200
梁板平面图1:100
备注：1、主次梁节点加密箍筋的级别、直径同梁箍筋，每侧3个共6个。
2、板配双层双向钢筋Φ8@150。
YP-1
Φ6@200
4Φ12
Φ8@150
4Φ6
1-1
Φ8@200
3.600
Φ6@200
结施02
柱梁板平面图

框架住宅工程图纸目录

序号	图号	图纸名称	页码
建筑施工图			
1	建施01	建筑设计总说明（一）	1
2	建施02	建筑设计总说明（二）	2
3	建施03	建筑平面图	3
4	建施04	立面图	4
5	建施05	剖面及大样图	5
6	建施06	楼梯大样图	6
结构施工图			
7	结施01	结构总说明	7
8	结施02	基础平面图	8
9	结施03	基础梁配筋图	9
10	结施04	柱配筋图	10
11	结施05	梁配筋图	11
12	结施06	板配筋图	12
13	结施07	大样图	13
使用图集汇总	11G101-1	混凝土结构施工图平面整体表示方法制图规则和构造详图（现浇混凝土框架、剪力墙、梁、板）	
	11G101-2	混凝土结构施工图平面整体表示方法制图规则和构造详图（现浇混凝土板式楼梯）	
	11G101-3	混凝土结构施工图平面整体表示方法制图规则和构造详图（独立基础、条形基础、筏形基础及桩基承台）	

建筑设计总说明（一）

1.项目概况

1.1本工程为XX住宅，建筑面积：360m²。

1.2建筑层数为2层，建筑高度6.8m。

1.3建筑结构形式为钢筋混凝土框架结构。

1.4抗震设防烈度按六度设计。

1.5防火设计的建筑耐火等级为二级。

1.6屋面防水等级为三级。

2.设计标高

2.1本工程±0.000为一层室内地坪标高，相当于绝对标高为22.45m，室内外高差为-0.2m。

2.2各层标注标高为建筑完成面标高，屋面标高为结构面标高。

2.3本工程标高以m为单位，其他尺寸以mm为单位标注。

3.墙体工程

3.1墙体的基础部分详见结构图。

3.2本工程外墙采用290厚，内墙采用190厚，砌块强度为MU5.0。

3.3外墙粉饰：见立面图，所有外墙涂料均采用高级外墙涂料。

3.4凡用水房间周围填防水嵌缝膏。

3.5填充墙与梁、柱结合处，应铺钉300宽钢丝网于抹灰层内防止收缩裂缝；填充墙与框架柱的拉结筋必须与灰缝一致，采用植筋法。

3.6 当墙长超过5m时，中间设构造柱；内外墙交接处侧边无约束墙，亦设置构造柱。

4.门窗工程

4.1门窗表如下表所示：

门窗统计表					
名称	洞口尺寸	类别	数量	一层数量	二层数量
FM1827	1800×2700	钢质防盗门	1	1	
M0821	800×2100	无亮全板门带小百叶	3	1	2
M0921	900×2100	无亮全板门	5	5	
M1021	1000×2100	无亮全板门	7		7
C1209	1200×900	塑钢窗，距地1800	1	1	
C1818	1800×1800	塑钢窗、带纱，距地900	23	11	12

建施01

建筑设计总说明（一）

建筑设计总说明（二）

5.建筑工程做法

编号	名称	做法说明	备注
外墙	粘贴聚苯板薄抹灰保温涂料外墙	1.外墙弹性涂料 2.刷弹性底涂，刮柔性腻子 3.3～5厚抗裂砂浆复合耐碱玻纤网格布 4.聚苯板保温层，胶粘剂粘贴 5.20厚1:3水泥砂浆找平（加气混凝土砌块墙用20厚1:1:6混合砂浆找平，1:1:4混合砂浆抹面） 6.刷界面砂浆一道 7.空心砌块墙	
内墙	面砖内墙	1.5厚面砖，擦缝材料擦缝 2.3～4厚瓷砖胶粘剂，揉挤压实 3.6厚1:2水泥砂浆压实抹平 4.9厚1:2.5水泥砂浆打底扫毛或划出纹道 5.素水泥浆一道 6.混凝土空心砌块墙	厨房、卫生间
	乳胶漆内墙	1.内墙刷乳胶漆二遍 2.刮腻子 3.6厚1:2.5水泥砂浆压实赶光 4.7厚1:3水泥砂浆找平扫毛 5.7厚1:3水泥砂浆打底扫毛或划出纹道 6.素水泥浆一道 7.混凝土小型空心砌块墙	其他房间
踢脚	磨光花岗石踢脚	1.8～12厚磨光花岗石（大理石）板，稀水泥浆擦缝 2.3～5厚1:1水泥砂浆或建筑胶粘剂粘贴 3.6厚1:2水泥砂浆压实抹光 4.9厚1:2.5水泥砂浆打底扫毛 5.素水泥浆一道 6.混凝土小型空心砌块墙	厨房、卫生间除外踢脚板150高
地面	地砖地面	1.20厚地面砖，砖背面刮水泥浆粘贴，稀水泥浆擦缝 2.素水泥浆一道 3.60厚C15混凝土垫层 4.120厚碎石垫层 5.素土夯实，压实系数大于等于0.9	厨房
	地砖防水地面	1.20厚地面砖，砖背面刮水泥浆粘贴，稀水泥浆擦缝 2.高分子卷材防水，上反400 4.素水泥一道 5.60厚C15混凝土垫层并找坡 6.120厚碎石垫层 7.素土夯实，压实系数大于等于0.9	卫生间
	花岗石地面	1.20厚磨光花岗石板，板背面刮水泥浆粘贴，稀水泥浆擦缝 2.素水泥浆一道 3.60厚C15混凝土垫层 4.120厚碎石垫层 5.素土夯实，压实系数大于等于0.9	大厅
	水泥砂浆地面	1.20厚1:2水泥砂浆抹面压实赶光 2.素水泥浆一道 3.60厚C15混凝土垫层 4.120厚脾石垫层 5.素土夯实，压实系数大于等于0.9	其他房间
楼面	地砖防水楼面	1.10厚地面砖，砖背面刮水泥浆粘贴，稀水泥浆擦缝 2.30厚1:3干硬性水泥砂浆结合层 3.高分子防水卷材，上反400 4.刷基层处理剂一道 5.素水泥浆一道 6.现浇钢筋混凝土楼板	卫生间
	细石混凝土楼面	1.45厚C20细石混凝土，表面撒1:1水泥砂子随打随抹平5 2.素水泥浆一道 3.现浇钢筋混凝土楼板	其他房间
天棚	乳胶漆天棚	1.现浇钢筋混凝土楼板 2.素水泥浆一道，当局部底板不平时，聚合物水泥砂浆找补 3.满刮2～3厚柔性耐水腻子分遍找平 4.乳胶漆三遍	
散水	细石混凝土散水	1.60厚C20混凝土随打随抹，上撒1:1水泥细砂压实抹光 2.素土夯实	
台阶	水泥砂浆台阶面层	1.20厚1:2.5水泥砂浆台阶 2.C20混凝土台阶	

建施02

建筑设计总说明（一）

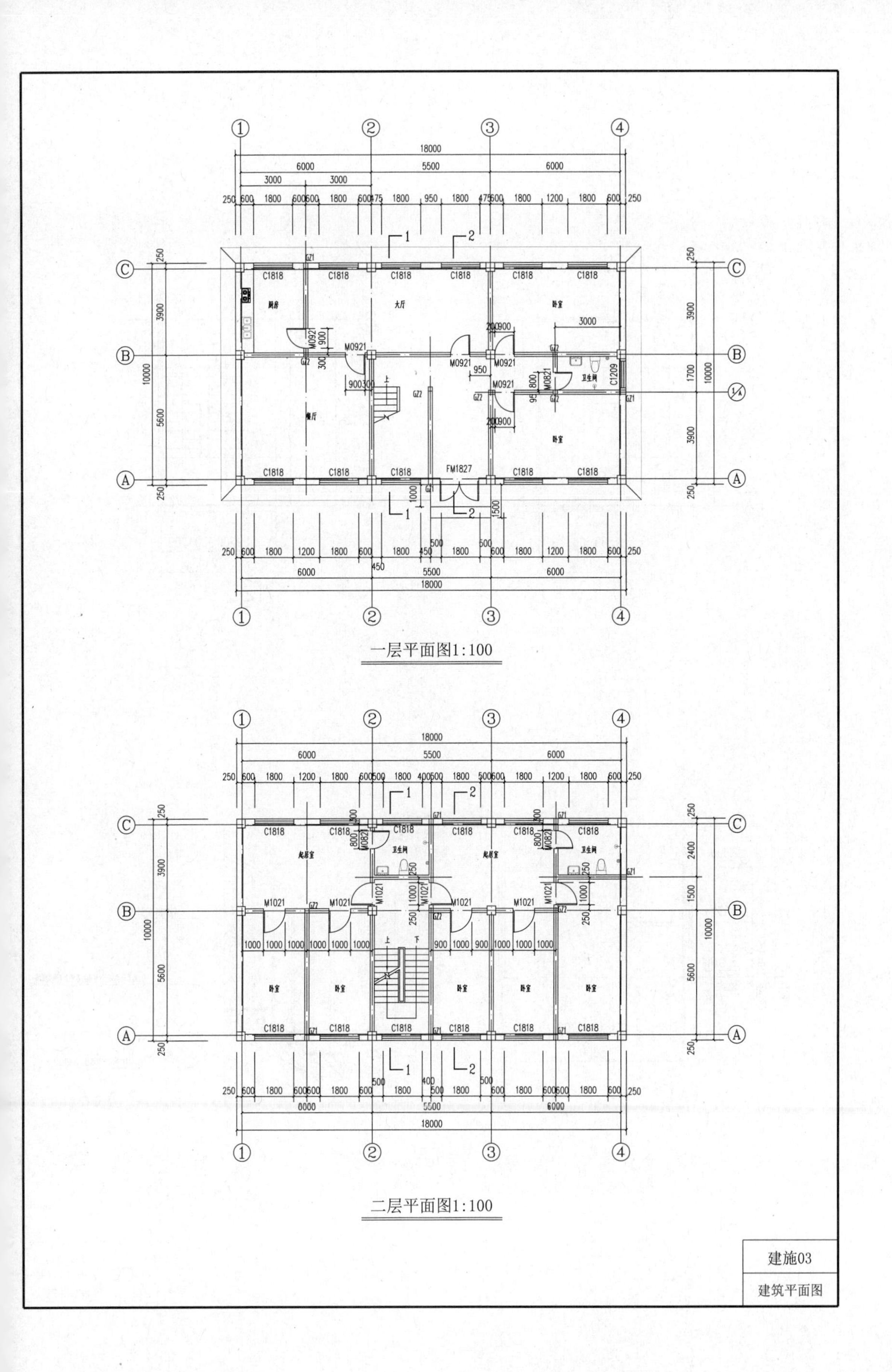

一层平面图1:100

二层平面图1:100

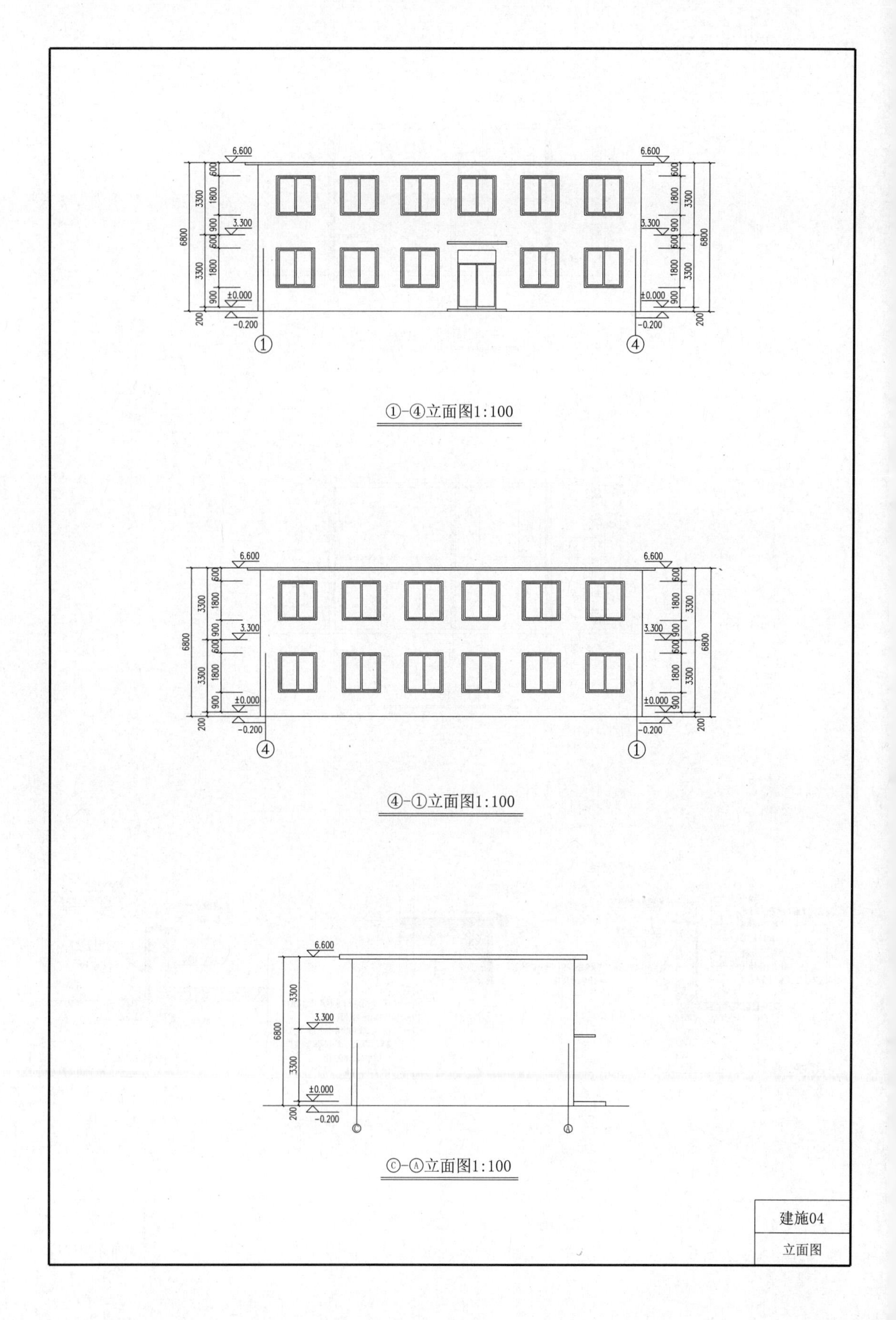

①-④立面图1:100

④-①立面图1:100

Ⓒ-Ⓐ立面图1:100

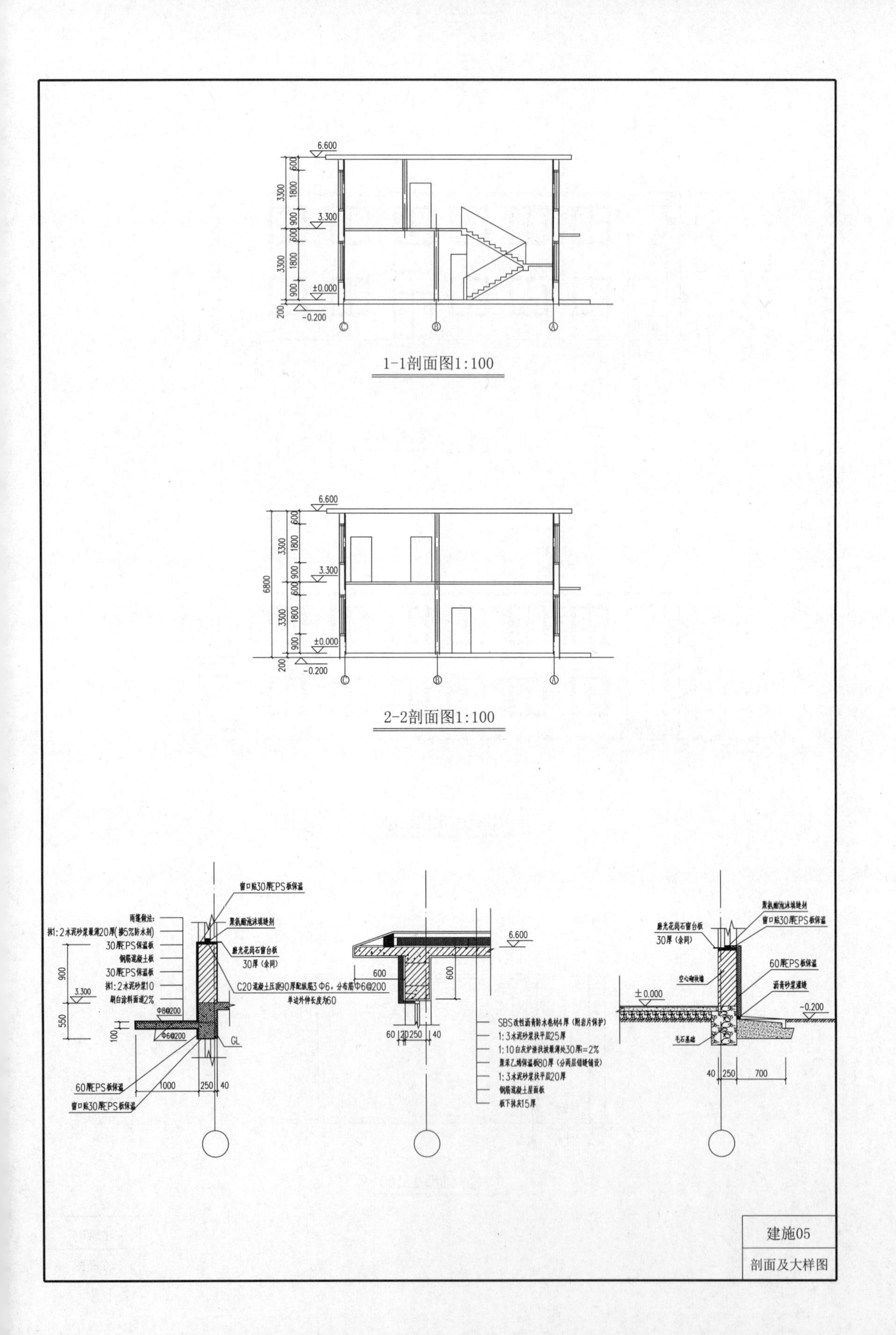
1-1剖面图1:100
2-2剖面图1:100
建施05
剖面及大样图

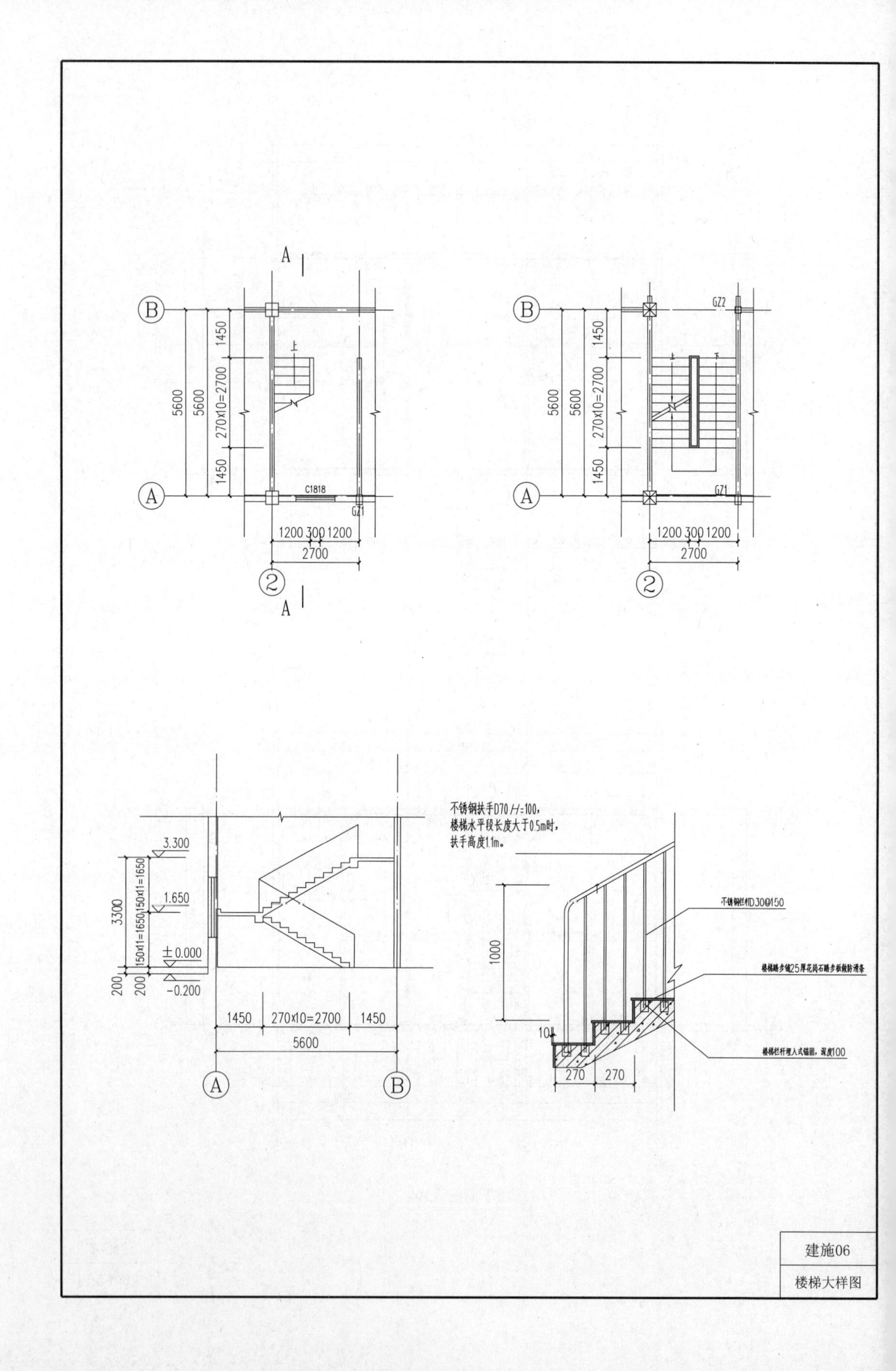
建施06
楼梯大样图

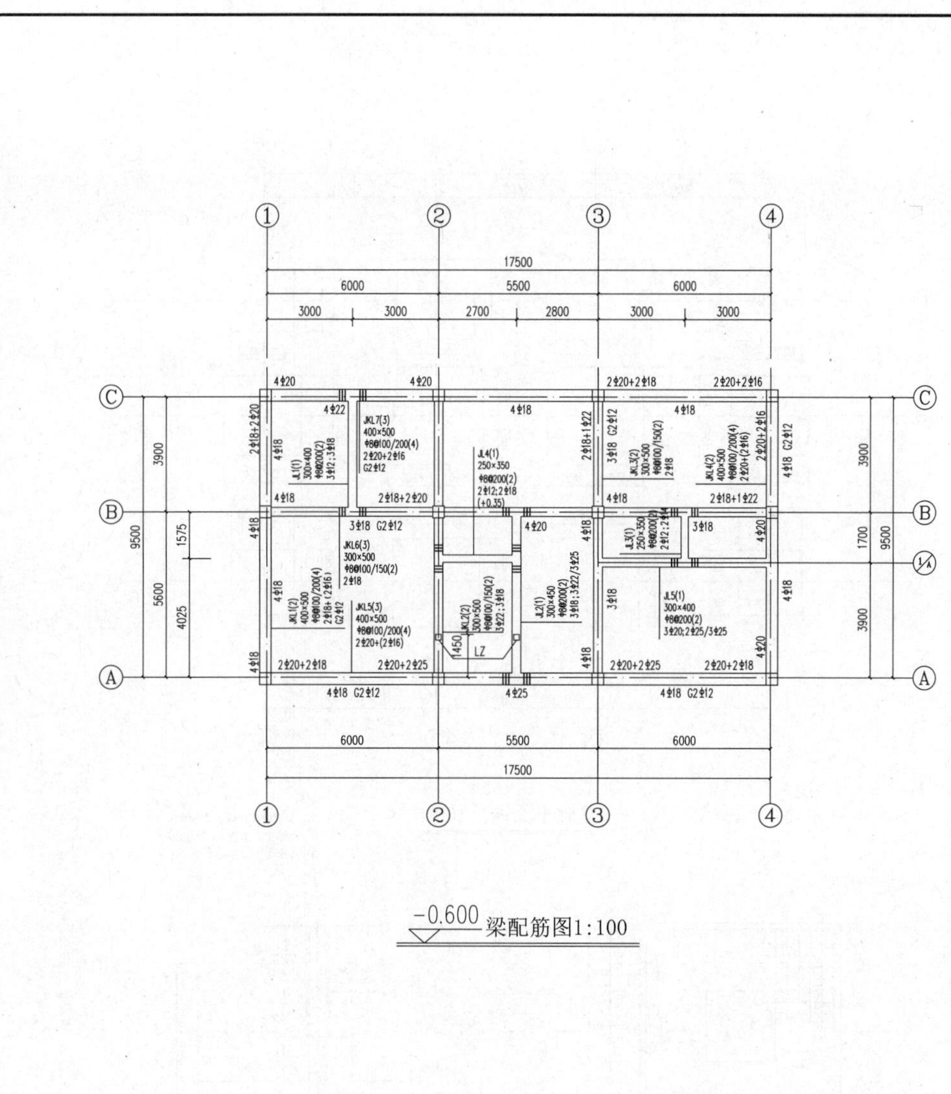

-0.600 梁配筋图1:100

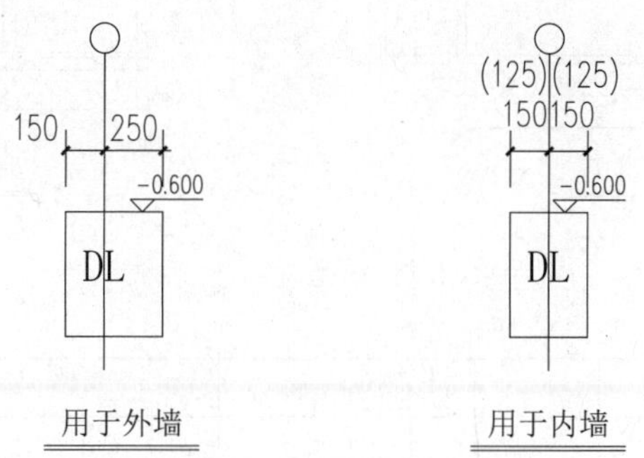

DL
用于外墙
DL
用于内墙

结施03

基础梁配筋图

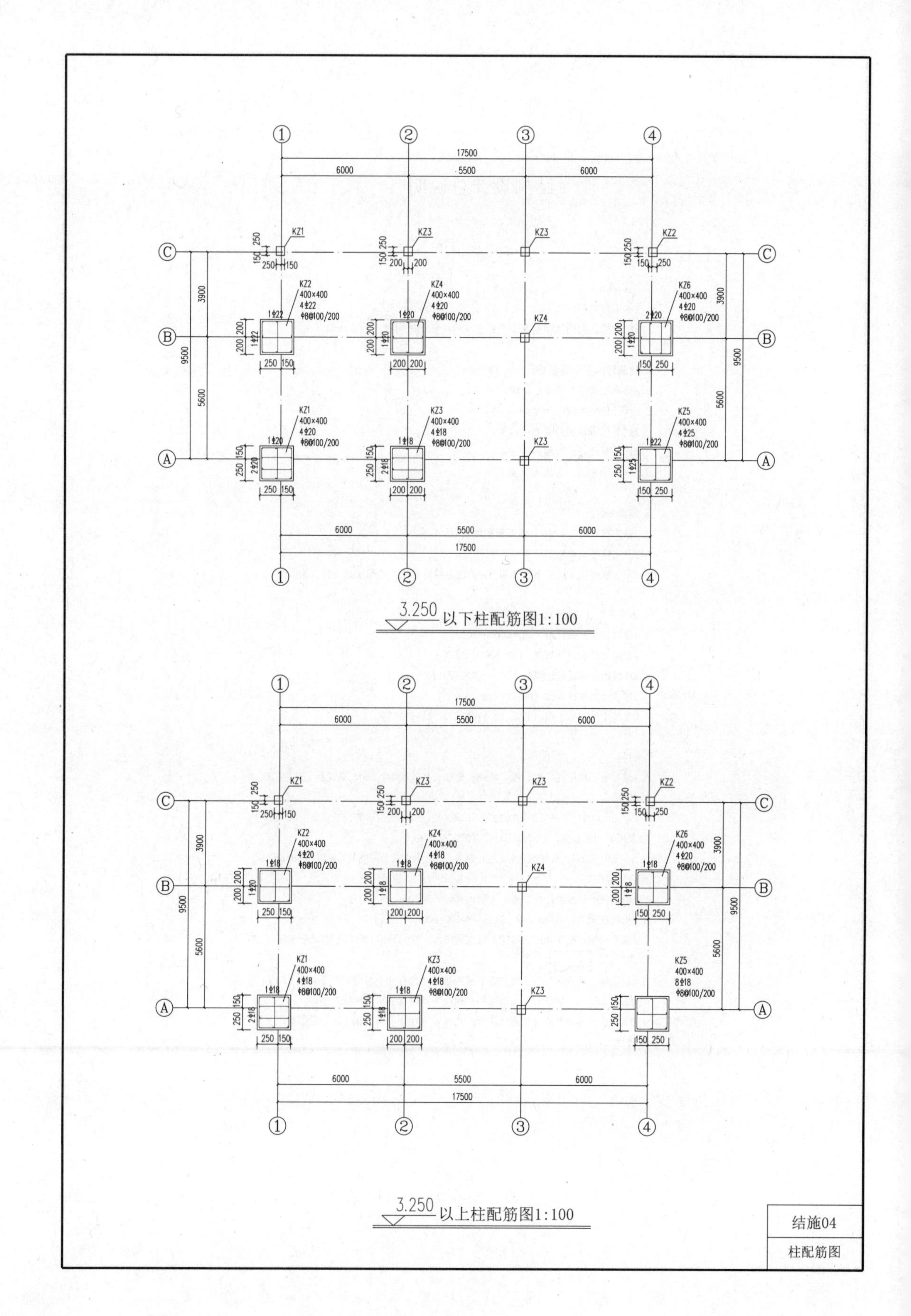

3.250 以下柱配筋图1:100
3.250 以上柱配筋图1:100
结施04
柱配筋图

结构设计总说明

1.项目概况

1.1本工程为XX住宅。

1.2结构形式为现浇钢筋混凝土框架结构，基础采用柱下独立基础。

2.建筑结构安全等级及设计使用年限

2.1建筑结构安全等级：二级。

2.2设计使用年限：50年。

2.3建筑抗震设防分类为：丙类。

2.4地基基础设计等级：丙级。

2.5框架结构抗震等级为三级。

3.自然条件

3.1基本风压0.55kN/m²，地面粗糙度类别：B类。

3.2基本雪压0.4kN/m²。

3.3本工程基础采用柱下独立基础持力层为粉质黏土，地基承载力特征值=150kN/m²

4.本工程设计遵循的标准、规范

4.1建筑结构荷载规范（GB 50009-2012）

4.2混凝土结构设计规范（GB 50010-2010）

4.3建筑地基基础设计规范（GB 50007-2011）

4.4建筑抗震设计规范（GB 50011-2010）

4.5混凝土结构施工图11G101-1、11G101-2、11G101-3。

5.材料

5.1混凝土：框架柱、梁、板、基础、楼梯、基础梁均为C30，素混凝土垫层C15。

5.2砌体：

±0.000以下外墙采用MU30毛石，厚400，M7.5水泥砂浆砌筑；±0.000以下内墙采用MU10实心砖，M7.5水泥砂浆砌筑，厚240。

±0.000以上外墙采用MU5空心砌块，±0.000以上内墙采用MU5空心砌块，M6混合砂浆砌筑。

5.3钢筋保护层厚度：柱25mm，现浇板15mm，梁20mm。

5.4构造柱配筋：纵向4Φ12，箍筋Φ8@100/200。

5.5墙上窗洞过梁采用现浇过梁，梁宽同墙厚，梁高120，梁长同洞口宽+500，配筋如图所示。Φ6@200 3Φ10

5.6位于统一连接区段内的受拉钢筋搭接接头面积百分率相对梁板不宜大于25%。对柱不宜大于50%。钢筋直径≤22可用搭接，＞22时优先采用机械连接。

5.7本设计未尽事宜除详见施工图外，均按国家现行的有关施工质量验收规范及标准进行。

结施01
结构总说明

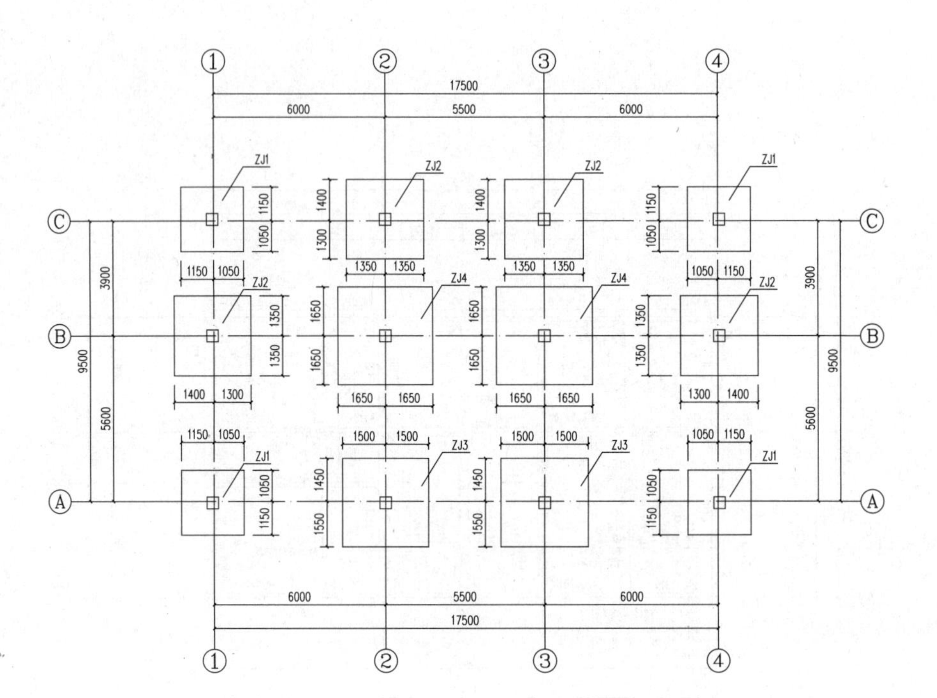

基础平面图1:100

说明：

1. 基础底板的钢筋保护层厚度为40。
2. 垫层用C15混凝土，厚度为100。
3. 内外地台高差为200。

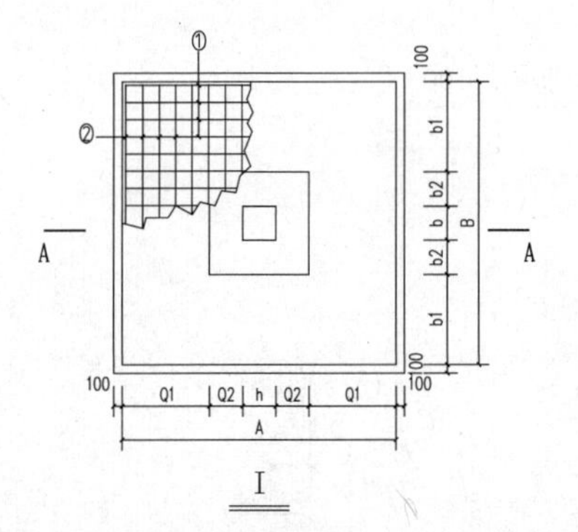

I

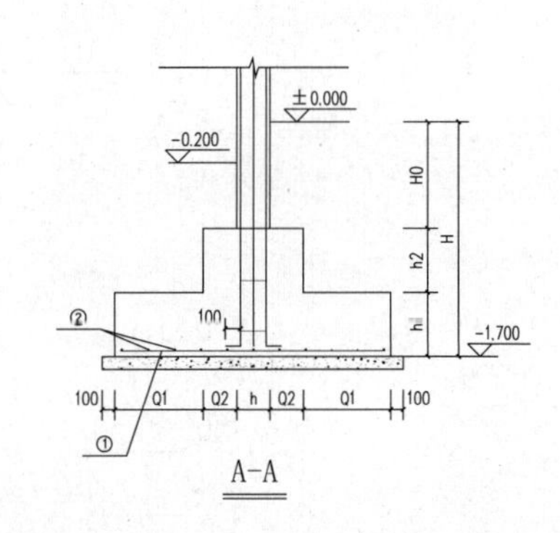

A-A

基础编号	类型	柱断面 $b\times h$	基础平面尺寸						基础高度				基础底板配筋	
			A	Q_1	Q_2	B	b_1	b_2	H	H_0	h_1	h_2	①	②
ZJ1	I	400×400	2200	900		2200	900		1700	1300	400		Φ12@200	Φ12@200
ZJ2	I	400×400	2700	1150		2700	1150		1700	1200	500		Φ14@200	Φ14@200
ZJ3	I	400×400	3000	1300		3000	1300		1700	1200	500		Φ14@200	Φ14@200
ZJ4	I	400×400	3300	1050	400	3300	1050	400	1700	1100	300	300	Φ14@200	Φ14@200

结施02
基础平面图

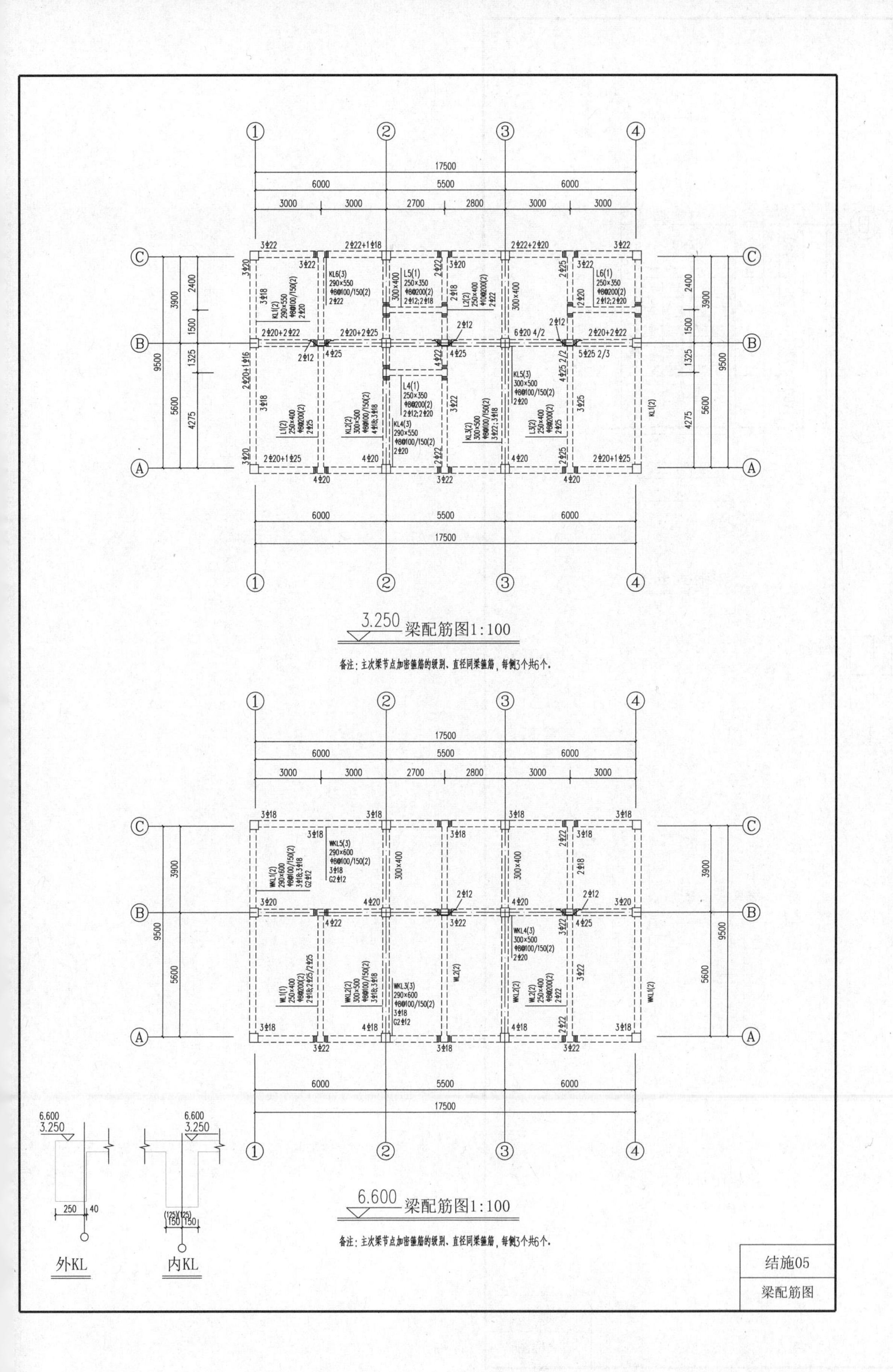
3.250 梁配筋图1:100
备注：主次梁节点加密箍筋的级别、直径同梁箍筋，每侧3个共6个。
6.600 梁配筋图1:100
备注：主次梁节点加密箍筋的级别、直径同梁箍筋，每侧3个共6个。
外KL
内KL
结施05
梁配筋图

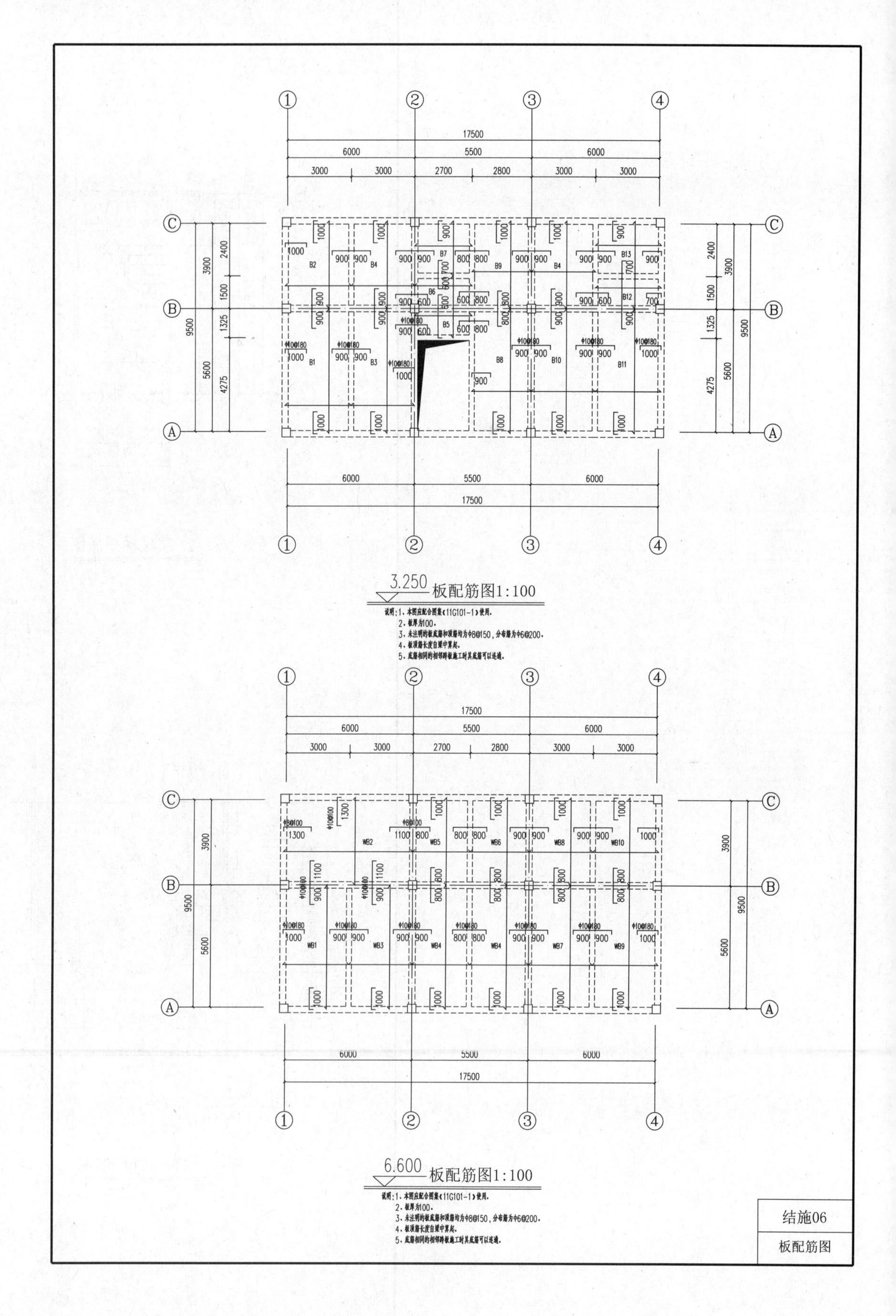
3.250 板配筋图1:100
说明：1、本图应配合图集《11G101-1》使用。
2、板厚为100。
3、未注明的板底筋和顶筋均为Φ8@150，分布筋为Φ6@200。
4、板顶筋长度自梁中算起。
5、底筋相同的相邻跨板施工时其底筋可以连通。
6.600 板配筋图1:100
说明：1、本图应配合图集《11G101-1》使用。
2、板厚为100。
3、未注明的板底筋和顶筋均为Φ8@150，分布筋为Φ6@200。
4、板顶筋长度自梁中算起。
5、底筋相同的相邻跨板施工时其底筋可以连通。
结施06
板配筋图

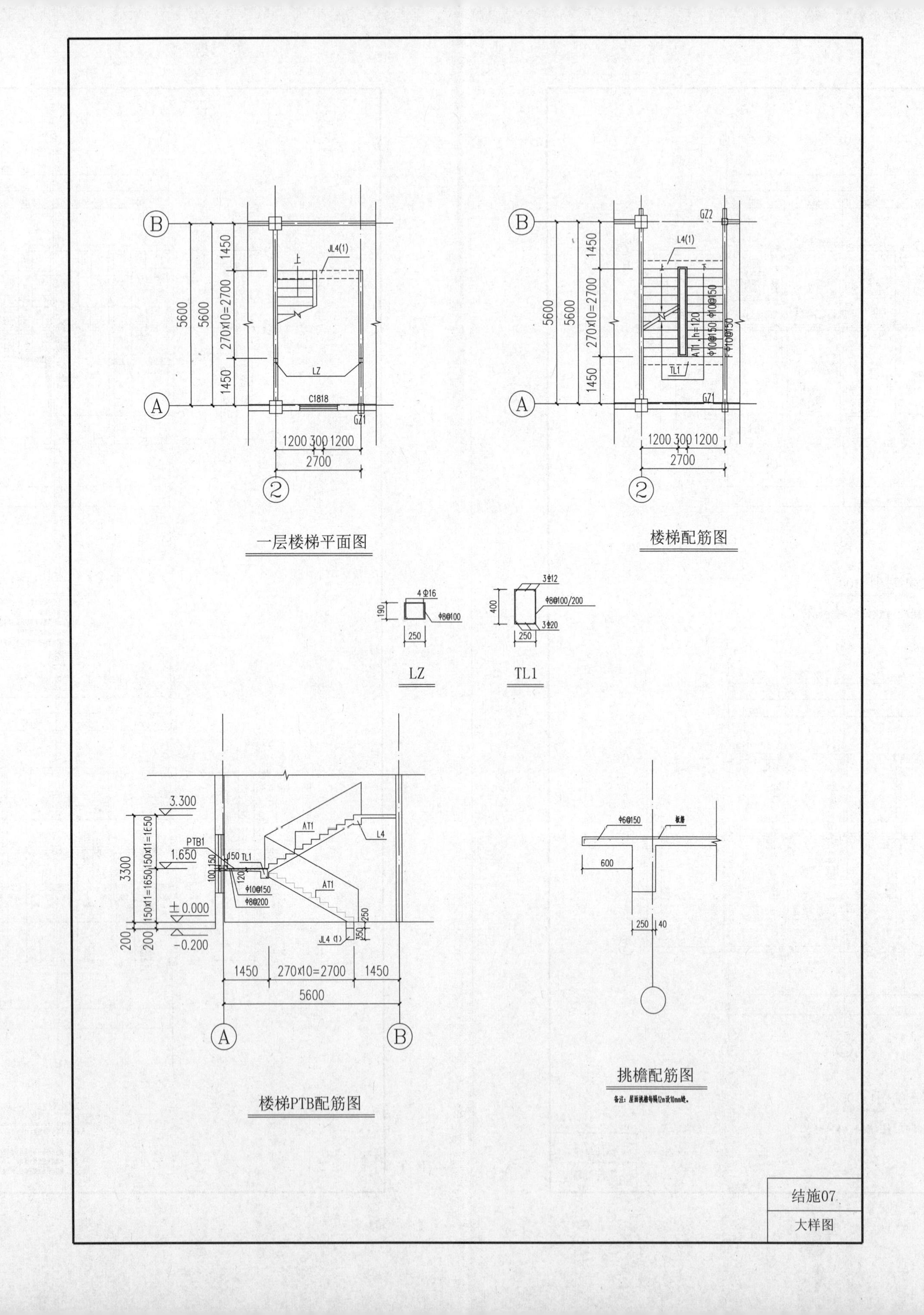

一层楼梯平面图
楼梯配筋图
LZ
TL1
楼梯PTB配筋图
挑檐配筋图
结施07
大样图

建筑设计说明

一、设计依据

(1)本工程依据的主要设计规范:

1)《工程建设标准强制性条文》房屋建筑部分(2009年版)

2)《建筑内部装修设计防火规范》(GB 50222-1995)(2001年修订版)

3)《建筑装饰装修工程质量验收规范》(GB 50210-2001)

4)《民用建筑设计通则》(GB 50352-2005)

5)《屋面工程技术规范》(GB 50345-2012)

6)《屋面工程质量验收规范》(GB 50207-2012)

7)《无障碍设计规范》(GB 50763-2012)

8)《住宅设计规范》(GB 50096-2011)

9)《住宅建筑设计标准》(DBJ14-S1-2000)

10)《住宅建筑规范》(GB 50368-2005)

11)《地下工程防水技术规范》(GB 50108-2008)

12)《建筑设计防火规范》(GB 50016-2014)

13)《建筑玻璃应用技术规程》(JGJ 113-2009)

14)《严寒和寒冷地区居住建筑节能设计标准》(JGJ 26-2010)

15)《居住建筑节能设计标准》山东省工程建设标准(DBJ12036-2012)

16)《外墙外保温工程技术规程》(JGJ 144-2004)

17)《外墙外保温应用技术规程》(DBJ 14-035-2007)

18)《民用建筑热工设计规范》(GB 50176-1993)

(2)现行其他有关建筑设计规范、规程及规定。

二、工程概况

(1)本工程为十一层单元式住宅楼,地上十一层,设两层地下室,地下室为住宅储藏室·总建筑面积为7960.85m^2.

(2)本工程为二类高层居住建筑,耐火等级为二级,地下室耐火等级为一级。

(3)本工程按民用建筑工程设计等级为二级。

(4)本工程按七度抗震设防,结构形式为钢筋混凝土剪力墙结构。

(5)结构设计使用年限为50年。

三、总图设计

本图采用的坐标为1980西安坐标系坐标。本施工图不包括环境设计。

四、主要技术指标

总建筑面积 7952.51m^2	地上建筑面积 6774.69m^2 地下建筑面积 1177.82m^2	建筑高度(檐高)	33.75m

五、竖向设计

(1)本建筑±0.000相当于绝对标高。

(2)室外道路及场地的标高及排水根据初步设计总图的设计标高确定。

(3)环境设计中庭院及绿地标高的确定应以不影响本设计的室外标高为原则。

六、地下水位及防水设计

(1)场区勘察深度范围内未见地下水。地下二层用途包括车库、储藏室、排烟机房、送风机房、变电室等,其中变电室不允许渗水,地下工程防水等级为一级,采用钢筋混凝土自防水和水泥基渗透结晶型防水涂料。

(2)本工程屋面防水等级按Ⅰ级设计,采用二道防水设防,具体详见建筑做法说明。屋面排水采用有组织的外排水形式。

七、防火消防疏散设计

(一)设计依据

(1)本工程依据的国家现行的相关规范等:

1)《建筑设计防火规范》(GB 50016-2014)

2)《建筑内部装修设计防火规范》GB 50222-1995)

3)《民用建筑外保温系统及外墙装饰防火暂行规定》(公通字[2009]46号)

(二)工程概况

(1)本工程为二类高层单元式居住建筑,耐火等级为二级,地下室耐火等级为一级,地下为丙2类储藏室。

(2)本建筑所有墙体除注明者外,均为180厚加气混凝土砌块,隔墙100厚加气混凝土砌块。

(3)本建筑高度(檐高)33.75m.

(三)总图设计

(1)本建筑沿建筑的两个长边设置消防车道,消防车道的宽度及转弯半径满足防火规范的有关要求。

(2)本建筑与周围建筑的间距满足规划定点及防火要求。

(3)消防水池及水泵房紧邻地下车库设置,消防水箱间设在11号楼顶层。

(四)防火设计

(1)本建筑按二类高层建筑进行设计。

(2)住宅楼地上部分按自然层单元划分防火分区,每自然层每单元一个防火分区,其中最大防火分区面积为360.09m^2。按照面积不超过500m^2划分为防烟分区。每个防火分区设有封闭楼梯间.楼梯间靠外墙,可直接天然采光和自然通风,楼梯间通至屋面.窗间墙宽度及窗槛墙(包括封闭阳台栏板)高度大于1.2m且为不燃烧墙体。

(3)地下室楼梯间在首层与地下层的出入口处用耐火极限不低于2.0h的隔墙和乙级防火门分隔.并设有紧急疏散标志,且在首层直通室外,地下楼梯间靠外墙并可直接天然采光和自然通风

(4)住宅楼地下部分按自然层单元划分防火分区,每自然层每单元一个防火分区,其中最大防火分区面积为303.71m^2。地下层各单元之间通过甲级防火门相互连通,地下室为储藏小间,储藏室物品火灾危险性为丙2类。

(5)该工程为剪力墙结构形式,主要承重构件均为钢筋混凝土墙、梁、柱,其燃烧性能及耐火极限均满足规范规定.建筑内的隔墙应砌至梁板底部,且不留缝隙。

(6)建筑物内走道、楼梯、安全出口宽度,数量及安全疏散距离均满足规范要求.通室外的安全出口上方均设置宽度不少于1.0m的防火挑檐.

(7)该楼管井逐层用混凝土板做防火分隔,管道穿墙体及楼板处均采用不燃材料将四周缝隙密实填充.管井每层用不低于楼板耐火极限的不燃烧材料封堵.

(8)管井门为丙级防火门,户门为甲级防火门。

(9)防火门的设置应符合下列规定:1)应具有自闭功能,双扇防火门应具有按顺序关闭的功能;2)常开防火门应能在火灾时自行关闭,并应有信号反馈的功能;3)防火门内外两侧应能手动开启;4)设置在变形缝附近时,防火门开启后,其门扇不应跨越变形缝,并应设置在楼层较多的一侧。

(10)本工程所用消防器材及各类防火门均需使用经消防单位鉴定合格的产品。

(11)建筑物内装修材料,其燃烧性能等级应满足《建筑内部装修设计防火规范》中的相关规定,其燃烧性能等级应满足下列要求:顶棚:A级/墙面:B1级/地面,隔断:A级/固定家具,窗帘具:B1级/其他装饰材料:B1级/电气室各部位:A级。

A级:不燃烧材料;B1级:难燃烧材料;B2级:可燃烧材料。

八、建筑节能设计

(1)本建筑不采暖部位包括侯梯厅、楼梯间、电气设备井、电梯井、地下储藏室,其余部位均采暖。

(2)按有关规定本建筑应做建筑节能设计。具体设计要求详见《节能设计专篇》及节能计算书。

(3)建筑外墙外保温系统的使用年限在正确使用和正常维护的条件下,不应少于25年。

九、无障碍设计

(1)按照《无障碍设计规范》(GB 50763-2012)的要求,本工程在主要出入口设无障碍出入口,通过无障碍通道可直达电梯厅。无障碍通道上相邻楼地面高差不应大于15mm,并应以斜面过度。轮椅坡道宽度及坡度均符合规范要求。

(2)供残疾人使用的门的无障碍设计应满足《无障碍设计规范》(GB 50763-2012)第3.5.3条的规定。

(3)采用无障碍设计的场所及通道应设置无障碍标识系统,并应满足《无障碍设计规范》(GB 50763-2012)第3.16.1条的规定。

(4)该建筑电梯为无障碍电梯。

1)无障碍电梯的侯梯厅应符合下列规定:①呼叫按钮高度0.9~1.10m;②电梯门洞净宽度≥0.90m;③侯梯厅应设电梯运行显示装置和抵达音响。

2)无障碍电梯的轿厢应符合下列规定:①轿厢门开启净宽度≥0.80m;②轿厢侧壁设高度0.9~1.10m带盲文的选层按钮,盲文宜设置于按钮旁;③轿厢的三面壁上应设高850~900mm扶手;④轿厢内应设电梯运行显示装置和报层音响;⑤轿厢正面高900mm处至顶部应安装镜子或采用有镜面效果的材料;⑥电梯位置应设无障碍标志。

十、电梯选型

本工程电梯按照《平阴水岸连城项目 单元式住宅楼及地下车库施工图设计任务书》设计,为无机房电梯,每单元设置一部电梯.电梯载重量为800kg,运行速度1.0m/s,电梯均通至各层。土建施工前应确定电梯厂家及型号,并由厂家根据本图纸提供电梯详细施工图,如需调整土建设计尺寸,须在土建工程施工前通知设计人员作出调整。电梯紧邻卧室、起居室时采取有效的隔声和减振措施;在电梯井内做吸声墙面。

十一、建筑材料及门窗

(1)为保证工程质量,主要建筑材料须选用优质绿色环保产品,屋面瓦、外墙面砖、地面砖、吊顶、门窗、铁艺栏杆、涂料等材料应有产品合格证书和必要的性能检测报告,材料的品种、规格、色彩、性能应符合现行国家产品标准和设计要求,不合格的材料不得在工程中使用。

(2)各种材料的品种、规格应符合设计要求,并应有产品合格证书。

(3)所有门窗,其选用的玻璃厚度和框料均应满足安全强度要求,其抗风压变形、雨水渗透、空气渗透、平面内变形、保温、隔声及耐撞击等性能指标均应符合国家现行产品标准的规定。本图中所注门窗尺寸为洞口尺寸,其实际尺寸应根据外墙饰面材料的厚度及安装构造所需缝隙由供应厂家提供。

(4)本工程所有外门窗为深灰色铝合金门窗,气密性等级不小于4级,分隔见门窗立面详图,色彩需经建设单位、设计单位看样后确定。门窗生产厂方需提供技术图纸(包括五金配套),经设计单位同意后方可施工。

(5)二层及以上建筑外立面窗,当窗台距地小于900时,需做防护高度为900的不锈钢扶手、不锈钢护窗栏杆,玻璃采用(6+0.76+6)的钢化夹层玻璃。外门窗玻璃均采用中空(6+12+6)玻璃窗,铝合金框。当窗槛墙、窗间墙、单元之间防火墙两侧的墙体宽度达不到防火要求时,应在内侧加设固定乙级防火窗,内侧玻璃防护栏板应达到乙级防火窗的要求,其上的玻璃为(6+0.76+6)的钢化夹层防火玻璃。

(6)建筑物需要以玻璃作为建筑材料的下列部位必须使用安全玻璃:1)7层及7层以上建筑物窗;2)面积大于1.5m^2的窗玻璃或玻璃底边离最终装修面小于500mm的玻璃窗;3)幕墙(全玻璃除外);4)倾斜装配窗,各类天棚(含天窗,采光顶)吊顶;5)室内隔断,浴室围护和屏风;6)楼梯、阳台平台、走廊的栏板和中庭内栏板;7)公共建筑物的出入口、门厅等部位;8)易受撞击冲击而造成人体伤害的其他部位;9)面积大于0.5m^2的门玻璃,门、窗安全玻璃的最大允许面积应符合《建筑玻璃应用技术规程》(JGJ 113-2009)第7.2.1条的规定.

(7)所有门窗制作安装前需现场校核尺寸及数量。

(8)建筑工程竣工时,建设单位要按照住建部《民用建筑工程室内环境污染控制规范》(GB 50325-2010)的要求对室内环境质量检查验收,委托经考核认可的检测机构对建筑工程室内氡、甲醛、苯、氨总挥发性有机化合物(TVOC)的含量指标进行检测。建筑工程室内有害物质含量指标不符合规范规定的,不得投入使用。

十二、室内装饰装修

室内装饰装修活动,禁止下列行为。

(1)未经原设计单位或者具有相应资质等级的设计单位提出设计方案,变动建筑主体和承重结构;

(2)将没有防水要求的房间或者阳台改为卫生间厨房间;

(3)扩大承重墙上原有的门窗尺寸,拆除连接阳台的砖、混凝土墙体;

(4)损坏房屋原有节能设施,降低节能效果;

(5)其他影响建筑结构和使用安全的行为。

十三、其他

(1)规划为住宅楼用途的房屋都不得从事餐饮服务、歌舞娱乐、提供互联网上网服务场所、生产加工和制造、经营危险化学品等涉及国家安全、存在严重安全生产隐患、影响人民身体健康、污染环境、影响生命财产安全的生产经营活动。

(2)图中所注标高除屋面外,均为施工完成后的面层标高。

(3)卫生间、盥洗间的地坪均低于室内地坪20,且按1%坡坡向地漏。现浇楼板沿四周立墙(或管井壁)部位上翻楼面150(开门处除外)C20细石混凝土,以防渗漏。防水层应从地面延伸到墙面,高出地面≥250,浴室墙面的防水层应高出地面≥1800。

(4)楼梯、楼梯平台、阳台、外廊、室内回廊、内天井、上人屋面及室外楼梯等临空处设置的栏杆应采用垂直式不易攀登的构造,垂直栏杆间的净距≤110。楼梯栏杆高度900,靠楼梯井一侧水平扶手长度超过500时,其高度不得小于1100。阳台栏板、护窗栏杆不小于1100。所有防护栏杆可承受的水平推力不应小于1.0kN/m。楼梯踏步应设踏步筋(踏步筋以结构图为准)。

(5)首层外窗、阳台门应采取防卫措施;加设防盗菱(网)以增强门窗防盗。

(6)管道穿墙体及楼板处均采用不燃材料(岩棉)将四周缝隙密实填充。

(7)填充墙与梁、柱结合处除设有必要的拉结外,尚需钉挂Ø1.6的钢丝网,网格为20x20,宽度大于300,用钢钉每200~300加薄钢板固定,挂网应做到平整、牢固;拉结筋必须与灰缝一致,采用植筋法。

(8)落雨管底部设钢筋混凝土水簸箕,水簸箕做法为500x500x50(翻边高200)C20细石混凝土,内配双向5Ø4钢筋。

(9)库房严禁采用有毒性的塑料、涂料或水玻璃等做面层材料。

(10)除注明外,门垛均为100,门洞高2200,设备电气检修门下均做150高C20素混凝土门槛,门形式由甲方另行委托的装修设计确定。

(11)本工程所有预埋件均需做防腐防锈处理,木构件满涂沥青,金属构配件、埋件及套管均刷红丹一度,防锈漆两度,对颜色有特殊要求另定。

(12)室内管道其表面应以油漆颜色加以区分,垫层内管道应在装修前在地面上画出其位置走向。

(13)烟道、室内通风排气井道必须严格按图施工。卫生间及厨房均采用成品,产品标准及施工要求详见山东省标准设计《住宅防火型烟气集中排放系统》(L09J104,L09J105),规格详见单体设计,当住宅排烟、排气道在顶层出屋面时,如靠近外墙,风帽需向内偏移370,以避开女儿墙。风井内表面以1:3水泥砂浆随筑随抹平,要求内壁平整、密实,以利烟气排放通畅。

(14)地下室库房内不得堆放甲、乙、丙类危险物品,且不得占用通道。

(15)施工单位应严格遵照国家现行施工及验收规范进行施工,若遇图纸有误或不明确之处,应及时与设计人员协商,待进行处理答复后方可继续施工。

(16)施工单位应认真参阅设备、电气施工图,协调与土建施工的关系,做好预埋件、预留孔洞等。

(17)玻璃幕墙、钢结构、电梯、扶梯等应由专业公司设计安装,设计图纸需经土建设计单位审核后,方可施工。

(18)本设计除注明外,施工单位尚应遵照国家现行的有关标准、规范、规程和规定。

(19)本图纸室内装修设计为参考做法,如做二次装修,具体做法详见装修公司所做装修施工图,但不应破坏承重体系及违反防火规范。

(20)轻钢结构玻璃雨蓬的设计、制作、安装应满足《玻璃幕墙工程技术规范》(JGJ 102-2003)相关规定的要求。

(21)建筑物内装修材料,其燃烧性能等级应满足下列要求:顶棚A级;楼梯间隔墙A级、其他墙面B1级(地下室A级);地面、隔断A级(地下室A级);固定家具(地下室A级)、窗帘B1级;其他装饰材料B2级;注:A级不燃烧材料;B1级难燃烧材料;B2级可燃烧材料 未注明部分的燃烧性能应满足《建筑内部装修设计防火规范》(GB 50222-1995)相关规定的要求。

(22)本施工图中涉及地下车库部分详见地下车库施工图。

(23)本工程每户均设置太阳能热水系统。

(24)本工程中由专业厂家制作施工的空调机位百叶应有可靠的固定措施并应满足相关的规范要求。

十四、采用标准图

1.L13J1	建筑工程做法	7.L13J6	外装修
2.L13J2	地下工程防水	8.L13J8	楼梯
3.L13J4-1	常用门窗	9.L13J12	无障碍设施
4.L13J4-2	专用门窗	10.L13J13	民用建筑太阳能热水系统设计
5.L13J5-1	平屋面	11.L09J104	住宅防火型烟气集中排放系统
6.L13J5-2	坡屋面	12.L07J109	外墙外保温构造详图(二)

十五、建筑材料图例

墙体名称	厚度(mm)	耐火极限(h)	用途	图例	
钢筋混凝土墙	250	>5.5	承重墙		
钢筋混凝土墙	180	3.5	承重墙		
现浇钢筋混凝土楼板	100	2.0	楼板及屋面板		
加气混凝土砌块墙	250	>8.0	填充墙		
加气混凝土砌块墙	180	>5.75	填充墙		

说明:(1)除注明外钢筋混凝土墙、柱具体尺寸详见结构图。

(2)不同功能区间、防火分区间分隔墙均应做到板(梁)底。墙体开洞、砌体与结构主体拉结、门窗过梁做法、砌体强度、砂浆强度等级需结合结构、设备、电气图纸施工。

建施-01

建筑设计说明

框剪高层住宅工程图纸目录

建筑施工图

图纸编号	图纸名称
建施-01	建筑设计说明
建施-02	建筑工程做法、门窗表
建施-03	居住建筑节能设计专篇
建施-04	地下二层平面图
建施-05	地下一层平面图
建施-06	一层平面图
建施-07	二～七层平面图
建施-08	八～十层平面图
建施-09	十一层平面图
建施-10	机房层平面图
建施-11	屋顶层平面图
建施-12	南立面图
建施-13	北立面图
建施-14	东、西立面图
建施-15	1-1、2-2剖面图
建施-16	D、E户型标准层大样图
建施-17	D、G户型标准层大样图
建施-18	大样图一 3-3、4-4剖面图
建施-19	大样图二 5-5、6-6剖面图
建施-20	大样图三
建施-21	楼梯大样图

结构施工图

图纸编号	图纸名称	图纸编号	图纸名称
结施-01	结构设计总说明（一）	结施-22	八～十一层板平面配筋图
结施-02	结构设计总说明（二）	结施-23	屋面层梁平法施工图
结施-03	筏板配筋平面图	结施-24	屋面层板平面配筋图
结施-04	地下二层墙、柱平法施工图	结施-25	阁楼屋面梁平法施工图
结施-05	地下一层墙、柱平法施工图	结施-26	阁楼屋面板平面配筋图
结施-06	地下一层、地下二层剪力墙暗柱表（1）	结施-27	大样图（一）
结施-07	剪力墙墙身配筋表 地下一层、地下二层剪力墙暗柱表（2）	结施-28	大样图（二）
结施-08	一～三层墙、柱平法施工图	结施-29	大样图（三）
结施-09	四～十一层墙、柱平法施工图	结施-30	大样图（四）
结施-10	机房层墙平法施工图	结施-31	楼梯大样图
结施-11	一层及以上剪力墙暗柱表、框柱表（1）		
结施-12	一层及以上剪力墙暗柱表、框柱表（2）		
结施-13	地下一层梁平法施工图		
结施-14	地下一层板平面配筋图		
结施-15	一层梁平法施工图		
结施-16	一层板平面配筋图		
结施-17	二层梁平法施工图		
结施-18	二层板平面配筋图		
结施-19	三～七层梁平法施工图		
结施-20	三～七层板平面配筋图		
结施-21	八～十一层梁平法施工图		

建筑工程做法L13J1

序号	代号		名称	（页数）编号	用途、范围、备注
1	散水	散水	细石混凝土散水（宽度1000）	L13J1-152（散2）	用于所有散水
2	坡道	坡道	机磨纹花岗石板坡道	L13J12-25（4）	用于一层入口坡道
3	地面	地面一	水泥砂浆地面FC（防潮地面）	L13J1-24（地101FC）	用于地下室地面
		地面二	大理石地面	L13J1-36（地204）	用于一层进厅地面
4	楼面	楼面一	水泥砂浆楼面	L13J1-24（楼101）	用于地下室楼面，楼梯踏步及半层处休息平台楼面
		楼面二	1.20厚1:2水泥砂浆抹平亚光；2.素水泥浆一道；3.70厚LC7.5轻骨料混凝土填充层；4.现浇钢筋混凝土楼板		用于层高处楼梯休息平台楼面
		楼面三	1.20厚大理石板；稀水泥浆擦缝；2.30厚1:3干硬性水泥砂浆；3 素水泥浆一道； 4.60厚LC7.5轻骨料混凝土填充层；5.现浇钢筋混凝土楼板		用于一层候梯厅楼面
		楼面四	1.8~10厚防滑地砖铺实拍平，稀水泥浆擦缝；2.20厚1:3干硬性水泥砂浆；3.素水泥浆一道； 4.60厚LC7.5轻骨料混凝土填充层；5.现浇钢筋混凝土楼板		用于二～顶层候梯厅楼面
		楼面五	1.8~10厚防滑地砖铺实拍平，稀水泥浆擦缝；2.20厚1:3干硬性水泥砂浆；3.1.5厚合成高分子防水砂浆； 4.最薄处50厚C15豆石混凝土随打随抹平（上下配Ø3双向@50钢丝网片，中间敷散热管）坡向地漏； 5.0.2厚真空镀铝聚酯薄膜；6.20厚挤塑聚苯乙烯泡沫塑料板；7.1.5厚合成高分子防水涂料防潮层； 8.20厚1:3水泥砂浆找平层；9.素水泥浆一道；10.现浇钢筋混凝土楼板		用于住宅一层卫生间楼面
		楼面六	1.8~10厚防滑地砖铺实拍平；稀水泥浆擦缝；2.20厚1:3干硬性水泥砂浆；3.1.5厚合成高分子防水砂浆； 4.最薄处50厚C15豆石混凝土随打随抹平（上下配Ø3双向@50钢丝网片，中间敷散热管）坡向地漏； 5.0.2厚真空镀铝聚酯薄膜；6.20厚挤塑聚苯乙烯泡沫塑料板；7.300厚LC7.5轻骨料混凝土填充层； 8.0.7厚聚乙烯丙纶防水卷材用1.3厚专用粘结料满粘；9.现浇钢筋混凝土楼板（基层处理平整）		用于住宅二～顶层卫生间楼面
		楼面七	1 8~10厚防滑地砖铺实拍平，稀水泥浆擦缝；2 20厚1:3干硬性水泥砂浆；3.1.5厚合成高分子防水砂浆； 4.50厚C15豆石混凝土（上下配Ø3双向@50钢丝网片，中间敷散热管）；5.0.2厚真空镀铝聚酯薄膜； 6.20厚挤塑聚苯乙烯泡沫塑料板；7.1.5厚合成高分子防水涂料防潮层；8.20厚1:3水泥砂浆找平层； 9.素水泥浆一道；10，现浇钢筋混凝土楼板		用于住宅厨房楼面
		楼面八	1.20厚1:2水泥砂浆抹平压光；2.素水泥浆一道；3.50厚C15豆石混凝土（上下配Ø3双向@50钢丝网片，中间敷 散热管）；4.0.2厚真空镀铝聚酯薄膜；5.20厚挤塑聚苯乙烯泡沫塑料板；6.20厚1:3水泥砂浆找平层； 7 素水泥浆一道；8 现浇钢筋混凝土楼板		用于户内，除卫生间、厨房、阳台外的低温热水辐射供暖楼面
		楼面九	1.8~10厚防滑地砖铺实拍平，稀水泥浆擦缝；2.30厚1:3干硬性水泥砂浆；3.1.5厚合成高分子防水涂料； 4.最薄处20厚1:3水泥砂浆找坡层抹平；5.素水泥浆一道；6.现浇钢筋混凝土楼板		用于无太阳能的开敞阳台楼面
		楼面十	1.8~10厚防滑地砖铺实拍平，稀水泥浆擦缝；2.30厚1:3干硬性水泥砂浆；3.1.5厚合成高分子防水涂料； 4.20厚1:3水泥砂浆找平；5.60厚LC7.5轻骨料混凝土填充层找坡，坡向地漏；6.现浇钢筋混凝土楼板；		用于挂设太阳能的阳台楼面
5	踢脚	踢脚一	石质板材踢脚（高120）	L13J1-62（踢4）	用于一层候梯厅、进厅踢脚
		踢脚二	面砖踢脚（高120）	L13J1-61（踢3）	用于二～顶层候梯厅踢脚
		踢脚三	水泥砂浆踢脚（高120）	L13J1-59（踢1）	暗踢脚，用于除候梯厅之外的踢脚
6	内墙	内墙一	水泥砂浆墙面	L13J1-77（内墙1）	用于地下室内墙
		内墙二	面砖墙面	L13J1-82（内墙8）	用于一层候梯厅、进厅内墙（通高）
		内墙三	1.刷专用界面剂一遍；2.9厚1:3水泥砂浆压实抹平； 3.1.5厚聚合物水泥防水涂料（Ⅰ型）高出地面250mm，淋浴花洒周围1m范围内内墙防水层高出地面1800mm； 4.素水泥浆一道；5.3~4厚1:1水泥砂浆加水重20%建筑胶粘结层；6.4~5厚釉面砖，白水泥浆擦缝		用于厨房、卫生间、封闭阳台内墙（通高）
		内墙四	刮腻子墙面	L13J1-79（内墙5）	用于地上除厨房、卫生间、一层候梯厅、进厅之外的内墙，其中楼梯间、二～顶层楼梯厅内墙刷白色内墙涂料
7	顶棚	顶棚二	刮腻子顶棚	L13J1-91（顶2）	保温做法详见节能设计专篇
8	外墙	真石漆外墙面	1.基层墙体；2.20厚聚合物水泥砂浆找平层；3.40厚挤塑板（XPS板），特用胶粘剂+固定件方式固定； 4.2厚配套专用界面砂浆批刮；5.9厚2:1:8水泥石灰砂浆；6.6厚1:2.5水泥砂浆找平； 7.5厚干粉类聚合物水泥防水砂浆，中间压入一层耐碱玻璃纤维网布；8.涂饰底层涂料； 9.喷涂主层涂料；10.涂饰面层涂料二遍；		保温板选用燃烧性能为B1级的保温材料，参见L07J109-13页，序号1
		面砖外墙面	1.基层墙体；2.20厚聚合物水泥砂浆找平层；3.40厚挤塑板（XPS板），特用胶粘剂+固定件方式固定； 4.2厚配套专用界面砂浆批刮；5.9厚2:1:8水泥石灰砂浆；6.6厚1:2.5水泥砂浆找平； 7.5厚干粉类聚合物水泥防水砂浆，中间压入一层热镀锌电焊网；8.配套专用胶粘剂粘结； 9.5~7厚外墙面砖，填缝剂填缝		保温板选用燃烧性能为B1级的保温材料，参见L07J109-13页，序号1
9	屋面	屋面一	水泥砂浆保护层屋面（不上人屋面）	L13J1-140（屋105） 屋面防水材料为4厚SBS改性沥青防水卷材一道＋水泥基渗透结晶型防水涂料一道	用于进厅非上人平屋面，保温层为30厚玻化微珠保温砂浆
		屋面二	地砖保护层屋面（上人屋面）	L13J1-136（屋101）	用于上人平屋面及顶层非上人屋面，保温层为75厚挤塑板（XPS板）
		屋面三	块瓦坡屋面	L13J1-146（屋301）	用于坡屋面，保温层为75厚挤塑板（XPS板）
10	油漆	金属铁件	1.防锈漆二遍；2.刮腻子；3.刷调合漆二遍		调合漆颜色待定

说明：（1）本建筑工程做法表内做法参照标准山东省标准图集《建筑工程做法》（L13J1）。

（2）本表中建筑做法涉及节能的部位应结合《节能设计专篇》中的相关设计及相应图集施工。

（3）本表中建筑做法与《节能设计专篇》不符的应与设计人员沟通确定后方可施工。

门窗表

类型	设计编号	洞口尺寸（mm）	数量								图集选用	备注
			地下二	地下一	一层	二～七层	八～十层	十一层	机房	合计		
普通门	M1	800X2100	24	22						46	L13J4-1（79）PM-0821	平开夹板百叶门
	M2	1300X2100							4	4	多功能户门，甲方订货	防盗、保温、隔声
	M3	1000X2000							2	2	L13J4-1（78）PM-1021	平开夹板门
	MD2	900X2380			17	17X6=102	17X3=51	17		187	仅留门洞	
	MD3	800X2380			8	8X6=48	8X3=24	8		88	仅留门洞	
	M4	1200X2100				4X6=24	4X3=12	4		40	L13J4-1（78）PM-1221	平开夹板门
	M5	3000X2380			4	4X6=24	4X3=12	4		44	隔热铝合金中空玻璃门(6+12+6)	详见大样图
	M6	2400X2380			1	1X6=6	1X3=3	1		11	隔热铝合金中空玻璃门(6+12+6)	详见大样图
	M7	2100X2380			3	3X6=18	3X3=9	3		33	L13J4-1（6）TM4-2124	
	MD4	1800X2380			4	4X6=24	4X3=12	4		44	仅留门洞	
	M9	1300X2100			4					4	可视对讲一体防盗门	甲方订货
防火门	M10	1200X2100	1	1						2	L13J4-2（3）MFM01-1221	甲级防火门
	M11	1300X2100			4	4X6=24	4X3=12	4		44	多功能户门，甲方订货	甲级防火门，防盗、保温、隔声
	M12	1200X2100	4	4	2					10	L13J4-2（3）MFM01-1221	乙级防火门
	M13	900X2000	4	4	4	4X6=24	4X3=12	4		52	L13J4-2（3）MFM01-0920	丙级防火门
	M14	800X2000		4						4	L13J4-2（3）MFM01-0820	甲级防火门
普通窗	C1	2100X1480			8	8X6=48	8X3=24	8		88	隔热铝合金中空玻璃窗(6+12+6)	详见大样图
	C101	2100X1200							4	4	隔热铝合金中空玻璃窗(6+12+6)	详见大样图
	C2	1800X1480			3	3X6=18	3X3=9	3		33	隔热铝合金中空玻璃窗(6+12+6)	详见大样图
	C3	1500X1480			3	3X6=18	3X3=9	3		33	隔热铝合金中空玻璃窗(6+12+6)	详见大样图
	C301	1500X1500			2	2X6=12	2X3=6	2	2	24	隔热铝合金中空玻璃窗(6+12+6)	详见大样图
	C302	1500X1500							4	4	隔热铝合金中空玻璃窗(6+12+6)	详见大样图
	C4	1300X1480				4X6=24	4X3=12	4		40	隔热铝合金中空玻璃窗(6+12+6)	详见大样图
	C5	1200X1480	4	4	3	3X6=18	3X3=9	3		41	隔热铝合金中空玻璃窗(6+12+6)	详见大样图
	C6	900X1480			1	1X6=6	1X3=3	1		11	隔热铝合金中空玻璃窗(6+12+6)	详见大样图
	C7	700X2500							4	4	隔热铝合金中空玻璃窗(6+12+6)	详见大样图
	C8	700X1430			8	8X6=48	8X3=24	8		88	隔热铝合金中空玻璃窗(6+12+6)	详见大样图
	C9	600X1430			2	2X6=60	2X3=30	2		22	隔热铝合金中空玻璃窗(6+12+6)	详见大样图
	C10	2700X1480			3	3X6=18	3X3=9	3		33	隔热铝合金中空玻璃窗(6+12+6)	详见大样图
	C11	2500X1480			1	1X6=6	1X3=3	1		11	隔热铝合金中空玻璃窗(6+12+6)	详见大样图

注：（1）外门窗采用隔热铝合金中空玻璃门(6+12+6)，中空玻璃空气层12mm；用于外墙的窗均为内平开下悬窗，且需加装纱扇。

（2）凡窗台低于900mm时均加设防护栏杆。

（3）离地500mm以下及其相关部分的玻璃采用夹膜安全玻璃，厚度需经专业厂家经冲击计算后确定。

（4）门窗洞口尺寸及数量须经现场核实后方可制作。

（5）门窗安装必须满足安全、防火、保温、隔声等国家及地方相关规范的要求，本表所示尺寸均为洞口尺寸，施工中与实际尺寸不符时以实测尺寸为准。

（6）安装门窗公司承做时应提前与施工单位配合，做好埋件不得遗漏。

（7）门窗样式以专业厂家细化设计为准，本图大样仅为示意。

（8）建筑的南向及东、西向外窗（包括阳台的透明部分）需设置活动遮阳帘。

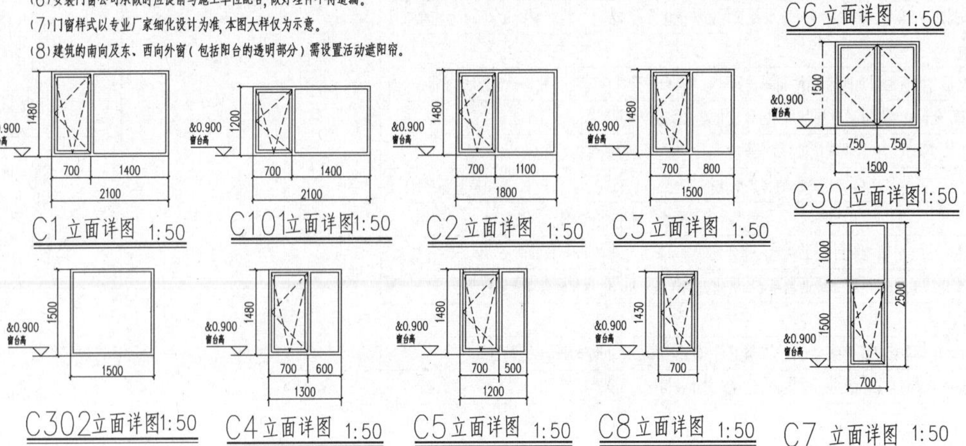

建施-02

建筑工程做法 门窗表

居住建筑节能设计专篇

一.设计依据

(1)《严寒和寒冷地区居住建筑节能设计标准》(JGJ26-2010)
(2) 国家标准《民用建筑热工设计规范》GB 50176-93
(3) 国家标准《外墙外保温工程技术规程》JGJ 144-2004
(4) 山东省工程建设标准《居住建筑节能设计标准》DBJ 14-037-2012
(5) 山东省工程建设标准《外墙外保温应用技术规程》DBJ 14-035-2007
(6)《民用建筑节能管理规定》(建设部令第143号)

二.采暖期有关参数及住宅建筑耗热量指标

计算用采暖期参数				耗热量指标
天数(d)	度日数(℃·d)	室外平均温度 t_e(℃)	t_i-t_e(℃)	q_H(W/m²)
92	2221	1.8	16.2	11.7(9~13层)

三.本工程有关建筑节能计算参数

建筑面积(A_0)	7952.51m²	不同朝向窗墙面积比	朝向	基本限值	最大限值	设计值
建筑体积(V_0)	17687.79m²		南	≤0.50	≤0.60	0.55
建筑物外表面积(F_0)	5899.78m²		东	≤0.35	≤0.45	0.37
建筑物体型系数(S)	0.33		西	≤0.35	≤0.45	0.40
注:阳台门透明部分计入窗户面积。			北	≤0.30	≤0.40	0.39

四.本工程应采取的其他节能措施

(1) 外窗(含阳台门)的气密性能等级不应低于国家标准《建筑外门窗气密、水密、抗风压性能分级及检测方法》(GB/T 7106-2008)中规定的6级,其单位缝长空气渗透量为 $q \leq 1.5m^3/(m^2h)$;单位面积空气渗透量为 $q_2 \leq 4.5m^3/(m^2h)$。

(2) 围护结构的热桥部位的保温做法同外墙。顶部阳台顶板保温做法同屋面。底部阳台底板保温做法参见《外墙外保温构造详图(二)》L07J109中23页做法22,采用20mm厚聚苯板温层。阳台栏板、围护结构的线脚、外门窗口两侧、外挑构件、屋面的构架(距离屋面保温层600mm范围内的部分),装饰梁等外露部位采用30厚玻化微珠保温砂浆周圈抹;屋面四周采用75厚岩棉板做宽度为500的防火隔离带,做法参见《居住建筑保温构造详图(节能65%)》L06J113中43页63、64。

(3) 外门窗框与门窗洞口之间的缝隙,应采用聚氨酯等高效保温材料填实,并用密封膏嵌缝,不得采用水泥砂浆填缝,外门窗洞口周边侧墙采用30厚玻化微珠保温砂浆周圈抹。

(4) 不采暖楼梯间入口处应设置能自行关闭的单元门,其透明部分的传热系数不应大于4.00W/(m²·K),不透明部分的传热系数不应大于2.00W/(m²·K)。楼梯间窗户的传热系数不宜大于2.70W/(m²·K)。接触室外空气的外门应按外窗的传热系数控制。

(5) 变形缝处屋面,外墙的缝口处,应填塞一定厚度的聚苯板等轻质保温材料,其两侧墙体的传热系数应满足规范规定的限值要求。变形缝两侧墙体女儿墙内侧保温采用30厚玻化微珠保温砂浆。

五.结论及建议

(1) 该设计对建筑各部分围护结构均做了节能设计,按此实施应能达到节能65%的目标。

(2) 建设及施工单位应选用正规厂家的合格产品,严格按图纸施工。

居住建筑维护结构热工设计汇总表

结构类型	剪力墙	半地下室:有( )无(✓)	热工计算建筑面积(A_0)m²	6099.24	阳台形式	封闭(✓)、不封闭(✓) 凸阳台( ) 凹阳台(✓)
层数	11	地下室:有(✓)无( )				
体形系数S	0.33	设计最大窗墙面积比(C_Q)	南: 0.55 北: 0.39 东: 0.37 西: 0.40		凸窗占总窗面积率(%)	2.00

围护结构部位		节能做法	传热系数K[W/(m²·k)] 限值	设计值
屋面		采用75mm厚挤塑板(XPS板)保温层,做法参见《居住建筑保温构造详图(节能65%)》L06J113中43页63、64	0.45	0.44
外墙	外墙主断面	采用40mm厚挤塑板(XPS板)保温层,做法参见《外墙外保温构造详图(二)》L07J109中第13页做法1	0.70	$K_主$=0.59
	梁、柱热桥及其他主要结构性热桥	采用40mm厚挤塑板(XPS板)保温层,做法参见《外墙外保温构造详图(二)》L07J109中第14页做法4		K_m=0.65
分隔采暖与非采暖空间的隔墙		抹20mm厚玻化微珠保温砂浆	1.5	1.31
分隔采暖与非采暖空间的户门		多功能户门	2.0	2.0
外门及阳台门下部门芯板			1.7	
凸窗顶、底板		采用40mm厚挤塑板(XPS板)保温层,做法参见《外墙外保温构造详图(二)》L07J109中第13页做法1	0.7	0.69
分户墙		两侧各抹15mm厚(共30厚)玻化微珠保温砂浆	1.7	1.05
外门窗洞口室外周边侧墙		抹30mm厚玻化微珠保温砂浆	—	—
层间楼板		采用20mm厚挤塑板(XPS板)保温层	2.0	1.08
变形缝		采用20mm厚玻化微珠保温砂浆	1.70	1.68
地板	架空或外挑楼板	采用50mm厚挤塑板(XPS板)保温层	0.60	0.57
	分隔采暖与非采暖空间楼板	采用70厚岩棉板	0.65	0.64
周边地面		保温层热阻R[(m²·k)/W]	0.56	
半地下室、地下室与土壤接触的外墙		采用30mm厚挤塑板(XPS板)保温层	0.61	1.07

外窗 类型	窗墙面积比(C_Q)	限值:窗(门)K 平窗	限值:窗(门)K 凸窗	限值:遮阳系数S_C	设计值:窗(门)K 平窗	设计值:窗(门)K 凸窗	设计值:遮阳系数S_C
	C_Q≤0.20	3.1	2.6	—			—
隔热铝合金中空玻璃窗(6+12+6)	0.20<C_Q≤0.30	2.8	2.4	—	2.7	2.7	0.69
隔热铝合金中空玻璃窗(6+12+6)	0.30<C_Q≤0.40	2.5	2.1	(东、西)0.45	2.7	2.7	(东、西) 0.69
隔热铝合金中空玻璃窗(6+12+6)	0.40<C_Q≤0.50	2.3	2.0	(东、西)0.35	2.7	2.7	(东、西) 0.69
气密性能	6级(GB/T7106-2008)						

耗热量指标q_h(W/m²)	限值	11.70	判定方法	直接判断( )、权衡判断(✓)	
	计算值	10.80		其中:q_{HT}=9.53	q_{INF}=5.07

注:外墙外保温材料及屋面保温材料采用阻燃挤塑聚苯板,其燃烧性能等级为B1级,并每两层用300高防火隔离带[40厚岩棉板(A级)],尼龙胀栓固定在基层墙体上,双向@600;屋面四周采用75厚岩棉板做宽度为500的防火隔离带,做法参见《居住建筑保温构造详图(节能65%)》L06J113中43页63、64;外保温所采用的材料及做法应满足公安部、住房和城乡建设部文件《民用建筑外保温系统及外墙装饰防火暂行规定》(公通字[2009]46号)的要求。

建施-03
居住建筑节能设计专篇

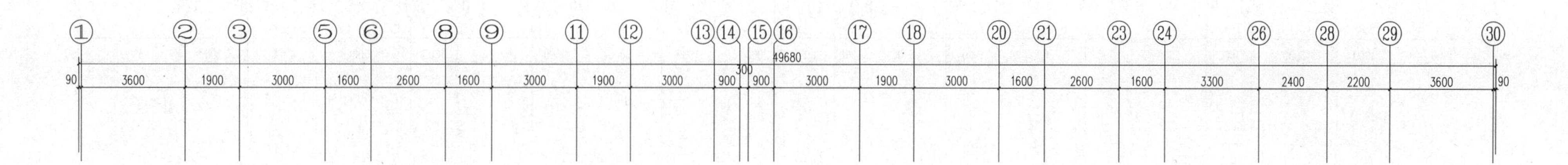

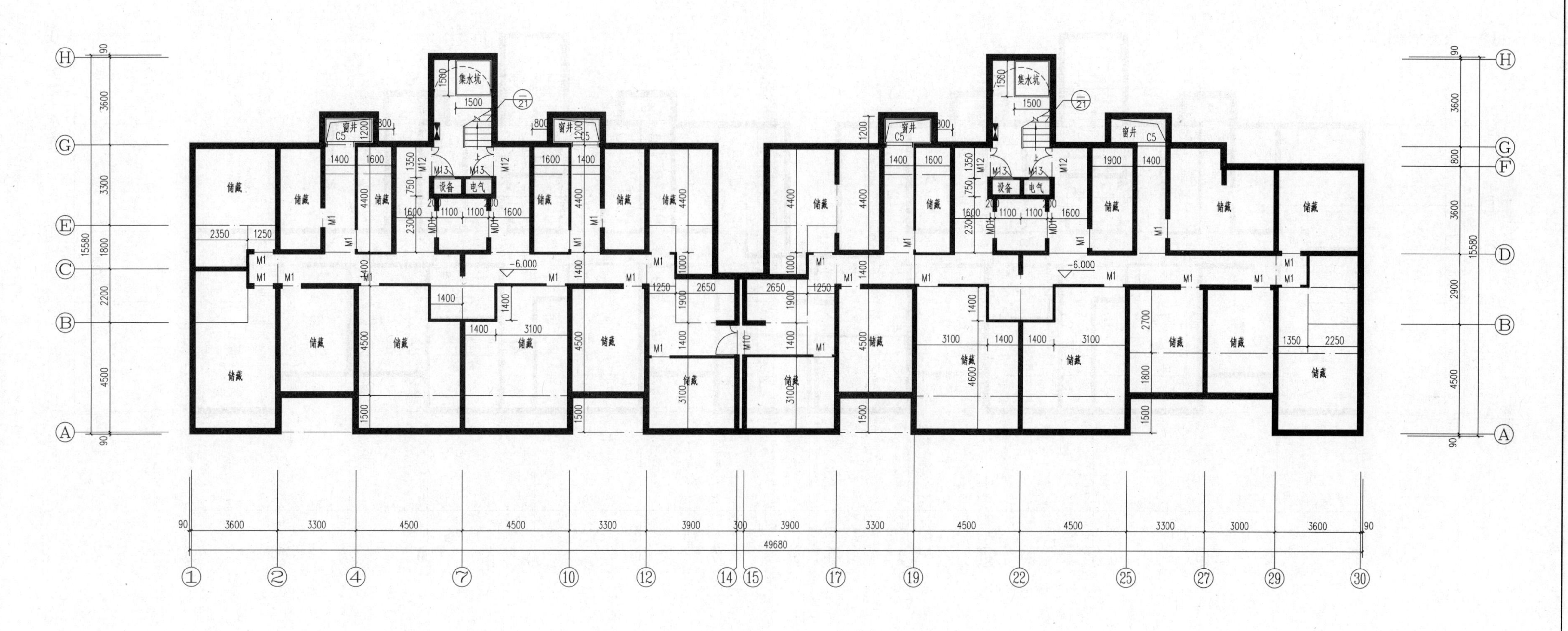

地下二层平面图 1:100

注:1. 建筑墙体除注明者外,外墙均为250厚钢筋混凝土墙体;内墙为200厚钢筋混凝土与加气混凝土砌块墙体;隔墙为100厚加气混凝土砌块墙体,墙体偏轴情况详见结施。
2. 门垛除注明者外均为100(墙边至门洞边)。
3. 配电箱 预留洞详见电施,结构柱及构造柱位置以结构图为准。
4. 所有楼梯护栏的竖向栏杆间距不大于110mm。
5. 图中阴影部分为地下车库,具体详见车库施工图。
6. 电梯采用无机房电梯,电梯门洞口尺寸为1100X2200,居中布置。
7. 本层建筑面积:593.08m^2。

建施-04
地下二层平面图

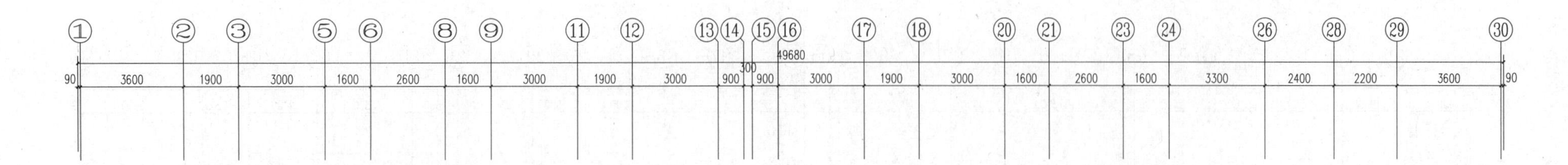

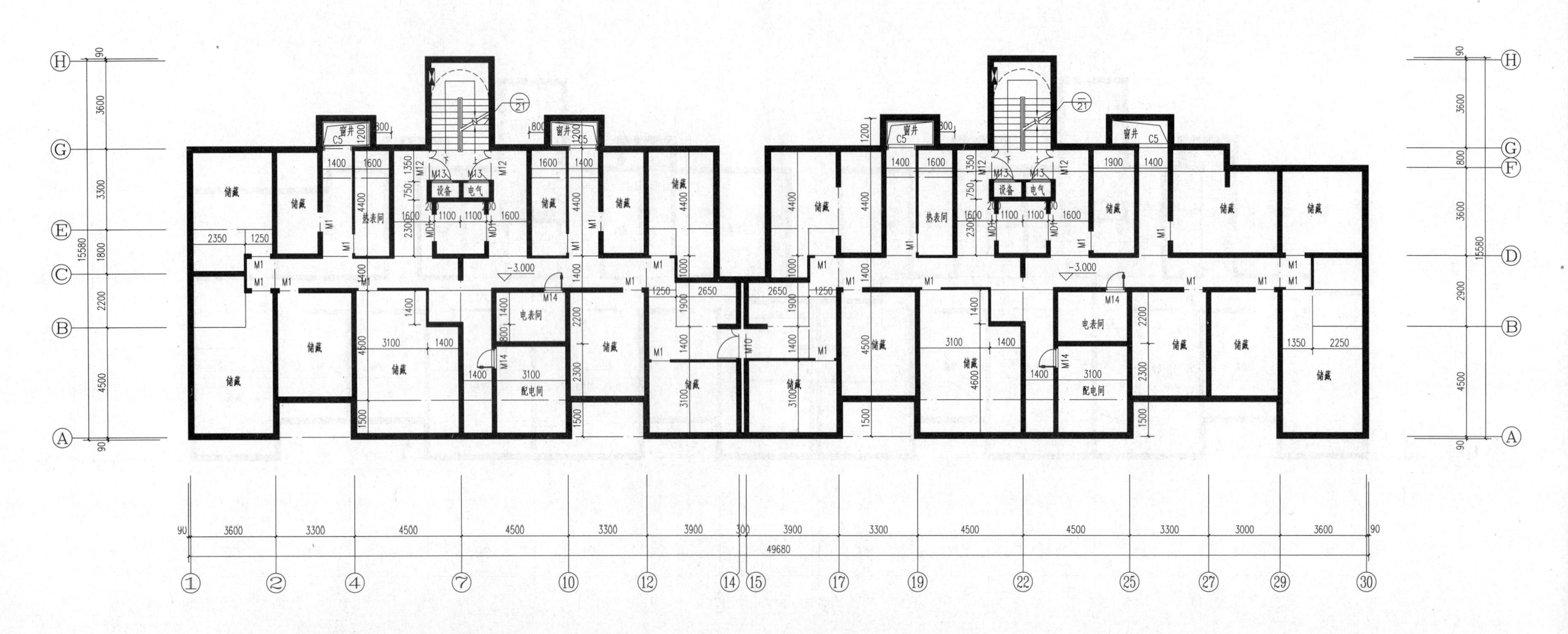

地下一层平面图 1:100

注：1. 建筑墙体除注明者外，外墙均为250厚钢筋混凝土墙体；内墙为200厚钢筋混凝土与加气混凝土砌块墙体；隔墙为100厚加气混凝土砌块墙体，墙体偏轴情况详见结施。
2. 门垛除注明者外均为100（墙边至门洞边）。
3. 配电箱预留洞详见电施，结构柱及构造柱位置以结构图为准。
4. 所有楼梯护栏的竖向栏杆间距不大于110mm。
5. 图中阴影部分为地下车库，具体详见车库施工图。
6. 电梯采用无机房电梯，电梯门洞口尺寸为1100X2200，居中布置。
7. 本层建筑面积 584.74m²。

建施-05
地下一层平面图

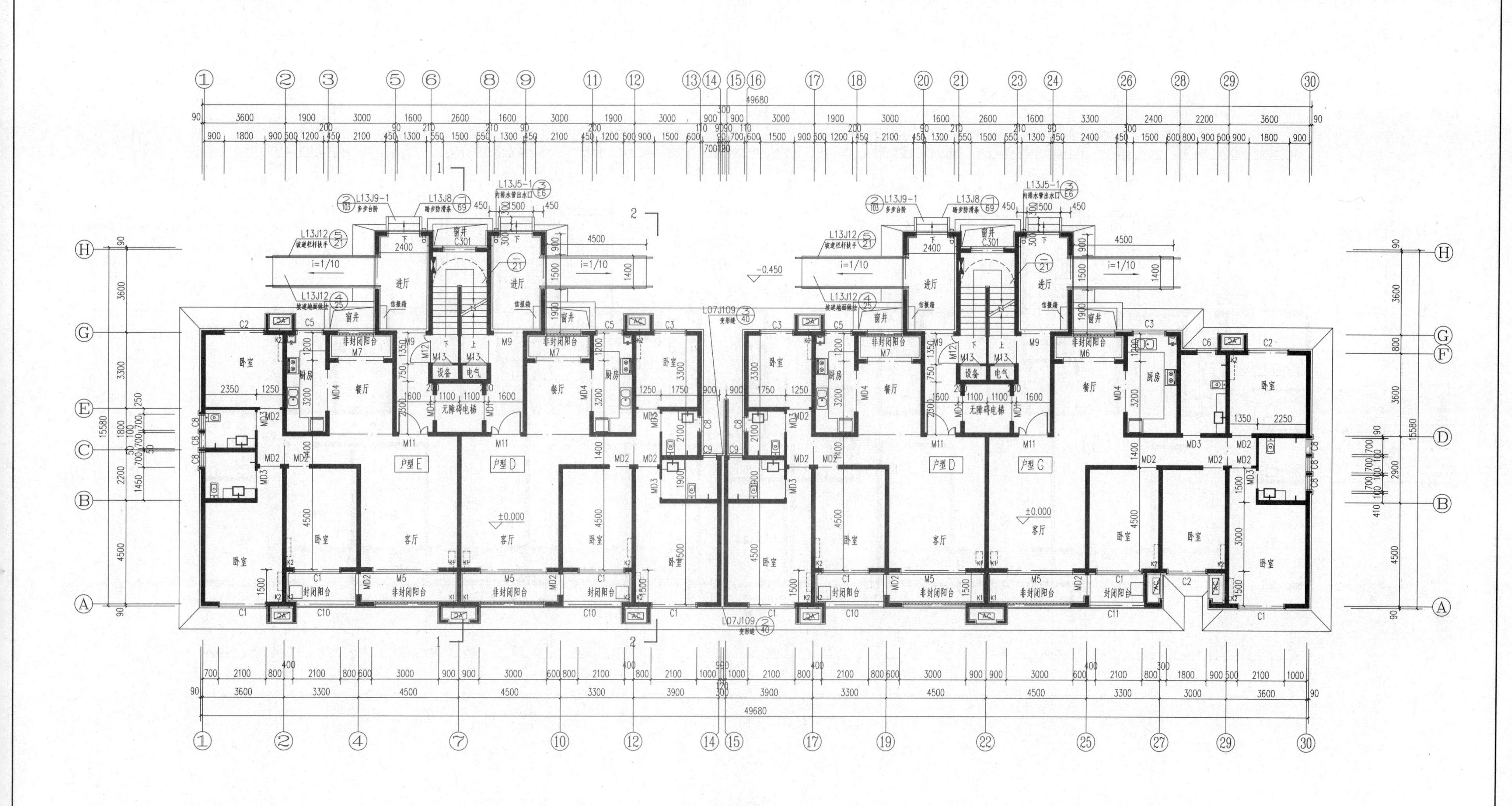

一层平面图 1:100

注：1. 建筑墙体除注明者外，外墙均为180厚钢筋混凝土与加气混凝土砌块墙体；内墙为180厚钢筋混凝土与加气混凝土砌块墙体；隔墙为100厚加气混凝土砌块墙体，墙体偏轴情况详见结施。

2. 门垛除注明者外均为100（墙边至门洞边）。

3. 配电箱预留洞详见电施，结构柱及构造柱位置以结构图为准。

4. 厨房排气道详见L09J104-6-2；厨房、卫生间楼地面均比同层地坪低20mm，并按1%排水坡度坡向地漏，地漏位置详见水施图。

5. 电梯采用无机房电梯，电梯门洞口尺寸为1100X2200，居中布置。

6. 所有楼梯护栏的竖向栏杆间距不大于110mm。

7. 图中未注明细部尺寸及详图做法索引参见户型标准层单元平面布置详图。

8. k1、k2表示空调管穿墙预留洞Ø75，冷凝水管为Ø50PVC管，孔洞中心距内墙皮100，k1为柜机留洞，其中心距楼地面200，k2为壁挂机留洞，其中心距楼地面2200。

9. 本层建筑面积：650.05m²（含保温层面积）。

10. 本楼总建筑面积：7952.51m²；其中地上建筑面积6774.69m²（含保温层面积）；地下建筑面积1177.82m²。

建施-06
一层平面图

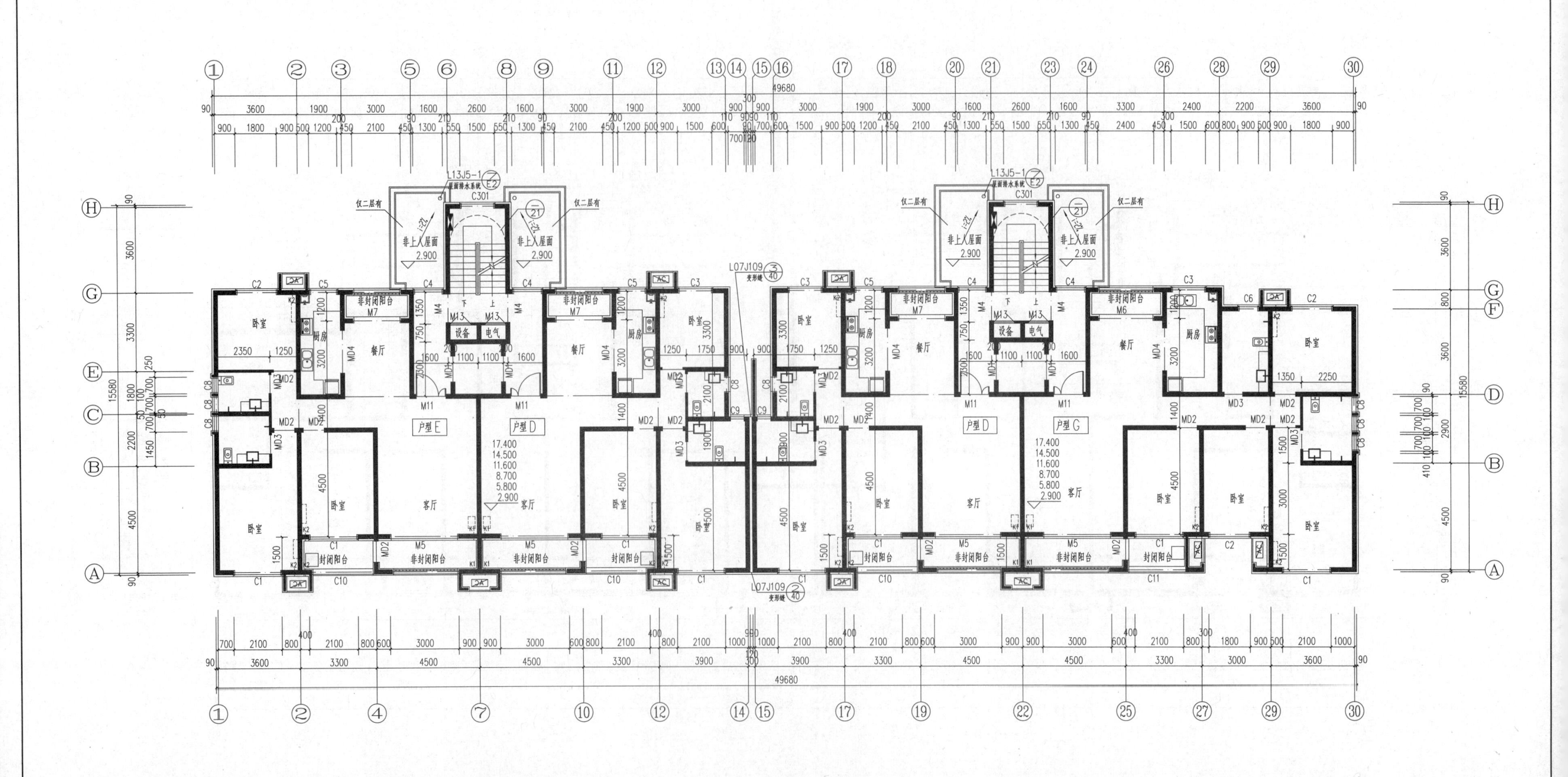

二～七层平面图 1:100

注：1. 建筑墙体除注明者外，外墙均为180厚钢筋混凝土与加气混凝土砌块墙体；内墙为180厚钢筋混凝土与加气混凝土砌块墙体；隔墙为100厚加气混凝土砌块墙体，墙体偏轴情况详见结施。

2. 门垛除注明者外均为100（墙边至门洞边）。

3. 配电箱预留洞详见电施，结构柱及构造柱位置以结构图为准。

4. 厨房排气道详见L09J105-6-C3；厨房、卫生间楼地面均比同层地坪低20mm，并按1%排水坡度坡向地漏，地漏位置详见水施图。

5. 电梯采用无机房电梯，电梯门洞口尺寸为1100X2200，居中布置。

6. 所有楼梯护栏的竖向栏杆间距不大于110mm。

7. 图中未注明细部尺寸及详图做法索引参见户型标准层单元平面布置详图。

8. k1、k2表示空调管穿墙预留洞Ø75，冷凝水管为Ø50PVC管，孔洞中心距内墙皮100，k1为柜机留洞，其中心距楼地面200，k2为壁挂机留洞，其中心距楼地面2200。

9. 本层建筑面积：600.78m²（含保温层面积）。

建施-07
二～七层平面图

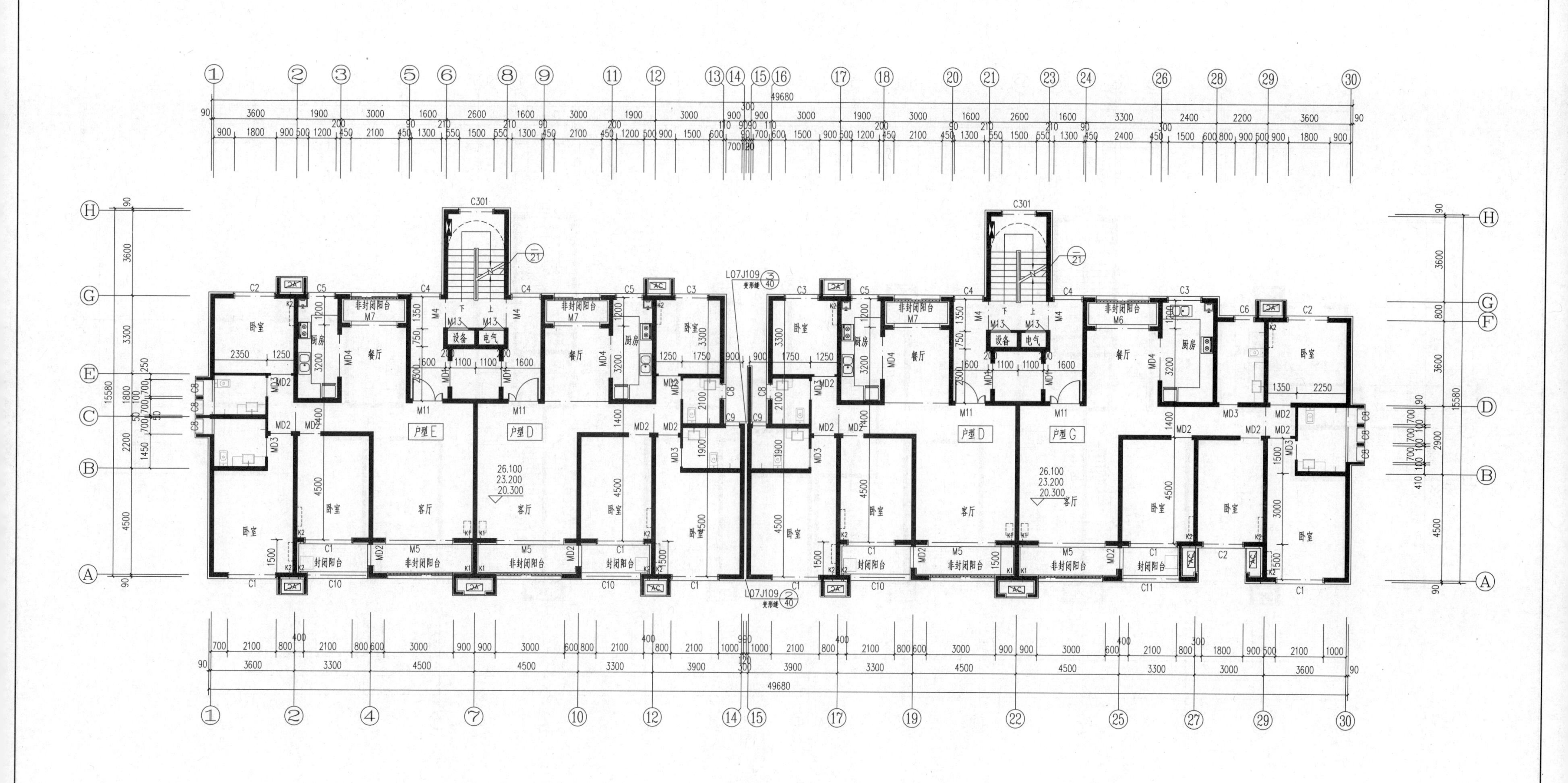

八～十层平面图 1:100

注：1. 建筑墙体除注明者外，外墙均为180厚钢筋混凝土与加气混凝土砌块墙体；内墙为180厚钢筋混凝土与加气混凝土砌块墙体；隔墙为100厚加气混凝土砌块墙体，墙体偏轴情况详见结施。

2. 门垛除注明者外均为100（墙边至门洞边）。

3. 配电箱预留洞详见电施，结构柱及构造柱位置以结构图为准。

4. 厨房排气道详见L09J105-6-C3；厨房、卫生间楼地面均比同层地坪低20mm，并按1%排水坡度坡向地漏，地漏位置详见水施图。

5. 电梯采用无机房电梯，电梯门洞口尺寸为1100X2200，居中布置。

6. 所有楼梯护栏的竖向栏杆间距不大于110mm。

7. 图中未注明细部尺寸及详图做法索引参见户型标准层单元平面布置详图。

8. k1、k2表示空调管穿墙预留洞Ø75，冷凝水管为Ø50PVC管，孔洞中心距内墙皮100，k1为柜机留洞，其中心距楼地面200，k2为壁挂机留洞，其中心距楼地面2200。

9. 本层建筑面积：600.78m²（含保温层面积）。

建施-08
八～十层平面图

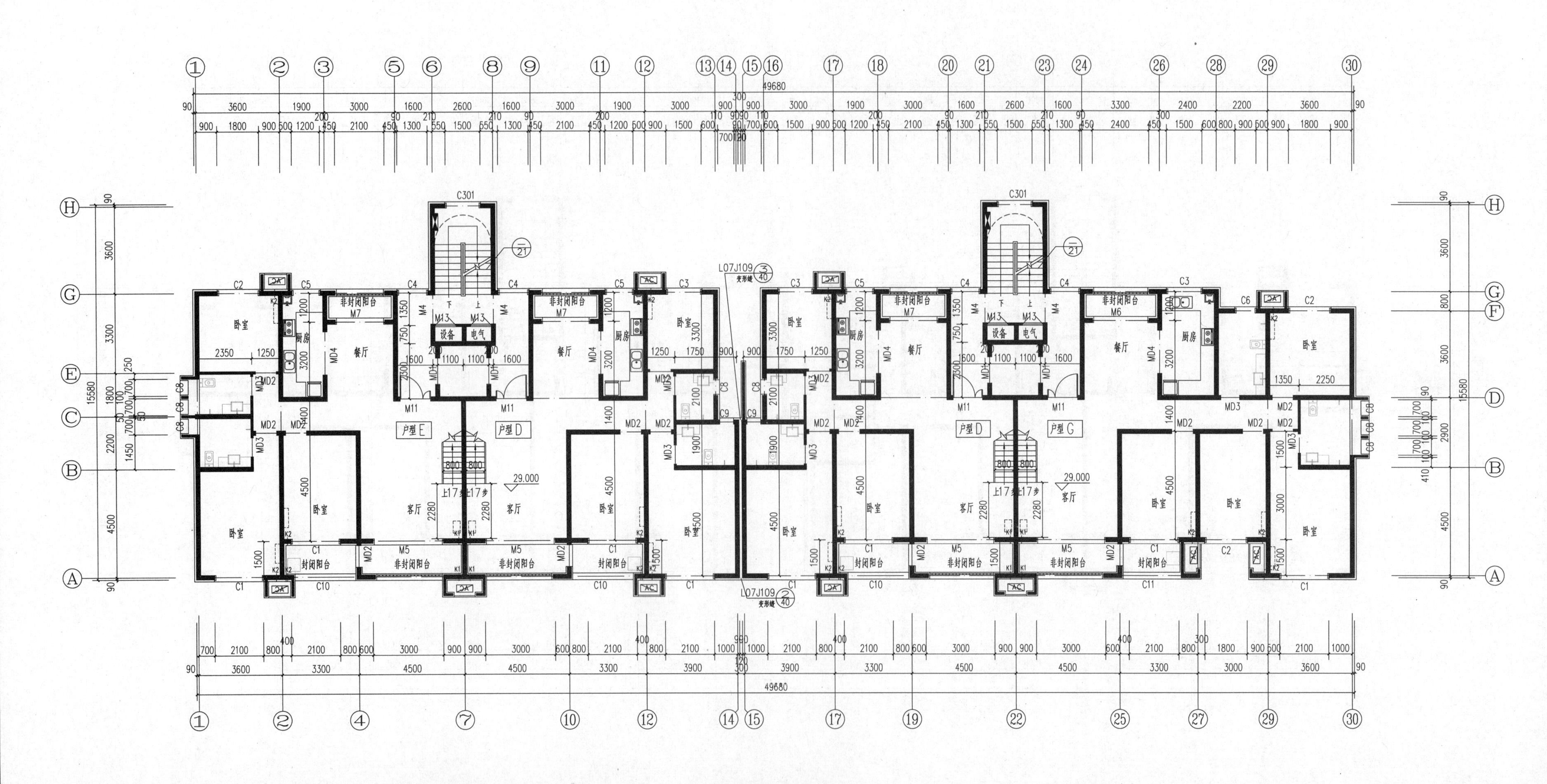

十一层平面图 1:100

注 1. 建筑墙体除注明者外，外墙均为180厚钢筋混凝土与加气混凝土砌块墙体；内墙为180厚钢筋混凝土与加气混凝土砌块墙体；隔墙为100厚加气混凝土砌块墙体，墙体偏轴情况详见结施。

2. 门垛除注明者外均为100（墙边至门洞边）。

3. 配电箱预留洞详见电施，结构柱及构造柱位置以结构图为准。

4. 厨房排气道详见L09J105-6-C3；厨房、卫生间楼地面均比同层地坪低20mm，并按1%排水坡度坡向地漏，地漏位置详见水施图。

5. 电梯采用无机房电梯，电梯门洞口尺寸为1100X2200，居中布置。

6. 所有楼梯护栏的竖向栏杆间距不大于110mm。

7. 图中未注明细部尺寸及详图做法索引参见户型标准层单元平面布置详图。

8. k1、k2表示空调管穿墙预留洞Ø75，冷凝水管为Ø50PVC管，孔洞中心距内墙皮100，k1为柜机留洞，其中心距楼地面200，k2为壁挂机留洞，其中心距楼地面2200。

9. 本层建筑面积：600.78m²（含保温层面积）。

建施-09
十一层平面图

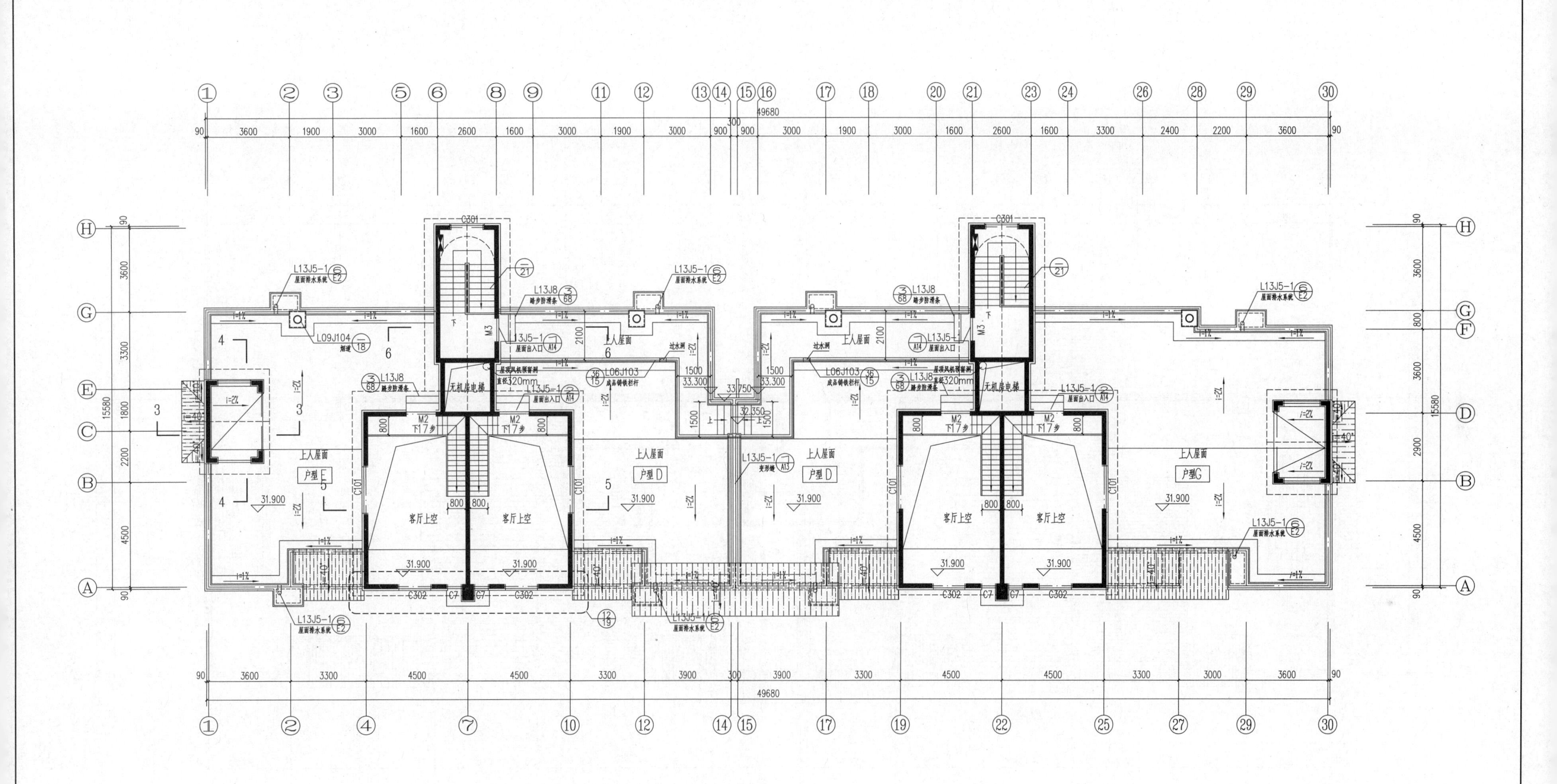

机房层平面图 1:100

注：1. 建筑墙体除注明者外，外墙均为180厚钢筋混凝土与加气混凝土砌块墙体；内墙为180厚钢筋混凝土与加气混凝土砌块墙体；隔墙为100厚加气混凝土砌块墙体，墙体偏轴情况详见结施。
2. 门垛除注明者外均为100（墙边至门洞边）。
3. 配电箱预留洞详见电施，结构柱及构造柱位置以结构图为准。
4. 所有楼梯护栏的竖向栏杆间距不大于110mm。
5. 本层建筑面积：116.84m²。

建施-10
机房层平面图

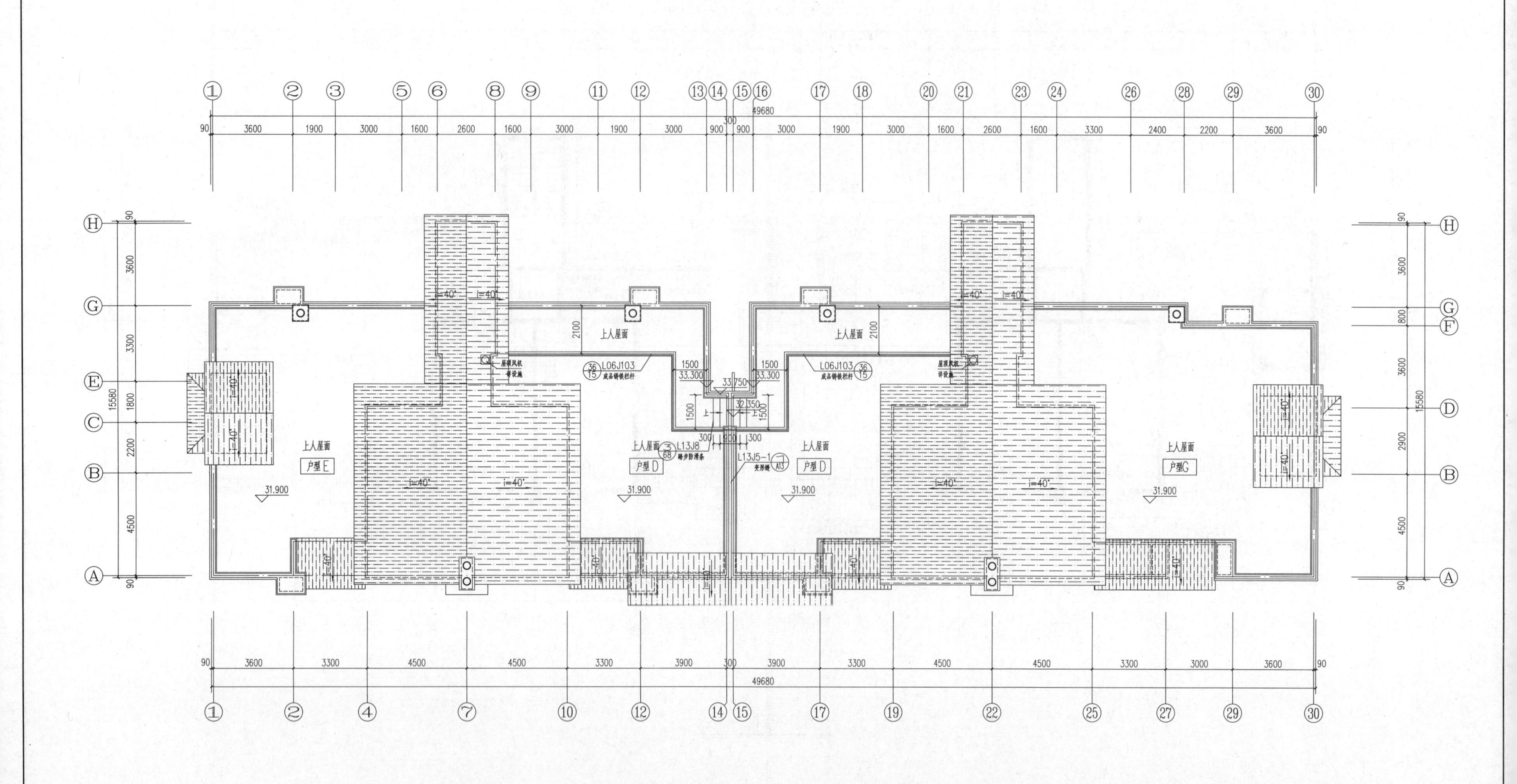

屋顶层平面图 1:100

建施-11
屋顶层平面图

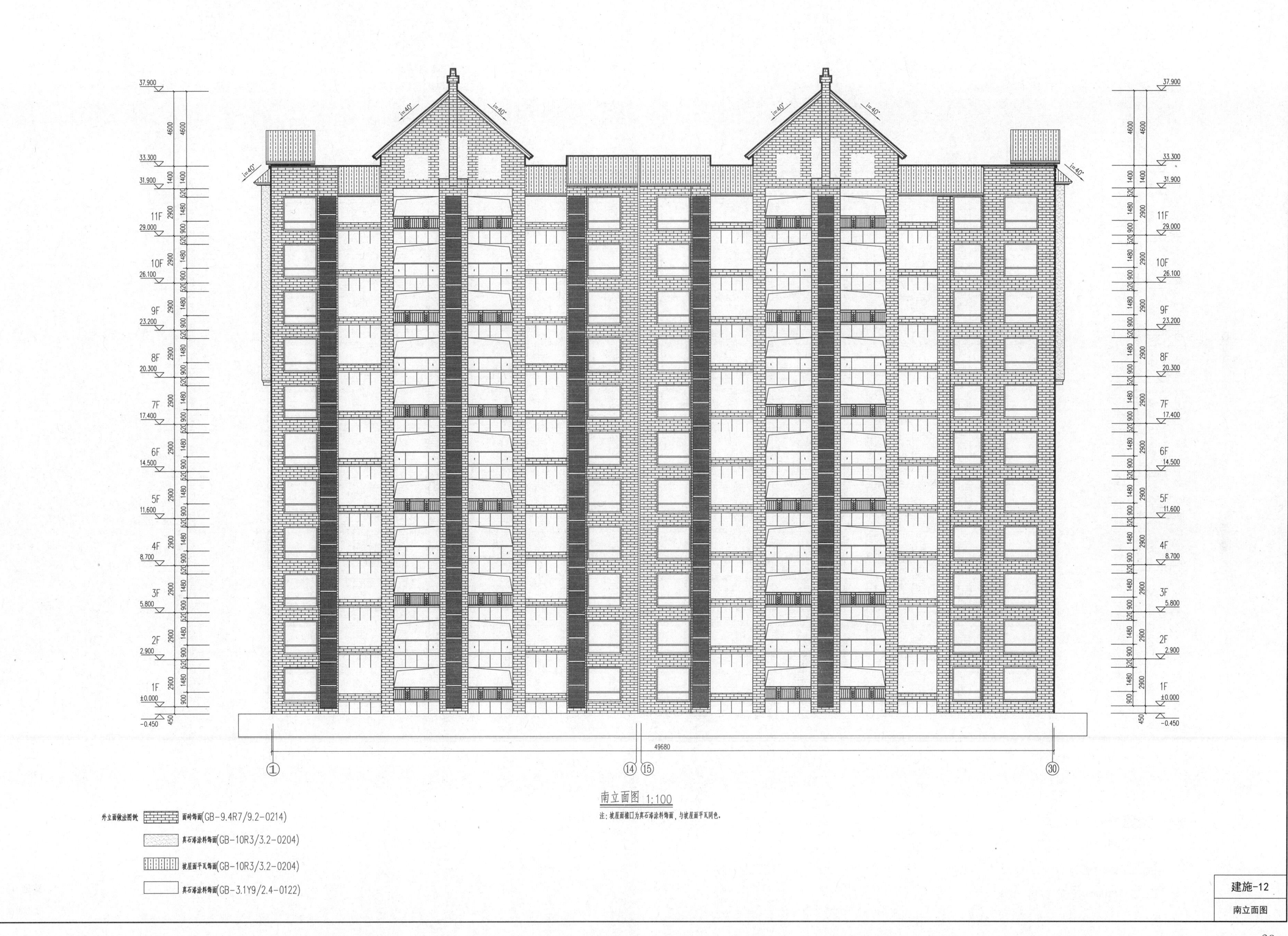
南立面图 1:100
注：坡屋面檐口为真石漆涂料饰面，与坡屋面平瓦同色。
外立面做法图例
面砖饰面(GB-9.4R7/9.2-0214)
真石漆涂料饰面(GB-10R3/3.2-0204)
坡屋面平瓦饰面(GB-10R3/3.2-0204)
真石漆涂料饰面(GB-3.1Y9/2.4-0122)
建施-12
南立面图
49680

北立面图 1:100

注：坡屋面檐口为真石漆涂料饰面，与坡屋面平瓦同色。

外立面做法图例

面砖饰面(GB-9.4R7/9.2-0214)

真石漆涂料饰面(GB-10R3/3.2-0204)

坡屋面平瓦饰面(GB-10R3/3.2-0204)

真石漆涂料饰面(GB-3.1Y9/2.4-0122)

建施-13

北立面图

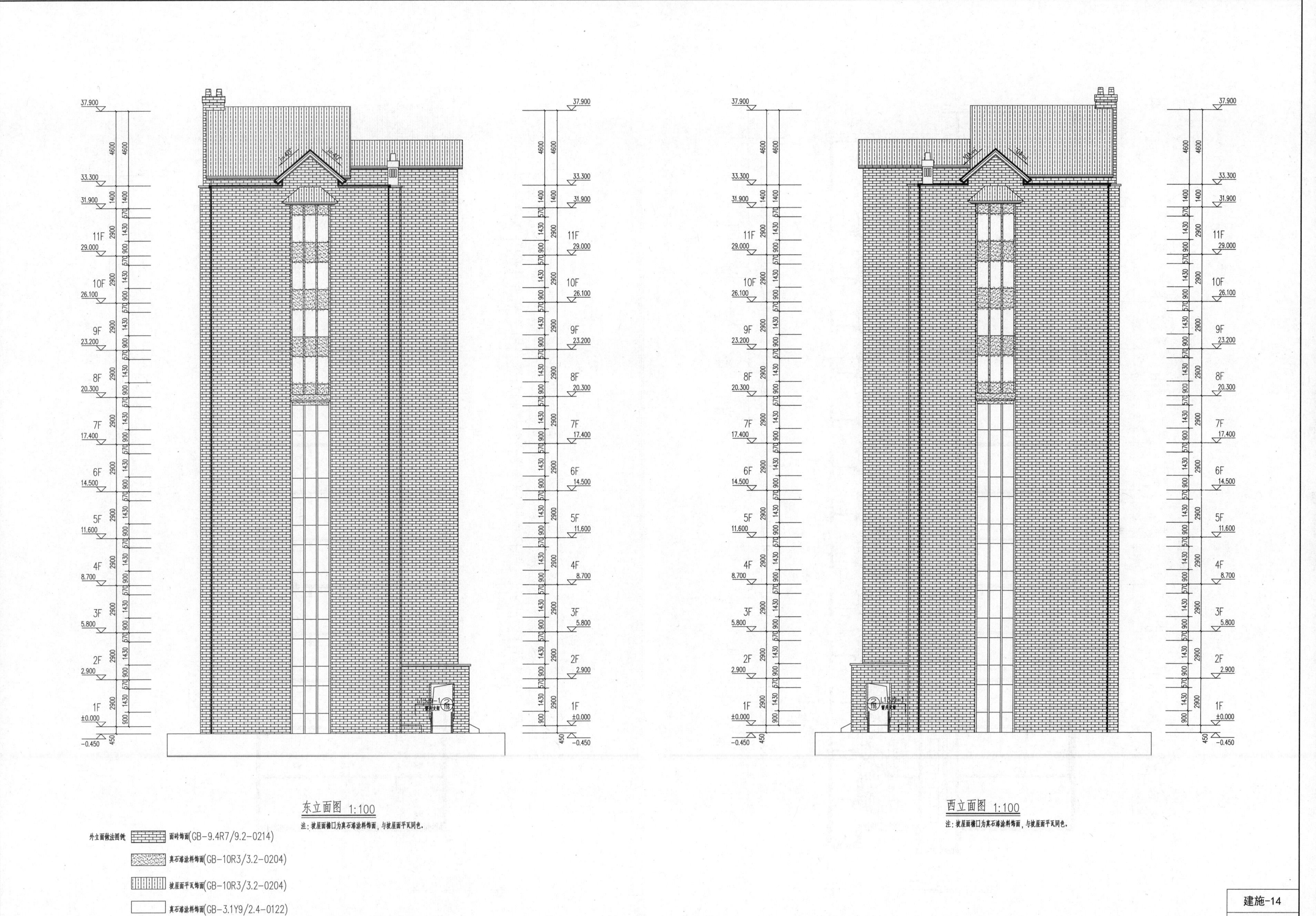
37.900
33.300
31.900
11F
29.000
10F
26.100
9F
23.200
8F
20.300
7F
17.400
6F
14.500
5F
11.600
4F
8.700
3F
5.800
2F
2.900
1F
±0.000
-0.450
4600
1400
2900
1430
570
900
450
东立面图 1:100
注：坡屋面檐口为真石漆涂料饰面，与坡屋面平瓦同色。
西立面图 1:100
注：坡屋面檐口为真石漆涂料饰面，与坡屋面平瓦同色。
外立面做法图例
面砖饰面(GB-9.4R7/9.2-0214)
真石漆涂料饰面(GB-10R3/3.2-0204)
坡屋面平瓦饰面(GB-10R3/3.2-0204)
真石漆涂料饰面(GB-3.1Y9/2.4-0122)
建施-14
东、西立面图

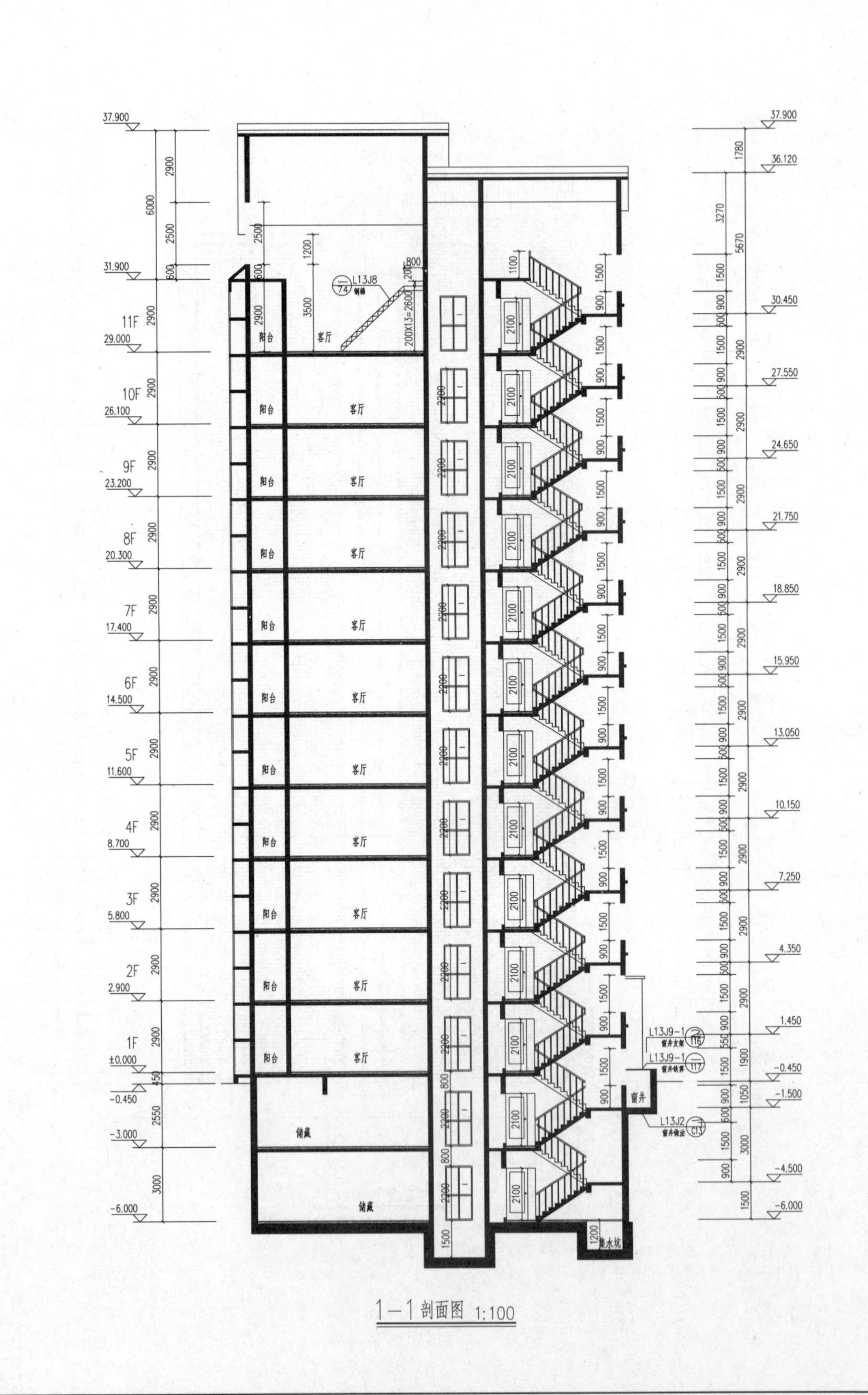

1-1 剖面图 1:100

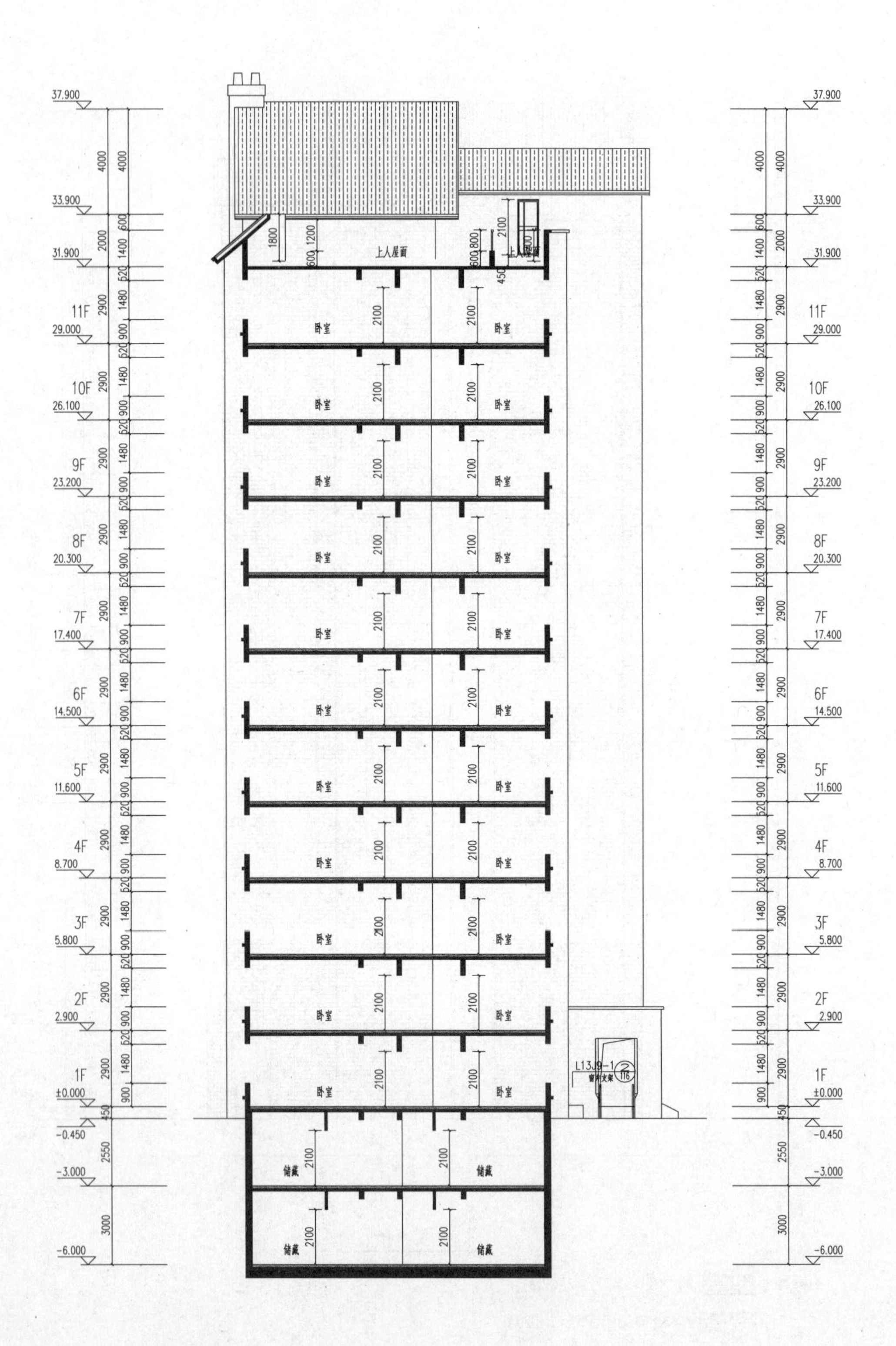

2-2 剖面图 1:100

建施-15

1-1、2-2剖面图

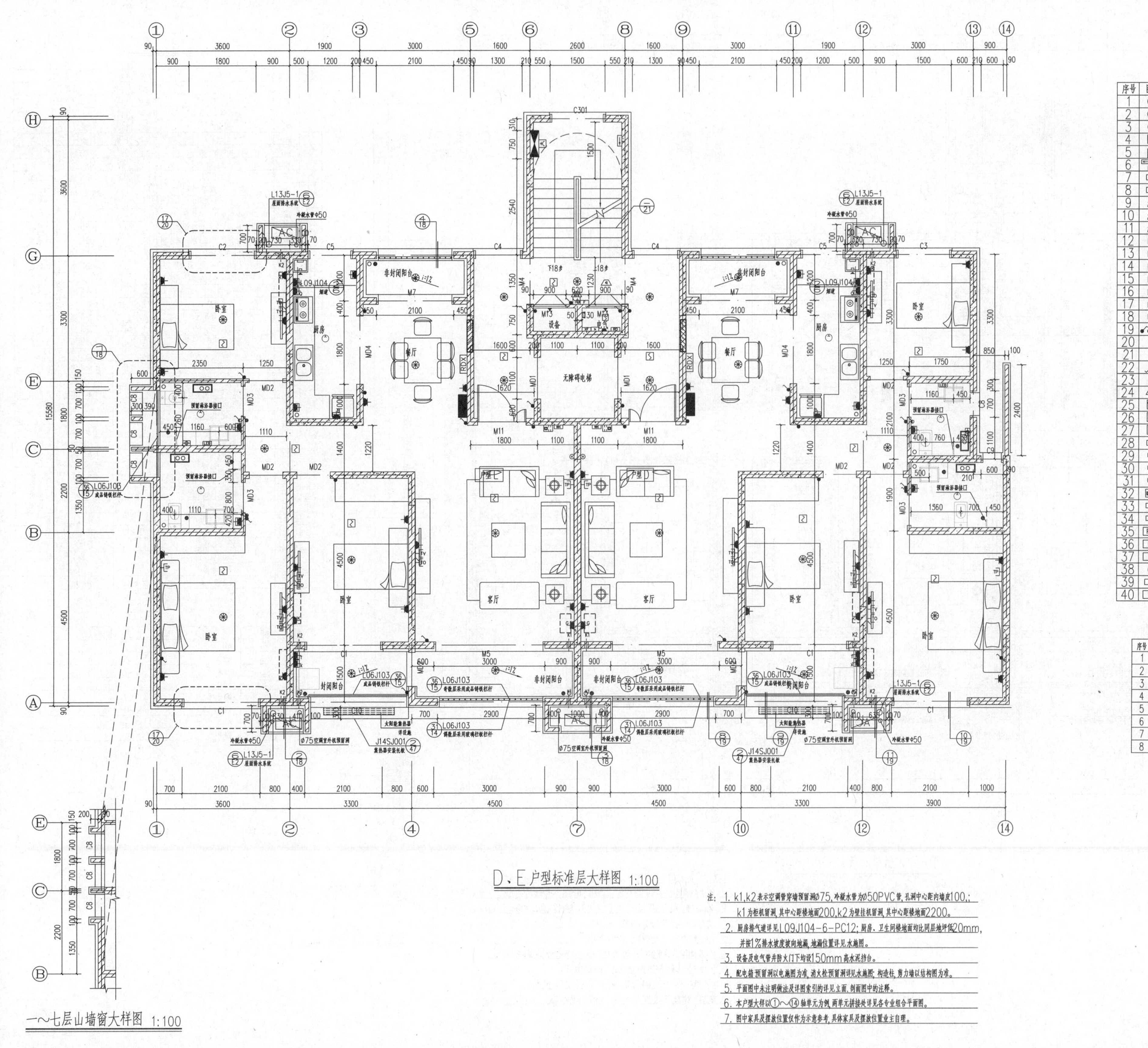

注：1. k1,k2表示空调管穿墙预留洞ø75, 冷凝水管为ø50PVC管, 孔洞中心距内墙皮100,;
k1为柜机留洞, 其中心距楼地面200, k2为壁挂机留洞, 其中心距楼地面2200。
2. 厨房排气道详见L09J104-6-PC12; 厨房、卫生间楼地面均比同层地坪低20mm,
并按1%排水坡度坡向地漏, 地漏位置详见水施图。
3. 设备及电气管井防火门下均设150mm高水泥挡台。
4. 配电箱预留洞以电施图为准, 消火栓预留洞详见水施图; 构造柱, 剪力墙以结构图为准。
5. 平面图中未注明做法及详图索引的详见立面、剖面图中的注释。
6. 本户型大样以①～⑭轴单元为例, 两单元拼接处详见各专业组合平面图。
7. 图中家具及摆放位置仅作为示意参考, 具体家具及摆放位置业主自理。

图例表

序号	图例	名称	型号及规格	安装方式
1		吸顶灯	节能灯 20W	吸顶安装
2		应急吸顶灯	节能灯 20W	吸顶安装
3		防水防尘吸顶灯	节能灯 20W	吸顶安装
4		壁装灯口	节能灯 16W	门框上0.2m明装
5	E	应急壁灯	节能灯 16W	门框上0.2m明装
6		疏散指示灯	LED 2W	下沿距地0.5m壁装
7	EXIT	安全出口标志灯	LED 2W	门框上0.2m壁装
8	F	楼层指示灯	LED 2W	下沿距地2.5m明装
9		二孔+三孔安全型插座	10A 250V	下沿距地0.3m暗装 储藏室及电井内下皮距地1.3m暗装
10	C	安全型柜式空调插座	16A 250V	下沿距地0.3m暗装
11	K	安全型壁挂空调插座	16A 250V	下沿距地1.8m暗装
12	Y	安全型抽油烟机防水防溅插座	10A 250V	下沿距地1.8m暗装
13	X	带开关安全型洗衣机防水防溅插座	10A 250V	下沿距地1.3m暗装
14	B	带开关安全型冰箱防水防溅插座	10A 250V	下沿距地0.3m暗装
15	Q	燃气报警电源防水防溅插座	10A 250V	下沿距地2.0m暗装
16	T	带开关安全型太阳能防水防溅插座	10A 250V	下沿距地2.3m暗装
17		带开关安全型防水防溅插座	10A 250V	下沿距地1.6m暗装
18		浴霸接线盒	预留86盒	下沿距地2.5m暗装
19		单、双、三联单控开关	10A 250V	下沿距地1.3m暗装
20		声控延迟开关	10A 250V	下沿距地1.3m暗装
21		消防型声控延迟开关	10A 250V	下沿距地1.3m暗装
22		单联双控开关	10A 250V	下沿距地1.3m暗装 床头处下皮距地0.8m暗装
23		浴霸开关	浴霸自带	下沿距地1.3m暗装
24		火灾声光警报器		下沿距地2.5m明装
25		带电话插孔的手动报警按钮		下沿距地1.3m明装
26		消火栓起泵按钮		消火栓内安装
27		感烟探测器		吸顶安装
28	SI	隔离模块		下沿距地2.5米明装
29	TO	计算机插座		下沿距地0.3m暗装
30	TV	电视插座		下沿距地0.3m暗装
31	TP	电话插座		下沿距地0.3m暗装
32		家用火灾报警控制器(对讲分机)		下沿距地1.3m暗装
33	LEB	局部等电位联结箱		下沿距地0.3m暗装
34	MEB	总等电位联结箱		下沿距地0.3m暗装
35	RDX	户内弱电箱	详系统图	距地0.3m暗装
36	RD	弱电层分线箱	详系统图	距地1.0m明装
37	XF	消防层接线箱		距地2.5m明装
38		紧急求救按钮		距地0.8m暗装
39		分集水器		详见设施
40	WK	温度控制器	与设备配套	下沿距地1.3m暗装

序号	符号	名称	安装图集及方式
1		地漏	L13S1-224
2		坐便器	L13S1-87
3		洗脸盆	L13S1-21
4		洗涤槽	L13S1-6
5		淋浴器安装	L13S1-71
6		太阳能热水器	L07SJ906-47
7		消防柜	L13S4-21
8		散热器	详见设施

建施-16

D、E户型标准层大样图

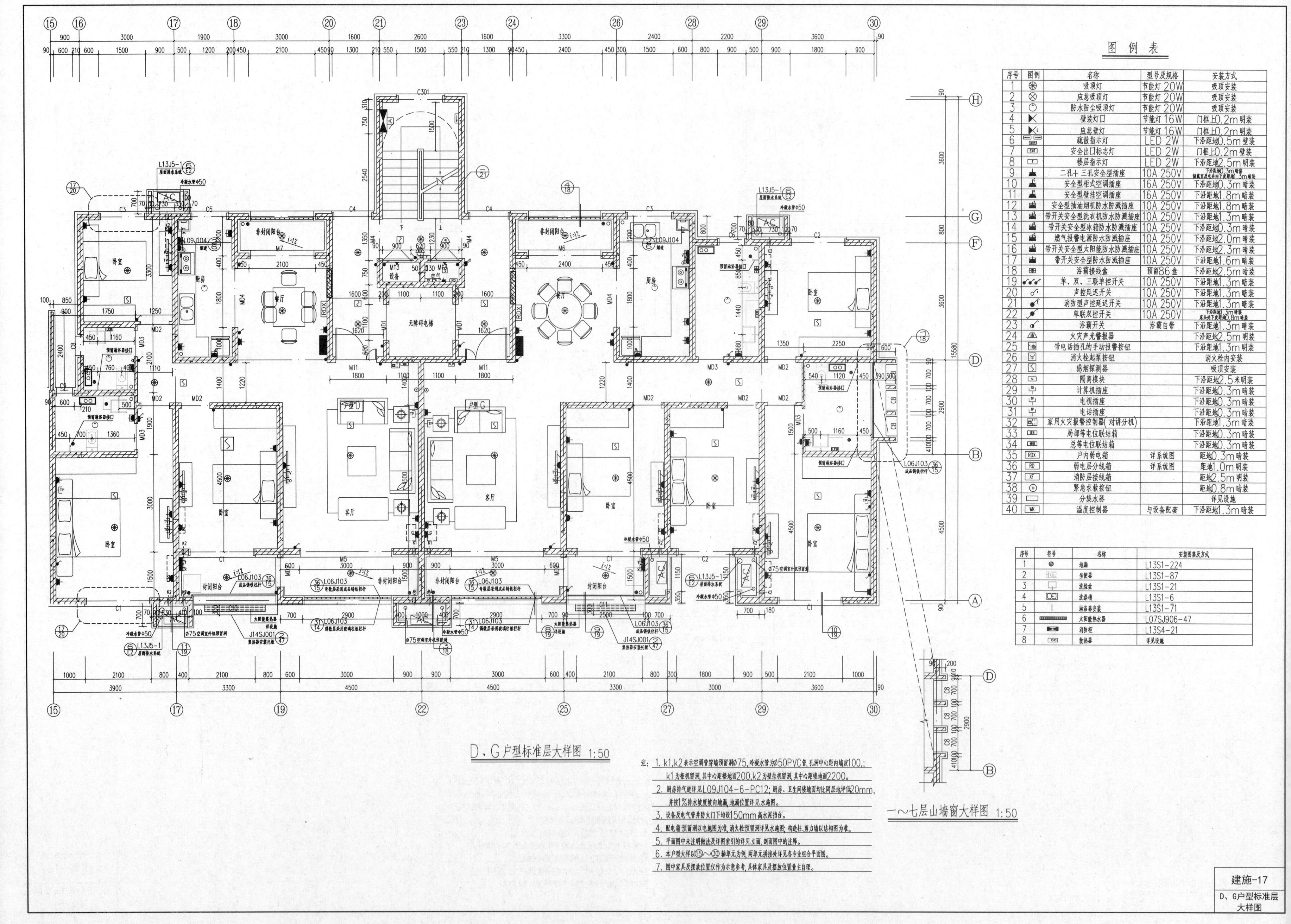

图 例 表

序号	图例	名称	型号及规格	安装方式
1		吸顶灯	节能灯 20W	吸顶安装
2		应急吸顶灯	节能灯 20W	吸顶安装
3		防水防尘吸顶灯	节能灯 20W	吸顶安装
4		壁装灯口	节能灯 16W	门框上0.2m明装
5		应急壁灯	节能灯 16W	门框上0.2m明装
6		疏散指示灯	LED 2W	下沿距地0.5m壁装
7	EXIT	安全出口标志灯	LED 2W	门框上0.2m壁装
8	F	楼层指示灯	LED 2W	下沿距地2.5m明装
9		二孔+ 三孔安全型插座	10A 250V	下沿距地0.3m暗装 储藏室及电井内下皮距地1.3m暗装
10		安全型柜式空调插座	16A 250V	下沿距地0.3m暗装
11		安全型壁挂空调插座	16A 250V	下沿距地1.8m暗装
12		安全型抽油烟机防水防溅插座	10A 250V	下沿距地1.8m暗装
13		带开关安全型洗衣机防水防溅插座	10A 250V	下沿距地1.3m暗装
14		带开关安全型冰箱防水防溅插座	10A 250V	下沿距地0.3m暗装
15		燃气报警电源防水防溅插座	10A 250V	下沿距地2.0m暗装
16		带开关安全型太阳能防水防溅插座	10A 250V	下沿距地2.3m暗装
17		带开关安全型防水防溅插座	10A 250V	下沿距地1.6m暗装
18		浴霸接线盒	预留86盒	下沿距地2.5m暗装
19		单、双、三联单控开关	10A 250V	下沿距地1.3m暗装
20		声控延迟开关	10A 250V	下沿距地1.3m暗装
21		消防型声控延迟开关	10A 250V	下沿距地1.3m暗装
22		单联双控开关	10A 250V	下沿距地1.3m暗装 床头处下皮距地0.8m暗装
23		浴霸开关	浴霸自带	下沿距地1.3m暗装
24		火灾声光警报器		下沿距地2.5m明装
25		带电话插孔的手动报警按钮		下沿距地1.3m明装
26		消火栓起泵按钮		消火栓内安装
27		感烟探测器		吸顶安装
28		隔离模块		下沿距地2.5米明装
29		计算机插座		下沿距地0.3m暗装
30		电视插座		下沿距地0.3m暗装
31		电话插座		下沿距地0.3m暗装
32		家用火灾报警控制器(对讲分机)		下沿距地1.3m暗装
33	LEB	局部等电位联结箱		下沿距地0.3m暗装
34	MEB	总等电位联结箱		下沿距地0.3m暗装
35	RDX	户内弱电箱	详系统图	距地0.3m暗装
36	RD	弱电层分线箱	详系统图	距地1.0m明装
37	XF	消防层接线箱		距地2.5m明装
38		紧急求救按钮		距地0.8m暗装
39		分集水器		详见设施
40	WK	温度控制器	与设备配套	下沿距地1.3m暗装

序号	符号	名称	安装图集及方式
1		地漏	L13S1-224
2		坐便器	L13S1-87
3		洗脸盆	L13S1-21
4		洗涤槽	L13S1-6
5		淋浴器安装	L13S1-71
6		太阳能热水器	L07SJ906-47
7		消防柜	L13S4-21
8		散热器	详见设施

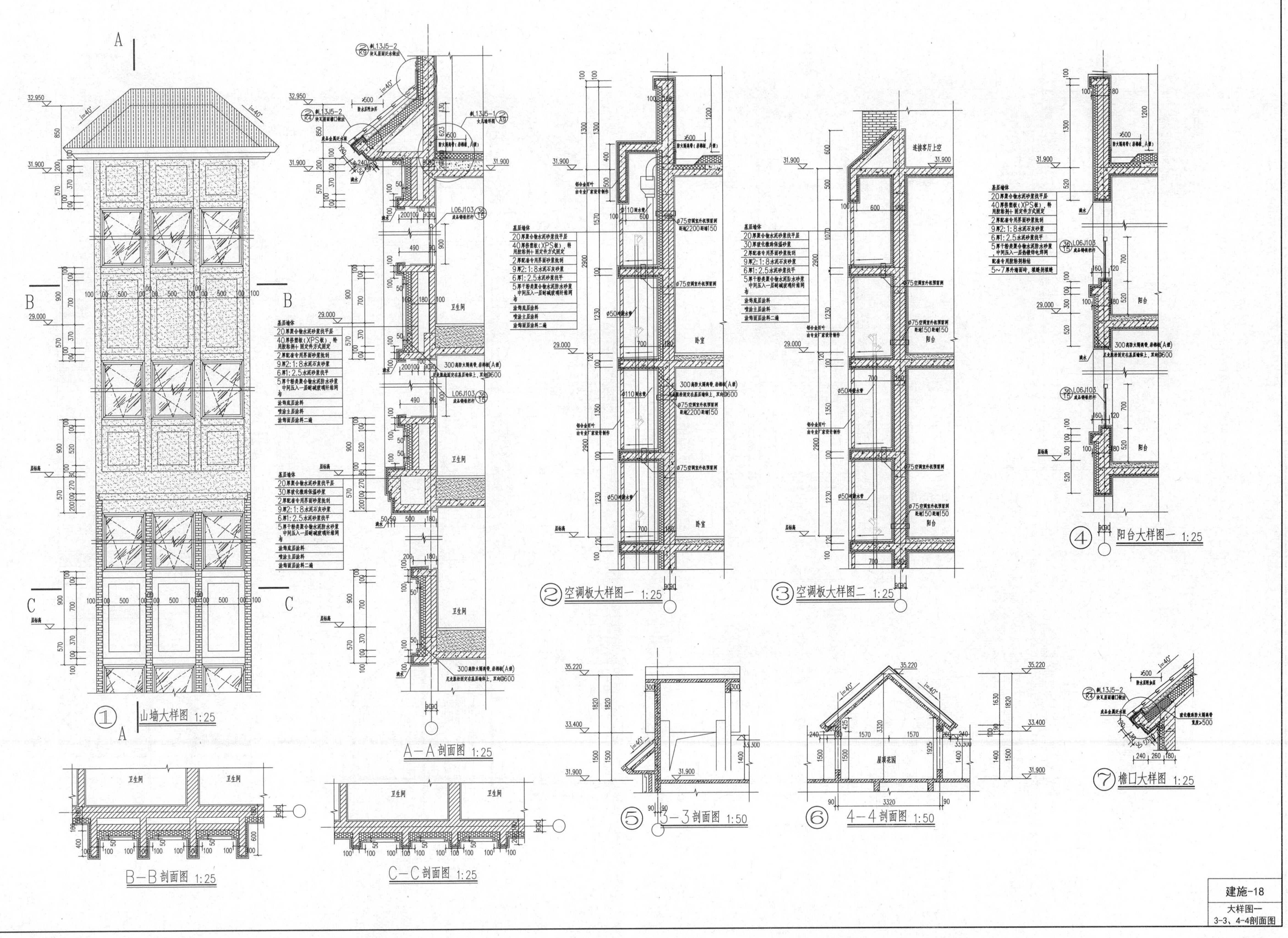
① 山墙大样图 1:25
A—A 剖面图 1:25
B—B 剖面图 1:25
C—C 剖面图 1:25
② 空调板大样图一 1:25
③ 空调板大样图二 1:25
④ 阳台大样图一 1:25
⑤ 3—3 剖面图 1:50
⑥ 4—4 剖面图 1:50
⑦ 檐口大样图 1:25
卫生间
卧室
阳台
屋顶花园
连接客厅上空
基层墙体
20厚聚合物水泥砂浆找平层
40厚挤塑板(XPS板)，特用胶粘剂+固定件方式固定
2厚配套专用界面砂浆批刮
9厚2:1:8水泥石灰砂浆
6厚1:2.5水泥石灰砂浆找平
涂饰底层涂料
喷涂主层涂料
涂饰面层涂料二遍
30厚玻化微珠保温砂浆
L06J103
32.950
31.900
29.000
35.220
33.400
建施-18
大样图一
3-3、4-4剖面图

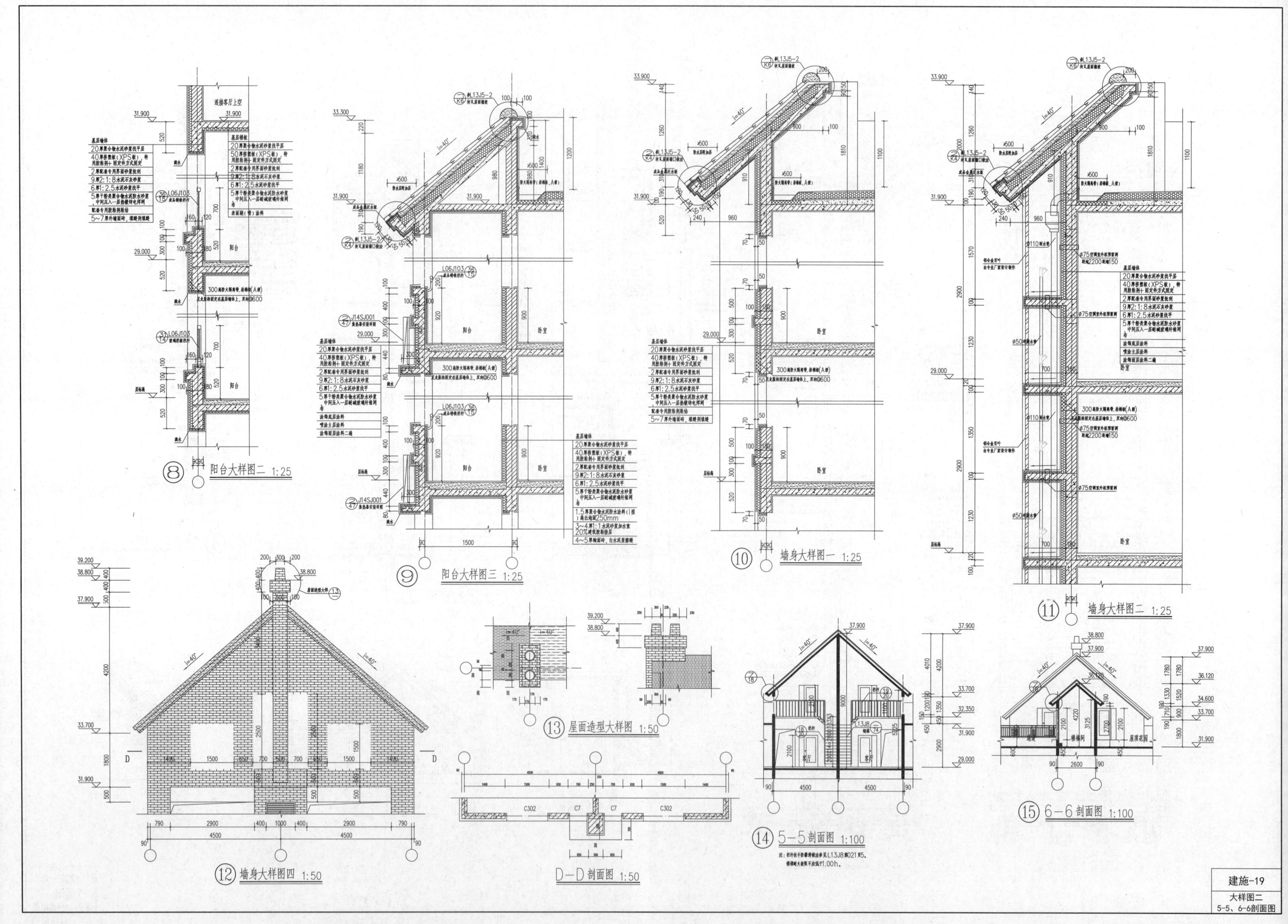

阳台大样图二 1:25
阳台大样图三 1:25
墙身大样图一 1:25
墙身大样图二 1:25
墙身大样图四 1:50
屋面造型大样图 1:50
D-D 剖面图 1:50
5-5 剖面图 1:100
6-6 剖面图 1:100
注：栏杆扶手防攀滑做法参见L13J8第021页5。
楼梯耐火极限不应低于1.00h。
建施-19
大样图二
5-5、6-6剖面图

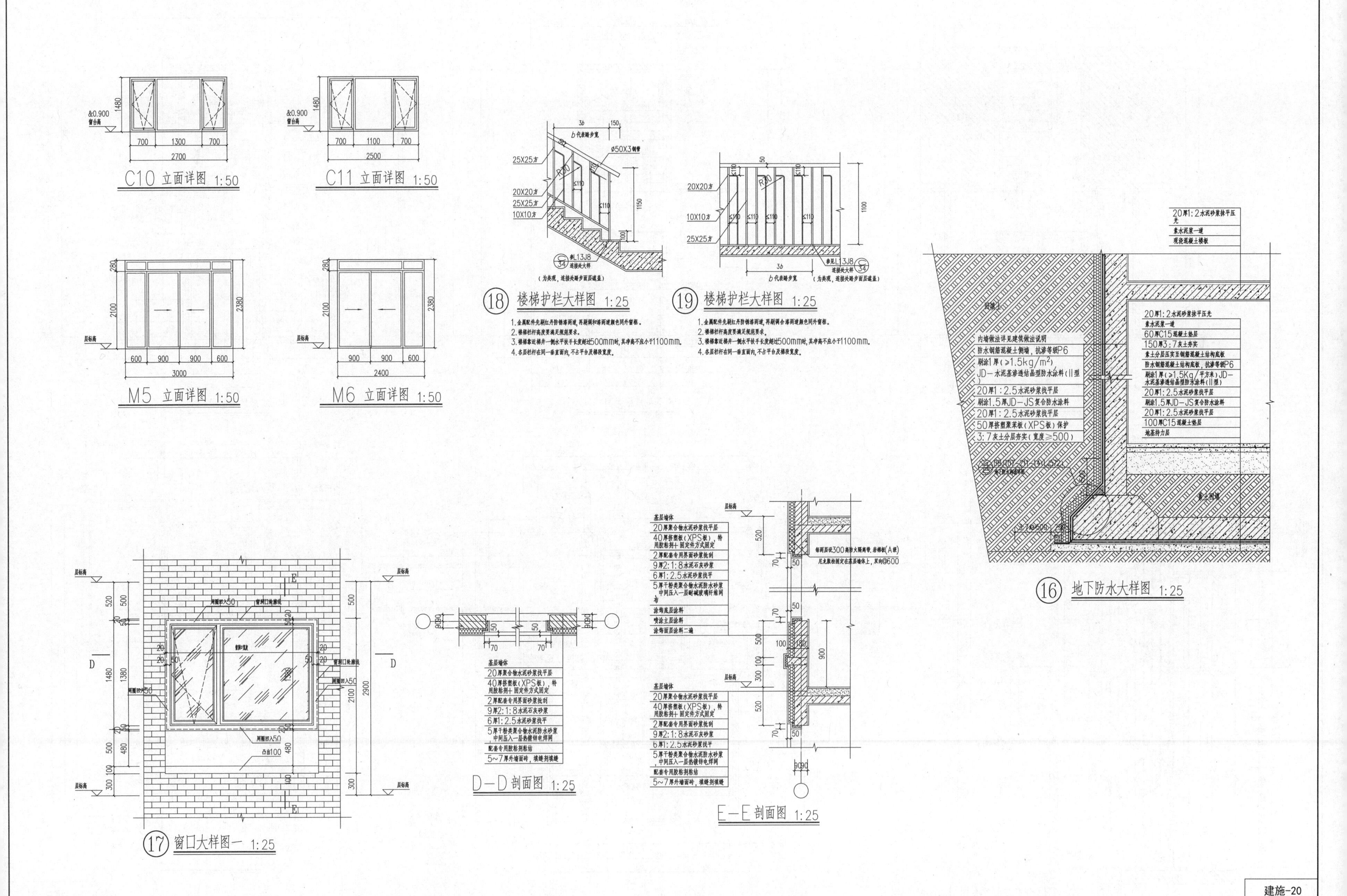

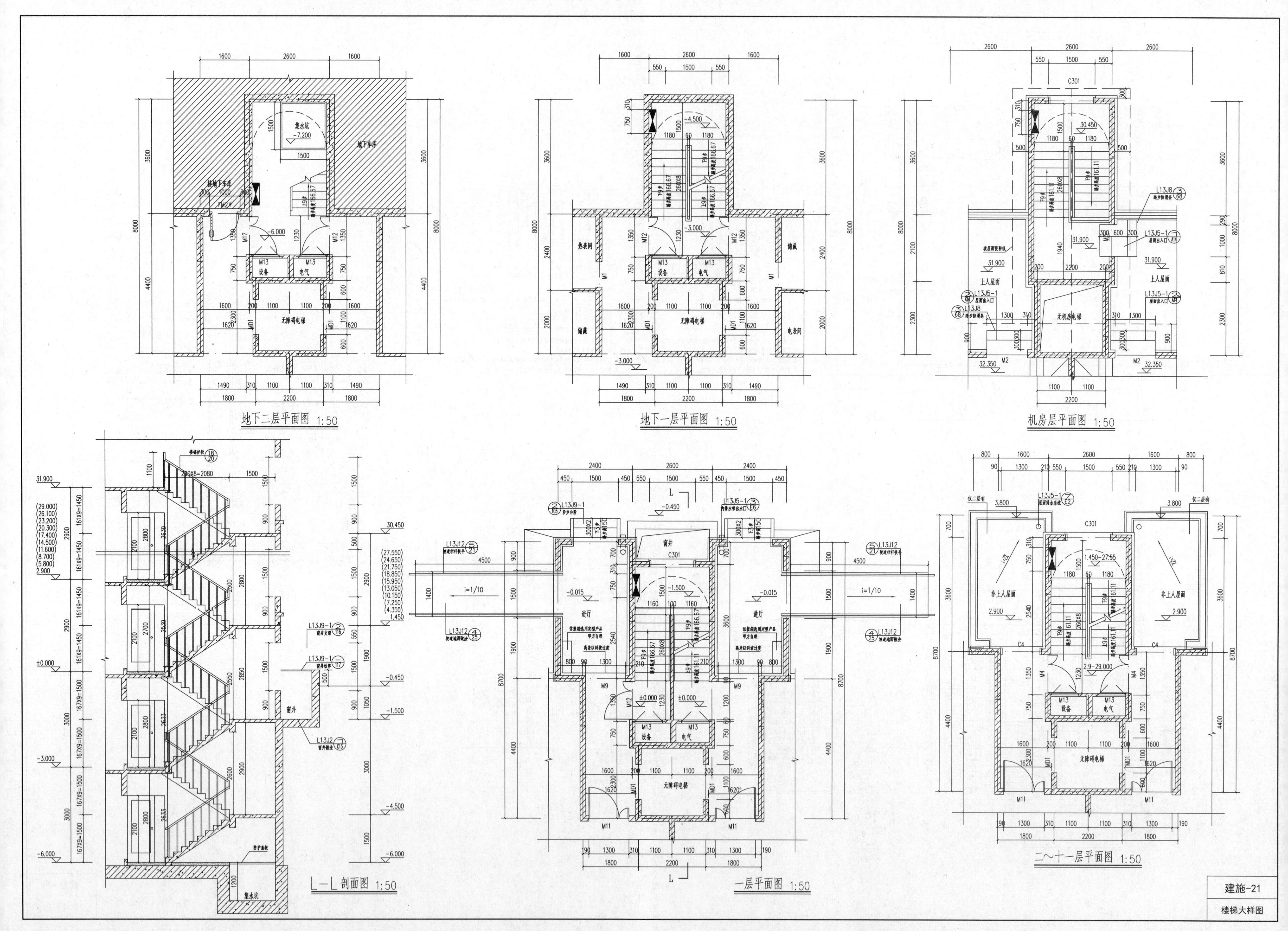
地下二层平面图 1:50
地下一层平面图 1:50
机房层平面图 1:50
L—L 剖面图 1:50
一层平面图 1:50
二～十一层平面图 1:50
建施-21
楼梯大样图

结构设计总说明（一）

一、工程概况

（1）本工程主楼地下二层，建筑功能为储藏室及设备间；地上共11层加阁楼层，
地上功能均为住宅；十一层屋面以上设置机房及阁楼层，阁楼层屋面为坡屋面。
地下一、地下二层高均为3.0m，地上一～十一层层高均为2.9m，阁楼层高为2.0～4.2m。
十一层屋面为屋顶花园，其他屋面为非上人屋面。
建筑东西总长49.680m，南北总宽15.580m，室内外高差0.45m。
±0.000对应绝对标高：70.500m，结构总高度32.350m，其平面位置详建筑总图。

（2）主楼±0.000以下不设永久结构缝，±0.000以上通过防震缝将主楼分为两个结构单元。
本工程嵌固部位：地下一层顶板处。

（3）结构型式：上部结构：剪力墙结构；基础型式：平板式筏板基础。

二、建筑安全等级及使用年限

（1）建筑结构的安全等级为二级，结构重要性系数为1.0，建筑场地类别：Ⅱ类，场地特征周期为0.40s；
地基基础设计等级：甲级；地下室防水等级为一级；建筑防火等级为一级；结构设计使用年限：50年。

（2）抗震设防烈度为7度(0.10g)，设计地震分组为第二组。抗震设防类别：标准设防类；
剪力墙及框架抗震等级：三级。

（3）未经设计许可或技术鉴定不得改变结构的用途和使用环境，不得拆改结构和进行加层改造。

三、设计依据

（1）设计所遵循的主要标准、规范、规程：

1)《建筑结构荷载规范》(GB 50009-2012)；
2)《混凝土结构设计规范》(GB 50010-2010)；
3)《建筑抗震设计规范》(GB 50011-2010)；
4)《建筑工程抗震设防分类标准》(GB 50223-2008)；
5)《建筑结构可靠度设计统一标准》(GB 50068-2001)；
6)《工程结构可靠性设计统一标准》(GB 50153-2008)；
7)《钢筋机械连接技术规程》(JGJ 107-2010)；
8)《建筑地基基础工程施工质量验收规范》(GB 50202-2002)；
9)《钢筋混凝土用钢 第1部分：热轧光圆钢筋》(GB 1499.1-2008)；
10)《钢筋混凝土用钢 第2部分：热轧带肋钢筋》(GB 1499.2-2008)；
11)《混凝土结构工程施工质量验收规范》(GB 50204-2015)；
12)《蒸压加气混凝土建筑应用技术规程》(JGJ/T 17-2008)；
13)《建筑地基基础设计规范》(GB 50007-2011)；
14)《砌体结构设计规范》(GB 50003-2011)；
15)《建筑结构制图标准》(GB/T 50105-2010)；
16)《高层建筑混凝土结构技术规程》(JGJ 3-2010)；
17)《建筑变形测量规范》(JGJ 8-2007)；
18)《砌体结构工程施工质量验收规范》(GB 50203-2011)；
19)《地下工程防水技术规范》(GB 50108-2008)；
20)《工业建筑防腐蚀设计规范》(GB 50046-2008)；
21)《高层建筑筏形与箱形基础技术规范》(JGJ 6-2011)；

（2）设计选用的标准图集：

1)《钢筋混凝土过梁》 L13G7；
2)《加气混凝土砌块墙》 L13J3-3；
3)《建筑物抗震构造详图（多层和高层钢筋混凝土房屋）》11G329-3；
4)《混凝土结构施工图平面整体表示方法制图规则和构造详图》
5)《现浇混凝土框架、剪力墙、梁、板》11G101-1；
6)《独立基础、条形基础、筏形基础及桩基承台》11G101-3；
7)《混凝土结构预埋件》 04G362；
8)《地沟及盖板》 L13G6；
9)《G101系列图集施工常见问题答疑图解》13G101-11；
10)《砌体填充墙结构构造》 12SG614-1；
11)《现浇混凝土板式楼梯》 11G101-2；

12) 所有施工均应按现行国家设计标准进行设计、施工时除应遵守本说明外，尚应符合各设计图纸说明和标准图集的要求，以及山东省建设厅、本地区建委的有关规章规定

四、结构材料及耐久性要求

（1）主要结构材料详见表1（详图中另有说明者除外）。

主要结构材料 表1

材料名称		材料强度							备注
		基础及防水底板	基础～地下一层	墙、柱 2～2层以上	3层及以上	梁、板		填充墙构造柱 圈梁及压顶	
混凝土		C30P6	C15	C35	C30	C30		C25	基础、地下防水、防水底板、卫生间、厨房、阳台顶板及梁及防水混凝土，抗渗等级P6
钢筋	HPB300级钢	f_{yk}=300KN/mm²				f_y=270KN/mm²			图示 Φ
	HRB400级钢	f_{yk}=400KN/mm²				f_y=360KN/mm²			图示 ⌀
填充墙	加气混凝土砌块	A3.5							干容重7.0kN/m³
	页岩多孔砖	MU10							用于基础部分
	砂浆	M5 混合砂浆							基础为水泥砂浆
焊条		E43xx系列							用于焊接HPB300级钢
		E50xx系列							用于焊接HRB400级钢

注：1. 预埋铁件的钢材牌号为Q235，吊钩、吊环和预埋件锚筋均采用HPB300级钢筋，不得采用冷加工钢筋；本工程中采用一级钢均采用HPB300级钢筋。
2. 混凝土原外加剂不得含有氯盐，氨盐，当所用水泥及外加剂应严格控制在现行国家有关规定的范围内。
3. 砌体中圈梁和构造柱当用于空外墙构件时其混凝土强度等级和标号不小于C30。

（2）环境类别及混凝土耐久性的要求：
1) 基础、地下室底板、地下室外墙、露天构件为二b类；厨房、卫生间、屋面为二a类，其余为一类。
2) 一类、二类环境中结构混凝土耐久性的基本要求详见表2。

混凝土耐久性的基本要求 表2

环境类别		最大水胶比	最大氯离子含量(%)	最大碱含量(kg/m³)
一		0.60	0.3	不限制
二	a	0.55	0.2	3.0
	b	0.50	0.15	3.0

（3）钢筋保护层厚度详见表3（图中注明者除外）。

钢筋保护层厚度 表3

环境类别		墙、板 C25	墙、板 C30	梁、柱 C25	梁、柱 C30
一		20	15	25	20
二	a	–	20	–	25
	b	–	25	–	35
三a		–	30	–	40

注：1. 上述各受力钢筋混凝土保护层厚度同时应满足不小于钢筋公称直径的要求；2. 基础梁、板中纵向受力钢筋的混凝土保护层厚度为50mm；3. 板中分布钢筋的混凝土保护层厚度不应小于表中数值减10mm，且不应小于10mm，梁、柱中箍筋和构造钢筋的保护层厚度不应小于15mm；4. 埋入土中的混凝土墙、柱保护层上覆盖防腐层时，1.水泥砂浆20mm厚；5. 地下室顶板保护层厚度为20mm厚；6. 本表数值用于本工程的砌体填充墙结构部分；7. 上表中保护层厚度为最外层钢筋的保护层厚度。

（4）普通纵向受拉钢筋基本锚固及搭接长度详见表4、表5。

锚固长度 表4

钢筋种类与直径		C20 三级	C20 四级	C25 三级	C25 四级	C30 三级	C30 四级	C35 三级	C35 四级
HPB300		33d	31d	27d	28d	25d	24d	23d	22d
HRB400	普通钢筋	49d	46d	40d	42d	37d	36d	34d	33d
	环氧树脂涂层钢筋	61d	58d	53d	50d	47d	45d	43d	41d

注：非抗震受拉钢筋最小锚固长度（L_a）详见11G101-1，本表亦适用于本工程的砌体填充墙结构部分。

搭接长度 表5

纵向受拉钢筋接头百分率	25%	50%	100%
搭接长度	$1.2L_{aE}$	$1.4L_{aE}$	$1.6L_{aE}$

注：1. d为钢筋直径；2. 未注明的详见11G101-1；3. 梁、板类搭接头率≤25%，柱、墙类搭接头率≤50%；
4. 在任何情况下，锚固长度≥250mm，搭接长度≥300mm；5. 本表亦适用于本工程的砌体填充墙结构部分。

五、地基基础

（1）根据地质报告拟建场地自上而下各土层的工程地质特征见表6。

工程地质特征 表6

土层编号	土层名称	层底标高(m)	层厚度(m)	特征值 f_{ak}(KPa)	压缩模量 E_s(MPa)	f_{rk}(MPa)	备注
1	耕土						
2	黄土	62.83~64.66	2.20~2.40	130	5.0	--	
3	粉质黏土	60.06~60.65	2.50~4.60	150	6.0	--	基础持力层
4	强风化石灰岩	57.56~58.55	2.50~2.10	1000	40.0	--	
4-1	岩溶充填物					--	
5	中风化石灰岩	未揭穿		3000		30.0	

注：根据地质报告描述，勘察期间处于年度枯水期，勘察深度范围内未发现地下水，可不考虑丰水期地下水对拟建筑的影响，土对混凝土结构具微腐蚀性；对混凝土结构中的钢筋具微腐蚀性。

（2）根据地质报告描述拟建场地地形起伏较大，地貌单元较单一，勘察范围内除局部位置发现岩溶作用外，未发现其他不良地质作用，无埋藏的河道、沟浜、墓穴、孤石等对工程不利的埋藏物，场区稳定，适宜拟建物兴建。

（3）本工程根据建设单位提供的岩土工程勘察报告，本工程采用强夯处理地基，以强夯后第2层黄土和第3层粉质黏土为基础持力层，强夯后地基承载力特征值不小于f_{ak}=230kPa。

（4）本工程第1层均为耕土，应全部挖除才可进行强夯。为达到承载力要求，强夯过程中可掺加碎石（碎石含量根据现场试验确定）。强夯后清理基槽至基底标高，才可进行现场载荷试验。强夯后地基承载力不小于230kPa（根据现场载荷试验确定）。强夯范围出基础外边线不小于3.0m，强夯影响深度不小于5m。

（5）强夯施工过程中或施工结束后，应按下列要求对强夯地基的质量进行检测：
1）检查强夯施工记录，基坑内每个夯点的累计夯沉量，不得小于试夯时各点平均夯沉量的95%。
2）强夯土的承载力，宜在地基强夯结束后28d左右，采用静载荷试验测定。现场载荷试验点不少于3点。
3）强夯土的承载力及强夯地基均匀性检验应满足《建筑地基处理技术规范》(JGJ 79-2012)等相关规范的要求。

（6）强夯施工单位应严格按有关规范施工，应充分考虑到施工所产生的振动、噪声对临近建筑物的影响，并按有关规范设置观测点、采取挖隔振沟等其他隔振措施。

（7）开挖基坑时应注意边坡稳定，定期观测其对周围道路市政设施和建筑物有无不利影响，非自然放坡开挖时，基坑护壁应由具有相应资质的专业公司专门设计。

（8）本工程筏板基础的环境类别为二b类。地下室的防水等级为Ⅰ级。基础梁、基础底板、地下室外墙混凝土内需掺加膨胀防水剂，掺量以试验为准，设计抗渗等级P6。

（9）地下室底板及周边外墙应一次整体浇筑至底板面300mm以上。周边外墙壁按图1所示设置水平施工缝，水平施工缝混凝土应一次浇筑完毕，不得在墙内留任何竖向施工缝（施工后浇带除外）。

（10）管道穿地下室外墙时，均应预埋套管或钢板，穿墙单根给水排水管除图中注明外，按给水排水图集S312采用(Ⅱ)型刚性防水套管；除了图中注明外均按图2施工。

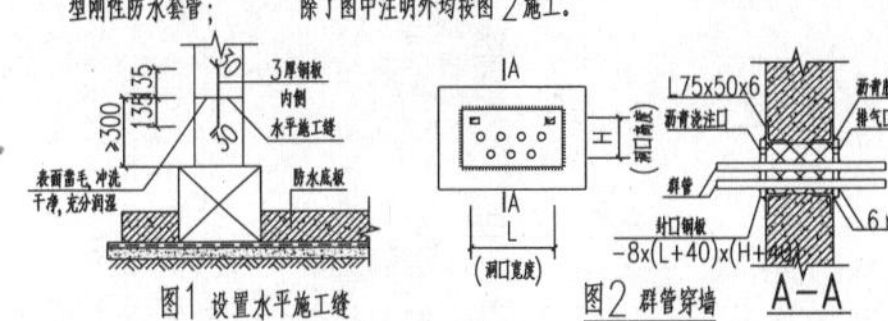

图1 设置水平施工缝　　图2 群管穿墙

（11）地下室顶板混凝土达到设计强度及侧壁防水层施工完成后，应尽早进行基坑回填。地下室外墙外侧采用3:7灰土回填，回填宽度不小于1m，室内用素土回填，在基础和地下室外墙与基坑侧壁间隙回填土对称进行。回填土应按施工规范要求分层夯实，压实系数不小于0.95。

（12）地下室内隔墙在地下室地面下50mm处设防潮层，以1:2.5水泥砂浆掺入5%防水剂（水泥重量比）抹20mm厚。

（13）地基与基础工程的施工应遵照现行《建筑地基基础工程施工质量验收规范》和《建筑桩基技术规范》有关规定施工。

六、上部结构设计

1. 钢筋混凝土剪力墙构造

（1）剪力墙横筋在外，竖筋在内，并用Φ6拉结筋连接，拉结筋应勾住外皮横筋和竖筋；挡土墙（DWQ*）竖筋在外，横筋在内。剪力墙及柱插筋在基础中的锚固构造详见11G101-3第58、59页。剪力墙墙身、边缘构件、连梁配筋构造详见11G101-1第68~78页三级、四级抗震等级剪力墙构造执行。

（2）墙上孔洞必须预留，不得后凿。图中未注明加筋者，按下述要求(方洞加强做法同圆洞)：
1）200<洞口尺寸≤300mm，剪力墙加强大样见图3。

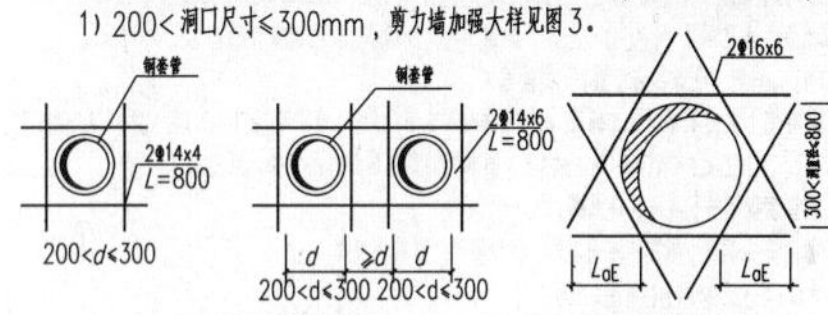

图3 剪力墙洞口加筋做法　　图4 墙洞口加筋立面图

2）当矩形洞口各边长度为300~800mm时，洞边加强做法详见图集11G101-1第78页。
3）当圆形洞口直径为300~800mm时，洞边加强做法详见图4。
4）洞口尺寸大于800mm时，洞边应设边缘构件详见剪力墙平面图。

（3）电梯井处剪力墙暗柱遇层站指示器做法详见图5。

（4）剪力墙连梁梁侧腰筋大于墙水平分布筋需单独设置时，梁侧腰筋与剪力墙水平分布筋连接详见图6。

（5）基础埋深内(地下室地面下)剪力墙洞口加强做法详见图7。

（6）剪力墙变截面时，按照11G101-1第70页要求施工。

2. 钢筋混凝土框架柱构造

（1）框架柱纵向钢筋连接、箍筋做法、变截面处构造及说明均详见11G101-1第57~67页。

（2）框架柱纵向受力钢筋不应在各层的节点中断开，纵向钢筋连接采用机械连接，在每个层高范围内，柱的每根纵向钢筋接头数不应超过一个，构造详见11G239-1第29页。

（3）柱中竖向钢筋柱纵筋连接方式优先采用机械连接，也可采用电渣压力焊或绑扎连接（直径>22mm钢筋必须采用机械连接），机械连接的接头性能应符合《钢筋机械连接技术规程》(JGJ 107-2010)的Ⅱ级及以上接头性能，如采用绑扎搭接，其接头位置应避开柱端部箍筋加密区。

3. 混凝土框架梁构造：

（1）楼面梁采用平法绘图，梁配筋表示方法详见标准图11G101-1，各层梁分别编号。框架梁（KL，WKL）钢筋锚固及接头做法按第79、80页三级、四级抗震等级框架梁构造执行。框架梁上生柱做法详见第60页。当梁的一端支撑在剪力墙上或柱上，另一端支撑在梁上时，支撑于柱或顺墙长方向支撑的一端做法按框架梁构造要求执行，支撑于梁或垂直于墙长方向支撑上的一端做法按非框架梁的构造要求执行。框支柱、框支梁配筋构造详见11G101-1第90页；非框架梁及挑梁的构造详见11G101-1第88~89页。

（2）框架梁钢筋搭接、箍筋加密、吊筋及宽窄梁连接等构造及大样说明详见11G101-1第87页。

（3）主次梁相交处均在主梁上次梁位置两侧各附加3Φd@50（d为主梁箍筋直径）箍筋，需设吊筋者吊筋规格详见平面图，当梁高（腹板高度）≥450时于梁两侧附设纵向构造筋，当图中构造筋未注明时，按图8设置。附加箍筋、吊筋及纵向构造筋大样详见11G101-1第87页，平面图中所标注抗扭纵筋锚固做法详见第87页。

（4）当梁的跨度≥4m时，模板按跨度的0.2%起拱；悬臂梁按悬臂长度的0.4%起拱。

（5）主次梁交接处，当主次梁的纵筋处于同一标高时，次梁的上下纵筋应放在主梁纵筋之上，主梁上筋的保护层取(25+d)mm，（d为次梁上筋直径），下部纵向钢筋节点大样详见图9。

（6）当梁宽与剪力墙暗柱宽相同或梁边与柱边、墙边平齐时，梁外侧纵向钢筋应在距柱边、墙边至少800处且弯折坡度≤1:25的条件下向内稍微弯折，置于柱、墙主筋的内侧，锚固做法详见图10。

（7）梁上预留孔洞：所有梁、连梁上除结构图中已注明的孔洞外，不得任意开洞。梁上预埋设备钢套管时，其位置应设在离梁、柱支座内边缘2倍梁高以外处，套管周边钢筋构造做法详见图11。

（8）当支座两边梁宽不等（或错位）时负筋做法见图12。

（9）钢筋混凝土悬挑梁纵筋做法见图集11G101-1第89页，剪力墙挑梁做法详见图13。

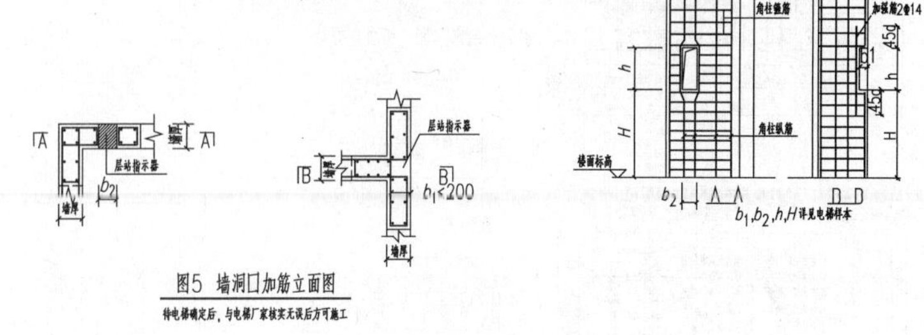

图5 墙洞口加筋立面图

待电梯确定后，与电梯厂家核实无误后方可施工

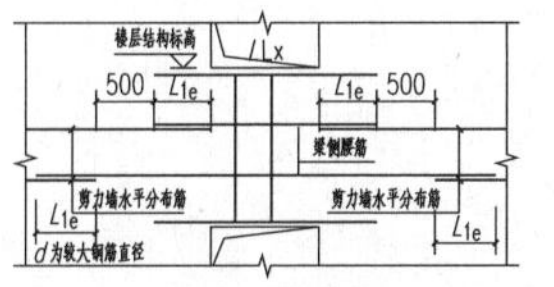

图6 腰筋与剪力墙水平分布筋连接

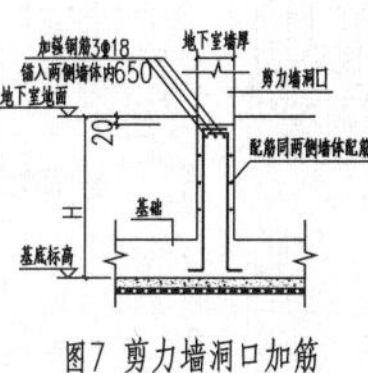

图7 剪力墙洞口加筋

应采用机械锚固，做法见11G101-1第55页。

结施-01
结构设计总说明（一）

结构设计总说明（二）

4. 混凝土现浇板构造

(1) 楼面建筑标高与结构标高的关系详见平面。垫层材料采用C15细石 混凝土，内掺抗裂纤维，内设Φ4@200双向防裂钢丝网。

(2) 现浇板上部钢筋短跨在上，长跨在下；下部钢筋短跨在下，长跨在上。当板底与梁底平时，板的下部钢筋伸入梁内须置于梁的下部纵向钢筋之上。楼板钢筋中支座和端支座做法大样详见图14。施工过程中必须采取有效措施保证现浇板受力钢筋正确的高度位置，特别是悬挑板上皮钢筋的位置。

(3) 板上孔洞应预留，避免后凿；一般结构平面图中只标示出洞口尺寸大于300mm的孔洞，施工时各工种必须根据各专业图纸配合土建预留全部孔洞，当孔洞尺寸<300mm时，洞边不再另加钢筋，板内钢筋由洞边绕过，不得截断。当洞口尺寸≥300mm时，洞边加筋按图15 做法施工。

(4) 在板上砌100(200)厚填充墙时，应在墙下板内底部增设加强筋(图纸中另有要求者除外)，当板跨$L<1500$时：2Φ12(3Φ12)，$1500\leqslant L\leqslant3000$：2Φ14(3Φ14)；$3000<L\leqslant4000$时：3Φ14。附加钢筋钢筋应锚入两端柱、梁内。

(5) 厨房、厕所板支座做法详见图16。楼板板钢筋长度示意详见图17。

(6) 现浇板支座面筋的分布钢筋及单向板的分布钢筋，除图中注明者外，现浇板及外露构件板厚不大于140者为Φ6@200，板厚大于140且小于180者为Φ6@150。

(7) 楼板内埋设电线管构造详见图18，悬挑板加强构造详见图19，屋面上人口做法大样详见图20。

(8) 所有楼层板在建筑物阳角处均配置双向板面附加钢筋，大样详见图21。

(9) 所有楼层采暖管道上方垫层中设置成品抗裂钢筋网片(直径1mm，网格间距3cm)，布置范围：超出采暖管道边缘不小于300mm，大样详见图22。

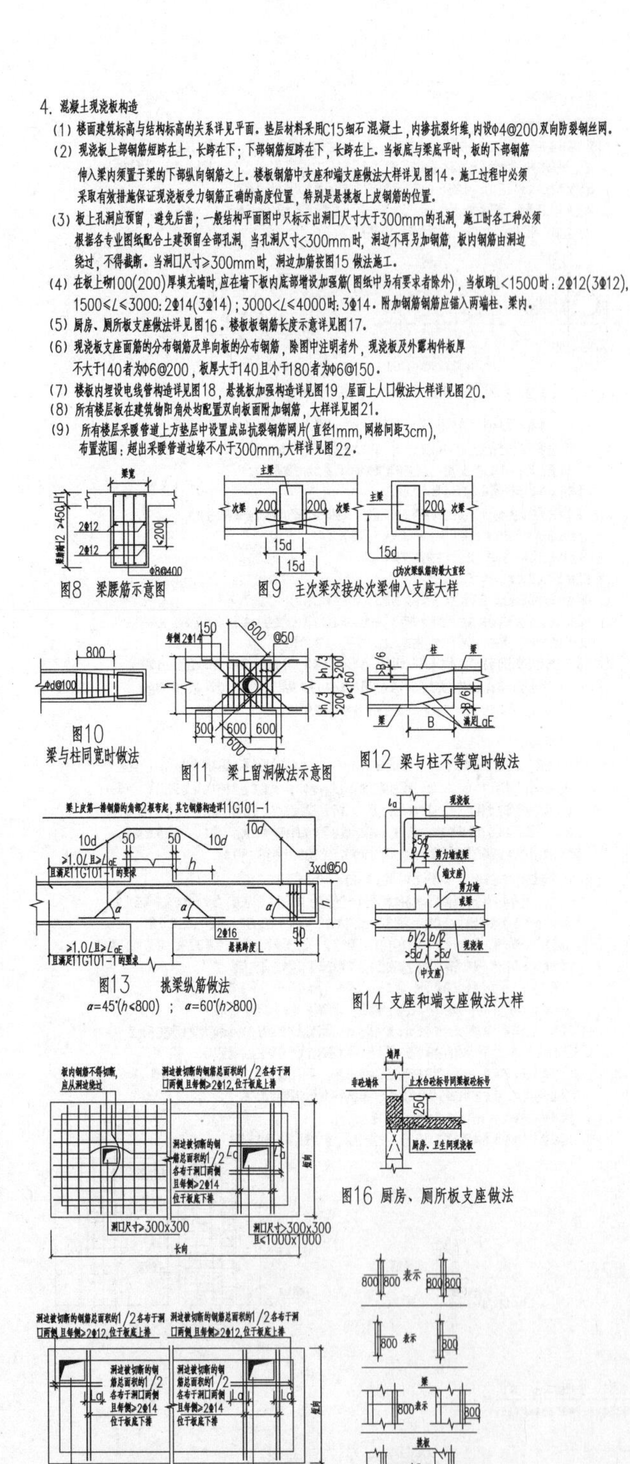

图8 梁腰筋示意图

图9 主次梁交接处次梁伸入支座大样

图10 梁与柱同宽时做法

图11 梁上留洞做法示意图

图12 梁与柱不等宽时做法

图13 挑梁纵筋做法

$\alpha=45°(h<800)$；$\alpha=60°(h>800)$

图14 支座和端支座做法大样

图15 楼板孔洞加强筋

图16 厨房、厕所板支座做法

图17 板钢筋长度示意图

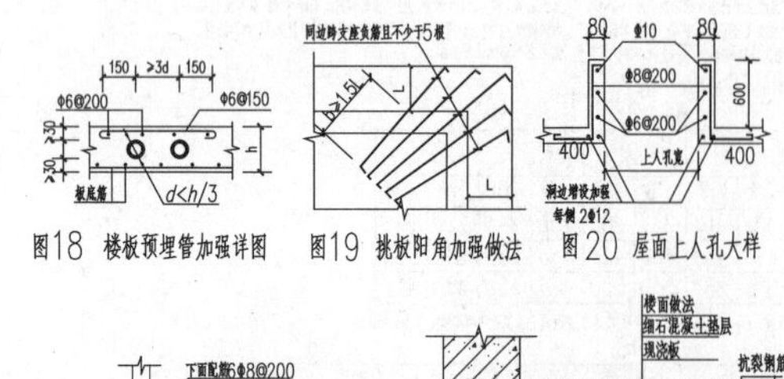

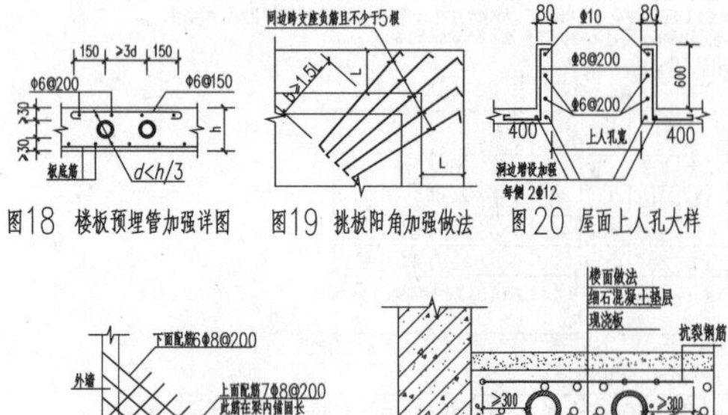

图18 楼板预埋管加强详图　图19 挑板阳角加强做法　图20 屋面上人孔大样

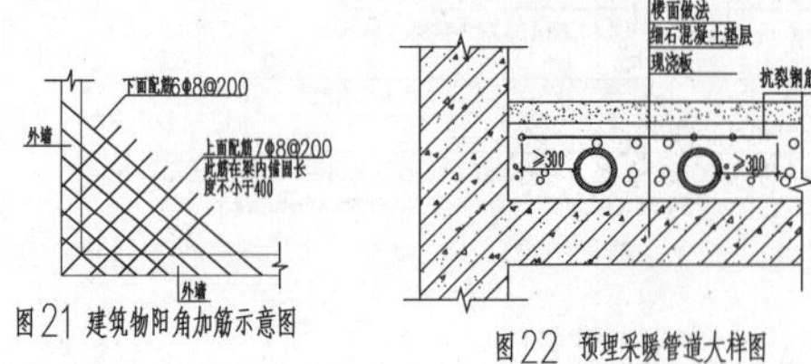

图21 建筑物阳角加筋示意图

图22 预埋采暖管道大样图

七、非结构构件

(1) 填充墙与柱或剪力墙间拉结节点构造、窗台下加固做法、柱与墙拉结及墙长>5.0m时墙顶与梁（板）连接均详见L13J3－3第24~30。填充墙与 混凝土 墙接缝处设300宽Φ1@20双向钢丝网于抹灰层内防止收缩裂缝。填充墙与框架柱(剪力墙)按L13J3－3第24页设置水平系梁。楼梯间和人流通道的填充墙，应采用钢筋网(Φ4@300x300)砂浆面层加强。填充墙顶部拉结做法详见12G614－1第16页。构造柱与砌体填充墙的拉结做法详见L13J3－3第24~25页。

(2) 凡后砌隔墙顶部应用斜砖砌实并与顶板或梁顶紧。当墙高大于4m时，在1/2 一墙高处设置一道圈梁，梁高为120，圈梁纵筋4Φ10，箍筋为Φ6@200；当墙长>该层层高的1.5倍或超过5m时，中间设置构造柱，外墙转角、内外墙交接处、侧边无约束墙、悬挑梁隔墙端头以及大洞口（洞口宽度≥2.1m）两侧，亦设置构造柱，构造柱上、下端连接详见图23。构造柱施工应先砌墙后浇柱并于墙中按图集L13J3－3规定预留拉结钢筋。未与剪力墙、框架柱或构造柱拉结的独立砌体隔墙长≤1.0m时，隔墙中应至少设置一个构造柱GZ。与构造柱或剪力墙相连的填充墙墙长≤0.30m时，采用C20细石混凝土补齐，补齐做法按图图24做法执行。

(3) 当梁、框架梁不能代过梁时，在各层门窗上平设置过梁一道，采用标准图L13G7，过梁荷载等级取2级，当过梁宽度同标准图不一致时，照填充墙的宽度做，过梁高度及配筋不变；当在填充墙上有设备电气洞口时也应增设相应跨度2级过梁，宽度同墙厚。

(4) 当门窗洞口宽度大于2.7m无法设置过梁及门洞口两侧均为剪力墙无法设预制过梁时，按图 25 在梁或板下设置挂板。

(5) 嵌进墙内的配电盘等设施，其洞口必须预留，其洞口上均应增设相应跨度的1级荷载过梁所有穿墙孔洞须预埋套管，不得后凿。

(6) 后砌墙上开洞时，均应加钢筋混凝土过梁，除图中已注明外，均采用与洞口尺寸相对应的二级荷载过梁，梁宽同墙厚，当过梁与混凝土墙柱相遇时，过梁筋在浇筑柱墙时应预留。过梁配筋及做法详见图集 13G7。

(7) 砌体女儿墙沿墙长水平间距1.5m设构造柱，构造柱大样及插筋做法详见图23。除图中标明处外构造柱顶沿墙设压顶圈梁，压顶圈梁及墙内水平圈梁大样详见图26。

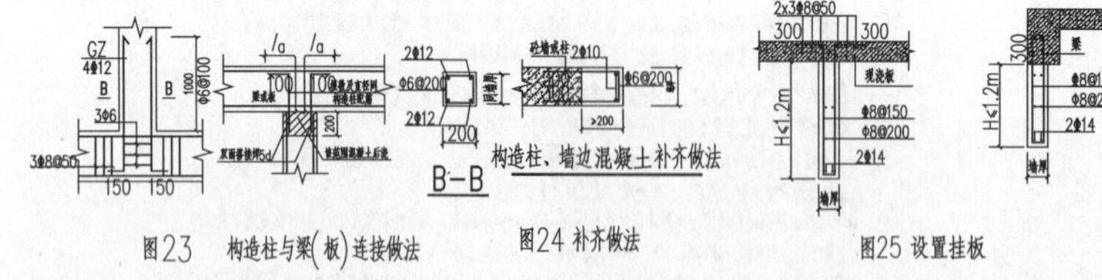

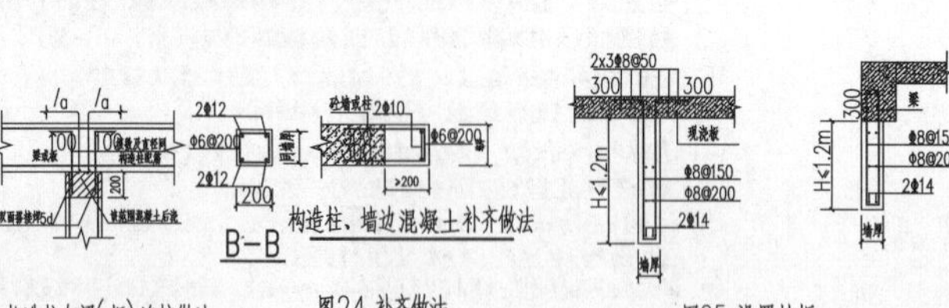

图23 构造柱与梁(板)连接做法　图24 补齐做法　图25 设置挂板

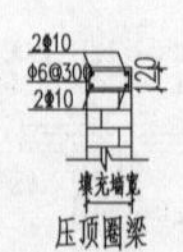

图26 压顶圈梁及墙内水平圈梁大样

八、地下结构超长处理措施

(1) 本工程混凝土采用硅酸盐低水化热水泥。严格控制砂石骨料含泥量和级配。施工单位应采取可靠的砼养护措施，混凝土浇灌过程控制温差并采取有效措施保潮保湿，并应有详细的施工技术方案。

(2) 施工时应采取有效措施，做好屋面板外露部分、外墙面的保温。

(3) 主楼地下室设温度后浇带一道，温度后浇带保留时间为60d，施工期间后浇带两侧构件应妥善支撑，后浇带位置详见平面图。后浇带所涉及构件混凝土应全部后浇。后浇带应采用比两侧混凝土高一等级的微膨胀混凝土浇筑，膨胀混凝土限制膨胀率≥0.015%，浇筑前应先将两侧混凝土表面凿毛，清除杂物并加强养护。后浇带做法见图27~图30。

(4) 后浇带混凝土必须充分做好养护，浇捣结束，表面初凝后即喷洒养护剂，及时覆盖塑料膜，并每天喷水养护且不少于14d，后浇带浇筑时混凝土温度应低于后浇带两侧混凝土浇筑时温度以防止产生裂缝。

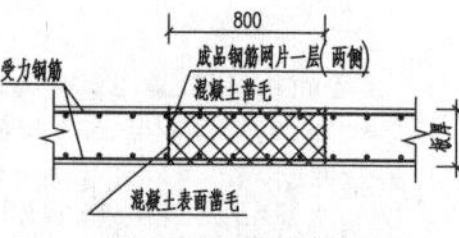

图27 内墙、板后浇带构造

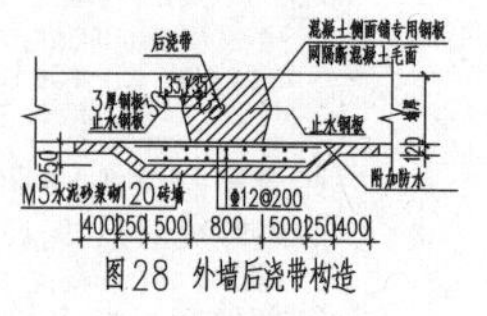

图28 外墙后浇带构造

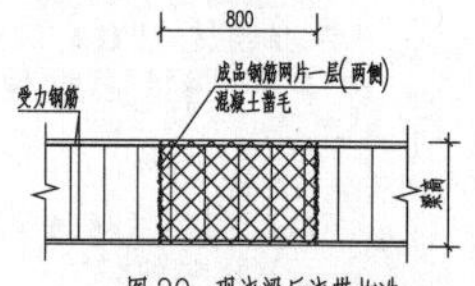

图29 现浇板后浇带构造

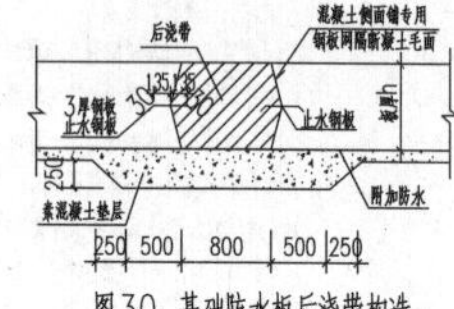

图30 基础防水板后浇带构造

九、其他注意事项

(1) 本工程结构施工前，施工单位应密切配合设计单位，结合施工技术装备及施工工艺对结构方案、构造处理等进行全面考虑，以保证施工质量、方便施工和有利于提高综合经济效益。

(2) 混凝土结构施工须密切配合各专业图纸要求，浇筑混凝土前应仔细检查预留孔洞、预埋件、插筋及预埋管线等是否遗漏，确定无误方可浇筑。施工阶段设有后浇带的结构应适当增加支撑保证整体稳定。

(3) 梁、柱节点部位要振捣密实，当节点钢筋过密时，采用同强度的细石混凝土浇筑。

(4) 施工前要对设计图纸认真会审，施工中密切配合设备电气图纸预留好洞口及预埋件。严禁施工完后乱打。所有设备基础机房的预留洞、预埋件应待设备到货后，核实无误后方可施工。

(5) 施工时如有预制构件相碰时，预制构件改为现浇构件。

(6) 根据建筑要求，本工程外墙、幕墙、钢雨篷及屋顶装饰架等应在主体施工时根据其相应要求留置预埋件等；装修方案图纸需经原设计单位确认后方可施工。

(7) 外挑檐板、女儿墙等外露结构每隔12m设置20mm伸缩缝，内塞防水油膏，避免温度变化引起裂缝。

(8) 本工程设置观测点进行沉降观测。观测点的设置及变形测量精度级别严格按照《建筑变形测量规范》(JGJ 8-2007)执行。在工程施工阶段由专人定期观测，每施工二~四层做一次观测。建筑物竣工后第一年4次，第二年3次，第三年后每年一次，直到沉降稳定为止。如遇特殊情况，应及时增加观测次数。观测日期数据应记录并绘成图表存档。如发现异常情况应通知有关单位。

(9) 悬挑构件需待混凝土设计强度达到100%时方可拆除底模。

(10) 建筑物周围禁止堆土和深开挖。施工期间楼面不得超负荷堆放建材和施工垃圾，特别注意梁板集中负荷对结构受力和变形的不利影响。

(11) 严格按照国家现行的各专业施工及验收规范施工确保工程质量，如遇图纸不明确或需要变更时，要及时和设计人员联系商定解决方案后见变更文(图)后方可继续施工。严禁不经设计人员擅自修改设计。

(12) 本设计未考虑塔式起重机、施工用电梯、泵送设备、脚手架等施工机具对主体结构的影响。施工单位应对受影响的结构构件进行承载力、变形和稳定性验算，验算不满足时必须采取必要的加强措施。

(13) 本图构件代号：

柱：KZ－框架柱；LZ－梁上柱；GZ－构造柱。

梁：KL－楼面框架梁；WKL－屋面框架梁；L－非框架梁；XL－悬挑梁；TL－楼梯梁。

剪力墙：GJZ－构造边缘转角墙柱；LL－剪力墙连梁；GBZ－构造边缘构件柱；

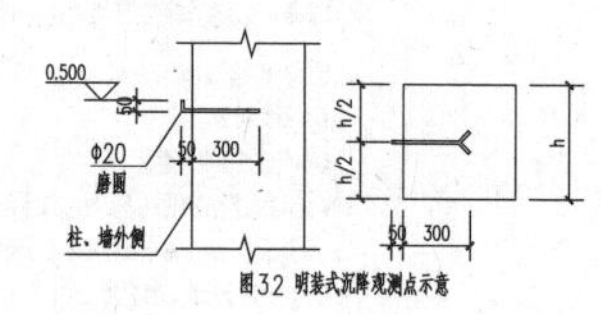

图32 明装式沉降观测点示意

结施-02
结构设计总说明（二）

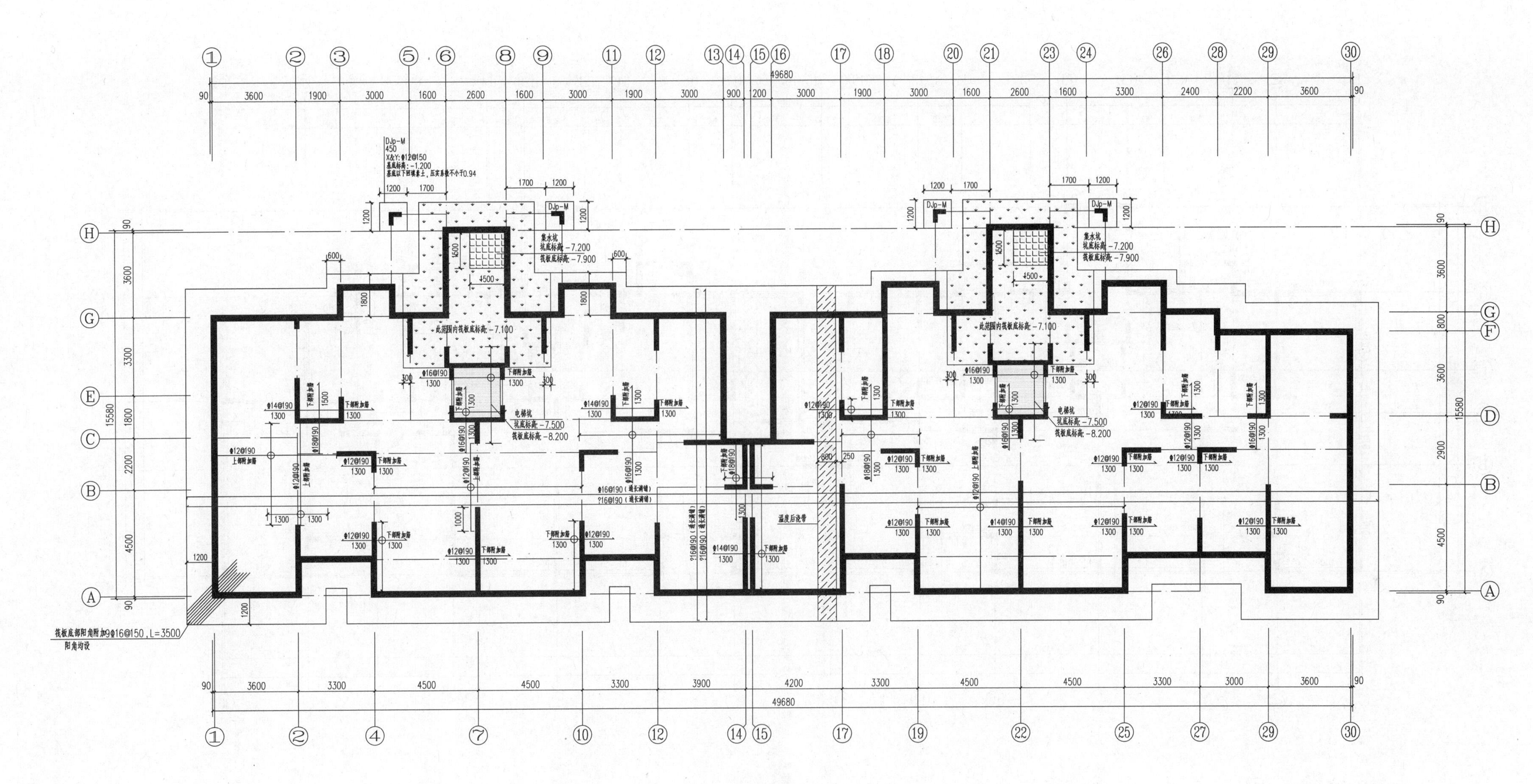

筏板配筋平面图 1:100

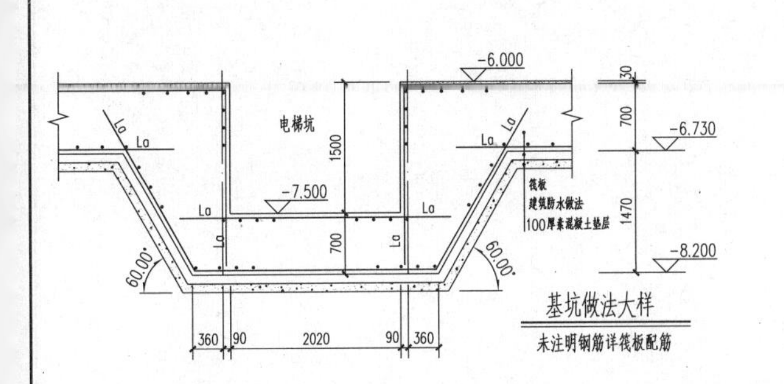

本图说明：

1. 本工程采用平板式筏形基础。
2. 本工程相对标高±0.000所对应绝对标高为70.500m。
3. 未注明的筏板均为筏板厚度均为700mm。未注明筏板外边距外墙轴线均为1200mm。
4. 未注明的筏板底标高均为-6.730。
5. 除特别注明外，筏板上皮通长筋双向均为Φ16@190，下皮双向通长筋双向均为Φ16@190，周圈悬挑板上下皮分布筋（长向）均为Φ12@200。
   图中所示短筋均为附加钢筋，所标尺寸均为距墙边尺寸。
6. 筏板阳角处按大样图增设附加放射筋，详见平面图。
7. 筏板板边缘侧面封边构造选11G101－3第84页中“U形筋构造封边方式”，侧面构造纵筋为Φ12@200。
8. 基础筏板下设100厚C15素混凝土垫层，每边出基础边100mm，垫层与筏板间做防水层，具体做法详见建施图。
9. 图中所注基坑标高均为坑底标高，基坑构造做法详见11G101－3第94页。
10. 电梯井道及底板细部尺寸、预埋件应和电梯厂家技术图核对无误后方可施工。
11. 楼梯间加深300回填材料为7.5炉渣混凝土。

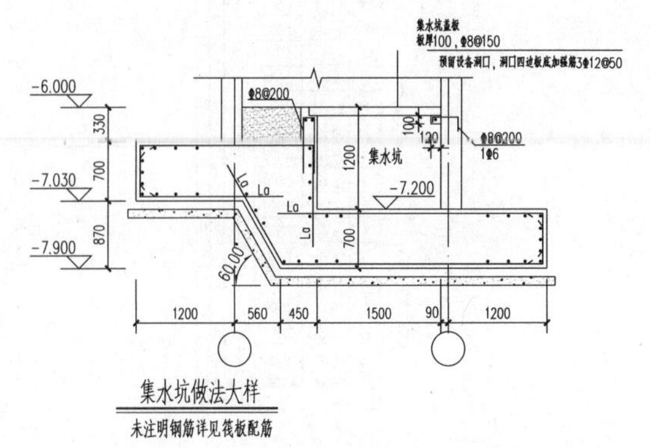

结施-03

筏板配筋平面图

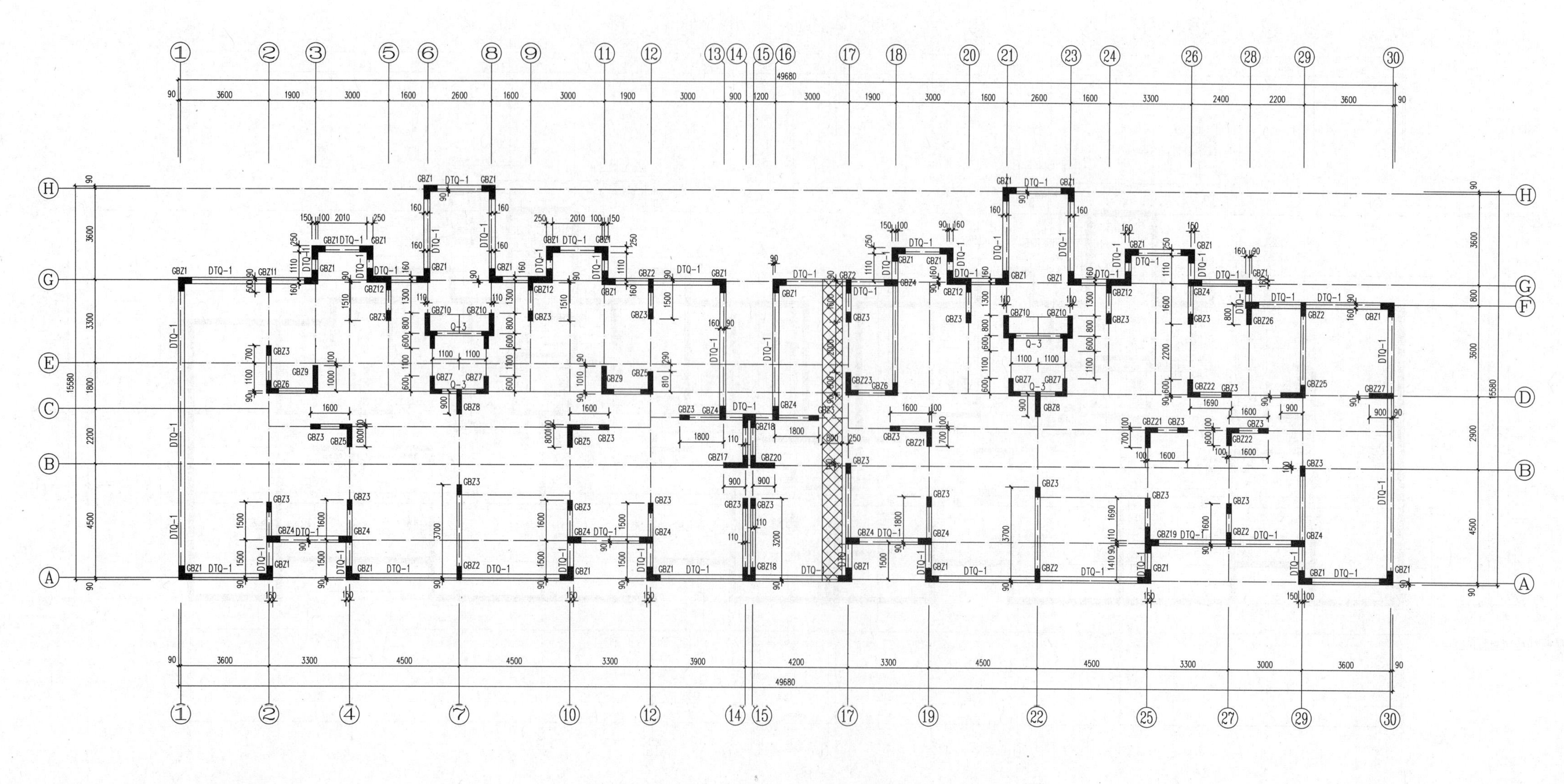

地下二层墙、柱平法施工图1:100

层号	结构标高(m)	结构层高(m)	柱、墙 混凝土强度等级	梁、板 混凝土强度等级
阁楼屋面	38.160 / 33.900	4.260		
屋面(阁楼层)	31.900	2.000		
11	28.880	3.020	C30	C30
10	25.980	2.900	C30	C30
9	23.080	2.900	C30	C30
8	20.180	2.900	C30	C30
7	17.280	2.900	C30	C30
6	14.380	2.900	C30	C30
5	11.480	2.900	C30	C30
4	8.580	2.900	C30	C30
3	5.680	2.900	C30	C30
2	2.780	2.900	C35	C30
1	-0.120	2.900	C35	C30
-1	-3.030	2.910	C35	C30
-2	-6.030	3.000	C35	C30

底部加强部位：2、1、-1、-2层

结构层高
结构层楼面标高

本图说明:

1、除注明墙偏心外墙均轴线居中。
2、未注编号的剪力墙均为Q-1(200厚)。
3、剪力墙连梁见相应层梁平法施工图。
4、剪力墙暗柱详图见剪力墙柱表。
5、错位洞口边缘构件下插墙内1.5l_{aE}。
6、剪力墙上预埋套管位置详见设备及电气专业施工图，电梯呼梯盒等墙体预留洞详见厂方设备图。墙体预留洞、预埋套管应核对无误后方可浇筑混凝土。设备管道及穿墙钢套管穿剪力墙时应尽量避开剪力墙暗柱，当因设备工艺因素无法避让时，必需对穿孔处墙体采取结构补强措施，补强大样详见结构总说明。
7、温度后浇带(⊠⊠⊠所示区域)定位详本图，构造及后浇时间详见结施-02。
8. DTQ*与顶板的连接节点选用11G101-1第77页节点3。

结施-04
地下二层墙、柱平法施工图

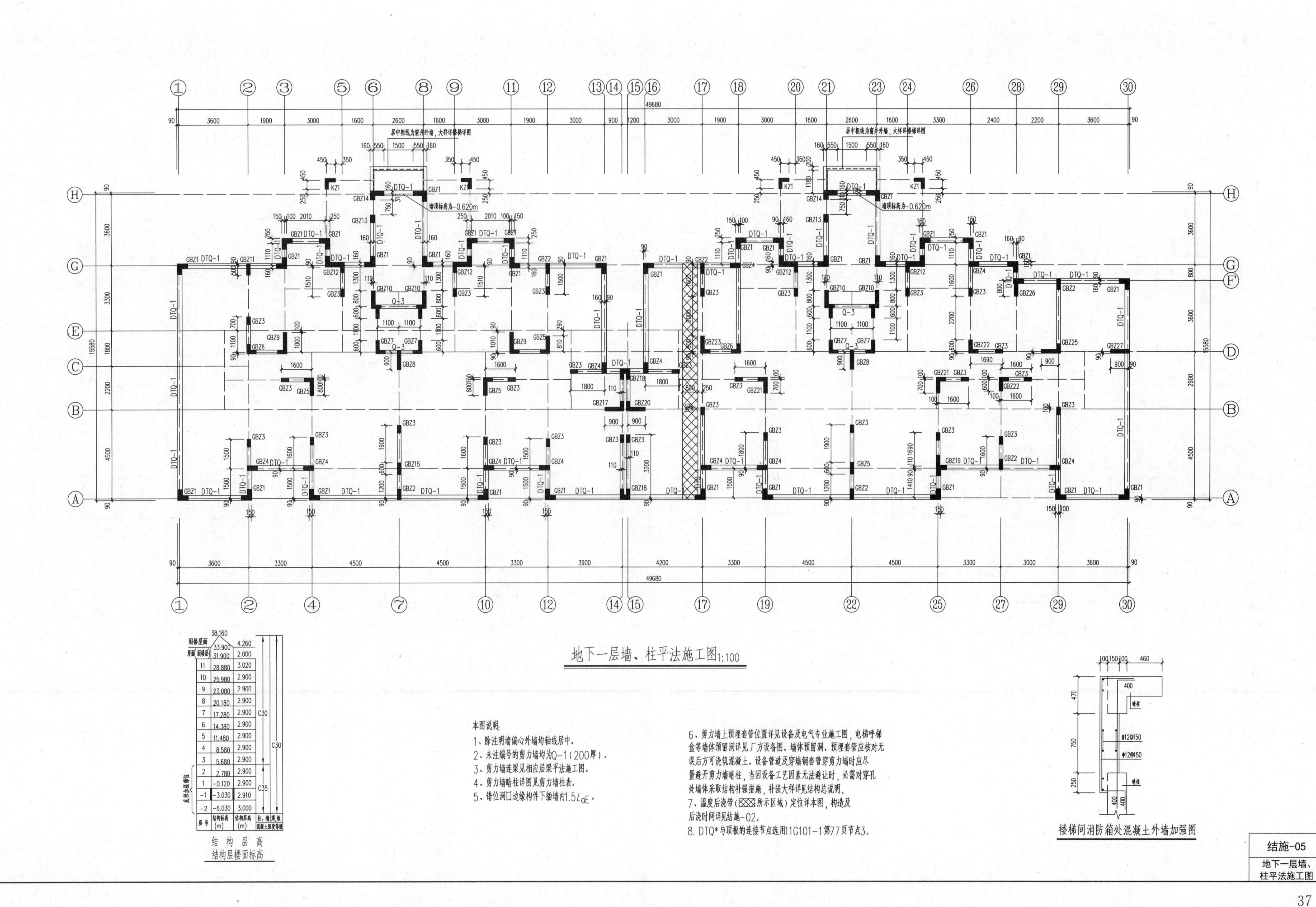
地下一层墙、柱平法施工图1:100
本图说明:
1、除注明墙偏心外墙均轴线居中。
2、未注编号的剪力墙均为Q-1(200厚)。
3、剪力墙连梁见相应层梁平法施工图。
4、剪力墙暗柱详图见剪力墙柱表。
5、错位洞口边缘构件下插墙内1.5l_{aE}。
6、剪力墙上预埋套管位置详见设备及电气专业施工图，电梯呼梯盒等墙体预留洞详见厂方设备图。墙体预留洞、预埋套管应核对无误后方可浇筑混凝土。设备管道及穿墙钢套管穿剪力墙时应尽量避开剪力墙暗柱，当因设备工艺因素无法避让时，必需对穿孔处墙体采取结构补强措施，补强大样详见结构总说明。
7、温度后浇带(所示区域)定位详本图，构造及后浇时间详见结施-02。
8. DTQ*与顶板的连接节点选用11G101-1第77页节点3。
结构层高
结构层楼面标高
楼梯间消防箱处混凝土外墙加强图
结施-05
地下一层墙、柱平法施工图

地下一层、地下二层剪力墙暗柱表(1)

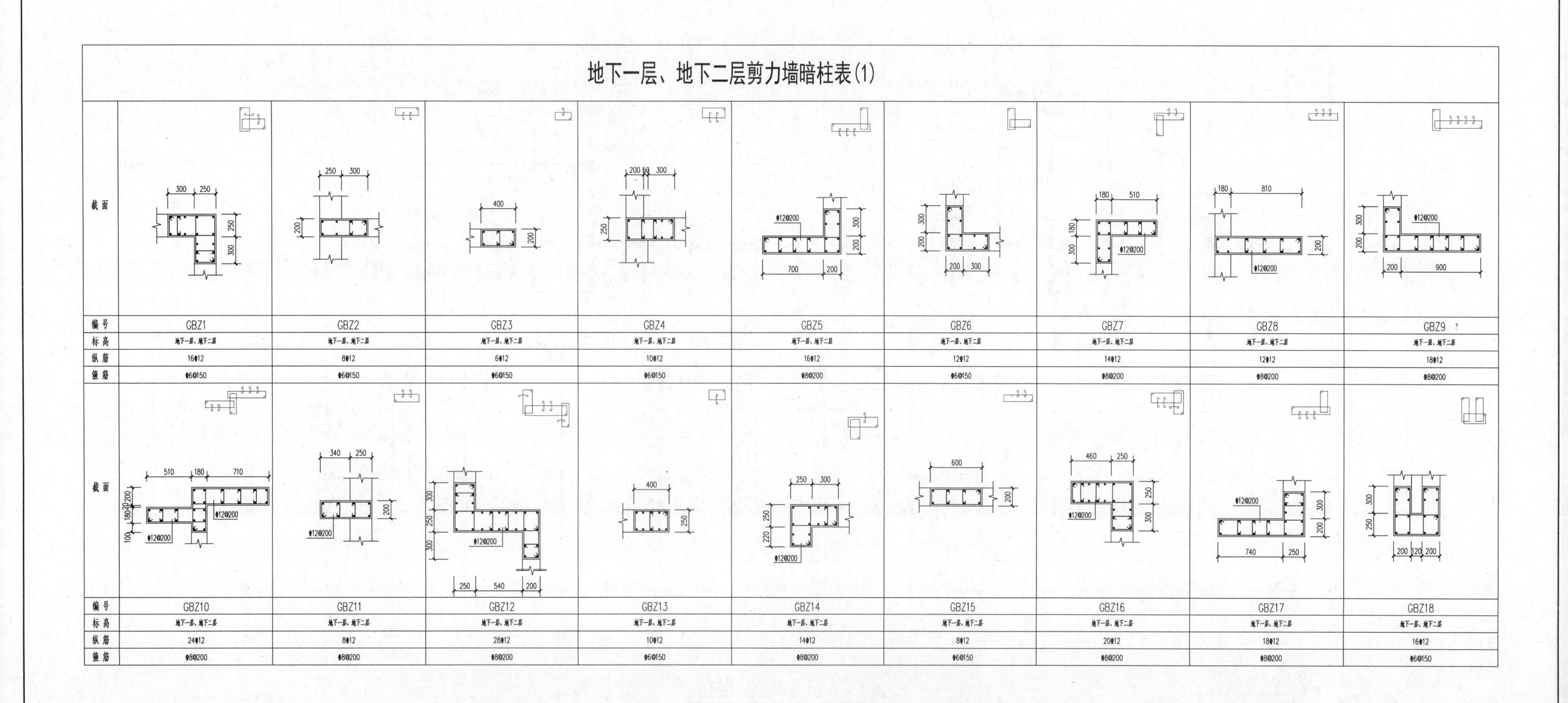

截面									
编号	GBZ1	GBZ2	GBZ3	GBZ4	GBZ5	GBZ6	GBZ7	GBZ8	GBZ9
标高	地下一层、地下二层	地下一层、地下二层	地下一层、地下二层	地下一层、地下二层	地下一层、地下二层	地下一层、地下二层	地下一层、地下二层	地下一层、地下二层	地下一层、地下二层
纵筋	16Φ12	8Φ12	6Φ12	10Φ12	16Φ12	12Φ12	14Φ12	12Φ12	18Φ12
箍筋	Φ6@150	Φ6@150	Φ6@150	Φ6@150	Φ8@200	Φ6@150	Φ8@200	Φ8@200	Φ8@200

截面									
编号	GBZ10	GBZ11	GBZ12	GBZ13	GBZ14	GBZ15	GBZ16	GBZ17	GBZ18
标高	地下一层、地下二层	地下一层、地下二层	地下一层、地下二层	地下一层、地下二层	地下一层、地下二层	地下一层、地下二层	地下一层、地下二层	地下一层、地下二层	地下一层、地下二层
纵筋	24Φ12	8Φ12	28Φ12	10Φ12	14Φ12	8Φ12	20Φ12	18Φ12	16Φ12
箍筋	Φ8@200	Φ8@200	Φ8@200	Φ6@150	Φ8@200	Φ6@150	Φ8@200	Φ8@200	Φ6@150

结施-06

地下一层、地下二层剪力墙暗柱表(1)

地下一层、地下二层剪力墙暗柱表(2)

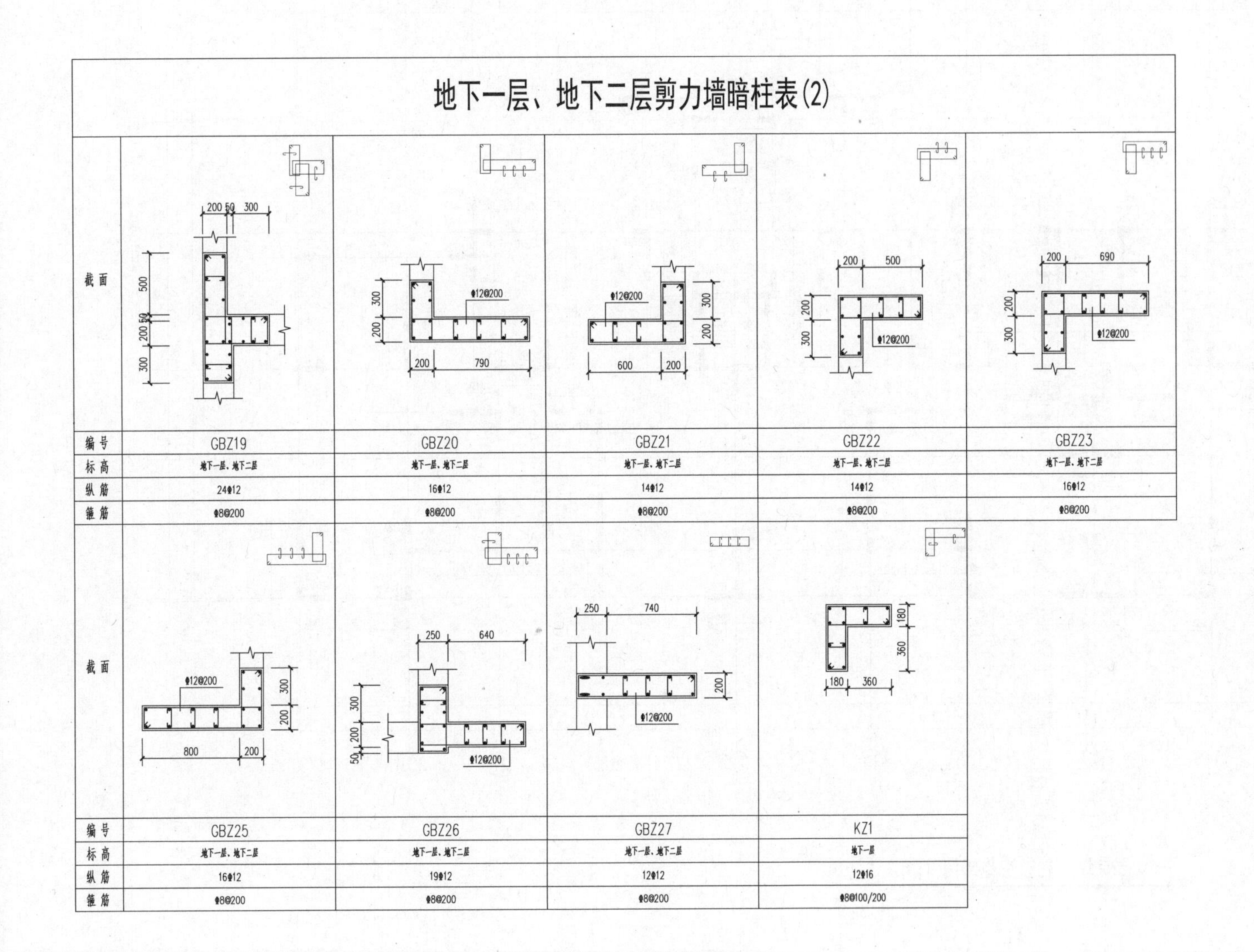

截面					
编号	GBZ19	GBZ20	GBZ21	GBZ22	GBZ23
标高	地下一层、地下二层	地下一层、地下二层	地下一层、地下二层	地下一层、地下二层	地下一层、地下二层
纵筋	24Φ12	16Φ12	14Φ12	14Φ12	16Φ12
箍筋	Φ8@200	Φ8@200	Φ8@200	Φ8@200	Φ8@200

截面				
编号	GBZ25	GBZ26	GBZ27	KZ1
标高	地下一层、地下二层	地下一层、地下二层	地下一层、地下二层	地下一层
纵筋	16Φ12	19Φ12	12Φ12	12Φ16
箍筋	Φ8@200	Φ8@200	Φ8@200	Φ8@100/200

剪力墙身表

编号	范围	墙厚	垂直分布筋	水平分布筋	排数	拉筋	备注
DTQ-1	地下二层	250	外侧Φ12@100 内侧Φ12@150	Φ12@150	2	Φ6@450X450	用于主楼与室外相接的墙体
	地下一层	250	外侧Φ12@150 内侧Φ12@150	Φ12@150	2	Φ6@450X450	竖向钢筋在外侧、水平钢筋在内侧
Q-1	地下二层	200	Φ10@200	Φ12@200	2	Φ6@600X600	竖向钢筋在内侧、水平钢筋在外侧
	地下一层	200	Φ10@200	Φ12@200	2	Φ6@600X600	
Q-2	地下二层	250	Φ12@200	Φ12@200	2	Φ6@600X600	
	地下一层	250	Φ10@200	Φ12@200	2	Φ6@600X600	
Q-3	地下二层	180	Φ10@200	Φ12@200	2	Φ6@600X600	
	地下一层	180	Φ10@200	Φ12@200	2	Φ6@600X600	
	一层~二层	180	Φ8@200	Φ8@200	2	Φ6@600X600	
	四层及以上	180	Φ8@200	Φ8@200	2	Φ6@600X600	

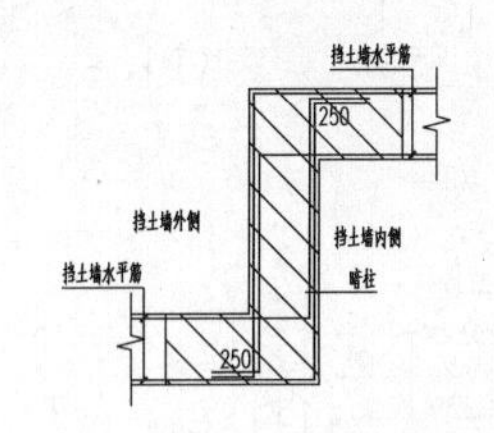

挡土墙水平筋Z字形暗柱中搭接详图

结施-07
剪力墙墙身配筋表 地下一层、地下二层剪力墙暗柱表(2)

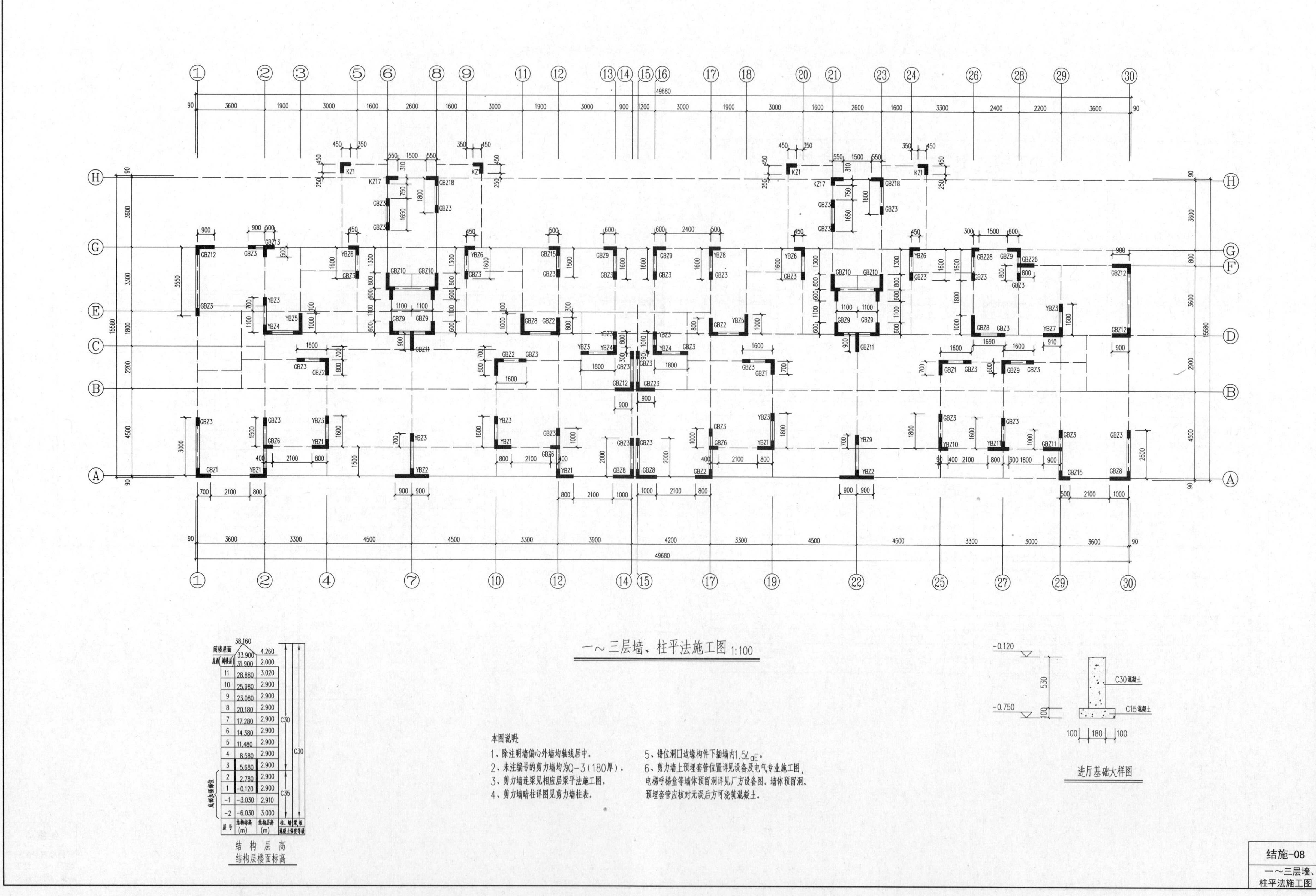

一～三层墙、柱平法施工图 1:100
本图说明:
1、除注明墙偏心外墙均轴线居中。
2、未注编号的剪力墙均为Q-3(180厚)。
3、剪力墙连梁见相应层梁平法施工图。
4、剪力墙暗柱详图见剪力墙柱表。
5、错位洞口边缘构件下插墙内1.5LaE。
6、剪力墙上预埋套管位置详见设备及电气专业施工图，电梯呼梯盒等墙体预留洞详见厂方设备图。墙体预留洞、预埋套管应核对无误后方可浇筑混凝土。
结构层高
结构层楼面标高
阁楼屋面 38.160
屋面(阁楼层) 33.900 4.260
31.900 2.000
11 28.880 3.020
10 25.980 2.900
9 23.080 2.900
8 20.180 2.900
7 17.280 2.900
6 14.380 2.900
5 11.480 2.900
4 8.580 2.900
3 5.680 2.900
2 2.780 2.900
1 -0.120 2.900
-1 -3.030 2.910
-2 -6.030 3.000
底部加强部位
层号 结构标高(m) 结构层高(m) 柱、墙 梁、板 混凝土强度等级
C30 C35 C30
进厅基础大样图
-0.120
-0.750
C30混凝土
C15混凝土
530
100
100 180 100
49680
结施-08
一～三层墙、柱平法施工图

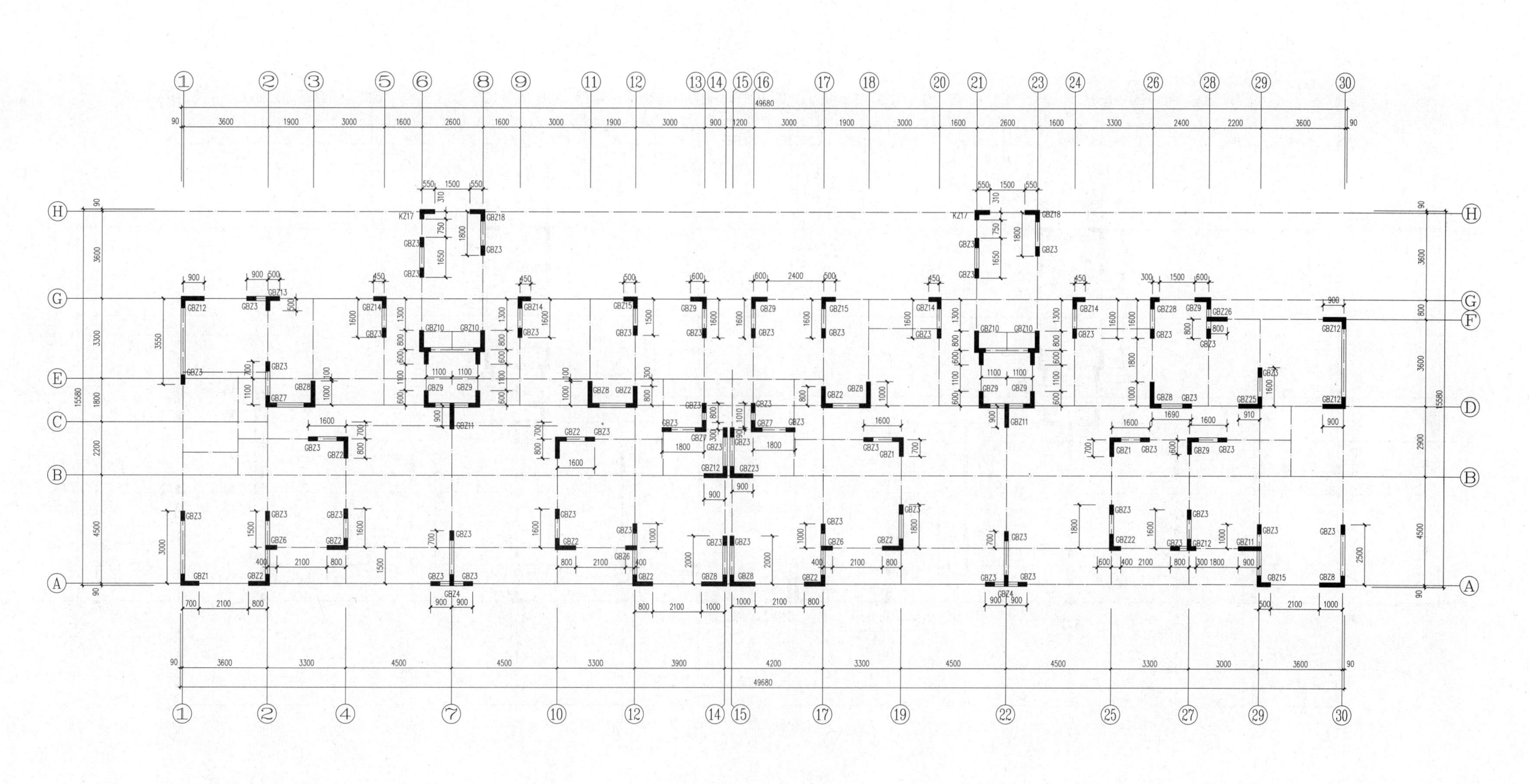

四～十一层墙、柱平法施工图 1:100

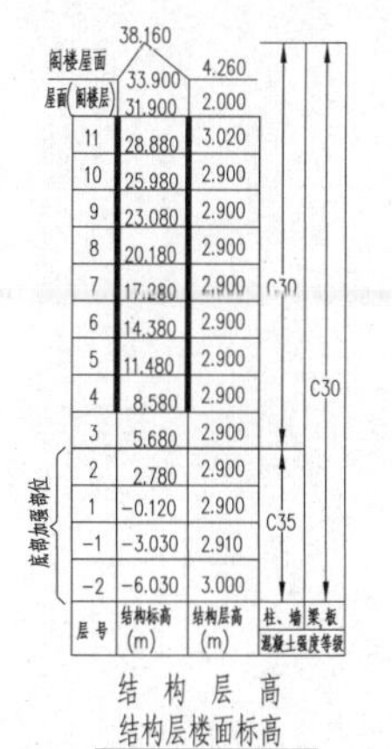

层号	结构标高(m)	结构层高(m)	柱、墙 混凝土强度等级	梁、板 混凝土强度等级
阁楼屋面	38.160 / 33.900	4.260		
屋面(阁楼层)	31.900	2.000		
11	28.880	3.020	C30	C30
10	25.980	2.900	C30	C30
9	23.080	2.900	C30	C30
8	20.180	2.900	C30	C30
7	17.280	2.900	C30	C30
6	14.380	2.900	C30	C30
5	11.480	2.900	C30	C30
4	8.580	2.900	C30	C30
3	5.680	2.900	C30	C30
2	2.780	2.900	C35	C30
1	-0.120	2.900	C35	C30
-1	-3.030	2.910	C35	C30
-2	-6.030	3.000	C35	C30

底部加强部位：-2～2层

结构层高
结构层楼面标高

本图说明:

1、除注明墙偏心外墙均轴线居中。
2、未注编号的剪力墙均为Q-3(180厚)。
3、剪力墙连梁见相应层梁平法施工图。
4、剪力墙暗柱详图见剪力墙柱表。
5、错位洞口边缘构件下插墙内1.5L_{aE}。
6、剪力墙上预埋套管位置详见设备及电气专业施工图，电梯呼梯盒等墙体预留洞详见厂方设备图。墙体预留洞、预埋套管应核对无误后方可浇筑混凝土。

结施-09

四～十一层墙、柱平法施工图

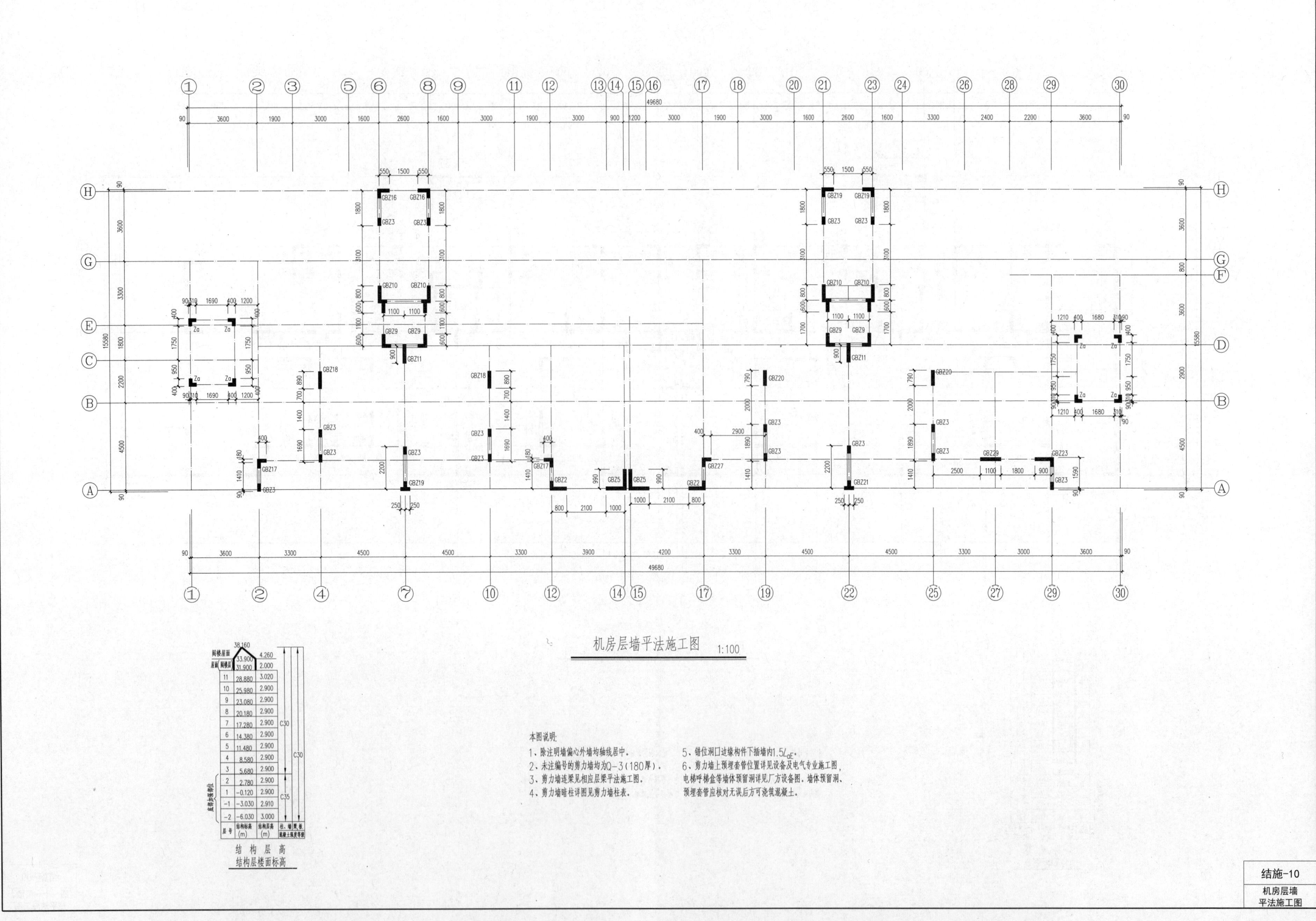

层号	结构标高(m)	结构层高(m)	柱、墙 混凝土强度等级	梁、板 混凝土强度等级
阁楼屋面	38.160			
	33.900	4.260		
屋面（阁楼层）	31.900	2.000		
11	28.880	3.020	C30	C30
10	25.980	2.900	C30	C30
9	23.080	2.900	C30	C30
8	20.180	2.900	C30	C30
7	17.280	2.900	C30	C30
6	14.380	2.900	C30	C30
5	11.480	2.900	C30	C30
4	8.580	2.900	C30	C30
3	5.680	2.900	C30	C30
2	2.780	2.900	C35	C30
1	-0.120	2.900	C35	C30
-1	-3.030	2.910	C35	C30
-2	-6.030	3.000	C35	C30

底部加强部位：-2～2

结构层高
结构层楼面标高

一层及以上剪力墙暗柱表、框柱表(1)

截面 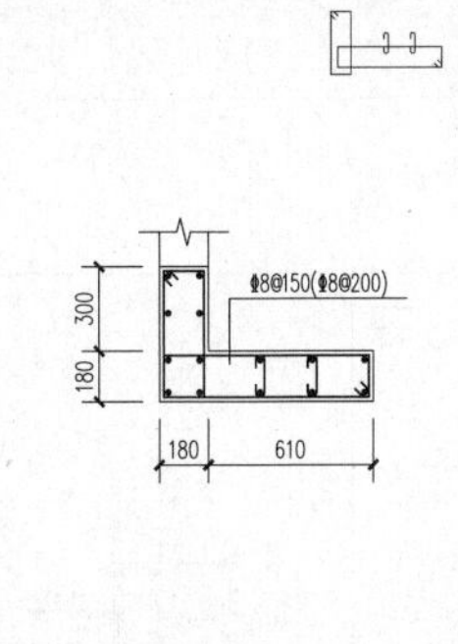 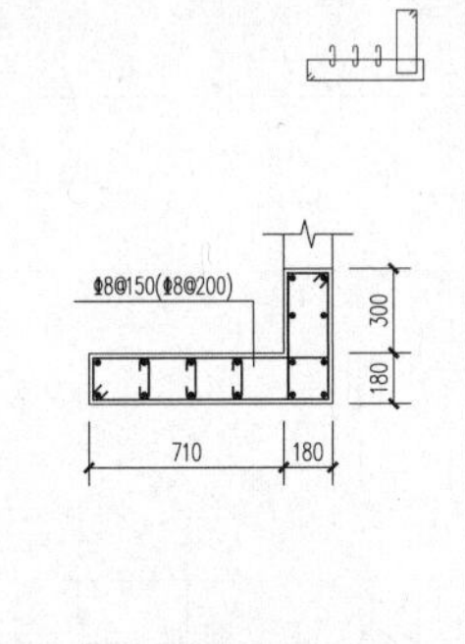 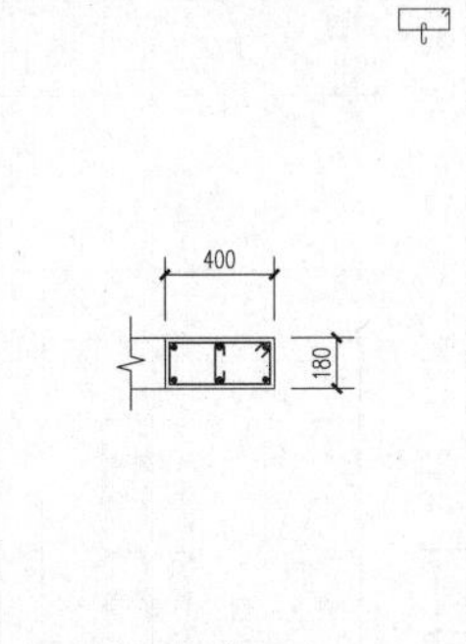 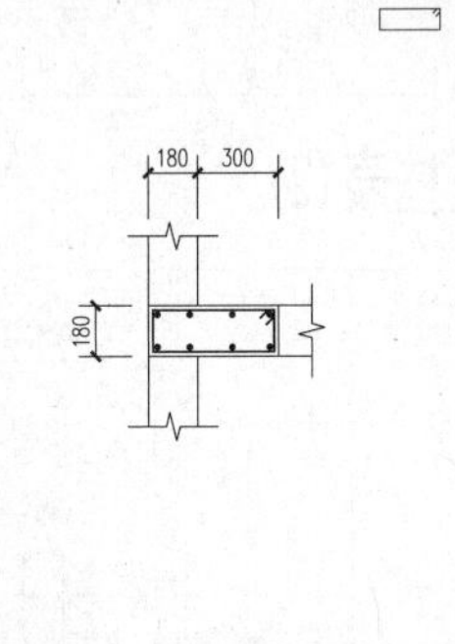 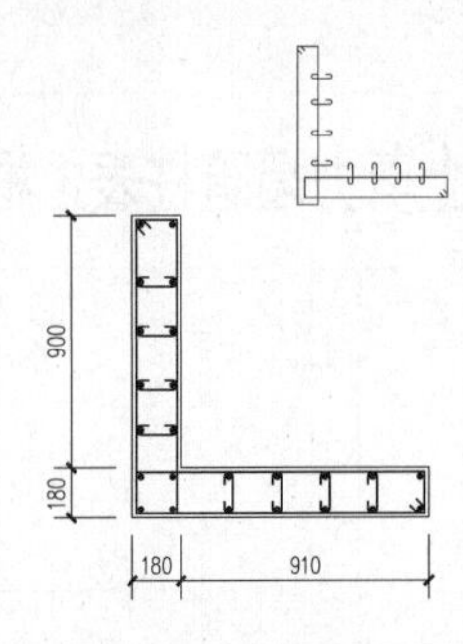 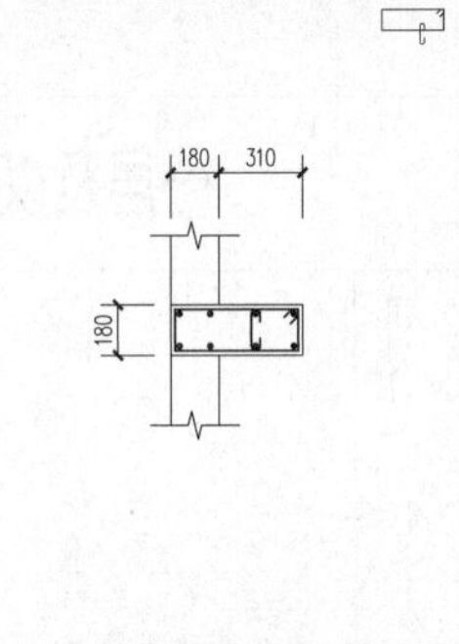 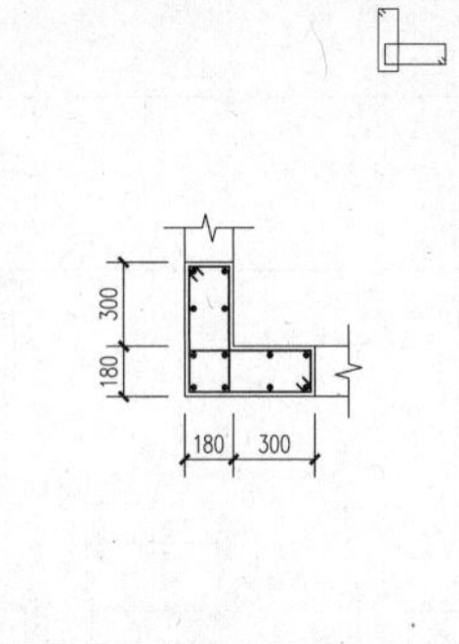 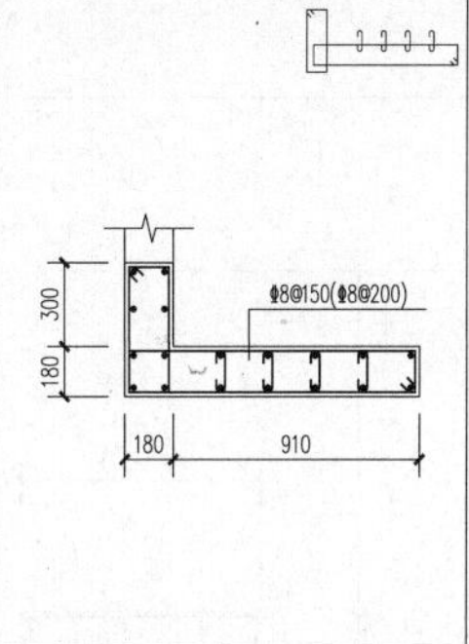 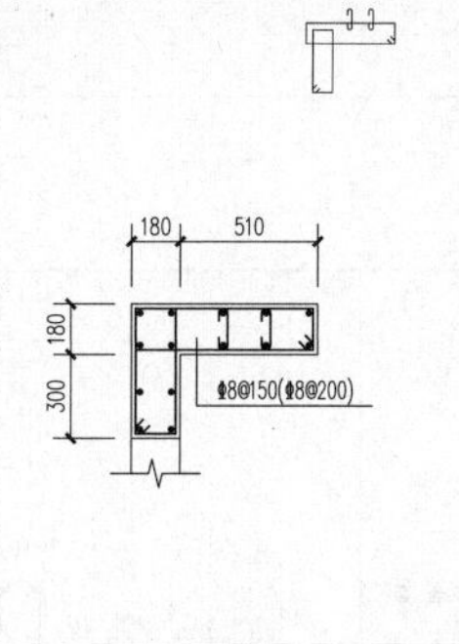								
编号	GBZ1	GBZ2	GBZ3	GBZ4	GBZ5	GBZ6	GBZ7	GBZ8	GBZ9
标高	一~三层(四层及以上)	一~三层(四层及以上)	一~三层(四层及以上)	一~三层(四层及以上)	机房层	一~三层(四层及以上)	一~三层(四层及以上)	一~三层(四层及以上)	一~三层(四层及以上)
纵筋	14Φ12	16Φ12	6Φ12	8Φ12	24Φ14	8Φ12/8Φ14(仅用于十一层)	12Φ12	18Φ12	14Φ12
箍筋	Φ6@150(Φ6@200)	Φ6@150(Φ6@200)	Φ6@150(Φ6@200)	Φ6@150(Φ6@200)	Φ8@200	Φ6@150(Φ6@200)	Φ6@150(Φ6@200)	Φ6@150(Φ6@200)	Φ6@150(Φ6@200)

截面	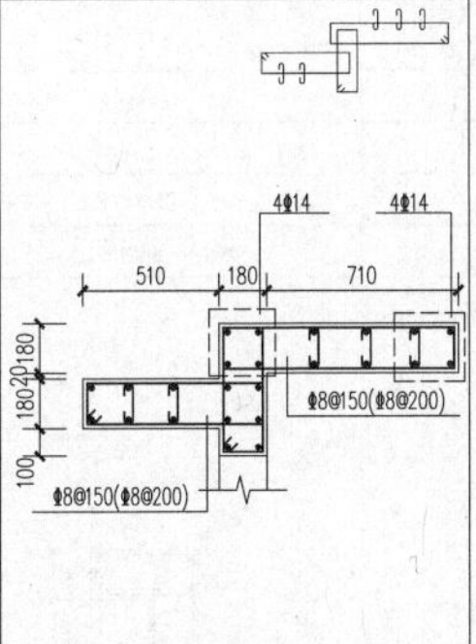	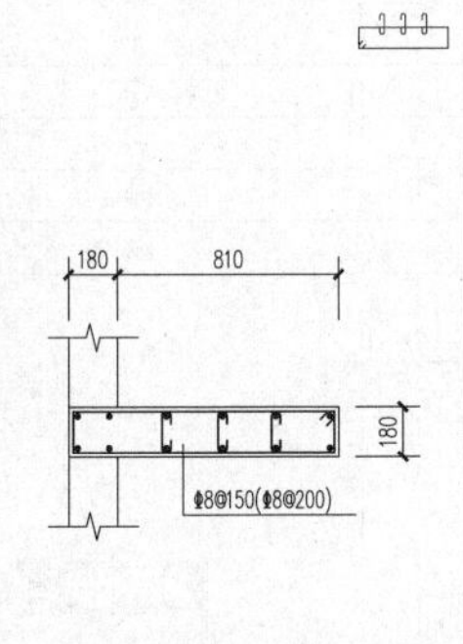	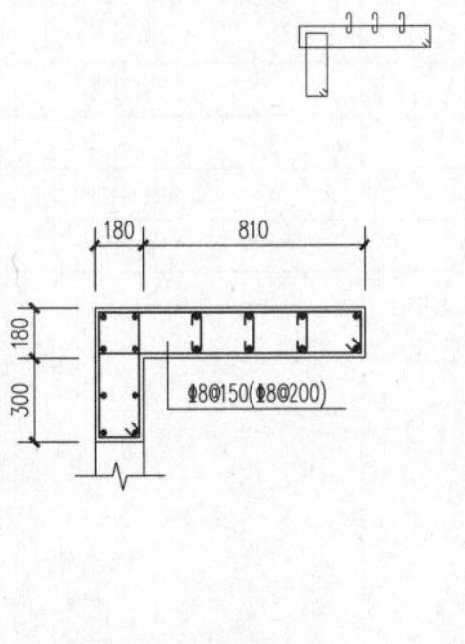	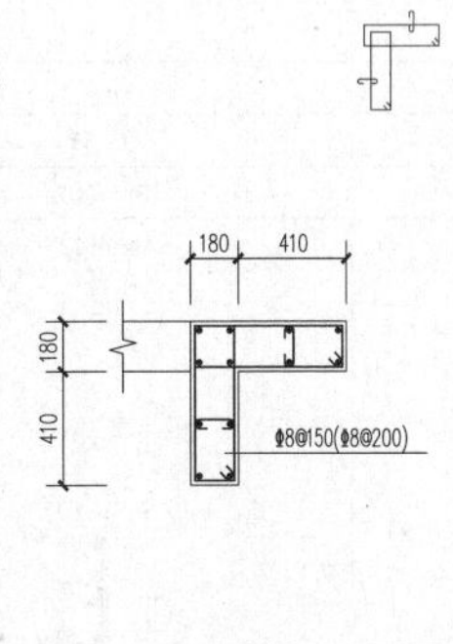	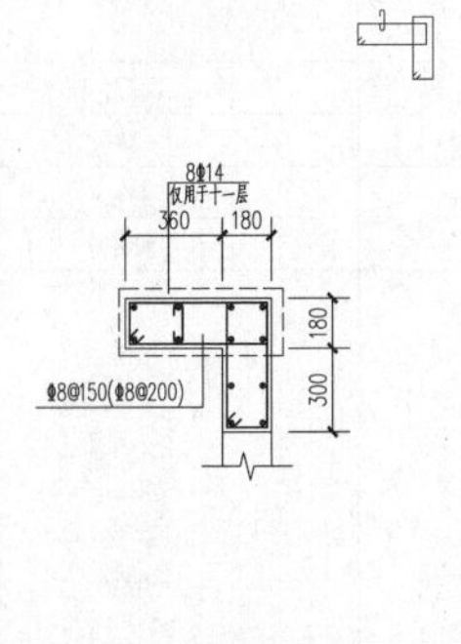	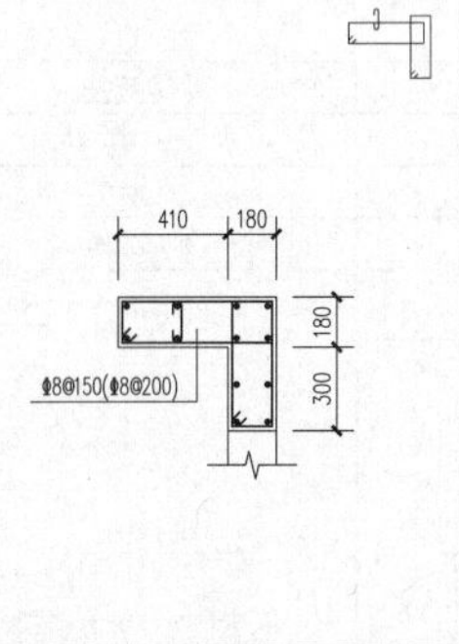	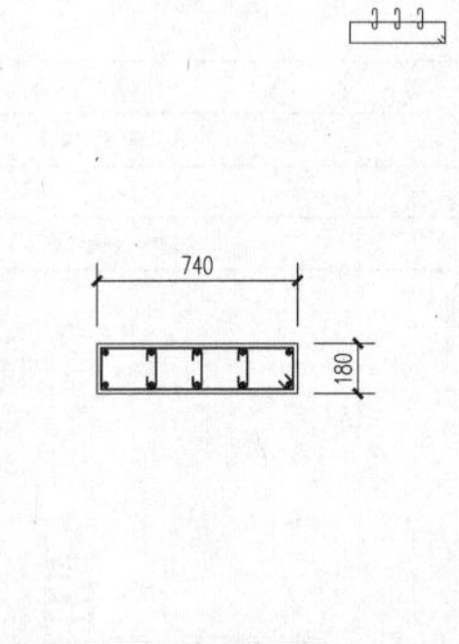	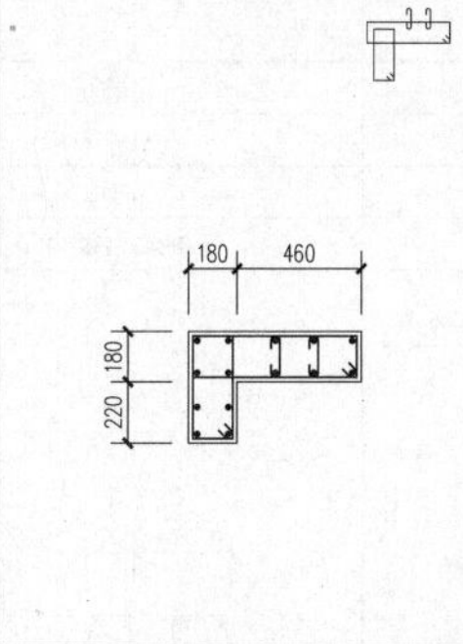	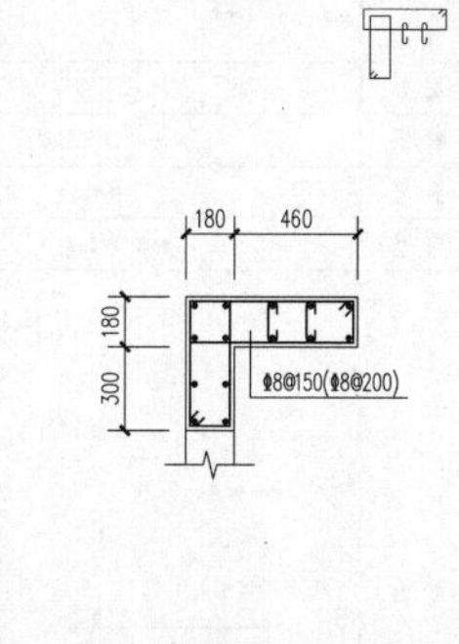
编号	GBZ10	GBZ11	GBZ12	GBZ13	GBZ14	GBZ15	GBZ16	KZ17	GBZ18
标高	一~三层(四层及以上)	一~三层(四层及以上)	一~三层(四层及以上)	一~三层(四层及以上)	一~三层(四层及以上)	一~三层(四层及以上)	一~三层(四层及以上)	一~三层(四层及以上)	一~三层(四层及以上)
纵筋	16Φ12+8Φ14	12Φ12	16Φ12	12Φ12	12Φ12/4Φ12+8Φ14(仅用于十一层)	12Φ12	10Φ14	14Φ16	14Φ12
箍筋	Φ6@150(Φ6@200)	Φ6@150(Φ6@200)	Φ6@150(Φ6@200)	Φ6@150(Φ6@200)	Φ6@150(Φ6@200)	Φ6@150(Φ6@200)	Φ8@150(Φ8@200)	Φ8@100	Φ6@150(Φ6@200)

截面	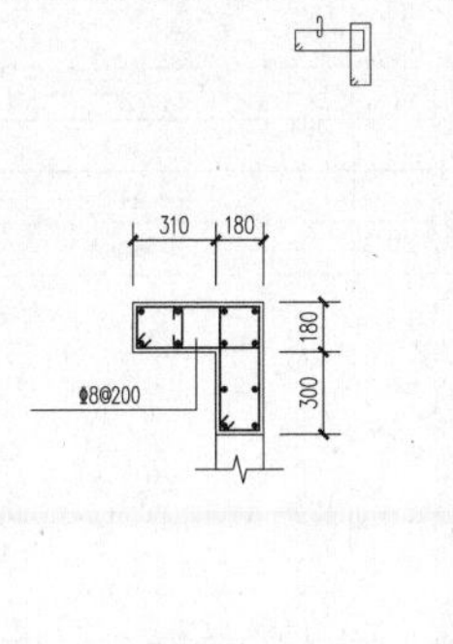	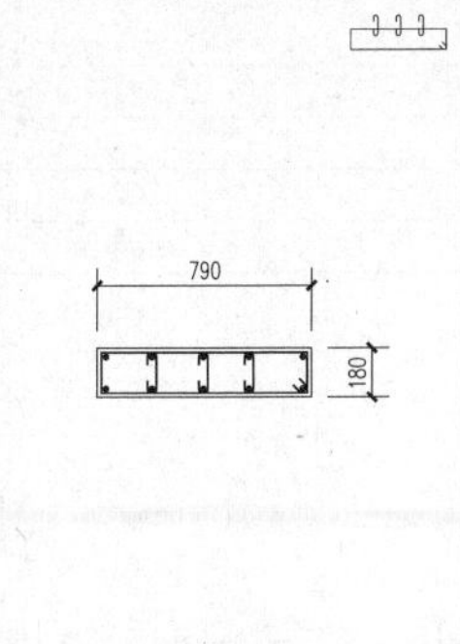	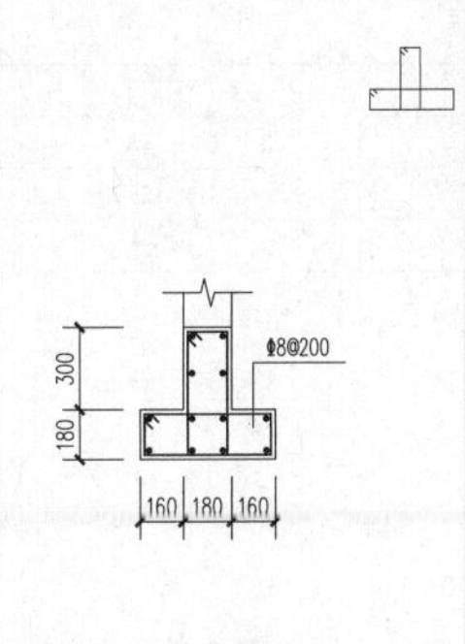	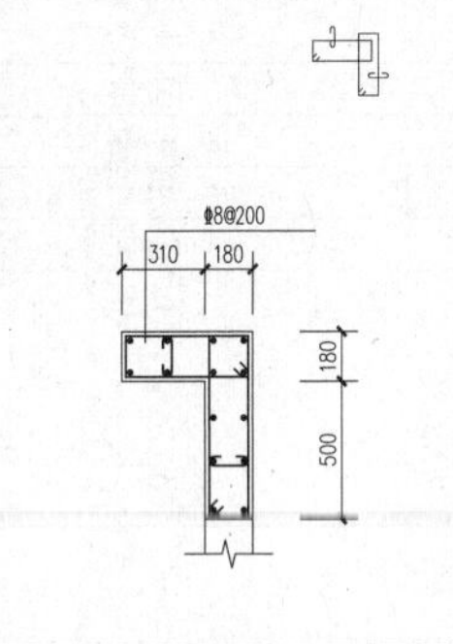	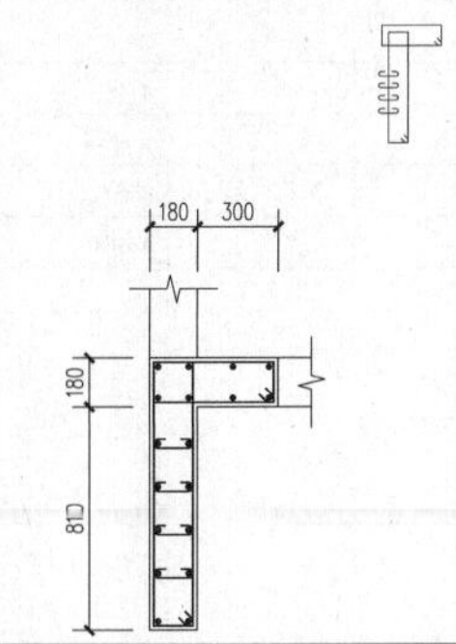
编号	GBZ19	GBZ20	GBZ21	GBZ22	GBZ23
标高	机房层	机房层	机房层	四层及以上	一~三层(四层及以上)
纵筋	12Φ12	10Φ14	12Φ12	14Φ12	18Φ12
箍筋	Φ6@200	Φ8@200	Φ6@200	Φ6@200	Φ6@150(Φ6@200)

结施-11
一层及以上剪力墙暗柱表、框柱表(1)

一层及以上剪力墙暗柱表、框柱表(2)

截面	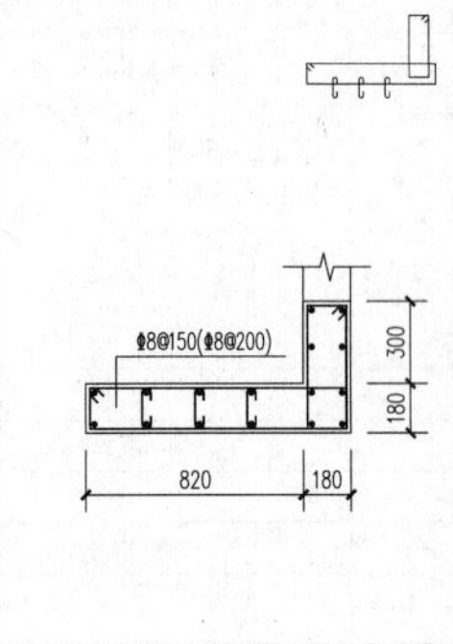	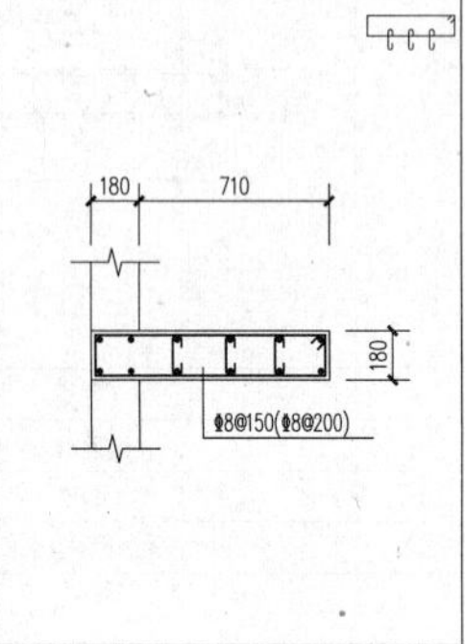	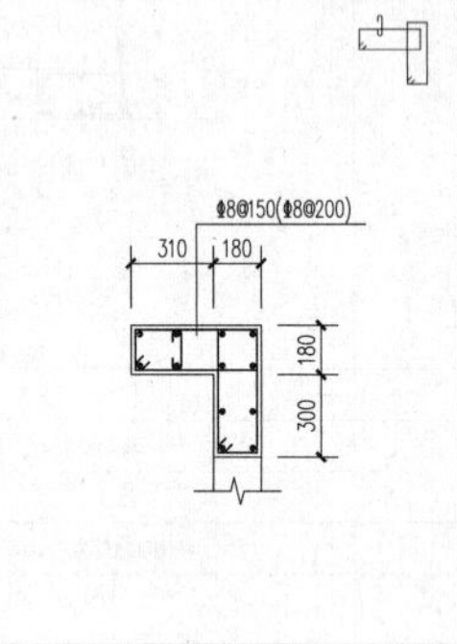	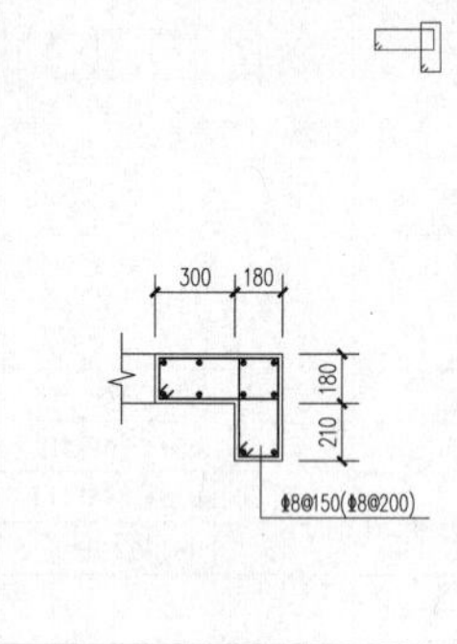	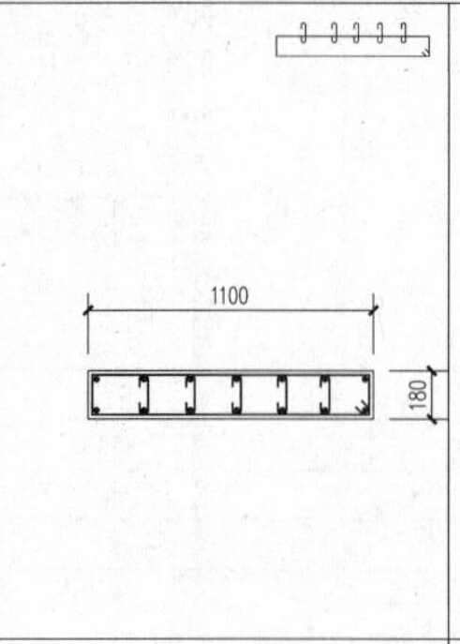	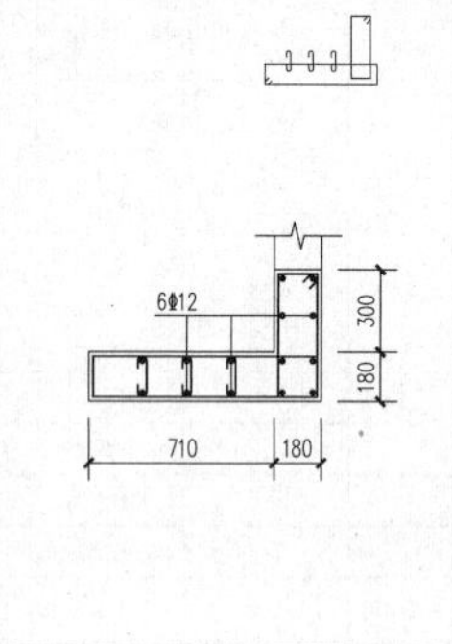	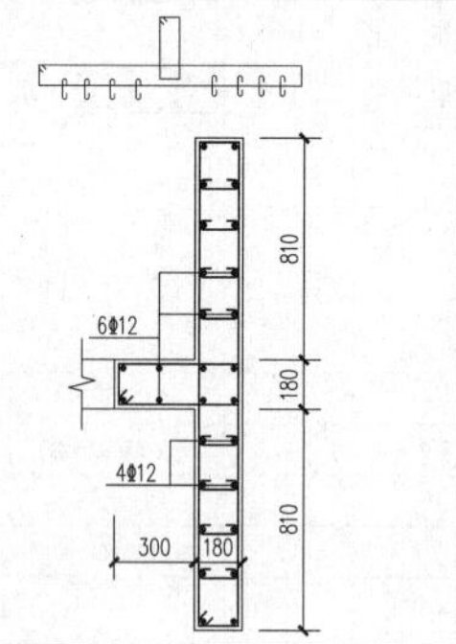	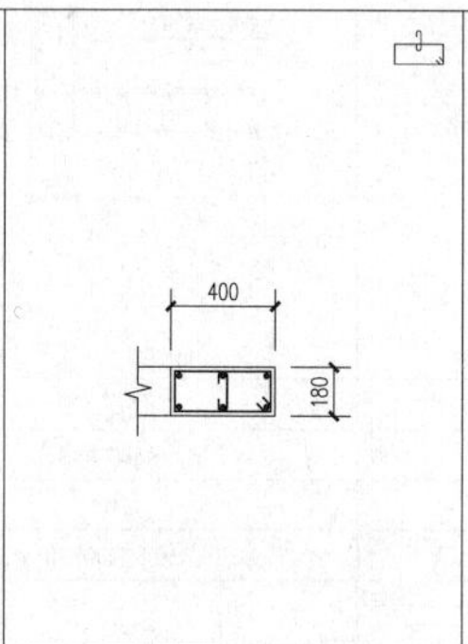	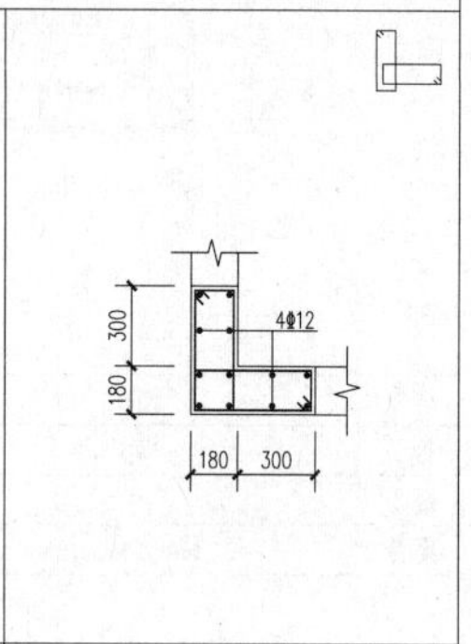
编号	GBZ25	GBZ26	GBZ27	GBZ28	GBZ29	YBZ1	YBZ2	YBZ3	YBZ4
标高	一～三层(四层及以上)	一～三层(四层及以上)	一～三层(四层及以上)	一～三层(四层及以上)	机房层	一～三层	一～三层	一～三层	一～三层
纵筋	16Φ12	12Φ12	12Φ12	10Φ12	14Φ14	10Φ14+6Φ12	18Φ14+10Φ12	6Φ14	8Φ14+4Φ12
箍筋	Φ6@150(Φ6@200)	Φ6@150(Φ6@200)	Φ6@150(Φ6@200)	Φ6@150(Φ6@200)	Φ8@200	Φ8@150	Φ8@150	Φ8@150	Φ8@150

截面	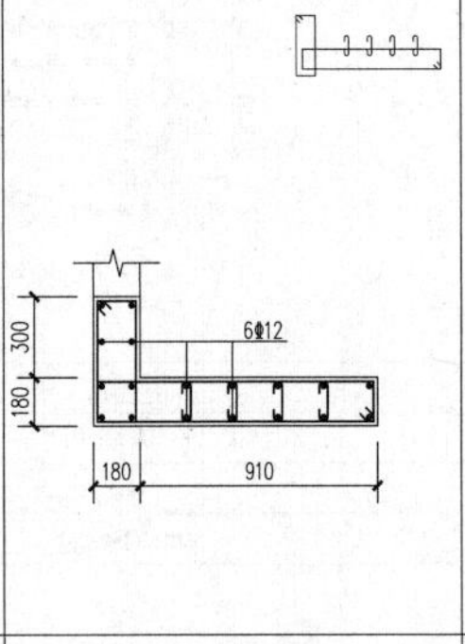	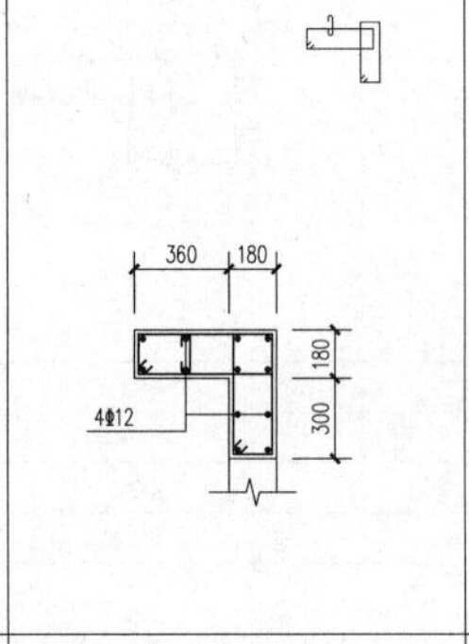	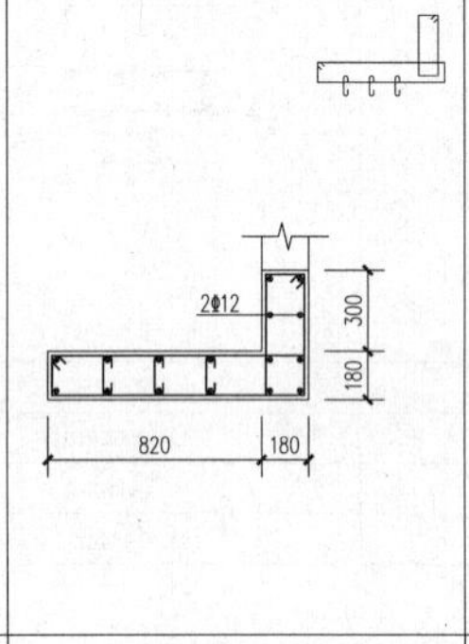	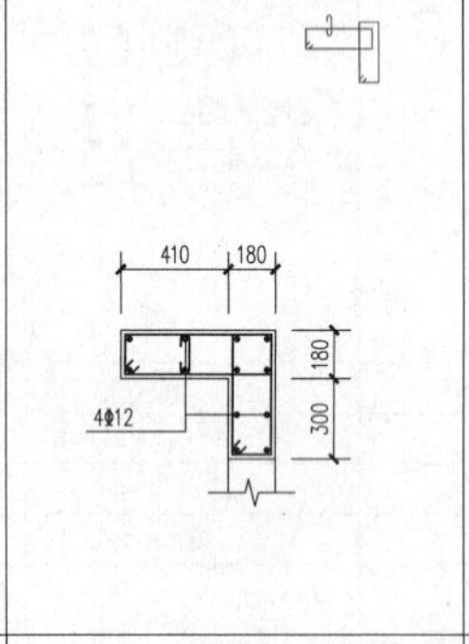	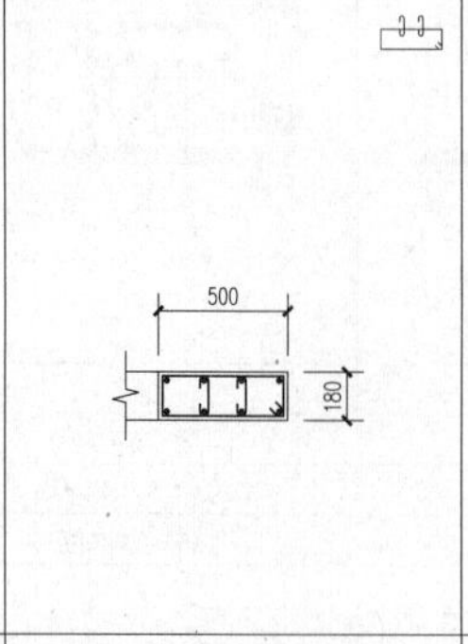	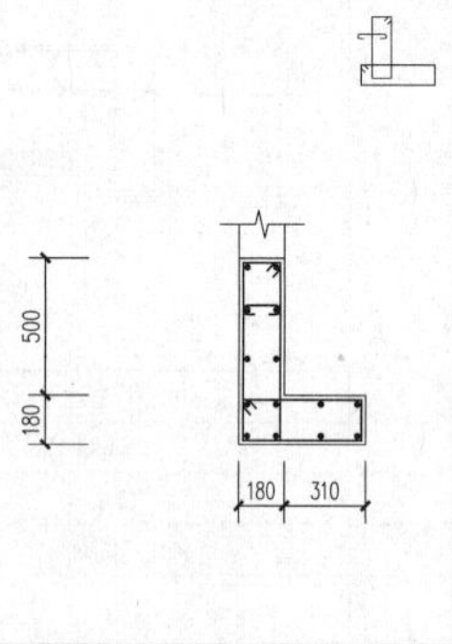	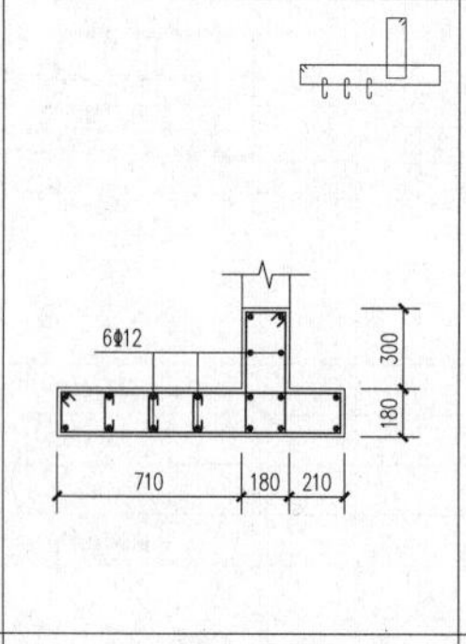	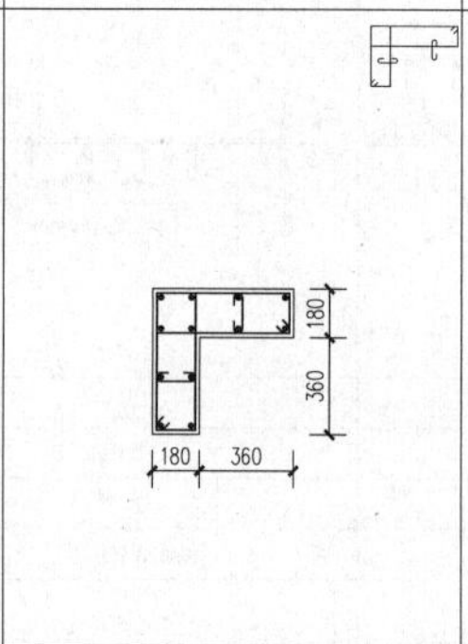	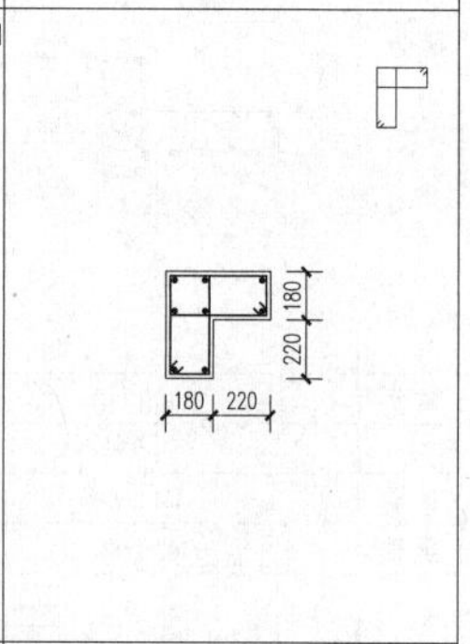
编号	YBZ5	YBZ6	YBZ7	YBZ8	YBZ9	YBZ10	YBZ11	KZ1	Za
标高	一～三层	一～三层	一～三层	一～三层	一～三层	一～三层	一～三层	一层	机房层
纵筋	12Φ14+6Φ12	8Φ14+4Φ12	14Φ14+2Φ12	8Φ14+4Φ12	8Φ14	14Φ16	12Φ14+6Φ12	12Φ16	8Φ16
箍筋	Φ8@150	Φ8@150	Φ8@150	Φ8@150	Φ8@150	Φ8@150	Φ8@150	Φ8@100/200	Φ8@100

结施-12

一层及以上剪力墙暗柱表、框柱表(2)

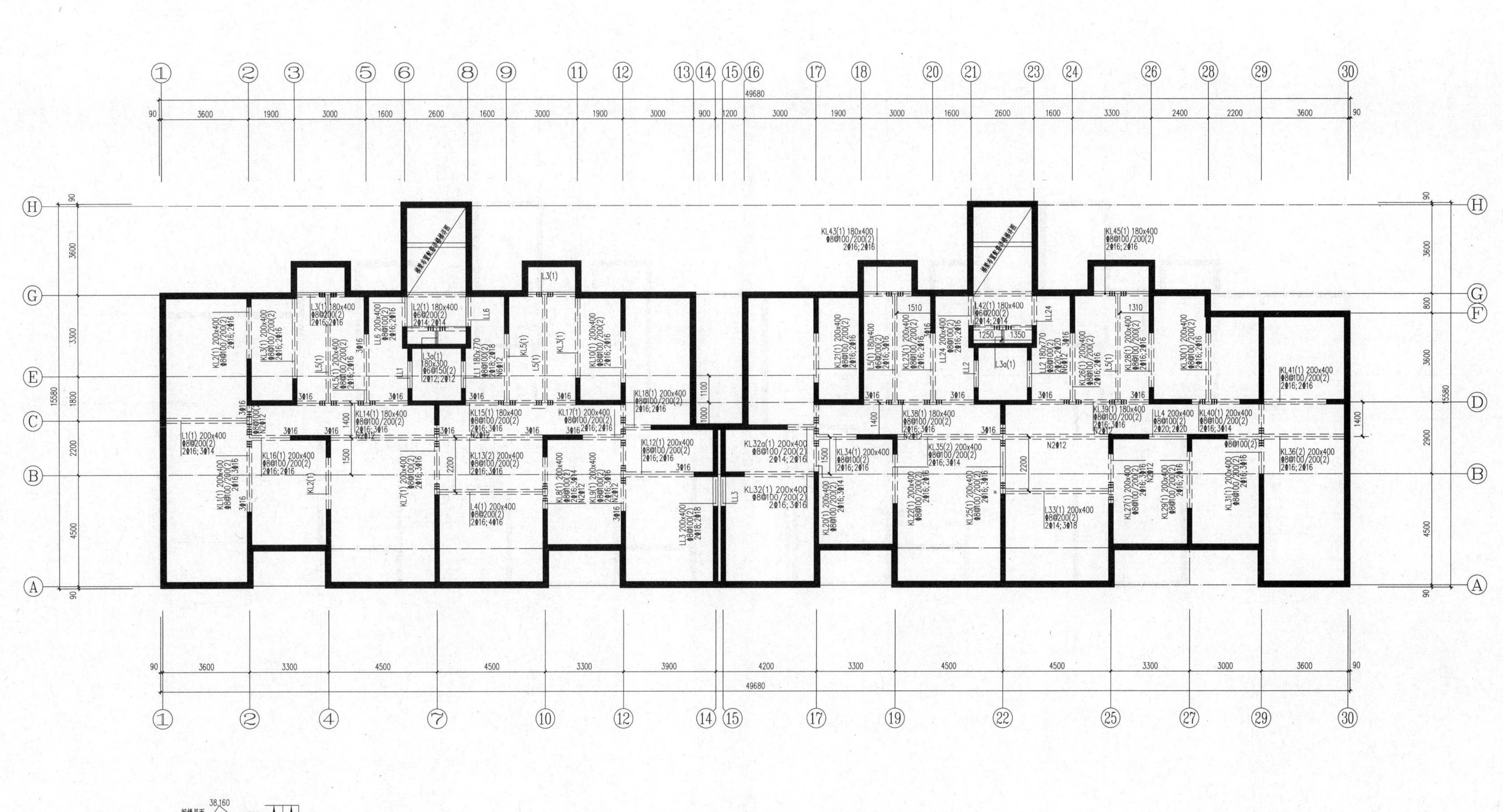

地下一层梁平法施工图 1:100

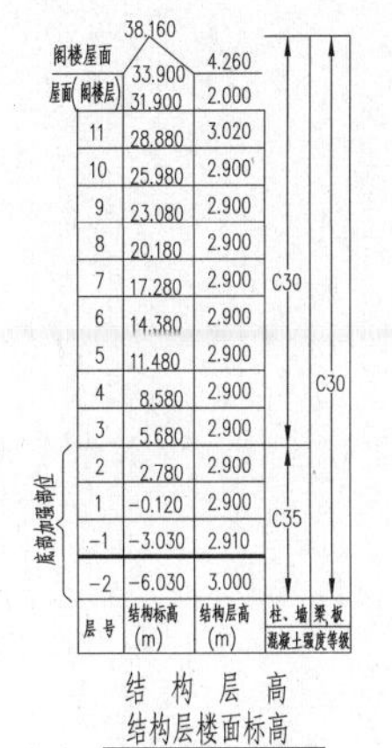

层号	结构标高(m)	结构层高(m)	混凝土强度等级 柱、墙	混凝土强度等级 梁、板
阁楼屋面	38.160			
	33.900	4.260		
屋面（阁楼层）	31.900	2.000		
11	28.880	3.020	C30	C30
10	25.980	2.900	C30	C30
9	23.080	2.900	C30	C30
8	20.180	2.900	C30	C30
7	17.280	2.900	C30	C30
6	14.380	2.900	C30	C30
5	11.480	2.900	C30	C30
4	8.580	2.900	C30	C30
3	5.680	2.900	C30	C30
2	2.780	2.900	C35	C30
1	-0.120	2.900	C35	C30
-1	-3.030	2.910	C35	C30
-2	-6.030	3.000	C35	C30

底部加强部位：-2～2层

结构层高
结构层楼面标高

本图说明:

1、本图中未注明偏心尺寸的梁，梁中心均居轴线中或梁边与墙边齐。
2、未注明腰筋的连梁(LL*)，连梁腰筋均同墙水平筋（各层均同）。
连梁构造详见11G101-1第74页。
3、凡是一端与剪力墙、墙长方向（或柱）相连，另一端与梁（或墙）垂直相连的 KL，与梁垂直相连端按 L 构造处理。
4、当支座宽度不满足梁纵筋锚固长度水平段长度要求时，采用机械锚固，钢筋末端与短钢筋双面贴焊，具体构造见11G101-1第55页。
5、楼梯间梯梁及连梁具体位置及标高详见楼梯剖面图，空调板两侧挑梁详见大样图。
6、梁编号只适用于本层布置。

结施-13
地下一层梁平法施工图

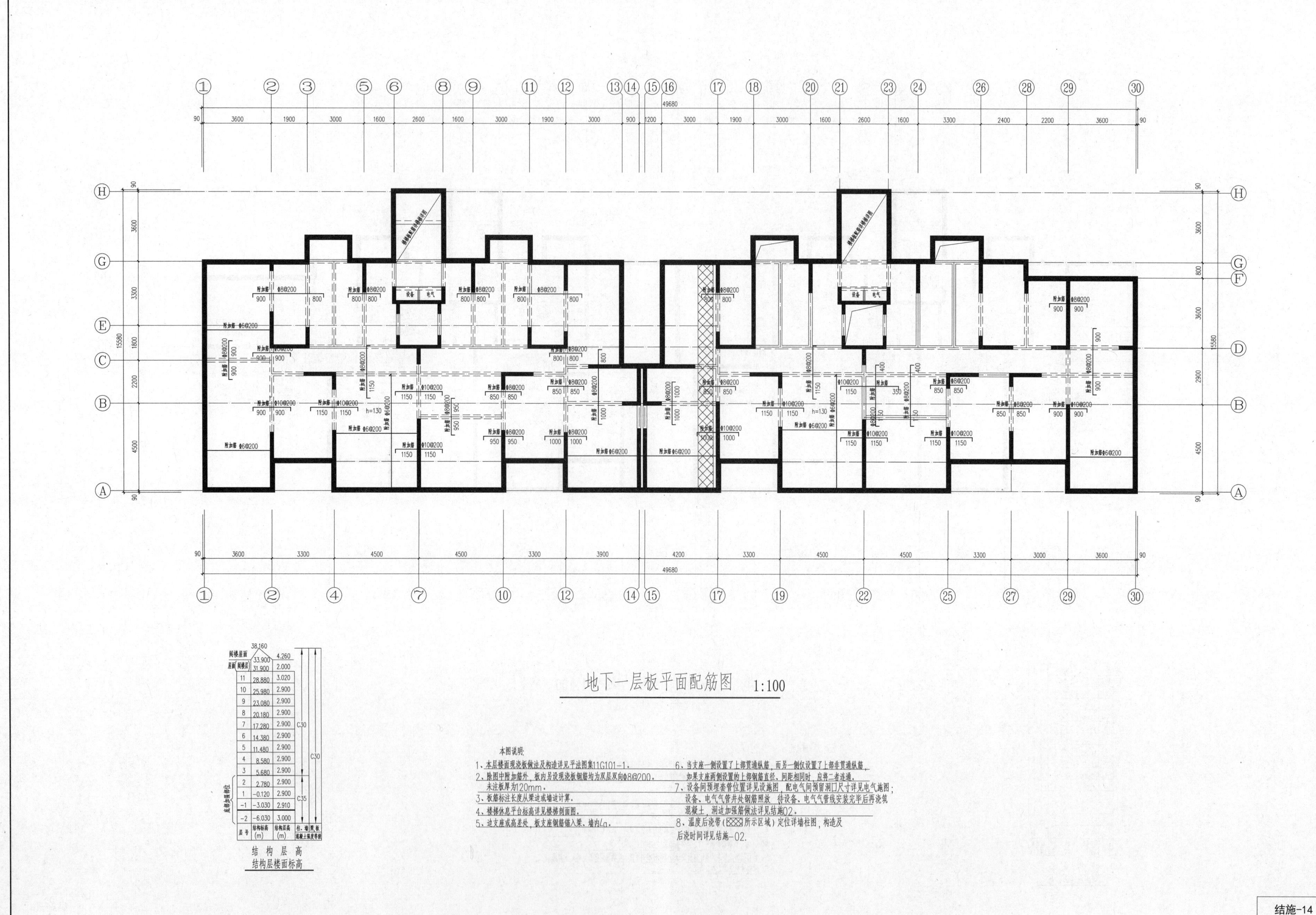
地下一层板平面配筋图 1:100
本图说明:
1、本层楼面现浇板做法及构造详见平法图集11G101-1。
2、除图中附加筋外，板内另设现浇板钢筋均为双层双向φ8@200。
未注板厚为120mm。
3、板筋标注长度从梁边或墙边计算。
4、楼梯休息平台标高详见楼梯剖面图。
5、边支座或高差处，板支座钢筋锚入梁、墙内l_a。
6、当支座一侧设置了上部贯通纵筋，而另一侧仅设置了上部非贯通纵筋，
如果支座两侧设置的上部钢筋直径、间距相同时，应将二者连通。
7、设备间预埋套管位置详见设施图，配电气间预留洞口尺寸详见电气施图；
设备、电气气管井处钢筋照放 待设备、电气气管线安装完毕后再浇筑
混凝土，洞边加强筋做法详见结施02。
8、温度后浇带(所示区域)定位详墙柱图，构造及
后浇时间详见结施-02.
结构层高
结构层楼面标高
结施-14
地下一层板
平面配筋图

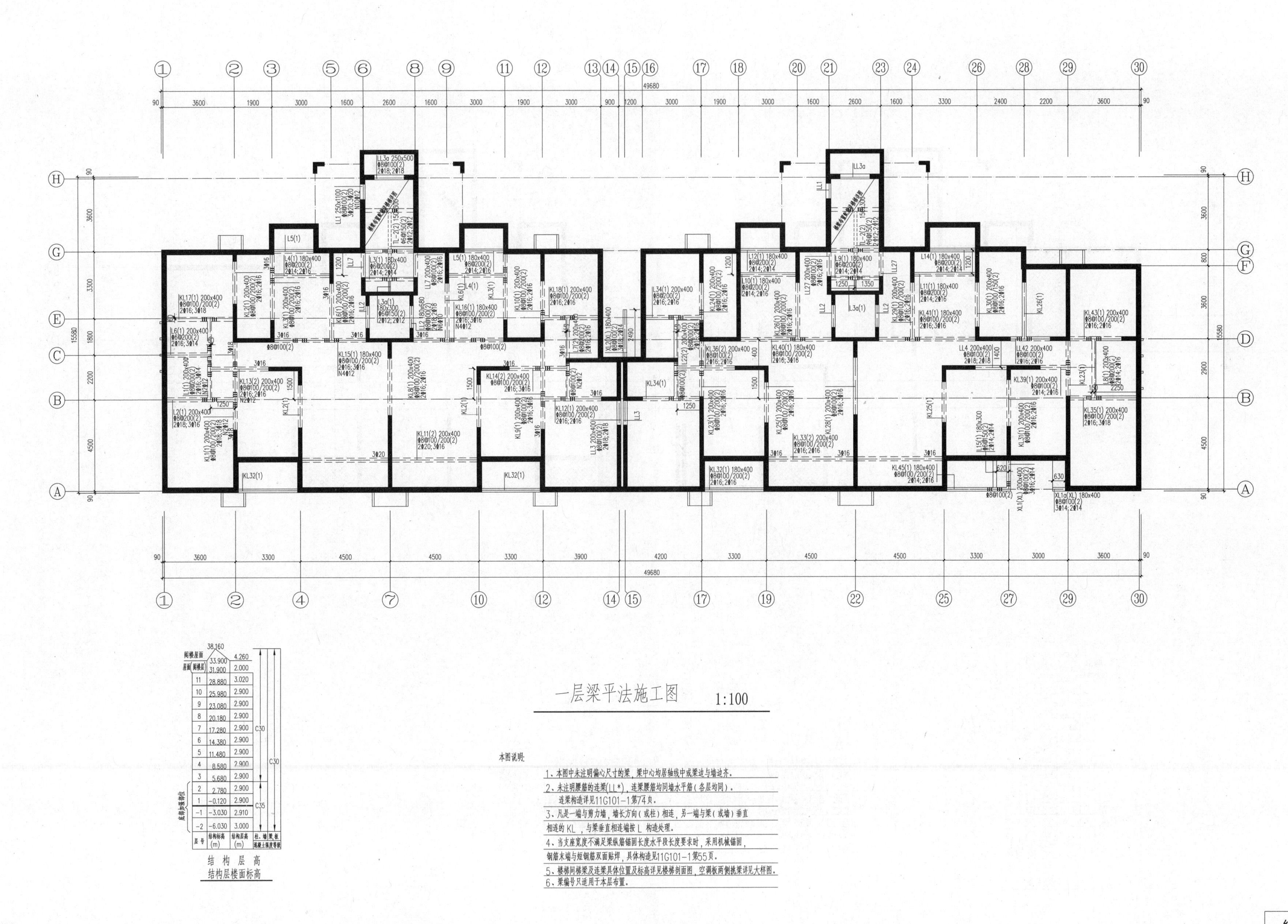

一层梁平法施工图 1:100

层号	结构标高(m)	结构层高(m)	混凝土强度等级 柱、墙	混凝土强度等级 梁、板
阁楼屋面	38.160			
屋面(阁楼层)	33.900	4.260	C30	C30
	31.900	2.000	C30	C30
11	28.880	3.020	C30	C30
10	25.980	2.900	C30	C30
9	23.080	2.900	C30	C30
8	20.180	2.900	C30	C30
7	17.280	2.900	C30	C30
6	14.380	2.900	C30	C30
5	11.480	2.900	C30	C30
4	8.580	2.900	C30	C30
3	5.680	2.900	C30	C30
2 (底部加强部位)	2.780	2.900	C35	C30
1 (底部加强部位)	-0.120	2.900	C35	C30
-1 (底部加强部位)	-3.030	2.910	C35	C30
-2 (底部加强部位)	-6.030	3.000	C35	C30

结构层高
结构层楼面标高

本图说明:

1、本图中未注明偏心尺寸的梁，梁中心均居轴线中或梁边与墙边齐。
2、未注明腰筋的连梁(LL*)，连梁腰筋均同墙水平筋（各层均同）。
连梁构造详见11G101-1第74页。
3、凡是一端与剪力墙，墙长方向（或柱）相连，另一端与梁（或墙）垂直相连的KL，与梁垂直相连端按L构造处理。
4、当支座宽度不满足梁纵筋锚固长度水平段长度要求时，采用机械锚固，钢筋末端与短钢筋双面贴焊，具体构造见11G101-1第55页。
5、楼梯间梯梁及连梁具体位置及标高详见楼梯剖面图，空调板两侧挑梁详见大样图。
6、梁编号只适用于本层布置。

结施-15
一层梁平法施工图

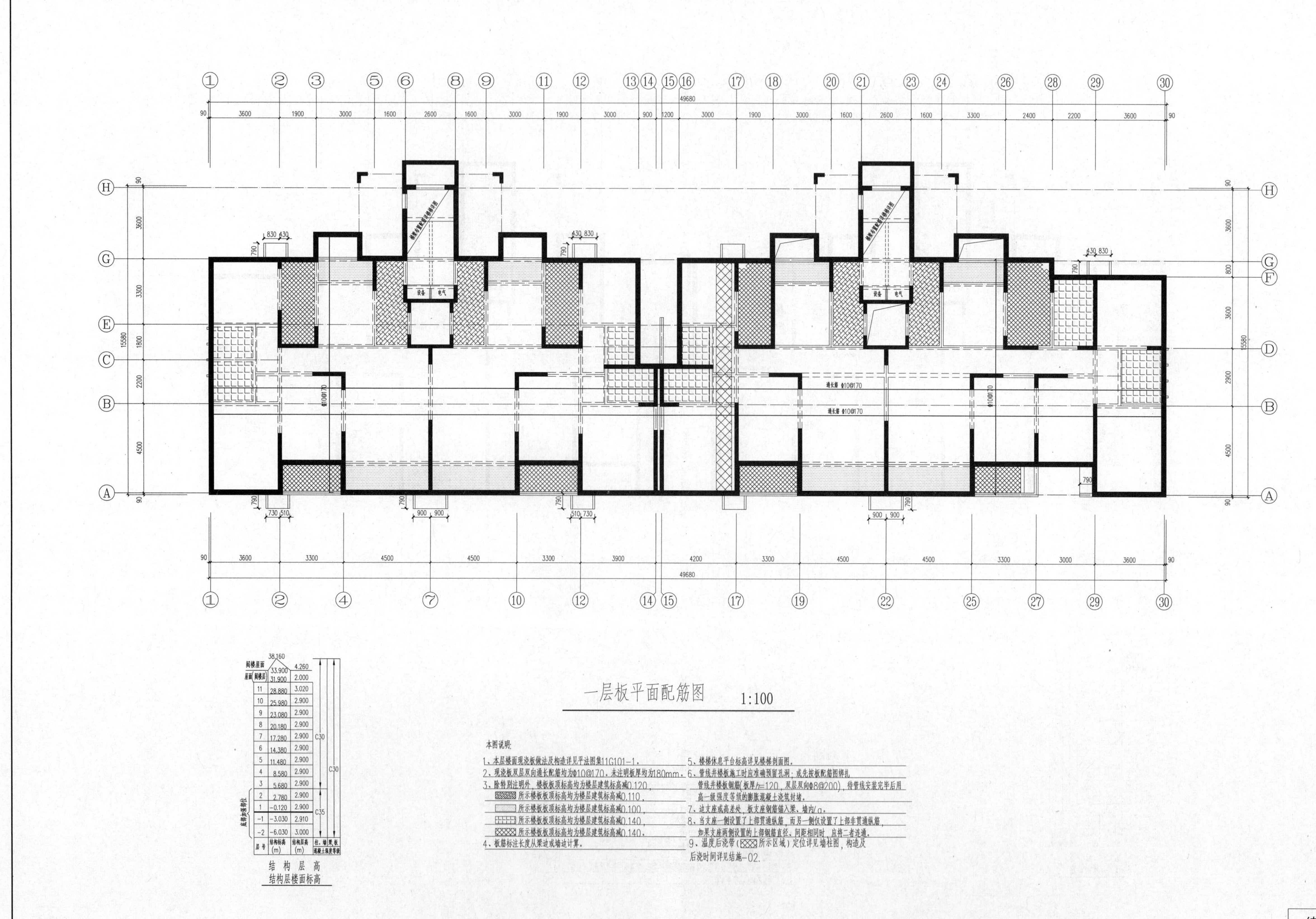

层号	结构标高(m)	结构层高(m)	柱、墙 混凝土强度等级	梁、板 混凝土强度等级
阁楼屋面	38.160 / 33.900	4.260		
屋面(阁楼层)	31.900	2.000		
11	28.880	3.020	C30	C30
10	25.980	2.900	C30	C30
9	23.080	2.900	C30	C30
8	20.180	2.900	C30	C30
7	17.280	2.900	C30	C30
6	14.380	2.900	C30	C30
5	11.480	2.900	C30	C30
4	8.580	2.900	C30	C30
3	5.680	2.900	C30	C30
2	2.780	2.900	C35	C30
1	-0.120	2.900	C35	C30
-1	-3.030	2.910	C35	C30
-2	-6.030	3.000	C35	C30

底部加强部位：-2～2

结构层高
结构层楼面标高

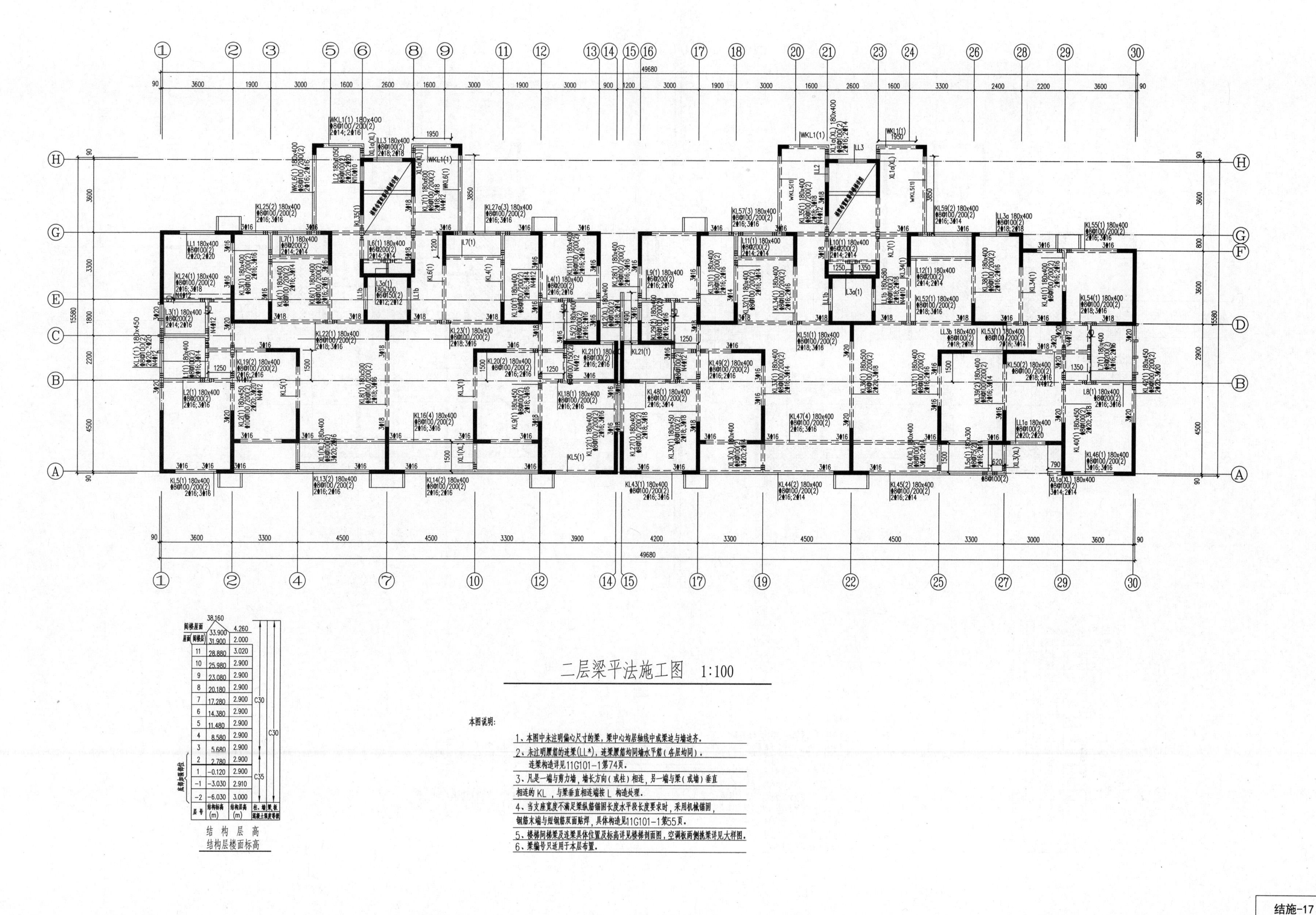

二层梁平法施工图 1:100

本图说明:

1、本图中未注明偏心尺寸的梁，梁中心均居轴线中或梁边与墙边齐。
2、未注明腰筋的连梁(LL*)，连梁腰筋均同墙水平筋（各层均同）。
连梁构造详见11G101-1第74页。
3、凡是一端与剪力墙，墙长方向（或柱）相连，另一端与梁（或墙）垂直相连的 KL ，与梁垂直相连端按 L 构造处理。
4、当支座宽度不满足梁纵筋锚固长度水平段长度要求时，采用机械锚固，钢筋末端与短钢筋双面贴焊，具体构造见11G101-1第55页。
5、楼梯间梯梁及连梁具体位置及标高详见楼梯剖面图，空调板两侧挑梁详见大样图。
6、梁编号只适用于本层布置。

层号	结构标高(m)	结构层高(m)	柱、墙 混凝土强度等级	梁、板 混凝土强度等级
阁楼屋面	38.160			
屋面(阁楼层)	33.900	4.260		
	31.900	2.000		
11	28.880	3.020	C30	C30
10	25.980	2.900		
9	23.080	2.900		
8	20.180	2.900		
7	17.280	2.900		
6	14.380	2.900		
5	11.480	2.900		
4	8.580	2.900		
3	5.680	2.900		
2	2.780	2.900	C35	
1	-0.120	2.900		
-1	-3.030	2.910		
-2	-6.030	3.000		

底部加强部位：-2 ~ 2

结构层高
结构层楼面标高

结施-17
二层梁平法施工图

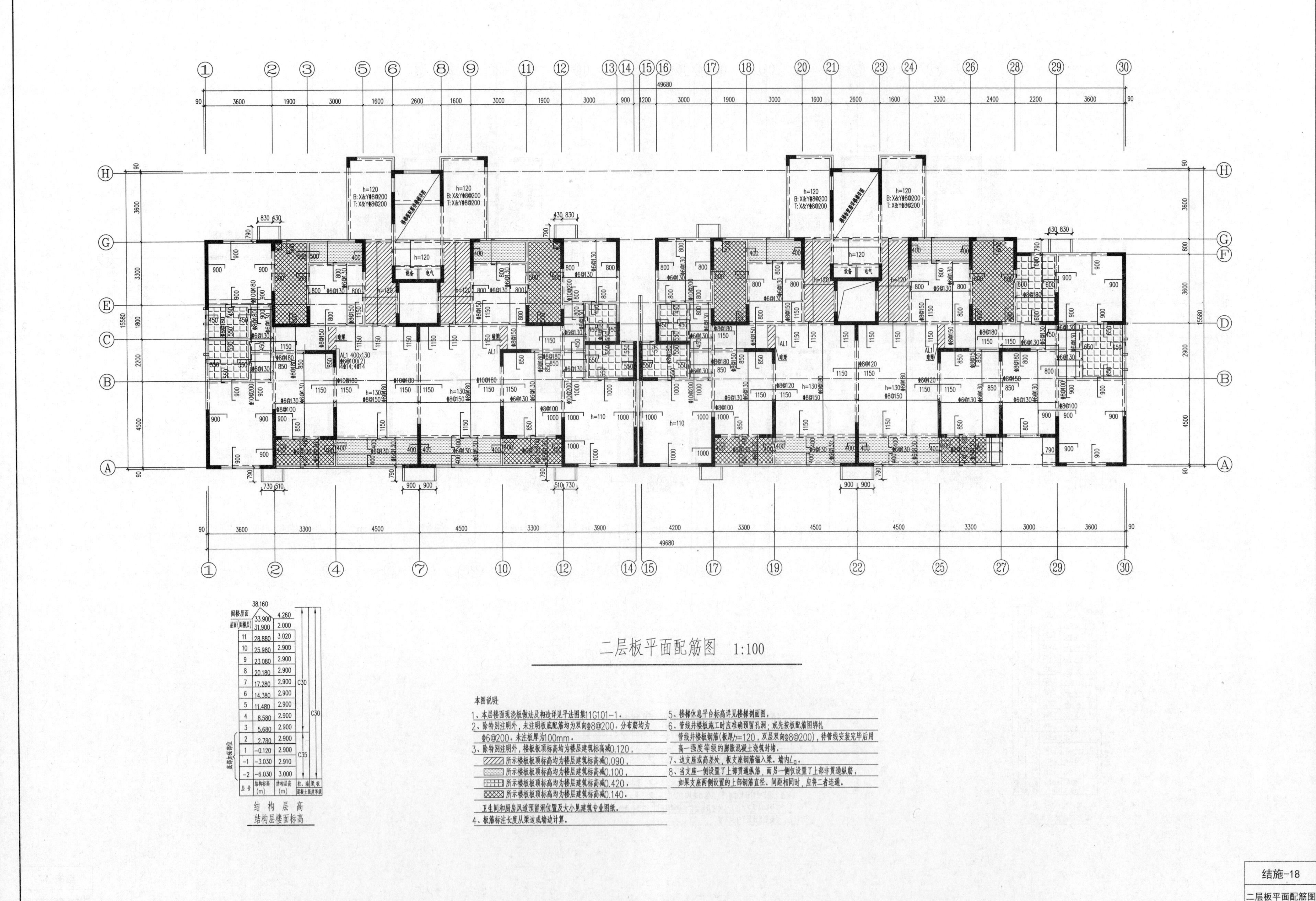
二层板平面配筋图 1:100
本图说明:
1、本层楼面现浇板做法及构造详见平法图集11G101-1。
2、除特别注明外，未注明板底配筋均为双向φ8@200。分布筋均为φ6@200。未注板厚为100mm。
3、除特别注明外，楼板板顶标高均为楼层建筑标高减0.120，
所示楼板板顶标高均为楼层建筑标高减0.090，
所示楼板板顶标高均为楼层建筑标高减0.100，
所示楼板板顶标高均为楼层建筑标高减0.420，
所示楼板板顶标高均为楼层建筑标高减0.140。
卫生间和厨房风道预留洞位置及大小见建筑专业图纸。
4、板筋标注长度从梁边或墙边计算。
5、楼梯休息平台标高详见楼梯剖面图。
6、管线井楼板施工时应准确预留孔洞；或先按板配筋图绑扎管线井楼板钢筋(板厚h=120，双层双向φ8@200)，待管线安装完毕后用高一强度等级的膨胀混凝土浇筑封堵。
7、边支座或高差处，板支座钢筋锚入梁、墙内La。
8、当支座一侧设置了上部贯通纵筋，而另一侧仅设置了上部非贯通纵筋，如果支座两侧设置的上部钢筋直径、间距相同时，应将二者连通。
结构层高
结构层楼面标高
结施-18
二层板平面配筋图

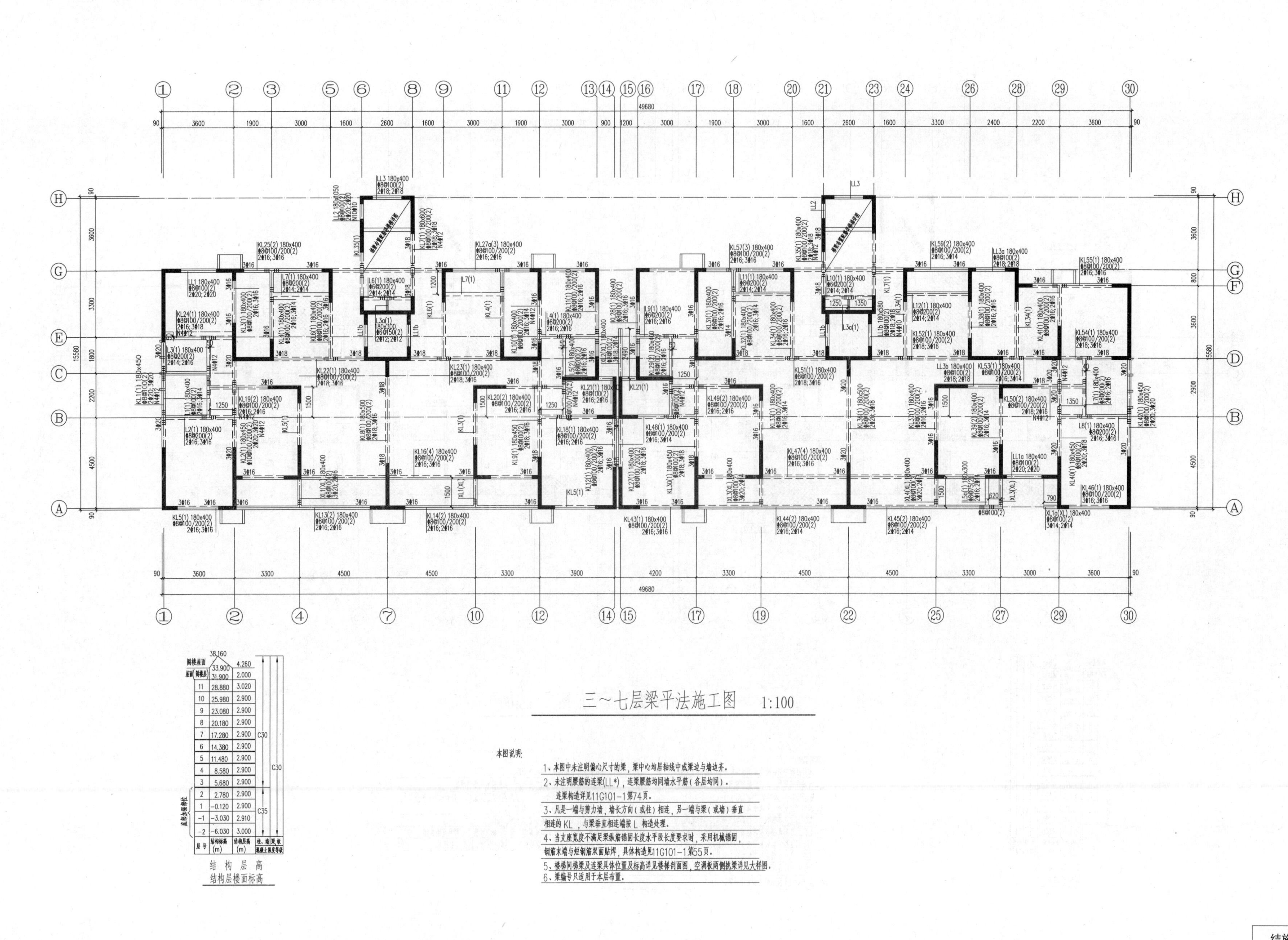

结施-19

三~七层梁平法施工图

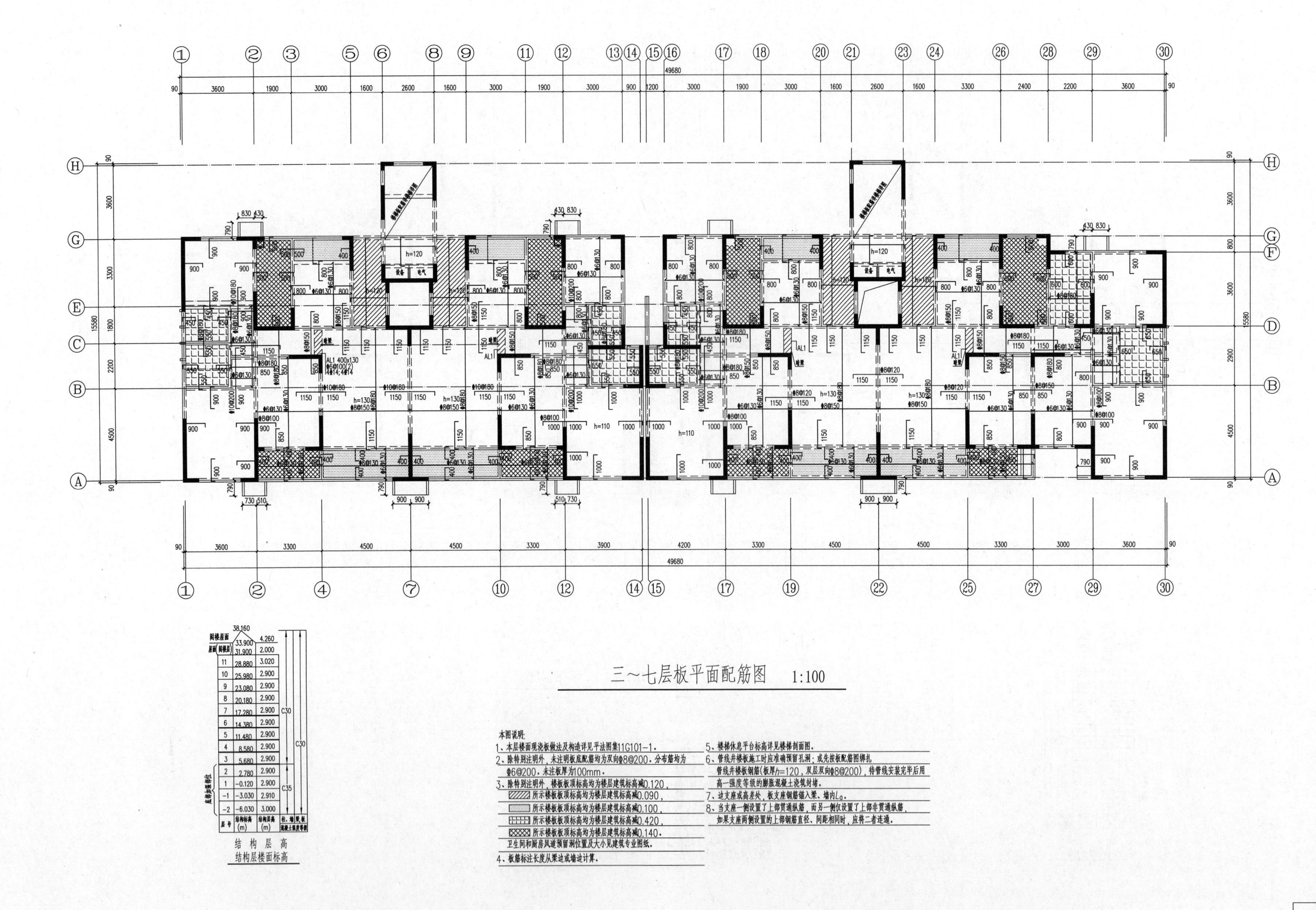
三～七层板平面配筋图 1:100
本图说明:
1、本层楼面现浇板做法及构造详见平法图集11G101-1。
2、除特别注明外，未注明板底配筋均为双向ф8@200。分布筋均为ф6@200。未注板厚为100mm。
3、除特别注明外，楼板板顶标高均为楼层建筑标高减0.120，
所示楼板板顶标高均为楼层建筑标高减0.090，
所示楼板板顶标高均为楼层建筑标高减0.100，
所示楼板板顶标高均为楼层建筑标高减0.420，
所示楼板板顶标高均为楼层建筑标高减0.140。
卫生间和厨房风道预留洞位置及大小见建筑专业图纸。
4、板筋标注长度从梁边或墙边计算。
5、楼梯休息平台标高详见楼梯剖面图。
6、管线井楼板施工时应准确预留孔洞；或先按板配筋图绑扎管线井楼板钢筋(板厚h=120，双层双向ф8@200)，待管线安装完毕后用高一强度等级的膨胀混凝土浇筑封堵。
7、边支座或高差处，板支座钢筋锚入梁、墙内La。
8、当支座一侧设置了上部贯通纵筋，而另一侧仅设置了上部非贯通纵筋，如果支座两侧设置的上部钢筋直径、间距相同时，应将二者连通。
结构层高
结构层楼面标高
结施-20
三～七层板平面配筋图

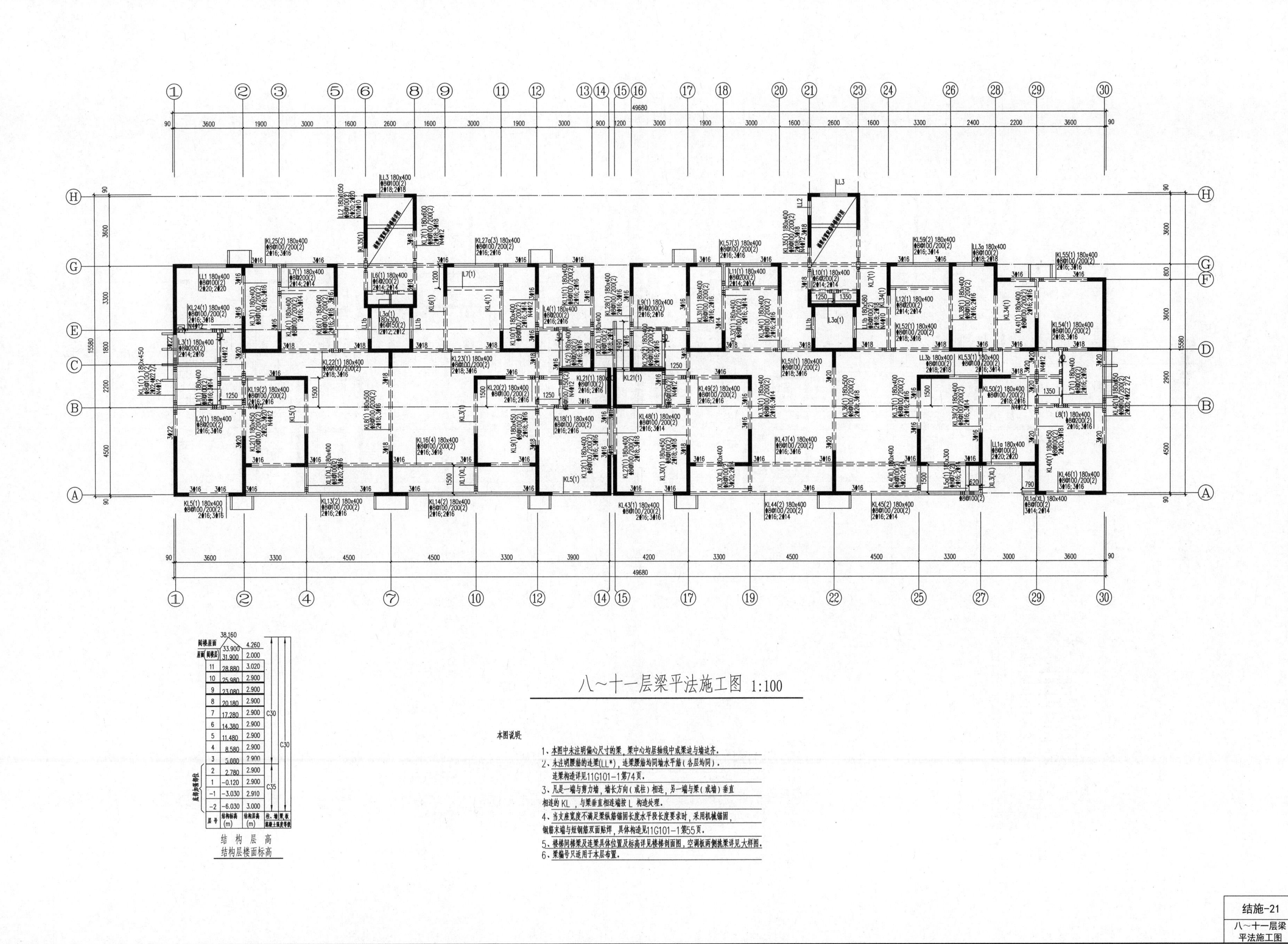

层号	结构标高(m)	结构层高(m)	柱、墙 混凝土强度等级	梁、板 混凝土强度等级
阁楼屋面	38.160			
屋面(阁楼层)	33.900	4.260		
	31.900	2.000		
11	28.880	3.020	C30	C30
10	25.980	2.900	C30	C30
9	23.080	2.900	C30	C30
8	20.180	2.900	C30	C30
7	17.280	2.900	C30	C30
6	14.380	2.900	C30	C30
5	11.480	2.900	C30	C30
4	8.580	2.900	C30	C30
3	5.080	2.900	C30	C30
2	2.780	2.900	C35	C30
1	-0.120	2.900	C35	C30
-1	-3.030	2.910	C35	C30
-2	-6.030	3.000	C35	C30

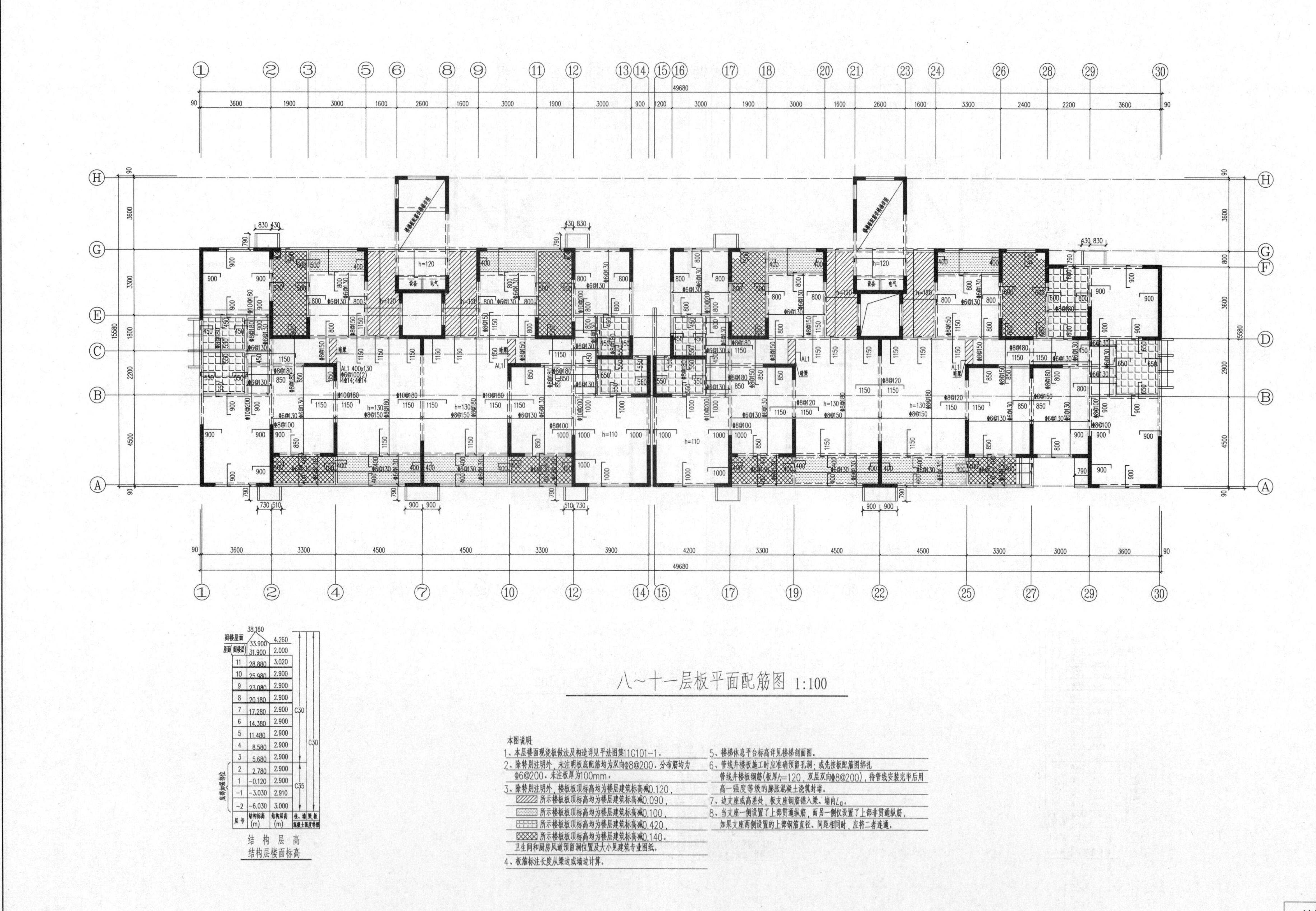

层号	结构标高 (m)	结构层高 (m)	柱、墙	梁、板
阁楼屋面	38.160			
	33.900	4.260		
屋面（阁楼层）	31.900	2.000		
11	28.880	3.020		
10	25.980	2.900		
9	23.080	2.900		
8	20.180	2.900		
7	17.280	2.900	C30	
6	14.380	2.900		
5	11.480	2.900		
4	8.580	2.900		C30
3	5.680	2.900		
2（底部加强部位）	2.780	2.900		
1（底部加强部位）	-0.120	2.900		
-1（底部加强部位）	-3.030	2.910	C35	
-2（底部加强部位）	-6.030	3.000		
			混凝土强度等级	

结构层高
结构层楼面标高

八～十一层板平面配筋图 1:100

本图说明:

1、本层楼面现浇板做法及构造详见平法图集11G101-1。

2、除特别注明外，未注明板底配筋均为双向ф8@200。分布筋均为ф6@200。未注板厚为100mm。

3、除特别注明外，楼板板顶标高均为楼层建筑标高减0.120，
  (斜线填充)所示楼板板顶标高均为楼层建筑标高减0.090，
  (点状填充)所示楼板板顶标高均为楼层建筑标高减0.100，
  (方格填充)所示楼板板顶标高均为楼层建筑标高减0.420，
  (交叉线填充)所示楼板板顶标高均为楼层建筑标高减0.140。
  卫生间和厨房风道预留洞位置及大小见建筑专业图纸。

4、板筋标注长度从梁边或墙边计算。

5、楼梯休息平台标高详见楼梯剖面图。

6、管线井楼板施工时应准确预留孔洞；或先按板配筋图绑扎管线井楼板钢筋(板厚h=120，双层双向ф8@200)，待管线安装完毕后用高一强度等级的膨胀混凝土浇筑封堵。

7、边支座或高差处，板支座钢筋锚入梁、墙内L_a。

8、当支座一侧设置了上部贯通纵筋，而另一侧仅设置了上部非贯通纵筋，如果支座两侧设置的上部钢筋直径、间距相同时，应将二者连通。

结施-22
八～十一层板平面配筋图

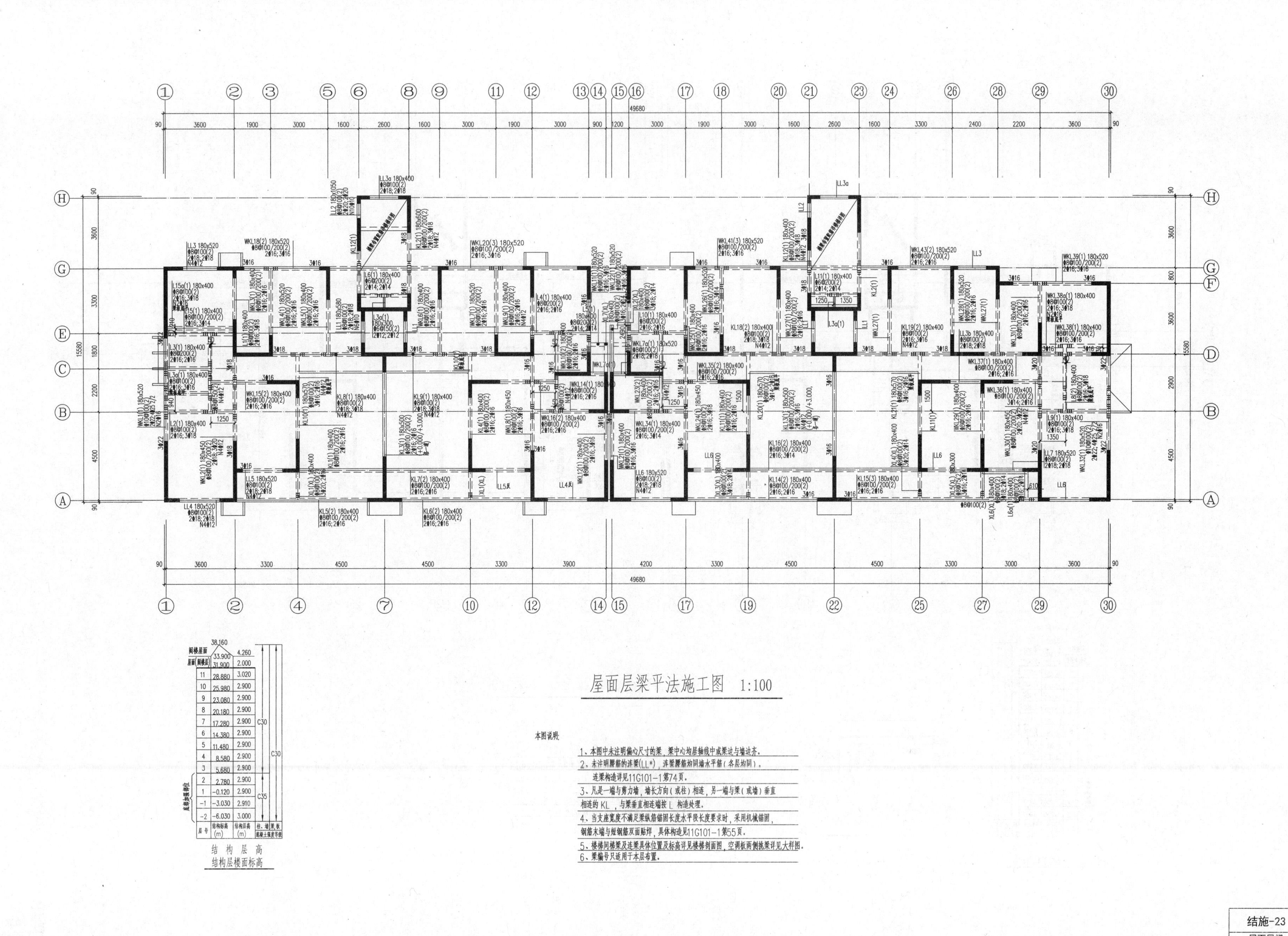

屋面层梁平法施工图 1:100
本图说明:
1、本图中未注明偏心尺寸的梁，梁中心均居轴线中或梁边与墙边齐。
2、未注明腰筋的连梁(LL*)，连梁腰筋均同墙水平筋（各层均同）。
连梁构造详见11G101-1第74页。
3、凡是一端与剪力墙，墙长方向（或柱）相连，另一端与梁（或墙）垂直
相连的 KL ，与梁垂直相连端按 L 构造处理。
4、当支座宽度不满足梁纵筋锚固长度水平段长度要求时，采用机械锚固，
钢筋末端与短钢筋双面贴焊，具体构造见11G101-1第55页。
5、楼梯间梯梁及连梁具体位置及标高详见楼梯剖面图，空调板两侧挑梁详见大样图。
6、梁编号只适用于本层布置。
38.160
阁楼屋面 33.900 4.260
屋面(阁楼层) 31.900 2.000
11 28.880 3.020
10 25.980 2.900
9 23.080 2.900
8 20.180 2.900
7 17.280 2.900
6 14.380 2.900
5 11.480 2.900
4 8.580 2.900
3 5.680 2.900
2 2.780 2.900
1 -0.120 2.900
-1 -3.030 2.910
-2 -6.030 3.000
C30
C35
C30
底部加强部位
层号
结构标高 (m)
结构层高 (m)
柱、墙
梁、板
混凝土强度等级
结构层高
结构层楼面标高
结施-23
屋面层梁
平法施工图

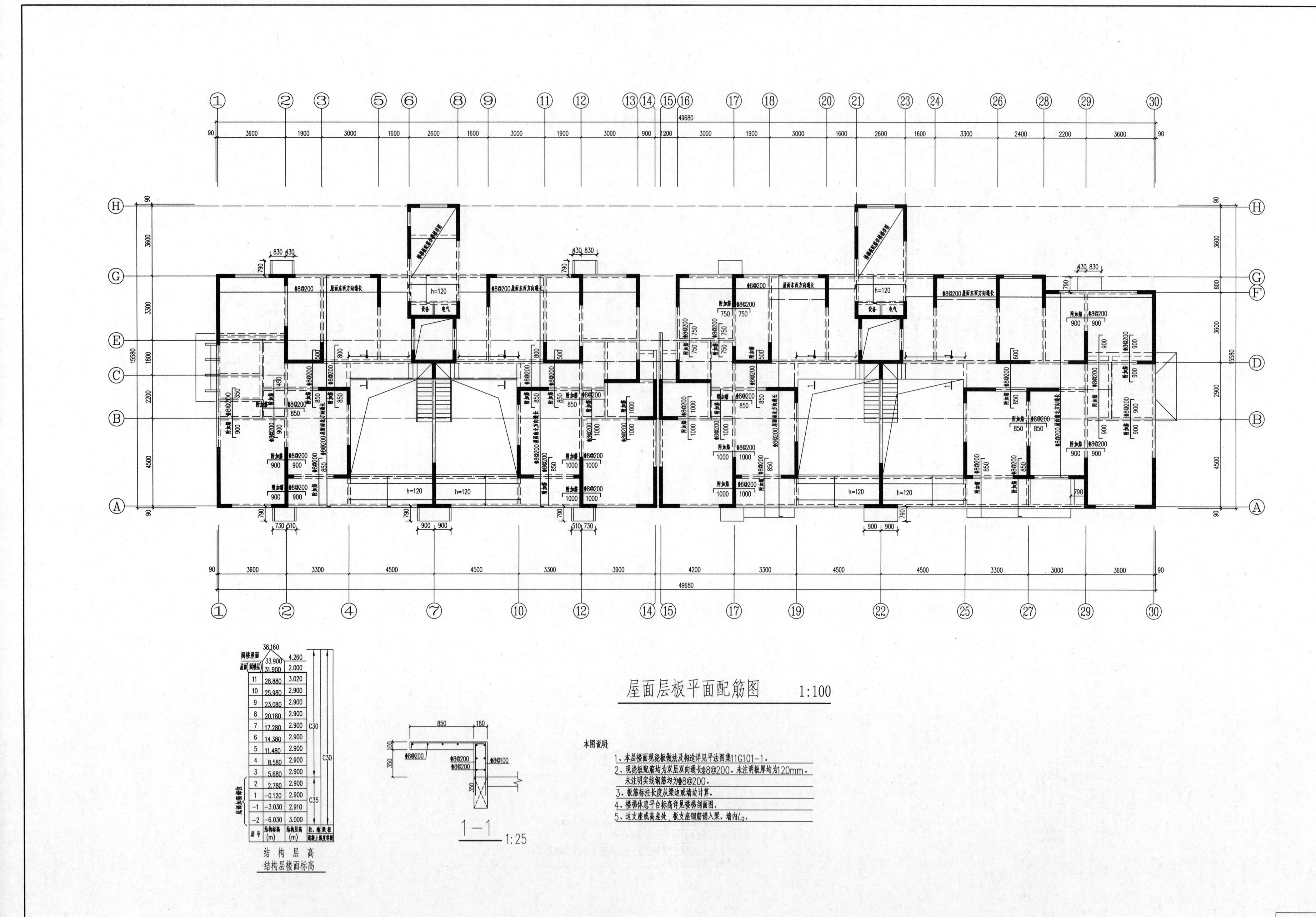

层号	结构标高(m)	结构层高(m)	柱、墙 混凝土强度等级	梁、板 混凝土强度等级
阁楼屋面	38.160			
屋面（阁楼层）	33.900	4.260	C30	C30
	31.900	2.000		
11	28.880	3.020		
10	25.980	2.900		
9	23.080	2.900		
8	20.180	2.900		
7	17.280	2.900		
6	14.380	2.900		
5	11.480	2.900		
4	8.580	2.900		
3	5.680	2.900		
2	2.780	2.900	C35	
1	-0.120	2.900		
-1	-3.030	2.910		
-2	-6.030	3.000		

底部加强部位：2、1、-1、-2层

结构层高
结构层楼面标高

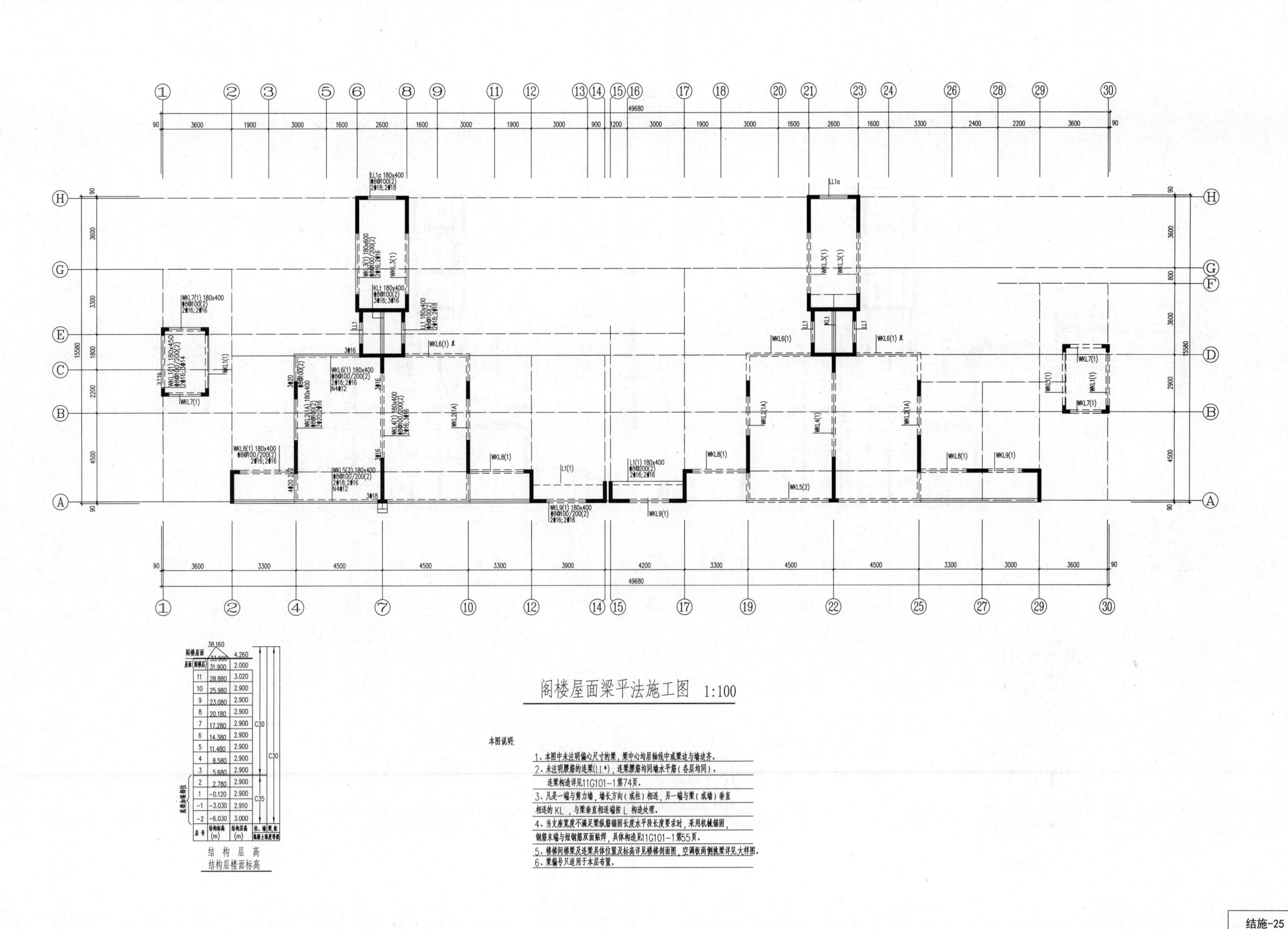
阁楼屋面梁平法施工图 1:100
本图说明:
1、本图中未注明偏心尺寸的梁，梁中心均居轴线中或梁边与墙边齐。
2、未注明腰筋的连梁(LL*)，连梁腰筋均同墙水平筋(各层均同)。
连梁构造详见11G101-1第74页。
3、凡是一端与剪力墙，墙长方向(或柱)相连，另一端与梁(或墙)垂直相连的KL，与梁垂直相连端按L构造处理。
4、当支座宽度不满足梁纵筋锚固长度水平段长度要求时，采用机械锚固，钢筋末端与短钢筋双面贴焊，具体构造见11G101-1第55页。
5、楼梯间梯梁及连梁具体位置及标高详见楼梯剖面图，空调板两侧挑梁详见大样图。
6、梁编号只适用于本层布置。
结构层高
结构层楼面标高
结施-25
阁楼屋面梁平法施工图

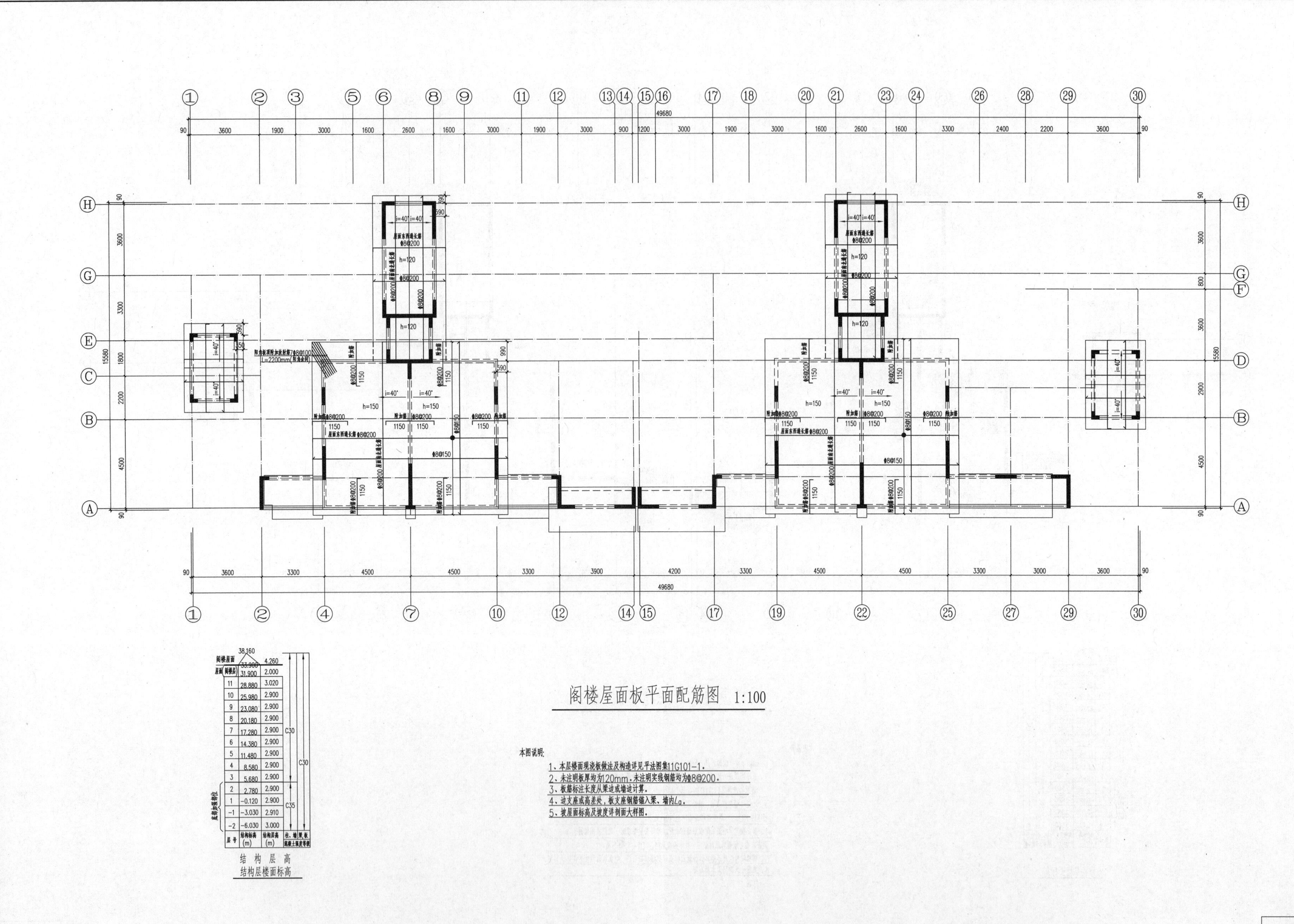

层号	结构标高(m)	结构层高(m)	柱、墙 混凝土强度等级	梁、板 混凝土强度等级
阁楼屋面	38.160 / 33.900	4.260		
屋面(阁楼层)	31.900	2.000		
11	28.880	3.020		
10	25.980	2.900		
9	23.080	2.900		
8	20.180	2.900		
7	17.280	2.900	C30	
6	14.380	2.900		
5	11.480	2.900		C30
4	8.580	2.900		
3	5.680	2.900		
2	2.780	2.900		
1	-0.120	2.900	C35	
-1	-3.030	2.910		
-2	-6.030	3.000		

结施-26

阁楼屋面板平面配筋图

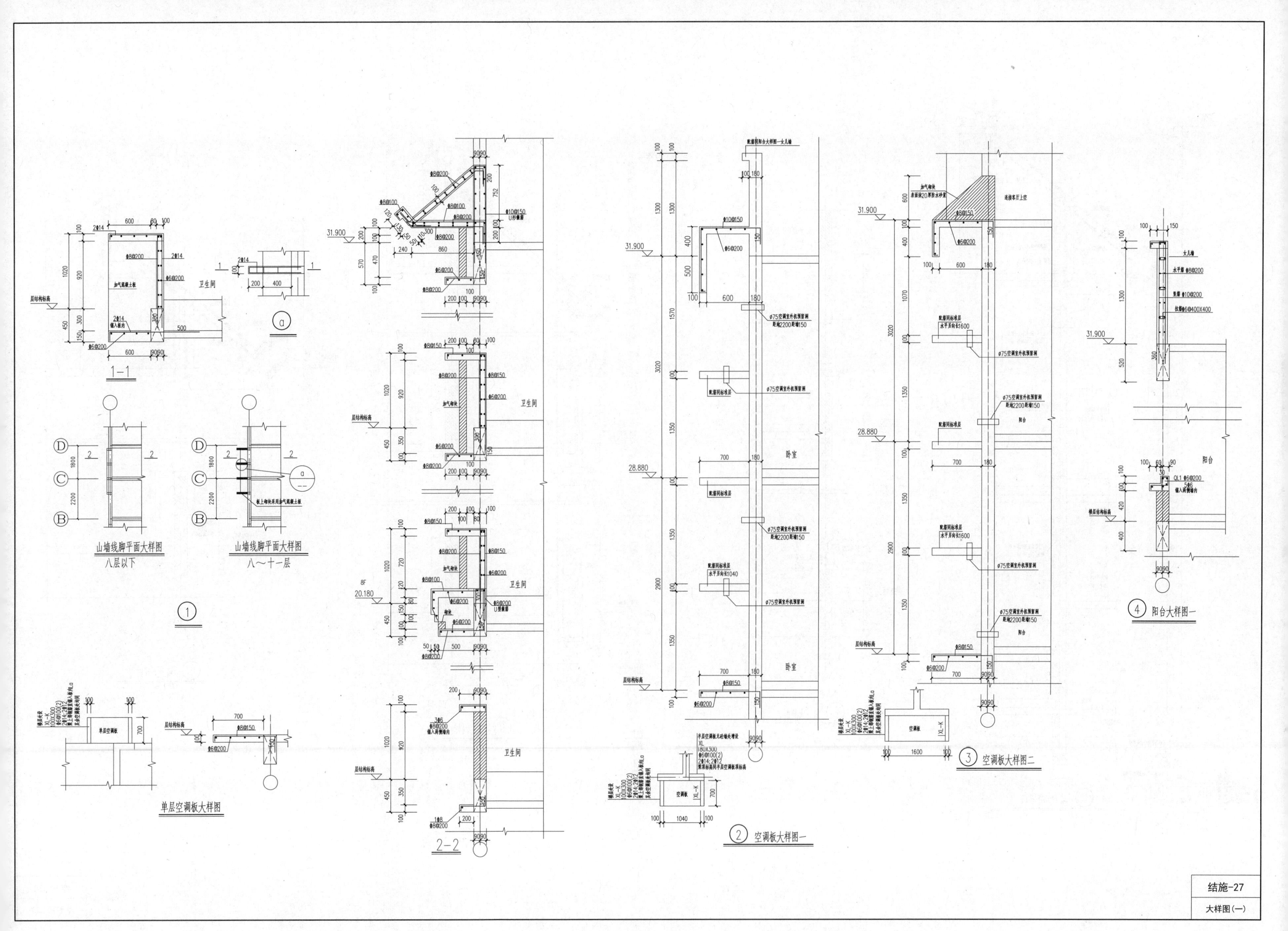
1-1
卫生间
a
山墙线脚平面大样图
八层以下
山墙线脚平面大样图
八～十一层
1
单层空调板大样图
2-2
31.900
20.180
28.880
卧室
阳台
2 空调板大样图一
3 空调板大样图二
4 阳台大样图一
结施-27
大样图(一)

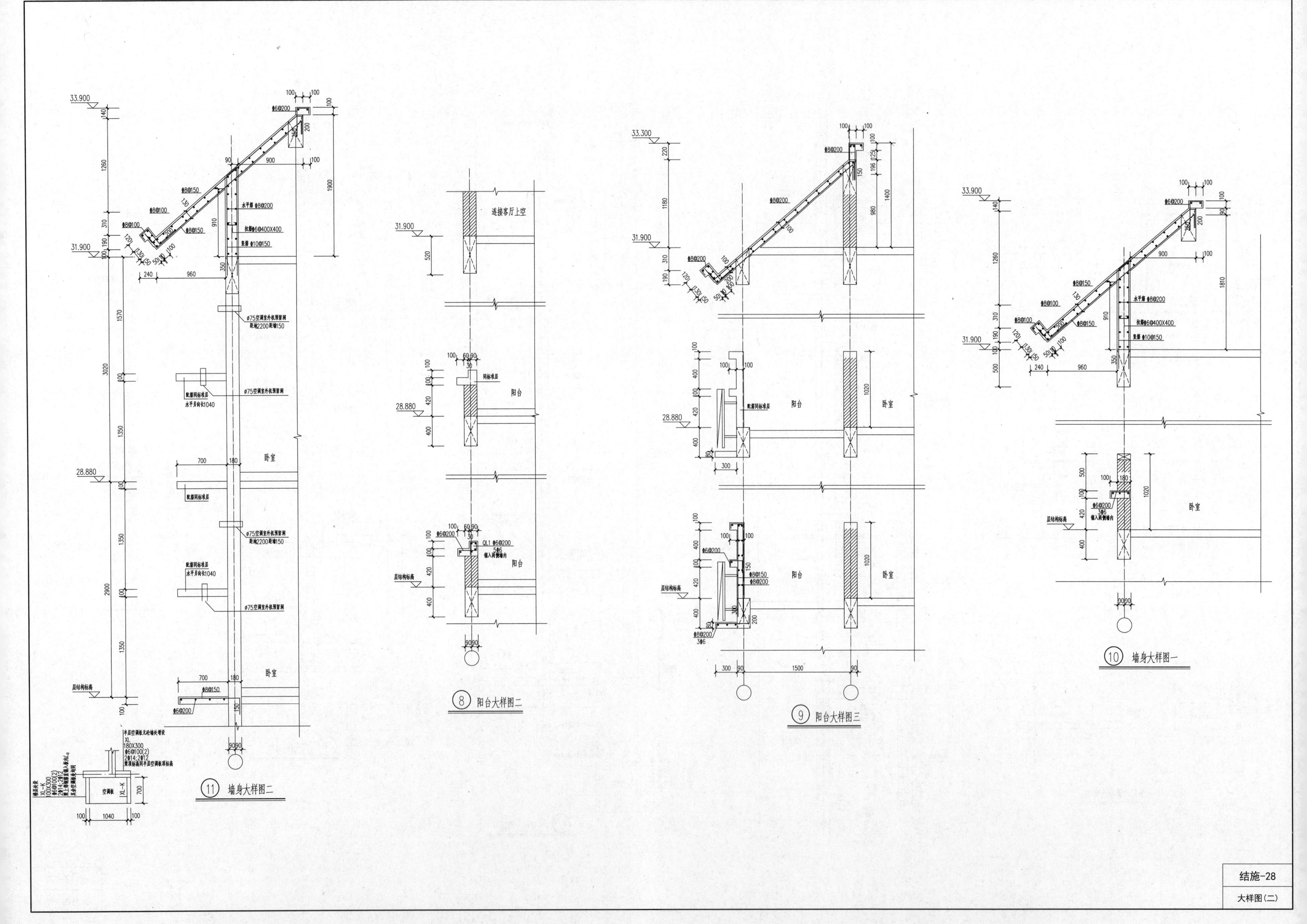

连接客厅上空
阳台
卧室
层结构标高
8 阳台大样图二
9 阳台大样图三
10 墙身大样图一
11 墙身大样图二
结施-28
大样图(二)

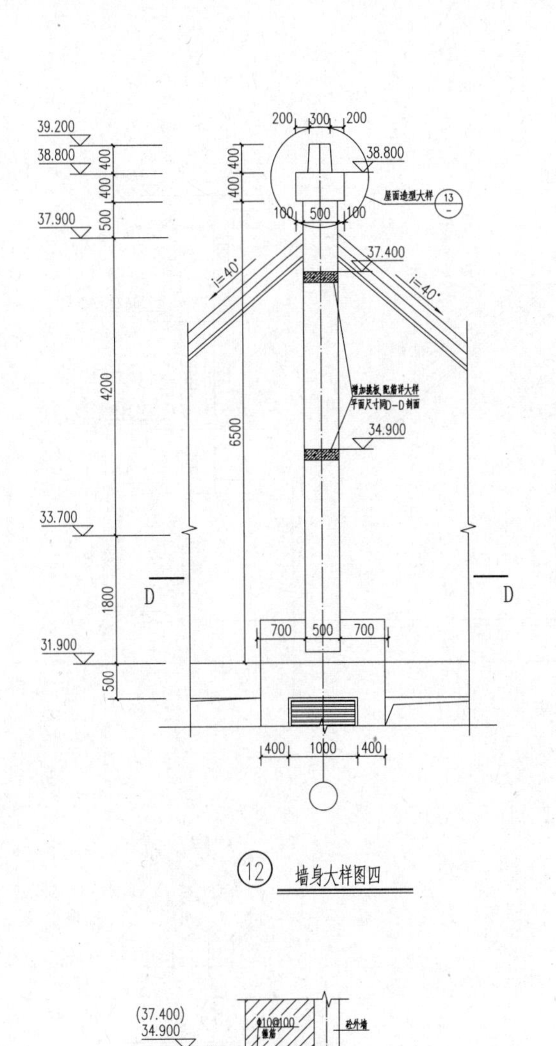

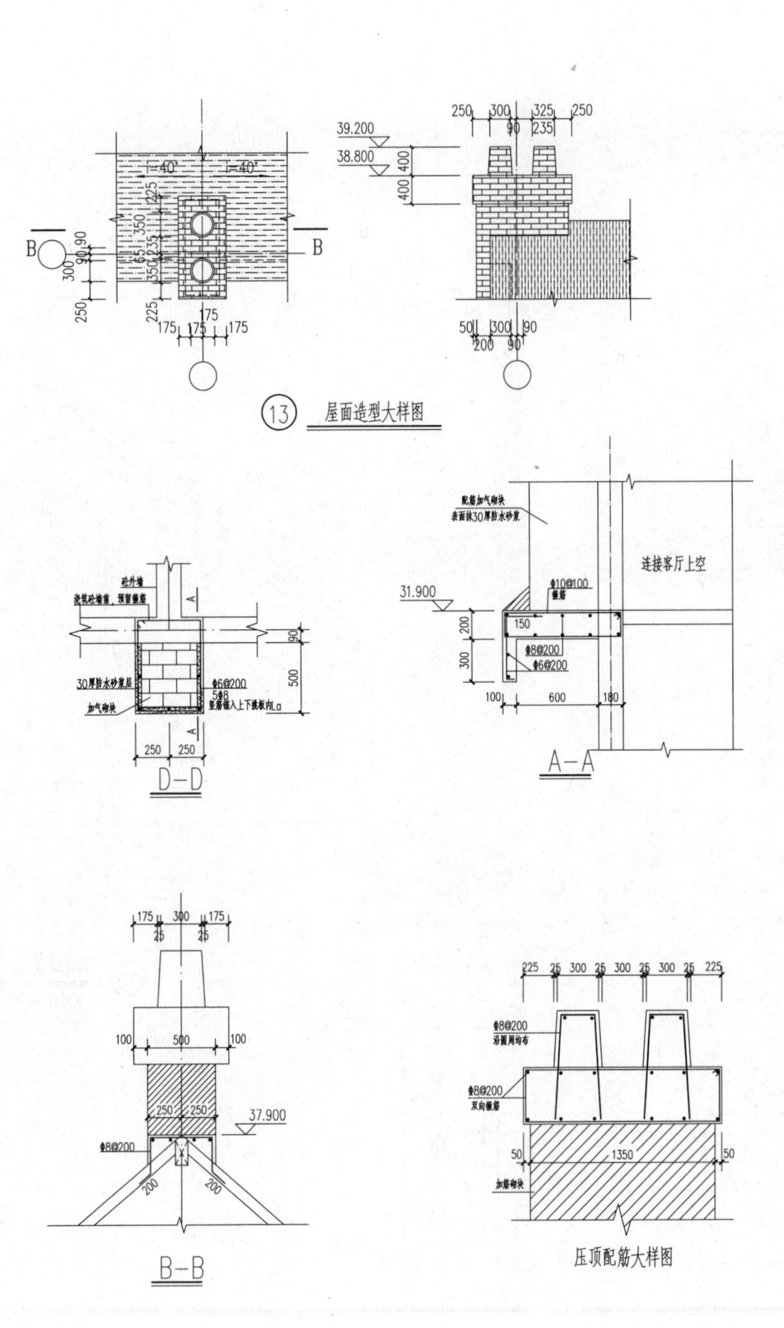

坡屋面板及梁截面大样示意图：

1.坡屋面现浇板折角处未设置梁时，按下列详图要求施工：

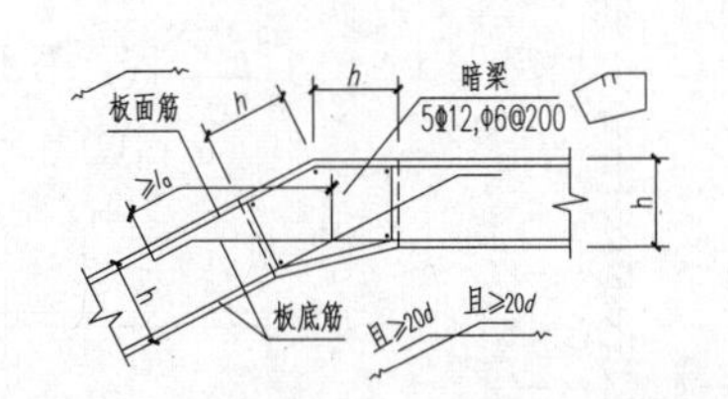

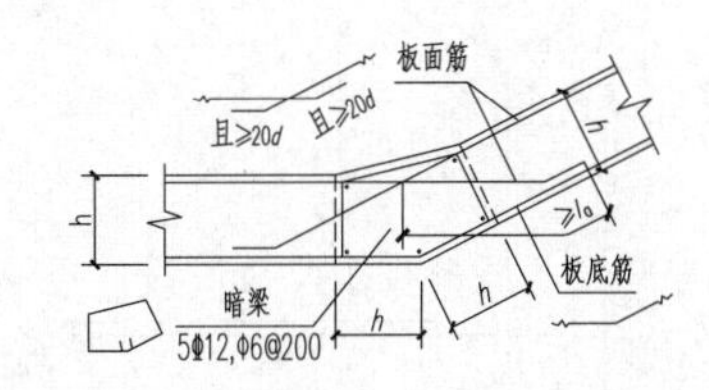

2.梁的截面形式、高度、标高等取值规定

一般情况下，坡屋面梁顶面随坡屋面板面。当无特定标注时，按下图取用：

1）坡屋面水平梁按图1～图3。

2）坡屋面斜梁按矩形截面。

3）对于坡屋面梁既有水平部分，又有斜梁部分。

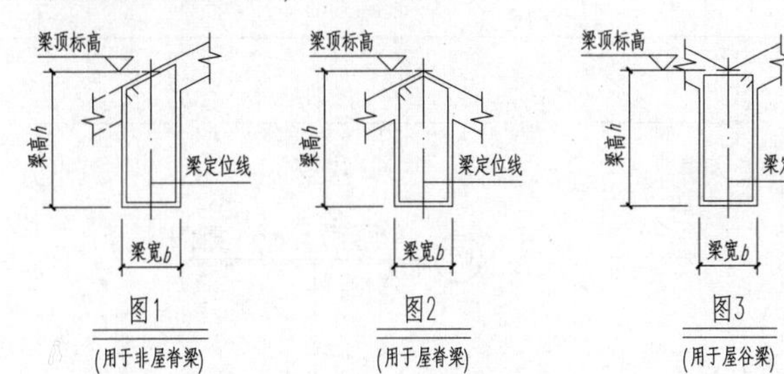

结施-29
大样图(三)

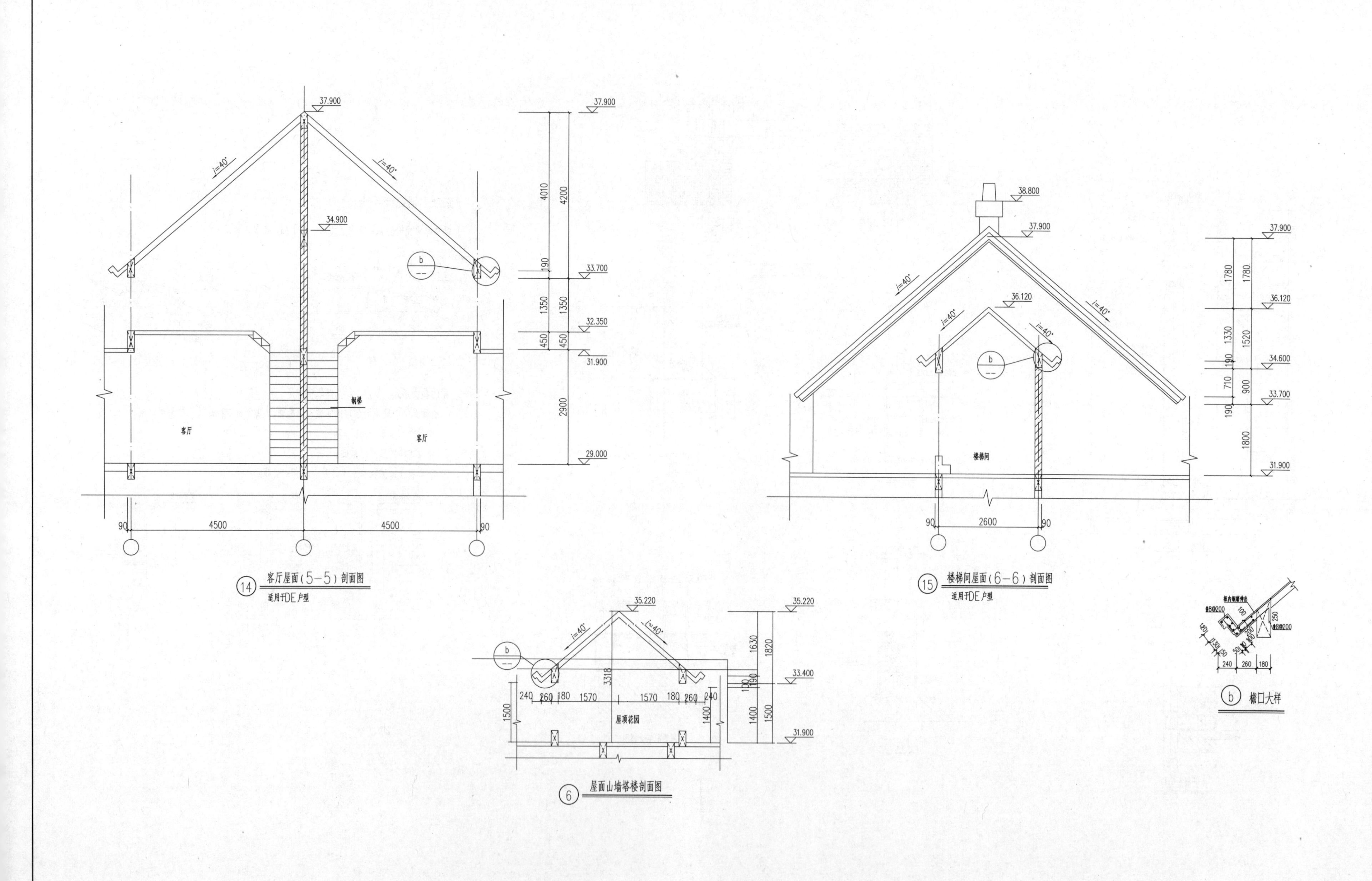
37.900
34.900
33.700
32.350
31.900
29.000
i=40°
4010
4200
190
1350
450
2900
钢梯
客厅
90
4500
14 客厅屋面(5-5)剖面图
适用于DE户型
38.800
37.900
36.120
34.600
33.700
31.900
1780
1330
1520
710
900
1800
楼梯间
2600
15 楼梯间屋面(6-6)剖面图
35.220
33.400
1630
1820
3318
240
260
180
1570
1500
1400
屋顶花园
6 屋面山墙塔楼剖面图
b 檐口大样
结施-30
大样图(四)

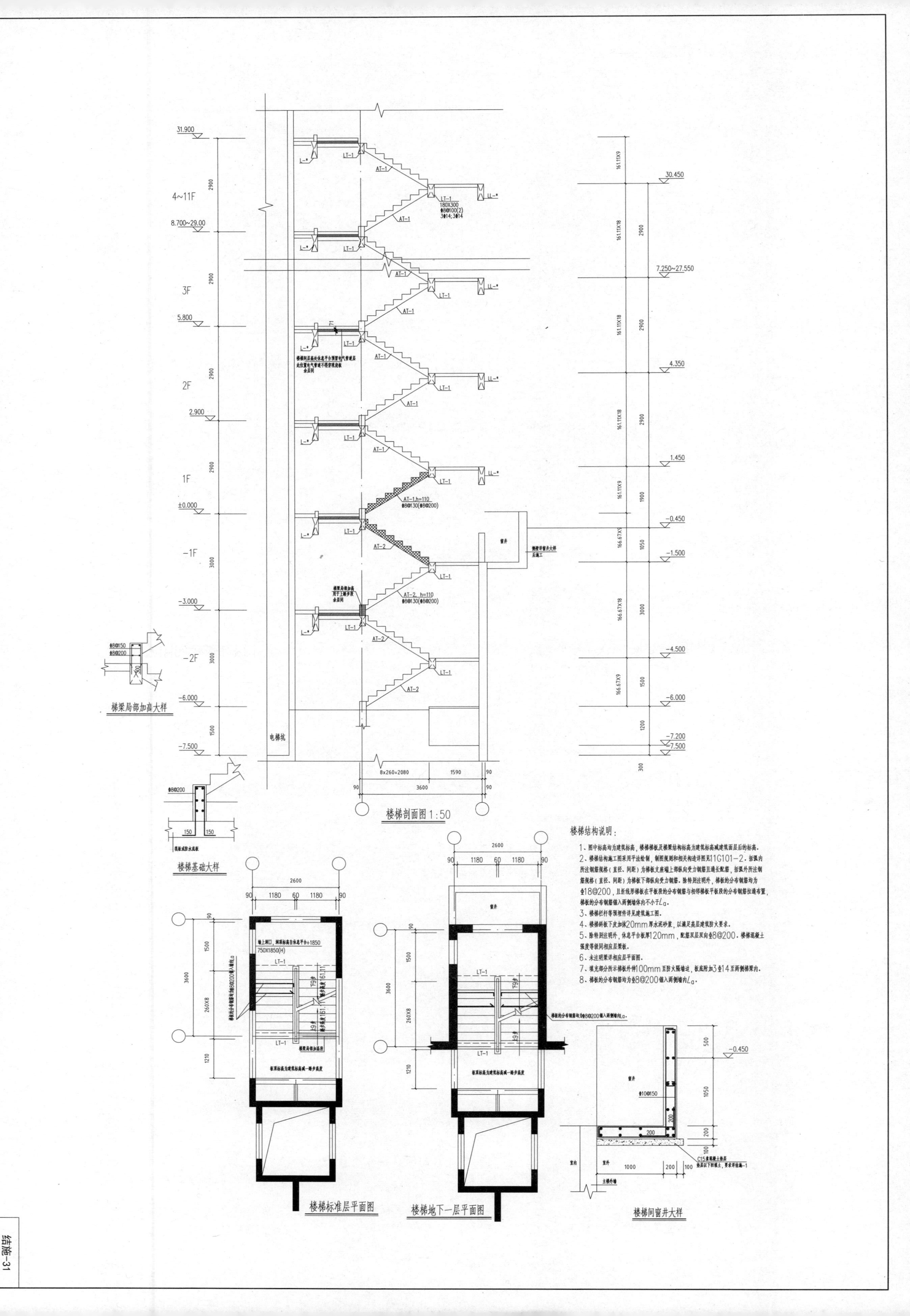

楼梯结构说明：

1、图中标高均为建筑标高，楼梯梯板及梯梁结构标高为建筑标高减建筑面层后的标高.

2、楼梯结构施工图采用平法绘制，制图规则和相关构造详图见11G101−2. 括弧内所注钢筋规格（直径、间距）为梯板支座端上部纵向受力钢筋且通长配筋，括弧外所注钢筋规格（直径、间距）为梯板下部纵向受力钢筋. 除特别注明外，梯板的分布钢筋均为⏀18@200，且折线形梯板在平板段的分布钢筋与相邻梯板平板段的分布钢筋拉通布置，梯板的分布钢筋锚入两侧墙体内不小于L_a.

3、楼梯栏杆等预埋件详见建筑施工图.

4、楼梯斜板下皮加抹20mm厚水泥砂浆，以满足高层建筑防火要求.

5、除特别注明外，休息平台板厚120mm，配筋双层双向⏀8@200. 楼梯混凝土强度等级同相应层梁板.

6、未注明梁详相应层平面图.

7、填充部分所示梯板外伸100mm至防火隔墙边，板底附加3⏀14至两侧梯梁内.

8、梯板的分布钢筋均为⏀8@200锚入两侧墙内L_a.

结施-31

楼梯大样图